"十四五"时期国家重点出版物出版专项规划项目
工业和信息化部"十四五"规划教材
复杂电子信息系统基础理论与前沿技术丛书

信息系统安全与对抗技术

（第2版）

罗森林　潘丽敏 / 著

北京理工大学出版社
BEIJING INSTITUTE OF TECHNOLOGY PRESS

内 容 简 介

本书为首批国家一流本科课程、国家级精品课程、精品视频公开课主讲教材,工业和信息化部"十四五"规划教材,北京市高等教育精品教材,是作者经过长期酝酿和多年教学经验总结而成的。本书全面研究和论述了信息系统安全与对抗技术,主要内容包括工程系统理论及系统工程基础、信息安全与对抗知识基础、信息安全检测与攻击技术、信息安全防御与对抗技术、信息安全管理与犯罪立法、信息安全标准与风险评估、信息系统安全工程及能力等。

本书有理论、有技术、有管理、有工程、有计策,重点引导读者从顶层理解信息安全与对抗问题,对于系统、全面地学习信息安全与对抗领域的核心概念、原理和技术,深入、先进地培养读者的系统思维和创新能力,具有重要的理论和应用价值。本书可供网络空间安全、密码学、计算机科学与技术、信息与通信工程、软件工程等相关学科专业的教育教学、科学研究使用,也可供其他学科专业技术人员和兴趣者参考使用。

图书在版编目(CIP)数据

信息系统安全与对抗技术 / 罗森林,潘丽敏著. --
2版. -- 北京:北京理工大学出版社,2022.9
  ISBN 978-7-5763-1748-0

Ⅰ.①信… Ⅱ.①罗…②潘… Ⅲ.①信息系统-安
全技术 Ⅳ.①TP309

中国版本图书馆 CIP 数据核字(2022)第 187367 号

出版发行 / 北京理工大学出版社有限责任公司
社　　址 / 北京市海淀区中关村南大街 5 号
邮　　编 / 100081
电　　话 / (010)68914775(总编室)
　　　　　 (010)82562903(教材售后服务热线)
　　　　　 (010)68944723(其他图书服务热线)
网　　址 / http://www.bitpress.com.cn
经　　销 / 全国各地新华书店
印　　刷 / 保定市中画美凯印刷有限公司
开　　本 / 787 毫米×1092 毫米　1/16
印　　张 / 26.25　　　　　　　　　　　　　　　　责任编辑 / 孟雯雯
字　　数 / 613 千字　　　　　　　　　　　　　　　文案编辑 / 王玲玲
版　　次 / 2022 年 9 月第 2 版　2022 年 9 月第 1 次印刷　责任校对 / 刘亚男
定　　价 / 78.00 元　　　　　　　　　　　　　　　责任印制 / 李志强

前言（第1版）

　　本书根据信息对抗技术专业的特点和培养高素质专业人才的需要编写，是信息对抗技术专业不可缺少且极为重要的内容之一。本书具有以下特点：

　　1. 系统性强、层次分明

　　尽量覆盖有关信息、信息系统安全与对抗全方位的内容，注重其精要，但不能面面俱到。首先从系统层次探讨信息系统的安全性，涉及信息、信息系统、工程系统理论，以及信息系统安全发展历程、不安全因素、安全需求、安全体系框架和安全组织管理；其次是信息系统的攻击与检测技术，包括网络攻击的基本概念、黑客、漏洞扫描、网络监听、计算机病毒、欺骗攻击、缓冲区溢出攻击等；再次是信息系统的防御和对抗技术，包括针对攻击的一般处理原则、密码技术、防火墙、访问控制、身份认证、信息隐藏技术、虚拟专用网以及实体安全技术等；最后论述信息安全犯罪、立法，信息安全标准与评估，以及信息安全工程。

　　2. 注重时空维动态发展

　　不仅注重基础性理论与技术，更注重信息安全与对抗的时间过程和空间范围，概述中介绍了"5432"国家信息安全战略构想和我国信息安全保障体系建设的内容；攻击与对抗技术中讨论了一般攻击和对抗的过程，并构建了信息攻击与对抗的"共道-逆道"模型，该模型具有广泛的指导意义。同时，书中涉及了多项正在研究的技术，如自动响应技术。

　　3. 与相关教材配套

　　本书与《信息系统安全与对抗理论》《信息系统安全与对抗技术实验教程》形成从理论到实践、"由顶层至底层"的互为延伸和贯通的信息对抗技术专业人才培养的系统性配套教材。《信息系统安全与对抗理论》中论述了信息系统安全对抗问题产生的主要根源、安全对抗过程的要点、信息安全对抗的基础层和系统层的基本原理、"共道-逆道"博弈模型，以及信息安全与对抗的原理性和技术方法。本书中，面向本科生和研究生设计了几大类系统实验，涉及信息系统模型平台基础实验，典型信息系统及其信息采集、传输、处理、交换、存储、管理与控制实验，信息系统病毒实验，信息隐藏技术实验，信息系统攻防技术实验，无线信息系统安全与对抗技术实验等。

在本书的编写过程中，得到了中国科学院和中国工程院两院院士王越教授、教务处闫达远教授、高平高级实验师及许多领导、同事以及硕士研究生冯磊等同学多方面的帮助，在此一并表示衷心的感谢。同时，感谢北京理工大学教务处对本书的出版给予的大力支持。

由于时间所限，加之笔者能力范围的限制，书中的不足和疏漏之处敬请广大师生批评指正，以便使其日渐完善。

2005 年 1 月于北京理工大学

前 言（第2版）

反者道之动，弱者道之用。在人类命运共同体、世界多极化、中国担当的新时代背景下，需要提前布局占位引领，依据我国网络空间安全和人才战略，面向世界一流专业建设需求和结合学校军工特色，探索面向全球应用新工科教材及资源理论与实践，为发展具有中国特色、世界水平的现代教育做出贡献！

没有网络安全就没有国家安全，信息安全与对抗是信息科技发展中永存的矛盾。形而上者谓之道，形而下者谓之器，信息安全与对抗领域之道、之器是什么？如何顶层运筹领域技术之道器？如何做到以无法为有法、以无限为有限？本书的目的是系统、先进地把控网络空间安全技术，全面、深入地提升其知识图谱和系统思维能力。

1. 厚植新时代特征，发扬延安和军工精神，植入红色基因，立德树人

针对复杂国际环境下信息安全与对抗突出的"双刃剑"效应，凝练经典案例，弘扬中华优秀文化，培育工程伦理意识，以立德树人思政为宗，深度植入红色基因。同时，强化跨界整合和全球思维，融入创新、领导、整合能力和全球视野的人文科学与工程素养，探索提升国际意识、全球竞争力和参与解决全球问题的能力。

2. 构建面向世界一流专业的系统引领的信息安全与对抗知识图谱

本书基于系统科学、工程系统理论、系统工程，依据新时代人才培养理念与要求，系统梳理知识的逻辑体系，从顶至下构建领域核心知识图谱，引导读者从理论的战略、战术层把控信息系统与安全对抗问题。本书吸纳大数据、人工智能、云计算等相关领域知识与成果，新增数据驱动的信息安全与对抗，结合中国优秀文化"三十六计"新增网络空间安全对抗之计，凸显前沿性、交叉性与综合性，从而更好地掌握信息安全对抗的核心原理，系统、全面地学习信息系统与安全对抗领域技术。

3. 构建多维异质开放研究型并持续演化高品质教育教学资源

围绕本书建设了信息安全与对抗多维异质开放研究型高品质教育教学资源，资源包括国家级精品课程、精品资源共享课、精品视频公开课（首批）、精品在线开放课程、首批国家一流本科课程，精制理论、技术、实践慕课，精制领域知识题库、漏洞库、工具库、创新工程案例库等，构建理论、技术、实践相互贯通的教材、线下课程、线上慕课、课程资源等高品质教育教学资源生态。

4. 构建以技术竞赛为龙头的多元密集通、专融合创新工程实践平台

2004 年首创信息安全与对抗技术竞赛（ISCC），覆盖中小学生、大学生、研究生及社会学习者，形成了以 ISCC 为龙头的多元密集型工程与创新实践教育平台。自研虚实结合教育教学系统多项，包括课程教学能力促进系统、信息安全意识和能力促进系统、信息安全与对抗技术竞赛系统、网络空间安全资源管理与应用系统、信息安全与对抗创新及工程实践系统、大数据分析技术竞赛系统等，确保结果导向的创新与工程实践效能。

5. 构建全球视野系统思维型、创造与发现、高效资源利用及学习方法

构建节点化、关联化的知识结构体系，可以综合采用项目制、工程实践、技术竞赛、慕课等研究型教学方法，利用理论、技术、实践资源贯通特征，整合读者的知识图谱、快速学习和系统思维能力，持续强化创新创业、跨界整合、全球思维和面向未来的能力，构筑核心竞争力和影响力。

信息安全与对抗是信息社会发展中急需解决的共性和长期发展的问题，充满了诸多挑战。万变不离其宗，本书契合新时代人才培养需求，构建系统、全面的核心知识图谱，结合新理论、新技术和新方法梳理先进技术，突出道器相济和理论技术实践集大成特色，构筑学习成长沃土。

本书撰写过程中，得到了北京理工大学教务部肖煊、刘畅、朱元捷、刘媛等老师和张浩然、张辰龙、李嘉伟等同学多方面的帮助，在此一并表示衷心的感谢。

本书 2005 年由北京理工大学出版社首次出版，而后 2017 年由高等教育出版社出版《信息系统与安全对抗-技术篇》，现为北京理工大学出版社出版的第 2 版。对于书中的不足之处，敬请广大读者批评指正，以便使其日渐完善。

罗森林

2021 年 10 月于北京理工大学

目　录
CONTENTS

第 1 章

绪　　论

1.1　引　　言

　　信息是人类社会的宝贵资源，功能强大的信息系统是推动社会发展前进的催化剂和倍增器。信息系统越发展到它的高级阶段，人们对其依赖性就越强。本章主要讨论信息系统相关基础知识，主要内容包括信息、信息技术、信息系统、信息网络、网络空间的概念，信息系统的要素分析，工程系统理论、系统工程的知识基础。

1.2　信息与信息技术的概念

1.2.1　信息基本概念

　　"信息"一词古已有之。在人类社会早期的日常生活中，人们对信息的认识比较广义而模糊，对信息和消息的含义没有明确界定。到了 20 世纪尤其是中期以后，随着现代信息技术的飞速发展及其对人类社会的深刻影响，迫使人们开始探讨信息的准确含义。

　　1928 年，哈特雷（L. V. R. Hartley）在《贝尔系统电话杂志》上发表了题为《信息传输》的论文。他在文中将信息理解为选择通信符号的方式，并用选择的自由度来计量这种信息的大小。他注意到，任何通信系统的发送端总有一个字母表（或符号表），发信者发出信息的过程正是按照某种方式从这个符号表中选出一个特定符合序列的过程。假定这个符号表一共有 S 个不同的符号，发信息选定的符号序列一共包含 N 个符号，那么，这个符号表中无疑有 SN 种不同符号的选择方式，也可以形成 S 个长度为 N 的不同序列。这样，就可以把发信者产生信息的过程看作是从 S 个不同的序列中选定一个特定序列的过程，或者说是排除其他序列的过程。然而，用选择的自由度来定义信息存在局限性，主要表现在这样定义的信息没有涉及信息的内容和价值，也未考虑到信息的统计性质；另外，将信息理解为选择的方式，就必须有一个选择的主体作为限制条件，因此这样的信息只是一种认识论意义上的信息。

　　1948 年，香农（C. E. Shannon）在《通信的数学理论》一文中，在信息的认识方面取得重大突破，堪称信息论的创始人。香农的贡献主要表现在推导出了信息测度的数学公式，发明了编码的三大定理，为现代通信技术的发展奠定了理论基础。香农发现，通信系统所处理的信息在本质上都是随机的，因此，可以运用统计方法进行处理。他指出，一个实际的消息是从可能消息的集合中选择出来的，而选择消息的发信者又是任意的，因此，这种选择就具有随机性，是一种大量重复发生的统计现象。香农对信息的定义同样具有局限性，主要表现在这一概念未能包容信息的内容与价值，只考虑了随机不定性，未能从根本上回答信息是什么的问题。

1948年，就在香农创建信息论的同时，维纳（N. Wiener）出版了专著《控制论——动物和机器中的通信与控制问题》，并创立了控制论。后来，人们常常将信息论、控制论以及系统论合称为"三论"，或统称为"系统科学"或"信息科学"。维纳从控制论的角度认为，"信息是人们在适应外部世界，并使这种适应反作用于外部世界的过程中，同外部世界进行互相交换的内容的名称"。他还认为，"接受信息和使用信息的过程，就是我们适应外部世界环境的偶然性变化的过程，也是人们在这个环境中有效地生活的过程。"维纳的信息定义包含了信息的内容与价值，从动态的角度揭示了信息的功能与范围。但是，人们在与外部世界的相互作用过程中，同时也存在着物质与能量的交换，不加区别地将信息与物质、能量混同起来是不确切的，因而也是有局限性的。

1975年，意大利学者朗高（G. Longo）在《信息论：新的趋势与未决问题》一书的序中指出，信息是反映事物的形成、关系和差别的东西，它包含在事物的差异之中，而不在事物本身。无疑，"有差异就是信息"的观点是正确的，但"没有差异就没有信息"的说法却不够确切。譬如，我们碰到两个长得一模一样的人，他（她）们之间没有什么差异，但人们会马上联想到"双胞胎"这样的信息。可见，"信息就是差异"也有其局限性。

1988年，中国学者钟义信在《信息科学原理》一书中，认为信息是事物运动的状态与方式，是事物的一种属性。信息不同于消息，消息只是信息的外壳，信息则是消息的内核。信息不同于信号，信号是信息的载体，信息则是信号所载的内容。信息不同于数据，数据是记录信息的一种形式，同样的信息也可以用文字或图像来表述。信息不同于情报，情报通常是指秘密的、专门的、新颖的一类信息，可以说所有的情报都是信息，但不能说所有的信息都是情报。信息也不同于知识，知识是认识主体所表达的信息，是序化的信息，而并非所有的信息都是知识。他还通过引入约束条件推导了信息的概念体系，对信息进行了完整而准确的论述。通过比较，中国科学院文献情报中心孟广均研究员等在《信息资源管理导论》一书中认为，信息是事物运动状态和方式，具体地讲，是事物内部结构和外部联系运动的状态和方式。因为这个定义具有最大的普遍性，不仅能涵盖所有其他的信息定义，而且通过引入约束条件还能转换为所有其他的信息定义。

2002年，中国科学院、中国工程院两院院士王越教授指出，事实上，定量、广义、全面地描述"信息"是不太可能的，至少是非常难的事，对"信息"本质的深入理解和科学定量描述是一项长期的研究工作，在此暂时给出一个定性概括性定义："信息是客观事物运动状态的表征和描述。"其中"表征"是客观存在的，而描述是人为的。"信息"的重要意义在于它可表征一种"客观存在"，与人认识实践结合，进而与人类生存发展相结合，所以信息领域科技的发展体现了客观与人类主观相结合的一个重要方面。对人而言，"获得信息"最基本的机理是映射（借助数学语言），即由客观存在的事物运动状态，经人的感知功能及脑的认识功能进行概括抽象形成"认识"，这就是"获得信息"加工"信息"的过程，是一个由"客观存在"到人类主观认识的"映射"。由于客观事物运动是非常复杂的广义空间（不限于三维）和时间维的动态展开，因此它的"表征"也必定是非常复杂的，体现存在于广义空间维在复杂的多层次、多剖面相互"关系"，以及在多阶段、多时段的时间维的交织动态展开，进而指出"信息"，它必定是由反映各层次、各剖面不同时段动态特征的信息片段组成，这是"信息"内部结构最基本的内涵。

据不完全统计，信息的定义有 100 多种，它们都从不同侧面、不同层次揭示了信息的特征与性质，但也都有这样或那样的局限性。信息来源于物质，但不是物质本身；信息也来源于精神世界，但又不限于精神的领域；信息归根到底是物质的普遍属性，是物质运动的状态与方式。信息的物质性决定了它的一般属性，主要包括普遍性、客观性、无限性、相对性、抽象性、依附性、动态性、异步性、共享性、可传递性、可变换性、可转化性和可伪性等。信息系统安全将处理与信息依附性、动态性、异步性、共享性、可传递性、可变换性、可转化性和可伪性有关的问题。

1.2.2　信息技术概念

任何技术都产生于人类社会实践活动的实际需要。按照辩证唯物主义观点，人类的一切活动都可以归结为认识世界和改造世界。而人类认识世界和改造世界的过程，从信息的观点来分析，就是一个不断从外部世界的客体中获取信息，并对这些信息进行变换、传递、存储、处理、比较、分析、识别、判断、提取和输出，最终把大脑中产生的决策信息反作用于外部世界的过程。

"科学"是扩展人类各种器官功能的原理和规律，而"技术"则是扩展人类各种器官功能的具体方法和手段。从历史上看，人类在很长一段时间里，为了维持生存而一直采用优先发展自身体力功能的战略，因此材料科学与技术和能源科学与技术也相继发展起来。与此同时，人类的体力功能也日益加强。信息虽然重要，但在生产力和生产社会化程度不高的时候，人们仅凭自身的眼耳等器官进行信息感知与分析的能力，就足以满足当时认识世界和改造世界的需要了。但随着生产斗争和科学实验活动的深度和广度的不断发展，人类的信息器官功能已明显滞后于行为器官的功能了，例如，人类要"上天""入地""下海""探微"，但其视力、听力、大脑存储信息的容量、处理信息的速度和精度，已越来越不能满足同自然作斗争的实际需要了。只是到了这个时候，人类才把自己关注的焦点转到扩展和延长自己信息器官的功能方面。

经过长时间的发展，人类在信息的获取、传输、存储、处理和检索等方面的方法与手段，以及利用信息进行决策、控制、指挥、组织和协调等方面的原理与方法，都取得了突破性的进展，当代技术发展的主流已经转向信息科学技术。

对于信息技术，目前还没有一个准确而又通用的定义。为了研究和使用的方便，学术界、管理部门和产业界等都根据各自的需要与理解给出了自己的定义，估计有数十种之多。信息技术定义的多样化，不只是反映在语言、文字和表述方法上的差异，而且也有对信息技术本质属性理解方面的差异。

目前比较有代表性的信息技术的定义主要有以下几种：

① 信息技术是基于电子学的计算机技术和电信技术的结合而形成的对声音的、图像的、文字的、数字的和各种传感信号的信息，进行获取、加工处理、存储、传播和使用的能动技术。信息技术是指在计算机和通信技术支持下用于获取、加工、存储、变换、显示和传输文字、数值、图像、视频和声频以及语音信息，并包括提供设备和提供信息服务两大方面的方法与设备的总称。

② 信息技术是人类在生产斗争和科学实验中认识自然和改造自然过程中所积累起来的获取信息、传递信息、存储信息、处理信息以及使信息标准化的经验、知识、技能，以及体现这些经验、知识、技能的劳动资料有目的的结合过程。

③ 信息技术是在信息加工和处理过程中使用的科学、技术与工艺原理和管理技巧及其应用；与此相关的社会、经济与文化问题。

④ 信息技术是管理、开发和利用信息资源的有关方法、手段与操作程序的总称。

⑤ 信息技术是能够延长或扩展人的信息能力的手段和方法。

1.2.3　信息主要表征

"信息"的客观表征非常广泛，源于各种各样运动状态的特征，信息的表征就是各种各样的"特殊性的表现"，也可认为"特征的表现"。

对人而言，人可以利用感觉器官和脑功能感知有关自然界的各种信息（通过多种信息荷载的媒体）。此外，人还会融合利用人类自己创立的"符号"来进一步认识、描述、记录、传递、交流、研究和利用"信息"。以上叙述可进一步认为人脑主宰的二重"映像"过程，即通过第一次映射，通过"信息"感觉及初步认识，然后进一步利用"符号"二次深化映射形成思维结果，需要时可以较长期记忆等，以备后日可需之用。以上分步骤表明二次映射实际上是一个变换形成"符号"的映射。"符号"是内涵非常广泛的一个概念，它是特定的"关系"。

又因人所能直接感知的信息种类和范围有限，因此人类不断努力扩大发现感知信息种类和扩大范围的新原理、新方法，并将新获的信息转换为人类所能感知的信息，但其基本原理仍是映射和符号转换映射。

"符号"是内涵非常广泛的一个名词，研究"符号"及其应用已形成专门的"符号学"这门学科，在此简单举例说明：语言、文字、图形、图像，还有音乐、物理、化学、数学等各门学科中建立的专门符号，如微分、积分符号发展为算子符号、极限、范数、内积符号等，物理中量子物理就有独特符号，如波矢（态矢）态函数等。推而广之，各种定理可以被认为是有序构成的符号集合，是广义的符号，也是客观规律的"符号"。此外，通常人类的表情、动作（如摇头、摆手、皱眉等）也可认为是一种符号。

1.2.4　信息主要特征

1. "信息"的存在形式特征（直接层次）

① 不守恒性："信息"不是物质，也不是能量，而是与能量和物质密切相关的运动状态的表征和描述。由于物质运动不停，变化不断，故"信息"不守恒。

② 复制性：在非量子态作用机理情况，在环境中可区分条件下具有可复制性（在量子态工作环境，一定条件下是不可精确"克隆"的）。

③ 复用性：在非量子态作用机理情况，在环境中可区分条件下具有多次复用性。

④ 共享性：在信息荷载体具有运行能量，且运行能量远大于信息维持存在所需低限阈值时，则此"信息"可多次共享，如几个人可同时听到说话声，卫星转播多接收站可以同时接收信号获得信息等。

⑤ 时间维有限尺度特征：具体事物运动总是在时间、空间维有限度尺度内进行的，因而"信息"必定具有时间维的特征。如发生在何时、持续多长、间隔时间多长、对时间变化率值的大小、相互时序关系等，这些都是"信息存在形式"内时间维的重要特征，对信息的利用有重要意义。

需着重说明的是，若信息系统的运行处在量子状态，复制性、复用性和共享性这三种特征的情况就完全不同了。事物运行在量子状态的运行能量水平非常微弱，能量可用 $\varepsilon = h\nu \cdot n$（$\varepsilon$ 为能量，h 为普朗克常数 $=6.625\ 6\times10^{-34}$ J/s，ν 为频率，n 为能级数）来表示。可以这样理解：当 $n=1$ 时，求出的 ε 值是事物量子化运行存在的最低值，如果低于此值，事物运动状态就无法保持（也可认为是一个低限阈值）。信息系统运行中的能量水平都远远高于此值，例如在微波波段 $v=10^{10}$ s^{-1}，阈值 $\varepsilon = 6.626\times10^{-24}$ J；光波波段 $v=10^{14}\sim10^{15}$ s^{-1}，阈值 $\varepsilon = 6.626\times10^{-19}$ J。现在这两个波段信息系统服务运行低功率门限在 $10^{-13}\sim10^{-14}$ 及 10 个光子能量的信号检测能力阈值，比 ε 值高得多，而信息系统正常工作状态的能量或功率水平更要高得多（如高灵敏信号接收检测设备的正常运行能量水平）。还有些"信息"运行形式是靠外界能量照射形成反射，由反射情况来表示"信息"，这些表征信息的反射能量也远大于 ε 值（如反射光）。这意味着现在这些系统都处在远离量子态的"宏观态"中，才具备上述"信息"特征，如利用量子态荷载"信息"，即信息系统运行在量子态，则它的状态就会"弱不禁风"，碰一下就变。"信息"的上述特征就不再存在，这对"信息安全"领域的信息保密有利，但系统实际运行的同时也有巨大困难。

2. 人所关注的"信息"利用层次上的特征

"信息"最基本、最重要的功能是"为人所用"，即以人为主体的利用。从利用层次上讲，信息具有如下特征。

① 真实性。产生"信息"不真实反映对应事物运动状态的意识源可分为"有意"与"无意"两种。"无意"为人或信息系统的"过失"所造成"信息"的失真，而"有意"则为人有目的制造失实信息或更改信息内容以达到某种目的。

② 多层次、多剖面区分特性。"信息"属于哪个层次和剖面的，这也是其重要属性。对于复杂运动的多种信息，知其层次和剖面属性对综合、全面掌握运动性质是很重要的。

③ 信息的选择性。"信息"是事物运动状态的表征，"运动"充满各种复杂的相互关系，同时也呈现对象性质，即在具体场合信息内容的"关联"性质对不同主体有不同的关联程度，关联程度不高的"信息"对主体就不具有重要意义，这种特性称为信息的空间选择性。此外，有些"信息"对于应用主体还有时间选择性，即在某时间节点或时间区域节点为界，对应用主体有重要性，如地震前预报信息便是一例。

④ 信息的附加义特征。由于"信息"是事物运动状态的表征，虽可能只是某剖面信息，但也必然蕴含"运动"中相互关联的复杂关系。通过"信息"可获得其所蕴含非直接表达的内容（"附加义"的获得）有重要的应用意义。人获得"附加义"的方式，可分为"联想"方式和逻辑推理方式，"联想"是人的一种思维功能（"由此及彼"的机制甚为复杂），它比利用逻辑推理的作用领域更广泛。例如，根据研究课题性质联想到企业将推出的新商品，是根据企业所研究课题蕴含指称对象的多种信息，利用逻辑推理和相关科学技术确定指称对象将投入市场具有强竞争力的新产品，是逻辑推理获得信息附加义的例子。

3. 由获得的一些（剖面）信息进而认识事物的运动过程

事物的运动是"客观存在"并具有数不尽的复杂多样性。"信息"的深层次重要性在于通过"信息"所表征的状态去认识事物运动过程，人们对"信息"关联"过程"的特性主要有两方面，即：

"信息"不遗漏表征运动过程的核心状态，以及"信息"中能蕴含由"状态"到运动"过程"的要素，由个别状态（信息）认识运动"过程"是由局部推测全局的过程（由未知至有所"知"的过程），但无法要求在"未知"中又事前"确知"（明显的悖理），因此我们关注的是由每条"信息"中所蕴含的表征运动全局的因素进行"挖掘"以认识全运动过程，由此提出挖掘"信息"内涵的原理框架为四元关系组，即

信息⇒［信息直接关联特征域关系，信息存在广义空间域关系，信息存在时间域关系，信息变化率域关系］⇒一定条件下指称对象的运动过程（片段）

由于运动的复杂多样性，因此上述各域还需要再划分成子域进行研究。

信息的直接关联特征关系，涉及下列子域：关联对象子域，如事、物、人及联合子域，如人与事、事与物、人与物等；关联行为子域，如动作、意愿、评价、评判等；动状态性质子域，如确定性、非确定性（概率性与非概率性不确定性）、确定性与非确定结合性等。

信息存在广义空间域关系，包括三维距离空间子域、"物理"空间子域、"事理"空间子域、"人理"空间子域、"生理"空间子域。各子域仍可再进行多层次子域划分及特征分析，如"物理"（广义的事物存在的理）空间子域中包括数学空间、物理空间、化学空间等各子子域等。

信息存在时间域关系常需分成多种尺度的时间子域：

信息变化率域关系，可进一步划分为以下几个子域，即广义空间多层变化率子域：$\frac{\partial}{\partial x}$，$\frac{\partial}{\partial y}$，$\cdots$，$\frac{\partial}{\partial \theta}$，$\frac{\partial}{\partial r}$，$\cdots$，$\frac{\partial^2}{\partial x^2}$，$\frac{\partial^2}{\partial y^2}$，$\frac{\partial^3}{\partial x^3}$，$\cdots$；时间域多层变化率子域：$\frac{\partial}{\partial t}$，$\frac{\partial^2}{\partial t^2}$，$\frac{\partial^3}{\partial t^3}$，$\cdots$；时空多层变化子域：$\frac{\partial^2}{\partial x \partial t}$，$\frac{\partial^2}{\partial t \partial x}$，$\cdots$

利用以上所介绍的四元组关系框架对"信息"（含对信息组合）进行分析，并通过类比和联想可以得到"信息"所代表运动过程的一些"预测"。例如，运动过程是否在质变阶段抑或量变过程，是否会有重大新生事物产生，运动过程是否复杂等。

4. "信息"组成的信息集群（信息作品）

一种状态的表征往往需要用多条"信息"来表示，其包括信息量（未考虑其真伪性、重要性、时间特性等），可用香农（Shannon）教授定义的波特、比特等表示，但这些还只是表征相对简单状态的信息片段，可称为"信息单元"。客观世界中还存在着由信息单元有机组成的信息集群，它表征更复杂的运动状态和过程，是"信息单元"的自然延伸，但它们还没有专门名称，在此暂用相似于汉语语义学中"言语作品"的"信息作品"来表述，它还需结合思维推理、逻辑推理进行判断理解认识。这对人类社会发展是有意义的。尤其是信息作品是由人有目的策划组织形成的情况下，如"信息作品"深层次反映"目的"对其认识是非常难的工作，信息作品的表现形式有多种，有文字、图像、多媒体音像等。如信息作品表征较长的过程，信息作品内含的信息单元数量会非常巨大。

1.3 信息系统及其功能要素

1.3.1 信息系统基本概念

自20世纪初泰罗创立科学管理理论以后，管理科学与方法技术得到迅速发展；在它同统计理论和方法、计算机技术、通信技术等相互渗透、相互促进的发展过程中，信息系统作为一个专门领域迅速形成和发展。同"信息""系统"的定义具有多样性一样，信息系统这种与"信息"有关的"系统"，其定义也远未达成共识。比较流行的定义有：

《大英百科全书》把"信息系统"解释为：有目的、和谐地处理信息的主要工具是信息系统，它对所有形态（原始数据、已分析的数据、知识和专家经验）和所有形式（文字、视频和声音）的信息进行收集、组织、存储、处理和显示。

M. 巴克兰德（M. Buckland）认为信息系统是"提供信息服务，使人们获取信息的系统，如管理信息服务、联机数据库、记录管理、档案馆、图书馆、博物馆等"。

N. M. 达菲（N. M. Dafe）等认为信息系统大体上是"人员、过程、数据的集合，有时候也包括硬件和软件，它收集、处理、存储和传递在业务层次上的事务处理数据和支持管理决策的信息"。

中国学者吴民伟认为信息系统是"一个能为其所在组织提供信息，以支持该组织经营、管理、制定决策的集成的人-机系统，信息系统要利用计算机硬件、软件、人工处理、分析、计划、控制和决策模型，以及数据库和通信技术"。

中国科学院、中国工程院王越教授给出的信息系统的定义是：帮助人们获取、传输、存储、处理、交换、管理控制和利用信息的系统，是以信息服务于人的一种工具。"服务"这词有着越来越广泛的含义，因此信息系统是一类各种不同功能和特征信息系统的总称。

1.3.2 信息系统理论特征

现代信息系统内往往叠套多个交织作用的子系统，由系统理论自组机理解读分析，是由各分系统的自组织机能有机集成为系统层自组织机能，代表系统存在，是系统理论所描述的典型系统。如现代通信系统由卫星通信系统、公共骨干通信网、移动通信网等组成，卫星通信系统又包括卫星（包括转发器、卫星姿态控制、太阳能电池系统等）、地面中心站系统（包括地面控制分系统、上行信道收发系统等）、小型用户地面站（再分子系统等）。移动通信网系统、公共骨干通信网系统都是由多层子系统组成的。而上述各类通信系统组成概况为"通信系统"。它正以"通信"功能为基础融入更广服务功能的网络系统服务社会及人类发展。

每一种信息系统，当其研发完成后，仍会不断进行局部改进（量变阶段），当改进已不能适应的情况下，则要发展一种新类型（一种质变）。如此循环一定程度后，会发生更大结构性质变（系统体制变化）。如通信系统中交换机变为程控式，是体制变化；现在又往"路由式"变化，也是体制变化。这种变化发展"永不停止"，符合系统理论中通过涨落达到新的有序原理。

信息系统作为人类社会及为人服务的系统，伴随社会进化而发展，并有明显共同进化作用，且越发展越复杂、高级。发展的核心因素是深层次隐藏规律：进化机理进化即对应发展规律不断发展，可引发信息系统发展；机理发展变化可引起系统根本性发展。

每一种信息系统的存在发展都有一定的约束，新发展又会产生新约束，也会产生新矛盾，如性能提高是一种"获得"，得到它必然付出一定的"代价"。这里所述"获得"和付出"代价"都是指空时域广义的"获得"和"代价"，如"自由度""可能性""约束条件"的增减（当然，功能范围质量的增加包括在内）。

1.3.3　信息系统功能组成

任何信息系统都是由下列部分交织或有选择交织而组成的。

信息的获取部分（如各种传感器等）。任何一种信息系统，其内部都要利用一种或多种媒体荷载信息进行运行，以达到发挥系统作为工具的功能。首先应通过某种媒体，它能敏感获取"信息"并根据需要将其记录下来，这是信息系统重要基本功能部分。应该注意到的是：人类不断地依靠科学和技术改进信息获取部分的性能和创造新类型的信息获取器件，同时信息获取部分科学技术的重要突破会对人类社会的发展带来重大影响。

信息的存储部分（如现用的半导体存储器、光盘等）。"信息"往往存在于有限时间间隔内，为了事后多次利用"信息"，需要以多种形式存储"信息"，同时要求快速、方便、无失真、大容量、多次复用性为主要性能指标。

信息的传输部分（无线信道、声信道、光缆信道及其变换器，如天线、接发设备等）。这部分以大容量、少损耗、少干扰、稳定性、低价格等为科学研究技术进步的持续目标。

信息的交换部分（如各种交换机、路由器、服务器）。这部分以时延小、易控制、安全性好、大容量、多种信号形式和多种服务模式相兼容为目标。

与信息获取部分一样，这几个部分现在也在不断发展，其中重大的发展对人类的进步影响明显。

信息的变换处理部分（如各种"复接"、信号编/解码、调制/解调、信号压缩/解压、信号检测、特征提取识别等，统称信号处理领域）。信号处理近二十年有很多发展，但对复杂信号环境，仍有待发展。信息处理是通过荷载信息的信号提取信息表征的运动特征，甚至推演运动过程，总之，属逆向运算，难度很大，所以这部分可被认为是信息科技发展的瓶颈，近年来虽有很大进步，但目前尚不具备类人的信息处理能力，人机结合是切实可行的方法。实现这种结合的科学技术有漫长、艰难的发展征程，它是人类努力追求的目标之一。

信息的管理控制部分（如监控、计价、故障检测、故障情况下应急措施、多种信息业务管理等）。这部分功能的完成，变得更加复杂和困难（如信息系统复杂的拓扑结构分析是管理监控领域的数学难题）外，随着信息系统及信息科技进一步融入社会，还诞生多种依靠管理信息对其他领域行业进行管理的管理系统，如现代服务业的管控系统，同时，其管理控制的学科基础也由于社会科学的进入交融而综合化。其管理控制功能还涉及社科、人文等方面的复杂内容，造成"需要"与"实际水平"之间的差距，矛盾更加明显。例如，电子商务系统的管理控制涉及法律领域，多媒体文艺系统管理涉及伦理道德、法律等领域，总之，信息的管理控制部分的发展涉及众多学科，具有重要性、挑战性及紧迫性。

信息应用领域日益广泛，要求服务功能越来越高级、复杂。在很多场合下，由信息系统控制管理部分兼含与应用服务关联功能的工作模式已不能满足应用需要，因此，产生了专门对应用进行支持的专门部分，称为应用支持部分（它与管理控制部分有密切联系）。

各部分都有以下特征：软硬件相结合，离散数字型与连续模拟型相结合，各种功能部分交织、融合、支持，以形成主功能部分，如存储部分内含处理部分，管理控制部分内含存储、处理部分等。以上各部分发展都密切关联科学领域的新发现、技术领域的创新，形成了信息科技与信息系统及社会互相促进发展，"发展"中充满了挑战和机遇。

1.3.4 信息系统要素分析

信息系统从不同的角度划分，其要素的性质也不同。如可以划分为系统拓扑结构、应用软件、数据以及数据流；也可划分为管理、技术和人三个方面；还可划分为物理环境及保障、硬件设施、软件设施和管理者等部分。其划分方法可根据不同的应用，无论采用哪种划分方法，都是利于对信息系统的理解、分析和应用。下面根据最后一种划分方法分析信息系统的要素。

1.3.4.1 环境保障

1.3.4.1.1 物理环境

物理环境主要包括场地和计算机机房，是信息系统得以正常运作的基本条件。其中：

① 场地（包括机房场地和信息存储场地）：信息系统机房场地条件应符合国家标准 GB 2887—2000 的有关具体规定，应满足标准规定的选址条件；温度、湿度条件；照明、日志、电磁场干扰的技术条件；接地、供电、建筑结构条件；媒体的使用和存放条件；腐蚀气体的条件等。信息存储场地，包括信息存储介质的异地存储场所，应符合国家标准 GB 9361—89 的规定，具有完善的防水、防火、防雷、防磁、防尘措施。

② 机房：在标准 GB 9361—88 中，将计算机机房的安全分为 A 类、B 类、C 类三类。其中，A 类：对计算机机房的安全有严格的要求，有完善的计算机机房安全措施；B 类：对计算机机房的安全有较严格的要求，有较完善的计算机机房安全措施；C 类：对计算机机房的安全有基本的要求，有基本的计算机机房安全措施。标准中针对 A、B、C 三类机房，在场地选择、防火、内部装修、供配电系统、空调系统、火灾报警及消防设施、防水、防静电、防雷击、防鼠害等方面做了具体的规定。

1.3.4.1.2 物理保障

物理安全保障主要考虑电力供应和灾难应急。

① 电力供应：供电电源技术指标应符合 GB 2887《计算机场地技术要求》中的规定，即信息系统的电力供应在负荷量、稳定性和净化等方面满足需要且有应急供电措施。

② 灾难应急：设备、设施（含网络）以及其他媒体容易遭受地震、水灾、火灾、有害气体和其他环境事故（如电磁污染等）的破坏。信息系统的灾难应急方面应符合国家标准 GB 9361—89 中的规定，应有防火、防水、防静电、防雷击、防鼠害、防辐射、防盗窃、火灾报警及消防等设施和措施。并应制订相应的应急计划，应急计划应包括紧急措施、资源备用、恢复过程、演习和应急计划关键信息。应急计划应有明确的负责人与各级责任人的职责，并应便于培训和实施演习。

1.3.4.2 硬件设施

组成信息系统的硬件设施主要有计算机、网络设备、传输介质及转换器、输入/输出设备等。为了便于叙述，在此也将存储介质和环境场地所使用的监控设备包含在硬件设施之中。

1.3.4.2.1 计算设备

计算设备是信息系统的基本硬件平台。如果不考虑操作系统、输入/输出设备、网络连接设备等重要的部件，就计算机本身而言，除了电磁辐射、电磁干扰、自然老化以及设计时的一些缺陷等风险以外，基本上是不会存在另外的安全问题的。常见的计算机有大型机、中型机、小型机和个人计算机（即 PC 机）。PC 机上的电磁辐射和电磁泄漏主要表现在磁盘驱动器方面，虽然理论上讲主板上的所有电子元器件都有一定的辐射，但由于辐射较小，一般都不作考虑。

1.3.4.2.2 网络设备

要组成信息系统，网络设备是必不可少的。常见的网络设备主要有交换机、集线器、网关、路由器、中继器、网桥、调制解调器等。所有的网络设备都存在自然老化、人为破坏和电磁辐射等安全威胁。

① 交换机：交换机常见的威胁有物理威胁、欺诈、拒绝服务、访问滥用、不安全的状态转换、后门和设计缺陷等。

② 集线器（HUB）：集线器常见的威胁有人为破坏、后门、设计缺陷等。

③ 网关或路由器：网关设备的威胁主要有物理上破坏、后门、设计缺陷、修改配置等。

④ 中继器：对中继器的威胁主要是人为破坏。

⑤ 桥接设备：对桥接设备的威胁常见的有人为破坏、自然老化、电磁辐射等。

⑥ 调制解调器（Modem）：调制解调器是一种转换数字信号和模拟信号的设备。其常见威胁有人为破坏、自然老化、电磁辐射、设计缺陷、后门等。

1.3.4.2.3 传输介质

常见的传输介质有同轴电缆、双绞线、光缆、卫星信道、微波信道等，相应的转换器有光端机、卫星或微波的收/发转换装置等。

① 同轴电缆（粗/细）：同轴电缆由一个空心圆柱形的金属屏蔽网包围着一根内线导体组成。同轴电缆有粗缆和细缆之分。常见的威胁有电磁辐射、电磁干扰、搭线窃听和人为破坏等。

② 双绞线：一种电缆，在它的内部一对自绝缘的导线扭在一起，以减少导线之间的电容特性，这些线可以被屏蔽或不进行屏蔽。常见的威胁有电磁辐射、电磁干扰、搭线窃听和人为破坏等。

③ 光缆（光端机）：光缆是一种能够传输调制光的物理介质。同其他的传输介质相比，光缆虽较昂贵，但对电磁干扰不敏感，并且可以有更高的数据传输率。在光缆的两端通过光端机来发射并调制光波实现数字通信。常见的主要威胁有人为破坏、搭线窃听和辐射泄露威胁。

④ 卫星信道（收/发转换装置）：卫星信道是在多重地面站之间运用轨道卫星来转接数据的通信信道。在利用卫星通信时，需要在发射端安装发射转换装置，在接收端安装接收转换装置。常见的威胁有对信道的窃听和干扰，以及对收/发转换装置的人为破坏。

⑤ 微波信道（收/发转换装置）：微波是一种频率为 1~30 GHz 的电磁波，具有很高的带宽和相对低的成本。在微波通信时，发射端安装发射转换装置，接收端安装接收转换装置。常见的威胁有对信道的窃听和干扰，以及对收/发转换装置的人为破坏等。

1.3.4.2.4　终端设备

常见的输入/输出设备主要有键盘、磁盘驱动器、磁带机、打孔机、电话机、传真机、识别器、扫描仪、电子笔、打印机、显示器和各种终端等设备。

① 键盘：键盘是计算机最常见的输入设备。常见的主要威胁有电磁辐射泄露信息和人为滥用造成信息泄露，如随意尝试输入用户口令。

② 磁盘驱动器：磁盘驱动器也是计算机中重要的输入/输出设备。其主要威胁有磁盘驱动器的电磁辐射以及人为滥用造成信息泄露，如复制系统中重要的数据。

③ 磁带机：磁带机一般用于大、中、小型计算机以及一些工作站上，既是输入设备，也是输出设备。其威胁主要有电磁辐射和人为滥用。

④ 打孔机：打孔机是一种早期使用的输出设备，可用于大、中、小型计算机上。其威胁主要有人为滥用。

⑤ 电话机：电话机主要用于话音传输，严格地讲，它不是信息系统的输入/输出设备，但电话是必不可少的办公用品。在信息系统安全方面，主要是考虑滥用电话泄露用户口令等重要信息。

⑥ 传真机：传真机主要用于传真的发送和接收，严格地讲，它不是信息系统的输入/输出设备。在信息系统安全方面，主要是考虑传真机的滥用。

⑦ 麦克风：在使用语音输入时，需要使用麦克风。其威胁主要是老化和人为破坏。

⑧ 识别器：为识别系统用户，在众多的信息系统中都使用识别器。最常见的识别器有生物特征识别器、光学符号识别器等。主要威胁是人为破坏摄像头等识别装置，以及识别器设计缺陷特别是算法运用不当等。

⑨ 扫描仪：扫描仪主要用于扫描图像或文字。其主要的威胁是电磁辐射泄露系统信息。

⑩ 电子笔（数字笔）：在手写输入法广泛使用的今天，电子笔或数字笔作为一种输入设备也越来越常见了，其主要的威胁是人为破坏。

⑪ 打印机：打印机是一种常见的输出设备，但是部分打印机也可以将部分信息主动输入计算机。常见的打印机有激光打印机、针式打印机、喷墨打印机三种。打印机的主要威胁有电磁辐射、设计缺陷、后门、自然老化等。

⑫ 显示器：显示器作为最常见的输出设备，负责将不可见数字信号还原成人可以理解的符号，是人机对话所不可缺少的设备。其威胁主要是电磁辐射泄露信息。

⑬ 终端：终端既是输入又是输出设备，除了显示器以外，一般还带有键盘等外设，基本上与计算机的功能相同。常见的终端有数据、图像、话音等类之分。其威胁主要有电磁辐射、设计缺陷、后门、自然老化等。

1.3.4.2.5　存储介质

信息的存储介质有许多种，但大家常见的主要有纸介质、磁盘、磁光盘、光盘、磁带、录音/录像带，以及集成电路卡、非易失性存储器、芯片盘等存储设备。

① 纸介质：虽然信息系统中信息以电子形式存在，但许多重要的信息也通过打孔机、打印机输出，以纸介质形式存放。纸介质存在保管不当和废弃处理不当会导致信息泄露威胁。

② 磁盘：磁盘是常见的存储介质，它利用磁记录技术将信息存储在磁性材料上。常见的磁盘有硬盘、移动硬盘、U 盘等。对磁盘的威胁有保管不当、废弃处理不当和损坏变形等。

③ 磁光盘：磁光盘是利用磁光电技术存储数字数据。对其威胁主要有保管不当、废弃处理不当和损坏变形等。

④ 光盘：光盘是一种非磁性的，用于存储数字数据的光学存储介质。常见的光盘有只读、一次写入、多次擦写等种类。对其威胁主要有保管不当、废弃处理不当和损坏变形等。

⑤ 磁带：磁带主要用于大、中、小型机或工作站上，由于其容量比较大，多是用于备份系统数据。对其威胁主要也是保管不当、废弃处理不当和损坏变形等。

⑥ 录音/录像带：录音带或录像带也是磁带的一种，主要用于存储话音或图像数据，这类数据常见的是通过监控设备获得的信息。其威胁主要是保管不当或损坏变形等。

⑦ 其他存储介质：除以上列举的一些常见的存储介质以外，磁鼓、IC 卡、非易失性存储器、芯片盘、Zip Disk 等介质都可以用于存储信息系统中的数据。对这些介质的威胁主要有保管不当、损坏变形、设计缺陷等。

1.3.4.2.6　监控设备

依据国家标准规定和出于场地安全考虑，重要的信息系统所在场地应有一定的监控规程并使用相应的监控设备，常见的监控设备主要有摄像机、监视器、电视机、报警装置等。对监控设备而言，常见的威胁主要有断电、损坏或干扰等。

① 摄像机：摄像机除作为识别器的一个部件以外，还主要用于环境场地检测，记录对系统的人为破坏活动，包括偷窃、恶意损坏和滥用系统设备等行为。

② 监视器：在信息系统中，特别是交换机和入侵检测设备上常带有监视器，负责监视网络出入情况，协助网络管理。

③ 电视机：电视机同显示器一样，主要输出摄像机或监视器所捕获的图像或声音等信号。

④ 报警装置：报警装置就是发出报警信号的设备。常见的报警可以通过 BP 机、电话、声学、光学等多种方式来表现。

1.3.4.3　软件设施

组成信息系统的软件主要有操作系统，包括计算机操作系统和网络操作系统、通用应用软件、网络管理软件以及网络协议等。在风险分析时，软件设施的脆弱性或弱点是考查的重点，因为虽然硬件设施有电磁辐射、后门等可利用的脆弱性，但是其实现所需花费一般比较大，而对软件设施而言，一旦发现脆弱性或弱点，几乎不需要多大的投入就可以实现对系统的攻击。

1.3.4.3.1　通用操作系统

操作系统安全是信息系统安全的最基本、最基础的要素，操作系统的任何安全脆弱性和安全漏洞必然导致信息系统的整体安全脆弱性，操作系统的任何功能性变化都可能导致信息系统安全脆弱性分布情况的变化。因此，从软件角度来看，确保信息系统安全的第一要事便是采取措施来保证操作系统安全。

常见的操作系统有：

① UNIX：UNIX 是一种通用交互式分时操作系统，由 BELL 实验室于 1969 年开发出来。

自从 UNIX 诞生以来，它已经历过很多次修改，各大公司也相继开发出自己的 UNIX 系统。目前常见的有 California 大学 Berkeley 分校开发的 UNIX BSD；AT&T 开发 UNIX System；SUN 公司的 Solaris；IBM 的 AIX 等多种版本。

② DOS：DOS 即磁盘操作系统，是早期的 PC 机操作系统。常见的 DOS 有微软公司的 MSDOS、IBM 公司的 PCDOS、Norton 公司的 DOS 系统以及我国的 CCDOS 等。

③ Windows/NT：Windows 即视窗，是微软公司的一系列操作系统，其中常见的有 Windows 3. X、Windows 95/98，以及 Windows NT、Windows 2000、Windows XP 等。

④ Linux：Linux 类似于 UNIX，是完全模块化的操作系统，主要运行于 PC 机上。目前有 RedHat、Slackware、OpenLinux、TurboLinux 等十多种版本。

⑤ MACOS：是苹果公司生产的 PC 机 Macintosh 的专用操作系统。

⑥ OS2：1987 年推出的为以 Intel 80286 和 80386 微处理器为基础的 PC 机配套的新型操作系统。它是为 PC-DOS 和 MS-DOS 升级而设计的。

⑦ 其他通用计算机操作系统：除以上的计算机操作系统以外，还有 IBM 的 System/360 操作系统、DEC 公司的 VAX/VMS、Honeywell 公司的 SCOMP 等操作系统。

1.3.4.3.2 网络操作系统

网络操作系统同计算机操作系统一样，也是信息系统中至关重要的要素之一。

① IOS：IOS 即 Cisco 互联网络操作系统，提供集中、集成、自动安装以及管理互联网络的功能。

② Novell Netware：Novell Netware 是由 Novell 开发的分布式网络操作系统。可以提供透明的远程文件访问和大量的其他分布式网络服务，是适用于局域网的网络操作系统。

③ 其他专用网络操作系统：为提高信息系统的安全性，一些重要的系统曾选用专用的网络操作系统。

1.3.4.3.3 网络通信协议

网络通信协议是一套规则和规范的形式化描述，即怎样管理设备在一个网络上交换信息。协议可以描述机器与机器间接口的低层细节或者应用程序间的高层交换。网络通信协议可分为 TCP/IP 协议和非 IP 协议两类。

① TCP/IP 协议：TCP/IP 协议是目前最主要的网络互连协议，它具有互连能力强、网络技术独立和支持的协议灵活多样等优点，得到了最广泛的应用。国际互联网就是基于 TCP/IP 之上进行网际互连通信。但由于它在最初设计时没有考虑安全性问题，协议是基于一种可信环境的，因此，协议自身有许多安全缺陷。另外，TCP/IP 协议的实现中也都存在着一些安全缺陷和漏洞，使得基于这些缺陷和漏洞出现了形形色色的攻击，导致基于 TCP/IP 的网络十分不安全。造成互联网不安全的一个重要因素就是它所基于的 TCP/IP 协议自身的不安全性。

② 非 IP 协议：常见的非 IP 协议有 X. 25、DDN、帧中继、ISDN、PSTN 等协议，以及 Novell、IBM 的 SNA 等专用网络体系结构进行网间互连所需的一些专用通信协议。

1.3.4.3.4 通用应用软件

通用应用软件一般指介于操作系统与应用业务之间的软件，为信息系统的业务处理提供应用的工作平台，例如 IE、Office 等。通用应用软件安全的重要性仅次于操作系统安全的重要性，其任何安全脆弱性和安全漏洞都可以导致应用业务乃至信息系统的整体安全。

① Lotus Notes：IBM 公司的 Kitys Notes 作为信息系统业务处理的工作平台软件的代表，对其安全性的探讨目前主要集中在 Domino 服务器的安全上。

② MS Office：微软公司 Office 办公软件包括 Word、PowerPoint、Excel、Access 等软件，是目前较常见的信息处理软件。有关 MS Office 软件包的漏洞报道比较多，如 Word 的帮助功能就可以被利用来执行本机上的可执行文件。

③ E-mail：电子邮件是互联网最常用的应用之一。邮件信息通过电子通信方式跨过使用不同网络协议的各种网络在终端用户之间传输。

④ Web 服务、发布与浏览软件：World Wide Web（WWW）系统最初只提供信息查询浏览一类的静态服务，现在已发展成可提供动态交互的网络计算和信息服务的综合系统，可实现对网络电子商务、事务处理、工作流以及协同工作等业务的支持。现有各种 Web 服务、发布与浏览软件，如 Mosaic、IE、Netscape 等。

⑤ 数据库管理系统：数据库系统由数据库和数据库管理系统（DBMS）构成。数据库是按某种规则组织的存储数据的集合。数据库管理系统是在数据库系统中生成、维护数据库以及运行数据库的一组程序，为用户和其他应用程序提供对数据库的访问，同时也提供事件登录、恢复和数据库组织。

⑥ 其他服务软件：在信息系统中，除了以上常见的一些通用应用软件以外，还有 FTP、TEI. NET、视频点播、信息采集等类型软件，这里就不再赘述。

1.3.4.3.5 网络管理软件

网络管理软件是信息系统的重要组成部分，其安全问题一般不直接扩散和危及信息系统整体安全，但可通过管理信息对信息系统产生重大安全影响。鉴于一般的网络管理软件所使用的通信协议（例如 SNMP）并不是安全协议，因此需要额外的安全措施。

常见的网络管理软件有：HP 公司的 Open View；IBM 公司的 Net View；SUN 公司的 Net Manager；3Com 公司的 Transcend Enterprise Manager；Novell 公司的 NMS；Cabletron 公司的 SPECTRUM；Nortel 网络公司的 Opticity Campus；HP 的 CWSI 等。

此外，信息系统还涉及组织管理、法律和法规等内容，这些详见后续章节里的专门论述。

1.3.5 信息系统极限目标

信息系统发展及可持续发展目标应由"极限目标"调整到可与社会共同持续发展的可实际贯彻的科学目标。

过去风行一时的信息系统发展目标是：任何人在任何地点、任何时间、任何状态下都能获得任何信息，并利用信息。这个"目的"是个永远无法实现，甚至是不合理的。因为"任何"一词表达了"绝对"、无条件、无限制的内涵。在人类社会，按这个目标发展就意味着每个人都绝对的"任性"，意味着社会秩序像分子的"布朗"运动，每个人都有各自目的、行为、行动的状态，社会就会变成整体无状态而无法存在，例如涉及国家安全、社会安全和个人隐私的信息绝对不能随意获取。社会必须有序运动，遵循规律发展，尽量避免因持续无序"涨落"导致损失，要体现"以人为本"，体现公正公平。信息系统发挥正面的"增强剂""催化剂"作用，目标应调整为"在遵守社会秩序和促进社会持续发展前提下，尽力减弱时间、地点、状态、服务项目等方面对合理获得、利用信息的约束限制"。"合理"一词蕴含了在复杂社会矛盾环境下信息系统安全问题的同步发展。

1.4　信息网络及其网络空间

1.4.1　复杂网络的基本概念

1.4.1.1　定义

钱学森给出了复杂网络的一个较严格的定义：具有自组织、自相似、吸引子、小世界、无标度中部分或全部性质的网络。

1.4.1.2　复杂性表现

复杂网络，简而言之，即呈现高度复杂性的网络。其复杂性主要表现在以下几个方面：

- 结构复杂：表现在节点数目巨大，网络结构呈现多种不同特征。
- 网络进化：表现在节点或连接的产生与消失。例如 world-wide network，网页或链接随时可能出现或断开，导致网络结构不断发生变化。
- 连接多样性：节点之间的连接权重存在差异，且有可能存在方向性。
- 动力学复杂性：节点集可能属于非线性动力学系统，例如节点状态随时间发生复杂变化。
- 节点多样性：复杂网络中的节点可以代表任何事物，例如，人际关系构成的复杂网络节点代表单独个体，万维网组成的复杂网络节点可以表示不同网页。
- 多重复杂性融合：即以上多重复杂性相互影响，导致更为难以预料的结果。例如，设计一个电力供应网络需要考虑此网络的进化过程，其进化过程决定网络的拓扑结构。当两个节点之间频繁进行能量传输时，它们之间的连接权重会随之增加，通过不断的学习与记忆逐步改善网络性能。

1.4.1.3　研究内容

复杂网络研究的内容主要包括：网络的几何性质、网络的形成机制、网络演化的统计规律、网络上的模型性质，以及网络的结构稳定性、网络的演化动力学机制等问题。其中，在自然科学领域，网络研究的基本测度包括度（degree）及其分布特征、度的相关性、集聚程度及其分布特征、最短距离及其分布特征、介数（betweenness）及其分布特征、连通集团的规模分布。

1.4.1.4　主要特征

复杂网络一般具有以下特性：

第一，小世界。它以简单的措辞描述了大多数网络尽管规模很大但是任意两个节（顶）点间却有一条相当短的路径的事实。以日常语言看，它反映的是相互关系的数目可以很小但却能够连接世界的事实，例如，在社会网络中，即使相互认识的人很少，但是却可以找到很远的无关系的其他人。正如麦克卢汉所说，地球变得越来越小，变成一个地球村，也就是说，变成一个小世界。

第二，集群即集聚程度（clustering coefficient）的概念。例如，社会网络中总是存在熟人圈或朋友圈，其中每个成员都认识其他成员。集聚程度的意义是网络集团化的程度，这是一种网络的内聚倾向。连通集团概念反映的是一个大网络中各集聚的小网络分布和相互联系的状况。例如，它可以反映这个朋友圈与另一个朋友圈的相互关系。

第三，幂律（power law）的度分布概念。度指的是网络中某个顶（节）点（相当于一个个体）与其他顶点关系（用网络中的边表达）的数量；度的相关性指顶点之间关系的联系紧密性；介数是一个重要的全局几何量。顶点 u 的介数含义为网络中所有的最短路径之中，经过 u 的数量。它反映了顶点 u（即网络中有关联的个体）的影响力。无标度网络（Scale-free network）的特征主要集中反映了集聚的集中性。

1.4.2 信息网络基本概念

1.4.2.1 网络

网络是由节点和连线构成的，表示诸多对象及其相互联系。在数学上，网络是一种图，一般认为专指加权图。网络除了数学定义外，还有具体的物理含义，即网络是从某种相同类型的实际问题中抽象出来的模型。在计算机领域中，网络是信息传输、接收、共享的虚拟平台，通过它把各个点、面、体的信息联系到一起，从而实现这些资源的共享。网络是人类发展史上最重要的发明，提高了科技和人类社会的发展。

在 1999 年之前，人们一般认为网络的结构都是随机的。但随着 Barabasi 和 Watts 在 1999 年分别发现了网络的无标度和小世界特性并分别在世界著名的《科学》和《自然》杂志上发表了他们的发现之后，人们才认识到网络的复杂性。

网络是在物理上或（和）逻辑上，按一定拓扑结构连接在一起的多个节点和链路的集合，是由具有无结构性质的节点与相互作用关系构成的体系。

1.4.2.2 计算机网络

计算机网络就是通信线路和通信设备将分布在不同地点的具有独立功能的多个计算机系统互相连接起来，在网络软件的支持下实现彼此之间的数据通信和资源共享的系统。

从逻辑功能上看，计算机网络是以传输信息为基础目的，用通信线路将多个计算机连接起来的计算机系统的集合，一个计算机网络组成包括传输介质和通信设备。

从用户角度看，计算机网络是存在着一个能为用户自动管理的网络操作系统。由它调用完成用户所调用的资源，而整个网络像一个大的计算机系统一样，对用户是透明的。

1.4.2.3 互联网

互联网（Internet），又称网际网络、因特网、英特网，互联网始于 1969 年美国的阿帕网，是网络与网络之间所串连成的庞大网络，这些网络以一组通用的协议相连，形成逻辑上的单一巨大国际网络。通常 internet 泛指互联网，而 Internet 则特指因特网。这种将计算机网络互相连接在一起的方法可称作"网络互联"，在这基础上发展出的覆盖全世界的全球性互联网络称为互联网，即是互相连接一起的网络结构。互联网并不等同万维网，万维网只是一个基于超文本相互链接而成的全球性系统，并且是互联网所能提供的服务之一。

1.4.2.4 信息网络

前面提到，信息是客观事物运动状态的表征和描述，网络是由具有无结构性质的节点与相互作用关系构成的体系。

此处，信息网络是指承载信息的物理或逻辑网络，具有信息的采集、传输、存储、处理、管理、控制和应用等基本功能，同时，注重其网络特征、信息特征及其网络的信息特征。

互联网是一种信息网络，同样，广播电视、移动通信也是一种信息网络，构架于互联网之上的 VPN 等虚拟网络也是一种信息网络。

1.4.3　网络空间基本概念

网络空间又称为赛博空间（Cyberspace），其定义为：

- 在线牛津英文词典：" 赛博空间：在计算机网络基础上发生交流的想象环境。"
- 百度百科：" 赛博空间是哲学和计算机领域中的一个抽象概念，指在计算机以及计算机网络里的虚拟现实。"
- 维基百科：" 赛博空间是计算机网络组成的电子媒介，在其中形成了在线的交流。……如今无所不在的 ' 赛博空间 ' 一词的应用，主要代表全球性的相互依赖的信息技术基础设施的网络、电信网络和计算机处理系统。作为一种社会性的体验，个人间可以利用这个全球网络交流、交换观点、共享信息、提供社会支持、开展商业活动、指导行动、创造艺术媒体、玩游戏、参加政治讨论等。这个概念已经成为一种约定俗成的描述任何和因特网以及因特网的多元文化有关的东西的方式。"
- 李耐和《赛博空间与赛博对抗》：" 其基本含义是指由计算机和现代通信技术所创造的，与真实的现实空间不同的网际空间或虚拟空间。网际空间或虚拟空间是由图像、声音、文字、符码等所构成的一个巨大的 ' 人造世界 '，它由遍布全世界的计算机和通信网络所创造与支撑。"

媒体成为赛博空间（一部分）的充分必要条件，是媒体具有实时互动性、全息性、超时空性三种特征。

① 实时互动性：实时互动或者至少在媒介自身中进行的实时互动，就是赛博空间互动性的重要特征。互动的速度主要依靠两个方面的因素决定：第一是信息跨越空间的传播速度；第二是海量复杂信息的计算速度。

② 全息性：赛博空间融合了以往的各种媒体，并且拥有计算机和互联网的强大信息处理能力，得以在人类历史上第一次用大量不同形式的信息来 " 全息 " 地构建事物形象，进而创造出种种堪与现实世界媲美的另外的 " 现实 "，这些 " 现实 " 好似对于原先现实世界的全息再现，同时也有着自身的特性。

③ 超时空性：赛博空间的媒介超越了自然媒介的时空局限性，在自然媒介的现实中，无一例外，要达到实时的互动性和大量的信息传播，必须保证交流双方在相当近的空间和时间距离内。

1.5　工程系统理论基础知识

信息安全具有社会性、全面性、过程性、动态性、层次性和相对性等特征，信息安全工程是一种复杂的系统工程，而工程系统理论可以很好地指导复杂系统的分析、设计和评价。本小节主要论述工程系统理论的分析观、设计观和评价观，使其能够应用于复杂的信息系统安全工程。

随着社会的快速进步和科学的空前发展，人们所面对的世界日益复杂，知识产生的节奏不断加速，人们生产、生活的方式日新月异，而人类认识世界和改造自然的能力日益强大，伴随着这飞速发展而令人眼花缭乱的时代步伐，各种各样高度复杂化的人工系统应运而生，其复杂性远远超过了任何个人的直观认识和简单处理能力。作为一种普适性理论的一般系统论、耗散结构理论和以协同学为代表的系统理论，侧重于发掘系统运动和演化的规律与机制，属于系统哲学的思维模式。但作为哲学层次的系统论并不能有针对性地解决各种工程系统问题的能力，这是因为系统工程侧重于具体的工程技术，同样，也不能为这种复杂系统提供有效的方法论。

对于大型复杂人工系统，特别是各种应用型人工系统，具有酝酿、设计、研制周期长，涉及的学科和相关技术多，要求指标体系庞杂，设计和组织管理任务繁重，受运作机制、社会意识、经济甚至政治因素影响等特征，这样的复杂人工系统无论在人力、物力、财力还是时间跨度上都要求有很大的投入。因此，对于大型复杂人工系统，客观上迫切要求应用系统、科学的思想对这些系统进行分析综合、系统设计管理及评价，给出一些普遍性的分析问题、解决问题的原则、思路和方法，把握事物内在的客观规律，以提高系统设计和运行，这是创立工程系统论的客观要求。除此之外，还有以下几方面的要求：工程的重要性要求提供理论指导；工程危机呼唤一种有效的工程理论武器；能对工程提供有效支持的理论只能是系统论；系统论在工程领域的表现形态是工程系统论；工程系统论有助于工程科学的统一。正是在这些要求下孕育了工程系统论，它是现代科技发展的必然。工程系统论一词最早出现在王连成发表在《系统工程与电子技术》杂志的一篇文章中，文中对工程系统论概念的产生、研究对象、方法及其所属的学科层次做了论述。本书在王越院士讲授的系统科学与科学研究方法的理论及其弟子的部分工作基础上形成，对工程系统论进行了更全面、更深入的讨论。

工程系统论的研究可通过多学科的综合交叉研究，在现代系统理论的基础上，面对大型复杂人工系统的研究、研制和管理来建立一种系统分析综合、系统设计评估、系统协调控制的应用性方法体系，以提高大型复杂人工系统分析、设计、管理的成功概率及工作效率。工程系统论的产生为一般系统理论和系统工程架起一座桥梁，为一般系统理论的实际应用提供了一种有效的方法论，而又实实在在地为系统工程提供了有效的指导，是一种介于一般系统论和工程系统之间的科学的应用性方法论。

工程系统论吸取了系统科学的思想，辅以自组织理论和系统辩证的思维，站在更高层次上对复杂、实用性的人工系统进行方法论指导。工程系统论有可能突破系统工程技术的局限性，从而在更加宽广的时空跨度内控制人工系统的生成、发展与进化。由于工程系统论并没有摒弃系统工程等学科中成功有效的技术方法、途径和措施，而增加了顶层的指导，所以这种更加普适性和更加宏观的方法论体系应用于大型复杂人工系统具有旺盛的生机和广阔的应用前景。

1.5.1　概念和规律

工程系统论是以系统科学的原理和规律作为顶层的指导思想与理论基础，以系统工程、人工系统学等技术学科为支撑，辅以模糊数学、分形分维等数学工具的一门横断学科。它有别于系统工程等工程设计学科，更加着眼于人工系统，特别是大型复杂人工系统所客观存在的本征运动规律，是系统科学在人工系统分析、设计领域的应用和发展，是系统分析和设计的顶层思想体系，是系统方法论的组成部分，是工程化的系统理论。

工程系统论中的若干概念以及系统属性是以系统科学为基础的，但又略有不同。

1.5.1.1　若干概念

应该正确理解和认识工程系统论中的若干概念。主要概念有系统、功能、结构、进化、退化、连续、间断、成功、失败、剖面、层次、难度、复杂度、创新、自组织、序、整合等。下面着重介绍系统复杂性和困难性表现，以及系统整合概念。

① 系统的复杂性和困难性。复杂性表现在，所获得的数据不精确、不完整、不一致、不可靠甚至互相矛盾；数据的迅速变化及数据量的迅速增加；不易定义正常状态作为问题求解的依据；利用对象的某些特征进行探测、分类及识别等出现的局限性；有意干扰、迷惑甚至破坏；动力学行为的非线性、不确定性与难描述性；有关信息的粗糙性、不完备和真实性；环境影响的随机性；系统间多重非线性和耦合性；状态变量的高维性和分布性；层次上的连续性、间断性的混杂与难分等。困难性主要表现在，目的上的多靶标性，目的上的难满足程度很大；环境因素制约的多重性和客观上的不相容性；功能上的多重性和结构上的多层次性；要素的难描述性、不确定性；要素实现水平与期望值的矛盾等。

② 整合。整合作用在某种场合下是极为关键的因素，不能犯整合不当的错误，整合可分为时间上、空间上或者时空维上的整合。非正确整合思维的主要模式有：系统内部结构间非正确链接；全系统功能和结构的非正确对应；应急措施及容错设计的不合理等。影响正确整合的客观因素有：系统的复杂性及未知、未确定性因素；设计经费、时间期限紧张；人的思维偏爱自己熟悉的、运用成功的、自己发明或发现的方法及措施；极端条件难以模拟。

工程系统论中的系统属性除了系统科学中的整体性、层次性、动态性、目的性之处，还包括有序性、动态性、开放性、演化、竞争等，由于其概念基本同于系统科学的概念，这里就不再赘述。

1.5.1.2　若干规律

工程系统论要求正确认识和处理以下的对立统一律：连续性与间断性的对立统一、目的性和自然决定性的对立统一、功能与结构的对立统一、群体与个体的对立统一、分化与进化的对立统一、量变与质变的对立统一、成功与失败的对立统一、相对性和绝对性的对立统一等。

① 连续性与间断性的对立统一。空间上的间断形成层次和范围，时间上的间断形成阶段和分阶段。时间和空间是一切事物存在的形式，所以在时间和空间上的连续和间断对立统一特征对事物的发展具有普遍性。在工程系统论中始终认为连续与间断一并存在。

② 目的性和自然决定性的对立与统一。目的性是指随着人思维能力及反映能力的不断提高，逐渐形成了对环境的超前反应，它表征着能动性的提高。而自然决定性是指客观世界是不以人的意志为转移的，人类可以利用这些规律来发现基本的规律。事物的发展过程中出现新的形式和新的规律是必然的，这是由于人类不断提高的能动性使其目的性活动的广度和深度逐步增强。反之，人类的一切目的性活动仍然要受到基本规律和原则的制约，也就是说，目的性本身受自然决定性支配。在人工系统中，如果不能清晰地分析自然决定性所支配的各种约束条件，对充分条件和必要条件描述不清或归纳不全，就无法正确地认识自然决定性支配下的目的性是否可达到，是否必然可达到。在人工系统设计中往往转化或者突破旧制约的限制，但旧制

约的限制突破后，新的制约条件就会产生，没有制约条件的系统是不存在的。

③ 功能与结构的对立统一。功能是对外的，结构对内部而言的。功能是人工系统在与外界的相互作用中表现出来的基本特征，是与周围环境发生特定形式的相互作用的本能属性，又是与外界互相作用的原动力。而结构就是事物内部诸元素之间的有序的相互联系及相互作用，以及这种关系的空间表现，事物的内部结构是分层次的（按一定的准则）。结构是功能的物质基础，但是没有功能的要求及变化，结构也就不会变化。功能变化到一定程度，如果结构不发生变化，功能就会受到阻碍。

④ 确定性与不确定性的对立统一。不确定性有两种不同性质的类别，一是概率意义上的不确定性，另一种是模糊意义上的不确定性。概率意义上不确定性体现了客观事物的复杂性和不断运动的特征，混沌现象就是确定性的机制产生的不确定现象；模糊性的不确定性体现了事物特征的非二值逻辑，即非此非彼，亦此亦彼。

1.5.2　系统分析观

1.5.2.1　分析方法

工程系统论的系统分析应着重在以下几个方面：

① 开放性：考察系统的开放性，考察系统与外部环境之间可能存在的物质、信息和能量交换，考察影响系统生成、发展、演化的主要相关因素及各个相关方面。

② 非平衡性：其本质是系统的开放性导致的系统差异性。在开放系统中寻找远离平衡点的条件，包括新产品、新技术、新手段、新思路、新机制、新需求等。

③ 有序性：研究系统的有序状态是什么，考察人工系统目的性所决定的目的状态和主要功能目标是什么。并进一步考察在有序化的过程中，功能结构的动态作用所需要的进化机制，可能产生自复制、自催化作用的机制和因素。

④ 自组织：研究什么样的外部条件，产生什么样的涨落，可以促使各元素通过协同和竞争达到所希望的有序方向。研究子系统之间的机制及子系统之间融合演变的可能性。

⑤ 稳定性和突变性：考察系统运动状态中可能出现的动态稳定情况及基本条件。考察系统失稳出现突变的可能性。抓住机遇构建有序结构，并预防系统非正常情况的出现以及采取预防或控制措施等。

⑥ 功能与结构：分析系统功能的需求及所对应的系统结构。考察系统结构变化所产生的系统功能的演化，以及功能需求改变导致结构的变化。

⑦ 整体性：考察系统的综合性特征，分析系统要素之间的相关，特别是非线性相关性。考察系统整体所具有而元素不具有的整体性特征。考察系统结构变化产生的新功能和特性等。

⑧ 模型化：在不同的情况下应用精确模型或概念模型对系统目标、状态进行定性和定量的分析，采用黑箱、灰箱等不同的方法针对系统功能需求分析系统结构，并借助模型进行系统实验。

1.5.2.2　分析步骤

工程系统论对系统的分析可分为两大步：系统动态发展分析和准静态分析。

① 系统动态发展分析：工程系统论在对某个静态的系统进行分析之前，首先要把握它

的动态发展历程，判断当前所处的状态。因此，先是将被分析的系统置于它所从属的大系统中，分析该系统是处于生成期、发展期还是演化期。应用开放性方法，考察大系统的开放性，考察技术、信息和物质交换对系统的影响。对于生成期的系统，应用非平衡方法分析其产生的必然因素，即非平衡点在哪儿，如何突出自身优势，从而强化非平衡特征。应用有序性分析产生自复制、自催化作用的机制导致新序产生。应用自组织性分析可能导致突变的涨落因素，并创造必要条件促使子系统之间融合演化，生成新序。对于发展初期的系统，应用整体性方法，考察新序产生后动态稳定系统结构变化及其影响，对其进行系统优化。对于进入演化期的系统，应用稳定性方法分析其发展潜力和方向，应用突变性方法分析可能的突变和对于新的突变采取的对策。

② 系统当前状态的准静态分析：确定系统所处当前的状态后，需要对系统进行准静态分析。新系统创新后的发展需要一系列的新"生长核"作为支撑。这些生长核就是打破旧的不平衡后，新序中系统功能与结构辩证统一的结合点。这些生长核是一个多层次的结构体系，由顶层至底层体现了新系统各个层面的结构要点。系统分析还要研究系统的复杂度和难度。准静态分析主要包括确定目标、谋划备选方案、建模和估计方案效果、未来环境预测、评价备选方案等方面。

1.5.2.3　注意事项

在系统的分析过程中，应注意以下几方面的内容：

① 问题描述不清。对系统所处的环境和当前状态描述不清，对系统目标和具体需求描述不清，对系统赖以生存、发展的"核体系"描述不清，这些基本的问题都没有澄清，就根本谈不上问题的解决，所以，在问题描述不清的情况下，是得不出正确和完整的结论的，不应急于解决描述不清的系统。

② 分析过程缺少反馈调整。系统分析本身是一个反复优化的过程，没有反馈调整和校正的系统，其分析结论和系统总体方案往往有失周密和妥当，不可避免存在失败的隐患，更谈不上对系统的优化。

③ 模型化处理过程偏重于定量的计算，过分依赖于计算结果。模型化分析应该先于功能模拟和结构分析。模型的分析和构造是第一步，在定性分析没有确定之前，定量的分析和具体数据没有多大的实际意义，如果定性分析的模型构造和选择出现错误，那么定量分析的数据就会导致错误的结论。

④ 该断不断，无限连续，抓不住重点。任何系统分析都是对某一系统某一层次、某一剖面的分析，一味强调面面俱到，过分注重细节，或者无限连续、对系统分析的层面和剖面不能正确地分隔，都会使系统分析陷入高度复杂的状态，理不清头绪。要该断则断，抓住重点，合理忽略细节和弱相互作用，简化系统的分析。

1.5.3　系统设计观

1.5.3.1　设计内涵

在进行系统设计之前，首先应弄清系统设计的内涵。

① 设计的本质：设计是一种创新过程，是按照一定的目的性要求生产和构造人为系统的过程。系统设计是面向未来的设计，从本质上讲，人工系统设计是按某种目的，将未来的

动态过程及欲达到的状态提前固化到现在时间坐标的过程。人工系统动态运动的有序性表明系统的目的性导致了系统运动的趋终性特征，而系统运动的目的点或极限环就是系统人为设计目标的表征。人工系统未来欲达到的状态是系统设计的目标，是系统分析和设计所希望获得的未来状态。提前固化到现在时间坐标的意义是指在时间维度的当前坐标上确定未来预期的状态目标，并以这个未来预期目标作为系统设计不可动摇的目的，贯穿设计过程的始终。

② 设计的目的：设计的目的是一种获得，是具有普遍特征的广义获得，包括某些物质上、精神上、能量上的获得，也包括信息的获得，以及某种自由和能力的获得。获得必有一定的付出，这些获得必然是以某些方面的付出为代价的，如物质上的付出、经济上的付出、设计开发人员时间和精力的付出、资源的付出，还有开发风险的付出等。

③ 设计的思想：设计是一种变换和创造的结合，创造性首先表现在非平衡点的发现和确立上，而变换是将潜在的有利因素加以挖掘和充分利用的过程，系统设计中可能会有一些充裕的资源和条件，同时会有一些不满足的条件，设计就是设法将充足的条件因素经转化去补足不利的因素，以达到预期目的和全局的优化。

④ 设计的关键：系统的整合设计在某种条件下往往是导致整体成功或失败的关键因素。系统整合可以分为空间、时间及时空联合维上的整合。设计成功的子系统如果整合设计不当，也会导致整体设计的失败。整合不是子系统的简单拼和相加，而是子系统之间的相互匹配、相互作用和相互影响的整体，局部或子系统设计成功不等于整体成功，局部设计没有出现的问题隐患必须在整合的步骤中发现和解决，否则，可能导致系统整体设计的失败。这也体现了系统的整体特征。如各个工作良好的软件模块堆积到一起并不一定能够工作，因此系统整合往往是系统设计成败的关键环节。

⑤ 设计的制约因素：环境条件的制约是不可忽视的，与环境因素不匹配的系统设计即使技术再先进，也不会成功。设计从某种意义上讲是突破旧的约束，将付出转换为一种获得的过程，然而设计产生的新系统还会受到新的制约，不能低估旧制约的影响。另外，人为设计的目的性还要受到自然决定性的制约和支配，不符合自然决定性的系统设计注定要失败。

⑥ 设计成败的判据：设计成功的判据是在可以接受约束和代价下达到了预先制订的目的，设计成功的内因是在创新和变换中的付出和代价能够被认可和接受，反之就是设计的失败。系统设计的目的达到了，但约束和代价处于不明确状态是设计处于未定状态的主要原因，但是这种未定状态应当是暂时的，如果持续时间过长，往往会导致更大的代价或更强的约束，直至设计失败。

1.5.3.2　设计步骤

工程系统论的系统设计主要分为四步：

① 从系统分析得到的非平衡点概念映射到系统设计的目的体系，即由非平衡到目的性的正确变换。从系统思维的角度考虑，这个转换可分为分析问题、解决问题和整理方案三个层次和步骤。找到了系统的非平衡点，下一步是强化非平衡，所以非平衡到目的性的正确变换十分重要，是系统设计成功的关键一步。

② 从系统设计的目的体系映射到基本要求体系，即由顶层设计目的到基本要求体系的正确变换。这里的要求体系包括不同的层次和剖面，是"要求集"的概念。各个不同层面的要求之间可能是并列的关系，也可能是分层的交错，还可能存在隶属关系。不同要求之间可能存在各种相互作用，包括相互依赖、互补、相互矛盾和冲突等。转换要求指标体系的原

则是首先保持总体要求不变条件下的一致性，纵向与横向统一；其次，坚持全面性和关键性原则，把握关键、突出重点是转换要求体系的处理原则，不能一味求全，也不能忽略要求体系的完整性；再次是坚持应变原则，复杂的要求体系必须经过反馈、调整和校正，有灵活性，更要与环境的变化相适应；最后，系统的各项具体要求必须是可实现的、可检验的，不可实现或不可检验的系统要求是没有意义的。

③ 从基本要求体系映射到具体指标体系。即要求体系到指标体系的正确变换。系统的要求体系要转换到具体的指标体系才可以考虑实际的设计，而具体的指标体系对应于要求体系同样具有层次和剖面的特征。如果说前两个层次的转换环节主要是定性地解决问题，那么这个层次的转换环节就是定量解决的第一步。除了在体系转换过程中需要坚持的原则外，在这个转换过程中还应该进一步强调系统的整体优化、系统的完备简单性和系统设计的灵活性，并加以具体量化。

④ 从指标体系映射到整体方案体系，即由指标体系到分系统、子系统层次功能及结构的正确形成之间的变换；此外，还存在子系统层次之间功能的正确整合。这个转换环节要解决不同系统之间结构与功能的矛盾和匹配，处理不同层次系统之间的相互作用，完成系统的整体设计，在不同层次的系统设计中相互转化充足的资源和有利条件，弥补紧张和难以满足的部分，还要解决系统整合的问题，注重不同层次设计的不同特征，达到系统设计整体成功和整体优化的目标。

工程系统论的系统设计主要包括以上四大部分，但应强调的是，在系统设计中首先要建立系统约束体系的描述，明确必须满足的条件和必须解决的问题以及必然受到的约束，不满足自然决定性的系统是不成功的，付出的代价为不可接受的系统设计也是不成功的。约束条件分析不明确无法正确判定系统的得失，所以建立约束体系的描述，并加以正确分析和评价相当重要。另外，在各个层次的设计过程中，不可缺少反馈调节过程。不同时期和不同层次的验证与反馈调整是保证系统设计成功的必要手段，要注意不同阶段和时期的仿真验证，早期的仿真验证和模拟如果能够及早地发现系统设计的问题，会避免将系统设计引入歧途。另外，验证和调整是系统优化的必经之路，本质上就是系统设计寻优的过程，没有反复的验证和反馈调整就没有从次优化到优化的过程，当然就谈不上系统的寻优和最优化。

对系统死亡的正确理解和处理：人工系统设计制造是一种提前目的的固化，由于系统的运动进化特征，任何固化的特性都适用和存在于有限的时空间内，所以系统死亡是不可避免的，主要有两种处理系统死亡的策略，即预留一定的发展余地，或提取仍然具有生命力的生长核，设计具有发展功能的子代改进系统。一个大型人工系统在设计之初就必须考虑未来的发展余地，考虑未来环境变化后的动态适应性。当今的科技和社会发展日新月异，系统应用环境瞬息万变。为了避免系统设计完成之日就是系统过时之际的局面，就要在系统设计目标确定的时候具有一定的超前意识，在具体系统设计时进行"可持续发展"。另一种是在系统死亡之前，进行预测感知，如果没有发展余地，就应立即"三十六计，走为上"。

设计过程中非正常状态的感知和处理：在设计过程中感知非正常状态是非常重要的，越早越好。以下情况可能预示着系统设计出现所不希望的非正常状态：重要指标达不到或者临界、结果不稳定且规律不明确、过程进展不顺利、多项指标临界、结构落实困难、附加矛盾很多、存在明显的优势竞争对手等。对于非正常状态处理的原则是：在较早阶段的非正常状态，分析问题的严重性，属于局部问题就进行局部的调整或牺牲，以保证整体设计的成功；

属于全局问题就必做大范围的调整和牺牲，直至反馈调整整体设计的目的；属于自然决定性导致的困难，就必须承认失败，处理善后。

1.5.4 系统评价观

在对一个系统做具体评价之前，首先应确认系统整体是否满足目的性要求；自身约束条件是否可接受；与环境的匹配程度是否可接受；系统的动态性和灵活性能否满足要求，整体效益是否明显。如果该系统满足以上条件，就可以从以下四个方面对系统做出具体的评价。

① 性能维：包括基本性能维、使用性能维、竞争对抗性能维等，还包括维修、保存等方面。针对不同的人工系统，其性能维的各个层面的重要性是不同的。例如，军事系统对基本性能、使用性能、竞争性能和竞争对抗性能的要求都很高，而生活消费系统更注重于使用和后续发展余地等。

② 成本维：包括直接成本、使用成本、维修成本、成本降低的可能性成本及预留措施的成本，以及系统实现过程中所付出的人力、物力等成本。

③ 时空维：设计的目的存在着时/空间的限度、指标体系存在着时/空间的限度、系统的生存发展存在着时空间的限度、竞争存在着时空间的限度。系统存在的目的性存在时间过短，系统设计的代价付出相对于获得就可能偏高。指标体系随着技术的快速进步也可能很快失去战略和战术的意义。这些都会影响系统存在的时空间限度。

④ 发展余地维：发展余地维是进一步提高指标水平的预留措施，以及预测环境潜在对系统要求变化的适应能力。不能够对未来环境适应的系统，其生存能力必然有限，而不为系统的未来发展预留余地，就无法灵活而有利地处理系统的死亡问题。

1.6 系统工程的基本思想

1.6.1 基本概念

1.6.1.1 研究对象和价值

系统工程（System Engineering）是以系统为研究对象的工程技术，它涉及"系统"与"工程"两个方面。所谓系统，即是由相互作用和相互依赖的若干组成部分结合而成的具有特定功能的有机整体，"工程"包括"硬工程"和"软工程"。硬工程是指把科学技术的原理应用于实践，设计制造出有形产品的过程；软工程是指诸如预测、规划、决策、评价等社会经济活动过程。这两个方面有机地结合在一起即为系统工程。

系统工程是系统科学的一个分支，实际是系统科学的实际应用。可以用于一切有大系统的方面，包括人类社会、生态环境、自然现象、组织管理等，如环境污染、人口增长、交通事故、军备竞赛、化工过程、信息网络等。系统工程是以大型复杂系统为研究对象，按一定目的进行设计、开发、管理与控制，以期达到总体效果最优的理论与方法。系统工程是一门工程技术，但是系统工程又是一类包括许多种工程技术的一个大工程技术门类，涉及范围很广，不仅要用到数、理、化、生物等自然科学，还要用到社会学、心理学、经济学、医学等与人的思想、行为、能力等有关的学科。系统工程所需要的基础理论包括运筹学、控制论、信息论、管理科学等。

系统工程属于系统科学的学科范畴。系统科学研究系统演化的一般规律、系统有序结构的自组织原理和系统复杂性。系统科学是20世纪产生的，它的诞生是科学发展上的重大事件之一。

依据系统思想建立的完整科学体系称为系统科学。按照钱学森的观点，系统科学作为完整的科学体系，包含基础科学、技术科学和工程技术三个层次。

在钱学森的系统科学学科体系结构中，基础科学指的是这个学科中的理论基础，它解释这个学科的一般规律，作为系统科学的理论基础就是系统学；技术科学指的是这个学科中的技术基础，它沟通基础理论到实践应用、指导工程基础的实现，作为系统科学的技术基础就是"运筹学""控制理论"和"信息理论"；工程技术指的是这个学科中的应用技术，作为系统科学的应用技术就是"系统工程"。所以，系统工程在系统科学的学科体系结构中处于工程技术层次。

1.6.1.2 概念和主要特点

系统工程是多学科的高度综合，它的思想和方法来自各个行业和领域，又综合吸收了邻近学科的理论与工具，故国内外对系统工程的理解不尽相同，下面列举一些组织和专家的看法。

① 美国人切斯纳（1967）的观点。虽然每个系统都是由许多不同的特殊功能部分所组成的，而这些功能部分之间又存在着相互关系，但是每一个系统都是完整的整体，每一个系统都有一定数量的目标。系统工程则是按照各个目标进行权衡，全面求得最优解的方法，并使各组成部分能够最大限度地相互协调。

② 日本工业标准JIS 8121（1967）。系统工程是为了更好地达到系统目的，对系统的构成要素、组织结构、信息流动和控制机构等进行分析与设计的技术。

③ 美国人莫顿（1967）的观点。系统工程是用来研究具有自动调整能力的生产机械，以及像通信机械那样的信息传输装置、服务性机械和计算机械等的方法，是研究、设计、制造和运用这些机械。

④ 美国质量管理学会系统委员会（1969）。系统工程是应用科学知识设计和制造系统的一门特殊工程学。

⑤ 日本人寺野寿郎（1971）的观点。系统工程是为了合理进行开发、设计和运用系统而采用的思想、步骤、组织和方法等的总称。

⑥ 大英百科全书（1974）。系统工程是一门把已有学科分支中的知识有效地组合起来，用于解决综合化的工程技术。

⑦ 苏联大百科全书（1976）。系统工程是一门研究复杂系统的设计、建立、试验和运行的科学技术。

⑧ 日本人三浦武雄（1977）的观点。系统工程与其他工程不同点在于它是跨越许多学科的科学，而且是填补这些学科边界空白的一种边缘科学。因为系统工程的目的是研制系统，而系统不仅涉及工程学的领域，还涉及社会、经济和政治等领域，为了适当解决这些领域的问题，除了需要某些纵向技术以外，还要有一种技术从横向把它们组织起来，这种横向技术就是系统工程。

⑨ 中国科学家钱学森（1978）的观点。系统工程是组织管理的技术。把极其复杂的研制对象称为系统，即由相互作用和相互依赖的若干组成部分结合成具有特定功能的有机整

体，而且这个系统本身又是它所从属的一个更大系统的组成部分，系统工程则是组织管理这种系统的规划、研究、设计、制造、试验和使用的科学方法，是一种对所有系统都具有普遍意义的科学方法。

综上所述，系统工程是从整体出发合理开发、设计、实施和运用系统科学的工程技术。它根据总体协调的需要，综合应用自然科学和社会科学中有关的思想、理论和方法，利用电子计算机作为工具，对系统的结构、要素、信息和反馈等进行分析，以达到最优规划、最优设计、最优管理和最优控制的目的。

目前存在的几种系统工程学都属于系统科学本身层次结构中的第4层次——工程技术。系统科学含有4个层次：系统科学哲学（系统观）；系统科学的基础科学（系统学）；系统科学的技术科学（应用科学，如信息论、控制论、运筹学等）；系统科学的工程技术——系统工程、控制工程、信息工程等。

系统工程是综合运用各种学科的科学成就为系统的规划设计、试验研究、制造使用和管理控制提供科学方法的工程技术，它是在运筹学、控制论和计算科学广泛实践的基础上，应用系统方法去解决其实践内容的工程技术。按照钱学森教授所建立的系统科学体系，系统工程的基础理论是运筹学、控制论和信息论等组成的一类技术科学以及为其提供计算方法的计算科学。

系统工程具有以下特点。

① 系统工程研究问题一般采用先决定整体框架，后进入详细设计的程序，一般是先进行系统的逻辑思维过程总体设计，然后进行各子系统或具体问题的研究。

② 系统工程方法是以系统整体功能最佳为目标，通过对系统的综合、分析，构造系统模型来调整改善系统的结构，使之达到整体最优化。

③ 系统工程的研究强调系统与环境的融合，近期利益与长远利益相结合，社会效益、生态效益与经济效益相结合。

④ 系统工程研究是以系统思想为指导，采取的理论和方法是综合集成各学科、各领域的理论和方法。

⑤ 系统工程研究强调多学科协作，根据研究问题涉及的学科和专业范围，组成一个知识结构合理的专家体系。

⑥ 各类系统问题均可以采用系统工程的方法来研究，系统工程方法具有广泛的适用性。

⑦ 强调多方案设计与评价。

系统工程技术可以应用到社会、经济、自然等各个领域，逐步分解为工程系统工程、企业系统工程、经济系统工程、区域规划系统工程、环境生态系统工程、能源系统工程、水资源系统工程、农业系统工程、人口系统工程等，成为研究复杂系统的一种行之有效的技术手段。

1.6.2　基础理论

20世纪40年代，由于自然科学、工程技术、社会科学和思维科学的相互渗透与交融，产生了具有高度抽象性和广泛综合性的系统论、控制论和信息论。系统论、控制论和信息论被称为系统科学的"老三论"。而按钱学森教授所建立的系统科学体系，系统工程的基础理论是运筹学、控制论和信息论等组成的一类技术科学。

1.6.2.1　系统论

系统论是研究系统的模式、性能、行为和规律的一门科学。它为人们认识各种系统的组成、结构、性能、行为和发展规律提供了一般方法论的指导。系统论的创始人是美籍奥地利理论生物学家和哲学家路德维格·贝塔朗菲。系统是由若干相互联系的基本要素构成的，它是具有确定的特性和功能的有机整体。如太阳系是由太阳及围绕它运转的行星（金星、地球、火星、木星等）和卫星构成的。同时，太阳系这个"整体"又是它所属的"更大整体"——银河系的一个组成部分。

世界上的具体系统是纷繁复杂的，必须按照一定的标准，将千差万别的系统分门别类，以便分析、研究和管理，如教育系统、医疗卫生系统、宇航系统、通信系统等。

如果系统与外界或它所处的外部环境有物质、能量和信息的交流，那么这个系统是一个开放系统，否则，就是一个封闭系统。开放系统具有很强的生命力，它可能促进经济实力的迅速增长，使落后地区尽早走上现代化的道路。

1.6.2.2　控制论

人们研究和认识系统的目的之一，就在于有效地控制和管理系统。控制论则为人们对系统的管理和控制提供了一般方法论的指导，它是数学、自动控制、电子技术、数理逻辑、生物科学等学科和技术相互渗透而形成的综合性科学。控制论的思想渊源可以追溯到遥远的古代。但是，控制论作为一个相对独立的科学学科，其形成却起始于20世纪20—30年代。1948年美国数学家维纳出版了《控制论》一书，标志着控制论的正式诞生。几十年来，控制论在纵深方向得到了很大发展，已应用到人类社会的各个领域，如经济控制论、社会控制论和人口控制论等。

控制是一种有目的的活动，控制目的体现于受控对象的行为状态中。受控对象必须有多种可能的行为和状态，有的合乎目的，有的不合乎目的，由此规定控制的必要性，即追求和保持那些符合目的的状态，避免和消除那些不合目的的状态。控制是施控者的主动行为，施控者应该有多种可选择的手段作用于对象，不同手段的作用效果不同，由此规定了控制的可能性，即选择有效的、效果强的手段作用于对象，只有一种作用手段的主体实际上没有施控的可能性。

控制与信息是不可分的。在控制过程中，必须经常获得对象运行状态、环境状况、控制作用的实际效果等信息，控制目标和手段都是以信息形态表现并发挥作用的。控制过程是一种不断获取、处理、选择、利用信息的过程。所以韦纳认为："控制工程的问题和通信工程的问题是不能分开来的，而且这些问题的关键并不是环绕着电工技术，而是环绕着更为基本的消息概念。"

要对受控者实施有效控制，施控者应是一个系统，由多个具有不同功能的环节按一定方式组织而成的整体，成为控制系统。控制任务越复杂，系统结构也越复杂。抛开具体控制论系统特性，仅从信息与控制的观点来看，主要控制环节有：

① 敏感环节，负责监测和获取受控对象与环境状况的信息。

② 决策环节，负责处理有关信息，制定控制指令。

③ 执行环节，根据决策环节做出的控制指令对对象实施控制的功能环节。

④ 中间转换环节，在决策环节和执行环节之间，常常需要完成某种转换任务的功能环

节，如放大环节、校正环节等。这些环节按适当的方式组织起来，就能产生所需要的控制作用。

1.6.2.3　信息论

为了正确地认识并有效地控制系统，必须了解和掌握系统的各种信息的流动与交换，信息论为此提供了一般方法论的指导。语言是人与人之间信息交流的工具，文字扩大了信息交流的范围，19 世纪电话和电报的发明和应用使信息交流进入了电气化时代。信息论最早产生于通信领域，现在已同材料和能源一起构成了现代文明的三大支柱。信息的概念已渗透到人类社会的各个领域，因此，人们说现在是信息社会、信息时代。美国政府提出了建设信息高速公路的宏伟计划，得到了国内外的广泛支持，欧洲和日本等发达国家积极呼应，我国政府也拨出了巨额资金，以便在这项高科技领域内跟上世界发展的步伐。

信息论是一门用数理统计方法来研究信息的度量、传递和变换规律的科学。它主要是研究通信和控制系统中普遍存在着信息传递的共同规律以及研究最佳解决信息的获限、度量、变换、储存和传递等问题的基础理论。

信息论的研究范围极为广阔。一般把信息论分成以下三种不同类型。

① 狭义信息论是一门应用数理统计方法来研究信息处理和信息传递的科学。它研究存在于通信和控制系统中普遍存在着的信息传递的共同规律，以及如何提高各信息传输系统的有效性和可靠性的一门通信理论。

② 一般信息论主要是研究通信问题，但还包括噪声理论、信号滤波与预测、调制与信息处理等问题。

③ 广义信息论不仅包括狭义信息论和一般信息论的问题，而且还包括所有与信息有关的领域，如心理学、语言学、神经心理学、语义学等。

1.6.2.4　运筹学

运筹学是管理系统的人为了获得系统运行的最优解而使用的一种科学方法。

运筹学和系统工程的联系、区别和含义：①运筹学是从系统工程中提炼出来的基础理论，属于技术科学；系统工程是运筹学的实践内容，属工程技术。②运筹学在国外被称为狭义系统工程，与国内的运筹学内涵不同，它解决具体的"战术问题"；系统工程侧重于研究战略性的"全局问题"。③运筹学只对已有系统进行优化；系统工程从系统规划设计开始就运用优化的思想。④运筹学是系统工程的数学理论，是实现系统工程实践的计算手段，是为系统工程服务的；系统工程是方法论，着重于概念、原则、方法的研究，只把运筹学作为手段和工具使用。

常用的运筹学方法包括以下几种。

① 数学规划。数学规划是在某一组约束条件下，寻求某一函数（目标函数）的极值问题的一种方法。如果约束条件用一组线性等式或不等式表示，目标函数是线性函数时，就是线性规划。线性规划是求解这类问题的理论和方法，它在企业的经营管理、生产计划的安排、人员物资的分配、交通运输计划的编制等方面有广泛的应用，是目前理论上比较成熟、实践中应用较广的一种运筹学方法。如果在所考虑的数学规划问题中，约束条件或目标函数不完全是线性的，则称为非线性规划。在实践工作中所遇到的大量问题一般都是非线性问题，用线性规划是难以解决的，这也正是线性规划的局限性。非线性规划是解这类问题的理

论和方法。这种方法在理论上不如线性规划成熟，但随着科学的发展和电子计算机的普及，非线性规划将越来越重要，它能比线性规划更准确、更严密地解决问题。

② 动态规划。这种方法是动态条件下，解决多阶段决策过程最优化的一种数学方法，它可使多维或多级问题变成一串每级只有一个变量的单级问题。适用于解决多阶段的生产规划、运输及经营决策等问题。目前，动态规划还没有一套一般算法，只有一些特殊的解法。

③ 库存论。物资管理是经营管理的主要内容之一。该理论主要研究在什么时间、以多大数量组织进货使得存储费用和补充采购的总费用最少。库存问题包括静态库存模型和概率型库存模型。其中，静态库存模型实质上是无约束非线性规划模型的一种。

④ 排队论。排队论是研究服务系统工作过程的一种数学理论和方法，是研究随机聚散的理论。它通过个别随机服务现象的统计研究，找出反映这些现象的平均特性，从而改进服务系统的工作状况。

⑤ 网络分析和网络计划。研究网络图中点和线关系的一般规律的理论，称为网络分析。它是应用图论的基本知识解决生产、管理等方面问题的一种方法。网络计划是用网络图的形式解决生产计划的安排、控制问题的一种管理方法。常用的网络计划方法有关键线路法（CPM）、计划评审技术（PERT）、决策关键线路法（DCPM）、图解评审技术（GERT）等。

⑥ 决策论。决策论应用于经营决策。它是根据系统的状态、可选取的策略以及选取这些策略对系统所产生的后果等对系统进行综合的研究，以便选取最优决策的一种方法。

⑦ 对策论。对策论又称博弈论，是研究竞争现象的数学理论与方法。最早产生于第二次世界大战，用于军事对抗，后来扩展到各种竞争性活动。在竞争活动中，由于竞争各方有各自不同的目标和利益，它们必须研究对手可能采取的各种行动方案，并力争制订和选择对自己最有利的行动方案。对策论就是研究竞争中是否存在最有利的方案及如何寻找该方案的数学理论与方法。

1.6.3　主要方法

系统工程方法论是分析和解决系统开发、运作及管理实践中的问题所应遵循的工作程序、逻辑步骤和基本方法。它是系统工程思考问题和处理问题的一般方法和总体框架。

1.6.3.1　霍尔的三维结构

霍尔三维结构又称为霍尔的系统工程，与软系统方法论对比，又被称为硬系统方法论（Hard System Methodology，HSM），是美国系统工程专家霍尔（A. D. Hall）于1969年提出的一种系统工程方法论。

霍尔的三维结构模式的出现，为解决大型复杂系统的规划、组织、管理问题提供了一种统一的思想方法，因而在世界各国得到了广泛应用。霍尔三维结构是将系统工程整个活动过程分为前后紧密衔接的7个阶段和7个步骤，同时，还考虑了为完成这些阶段和步骤所需要的各种专业知识和技能。这样，就形成了由时间维、逻辑维和知识维所组成的三维空间结构。其中，时间维表示系统工程活动从开始到结束按时间顺序排列的全过程，分为规划、拟订方案、研制、生产、安装、运行、更新7个时间阶段。逻辑维是指时间维的每一个阶段内所要进行的工作内容和应该遵循的思维程序，包括明确问题、确定目标、系统综合、系统分析、优化、决策、实施7个逻辑步骤。知识维列举需要运用包括工程、医学、建筑、商业、法律、管理、社会科学、艺术等各种知识和技能。三维结构体系形象地描述了系统工程研究的框架，对其中任一阶段和每一个步骤，又可进一步展开，形成了分层次的树状体系。

1.6.3.2　切克兰德方法论

切克兰德把霍尔方法论称为"硬科学"的方法论，他提出了自己的方法论，并把它称为"软科学"的方法论。

社会经济系统中的问题往往很难像工程技术系统中的问题那样，事先将"需求"描述清楚，因而也难以按价值系统的评价准则设计出符合这种"需求"的最优系统方案。切克兰德方法论的核心不是"最优化"而是"比较"，或者说是"学习"，从模型和现状的比较中来学习改善现状的途径。

切克兰德方法论的主要内容和工作过程如下。

① 认识问题。收集与问题有关的信息，表达问题现状，寻找构成或影响因素及其关系，以便明确系统问题结构、现存过程及其相互之间的不适应之处，确定有关的行为主体和利益主体。

② 根底定义。初步弄清、改善与现状有关的各种因素及其相互关系，根底定义的目的是弄清系统问题的关键要素以及关联因素，为系统的发展及其研究确立各种基本的看法，并尽可能选出最合适的基本观点。

③ 建立概念模型。在不能建立精确数学模型的情况下，用结构模型或语言模型来描述系统的现状，概念模型来自根底定义，是通过系统化语言对问题抽象描述的结果，其结构及要素必须符合根底定义的思想，并能实现其要求。

④ 比较及探寻。将现实问题和概念模型进行对比，找出符合决策者意图且可行的方案或途径。有时通过比较，需要对根底定义的结果进行适当修正。

⑤ 选择。针对比较的结果，考虑有关人员的态度及其他社会、行为等因素，选出现实可行的改善方案。

⑥ 设计与实施。通过详尽和有针对性的设计，形成具有可操作性的方案，并使得有关人员乐于接受和愿意为方案的实现竭尽全力。

⑦ 评估与反馈。根据在实施过程中获得的新的认识，修正问题描述、根底定义及概念模型等。

1.6.3.3　物理-事理-人理方法论

物理-事理-人理（WSR）系统方法论是由顾基发和朱志昌在1994年年底提出的，即认为处理复杂问题时既要考虑对象的物理方面（物理），又要考虑这些物如何更好地被运用到事的方面（事理），最后，由于认识问题、处理问题和实施管理与决策都离不开人的方面（人理）。这个方法论以东方的哲学观为指导，是一种东方系统方法论，其中也吸收了不少西方系统方法的思想。

在WSR系统方法论中，"物理"指涉及物质运动的机理，它既包括狭义的物理，还包括化学、生物、地理、天文等。通常要用自然科学知识回答"物"是什么，如描述自由落体的万有引力定律、遗传密码由DNA中的双螺旋体携带、核电站的原理是将核反应产生的巨大能量转化为电能。物理需要的是真实性，研究客观实在。

"事理"指做事的道理，主要解决如何去安排所有的设备、材料、人员。通常用到运筹学与管理科学方面的知识来回答"怎样去做"。典型的例子是美国阿波罗计划、核电站的建设和供应链的设计与管理等。

"人理"指做人的道理，通常要用人文与社会科学的知识去回答"应当怎样做"和"最好怎么做"的问题。实际生活中处理任何"事"和"物"都离不开人去做，而判断这些事和物是否应用得当，也由人来完成，所以系统实践必须充分考虑人的因素。人理的作用可以反映在世界观、文化、信仰、宗教和情感等方面，特别表现在人们处理一些"事"和"物"中的利益观和价值观上。在处理认识世界方面，可表现为如何更好地去认识事物、学习知识，如何去激励人的创造力、唤起人的热情、开发人的智慧。"人理"也表现在对物理与事理的影响。例如，尽管对于资源与土地匮乏的日本来讲，核电可能更经济一些，但一些地方由于人们害怕可能会遭到核事故和核辐射的影响，在建设核电站时就会进行反对、抗议乃至否决，这就是"人理"的作用。

1.6.4　模型仿真

1.6.4.1　系统模型

系统模型是指以某种确定的形式（如文字、符号、图表、实物、数学公式等），对系统某一方面本质属性的描述。

一方面，根据不同的研究目的，对同一系统可建立不同的系统模型，例如，根据研究需要，可建立 RLC 网络系统的传递函数模型或微分方程模型；另一方面，同一系统模型也可代表不同的系统，例如，对系统模型 $y=kx$（k 为常量），则：

① 若 k 为弹簧系数，x 为弹簧的伸长量，y 为弹簧力，则该模型表示一个物理上的弹簧运动系统。

② 若 k 为直线斜率，x、y 分别为任意点的横坐标和纵坐标，则该模型表示一个数学上过原点的直线系统。

系统模型的特征：

① 它是现实系统的抽象或模仿。

② 它是由反映系统本质或特征的主要因素构成的。

③ 它集中体现了这些主要因素之间的关系。

系统模型的分类：

常用的系统模型通常可分为物理模型、文字模型和数学模型三类，其中，物理模型与数学模型又可分为若干种。

在所有模型中，通常广泛采用数学模型来分析系统工程问题，其原因在于：

① 它是定量分析的基础。

② 它是系统预测和决策的工具。

③ 它可变性好，适应性强，分析问题速度快，省时、省钱，并且便于使用计算机。

系统建模的要求可概括为：现实性、简明性、标准化。

系统建模遵循的原则是：切题；模型结构清晰；精度要求适当；尽量使用标准模型。

根据系统对象的不同，系统建模的方法可分为推理法、实验法、统计分析法、混合法和类似法。

根据系统特性的不同，系统建模的方法可以有状态空间法、结构模型解析法（ISM）

以及最小二乘估计法（LKL）等。其中，最小二乘估计法是一种基于工程系统的统计学特征和动态辨识，寻求在小样本数据下克服较大观测误差的参数估计方法，它属于动态建模范畴。

1.6.4.2 系统仿真

所谓系统仿真（System Simulation），就是根据系统分析的目的，在分析系统各要素性质及其相互关系的基础上，建立能描述系统结构或行为过程的并且具有一定逻辑关系或数量关系的仿真模型，据此进行实验或定量分析，以获得正确决策所需的各种信息。

（1）仿真的实质

① 仿真技术实质上是一种对系统问题求数值解的计算技术。尤其是当系统无法通过建立数学模型求解时，仿真技术能有效地来处理。

② 仿真是一种人为的试验手段。它和现实系统实验的差别在于，仿真实验不是依据实际环境，而是作为实际系统映象的系统模型以及在相应的"人造"环境下进行的。这是仿真的主要功能。

③ 仿真可以比较真实地描述系统的运行、演变及其发展过程。

（2）仿真的作用

① 仿真的过程也是实验的过程，而且还是系统地收集和积累信息的过程。尤其是对一些复杂的随机问题，应用仿真技术是提供所需信息的唯一令人满意的方法。

② 对一些难以建立物理模型和数学模型的对象系统，可通过仿真模型来顺利地解决预测、分析和评价等系统问题。

③ 通过系统仿真，可以把一个复杂系统降阶成若干子系统，以便于分析。

④ 通过系统仿真，能启发新的思想或产生新的策略，还能暴露出原系统中隐藏着的一些问题，以便及时解决。

系统仿真的基本方法是建立系统的结构模型和量化分析模型，并将其转换为适合在计算机上编程的仿真模型，然后对模型进行仿真实验。由于连续系统和离散（事件）系统的数学模型有很大差别，所以系统仿真方法基本上分为两大类，即连续系统仿真方法和离散系统仿真方法。

在以上两类基本方法的基础上，还有一些用于系统（特别是社会经济和管理系统）仿真的特殊而有效的方法，如系统动力学方法、蒙特卡洛法等。系统动力学方法通过建立系统动力学模型（流图等）、利用 DYNAMO 仿真语言在计算机上实现对真实系统的仿真实验，从而研究系统结构、功能和行为之间的动态关系。

1.6.5 系统评价

系统评价是根据预定的系统目标，用系统分析的方法，从技术、经济、社会、生态等方面对系统设计的各种方案进行评审和选择，以确定最优或次优或满意的系统方案。由于各个国家社会制度、资源条件、经济发展状况、教育水平和民族传统等各不相同，所以没有统一的系统评价模式。评价项目、评价标准和评价方法也不尽相同。

1.6.5.1 系统评价步骤

系统评价的步骤一般包括：

① 明确系统方案的目标体系和约束条件。

② 确定评价项目和指标体系。

③ 制订评价方法并收集有关资料。

④ 可行性研究。

⑤ 技术经济评价。

⑥ 综合评价。

根据系统所处阶段来划分，系统评价又分为事前评价、中间评价、事后评价和跟踪评价。

① 事前评价。在计划阶段的评价，这时由于没有实际的系统，一般只能参考已有资料或者用仿真的方法进行预测评价，有时也用投票表决的方法，综合人们的直观判断而进行评价。

② 中间评价。是指在计划实施阶段进行的评价，着重检验是否按照计划实施，例如用计划协调技术对工程进度进行评价。

③ 事后评价。是指在系统实施即工程完成之后进行的评价，评价系统是否达到了预期目标。因为可以测定实际系统的性能，所以做出评价较为容易。对于系统有关社会因素的定性评价，也可通过调查接触该系统的人们的意见来进行。

④ 跟踪评价。是指系统投入运行后对其他方面造成的影响的评价。如大型水利工程完成后对生态造成的影响。

1.6.5.2　系统评价方法

系统评价方法有以下 4 类。

① 专家评估。由专家根据本人的知识和经验直接判断来进行评价。常用的有特尔斐法、评分法、表决法和检查表法等。

② 技术经济评估。以价值的各种表现形式来计算系统的效益而达到评价的目的。如净现值法（NPV 法）、利润指数法（PI 法）、内部报酬率法（IRR 法）和索别尔曼法等。

③ 模型评估。用数学模型在计算机上仿真来进行评价。如可采用系统动力学模型、投入产出模型、计量经济模型和经济控制论模型等数学模型。

④ 系统分析。对系统各个方面进行定量和定性的分析来进行评估。如成本效益分析、决策分析、风险分析、灵敏度分析、可行性分析和可靠性分析等。

1.7　本章小结

本章论述了信息、信息技术、信息系统的基本概念。对信息系统的理论特征、基本功能组成、基本要素和发展的极限目标进行了较为详细的分析，针对不同的信息系统要素，其信息安全问题具有不同的特点，这些内容是信息系统安全对抗理论与技术的基础。简述了工程系统理论的系统分析、系统设计和系统评价观点。简述了系统工程的基本概念、基础理论、主要方法、模型仿真和系统评价方法等基础知识。工程系统理论基本观点有助于对信息系统安全与对抗问题的理解、分析，以及信息安全工程的实施。

思考题 ➤➤ ▶ ▶

1. 什么是信息？信息有哪些特征？

2. 什么是信息技术？什么是信息科学？

3. 什么是信息系统？简述信息系统的功能组成。

4. 信息系统的理论特征是什么？

5. 试从不同角度分析信息系统的要素。

6. 网络的概念是什么？计算机网络的概念是什么？互联网的概念是什么？信息网络的概念是什么？

7. 什么是复杂网络？复杂网络有哪些主要特征？其主要研究内容有哪些？

8. 网络空间的概念是什么？网络空间的研究价值如何？

9. 从工程系统论的角度论述系统的分析方法、步骤和注意事项。

10. 从工程系统论的角度论述系统的设计内涵、步骤和注意事项。

11. 从工程系统论的角度论述系统的评价观点。

12. 如何从系统的角度考虑信息及信息系统的安全问题？

13. 系统工程的基础方法论有哪些？

14. 简述物理事理人理方法论的核心内容。

15. 什么是系统仿真？其价值和作用如何？

16. 系统工程的研究对象和价值是什么？

第 2 章

信息安全与对抗知识基础

2.1 引　　言

信息安全与对抗问题已成为社会发展中固有的本征问题，信息系统的重要作用使其安全问题也尤为重要。本章主要较为系统地论述信息系统安全与对抗的基础知识，内容包括信息安全的发展历程、信息系统的不安全因素、信息系统安全的基本概念、信息安全问题的主要根源、信息安全发展的基本对策、信息安全对抗基础理论、信息系统安全需求分析、信息系统安全体系的框架。

2.2　信息系统安全发展历程

信息系统安全的发展历程从不同的角度分析，其结果不同。但从整体上讲，是从局部到整体、从微观到宏观、从静态到动态、从底层到顶层、从技术到组织管理的综合运筹考虑的过程。本小节将信息安全发展历程分为三个大的阶段进行论述，即由初期的通信保密阶段到信息安全阶段，再到目前的信息安全保障阶段。

2.2.1　通信保密阶段

通信保密阶段的起始时间约为 20 世纪 40 年代到 60 年代，其时代标志是 1949 年香农发表的《保密系统的信息理论》，该理论将密码学的研究纳入了科学的轨道。在这个阶段所面临的主要安全威胁是搭线窃听和密码学分析，其主要的防护措施是数据加密。在该阶段，人们关心的只是通信安全，而且主要关心对象是军方和政府。需要解决的问题是在远程通信中拒绝非授权用户的信息访问以及确保通信的真实性，包括加密、传输保密、发射保密以及通信设备的物理安全，通信保密阶段的技术重点是通过密码技术解决通信保密问题，保证数据的保密性和完整性。

该阶段涉及的安全性主要有：保密性，保证信息不泄露给未经授权的人或设备；可靠性，确保信道、消息源、发信人的真实性以及核对信息接收者的合法性。总体上讲，该阶段虽然计算机系统的脆弱性已日益为美国政府和私营部门的一些机构所认识，但由于当时计算机的速度和性能比较落后，使用范围有限，加之美国政府将其作为敏感问题而加以控制，因此，有关计算机安全的研究一直局限在比较小的范围内。

2.2.2　信息安全阶段

进入 20 世纪 70 年代，通信保密阶段转变到计算机安全阶段。这一时代的标志是 1977

年美国国家标准局（NBS）公布的《国家数据加密标准》（DES）和 1985 年美国国防部（DoD）公布的《可信计算机系统评估准则》（TCSEC）。这些标准的提出意味着解决计算机信息系统保密性问题的研究和应用迈上了历史的新台阶。

进入 20 世纪 80 年代后，计算机的性能得到了成百上千倍的提高，应用的范围也在不断扩大，计算机已遍及世界各个角落。而且人们正努力利用通信网络把孤立的单机系统连接起来，相互通信和共享资源。但是，随之而来并日益严峻的问题是计算机信息的安全问题。由于计算机信息有共享和易于扩散等特性，它在处理、存储、传输和使用上有着严重的脆弱性，很容易被干扰、滥用、遗漏和丢失，甚至被泄露、窃取、篡改、冒充和破坏。于是该阶段最初的重点是确保计算机系统中的硬件、软件及在处理、存储、传输信息中的保密性。主要安全威胁是信息的非授权访问，主要保护措施是安全操作系统的可信计算基技术（TCB），其局限性在于仍旧没有超出保密性的范畴。TCSEC 将计算机安全与操作系统可信计算基紧密联系在了一起，通过访问控制防止对信息的非授权访问，从而保护信息的保密性，其思想至今仍对安全操作系统的研究具有指导意义。但是，随着计算机病毒、计算机软件 Bug 等问题的不断显现，保密性已经不足以满足人们对计算机安全的需求，完整性和可用性等新需求于是开始出现。此后，国际标准化组织（1SO）将"计算机安全"定义为："为数据处理系统建立的安全保护，保护计算机硬件、软件数据不因偶然和恶意的原因而遭到破坏、更改和泄露。"也有人将"计算机安全"定义为："计算机的硬件、软件和数据受到保护，不因偶然和恶意的原因而遭到破坏、更改和泄露，系统连续正常运行。"就计算机安全而言，这些概念已经比较全面，但它们的关注对象仍没有离开计算机。

20 世纪 90 年代以来，通信和计算机技术相互依存，数字化技术促进了计算机网络发展成为全天候、通全球、个人化、智能化的信息高速公路，Internet 成了寻常百姓可及的家用技术平台，安全的需求不断地向社会的各个领域扩展，人们的关注对象已经逐步从计算机转向更具本质性的信息本身，信息安全的概念随之产生。人们需要保护信息在存储、处理或传输过程中不被非法访问或更改，确保对合法用户的服务并限制非授权用户的服务，包括必要的检测、记录和抵御攻击的措施。于是除保密性、完整性和可用性之外，人们对安全性有了新的需求：可控性和不可否认性。计算机安全过渡到信息安全后，世界各地的安全文献已经很少谈及计算机安全，多代之以"IT 安全"。这一时期，在密码学方面，公钥技术得到了长足的发展。著名的 RSA 公开密钥密码算法获得了日益广泛的应用，应用完整性校验的 Hash 函数的研究应用也越来越多。为了奠定 21 世纪的分组密码算法基础，美国国家技术和标准研究所（NIST）推行了高级加密标准（AES）的项目，1998 年 7 月选出了 15 种分组密码算法作为候选算法。继而经过广泛评价，从中进一步选出了 5 个较好的算法。经过更加广泛和严谨的评审后，5 个算法中的 Rijndael 胜出，最终成为 AES 算法。除了加密算法之外，该阶段人们也研究了其他许多的信息安全相关理论与技术。

虽然该阶段包括了计算机安全和信息安全两个不同的阶段，但它们的时间区分不明显，安全问题也都主要集中在信息的安全方面，故可将其统称为信息安全阶段。

2.2.3　信息安全保障

时至今日，对于信息系统的攻击日趋频繁，安全的概念逐渐发生了两个方面的变化：安全不再局限于信息的保护，人们需要的是对整个信息和信息系统的保护和防御，包括了防御、发现、应急、对抗能力；安全与应用的结合更加紧密，其相对性、动态性等特性日趋引起注意，追求适度风险的信息安全成为共识，安全不再单纯以功能或机制的强度做评判指标，而是结合了应用环境和应用需求，强调安全是一种可信的度量，使可信系统的使用者确信其预期的安全目标已获满足。

于是美国军方提出了信息保障的概念："保护和防御信息及信息系统，确保其可用性、完整性、保密性、鉴别、不可否认性等特性。这包括在信息系统中融入保护、检测、反应功能，并提供信息系统的恢复功能。"（美国国防部令 S-3600.1）信息保障除强调了信息安全的保护能力外，还提出重视系统的入侵检测能力、系统的事件反应能力，以及系统遭到入侵引起破坏后的快速恢复能力。它关注的是信息系统整个生命周期的防御和恢复。

以美国军方在 20 世纪 90 年代中期开发的 DIAP（国防部信息保障计划）为发展契机，通过美国国家安全局与国家标准和技术研究所（NIST）联合发起的 NIAP（国家信息保障联盟），信息保障的概念已经逐渐推至美国信息社会的各个层面，并深刻地影响了世界信息安全的发展。在信息保障的研究中，美国军方走在世界前列，其代表性的文献之一是 NSA 于 2000 年 9 月发布的《信息保障技术框架》3.0 版（IATF），该文献曾于 2002 年 9 月更新为 3.1 版。此外，美国军方还于 2002 年 10 月和 2003 年年初先后颁布了其最新的信息保障指导方针，即国防部第 8500.1 号令《信息保障》和第 8500.2 号令《信息保障的实施》，指导其全军的信息保障工作。

信息保障是信息安全发展的最新阶段，由于习惯的原因，很多人也仍在引用"信息安全"的称谓。为了区别上述两个概念，同时体现出继承性，可采用"信息安全保障"概念，指"保证信息与信息系统的保密性、完整性、可用性、可控性和不可否认性的信息安全保护和防御过程。"它要求加强对信息和信息系统的保护，加强对信息安全事件和各种脆弱性的检测，提高应急反应能力和系统恢复能力。要使我国的信息安全保障综合能力达到高水平，就必须强化国家的信息安全保障体系建设，它是实施信息安全保障的技术体系、组织管理体系和人才体系的有机结合的整体，是一个复杂的社会系统工程，是信息社会国家安全的重要组成部分，是保证国家可持续发展的基础之一。

2.3　信息系统的不安全因素

信息系统无论是其信息处理的各个环节上还是信息系统结构上，都存在不同程度的漏洞或者本身的脆弱性，这些缺陷导致系统存在不同程度的威胁和攻击，除了由于信息系统本身存在的缺陷构成的威胁和攻击外，还存在其他方面的威胁和攻击，如自然灾害、信息战等。系统、有效地分析信息系统的不安全因素，评估其产生的风险，就可以依据等级保护的策略，指导信息系统安全保障体系的建设。本节先分析信息系统的安全缺陷，而后分析对信息系统的构成的威胁和攻击。

2.3.1　自身的安全缺陷

本节将信息系统的安全缺陷定义为与信息系统相关的漏洞或脆弱性。信息系统本身及其相关要素均存在着一些漏洞或脆弱性，导致信息系统抵御攻击的能力很弱。下面从几个方面加以分析。

2.3.1.1　处理环节的安全缺陷

从信息处理的各个环节看，信息系统都可能存在脆弱性。例如，数据输入：数据通过输入设备进入系统，输入数据容易被篡改或输入假的数据。数据处理：数据处理部分的硬件容易被破坏或盗窃，并且容易受电磁干扰或由于电磁辐射而造成信息泄露。数据传输：通信线路上的信息容易被截获，线路容易被破坏或盗窃。数据输出：输出信息的设备容易造成信息泄露或被窃取。管理控制：系统的安全管理和控制方面的能力还比较弱，问题较多。软件：操作系统、数据库系统和应用程序容易被修改或破坏。

2.3.1.2　系统结构的安全缺陷

根据前一章的信息系统要素分析，下面主要从软件和硬件漏洞方面加以讨论。

2.3.1.2.1　软件漏洞

由于软件程序的复杂性和编程的多样性，在网络信息系统的软件中很容易有意或无意地留下一些不易被发现的安全漏洞，软件漏洞显然会影响信息系统的安全。

（1）软件系统陷门漏洞

所谓陷门，是一个程序模块的秘密的、未写入相关文档的入口。一般情况下，陷门是在程序开发时插入的一小段程序，用于测试这个模块或升级程序，或是为了发生故障后为程序员提供方便，通常在程序开发后期会去掉这些陷门，但由于有意或无意的原因，陷门也可能被保留下来。陷门一旦被原来的程序员利用，或者被无意或有意的人发现，将会带来严重的安全后果。比如，可能利用陷门在程序中建立隐蔽通道，甚至植入一些隐蔽的病毒程序等。利用陷门可以非法访问网络，达到窃取、更改、伪造和破坏的目的，甚至有可能造成信息系统的大面积瘫痪。常见的陷门有：逻辑炸弹：软件中可以预留隐蔽的对日期敏感的定时炸弹，一旦到了某个预定的日期，程序便自动跳到死循环程序，造成死机甚至系统瘫痪。遥控旁路：通过遥控将加密接口旁路，从而失去保密功能，造成信息泄露。贪婪程序：一般程序都有一定的执行时限，如果程序被有意或错误地更改为循环程序，或被植入某些病毒，那么此程序将会长期占用机时，造成意外阻塞，使合法服务受到影响。

（2）操作系统安全漏洞

操作系统是硬件和软件应用程序之间接口的程序模块，它是整个信息系统的核心控制软件，系统的安全体现在整个操作系统之中，操作系统的不安全是信息系统不安全的重要原因。操作系统不安全的首要因素是操作系统结构体制，操作系统的程序是可以动态连接的，包括I/O的驱动程序与系统服务，都可以用打补丁的方式进行动态连接。许多操作系统的版本进化开发，都是采用打补丁的方式进行的，这种方法厂商可用，"黑客"也可用，这种动态连接也是计算机病毒产生的环境。一个靠渗透与打补丁开发的操作系统是不可能从根本上解决安全问题的。然而，操作系统支持程序动态连接与数据动态交换是现代系统集成和系统扩展的需要，显然，系统集成与系统安全是矛盾的。操作系统不安全的原因还在于可以创建进程，甚至支持在网络的结点上进行远程进程的创建与激活，更为重要的是，被创建的进程还继承创建进程的权力。此外，操作系统还有隐蔽信道等。

（3）数据库的安全漏洞

数据库是从操作系统的文件系统基础上派生出来的用于大量数据管理的系统。数据库的全部数据都记录在存储媒体上，并由数据库管理系统（DBMS）统一管理。DBMS为用户及应用程序提供一种访问数据的方法，并且对数据库进行组织和管理，对数据库进行维护和恢复。数据库系统的安全策略，部分由操作系统来完成，部分由强化 DBMS 自身安全措施来完成。数据库系统存放的数据往往比计算机系统本身的价值大得多，必须加以特别保护。

（4）协议的安全漏洞

TCP/IP 通信协议，在设计初期并没有考虑到安全性问题，而且用户和网络管理员没有足够的精力专注于网络安全控制，加上操作系统和应用程序越来越复杂，开发人员不可能测试出所有的安全漏洞，连接到网络上的计算机系统就可能受到外界的恶意攻击和窃取。在异种机型间资源共享的背后，是既令黑客心动，又让网络安全专家头痛的一个又一个的漏洞和缺陷，如脆弱的认证机制、容易被窃听、IP 地址不保密性等。

（5）网络服务的漏洞

构建于 TCP/IP 协议之上的网络软件与网络服务，不仅存在 TCP/IP 协议为之造成的安全问题，而且其自身也存在不同程度的安全漏洞。例如，①远程登录：在大型网络环境下，远程登录可以给用户带来很大方便，但在方便的背后却潜藏着一个很大的安全危机。在网络上运行诸如 login 等远程命令时，由于要跨越一些网络传输口令，而 TCP/IP 对所传输的信息又不进行加密，所以，黑客只要在所攻击的目标主机的 IP 包所经过的一条路由上运行"嗅探器"的程序，就可以截取目标口令。②电子邮件：电子邮件是当今网络上使用最多的一项服务，因此通过电子邮件来攻击一个系统是网络黑客们的常用手段。曾经名噪一时的莫里斯"蠕虫"病毒，正是利用了电子邮件的漏洞在因特网上疯狂传播。

（6）口令设置的漏洞

口令是网络信息系统中最常用的安全与保密措施之一。如果用户采用了合适的口令，那么他的信息系统安全性将得到大大加强。但是，实际上网络用户中谨慎设置口令的用户却很少，这给计算机内信息的安全保护带来了很大的隐患。曾有人在因特网上选择了几个网点，用字典攻击法在给出用户名的条件下，测出 70% 的用户口令只用了 30 多分钟，80% 用了 2 小时，83% 用了 48 小时。网络信息系统的设计安全性再强，如果用户选择的口令不当，仍然存在被破坏的危险。用户对口令的选择，一般存在以下几个误区：用"姓名+数字"作口令，许多用户用自己或与自己有关的人的姓名再加上其中某人的生日等作口令。用单个的单词或操作系统（如 DOS 等）的命令作口令。多个主机用同一个口令，将导致一个主机口令被窃取而影响多台主机的安全。只使用一些小写字母作为口令，这样使字典攻击法攻破的概率大增等。

2.3.1.2.2　硬件漏洞

拓扑逻辑是构成网络的结构方式，是连接在地理位置上分散的各个节点的几何逻辑方式。拓扑逻辑决定了网络的工作原理及信息的传输方法。一旦网络的拓扑逻辑被选定，必定要选择一种适合这种拓扑逻辑的工作方式和信息传输方式。事实上，网络的拓扑结构本身就有可能给网络的安全带来问题，下面对总线型、星型、环型和树型结构加以简单分析。

总线型拓扑结构：网络的总线型结构是将所有的网络工作站或网络设备连接在同一物理介质上，每个设备直接连接在通常所指的主干电缆上，主干连接所有网络设备与其他网络。由于总线型结构连接简单，增加和删除节点较为灵活，网络系统大多采用总线型拓扑结构。主要有如下缺陷：

① 故障诊断困难。虽然总线型结构简单，可靠性高，但故障检测却很困难。因为总线

型结构的网络不是集中控制，故障检测需要在整个网络上的各个站点进行，必须断开后再连接设备，以确定故障所在。

② 故障隔离困难。对总线型拓扑，如故障发生在站点，则只需将该站点从网络上隔离；如故障发生在传输介质上，则整个网段都要被切断或隔离。

③ 容易被窃听。总线的计算机很容易接收到传输给其他计算机上的信息。

星型拓扑结构：星型拓扑结构是由中央节点和通过点到点链路接到中央节点的各站点组成的。星型拓扑如同电话网一样，将所有设备连接到一个中心点上，中央节点设备常被称为转接器、集中器或中继器。主要有如下缺陷：

① 电缆长度和安装问题：因为每个站点直接和中央节点相连，需要大量的电缆、电缆沟，维护、安装等都存在着问题。

② 扩展困难：要增加新的网点，就要增加到中央节点的连接，这需要事先设置好大量的冗余电缆。

③ 对中央节点的依赖性太强：如果中央节点出现故障，则会导致大面积的网络瘫痪。此外，大量的数据处理要靠中央节点来完成，因而会造成中央节点负荷过重，出现"瓶颈"现象。

环型拓扑结构：这种拓扑结构的网络由一些中继器和连接中继器的点到点链路组成一个闭合环。每个中继器与两条链路连接，每个站点都通过一个中继器连接到网络上，数据以分组的形式发送。由于多个设备共享一个环路，还需对网络进行控制。环型拓扑结构主要有如下几个缺陷：

① 节点的故障将会引起全网的故障：在环上传输数据时，需要通过接在环上的每一个节点，如果环上某一节点出现故障，将会引起全网的故障。

② 诊断故障困难：因为某一节点故障会引起全网不工作，因此难以诊断故障，需要对每个节点进行检测。

③ 不易重新配置网络：要扩充环的配置较困难，同样，要关掉一部分已接入网的节点也不容易。

④ 环型拓扑结构影响访问协议：环上每个节点接到数据后，要负责将之发送到环上，这意味着同时要考虑访问控制协议，节点发送数据前，必须知道传输介质对它是可用的。

树型拓扑结构：树型拓扑结构是从总线型拓扑结构演变而来的，形状像一棵倒置的树。通常采用同轴电缆作为传输介质，且使用宽带传输技术。当节点发送信号时，根节点接收此信号，然后再重新广播发送到全网。树型结构的主要缺陷是对根节点的依赖性太大，如果根节点发生故障，则全网不能正常工作，因此该种结构的可靠性与星型结构类似。

2.3.1.3 其他方面的安全缺陷

信息系统中除了软件、硬件之外，还包括许多其他要素，其中也存在不同程度上的安全缺陷，下面加以简单分析。

① 存储密度高。在一张磁盘或一条磁带中可以存储大量信息，很容易放在口袋中带出去，容易受到意外损坏或丢失，造成大量信息的丢失。

② 数据可访问性。数据信息可以很容易地被复制下来而不留任何痕迹。一台远程终端上的用户可以通过计算机网络连到信息中心的计算机上，在一定的条件下，终端用户可以访问到系统中的所有数据，并可以按他的需要将其复制、删改或破坏。

③ 信息聚生性。当信息以分离的小块形式出现时，它的价值往往不大，但将大量信息聚集在一起时，信息之间的相关特性将极大地显示出这些信息的重要价值，信息的这种聚生性与其安全密切相关。

④ 介质的剩磁效应。存储介质中的信息有时是擦除不干净或不能完全擦除掉的，会留下可读信息的痕迹，一旦被利用，就会泄密。如许多信息系统中的所谓删除文件，仅仅是删除了该文件在目录中的文件名，其内容并没有真正删除，因此很容易被恢复；甚至是格式化后的磁盘，其信息也可能被恢复。

⑤ 电磁泄漏。计算机设备工作时能够辐射出电磁波，任何人都可以借助仪器设备在一定的范围内收到它，尤其是利用高灵敏度仪器可以清晰地看到计算机正在处理的机密信息。电磁泄漏是计算机信息系统的一大隐患。此外，电磁泄漏还可能干扰其他电磁设备的正常工作。

2.3.1.4　中国特色的安全缺陷

鉴于我国目前的情况，信息系统除了具有上述普遍存在的安全缺陷之外，还有其他一些独具特色的安全缺陷。比如：

由技术被动性引起的安全缺陷。首先，芯片基本依赖于进口，即使是自己开发的芯片，也需要到国外加工，只有当我国的半导体和微电子技术取得突破性进展之后，才能从根本上摆脱这种受制于人的状态。其次，为了缩小与世界先进水平的差距，我国引进了不少外国设备，但这也同时带来了不可轻视的安全缺陷。如大部分引进设备都不转让知识产权，很难获得完整的技术档案。可怕的是，有些引进设备可能在出厂时就隐藏了恶意的"定时炸弹"或者"陷门"。这些预设的"机关"有可能对信息安全构成致命的打击。再者，新技术的引入也可能带来安全问题。攻击者可能用现有的技术去研究新技术和发现新技术的脆弱点。引入新技术时，并不都有合适的安全特性，尤其是在安全问题还没有被认识、没有被解决之前，产品就进入市场，情况就更严重。当前，高新技术的发展十分迅速，有些安全措施没过多久就会变得过时，若没有及时发现有关的安全缺陷，就有可能形成严重的安全隐患。

人员素质问题引起的安全缺陷。法律靠人去执行，管理靠人去实现，技术靠人去掌握。人是各个安全环节中最重要的因素。全面提高人员的道德品质和技术水平是网络信息安全的最重要保证。当前，系统规模在不断扩大，技术在不断更新，新业务在不断涌现，这就要求人去不断地学习，不断地提高其技术和业务水平。另外，思想品德的教育也是十分重要的，许多安全事件都是由思想素质有问题的内部人员引起的。

缺乏系统的安全标准所引起的安全缺陷。目前，我国信息安全标准数量远少于现有产品品种，尚未形成较为完整的信息安全标准体系，已颁布的国家标准，绝大多数为框架性基础标准，具有方法论的指导作用，而不是可操作的标准，有限的产品标准技术上滞后，事实上不具有标准的指导作用。缺乏安全标准不但会造成管理上的混乱，对安全技术和产品的研发缺乏指导，而且也会使攻击者更容易得手。

2.3.2　面临的威胁攻击

由于信息系统相关的安全缺陷，以及社会、自然灾害等方面问题构成了对信息系统的威胁和攻击。

2.3.2.1　威胁和攻击分类

2.3.2.1.1　根据攻击对象的分类

按被威胁和攻击的对象划分，可将信息系统的威胁和攻击分为两类：一类是针对信息系统实体的，一类是针对信息的。

对实体的威胁和攻击：主要指对系统设备、网络及其环境的威胁和攻击，如各种自然灾害与人为的破坏、设备故障、场地和环境因素的影响、电磁场的干扰或电磁泄漏、战争的破坏、各种媒体的被盗和散失等。对信息系统实体的威胁和攻击，不仅会造成国家财产的重大损失，而且会使信息系统的机密信息严重泄露和破坏。因此，对信息系统实体的保护是防止针对信息系统威胁和攻击的首要一步，也是防止对信息威胁和攻击的天然屏障。

对信息的威胁和攻击：主要有两种，一种是信息的泄露；另一种是信息的破坏。信息泄露就是偶然地或故意地获得（侦收、截获、窃取或分析破译）目标系统中信息，特别是敏感信息，造成泄露事件。信息破坏是指由于偶然事故或人为破坏，使信息的正确性、完整性和可用性受到破坏，使得系统的信息被修改、删除、添加、伪造或非法复制，造成大量信息的破坏、修改或丢失。

2.3.2.1.2　根据攻击方式的分类

根据攻击的方式进行分类，可将攻击行为分为被动攻击和主动攻击两类。

被动攻击：是指一切窃密的攻击，它是在不干扰系统正常工作的情况下进行侦收、截获、窃取系统信息。利用观察信息、控制信息的内容来获得目标系统的设置、身份；利用研究机密信息的长度和传递的频度获得信息的性质。被动攻击不容易被用户察觉出来，因此它的攻击持续性和危害性都很大。被动攻击的主要方法有：

① 直接侦听。利用电磁传感器或隐藏的收发信息设备直接侦收或搭线侦收信息系统的中央处理机、外围设备、终端设备、通信设备或线路上的信息。

② 系统及设备在运行时，散射的寄生信号容易被截获。如离计算机显示终端（CRT）百米左右，辐射信息强度可达 30 dBuV 以上，因此可以在那里接收到稳定、清晰可辨的信息图像。此外，短波、超短波、微波和卫星等无线电通信设备有相当大的辐射面，市话线路、长途架空明线等电磁辐射也相当严重，因此可利用系统设备的电磁辐射截获信息。

③ 合法窃取。利用合法用户身份，设法窃取未授权的信息。例如，在统计数据库中，利用多次查询数据的合法操作，推导出不该了解的机密信息。

④ 破译分析。对于已经加密的机要信息，利用各种破译分析手段获得机密信息。

⑤ 从遗弃的媒体中分析获取信息。如从信息中心遗弃的打印纸、各种记录和统计报表、窃取或丢失的软盘片中获得有用信息。

主动攻击：是指篡改信息的攻击，它不仅是窃密，而且威胁到信息的完整性和可靠性。它是以各种各样的方式，有选择地修改、删除、添加、伪造和复制信息内容，造成信息破坏。主动攻击的主要方法有：

① 窃取并干扰通信线中的信息。

② 返回渗透。有选择地截取系统中央处理机的通信，然后将伪信息返回系统用户。

③ 线间插入。当合法用户已占用信道而终端设备还没有动作时，插入信道进行窃听或信息破坏活动。

④ 非法冒充。采取非常规的方法和手段，窃取合法用户的标识符，冒充合法用户进行

窃取或信息破坏。

⑤ 系统人员的窃密和毁坏系统数据、信息的行为等。

2.3.2.2　威胁与攻击来源

信息系统面临的威胁和攻击主要来自自然灾害、人为或偶然事故、计算机犯罪、计算机病毒，以及信息战等几个方面。下面简单介绍。

● 自然灾害。自然灾害主要指火灾、水灾、风暴、地震等破坏，以及环境（温度、湿度、振动、冲击、污染）的影响。据有关方面调查，我国不少计算机房没有防震、防火、防水、避雷、防电磁泄漏或干扰等措施，接地系统疏于周到考虑，抵御自然灾害和意外事故的能力较差，事故不断，因断电而使设备损坏、数据丢失的现象屡见不鲜。

● 人为或偶然事故。常见的事故有：硬、软件的故障引起安全策略失效；工作人员的误操作使系统出错，使信息严重破坏或无意地让别人看到了机密信息；自然灾害的破坏，如洪水、地震、风暴、泥石流，使计算机系统受到严重破坏；环境因素的突然变化，如高温或低温、各种污染破坏了空气洁净度，电源突然掉电或冲击造成系统信息出错、丢失或破坏等。

● 计算机犯罪。计算机犯罪是利用暴力和非暴力形式，故意泄露或破坏系统中的机密信息，以及危害系统实体和信息安全的不法行为。暴力形式是对计算机设备和设施进行物理破坏，如使用武器摧毁计算机设备、炸毁计算机中心建筑等。而非暴力形式是利用计算机技术知识及其他技术进行犯罪活动。

● 计算机病毒。计算机病毒，是指编制或者在计算机程序中插入的破坏计算机功能或者毁坏数据，影响计算机使用，并能自我复制的一组计算机指令或者程序代码。因为这些程序的很多特征是模仿疾病病毒，所以人们使用"病毒"一词。这些特征包括潜伏与自我复制能力、传播能力，会对系统或网络造成破坏，轻则系统运行效率下降，部分文件丢失，重则造成系统死机，网络瘫痪，正是因为计算机病毒有如此大的危害性，恐怖主义者用计算机病毒制造破坏，一些国家的军事和国家安全部门将计算机病毒作为重要的信息战武器来研究。可以说，计算机病毒是最常见的危害信息系统的手段，防不胜防。

● 信息战。信息战是指为了国家的军事战略而取得信息优势，并干扰敌方的信息和信息系统，同时保卫自己的信息和信息系统所采取的行动。这种对抗形式的目标在于，不是集中打击敌方的人员或战斗技术装备，而是集中打击敌方的信息系统，瘫痪其神经中枢的指挥系统。信息技术将根本改变战争的方法，就像坦克的运用引起了第一次世界大战战争艺术的变革一样。继原子武器、生物武器、化学武器之后，信息武器已被列为第四类战略武器。如在海湾战争中，首次将信息武器用于实战，在伊拉克购买的智能打印机中，加上了一片带有病毒的集成电路，加上其他的因素，最终导致伊拉克的指挥系统崩溃。

2.3.3　主要的表现形式

综合考虑信息系统及其相关因素，从信息安全所产生的威胁来看，网络空间中的信息安全外在表现形式中影响大的主要有五种：

① 蠕虫或病毒的扩散：其核心特点是针对特定的操作系统但没有明确的攻击目标，攻击发生后攻击者就无法控制。

② 垃圾邮件的泛滥：其核心特点是以广播的方式鲸吞网络资源，影响网络用户的正常活动。

③ 黑客行为：其核心特点是利用网络用户的失误或系统的脆弱性因素，针对特定目标进行拒绝服务攻击或侵占。

④ 信息系统脆弱性：其核心特点是系统自身所存在的隐患可能在某个特定的条件下被激活，从而导致系统出现不可预计的崩溃现象。

⑤ 有害信息的恶意传播：其核心特点是以广泛传播有害言论的方式，来控制、影响社会的舆论。

2.4　信息系统安全基本概念

2.4.1　信息安全的基本概念

安全是损伤、损害的反义词，信息是事物运动状态的表征与描述。信息安全的含义是指信息未发生损伤性变化，即意味着事物运动状态的表征与描述未发生损伤性变化，如信息的篡改、删除、以假代真等。造成信息安全问题的方法多种多样，也与多种因素相关，总体上信息安全问题是一件非常复杂的事情。就信息的篡改、删除、以假代真而言，也往往与信息表达形式相关。例如，有关信息内容的重要数字部分用阿拉伯数十进制表示，则小数点位置的变动对数值的影响很大，篡改小数点的位置则可能造成严重影响，但用中文大写数字表示一个数值就不会存在上述问题，但是这很不方便。再如，通过对信息作品增加数字水印或利用散列函数形成内容摘要，都可对信息内容进行审核等。信息或信息作品的安全问题关联很多内容，涉及很多学科分支，是一个开放性复杂问题。

2.4.2　信息攻击与信息对抗

信息安全问题的发生原因很多与人有关，按人的主观意图，可分为两类：一类是过失性，这与人总会有疏漏犯错误有关；另一类是有意图、有计划地采取各种行动，破坏信息、信息系统和信息系统的运行秩序以达到某种目的，这种事件称为信息攻击。

受到攻击方当然不会束手待毙，总会采取各种措施反抗信息攻击，包括预防、应急措施，力图使攻击难以奏效，减少己方损失，以至惩处攻击方、反攻对方等，这种双方对立行动事件称为信息对抗。

信息对抗是一组对立矛盾运动的发展过程，起因复杂，过程是动态、多阶段、多种原理方法措施介入的对立统一的矛盾运动。虽然信息对抗对信息系统应用一方而言不是件好事，但从理性意义上应该理解为它是不可避免的事件。它是一种矛盾运动，在人类社会发展过程中不可能没有矛盾。再由辩证角度分析，一件坏事对事物具有促进其发展的重要作用，应该以"发展是硬道理"的理念积极对待不可避免的事。

信息对抗过程非常复杂，在此用一个时空六元关系组概括表示：

$$对抗过程 \longleftrightarrow R^n [\,G, P, O, E, M, T\,]$$

其中，n 表示对抗回合数；P 为参数域（提示双方对抗的重要参数）；G 为目的域；O 为对象域；E 为约束域；M 为方法域；T 为时间；R^n 为表示六元关系组间复杂的相互关系。关系是运算和映射组合的另一种直观称呼，关系中还包括了诸元的相互变化率：$\dfrac{\partial O}{\partial P}, \dfrac{\partial^2 O}{\partial P^2},$

$\dfrac{\delta^3 M}{\delta t \delta O \delta E}$ 等表示连续多重变化，不连续变化常用、序列、差分方程等表示。

详细、全面地定量描述一个复杂对抗过程非常困难，虽然在自然科学和数学中人们已发现很多重要关系，如在泛函分析中，集合间或元素间的广义距离关系构成距离空间，大小量度关系构成赋范空间，集合间某些运算关系（具备某些约束）构成内积空间，内积关系可能同时满足赋范和距离关系等；代数中有同构同态关系，物理中一系列重要关系等。但就对抗领域的六元相互复杂关系而言，由于其广泛性和复杂性的关系还难以直接用上（包括具体条件不确定、时变因素等），主要还是靠发挥人的智慧随机应变，采用定性与定量相结合的方法决定 $R^n[G, P, O, E, M, T]$。

2.4.3 信息安全问题的分类

信息与其运行相关的信息系统是紧密相关、互相不可分割的，这种特性体现在信息安全问题上同样紧密关联，与信息系统相关联的信息安全问题主要有三种类型：

第一种类型，"信息"与信息作品内容被篡改、删除、以假乱真，虽直接体现在"信息"或信息作品上，但发生过程却体现在信息系统的运行上，离不开作为运行平台的信息系统，这正体现了"信息"与信息系统在信息安全问题上相互关联、不可分割。

第二种类型，信息系统发生信息安全问题则意味着系统的有关运行秩序被破坏（在对抗情况下主要是人有意识所为），造成正常功能被破坏而严重影响应用，体现在某时发生对某"信息"的破坏；此外，还会发生其他如"信息"传输不到正确目的地，传输延时过长影响应用。同样，不正常信息的泄露也会严重影响应用。信息系统产生安全问题的具体原因有多种多样，总体上认为信息系统及其应用的发展必含矛盾运动，安全对抗问题是众多矛盾对立的一类表现形式。

第三种类型，安全问题是攻击者直接对信息系统进行软、硬破坏，其使用方法可以不直接属于信息领域，而是其他领域的方法。例如，利用反辐射导弹对雷达进行摧毁，通过破坏线缆对通信系统进行破坏，利用核爆炸形成多种破坏信息系统的机理，化学能转换为强电磁能用于破坏各种信息系统等。

2.5 信息安全问题主要根源

2.5.1 基本概念

信息安全问题的产生根源是一个复杂综合性问题，以下就一些主要根源分别进行分析。根据哲学定律，事物内及关联中必然有各种矛盾普遍存在（对立统一的差异对立、对抗等），这些矛盾可用对立统一范畴进行抽象表达，在信息领域的安全问题上同样遵守此定律，存在着众多安全剖面的矛盾，是产生安全问题的根源。

人们将信息系统的发展设定为人类服务功能越全面、越方便越好，如何在任何时间、任何地点方便地获得和利用信息，这隐含了要更多的"自由"，更多的"普遍性"，更多的"普遍性的自由"。"自由"与"约束"、"普遍"与"特殊"是对立统一的范畴，信息安全是在普遍性的自由的整体要求下实现具体"约束"和"特殊性"，这样肯定会出现矛盾，发生"安全问题"，这是一种矛盾体现。

又如高性能的芯片大多要工作在高工作频率上，但高工作频率在相对短尺寸上的辐射效应不能忽略，对于信息隐藏而言这是一对矛盾，是由物理规律所决定的性能与信息隐藏之间的矛盾（也是"发展"所引起的矛盾）。

信息安全问题的根源在于事物的矛盾运动。辩证哲学认为，对立统一规律认定事物的存在是体现在不停的运动之中的，运动发展即是矛盾的对立统一的运动，没有矛盾就没有发展。如计算机网络，应用的主体是大量的个人计算机，对于个人计算机应用功能的发挥，互联网是一个很大的发展。但个人计算机设计和发展的前期却是完全个人应用，并没有考虑网上工作所应具备的安全控制功能，加上在互联网络应用初期应用人数远不如现在多，安全问题也远不如现在这样严重，故其传输协议中安全因素考虑不足。例如，IPv4 协议的众多安全问题；由于手机的智能性形成的各类安全问题；由于网络的开放性而出现的个人隐私的保护问题；电子商务中的安全问题随着其应用发展日益占据重要地位，反映在信息系统中矛盾日益突出，要求保证安全的防范措施必须快速发展。

由哲学总体上讨论，发展的矛盾是永远存在的，否则，便没有"发展"了，信息安全对抗问题的产生和日趋重要，是信息系统日益融入社会促进社会发展中所产生的一种必然矛盾，对此应有理性认识和积极态度来对待。人们努力做的仅是按发展规律来预测未来，尽力做些支持发展的事情，力争使发展较为顺利。

后面讨论引发信息安全问题的几类具体矛盾，在具体领域内讨论矛盾运动产生信息安全问题的主要根源。

2.5.2　国家间利益斗争反映至信息安全领域

诞生在中国古代战国时代的《孙子兵法》，早在 2 000 多年前便精辟地指出"知彼知己，百战不殆"，"知彼"是第一位的，那么靠什么"知彼"？依靠获得的各种信息进行综合分析是关键因素。现代信息科技，以及多种国防信息系统，在现代战争中起着重要作用，各国都非常重视，甚至提升至尽力争夺"制信息权"的高度上。战争领域"对抗"是个本征属性（矛盾斗争的激烈形式），"对抗"在作为战争服务的信息系统中必然有强烈反映，这是国防信息系统安全问题产生的根源表现。在以信息攻击、反信息攻击、反反信息攻击……对立的对抗过程中，它永无完结地持续着，这是国防信息安全领域生存发展的基本规律。例如，国家间通过各类手段尽量获得对方的政治、经济、国防等各类信息情报，以提升己方的实力、应用措施等。

2.5.3　科技发展不完备反映至信息安全领域

人对科学技术的掌握是一个持续的过程，世界不断运动变化，人类不断认识，这个过程不会完结。总体而言，人类的认识永远落后于客观运动的存在。现实情况是，对于科学规律而言，人只掌握了其中较少部分，对复杂非线性问题、非平稳性问题、生命问题、认知思维问题等所知很少，信息领域很大一部分较深入的科学问题都涉及上述领域，人类对这些问题的认识尚没有"自由"，还处在"必然"中，不掌握科学规律，技术上必然存有被动无奈之处。

例如，大型软件的正确性问题就无法验证，因为在数学上尚未解决验证方法问题，会存在很多错误、缺陷或漏洞，造成严重的信息安全问题。复杂网络可抽象为复杂的拓扑结构，但拓扑学中很多问题尚未解决，也就谈不上网络在非常情况下（如遭攻击发生故障）损失最小的优化结构。不同于生物有免疫能力和自我恢复能力，无生命的信息系统全靠事先将各种意外情况充分估计，人为设定状态，以应对特殊情况。种种信息系统中，包含了很多人类尚不完全认识的规律。外加事先不可能充分估计情况和设定应对状态，这就是发生各种信息安全问题的一种根源。

2.5.4　社会中多种矛盾反映至信息安全领域

人类进化形成过程持续了数百万年，而有历史记载的只有五千余年，虽然近一百多年尤其是近半个世纪科技迅速发展推动了社会发展（尤其物质文明方面）。但就人类社会总体情况而言，存在不少问题，距离较理想状态差距仍很大。如欠发达国家中很多人处在饥饿状态，很多儿童营养不良，更谈不上享有良好教育；一些发达国家倚仗自己经济、科技优势，在国际交往中处于不平等优势地位；超级大国总在千方百计实施霸权主义，把自己的意识形态强加于别人，实质上是力图控制、驾驭别国，甚至不顾其他人的生存发展权。这种国家间、社会中不合理的客观存在，扭曲正常人性，激起各种反抗，包括信息对抗，而"反抗"中也有过激伤及无辜的情况，信息安全对抗问题严重者构成犯罪。人们知道社会犯罪是一种社会现象，社会中总有少数犯罪分子要伺机犯罪，以达到其个人不法目的。当信息科技广泛嵌入社会服务社会里时，其反面效应体现在高科技信息犯罪具有的隐蔽性、快捷高效性等，吸引犯罪分子利用信息对抗手段进行犯罪呈增加趋势，犯罪原因有多种，其中有部分原因"社会"应承担道义上的责任（甚至诱因责任），如一些青少年成长处于种种逆境，社会关心帮助不够多，养成孤僻或强烈逆反报复心理。有的青少年"平权"思想浓厚，反对知识产权带给个人创造巨大财富（如软件专利等），对此认为不公平，要讨回公道。有的人对他人拥有大量财富心理失衡，而在信息网络中攻击掠取既方便又隐藏，又可达到心理平衡。有的法盲还错误地认为没有实地动手抢劫不算犯罪，也助长种种信息犯罪行为。总之，很多社会原因及犯罪原因在信息科技、信息系统密切融入社会情况下，必然会在信息领域有所反映，形成各种信息安全及信息犯罪问题。

2.5.5　工作中各种失误反映至信息安全领域

人虽然是万物之灵，但在高度紧张的长期工作中，会因种种原因不可避免地发生疏漏、错误，其中部分会形成信息安全问题和在对抗环境中造成损失。例如，工作时不小心将信息系统的电源关闭，导致信息的大量损失，甚至造成信息系统的直接破坏。

2.6　信息安全对抗基础理论

2.6.1　基础层次原理

（1）信息系统特殊性保持利用与攻击对抗原理

在各种信息系统中，其工作规律、原理可以概括地理解为在普遍性（相对性）基础上对某些"特殊性"的维持和转换，如信息的存储和交换、传递、处理等。"安全"可理解为

"特殊性"的有序保持和运行，各种"攻击"可理解为对原有的序和"特殊性"进行有目的的破坏、改变以至渗入，实现攻击目的的"特殊性"。在抽象概括层次，信息安全与对抗的斗争是围绕特殊性而展开的，信息安全主要是特殊性的保持和利用。

（2）信息安全与对抗信息存在相对真实性原理

伴随着运动状态的存在，必定存在相应的"信息"。同时，由于环境的复杂性，具体的"信息"可有多种形式表征运动，且具有相对的真实性。信息作为运动状态的表征是客观存在的，但信息不可能被绝对隐藏、仿制和伪造，这是运动的客观存在及运动不灭的本质所形成的，信息存在具有相对性。

（3）广义时空维信息交织表征及测度有限原理

各种具体信息存在于时间与广义空间中，即信息是以某种形式与时间、广义空间形成的某些"关系"来表征其存在的。信息的具体形式在广义空间所占大小以及时间维中所占长度都是有限的。在信息安全领域，可将信息在时间、空间域内进行变换和（或）处理，以满足信息对抗的需要。例如，信息隐藏中常用的低截获概率信号，便是利用信息、信号在广义空间和时间维的小体积难以被对方发现、截获的原理。

（4）在共道基础上反其道而行之相反相成原理

该原理是矛盾对立统一律在信息安全领域的一个重要转化和体现。"共其道"是基础和前提，也是对抗规律的一部分，在信息安全对抗领域以"反其道而行之"为核心的"逆道"阶段是对抗的主要阶段，是用反对方的"道"以达到己方对抗目的的机理、措施、方法的总结。运用该原理研究信息安全对抗问题，可转化为运用此规律研究一组关系集合中复杂的动态关系的相互作用。相反相成原理表现在对立面互相向对方转换，借对方的力帮助自己进行对抗等，都是事物矛盾时空运动复杂性多层次间"正""反"并存的斗争，在矛盾对立统一律支配下产生的辩证的矛盾斗争运动过程。

（5）在共道基础上共其道而行之相成相反原理

信息安全对抗双方可看作互为"正""反"，在形式上，以对方共道同向为主，实质上达到反向对抗（逆道）效果的原理，称为共其道而行之相成相反原理。"将欲弱之，必固强之，将欲废之，必固举之，将欲取之，必固予之"，在信息安全对抗领域，该原理中的"成"和"反"常具有灵活多样的内涵。例如，攻击方经常组织多层次攻击，其中伴攻往往吸引对方的注意力，以掩盖主攻，易于成功，而反攻击方识破伴攻计谋时，往往也伴攻，以吸引对方主攻早日出现，然后痛击之。

（6）争夺制对抗信息权并快速建立对策响应原理

根据信息的定义和信息存在相对性原理，双方在对抗过程所采取的任何行动，必定伴随"信息"产生，这种"信息"称为"对抗信息"。它对双方都很重要，只有通过它才能判断对方攻击行动的"道"，进而为反对抗进行"反其道而行之"提供基础，否则，无法"反其道而行之"，更不要说"相反相成"了。围绕"对抗信息"所展开的双方斗争是复杂的空、时域的斗争，除围绕"对抗信息"隐藏与反隐藏体现在空间的对立斗争外，在时间域中也存在着"抢先""尽早"意义上的斗争，同样具有重要性。时空交织双方形成了复杂的"对抗信息"斗争，成为信息安全对抗双方斗争过程第一回合的前沿焦点，并对其胜负起重要作用。

2.6.2　系统层次原理

（1）主动被动地位及其局部争取主动力争过程制胜原理

本原理说明，发动攻击方全局占主动地位，理论上它可以在任何时间、以任何攻击方法、对任何信息系统及任何部位进行攻击，攻击准备工作可以隐藏进行。被攻击方在这个意义上处于被动状态，这是不可变更的，被攻击方所能做的是在全局被动下争取局部主动。争取局部主动的主要措施如下。

① 尽可能隐藏重要信息。

② 事前不断分析己方信息系统在对抗环境下可能遭受攻击的漏洞，事先预定可能遭攻击的系统性补救方案。

③ 动态监控系统运行，快速捕捉攻击信息并进行分析，科学决策并快速采取抗攻击有效措施。

④ 在对抗信息斗争中综合运筹争取主动权。

⑤ 利用假信息设置陷阱诱使攻击方发动攻击而加以灭杀等。

（2）信息安全问题置于信息系统功能顶层综合运筹原理

信息安全问题是嵌入信息系统功能中的一项非常重要的功能，但毕竟不是全部功能而是只起保证服务作用。因此，对待安全功能应根据具体情况，科学处理、综合运筹，并置于恰当的"度"范围内。但需着重说明的是，特别是针对安全功能要求高的系统，必然要考虑并在系统设计之初就应考虑信息安全问题。

（3）技术核心措施转移构成串行链结构并形成脆弱性原理

任何技术的实施都是相对有条件地发挥作用，必依赖于其充要条件的建立，而"条件"再作为一个事物，又不可缺少地依赖其所需条件的建立（条件的条件），每一种安全措施在面对达到"目的"实施的技术措施中，即由达到目的的直接措施出发逐步落实到效果过程中，必然遵照从技术核心环节逐次转移至普通技术为止这一规律，从而形成串行结构链规律。

（4）基于对称变换与不对称性变换的信息对抗应用原理

"变换"可以指相互作用的变换，可以认为是事物属性的"表征"由一种方式向另一种转变，也可认为是关系间的变换，即变换关系。在数学上可将变换看成一种映射，在思维方法中将进行变换看成一种"化归"。这种原理也可用于信息安全对抗领域，即利用对称变换保持自己的功能，同时利用对方不具备对称变换条件，以削弱对方达到对抗制胜的目的。

（5）多层次和多剖面动态组合条件下间接对抗等价原理

设系统构成可划分 $L_0, L_1, L_2, \cdots, L_n$ 的层次结构，并且 $L_0 \subset L_1 \subset L_2 \subset \cdots \subset L_n$，如在 L_i 层子系统受到信息攻击，采取某措施时，可允许在 L_i 层性能有所下降，但支持在 L_{i+j} 层采取有效措施，使得在高层次的对抗获胜，从而在更大范围获胜。因此，对抗一方绕开某层次的直接对抗，而选择更高、更核心层进行更有效的间接式对抗，称为间接对抗等价原理。

2.6.3　系统层次方法

在信息安全对抗问题的运行斗争中，基础层次和系统层次原理在应用中，你中有我，我中有你，往往交织、相辅相成地起作用，而不是单条孤立地起作用，重要的是，利用这些原理观察、分析掌握问题的本征性质，进而解决问题。人们称实现某种目的所遵循的重要路径和各种办法为"方法"，"方法"的产生是按照事物机理、规律找出具体的一些实现路径和办法，因此对应产生办法的"原理"集，它是"方法"的基础，在信息安全与对抗领域，重要的问题是按照实际情况运用诸原理灵活地创造解决问题的各种方法。

① "反其道而行之相反相成"方法。本方法具有指导思维方式和起核心机理的作用，"相反相成"部分往往巧妙地利用各种因素，包括对方"力量"形成有效的对抗方法。

② "反其道而行之相反相成"方法与"信息存在相对性原理""广义空间维及时间维信息的有限尺度表征原理"相结合，可以形成在信息进行攻击或反攻击的方法。

③ "反其道而行之相反相成"方法与"争夺制对抗信息权及快速建立系统对策响应原理"相结合为对抗双方提供的一类对抗技术方案性方法。

④ "反其道而行之相反相成"方法与"争夺制对抗信息权及快速建立系统对策响应原理""技术核心措施转移构成串行链结构而形成脆弱性原理"相结合形成的一类对抗技术方案性方法。

⑤ "反其道而行之相反相成"方法及"变换、对称与不对称变换应用原理"相结合指导形成或直接形成的一类对抗技术方案性方法。

⑥ "共其道而行之相成相反"重要实用方法。"相成相反"展开为：某方在某层次某过程对于某事相成；某方在某层次某过程对于某事相反。前后两个"某方"不一定为同一方。在实际对抗过程中，对抗双方都会应用"共其道而行之相成相反"方法。

⑦ 针对复合式攻击的各个击破对抗方法。复合攻击是指攻击方组织多层次、多剖面时间、空间攻击的一种攻击模式，其特点是除在每一层次、剖面的攻击奏效都产生信息系统安全问题外，实施中还体现在对对方所采取对抗措施再形成新的附加攻击，这是一种自动形成连环攻击的严重攻击。对抗复合攻击可利用对方攻击次序差异（时间、空间）各个击破，或使对抗攻击措施中不提供形成附加攻击的因素等。

2.7　信息系统安全需求分析

通过上一节的分析可知，信息系统中存在着许多不安全因素，涉及多个方面。而信息系统的正常运行，国家政治、经济、文化、国防的建设和发展，需要安全的信息系统和保障体系。针对信息系统和国家的稳定发展，其系统安全具体需要虽有不同，但其本质上的相同的，都需要保证系统的机密性、完整性、可用性、真实性、可控性；都需求具有防御、发现、应急、对抗能力；都涉及技术、管理和人才三个基本要素，都需要加强技术体系和管理体系的建设。本节先从技术层面、社会层面和网络化发展的客观规律层面分析信息安全问题，而后介绍目前我国的"5432"国家信息安全战略构想，其中明确了信息安全的基本需求。

2.7.1　技术层面分析

信息安全的问题既可以从客观存在的角度来看，也可以从主观意识的角度来看。从客观的角度看，所看到的将是技术的层面；从主观的角度看，所看到的则是社会的层面。信息安全从技术层面上看，可以分为四个层面：物理安全、运行安全、数据安全和内容安全。不同的层面在客观上反映了技术系统的不同安全属性，也决定了信息安全技术的不同的表现形式。

① 物理安全：围绕网络与信息系统的物理装备及其有关信息的安全。主要涉及信息及信息系统的电磁辐射、抗恶劣工作环境等方面的问题。面对的威胁主要有自然灾害、电磁泄漏、通信干扰等；主要的保护方式有数据和系统备份、电磁屏蔽、抗干扰、容错等。

② 运行安全：围绕网络与信息系统的运行过程和运行状态的安全。主要涉及信息系统的正常运行与有效的访问控制等方面的问题；面对的威胁包括网络攻击、网络病毒、网络阻塞、系统安全漏洞利用等。主要的保护方式有访问控制、病毒防治、应急响应、风险分析、漏洞扫描、入侵检测、系统加固、安全审计等。

③ 数据安全：围绕着数据（信息）的生成、处理、传输、存储等环节中的安全。主要涉及数据（信息）的泄密、破坏、伪造、否认等方面的问题。面对的威胁主要包括对数据（信息）的窃取、篡改、冒充、抵赖、破译、越权访问等。主要的保护方式有加密、认证、访问控制、鉴别、签名等。

④ 内容安全：围绕非授权信息在网络上进行传播的安全。主要涉及对传播信息的有效控制。面对的威胁主要包括通过网络迅速传播有害信息、制造恶意舆论等。主要的保护方式有信息内容的监测、过滤等。

2.7.2　社会层面分析

信息安全从社会层面的角度来看，则反映在网络空间中的舆论文化、社会行为与技术环境三个方面。

① 舆论文化：互联网的高度开放性，使得网络信息得到迅速而广泛的传播，并且难以控制，使得传统的国家舆论管制的平衡被轻易打破，进而冲击着国家安全。境内外敌对势力、民族分裂组织利用信息网络，不断散布谣言、制造混乱、推行与我国传统道德相违背的价值观。有害信息的失控会在意识形态、道德文化等方面造成严重后果，导致民族凝聚力下降和社会混乱，直接影响到国家现行制度和国家政权的稳固。

② 社会行为：有意识地利用或针对信息及信息系统进行违法犯罪的行为，包括网络窃（泄）密、散播病毒、信息诈骗、为信息系统设置后门、攻击各种信息系统等违法犯罪行为；控制致瘫基础信息网络和重要信息系统的网络恐怖行为；国家间的对抗行为——信息网络战。

③ 技术环境：由于信息系统自身存在的安全隐患，而难以承受所面临的网络攻击，或不能在异常状态下运行。主要包括系统自身固有的技术脆弱性和安全功能不足；构成系统的核心技术、关键装备缺乏自主可控性；对系统的宏观与微观管理的技术能力薄弱等。

2.7.3　规律层面分析

信息网络化具有其客观的基本技术规律。针对信息安全的保护工作，不能违背信息网络化的这些规律，同时还应该充分运用那些能影响信息安全的客观规律。信息网络化涉及信息安全的基本技术规律主要有：

① 网络空间的幂结构规律：核心节点调控。基于已有的经验和理论成果，互联网是一种可扩展网络（scale-free network），如果定义 $P(k)$ 作为网络中一个节点与其他 k 个节点连通的概率，则互联网的连通性分布 $P(k)$ 呈幂数分布（power law）。其主要特征是网络中大多数节点的连接度都不高，少数节点的连接度很高。可以将这些少数节点看成中心节点。这

类网络连通性和可扩展性很好，而且非常健壮和可靠，即使有部分节点失效，也不会对整个网络造成过大的影响。但是，它的抗攻击性并不好。攻击者只需对连接度很高的少数节点攻击，就能造成网络的瘫痪。我们将连接度高的节点定义为核心节点，其能够影响、控制全网的内容传播和各种行为。例如，核心路由器承载着全网、全国和国际间的传输量，知名网站吸引着全国、全球用户的"眼球"，重要邮件服务器拥有着大部分邮件用户，计费服务器几乎连接所有的网络用户等。而那些连接度低的节点则在互联网世界中显得微不足道。

② 网络空间的自主参与规律：开放与自治的辩证统一。互联网是一个开放的空间，用户可以自由进入，没有集中管理或控制，任何信息系统都可以自主参与其中。网络空间的物理形态由一系列具有不同拓扑结构的技术系统所表现，而将这些结构各异的技术系统结合在一起的是统一的通信协议、符合开放互连协议的操作系统、数据库等基础软件。在此基础上，反映人类社会各种活动的各类应用系统都可以参与到这个网络空间之中，全球数以亿计的个人或机构用户分属于不同层次的利益主体，都可以通过这个网络空间来使用相应的应用系统。开放性是信息化发展的特征，由于不同的利益主体在开放空间中形成了安全利益的冲突，使得网络空间的开放性成为信息安全风险的客观来源。因此，不同的社会主体要求具有相应的封闭性、自治性，这使得社会的封闭性与技术的开放性之间形成了冲突。一个典型的例子是企业既希望享受网络空间所带来的可共享资源，又必须建立封闭的企业网络，以保障企业的自身利益，这就是开放与自治之间的辩证统一。

③ 网络空间的冲突规律：攻防兼顾。互联网中的安全利益的侵害与保护本身就是一个攻防统一体。从社会角度看，只有掌握有效的攻击能力，才能更好地保护自己，而任何有效的保护都是建立在对攻击方式和手段充分了解的基础之上的。从技术角度看，安全技术是在攻与防的交替中不断发展的，如密码技术的应用与发展就是在编码加密和分析破译的攻防统一中实现的，信息系统漏洞技术的应用与发展也是在漏洞的发现、利用和修补的攻防统一中提升的。

④ 网络空间安全的弱优先规律：整体保障。众所周知，信息安全符合木桶原理，即系统中最薄弱的环节决定了整个系统的安全性，从而体现出弱优先规律。信息安全涉及的是社会与技术的不同层面，任何层面的安全因素都不能偏废，必须同步整体发展，注重发现并解决信息安全的薄弱环节，形成整体的信息安全保障体系，以防止信息安全的问题因某个局部薄弱环节的存在而降低其系统整体的安全能力。

2.7.4　信息安全战略

信息安全的问题已经影响到了国家安全，因而需要从战略上研究国家信息安全保障体系的框架。"5432"国家信息安全战略从目的、任务、方式、内容的角度，阐述了保障信息与信息系统的机密性、完整性、可用性、真实性、可控性五个信息安全的基本属性；建设面对网络与信息安全的防御能力、发现能力、应急能力、对抗能力四个基本任务；依靠管理、技术、资源等三个基本要素；建设管理体系、技术体系两个信息安全保障的基本体系，最终形成在这一战略指导思想下的国家信息安全保障体系的框架。

2.7.4.1　五个基本属性（保障目的）

保障国家信息安全的具体落脚点就是要确保国家的网络空间满足五个基本安全属性的要求，即机密性、完整性、可用性、真实性、可控性。

① 机密性：是指信息不被非授权解析，信息系统不被非授权使用的特性。这一特性存在于物理安全、运行安全、数据安全层面上。保证数据即便被捕获，也不会被解析，保证信息系统即便能够被访问，也不能够越权访问与其身份不相符的信息，反映出信息及信息系统的机密性的基本属性。

② 完整性：是指信息不被篡改的特性。这一特性存在于数据安全层面上，确保网络中所传播的信息不被篡改或任何被篡改了的信息都可以被发现，反映出信息的完整性的基本属性。

③ 可用性：是指信息与信息系统在任何情况下都能够在满足基本需求的前提下被使用的特性。这一特性存在于物理安全、运行安全层面上，确保基础信息网络与重要信息系统的正常运行能力，包括保障信息的正常传递、保证信息系统正常提供服务等，反映出信息系统的可用性的基本属性。

④ 真实性：是指信息系统在交互运行中确保并确认信息的来源以及信息发布者的真实可信及不可否认的特性。这一特性存在于运行安全、数据安全层面上。保证交互双方身份的真实可信，以及交互信息及其来源的真实可信，反映出在信息处理交互过程中信息与信息系统的真实性的基本属性。

⑤ 可控性：是指在信息系统中具备对信息流的监测与控制特性。这一特性存在于运行安全、内容安全层面上。互联网上针对特定信息和信息流的主动监测、过滤、限制、阻断等控制能力，反映出信息及信息系统的可控性的基本属性。

2.7.4.2　四种基本能力（保障任务）

要保证信息与信息系统能够满足五种基本安全属性的要求，就需要建设四种基本能力，即网络与信息安全事件的防御能力、发现能力、应急能力和对抗能力。

① 防御能力：是指采取手段与措施，使得信息系统具备防范、抵御各种已知的针对信息与信息系统威胁的能力。鉴于互联网的开放性与弱优先规律，在开放的网络空间的环境下的社会主体，需要对自身的信息与信息系统进行必要的防护，事先采取各种管理与技术措施对潜在的威胁进行预防。建设防御能力，可以在不同的层面来保障信息安全的五个属性。例如，通过加密的方式保证信息的机密性不被破坏；通过采用冗余机制来保证信息的完整性不被破坏；通过对信息系统进行安全评估来确定信息系统所面临的风险，并采取相应的应对措施而保证信息系统的可用性；通过建设 PKI/PMI/KMI 信任体系的基础设施来保证网络空间中的身份的真实性；通过建立相应的过滤手段限制有害信息不能在网络空间中任意曼延，以保证网络的可控性。上述种种措施的集合，形成针对已知威胁的防御能力，以防范抵御针对信息与信息系统安全属性的威胁。

② 发现能力：是指采取手段与措施，使得信息系统具备检测、发现各种已知或未知的、潜在与事实上的针对信息与信息系统威胁的能力。在开放的网络空间环境中，即便有了很好的防御能力，也必须考虑到未能防御成功的威胁情况。因此，需要采取手段及时发现对信息系统潜在的或事实上的攻击。建设发现能力，可以在不同的层面来保障信息安全的五个属性。例如，通过对信息流进行监控，以及时发现重要信息系统中的机密信息在网络上的扩散而破坏机密性的现象；通过采取鉴别机制来及时发现对信息完整性进行破坏的现象；通过设置入侵检测设施及时发现蠕虫的大范围扩散而破坏可用性的现象；通过身份认证技术来发现伪造身份而破坏真实性的企图；通过建立相应的舆论预警手段以发现敏感舆论的突现，从而

确保可控性的有效落实。上述种种措施的集合，形成针对各类潜在与未知威胁的发现能力，以发现针对信息与信息系统安全属性的各类威胁。

③ 应急能力：是指采取手段与措施，使得信息系统针对所出现的各种突发事件，具备及时响应、处置信息系统所遭受的攻击，恢复信息系统基本服务的能力。网络空间中安全事件的发现能力，为事件的发生提供了告警能力，而网络空间中针对信息系统的攻击存在不可预见及不可抗拒的可能。因此，最重要的措施就是建立应急响应体系，以便在事件出现时能够及时响应，针对攻击事件进行有效处置，以防止事态的进一步恶化，面向攻击所出现的损失确保恢复，从而将损失降低到最低限度。建设应急能力，可以在不同的层面来保障信息安全的五个属性。例如通过取消权限来控制非法入侵者的进一步行动，以保障系统的机密性；建立必要的重发机制来保证信息传递中的完整性；通过建立最小灾难备份系统来保证信息系统在受到灾难性攻击时的基本可用性；通过设置黑名单的方式将信息系统中多次出现破坏真实性的用户排除在信息系统的合法使用集合之外；通过采用阻断方式来保障系统的可控性，以便及时隔离蠕虫、病毒的蔓延，避免因网络流量异常而造成网络的进一步拥塞。上述种种措施的集合，形成针对所处理的安全事件的应急能力，以及时响应、处置给信息与信息系统安全属性所带来的威胁。

④ 对抗能力：是指采取手段与措施，使得具备利用信息与信息系统的薄弱环节来攻击信息系统，以达到获取信息、控制信息系统、终止信息系统的服务、追踪攻击源头的目的。在开放的网络空间环境下，社会主体对自身的信息与信息系统进行有效保护的最重要因素，是掌握对信息与信息系统的攻击方法与攻击能力，并且在必要时采用积极防御的手段对攻击者进行有效的遏制。建设对抗能力，可以在不同的层面来攻击信息安全的五个属性。例如采取手段捕获并解析网络中传播的各类信息，以破坏其机密性；通过特定的算法寻求使用不同的信息源来产生与被攻击信息源相同的完整性标识，以达到破坏信息完整性的目的；通过"蜜罐"或"蜜网"技术，设置假象，以便引诱攻击者针对蜜罐或蜜网进行攻击，从而掌握攻击者的手法等攻击信息，以破坏目标的可用性；通过口令猜测的方式来获取信息系统用户的口令信息，以便对用户身份真实性进行破坏；采用"无界浏览器"这类穿透技术来寻求逃避封堵通道，以破坏信息系统的可控性。上述种种措施的集合，形成针对信息及信息系统的初步的对抗能力，以达到掌握攻击能力及遏制攻击者的效果。

2.7.4.3 三个基本要素（建设方式）

信息与信息系统要具备满足五种基本安全属性的要求，实现四种基本能力，需要运用管理、技术和资源这三个要素，通过合理配置各项资源，建立管理与技术相互协调的信息安全保障体系。

① 管理：安全风险源于不同社会主体的技术操作及技术过程，其所涉及的社会内容和社会行为千差万别，具有不同的法律属性和利益属性，需要由不同的法律来规范和调整，由不同的政府职能部门来监督和管理。因此，管理成为解决信息安全问题的基本要素之一。

② 技术：各种法律、行政和社会的管理手段在网络空间中需要由特定的技术措施来支撑，包括各种技术手段、工具及其应用过程。同时，网络与系统的技术环境的有关特性，以及有关技术操作及技术过程所导致的安全问题，需要由相应的技术功能和技术规则来控制。技术环境涉及硬件、软件、协议；涉及终端、网络与应用系统；涉及管理的技术设施和有关产品、系统的研究、开发、集成、测评、配置与运行维护；涉及技术法规与技术标准。由此，技术是解决信息安全问题的基本要素之一。

③ 资源：管理与技术的有效实施，最终都依赖于各类必要的资源，包括人才、资金、基础设施、场地等。人既可以是管理规则的制定者与执行者，也可以是管理规定的遵循者与制约者；资金既是建设管理体系的必要条件，也是建设技术体系的必要条件；基础设施既可以是技术成果的结晶，又可以是服务于管理及技术的资源；那些可以服务于信息安全的成型的、固有的、客观存在的规则、设施、机构，以及人才、资金、教育等，都可以看作是可调配的服务于信息安全保障体系的资源。因而资源也是解决信息安全问题的基本要素之一。

2.7.4.4 两个建设方面（建设内容）

管理、技术、资源这三个要素得以具体发挥的作用点将会落脚在两个方面，即面向复杂的社会行为、关系、利益的管理体系方面，以及面向确定的技术功能、性能、机制的技术体系方面。

管理体系：是指针对社会形态的保障因素，通过综合集成的管理形式来构成基于管理的信息安全保障框架体系。网络与信息安全问题对国家的政治安全、经济安全、文化安全、国防安全带来了威胁。同时，不同类型的威胁存在于不同的事物形态之中，包括舆论文化、社会行为、技术环境等涉及基础信息网络与重要信息系统的管理对象之中。由此，针对不同的管理目的，需要采取不同的管理手段，例如应急处理、风险评估、等级保护、技术管理标准、监督等。根据不同需求所实施的管理手段，需要由相应的管理主体来进行，即需要由各相应职能的管理部门来具体承担。管理部门在从事管理时，需要依据配套的法律、法规、政策等管理依据。管理依据的制定以及具体的实施，将需要依赖于管理人才、资金等资源。由此，管理体系涉及了六个基本因素，即管理目的、管理对象、管理手段、管理主体、管理依据、管理资源（图 2.1）。

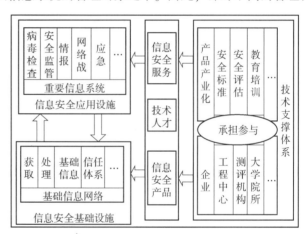

图 2.1 信息安全保障管理体系

技术体系：是从技术角度来考虑保障因素，并通过综合集成的技术手段来构成建立在技术层面的信息安全保障框架体系。网络空间中的信息安全问题在物理安全、运行安全、数据安全、内容安全等不同层面上表现不一。针对不同的安全需求，需要建设配套的信息安全应用设施，例如网络病毒监控系统、网络信息情报搜集系统、网络舆论预警系统、应急响应体系等。应用设施的建立通常需要建筑于国家层面的统一的信息安全基础设施之上，如国家信息关防系统、国家级 PKI/PMI/KMI 基础设施、国家数据资源统一获取平台等。无论是建设国家信息安全基础设施、信息安全应用设施，还是对社会主体局部信息安全利益的保护，都需要社会为公众与机构提供实用的信息安全产品。信息安全问题反映在信息安全事件的实施过程中，呈现出运行的动态特性，针对信息安全的保护需要随时为社会提供必要的信息安全服务能力。信息安全设施建设、安全产品的研制、安全服务的提供，均需要社会提供配套的技术资源，包括科研院所等研发单位、工程中心与企业等产品提供单位、教育培训体系、产品与服务测评体系、技术标准、安全评估等，当然也包括技术人才、资金等重要的要素由此，技术体系涉及了五个因素，即信息安全应用设施、信息安全基础设施、信息安全产品、信息安全服务以及技术资源（图2.2）。

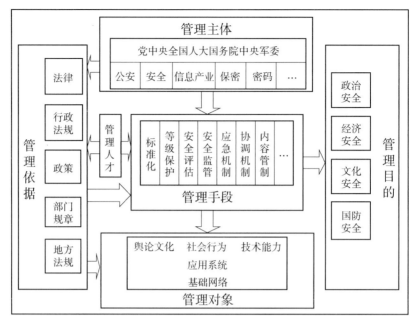

图 2.2　信息安全保障技术体系

2.7.4.5　构想的关系图

图 2.3 所示为国家信息安全战略构想"5432"之间的战略关系图。

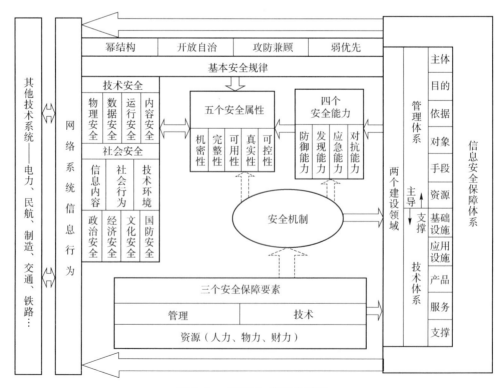

图 2.3　"5432"战略关系图

2.8　信息系统安全体系框架

安全体系结构的形成，主要是根据所要保护的信息系统资源，以及对资源攻击者及其攻击的目的、技术手段以及造成的后果分析，确定该系统所受到的已知的、可能的与该系统有关的威胁，并且考虑到系统中各要素的不安全缺陷，建立明确的系统安全需求和满足安全需求的安全体系结构。安全体系结构要从管理和技术上保证安全需求全面准确地得以满足，包括确定必需的安全服务、安全机制和技术管理以及它们在系统上的合理部署和关系配置等。

本节将从三个层面对信息系统安全体系结构进行论述。首先讨论开放系统互连的安全体系结构，因为基于计算机网络技术的信息系统正是以开放系统互连通信和网络作为支撑平台的（是信息系统的基础）。接下来讨论信息系统的安全体系框架，包括技术体系、管理体系和组织机构体系。最后给出国家信息安全保障体系框架，并阐述安全管理体系、安全技术体系和人才体系之间的关系。

2.8.1　OSI 信息安全体系结构

国家标准《信息处理系统开放系统互连基本参考模型　第二部分：安全体系结构》（GB/T 9387.2—1995，等同于 ISO 7498-2），以及因特网安全体系结构（RFC 2401），是两个普遍适用的安全体系结构，目的在于保证开放系统进程与进程之间远距离安全交换信息。这些标准确立了与安全体系结构有关的一般要素，可适用于开放系统之间需要通信保护的各种场合。这些标准在参考模型的框架内建立起一些指导原则与约束条件，从而提供解决开放互连系统中安全问题的一致性方法。

安全体系结构包含的主要内容有：提供的安全服务（又叫安全功能）与有关安全机制在体系结构下的一般描述，这些服务和机制必须是为体系结构所配备的；确定体系结构内部可以提供这些服务的位置；保证安全服务完全、准确地得以配置，并且在信息系统安全的生命期中一直维持，安全功能务必达到一定强度的要求。因此，可以说，安全体系结构就是对原系统的扩展，对原系统概念和原则上的补充。

OSI 安全体系结构的核心内容是：保证异构计算机进程与进程之间远距离交换信息的安全。为此定义了五大类安全服务和提供这些服务的八类安全机制，以及相应的 OSI 安全管理，并可根据具体系统适当地配置于 OSI 模型的七层协议中。图 2.4 所示为 OSI 开放系统互连安全体系结构的三维视图。

其中，一种安全服务可以通过某种安全机制单独提供，也可以通过多种安全机制联合提供；一种安全机制可用于提供一种或多种安全服务。在 OSI 七层协议中，除第五层（会话层）外，每一层均能提供相应的安全服务。实际上，最适合配置安全服务的是在物理层、网络层、传输层及应用层上，其他层都不宜配置安全服务。

作为一种实际上广泛应用的协议集，TCP/IP 也完全可以用 OSI 的参考模型来解释，可以根据 OSI 安全体系结构框架，将各种安全机制和安全服务映射到 TCP/IP 的协议集中，从而形成一个基于 TCP/IP 协议层的网络安全体系结构。在这种基于 TCP/IP 协议层的网络安全体系结构的指导下，近年来国内外许多网络安全研究机构和生产厂商针对 TCP/IP 协议集各层次上的安全隐患，不断推出新的安全协议、安全服务和产品，这反过来又使网络安全体系结构的理论不断充实与完善。

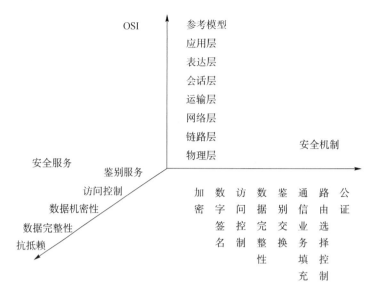

图 2.4　OSI 开放系统互连安全体系结构的三维视图

2.8.1.1　安全服务

（1）鉴别服务

鉴别服务提供对通信中的对等实体和数据来源的鉴别。

① 对等实体鉴别：这种服务当由（N）层提供时，将使（N+1）层实体确信与之打交道的对等实体正是它所需的（N+1）实体。这种服务在连接建立或在数据传送阶段的某些时刻提供使用，用于证实一个或多个实体的身份。使用这种服务可以（仅在使用时间内）确信：一个实体此时没有试图冒充别的实体，或没有试图将先前的连接做非授权重放；实施单向或双向对等实体鉴别也是可能的，可以带有效期检验，也可以不带。这种服务能够提供各种不同程度的鉴别保护。

② 数据原发鉴别：这种服务当由（N）层提供时，将使（N+1）层实体确信数据来源正是所要求的对等（N+1）实体。数据原发鉴别服务对数据单元的来源提供识别。这种服务对数据单元的重复或篡改不提供鉴别保护。

（2）访问控制

这种服务提供保护，以对抗开放系统互连可访问资源的非授权使用。这些资源可以是经开放互连协议可访问到的 OSI 资源或非 OSI 资源。这种保护服务可应用于对资源的各种不同类型的访问（例如，使用通信资源，读、写或删除信息资源，处理资源的操作），或应用于对某种资源的所有访问。

（3）数据机密性

这种服务对数据提供保护，使之不被非授权地泄露。

① 连接机密性：这种服务为一次连接上的所有用户数据，保证其机密性。但对于某些使用中的数据，或在某些层次上，将所有数据都保护起来反而是不适宜的，例如加速数据或连接请求中的数据。

② 无连接机密性：这种服务为单个无连接的 SDU 中的全部用户数据提供机密性保护。

③ 选择字段机密性：这种服务为那些被选择的字段保证其机密性，这些字段或处于连接的用户数据中，或为单个无连接的 SDU 中的字段。

④ 通信业务流机密性：这种服务提供的保护使得通过观察通信业务流而不可能推断出其中的机密信息。

（4）数据完整性

这种服务对付主动威胁。在一次连接上，连接开始时使用对某实体鉴别服务，并在连接的存活期使用数据完整性服务就能联合起来为在此连接上传送的所有数据单元的来源提供确证，为这些数据单元的完整性提供确证，如使用顺序号，不可附加为数据单元的重复提供检测。

① 带恢复的连接完整性：这种服务为连接上的所有用户数据保证其完整性，并检测整个发送数据单元（SDU）序列中的数据遭到的任何篡改、插入、删除或同时进行补救和/或恢复。

② 不带恢复的连接完整性：与上款的服务相同，只是不做补救恢复。

③ 选择字段的连接完整性：这种服务为在一次连接上传送的 SDU 的用户数据中的选择字段保证其完整性，所取形式是确定这些被选字段是否遭受了篡改、插入、删除或不可用。

④ 无连接完整性：这种服务当由（N）层提供时，对发出请求的那个（$N+1$）层实体提供了完整保护。这种服务为单个无连接上的 SDU 保证其完整性，应用形式可以是判断一个接收到的 SDU 是否遭受了篡改。此外，在一定程度上也能提供对连接重放的检测。

⑤ 选择字段无连接完整性：这种服务为单个无连接上的 SDU 中的被选字段保证其完整性，所取形式是：被选字段是否遭受了篡改。

（5）抗抵赖

这种服务可取以下两种形式，或两者之一。

① 有数据原发证明的抗抵赖：为数据的接收者提供数据的原发证据。这将使发送者不承认未发送过这些数据或否认其内容的企图不能得逞。

② 有交付证明的抗抵赖：为数据的发送者提供数据交付证据，这将使接收者以后不承认收到过这些数据或否认其内容的企图不能得逞。

2.8.1.2　安全机制

如下所述的八种安全机制可以设置在适当的协议层上，以提供某些安全服务。

（1）加密机制

① 加密既能为数据提供机密性，也能为通信业务流信息提供机密性，并且还成为其他安全机制中的一部分或起补充作用。

② 加密算法可以是可逆的，也可以是不可逆的。

③ 除了某些不可逆加密算法的情况外，加密机制的存在便意味着要使用密钥管理机制。

（2）数字签名机制

这种机制确定两个过程：对数据单元签名；验证签过名的数据单元。第一个过程使用签名者所私有的（即独有的和机密的）信息。第二个过程所用的规程与信息是公之于众的，但不能够从它们推断出该签名者的私有信息。

① 签名过程涉及使用签名者的私有信息作为私钥，或对数据单元进行加密，或产生出该数据单元的一个密码校验值。

② 验证过程涉及使用公开的规程与信息来决定该签名是不是用签名者的私有信息产生的。

③ 签名机制的本质特征为该签名只有使用签名者的私有信息才能产生出来。

因而，当该签名得到验证后，它能在事后的任何时候向第三者（例如法官或仲裁人）证明：只有那个私有信息的唯一拥有者才能产生这个签名。

（3）访问控制机制

① 为了决定和实施一个实体的访问权，访问控制机制可以使用该实体已鉴别的身份，或使用有关该实体的信息（例如它与一个已知的实体集的从属关系），或使用该实体的权力。如果这个实体试图使用非授权的资源，或者以不正当方式使用授权资源，那么访问控制功能将拒绝这一企图，另外还可能产生一个报警信号或记录它作为安全审计跟踪的一个部分来报告这一事件。对于无连接数据传输，发给发送者的拒绝访问的通知只能作为强加于原发的访问控制结果而被提供。

② 访问控制机制可以建立在使用下列一种或多种手段之上：访问控制信息库，在这里保存有对等实体的访问权限。这些信息可以由授权中心保存，或由正被访问的那个实体保存。该信息的形式可以是一个访问控制表，或是等级结构的矩阵。还要预先假定对等实体的鉴别已得到保证；鉴别信息，例如口令，对这一信息的占有和出示便证明正在进行访问的实体已被授权；权力，对它的占有和出示便证明有权访问由该权力所规定的实体或资源，权力应是不可伪造的，并以可信赖的方式进行运送；安全标记，当与一个实体相关联时，这种安全标记可用来表示同意或拒绝访问，通常根据安全策略而定；试图访问的时间；试图访问的路由；访问持续期。

③ 访问控制机制可应用于通信联系中的一端点，或应用于任一中间点。涉及原发点或任一中间点的访问控制，是用来决定发送是否被授权与指定的接收者进行通信或是否被授权使用所要求的通信资源。在无连接数据传输目的端上的对等级访问控制机制的要求在原发点必须事先知道，还必须记录在安全管理信息库中。

（4）数据完整性机制

① 数据完整性有两个方面：单个数据单元或字段的完整性以及数据单元流或字段流的完整性。一般来说，用来提供这两种类型完整性服务的机制是不相同的，尽管没有第一类完整性服务时，第二类服务是无法提供的。

② 决定单个数据单元的完整性涉及两个过程：一个在发送实体上，一个在接收实体上。发送实体给数据单元附加上一个量，这个量为该数据的函数。这个量可以是如分组校验码那样的补充信息，或是一个密码校验值，而且它本身可以被加密。接收实体产生一个相应的量，并把它与接收到的那个量进行比较，以决定该数据是否在传送中被篡改过。单靠这种机制不能防止单个数据单元的重放。在网络体系结构的适当层上，操作检测可能在本层或较高层上导致恢复（例如经重传或纠错）作用。

③ 对于有连接的数据传送，保护数据单元序列的完整性（即防止乱序、数据的丢失、重放、插入和篡改）还另外需要某种明显的排序形式，例如顺序号、时间标记或密码链。

④ 对于无连接数据传送，时间标记可以用来在一定程度上提供保护，防止个别数据单元的重放。

（5）鉴别交换机制

① 可用于鉴别交换的一些技术是：使用鉴别信息，例如口令，由发送实体提供而由接收实体验证；密码技术；使用该实体的特征或占有物。

② 这种机制可设置在（N）层以提供对等实体鉴别。如果在鉴别实体时，这一机制得

到否定的结果，就会导致连接的拒绝或终止，也可能使在安全审计跟踪中增加一个记录，或给安全管理中心一个报告。

③ 当采用密码技术时，这些技术可以与"握手"协议结合起来，以防止重放（即确保存活期）。

④ 鉴别交换技术的选用取决于使用它们的环境。在许多场合，它们将必须与下列各项结合使用：时间标记与同步时钟；两方握手和三方握手（分别对应于单方鉴别与相互鉴别）；由数字签名和公证机制实现的抗抵赖服务。

（6）通信业务填充机制

通信业务填充机制能用来提供各种不同级别的保护，对抗通信业务分析。这种机制只有在通行业务填充受到机密服务保护时才是有效的。

（7）路由选择控制机制

① 路由能动态地或预定地选取，以便只使用物理上安全的子网络、中继站或链路。

② 在检测到持续的操作攻击时，系统可指示网络服务的提供者经不同的路由建立连接。

③ 带有某些安全标记的数据可能被安全策略禁止通过某些子网络、链路或中继。

（8）公证机制

有关在两个或多个实体之间通信的数据的性质，如它的完整性、原发、时间和目的地等能够借助公证机制而得到确保。这种保证是由第三方公证人提供的。公证人为通信实体所信任，并通过必要信息和方法进行证实保证。每个通信事例可使用数字签名、加密和完整性机制，以适应公证人提供的那种服务。当这种公证机制被用到时，数据便在参与通信的实体之间经由受保护的通信实例和公证方进行通信。

2.8.2　OSI 信息安全体系框架

OSI 安全体系框架是在 OSI 安全体系结构基础上构建的，主要包括技术体系、组织体系和管理体系三种安全体系，如图 2.5 所示。

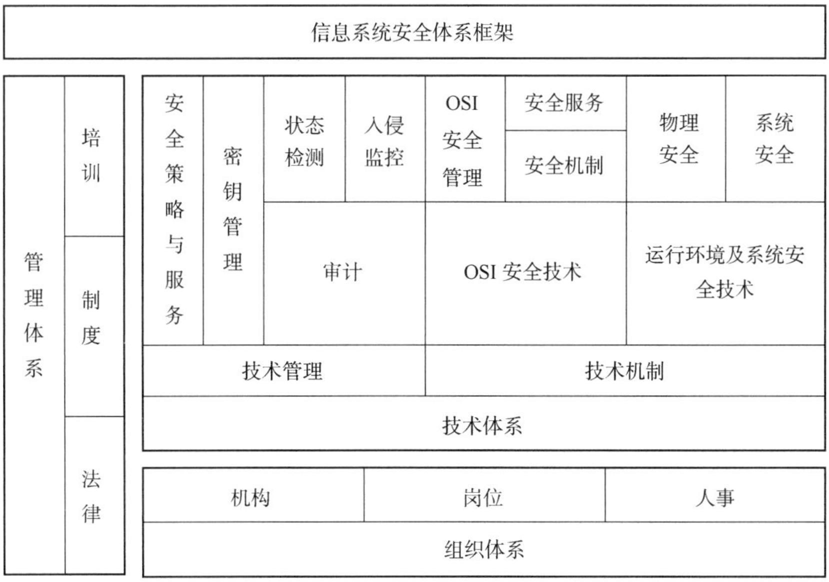

图 2.5　OSI 信息安全体系框架

2.8.2.1 技术体系

技术体系是全面提供信息系统安全保护的技术保障系统。OSI 安全体系通过技术管理将技术机制提供的安全服务，分别或同时应用在 OSI 协议层的一层或多层上，为数据、信息内容、通信连接提供机密性、完整性和可用性保护，为通信实体、通信连接、通信进程提供身份鉴别、访问控制、审计和抗抵赖保护，这些安全服务分别作用在通信平台、网络平台和应用平台上。

保障和运行的安全体系是与 OSI 安全体系不同的技术保障体系。该体系由两大类构成。

一类是物理安全技术，通过物理机械强度标准的控制使信息系统的建筑物、机房条件及硬件设备条件满足信息系统的机械防护安全；通过对电力供应设备以及信息系统组件的抗电磁干扰和电磁泄漏性能的选择性措施达到两个安全目的：一是信息系统组件具有抗击外界电磁辐射或噪声干扰能力而保持正常运行，二是控制信息系统组件电磁辐射造成的信息泄露，必要时还应从建筑物和机房条件的设计开始就采取必要措施，以使电磁辐射指标符合国家相应的安全等级要求。物理安全技术运用于物理保障环境（含系统组件的物理环境）。

另一类是系统安全技术，通过对信息系统与安全相关组件的操作系统的安全性选择措施或自主控制，使信息系统安全组件的软件工作平台达到相应的安全等级，一方面避免操作平台自身的脆弱性和漏洞引发的风险，另一方面阻塞任何形式的非授权行为对信息系统安全组件的入侵或接管系统管理权。

信息系统安全体系中技术体系框架的设计，可借鉴美国 DISSP 计划提出的三维安全体系的思路，将协议层次、信息系统构成单元和安全服务（安全机制）作为三维坐标体系的三维来表示，再根据图 2.6 描述的安全服务与协议层的配置关系，找出各个信息系统构成单元在相应协议层上可用的安全服务。

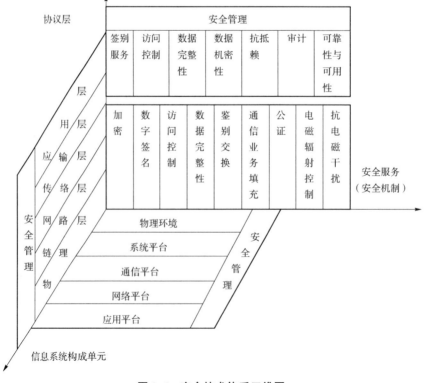

图 2.6 安全技术体系三维图

图 2.6 中，安全服务（安全机制）选作 X 维，协议层选作 Y 维，信息系统构成单元选作 Z 维。在 X 维中，安全机制并不直接配置在协议层上，也不直接作用在系统单元上，而是必须通过提供安全服务来发挥作用，故为便于从三维图中全面地概括信息系统安全体中的相互关系，将安全机制作为安全服务的底层支撑置于图中；在安全机制中，将 OSI 安全体系中的八种机制与物理安全中的电磁辐射安全机制放在一起，可使安全服务中的数据保密性和可靠性、可用性功能赋有更为广泛的安全意义，同时也为物理环境的安全提供了重要的安全机制和服务；协议层以 OSI 七层模型为参考，只选取可适宜配置安全服务的五个层次；每个维中的"安全管理"是一种概念，它是纯粹基于标准（或协议）的各种技术管理。

2.8.2.2 机构体系

组织机构体系是信息系统安全的组织保障系统，由机构、岗位和人事三个模块构成一个体系。

机构的设置分为三个层次：决策层、管理层和执行层。决策层是信息系统主体单位决定信息系统安全重大事宜的领导机构，以单位主管信息工作的负责人为首，由行使国家安全、公共安全、机要和保密职能的部门负责人及信息系统主要负责人参与组成；管理层是决策层的日常管理机关，根据决策机构的决定全面规划并协调各方面力量来实施信息系统的安全方案，制定、修改安全策略，处理安全事故，设置安全相关的岗位；执行层是在管理层协调下具体负责某一个或某几个特定安全事务的一个逻辑群体，这个群体分布在信息系统的各个操作层或岗位上。

岗位是信息系统安全管理机关根据系统安全需要设定的负责某一个或某几个安全事务的职位，岗位在系统内部可以是具有垂直领导关系的若干层次的一个序列，一个人可以负责一个或几个安全岗位，但一个人不得同时兼任安全岗位所对应的系统管理或具体业务岗位。因此，岗位并不是一个机构，它由管理机构设定，由人事机构管理。

人事机构是根据管理机构设定的岗位，对岗位上在职、待职和离职的雇员进行素质教育、业绩考核和安全监管的机构。人事机构的全部管理活动在国家有关安全的法律、法规、政策规定范围内依法进行。

2.8.2.3 管理体系

管理是信息系统安全的灵魂。信息系统安全的管理体系由法律管理、制度管理和培训管理三部分组成。

法律管理是根据相关的国家法律、法规对信息系统主体及其与外界关联行为的规范和约束。法律管理具有对信息系统主体行为的强制性约束力，并且有明确的管理层次性。与安全有关的法律、法规是信息系统安全的最高行为准则。

制度管理是信息系统内部依据系统必要的国家、团体的安全需求制定的一系列内部规章制度，主要内容包括安全管理和执行机构的行为规范、岗位设定及其操作规范、岗位人员的素质要求及行为规范、内部关系与外部关系的行为规范等。制度管理是法律管理的形式化、具体化，是法律、法规与管理对象的接口。

培训管理是确保信息系统安全的前提。培训管理的内容包括法律法规培训、内部制度培训、岗位操作培训、普遍安全意识和与岗位相关的重点安全意识相结合的培训、业务素质与技能技巧培训等。培训的对象几乎包括信息系统有关的所有人员（不仅仅是从事安全管理和业务的人员）。

2.8.3 中国信息安全保障体系

综合管理体系与技术体系，最终形成了我国信息安全保障体系框架，如图2.7所示。在这个框架中，领导主体是需要首先确定的，国家所成立的"国家网络与信息安全协调小组"占据了保障框架中的领导位置，而管制及应对的对象，则是"有害信息、违法犯罪、突发事件、异常行为"等网络与信息安全的事件与问题。法律法规、协调机制将成为保障体系中的管理与处置依据，而"应急机制、风险评估、等级保护、技术标准、监管制度"等则是保障体系中的管理手段。

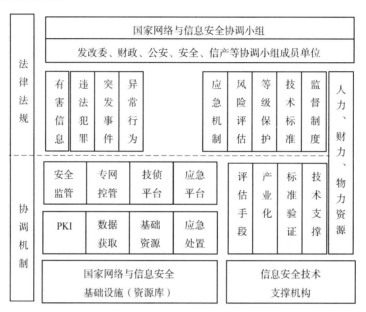

图2.7 我国信息安全保障体系框架

在保障体系中，资源是重要的构成要素，包括人力资源、财力资源、物力资源等，以及评估手段、产业化、标准验证、咨询建立等技术支撑环节，都构成了支持保障体系的重要的可调配资源。此外，还涉及十分重要的公共资源，包括基础设施、重要应用系统。如PKI、数据获取、基础资源、应急处置系统等，可以为应用系统提供基本的支持；安全监管、专网控管、技侦平台、应急平台等安全应用设施关系到信息化环境下的网络与信息安全的主要问题的处置。

归根结底，国家信息安全战略的目标是要通过国家意志和国家行为，在进一步完善法律法规的基础上，采取风险评估、等级保护、应急机制、协调机制等多种管理手段，整合配置安全产品、专业服务、技术支撑、信息安全基础设施、信息安全应用设施等各类技术资源，从而建立一个由管理体系和技术体系所构成的国家信息安全保障体系，以应对信息网络环境下国家和社会所面临的安全风险与威胁，进而保障国家信息安全和促进国家信息化的可持续发展。

2.9 本章小结

本章简述了信息安全的发展简史，划分为通信保密阶段、信息安全阶段和信息安全保障阶段。从信息系统相关的自身的安全缺陷、面临的威胁方面分析了信息系统的不安全因素，可以说信息系统的各要素、各处理环节，以及社会、自然灾害等方面都存在针对信息系统的一定程度的威胁或攻击。给出了信息安全、信息攻击、信息对抗的基本定义和信息安全问题的 3 个类别。分析了信息安全问题产生的 5 个根源。从系统发展角度讨论了应用信息安全的基本对策。总结了信息安全对抗的基础层次、系统层次原理以及系统层次方法。从技术层面、社会层面和网络化客观规律方面分析了信息安全需求，介绍了国家提出的 "5432" 国家信息安全战略构想。论述了 OSI 安全体系结构框架和中国信息安全保障体系框架等。

思考题

1. 信息系统安全发展可分为哪些主要阶段？各阶段的主要特点是什么？
2. 信息系统面临的主要威胁或攻击有哪些？
3. 系统分析信息系统的不安全因素有哪些？
4. 什么是信息安全？什么是信息对抗？什么是信息攻击？
5. 信息安全问题如何分类？
6. 信息安全问题产生的主要根源有哪些？为什么？
7. 信息安全发展的基本对策有哪些？为什么？
8. 信息安全与对抗有哪些基础层次原理？其核心内容是什么？
9. 信息安全与对抗有哪些系统层次原理？其核心内容是什么？
10. 信息安全与对抗有哪些系统层次方法？其核心内容是什么？
11. 从发展角度分析信息安全问题的基本对策。
12. 有哪些基础层次的信息安全对抗原理？
13. 有哪些系统层次的信息安全对抗原理？
14. 有哪些系统层次的信息安全对抗方法？
15. 试从技术、社会以及信息网络化客观规律等方面分析信息系统的安全问题。
16. 简述我国 "5432" 信息安全战略构想的主要内容。
17. 简述 OSI 安全体系中的五类安全服务和八类安全机制分别是什么。
18. 简述 OSI 安全体系框架的主要内容。
19. 简述我国信息安全保障体系框架和内容。
20. 目前你知道的信息安全、信息攻击技术主要有哪些？

第3章

信息安全检测与攻击技术

3.1 引　言

本章主要介绍信息安全的检测和攻击技术，内容安排如下：网络攻击行为的一般步骤和过程、网络攻击行为分类、黑客及其行为特征、信息安全扫描技术、网络数据获取技术、计算机病毒及蠕虫、窃密木马攻击技术、信息欺骗攻击技术、溢出漏洞攻击技术、拒绝服务攻击技术、社会工程攻击技术、息战和信息武器等。

3.2 攻击行为过程分析

图 3.1 所示为一般攻击行为过程示意图，一个攻击行为的发生一般有三个阶段，即攻击准备、攻击实施和攻击后处理。当然，这种攻击行为有可能对攻击目标未造成任何损伤或者说攻击未成功。下面简介各阶段的主要内容及特点。

图 3.1　攻击行为过程示意图

3.2.1 攻击准备

攻击的准备阶段可分为确定攻击目标和信息收集两个子过程。攻击前首先确定攻击目标，而后确定要达到什么样的攻击目的，即给对方造成什么样的后果，常见的攻击目的有破坏型和入侵型两种。破坏型攻击指的破坏目标，使其不能正常工作，而不是控制目标系统的运行。另一类是入侵型攻击，这种攻击是要获得一定的权限，以达到控制攻击目标或窃取信息的目的。入侵型攻击较为普遍，威胁性大，因为一旦获得攻击目标的管理员权限，就可以对此服务器做任意动作，包括破坏性质的攻击。此类攻击一般利用服务器操作系统、应用软件或者网络协议等系统中存在的漏洞进行。在确定攻击目标之后，最重要的是收集尽可能多的关于攻击目标的信息，以便实施攻击，这些信息主要包括：目标的操作系统类型及版本，目标提供的服务类型，各服务器程序的类型、版本及相关的各种信息等。

3.2.2　攻击实施

当收集到足够的信息后，攻击者就可以实施攻击了。对于破坏型攻击，只需利用必要的工具发动攻击即可。但作为入侵型攻击，往往要利用收集到的信息找到系统漏洞，然后利用该漏洞获得一定的权限，有时获得一般用户的权限就足以达到攻击的目的，但一般攻击者都想尽办法获得系统最高权限，这不仅为了达到入侵的目的，在某种程度上也是为了显示攻击者的实力。系统漏洞一般分为远程和本地漏洞两种，远程漏洞是指可以在别的机器上直接利用该漏洞进行攻击并获得一定的权限，这种漏洞的威胁性相当大，攻击行为一般是从远程漏洞开始，但是利用远程漏洞不一定获得最高权限，往往获得一般用户的权限，只有获得了较高的权限（如管理员的权限），才可以进行入侵行为（如放置木马程序）。

3.2.3　攻击后效

如果攻击者完成攻击后，立刻离开系统而不做任何后续工作，那么他的行踪将很快被系统管理员发现，因为所有的网络操作系统都提供日志记录功能，会把系统上发生的事件记录下来，所以攻击者发动完攻击后，一般要做一些后续工作。对于破坏型攻击，攻击者隐匿踪迹是为了不被发现，而且还有可能再次收集信息，以此来评估攻击后的效果。对于入侵型攻击，最重要的是隐匿踪迹，攻击者可以利用系统最高管理员身份随意修改系统上文件的权利。隐匿踪迹最简单的方法是删除日志，但这样做虽然避免了系统管理员根据日志的追踪，但也明确地告诉管理员系统已经被入侵了，所以，一般采用的方法是修改日志中与攻击行为相关的那一部分日志，而不是删除日志。但只修改日志仍不够，有时还会留下蛛丝马迹，所以，高级攻击者可以通过替换一些系统程序的方法进一步隐藏踪迹。此外，攻击者在入侵系统后，还有可能再次入侵该系统，所以，为了下次进入的方便，攻击者往往给自己留下后门，如给自己添加一个账号、增加一个网络监听的端口、放置木马等。还有一种方法，即通过修改系统内核的方法使管理员无法发现攻击行为的发生，但这种方法需要较强的编程技巧，一般的攻击者较难完成。

3.3　网络攻击技术分类

网络空间的安全问题日益严重并已成为全世界关注的焦点问题，各国政府部门及安全组织采取了一系列措施来维护国家基础设施的安全运行，但信息安全事件仍然频发。总体上，2010 年以后，以"震网"蠕虫、斯诺登事件、乌克兰电网入侵、雅虎数据泄露、Facebook 泄露门事件代表的大规模网络安全事件给全球的互联网带来了严重的冲击，其传播速度之快，攻击手段之隐蔽，破坏力之大，影响范围之广，都远远超过以前的安全事件。这对人们越来越依赖的信息系统的安全防御能力提出了严峻挑战。

为有效地防御各种网络攻击，减少网络攻击事件所带来的损失，学术界、产业界以及民间的研究力量都在积极深入开展网络安全领域的各项技术研究、产品开发、系统测评、工程实践等工作。但是在开展上述工作时，人们遇到了一个普遍性的问题，那就是人们对于各种网络攻击的理解、把握程度相差很大，对网络攻击的判定和特征提取的方法很不相同，对网络攻击与造成的危害或潜在威胁的认识难以保持一致，从而对安全技术研发、工程实践、产品开发、安全性测评、安全事件协同处理等工作中人与人之间的协作、系统与系统之间的交互带来极大困难。具体主要表现在以下几个方面：

① 对网络攻击事件的分类随意性很强。对于安全产品开发来说，因为各厂家对网络攻击的分类原则相差很大（如有的按协议类型划分，有的按技术术语划分等），以致不同厂家的安全产品无法进行有效的信息交换，因此很难利用不同种类的安全产品构造出一个完善的综合安全防护体系；对于安全事件协同处理来说，各参与方也因为所遵守的分类原则不同而无法形成对同一事件的统一认识，从而给后续的事件协同处理造成很大的困难；对于系统或产品的安全性测评方面，更是因为对攻击的分类方式不同，无法设计出有针对性的测试用例来判定一个信息系统或产品对不同种类攻击的防护能力；对于用户而言，也会因为不同安全产品之间的信息无法相互兼容而面对大量的报警，从而对安全产品的正常使用、推广造成了严重的影响。

② 对同样的攻击事件的判定结果不同。因为对攻击事件的各个环节的认识存在着差异，因此，对于同一类甚至同一种网络攻击事件，人或安全产品的判断和描述结果可能完全不同，或者对某些属性的判断和描述出现偏差，从而使系统与系统间协作、人与人间协作变得很难进行。这个问题在各单位、各组织甚至各国家和地区之间协作处理大规模网络攻击事件中尤为明显。

③ 对于网络攻击事件所造成的危害和潜在的危险缺乏统一的衡量准则。对于大多数安全防护产品来说，对于某类攻击事件危害结果只能反馈回"非常严重、严重、中等、一般"几个模糊的等级，而且没有一个明确的界定，用户很难了解某一个攻击事件究竟会对系统的哪些地方进行攻击、攻击到什么程度、可能带来的后果等信息，因此用户即使知道一个攻击事件是严重的，也无法了解其具体细节，也就无法有的放矢地采取具体的技术防范措施或调整相应的配置。这也是目前很多信息系统尽管配备了安全防护产品，也产生了大量报警信息，但无法真正发挥其作用的根本原因。

正是基于上述原因，从 20 世纪 90 年代中后期开始，网络攻击分类技术的研究得到人们的广泛关注。

3.3.1　分类原则

下面列举了主要的网络攻击分类体系应具备的原则：

① 可接受性：分类方法符合逻辑和惯例，易于被大多数人接受。

② 确定性（也称无二义性）：对每一分类的特点描述准确。

③ 完备性（也称无遗漏性）：分类体系能够包含所有的攻击。

④ 互斥性：各类别之间没有交叉和覆盖现象。

⑤ 可重现性：不同人根据同一原则重复分类的过程，得出的分类结果是一致的。

⑥ 可用性：分类对不同领域的应用具有实用价值。

⑦ 适应性：可适应于多个不同的应用要求。

⑧ 原子性：每个分类无法再进一步细分。

另外，还有一些非主流的原则如攻击分类方法应当是客观的、可理解的、稳定的、与漏洞的分类方法相近似的、所使用的技术术语应当具有准确的定义、对内部攻击和外部攻击应该加以区分等。

事实上，上述攻击分类的原则只是人们从不同角度考虑问题时提出的，而现有的分类体系还没有哪一个分类结果能够满足以上全部甚至是主要原则。从已有的分类实践中，可以看出人们在研究分类体系时一般重点关注的原则主要有可接受性、确定性、完备性、互斥性、可重现性、可用性。下面简要介绍一些当前主流的网络攻击分类方法。

3.3.2　分类方法

目前，国内外在网络攻击分类方面已经做了大量工作，取得了一定成果，并在实际工作中得到了很好的应用。总的来说，目前已有的网络攻击分类方法大致可以分为以下几类：基于经验术语的分类、基于单一属性的分类、基于多种属性的分类，以及基于特定应用的分类。这些分类方法均存在一定的问题，关于攻击技术分类还有待进一步研究。

3.3.2.1　基于经验术语的分类

基于经验术语分类方法是利用网络攻击中常见的技术术语、社会术语等来对攻击进行描述的方法。最初对攻击的描述经常采用经验术语列表的方法，如 Icove 按经验将攻击分成病毒和蠕虫、资料欺骗、拒绝服务、非授权资料复制、侵扰、软件盗版、特洛伊木马、隐蔽信道、搭线窃听、会话截持、IP 欺骗、口令窃听、越权访问、扫描、逻辑炸弹、陷门攻击、隧道、伪装、电磁泄漏、服务干扰等 20 余类；Cohen 提出的分类体系将攻击分为特洛伊木马、伪造网络资料、冒充他人、检测网络基础结构、电子邮件溢出、时间炸弹、获取工作资格、刺探保护措施、干扰网络基础结构、社会活动、贿赂、潜入、煽动等。

对照上面提出的分类原则，可以看出这种根据经验列表来描述攻击的方法存在较大的问题。首先，上述术语不仅不属于相同或相近的技术层面，而且相互之间相差往往很大，如病毒和蠕虫、逻辑炸弹、IP 欺骗等属于技术方面的术语，而软件盗版则属于社会活动的范畴；特洛伊木马、会话截持、扫描等是网络安全领域的术语，而搭线窃听、电磁泄漏则属于物理安全的范畴，这种术语引用原则的不一，使得这种分类很难应用于多种场合，难以被大多数人所接受。其次，这种分类方法中各术语并不能覆盖当前的主流攻击，很难满足完备性的原则，同时，各分类之间明显缺乏互斥性，一些术语之间存在着较大的交叉，术语内涵重复，例如，现在的病毒和蠕虫中往往同时包含着特洛伊木马、逻辑炸弹、越权访问等多种攻击，而且病毒和蠕虫本身就存在着明显的不同，彼此并不能完全替代。另外，上述术语的内涵也并不十分明确，资料欺骗、非授权资料复制、侵扰、服务干扰所对应的攻击特点都不唯一，给分类的实践带来了不确定性。

Perry 和 Wallich 两人对经验术语分类方法进行了一定的改进，其分类体系基于两个元素：潜在的攻击者和攻击效果。其中，潜在的攻击者分成操作员、程序设计员、数据录入员、内部用户、外部用户和入侵者，可能的后果包括物理破坏、信息破坏、数据欺骗、窃取服务、浏览和窃取信息等。因为该分类方法从攻击者和攻击效果两个方面的术语来描述攻击，相对清晰一些，但并没有真正解决上面所陈述的问题。首先，潜在的攻击者在不同的应用场合下可能不尽相同；其次，对攻击效果的术语描述也存在着完备性、互斥性、明确性方面的诸多问题。

综合以上可以看出，这种基于术语分类的方法往往是根据经验进行的，逻辑性和层次结构不清晰，目的性不强。而且所采用的术语往往内涵界定不清，没有得到多数人的认可，对于新出现的攻击，只能通过增加术语的方式加以补充，扩展性很差。最为重要的一点是，对于同一种攻击，不同人的分类实践非常可能出现完全不同的结果，很难满足实际工作的需要，因此这种分类方法并没有得到广泛的应用。

3.3.2.2　基于单一属性的分类

基于单一属性的分类方法是指仅从攻击某个特定的属性对攻击进行描述的方法。这种方法与基于经验术语分类方法的最大不同在于，基于经验术语分类的方法所针对的攻击属性可能有多个，如基于经验术语的分类就试图用一组术语对攻击的发起者、实施方法、技术实现、产生的后果等多个属性进行描述；而基于单一属性对攻击进行分类描述的方法只针对攻击的某个特定的属性进行。

如著名的 CIA 安全模型，即数据秘密性（confidential）、信息完整性（integrity）、系统可用性（availability）就是针对攻击给系统带来影响的属性对攻击进行描述的。虽然将攻击造成的影响分为三大类，很好地解决了互斥性的难题，但将上千种攻击的后果只分成三类，显得过于简单，人们即使从分类中了解到一种攻击破坏了三个属性中的一种或几种，也无法了解这种攻击的本质，即这种方法虽然在理论上具有一定的指导意义，但在实际工作中很难应用。此外，这种方法现在已经有些过时，因为一些新型的攻击已经不再是破坏上述属性了，例如，2001 年 8 月份对全球互联网造成重大影响的红色代码病毒在传播时采用了内存到内存的数据复制，其扩散速度较以往的病毒大大增加，但就传播这一单独的过程而言，并没有对秘密性、完整性、可用性造成影响，但其结果是对互联网造成了严重的影响。故后来在 CIA 安全模型的基础之上，新增了其他一些要求达到的属性，如可控性（Controllability）和不可否认性（Non-Repudiation），而红色代码可被分类为在可控性属性上的攻击破坏。

Neumann 和 Parker 等人则通过分析 3 000 余种攻击实例，从系统滥用的角度将攻击分为 9 类，即外部滥用、硬件滥用、伪造、有害代码、绕过认证或授权、主动滥用、被动滥用、恶意滥用、间接滥用，并进一步将其细化为 26 种具体的滥用攻击。Stallings 则依据实施方法对网络攻击进行了分类，他将攻击实施的手段归纳为 5 种，分别是中断、拦截、窃听、篡改、伪造。Jayaram 也从攻击的实施方法将网络攻击分成物理攻击、系统弱点攻击、恶意程序攻击、权限攻击和面向通信过程的攻击这 5 类。Cheswick 和 Bellovin 依据攻击后果将针对防火墙的攻击分成窃取口令、错误和后门、信息泄露、协议失效、认证失效、拒绝服务等类别。

综上，这种根据某一特定属性而形成的对攻击进行分类的方法与基于经验术语的分类方法相比，其分类的确定性和定义的清晰程度方面有了一定的进步，能够满足一些场合的需要。但其对攻击的描述具有很大的局限性，基本只能反映出所描述攻击属性的特点，而对于攻击的其他特点则基本无从反映，不具有普适性，无法被广泛采用。此外，这种方法在对特定属性的描述上也存在一定的问题，并不能准确地反映出攻击在该属性上的所有情况，即在完备性方面尚需改进；或者对攻击属性的描述过于笼统，即使对攻击加以归类，人们也较难根据攻击类别准确了解该攻击的本质，许多描述方法都或多或少地存在着这方面的问题。

3.3.2.3　基于多种属性的分类

基于多属性的分类方法指同时抽取攻击的多个属性，并利用这些属性组成的序列来表示一个攻击过程，或由多个属性组成的结构来表示攻击，并对过程或结构进行分类的方法。为克服基于单一属性描述攻击的局限性，人们开始研究新的分类体系，以同时表示攻击的多个属性，其主要出发点是将一个攻击看成一个由多个不同阶段组成的过程，而不是一个单一的阶段，其中不同的阶段体现出不同的攻击特点。基于单一属性描述攻击的方法只体现了某一个阶段的特点，因此，也就无法反映出一个攻击全过程的各个阶段的属性，而基于多属性来描述攻击，则可以反映出攻击不同阶段的特点，便于描述攻击的本质。

Howard 在总结分析了计算机应急处理协调中心 CERT/CC 从 1989 年到 1995 年所收到的事件报告基础上，提出了一种新的攻击分类方法，对攻击的 5 个属性进行了描述，具体包括攻击者的类型、所使用的工具、入侵过程信息、攻击结果和攻击目的。Christy 在 Howard 的分类方法基础上对某些项进行了扩充，但基本出发点是一致的，如图 3.2 所示。

Attackers	Tool	Access				Results	Objectives
Hackers	Physical Attack	Implementaion Vulnerability	Unauthorized Access	Processis	Files	Corruption of information	Challenge Staturs
Spies	Information Exchange	Configuration Vulnerability	Unauthorized Use		Data in Transit	Discolosure of information	Political Gain
Terrorists	User Command					Thieft of service	Financial Gain
Corporate Raiders	Script of Program					Denial of service	Damage
Professional Criminals	Autonomors Agent						
Vandals	Toolkit						
Voyeurs	Distributed Tool						
	Data Tap						

图 3.2　Howard 提出的攻击分类方法

Howard 和 Christy 提出的分类方法相比基于经验术语分类和基于单一属性分类的方法有了明显的进步，易于被大多数人接受，具有较好的实用性。但在一些属性描述细节上存在一些交叉和包含，如图 3.2 和图 3.3 中的攻击者和攻击工具中列举的各项。

王晓程提出面向检测的 ESTQ 的攻击分类方法，其核心思想是它将所有网络攻击中的涉及的网络协议攻击的一些关键因素抽取出来，即时间、协议状态、时间关系、数量关系，并组成四元组（事件、协议状态、时间关系、数量关系）。

林肯实验室在对 IDS 系统进行评估时，也是从攻击中抽取多个关键属性，并将属性逻辑组合成攻击来对 IDS 系统进行评估。他们认为所有的攻击都有三个关键属性，即权限、转换方法、动作，其中将权限分类成远程网络访问、本地网络访问、用户访问、超级网络管理员访问、对主机的物理访问；转换方法定义了 5 种，分别是伪装、滥用、执行 Bug、系统误设、社会活动；使用了 5 个动作，分别是探测、拒绝、截获、改变、利用。

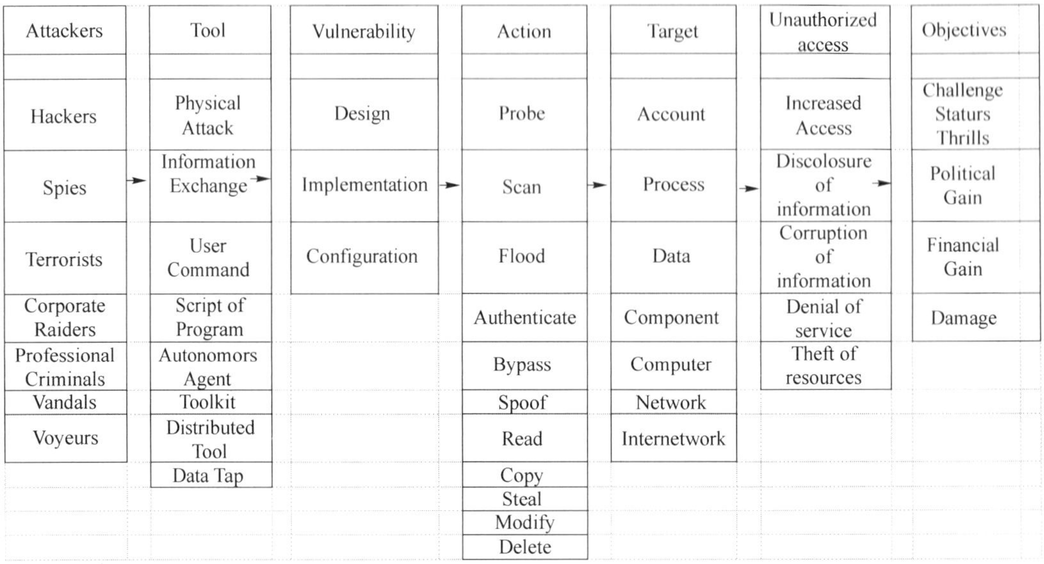

Attackers	Tool	Vulnerability	Action	Target	Unauthorized access	Objectives
Hackers	Physical Attack	Design	Probe	Account	Increased Access	Challenge Staturs Thrills
Spies	Information Exchange	Implementation	Scan	Process	Discolosure of information	Political Gain
Terrorists	User Command	Configuration	Flood	Data	Corruption of information	Financial Gain
Corporate Raiders	Script of Program		Authenticate	Component	Denial of service	Damage
Professional Criminals	Autonomors Agent		Bypass	Computer	Theft of resources	
Vandals	Toolkit		Spoof	Network		
Voyeurs	Distributed Tool		Read	Internetwork		
	Data Tap		Copy			
			Steal			
			Modify			
			Delete			

图 3.3　Christy 改进后的攻击分类方法

这种对攻击分类的方法较好地解决了可扩展的难题，它可以通过对初始权限、转换方法、动作三个属性值的不断增加，并通过组合的方法将不断出现的新的攻击纳入此分类体系中。与前两种分类方法相比，这种基于多个属性对攻击进行描述的方法在普适性（可以满足大多数需求）、全面性（可以覆盖攻击的各个属性）、准确性（对各个属性进行定量描述）、可扩展性（可以适用于新型的攻击）等方面具有较好的表现，并已经用于实际的工作中。

3.3.2.4　基于特定应用的分类

基于应用的分类方法是对特定类型应用、特定系统发起的攻击的属性进行分类描述的方法。典型的例子有：Alvarez 和 Petrovie 等人在分析对 Web 应用发起的攻击时，重点从攻击入口、漏洞、行为、长度、HTTP 头及动作、影响范围、权限等方面对攻击进行描述，并用不同长度的比特位所代表的数字来表示每一个属性，从而形成一个攻击编码向量；Weaver 等人从目标发现、选择策略、触发方式等角度对计算机蠕虫进行了描述，对于攻击者也按其动机不同进行了划分；Mirkovic 等人在对 DDoS 类攻击进行描述时，对其自动化程度（手动攻击、半自动攻击、自动攻击）、扫描策略（随机扫描、攻击列表扫描、拓扑扫描、本地子网扫描）、传播机制（中心源传播、回溯传播、自治传播）、攻击的漏洞（协议攻击、暴力攻击）、攻击速度的动态性（恒速、变速）、影响（破坏性、降低性能）等属性进行了划分；Welch 等人从流量分析、窃听、中间人攻击、重放攻击等方面描述了针对无线网络的安全攻击；Man 和 Wei 等人针对无线代理发起的攻击进行了描述和分析。

国内在这方面也有一些工作，如北京理工大学、航天机电集团二院 706 所也分别研究了适用于 IDS 系统的攻击描述与分类方法。这种针对特定类型应用或特定系统的安全攻击的描述方法对于特定场合是适合的，有利于描述其固有的特点及其中的关键属性，但也正是因为过多地考虑专用的特点，这种方法在普适性方面表现得很差，难以适应于多种应用。

3.3.2.5　基于对信息破坏性的分类

攻击类型可以分为被动攻击和主动攻击。

主动攻击会导致某些数据流的篡改和虚假数据流的产生。这类攻击可分为篡改消息、伪造消息数据和终端（拒绝服务）。

① 篡改消息，篡改消息是指一个合法消息的某些部分被改变、删除，消息被延迟或改变顺序，通常用于产生一个未授权的效果。如修改传输消息中的数据，将"允许甲执行操作"改为"允许乙执行操作"。

② 伪造消息数据，伪造指的是某个实体（人或系统）发出含有其他实体身份信息的数据信息，假扮成其他实体，从而以欺骗方式获取一些合法用户的权利和特权。

③ 拒绝服务，拒绝服务即常说的 DoS（Deny of Service），会导致对通信设备正常使用或管理被无条件地中断。通常是对整个网络实施破坏，以达到降低性能、终端服务的目的，例如 Smurf 攻击综合使用 IP 欺骗和 ICMP 恢复方法产生大量网络流量，造成目标系统的拒绝服务。此外，DoS 攻击也可能有一个特定的目标，如到某一特定目的地（如安全审计服务）的所有数据包都被组织。

被动攻击中攻击者不对数据信息做任何修改，截取/窃听是指在未经用户同意和认可的情况下攻击者获得了信息或相关数据。通常包括窃听、流量分析、破解弱加密的数据流等攻击方式。

① 流量分析，流量分析攻击方式适用于一些特殊场合，例如敏感信息都是保密的，攻击者虽然从截获的消息中无法得到消息的真实内容，但攻击者还能通过观察这些数据报的模式，分析确定出通信双方的位置、通信的次数及消息的长度，获知相关的敏感信息，这种攻击方式称为流量分析。

② 窃听，窃听是最常用的首段。目前应用最广泛的局域网上的数据传送是基于广播方式进行的，这就使一台主机有可能收到本子网上传送的所有信息。而计算机的网卡工作在杂收模式时，它就可以将网络上传送的所有信息传送到上层，以供进一步分析。如果没有采取加密措施，通过协议分析，可以完全掌握通信的全部内容，窃听还可以用无限截获方式得到信息，通过高灵敏接收装置接收网络站点辐射的电磁波或网络连接设备辐射的电磁波，通过对电磁信号的分析恢复原数据信号，从而获得网络信息。尽管有时数据信息不能通过电磁信号全部恢复，但可得到极有价值的情报。

3.4　黑客及其行为特征

3.4.1　基本概念

黑客一词是伴随着计算机和网络的发展而产生，并由英语 Hacker 音译出来的。黑客一词最早用来称呼研究盗用电话系统的人士。

国内一般将 Hacker 译为"黑客"，或"骇客"。Hacker 至少包含这样的含义：必须是技术上的行家，必须是热衷于解决问题、克服限制的人，他们对任何操作系统神秘而深奥的工作方式由衷地感兴趣，同时掌握操作系统和编程语言方面的高级知识，他们能发现系统中所存在的安全漏洞以及导致那些漏洞的原因。Hacker 们不停地探索新的知识，自由地共享他们的发现。

"黑客"一词在不同领域有具体的划分。在信息安全领域，"黑客"指研究智取计算机安全系统的人员。利用公共通信网络，如互联网和电话系统，在未经许可的情况下，载入对方系统的，称为**黑帽黑客**（black hat）；调试和分析计算机安全系统的，称为**白帽黑客**（white hat）。在业余计算机方面，"黑客"则指研究修改计算机产品的业余爱好者。除此以外，"黑客"还是"一种热衷于研究系统和计算机（特别是网络）内部运作的人"。

这个英文单词本身并没有明显的褒义或贬义。在黑客圈中，Hacker 一词无疑是带有正面意义的。加州大学伯克利分校计算机教授 Brian Harvey 在考证此字时曾写到，当时在麻省理工学院（MIT）中的学生通常分成两派：一派是 tool，意指乖乖派学生，成绩都拿甲等；另一派则是所谓的 Hacker，也就是常逃课，上课爱睡觉，但晚上却又精力充沛，喜欢搞课外活动的学生。

Cracker 是指那些强行闯入别人系统或者以某种目的干扰别人系统完整性的人。Cracker 通过获取未授权的访问权限，破坏重要的数据，拒绝合法的用户服务或只是使他们的目标产生一些小问题。事实上，Cracker 与 Hacker 是很容易区分的，Cracker 的行为具有恶意性。因此，真正给信息系统构成威胁的是 Cracker，通常人们所说的黑客是指 Cracker 而不是 Hacker，但人们常将这两个概念混淆在一起统称为黑客。

如何辩证看待黑客及黑客技术是值得思考的问题。黑客技术是否属于科学技术的范畴？无论是否承认，黑客技术和国防科学技术一样，既有攻击性，也有防护的作用，黑客技术不断推动着网络技术的发展。但黑客技术的作用显然是双面的，和一切科学技术一样，黑客技术的好坏取决于使用它的人。信息系统和网络漏洞的不断发现促使产品开发商修补产品的安全缺陷，也使他们在设计时更加注意安全；同时，也有人利用黑客技术设法入侵系统，窃取资料、盗用权限和实施破坏活动。此外，黑客技术和网络安全密不可分，也可以说黑客技术的存在导致了网络安全行业的产生；网络安全工作需要黑客技术，需要发现系统的漏洞和缺陷，从而防止恶意黑客行为，只有很好地了解黑客的攻击手段，才能更全面地防范恶意黑客行为。从另一角度来讲，国家安全也需要黑客技术，目前世界各国都在大力发展黑客技术，用于国家安全和发展。

3.4.1.1　黑客行为准则

以下是在世界范围内得到广泛认可的 Hacker 行为准则：

① 不恶意破坏任何系统，这样做只会给自己带来麻烦，恶意破坏他人的软件、系统或数据将导致法律刑责。

② 不修改任何系统文件，如果只是为了要进入系统而修改它，那么请在达到目的后将已改文件恢复原状。

③ 不要轻易地将要攻击的站点告诉不信任的朋友。

④ 不要在 BBS 上或者电话中谈论自己所做的有关攻击的事情。

⑤ 在发表文章的时候不要使用真名。

⑥ 正在入侵的时候，不要随意离开计算机。

⑦ 不要侵入或破坏政府机关或电信部门的主机。

⑧ 将笔记放在安全的地方。

⑨ 想要成为"Hacker"，就要真正地去攻击并且读遍所有有关系统安全或系统漏洞的文件。

⑩ 侵入计算机中的账号不得清除或修改。

⑪ 不得修改系统档案，如果是为了隐藏自己的侵入而做的修改，则不在此限，但仍须维持原来系统的安全性，不得因得到系统的控制权而将门户大开。

⑫ 不将已破解的账号与他人分享。

⑬ 必须学会编程。

⑭ 不可从事"偷盗"之事，黑客不同于"盗"（精髓）。

⑮ 攻击不是目的，而是手段，通过攻击来找到系统漏洞，并借此提高系统的可靠性与安全性，不遵守法则的黑客必将遭到谴责。

3.4.1.2　黑客基本精神

黑客的基本精神即指善于独立思考、喜欢自由探索的一种思维方式。有一位哲人曾说过，"精神的最高境界是自由"，黑客精神正是这句话的生动写照。第一，黑客对新鲜事物很好奇。第二，黑客对那些能够充分调动大脑思考的挑战性问题都很有兴趣。第三，黑客总是以怀疑的眼光去看待一切问题，他们不会轻易相信某种观点或论调，甚至给人狂放不羁的形象。第四，黑客不满足于仅仅知道"是什么"，他们渴望明白"为什么"，以及"我能不能做到"。第五，黑客追求自由的天性，他们总是蔑视和打破束缚自己的一切羁绊和枷锁。第六，黑客喜欢动脑筋，但更喜欢动手。在黑客世界里，各组织的精神与文化都是不相同的，但有一个共同点，就是对技术的崇拜与对创新的不断追求。推动自由软件运动，发现漏洞并通知协助管理员修补它，从而缔造"完美无瑕"的软件，这是黑客们最为热爱去做的一种精神与文化。

3.4.1.3　黑客基本能力

黑客需要精通的基础有很多。首先是英语能力，互联网 70% 网站都是英文网站，非常多的资源都是由英语撰写的，所以成为一名黑客，英语是必须精通的基础之一。再者是学会基本软件的使用，其中包括我们日常使用的各种电脑常用命令，例如 ftp、ping、net 等。其次是网络与操作系统的相关知识。网络如 TCP/IP 以及网络原理。而对操作系统的熟悉与精通，才能更深入去学习如何入侵它们以及发现它们当中的漏洞。之后是编程语言，必须精通汇编语言、C 语言等底层语言，以及 Python、Ruby 和数据库语言等。

黑客也要参加许多相关能力的培训。黑客的培训科目很多。例如入侵或攻击的方法与手段：踩点以及扫描和枚举、判断目标操作系统并发现漏洞，需要学会的基本知识还有社会工程学以及在远程操作系统的管理员权限（"提权"，Privilege Escalating）。如果需要攻击，有弱口令攻击、漏洞攻击、缓冲区溢出攻击、分布式拒绝服务攻击、欺骗类攻击等。跳板攻击和僵尸网络也是黑客主要大规模应用的技术。特殊网络环境的网络安全：善用信息窃听嗅探以及会话劫持技术，掌握非 Windows 操作系统以及无线网络安全攻防技术，对密码学以及密码猜测和破解有了解，能够熟练编写木马、后门、计算机病毒、蠕虫病毒并掌握其攻防原理。还有针对计算机安全产品攻防：远程堆栈缓存溢出是针对杀毒软件、防火墙以及入侵检测系统的一种技术，其技术是为了摧毁预定目标的计算机安全产品。除此之外，还有对交换设备的攻击，需要黑客有一定的漏洞代码缺陷发现能力。

3.4.1.4　黑客最终归属

组成黑客的主要群体是年轻人，21 世纪在网络上很难见到 30 岁以上的老黑客；许多黑客一般在成家以后都慢慢地在网络上"消失"了。这些人到什么地方去了呢？他们为什么要走？其实这些很容易理解，随着年龄的增长、心智的成熟，年轻时候的好奇心逐渐地脱离了他们，他们开始步入稳重期，生理上的体力和精力也开始下降，不再像以前那样怎么熬夜、怎么做都不知道累了。比如开始有了家庭的负担，要为生计和事业奔波。因为黑客这个行业，只有极少数是职业黑客，很多还是业余的，即使花费了大量的时间和精力，也是没有报酬的。所以，当他们上些年纪以后，退出"江湖"也是理所当然的。当然，有很多人因为兴趣，也会执着一生去追求他们的黑客事业。黑客在退隐以后，一部分可能会从事安全行业，成为安全专家、反黑客专家，继续研究技术。也有一部分人会去做一些与黑客毫无关系的事业。

3.4.2 发展简史

黑客的早期历史至少可以追溯到 20 世纪 50—60 年代，麻省理工学院（MIT）率先研制出"分时系统"，学生们第一次拥有了自己的电脑终端。不久后，MIT 学生中出现了大批狂热的电脑迷，他们称自己为"黑客"（Hacker），即"肢解者"和"捣毁者"，意味着他们要彻底"肢解"和"捣毁"大型主机的控制。

1969 年以前可以说是黑客的萌芽期。早在 1878 年，贝尔电话公司成立的消息已经迅速引来一群爱戏弄人的少年，他们用自制的交换机中断电话或者胡乱接驳线路。诚然，这帮纯粹为捣蛋而捣蛋的小子称不上严格意义上的黑客，但他们却实实在在的是电脑黑客精神上的原型。至 19 世纪 60 年代，黑客家谱中的第一代终于出现，他们对于新兴的电脑科技充满好奇。由于当时的电脑还是那些长达数英里、重达数百吨的大型主机，而技术人员需要劳师动众才能通过它们完成某项如今不值一晒的工作，为了尽量发挥它们的潜质，最棒的电脑精英们便编写出了一些简洁、高效的工作捷径程序。这些捷径往往较原有的程序系统更完善，而这种行为便被称为 Hack。不过，如果要评选早期最具价值的黑客行为，相信应当是 1969 年由贝尔实验室两位职员丹尼斯·里奇及肯·汤普森制作的 UNIX 操作系统，即使两位创造者采用的全然是黑客手法，但实际上毫无"黑"味儿，不仅如此，从某种程度上讲，还大大推动了软件科学的发展。

1970—1979 年间可以说是黑客的成长期。19 世纪 70 年代可以说是黑客的少年时期，随着技艺的日渐成熟，他们心中那些迷蒙而散乱的思想也逐步成型，昔日凭借本能行事的第一代黑客们开始了由蛹化蝶的进程。大约在 1971 年，越战老兵约翰·德雷珀发明了利用汽笛吹入电话听筒而成功打免费电话的奇招。接着，反文化领袖阿比·霍夫曼更明目张胆地出版了一本专门探讨如何入侵电话系统打免费长途的刊物，他极力宣扬个人在大型机构面前应当保有尊严，并鼓吹如果尊严被剥夺，人们应当具有反击的权利，他的思想和言论所造就的影响力足足流传了二十多年。黑客队伍在这个时期日渐壮大，一些后来在 IT 技术史中占有重要地位的人物开始崭露头角，其中包括苹果机创始人之一的沃兹尼亚克。越来越多的黑客们在共享着技术所带来的喜悦的时候，发现唯一美中不足的是欠缺互相交流心得的地方。因此，在 1978 年，来自芝加哥的兰迪·索萨及沃德·克里斯琴森便制作了第一个供黑客交流的网上公告版，此 BBS 至今仍在运行之中。

1961 年，MIT 的技术模型铁路俱乐部成员为了修改功能而黑了他们的高科技列车组。然后他们从玩具列车推进到了计算机领域，利用 MIT 晦涩艰难而又昂贵的 IBM 704 计算机进行创新、探索、创建新的范例，试图扩展计算机能够完成的任务。同样是这一年，拉塞尔等三位大学生在 PDP-1 上编制出第一个游戏程序"空间大战"。其他学生也编制出了更多更"酷"的软件，例如象棋程序、在分时系统网络里给别人留言的软件等。MIT 的"黑客"属于第一代，他们开发了大量有实用价值的应用程序。60 年代中期，起源于 MIT 的"黑客文化"开始弥散到美国其他校园，逐渐向商业渗透，黑客们进入或建立电脑公司。他们中最著名的有贝尔实验室的邓尼斯·里奇和肯·汤姆森，他俩在小型电脑 PDP-11/20 上编写出 UNIX 操作系统和 C 语言，推动了工作站电脑和网络的成长。MIT 的理查德·斯德尔曼后来发起成立了自由软件基金会，成为国际自由软件运动的精神领袖。他们都是第二代"黑客"的代表人物。1975 年，爱德华·罗伯茨发明第一台微型电脑"牛郎星"。美国很快出现了一个电脑业余爱好者在汽车库里组装微电脑的热潮，并组织了一个"家酿电脑俱乐部"，相互交流组装电脑的经验。以"家酿电脑俱乐部"为代表的"黑客"属于第三代，他们发动了一场个人电脑的革命。史蒂夫·乔布斯、比尔·盖茨等人创办了苹果和微软公司，后来都成了知名的 IT 企业。新一代"黑客"伴随着"嬉皮士运动"出现。艾比·霍夫曼是这一代黑客的"始作俑者"。霍夫曼制造了许多恶作剧，常常以反对越战和迷幻药为题。1967 年 10 月，他领导了一次反战示威，号召黑客们去"抬起五角大楼"。他还创办了一份地下技术杂志 TAP，告诉嬉皮士黑客如何在现存的体制下谋生，并大量介绍电话偷窃技术。从 20 世纪 70 年代起，新一代黑客已经逐渐走向自己的反面。1970 年，约翰·达帕尔发现"嘎吱船长"牌麦圈盒里的口哨玩具，吹出的哨音可以开启电话系统，从而借此进行免费的长途通话。他在黑客圈子里被叫作"嘎吱船长"，因盗用电话线路而多次被捕。苹果公司乔布斯和沃兹奈克也制作过一种"蓝盒子"，成功侵入了电话系统。

20 世纪 80 年代以后，可以说是黑客的发展期。计算机地下组织开始形成，出现了早期的计算机窃贼。1982 年，年仅 15 岁的凯文·米特尼克闯入了"北美空中防务指挥系统"，这是首次发现的从外部侵袭的网络事件。他后来连续进入美国多家大公司的电脑网络，把一些重要合同涂改得面目全非。1994 年，他向圣迭戈超级计算机中心发动攻击，将整个互联网置于危险的境地。米特尼克曾多次入狱，指控他偷窃了数以千计的文件以及非法使用 2 万多个信用卡。他是著名的"世界头号黑客"。1984 年，德国汉堡出现了一个名叫"混沌"计算机俱乐部（CCC），其成员竟然通过网络将 10 万美元从汉堡储蓄银行转到 CCC 账号上。1987 年，CCC 的成员攻入了美国国家航空航天局的 SPAN 网络。美国黑客戈德斯坦创办著名的黑客杂志"2600：The Hacker Quarterly"；10 年后，这份杂志已有可观的发行量，1995 年达到了 2 万册。

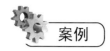

案例

1988 年，11 月 2 日，美国康奈尔大学 23 岁学生罗伯特·莫里斯向互联网络释放了"蠕虫病毒"，美国军用和民用电脑系统同时出现了故障，至少有 6 200 台受到波及，约占当时互联网络电脑总数的 10% 以上，用户直接经济损失接近 1 亿美元，造成了美国高技术史上空前规模的灾难事件。1995 年，俄罗斯黑客列文在英国被捕。他被控用笔记本电脑从纽约花旗银行非法转移至少 370 万美元到世界各地由他和他的同党控制的账户。1999 年 3 月，美国黑客戴维·史密斯制造了"梅利莎"病毒，通过因特网在全球传染数百万台计算机和数万台服务器。2000 年 2 月，全世界黑客们联手发动了一场"黑客战争"，把整个网络搅了个天翻地覆。神通广大的神秘黑客，接连袭击了因特网最热门的八大网站，包括亚马逊、雅虎和微软，造成这些网站瘫痪长达数小时。FBI 仅发现一个名为"黑手党男孩"的黑客参与了袭击事件，对他提出的 56 项指控只与其中几个被"黑"网站有关，估计造成了达 17 亿美元的损失。2000 年 5 月，菲律宾学生奥内尔·古兹曼炮制出"爱虫"病毒，因电脑瘫痪所造成的损失高达 100 亿美元。

到了 21 世纪 10 年代，世界完全进入数字时代，黑客社区变得更加高端复杂。独狼型黑客和小型黑客组织依然存在于互联网的每一个角落，要么在优化软件，要么在发起勒索软件和 WiFi 攻击——全看他们头上的帽子是什么颜色。"激进黑客"组织，比如"匿名者（Anonymous）"，在这一时期尽占中心舞台，发布机密文档，揭露政府秘密，以保护公众免受伤害、免被利用和蒙蔽来成就所谓的数字侠客。为应对激进黑客和网络罪犯，政府实体和大公司竞相改善安全，计算机巨头努力调整他们的系统。然而，尽管一直在招募网络安全专家，系统也一直在升级，技术一直在创新，黑客们——无论白帽子还是黑帽子，依然不出所料地保持领先一步的态势，丝毫没有动摇。

案例

2010 年，Stuxnet（震网）是一种由美国和以色列情报机构的黑客们共同开发的计算机蠕虫病毒，目的是破坏伊朗在 21 世纪初启动的核武器计划。该蠕虫病毒是专门设计用来摧毁伊朗政府在核燃料浓缩过程中使用的数据采集与监控系统设备的。这次攻击成功摧毁了几个地点的设备；在 2010—2015 年间，一家由五名东欧男子组成的黑客组织入侵了几家通讯社，窃取了即将发布的新闻稿。这是十年来最聪明的黑客行为之一，因为这家黑客组织利用他们获得的内幕信息来预测股市的变动，并据此进行交易，由此获得了超过 1 亿美元的利润；2015 年 12 月，乌克兰电网的网络受到攻击，导致乌克兰西部地区停电，这是有记录以来第一次对电网控制网络的成功攻击，本次攻击行动使用了一种称为 BlackEnergy 的恶意软件；第二年，在 2016 年 12 月，又发生了一次类似的攻击，第二次攻击行动使用了一种更复杂的恶意软件：Industroyer，成功切断了乌克兰首都五分之一的电力供应。乌克兰的这两起事件是第一起影响到普通公众的事件，让所有人都意识到，网络攻击可能会对一个国家的关键基础设施带来的危险。

3.4.3 黑客分类

除了以攻击和谋取私人利益为主的 Cracker 和以钻研技术挖掘漏洞提高系统安全性的 Hacker 外，还有其他的 "黑客" 存在。

灰帽黑客，属于介于白帽黑客和黑帽黑客之间的一类。他们不是合法授权的黑客。他们的工作既有好的意图，也有坏的意图；他们可以利用自己的技能谋取私利。这完全取决于黑客。如果一个灰帽黑客利用他的技能为自己谋取私利，那么他/她就被认为是黑帽黑客。

红客（Honker），红客联盟英文简称 HUC，即维护国家利益，不去利用网络技术入侵自己国家电脑，而是热爱自己的祖国，极力地维护国家安全与尊严，为自己国家争光的黑客。红客是一种精神，它是一种热爱祖国、坚持正义、开拓进取的精神。所以，只要具备这种精神并热爱着计算机技术的，都可称为红客。红客通常会利用自己掌握的技术去维护国内网络的安全，并对外来的进攻进行还击。中国红客从来都爱憎分明，有强烈的爱国之心。

蓝客，蓝客联盟的英文简称 LUC，蓝客联盟是一个非商业性的民间网络技术机构，联盟进行有组织、有计划的计算机与网络安全技术方面的研究、交流、整理与推广工作，提倡共享、自由、平等、互助的原则。同时，蓝客联盟还是一个民间的爱国团体，蓝客联盟的行动将时刻紧密结合时政，蓝客联盟的一切言论和行动都建立在爱国和维护中国尊严、主权与领土完整的基础上，蓝客联盟的声音和行动是中华民族气节的体现。

除此之外，还有不懂或只了解少量黑客技术，主要想通过攻击计算机进而给朋友和社会留下深刻印象的青少年——脚本小子；关心黑客行为，融入黑客世界，努力成为成熟黑客的业余爱好者——绿帽子黑客；政府指定为其提供网络安全并从其他国家获取机密信息，以保持领先地位或避免对国家造成任何危险的高薪政府工作人员——国家资助黑客。

3.4.4 知名黑客

全球著名的《Discovery》电视频道 2002 年评出全球最著名的 16 位黑客，名单如下：

理查德·斯托曼（Richard Stallman）：老牌黑客。1971 年，斯托曼在街上找到一份 MIT 的人工智能实验室的工作，当时他是哈佛大学的一名本科生。后来，斯托曼创立了自由软件基金，打破了软件是私有财产的概念

丹尼斯·里奇和肯·汤普森（Dennis Ritchie and Ken Thompson）：贝尔实验室著名的计算机科学工作组创造力的推进剂。里奇和汤普森在 1969 年创造了 UNIX，UNIX 是小型机上的一个一流的开放操作系统，它能帮助用户完成普通计算、文字处理、联网，很快成为一个标准的语言。

约翰·德雷珀（John Draper）：发现了使用 "嘎吱嘎吱船长" 牌的麦片盒作为哨子向电话话筒吹声，产生 2 600 Hz 的音调，可以免费打（长途）电话，给几代黑客引入了 "盗用电话线路" 打（长途）电话的辉煌思想。

马克·阿贝尼（Mark Abene）：作为骗局大师集团的首领，Phiber Optik（他在黑客圈内的头衔，这比他的真名更有号召力）激励了成千上万的青少年 "钻研" 国内电话系统的内部工作原理。为此，一项联邦裁决试图以 "散布非法信息给其他黑客" 为由判他入

联邦监狱一年，但该项裁决最后不了了之。回家之日，众多拥护者拥进了曼哈顿俱乐部出席向他致敬的"归来聚会"。聚会后不久，纽约一杂志将他作为 100 名最杰出的纽约青年予以表彰。

罗伯特·莫里斯（Robert Morris）：这位美国国家计算机安全中心（隶属于美国国家安全局）首席科学家的儿子，康奈尔大学的高材生，在 1988 年的第一次工作过程中戏剧性地散播出了网络蠕虫病毒后，"Hacker"一词开始在英语中被赋予了特定的含义。在此次的事故中，成千上万的电脑受到了影响，并导致了部分电脑崩溃。他现在是 MIT 的助理教授。

凯文·米特尼克（Kevin Mitnick）：这位第一个被美国联邦调查局通缉的黑客，被美国司法部称为"美国历史上被通缉的头号计算机罪犯"。他是真正的计算机天才。他开始黑客生涯的起点是破解洛杉矶公交车打卡系统，并因此得以免费乘车。年轻时的米特尼克以远远超出其年龄的耐力和毅力，试解美国高级军事密码，并成功闯入"北美空中防护指挥系统"。他还尝试盗打电话，侵入了 Sun、Novell、摩托罗拉等公司的系统。17 岁那年，他第一次被捕。他曾成功攻击联邦调查局的网络系统，进入了五角大楼并查看一些国防部文件。当时被称为"美国最出色的电脑安全专家"的日裔美籍计算机专家下村勉经过艰苦漫长的努力，才于 1995 年跟踪缉拿到他。这也是他最后一次被捕。五年零八个月的监禁之后，米特尼克现在经营着一家计算机安全公司。

理查德·马修·斯托曼（Richard Matthew Stallman）：在 1971 年的时候，斯托曼在麻省理工的人工智能实验室找到了一份工作。当时的他还没有从哈佛毕业。斯托曼后来创建了自由软件联盟，发起自由软件运动，被视为对把软件当作一种私人财产的挑战。

此外，还有凯文·浦尔生（Kevin Poulsen）、约翰娜·赫尔辛约斯（Johan Helsingius）、维莱迪米·雷威（Vladimir Levin）、史蒂夫·沃兹尼克（Steve Wozniak）、铁托木·徐默牟拉（Tsutomu Shimomura）、莱纳斯·托瓦多斯（Linus Torvalds）、埃里克·史蒂文·雷蒙德（Eric Steven Raymond）、伊恩·墨菲（Ian Murphy）、约翰·佩里·巴洛（John Perry Barlow）等。

美国 ABC 新闻网于 2009 年在广泛征求赛门铁克、美国司法部、全美白领犯罪中心（the National White Collar Crime Center）以及其他几家著名的科技咨询机构意见的基础上，综合考虑影响范围、经济损失、影响力等因素，评出了五大最著名黑客。

弗雷德·科恩（Fred Cohen）：1983 年 11 月 3 日，还是南加州大学在读研究生的弗雷德·科恩在 UNIX 系统下，编写了一个会自动复制并在计算机间进行传染从而引起系统死机的小程序。后来，科恩为了证明其理论而将这些程序以论文发表，从而引起了轰动。此前，有不少计算机专家都曾发出警告，计算机病毒可能会出现，但科恩是第一个真正通过实践让计算机病毒具备破坏性的概念具体成形的人。也正是他的一位教授正式将他编写的那段程序命名为"病毒（virus）"。

罗伯特·塔潘·莫里斯（Robert Tappan Morris）：1988 年，还在康奈尔大学读研究生的莫里斯发布了史上首个通过互联网传播的蠕虫病毒。莫里斯称，他创造蠕虫病毒的初衷是搞清当时的互联网内到底有多少台计算机。可是，这个试验显然脱离了他的控制，这个蠕虫病毒对当时的互联网几乎构成了一次毁灭性攻击。莫里斯最后被判处 3 年缓刑、400 小时的社区服务和 10 500 美元的罚金。他也是根据美国 1986 年制定的"电脑欺诈滥用法案"被宣判的第一人。他后来还与人合伙创办了一家为网上商店开发软件的公司，并在三年后将这家公司以 4 800 万美元的价格卖给雅虎，更名为 "Yahoo! Store"。莫里斯现在担任麻省理工电脑科学和人工智能实验室的教授。

凯文·鲍尔森（Kevin Poulsen）：凯文·鲍尔森对汽车很感兴趣。1990 年，洛杉矶电台推出一档有奖节目，宣布将向第 102 位打入电话的听众免费赠送一辆保时捷跑车。结果，鲍尔森立即以黑客手段进入洛杉矶电台的 KIIS-FM 电话线，并 "顺利" 地成为赢得保时捷的 "幸运听众"。其实在此之前，FBI（美国联邦调查局）已经开始在追查鲍尔森，因为他闯入了 FBI 的数据库和国防部的计算机系统。在经过 17 个月的躲避后，他于 1991 年被捕并被判处五年监禁。现在他是《连线》杂志的高级编辑。

肖恩·范宁（Shawn Fanning）：从大多数人的认知来说，肖恩·范宁很难被称为 "黑客"。但是他对计算机世界的改变正是绝大多数黑客渴望去做却未做成的。范宁是全球第一个走红的 P2P 音乐交换软件 Napster 的创始人。也正是这个软件开始颠覆传统商业音乐格局。越来越多的人开始进行网络下载音乐，而不再是跑去商店买 CD。后来在经历过多次由唱片业主导的法律诉讼后，Napster 成为 Roxio 公司的资产。2006 年 12 月，范宁又研发出了社交网络工具 Rupture，供网络游戏《魔兽世界》的玩家方便地进行沟通。

此外，在中国也出现过一批优秀、顶尖的黑客，例如大兔子（datuzi）袁仁广、冷火（Coolfire）林正隆、冰河（glacier）黄鑫以及知名企业家雷军等。

3.4.5　黑客事件

3.4.5.1　国内黑客事件典型案例

1993 年 3 月，中国科学院高能物理所开通了一条 64 Kb/s 国际数据通道，标志着中国终于与互联网连通，也由此产生了黑客。如下为国内较为典型的黑客攻击事件：

1996 年，中科院高能物理所遭到入侵，黑客私自建立了几十个账户。

1997 年，中科院网络主页被黑客魔鬼图像代替。

1998 年 2 月，广州视聆通公司被黑客多次入侵，造成 4 小时的系统失控。

1998 年 4 月，贵州信息港被黑客入侵，主页被一幅淫秽图片替换。

1998 年 5 月，大连 ChinaNET 节点被入侵，用户口令被盗。

1998 年 6 月，上海热线被入侵，数个管理员口令、账号、密码被盗。

1998 年 7 月，江西 169 网被黑客攻击，造成该网 3 天内中断运行 2 次。

1998 年 8 月，西安某银行被黑客攻击，被盗取 80.6 万元。

1998 年 9 月，扬州某银行被黑客攻击，利用虚存账号提取 26 万元现金。

2000 年 2 月，河北省邯郸信息港主页被改，作案人是该市一高中生。

2001 年 2 月，中国电信、北京电信发展总公司等 40 余家网站被黑。

2001 年 5 月，黑客利用工具攻击了长沙的网吧，盗取上网账号和密码并散发。

2006 年年底到 2007 年年初，李俊制作一款电脑病毒并肆虐网络，人们称其病毒为 "熊猫烧香"。"熊猫烧香" 是一款拥有自动传播、自动感染硬盘能力和强大的破坏能力的病毒，它还能终止大量的反病毒软件进程并且会删除扩展名为 .gho 的文件（该类文件是系统备份工具"GHOST"的备份文件，删除后会使用户的系统备份文件丢失）。被感染的用户系统中所有 .exe 可执行文件全部被改成熊猫举着三根香的模样。多家著名网站已经遭到此类攻击，中毒企业和政府机构已经超过千家，其中不乏金融、税务、能源等关系到国计民生的重要单位。中毒电脑会出现蓝屏、频繁重启以及系统硬盘中数据文件被破坏等现象。

2011 年 3 月 21 日，中央国债公司中国债券信息网持续受到拒绝服务的攻击，导致 www.chinabond.com.cn 域名无法正常访问。

2012 年 9 月 14 日，中国黑客成功入侵日本最高法院官方网站，并在其网站上发布了有关钓鱼岛的图片和文字。该网站一度无法访问。

2013 年 8 月 25 日零时 06 分起，中国互联网络信息中心管理运行的国家 .CN 顶级域名系统遭受大规模拒绝服务攻击，对一些用户正常访问部分 .CN 网站造成短时期影响。

2014 年 4 月，国内某黑客对国内两个大型物流公司的内部系统发起网络攻击，非法获取快递用户个人信息 1 400 多万条，并出售给不法分子。而有趣的是，该黑客贩卖这些信息仅获利 1 000 元。根据媒体报道，该黑客仅是一名 22 岁的大学生，正在某大学计算机专业读大学二年级。

2014 年 12 月 18 日，互联网域名管理机构 ICANN 在一份公告中表示，身份不明的攻击者通过鱼叉式钓鱼攻击攻破了该机构的敏感系统。这些攻击者因此获得了员工电子邮件账号，以及与 ICANN 有业务往来的人士的个人信息。作为互联网域名系统的控制者，ICANN 常常受到多种多样的黑客攻击。黑客希望通过 ICANN 获得一些机密信息，从而用于攻击其他目标。

2014 年 12 月 24 日，阿里云计算发布声明称，12 月 20 日-21 日，部署在阿里云上的一家知名游戏公司，遭遇了全球互联网史上最大的一次 DDoS 攻击，攻击时长 14 个小时，攻击峰值流量达到每秒 453.8 GB。

2014 年 12 月 25 日，乌云漏洞报告平台报告称，大量 12306 用户数据在互联网疯传，内容包括用户账号、明文密码、身份证号码、手机号码和电子邮箱等。这次事件是黑客首先通过收集互联网某游戏网站以及其他多个网站泄露的用户名和密码信息，然后通过撞库的方式利用 12306 的安全机制的缺欠来获取了 13 万多条用户数据。

2015 年 5 月，网易全线线上服务遭受大规模 DDoS 攻击。

2015 年 6 月，中国新闻网被黑，黑客留账号称"打钱就改回来"。

2019 年 2 月，湖北籍黑客汪某拿千万级外部账号密码恶意撞库攻击抖音 APP，其中上百万账号密码与外部已泄露密码吻合。5 月底，海淀警方将汪某抓获。

2020 年 3 月，有黑客大规模的发起中间人攻击劫持京东，致使京东等多家网站无法正常访问，出现大面积网络劫持事件。

中国红客行动：

中国红客的第一次网络爱国行动发生于 1997 年，当时印度尼西亚受东南亚金融危机的困扰，发生了一系列排华事件，暴徒所犯下的罪恶行径激起了全世界华人的强烈愤慨，大量黑客向印尼反华暴徒的网站发动攻击，造成印尼多家网站资料被盗运转失灵，中国黑客的正义呼声第一次响彻国际互联网。

中国红客的第二次网络爱国行发生在 1999 年 5 月，在以美国为首的北约轰炸中国驻南联盟大使馆后，中国黑客对美国能源部、内政部及其所属的美国国家公园管理处的互联网站进行了大规模的袭击，并使白宫网址三天失灵。

中国红客的第三次网络爱国行动发生在 1999 年 7 月，针对李登辉公然提出的"两国论"。

中国红客的第四次网络爱国行动发生在 2000 年 1 月 23 日，日本右翼大阪国际和平中心公然为南京大屠杀翻案，中国黑客和海外华人黑客联起手来对日本网站进行了大规模的攻击。

中国红客的第五次网络爱国行动发生在中美撞机事件后。爆发了大家都知道的"中美黑客大战"，浓厚的爱国情怀促使中国黑客们团结起来，一致抗美。自 2001 年 5 月 1 日起，美方包括白宫在内的各级政府及企业网站平均每天遭到 8 万余次的外部攻击。造成美国政府多家重要网站遭到篡改涂鸦，而中国黑客们集火的目标当属白宫的官方网站，白宫网站遭到了大规模的邮件攻击，直至服务器瘫痪。

3.4.5.2　国外黑客事件典型案例

1995 年，来自俄罗斯的黑客弗拉季米尔·列宁在互联网上上演了精彩的偷天换日，他是历史上第一个通过入侵银行电脑系统来获利的黑客。1995 年，他侵入美国花旗银行并盗走 1 000 万美元，他于 1995 年在英国被国际刑警逮捕，之后，他把账户里的钱转移至美国、芬兰、荷兰、德国、爱尔兰等地。

1999 年，梅利莎病毒（Melissa）使世界上 300 多家公司的电脑系统崩溃，该病毒造成的损失接近 4 亿美金，它是首个具有全球破坏力的病毒，该病毒的编写者戴维·斯密斯在编写此病毒的时候年仅 30 岁。戴维·斯密斯被判处 5 年徒刑。

2000 年，年仅 15 岁，绰号黑手党男孩的黑客在 2000 年 2 月 6 日到 2 月 14 日情人节期间成功入侵包括雅虎、eBay 和 Amazon 在内的大型网站服务器，他成功阻止服务器向用户提供服务，他于 2000 年被捕。

2007 年 4 月 27 日，爱沙尼亚拆除苏军纪念碑以来，该国总统和议会的官方网站、政府各大部门网站、政党网站的访问量突然激增，服务器由于过于拥挤而陷于瘫痪。全国六大新闻机构中有三家遭到攻击，此外，还有两家全国最大的银行和多家从事通信业务的公司网站纷纷中招。爱沙尼亚的网络安全专家表示，根据网址来判断，虽然火力点分布在世界各地，但大部分来自俄罗斯，甚至有些来自俄政府机构，这在初期表现尤为显著。其中一名组织进攻的黑客高手甚至可能与俄罗斯安全机构有关联。《卫报》指出，如果俄罗斯当局被证实在幕后策划了这次黑客攻击，那将是第一起国家对国家的"网络战"。俄罗斯驻布鲁塞尔大使奇若夫表示："假如有人暗示攻击来自俄罗斯或俄政府，这是一项非常严重的指控，必须拿出证据。"

2008 年，一个全球性的黑客组织利用 ATM 欺诈程序在一夜之间从世界 49 个城市的银行中盗走了 900 万美元。黑客们攻破的是一种名为 RBS WorldPay 的银行系统，用各种奇技淫巧取得了数据库内的银行卡信息，并在 11 月 8 日午夜，利用团伙作案从世界 49 个城市总计超过 130 台 ATM 机上提取了 900 万美元。最关键的是，2008 年 FBI 还没破案，甚至据说连一个嫌疑人都没找到。

2009 年 7 月 7 日，韩国遭受有史以来最猛烈的一次攻击。韩国总统府、国会、国情院和国防部等国家机关，以及金融界、媒体和防火墙企业网站遭受了攻击。9 日，韩国国家情报院和国民银行网站无法被访问。韩国国会、国防部、外交通商部等机构的网站一度无法打开。这是韩国遭遇的有史以来最强的一次黑客攻击。

2010 年 1 月 12 日，百度遭受有史以来最为严重的黑客攻击，导致 1 月 12 日早 7:25—14:50 长达 6 h 的无法访问，主要表现为跳转到雅虎出错页面，出现"天外符号"等，范围涉及四川、福建、江苏、吉林、浙江、北京、广东等国内绝大部分省市。预估损失达 700 万元人民币。根据网页截图，这次攻击来自"伊朗网军（Iranian Cyber Army）"。这个组织曾经在 2009 年 12 月以相似的手段攻击过 Twitter。

2013 年，雅虎用户数据泄露事件，黑客获取了其服务器上 30 亿个账户的信息，是有史以来最严重的数据泄露事件。不久后的 2014 年 12 月，雅虎再一次遭到黑客攻击，影响了至少 5 亿用户。

2014 年 11 月 24 日，黑客组织"和平卫士"公布索尼影业员工电邮，涉及公司高管薪酬和索尼非发行电影复制等内容。此次袭击发生后的数月，其影响依然在持续发酵，如电脑故障频发、电邮持续被冻结等。因涉及诸多影视界明星及各界名人，该公司联席董事长被迫引咎辞职。

2018 年 2—3 月，美国政府公开宣称俄罗斯政府参与组织俄罗斯黑客入侵美国电力公司，特朗普政府公开将 NotPetya 勒索软件攻击，以及电网攻击行为归咎于俄罗斯。

2019 年 6 月 20 日，NASA 自曝遭黑客攻击，500 MB 与火星相关的任务丢失。

2020 年 5 月，委内瑞拉国家电网干线遭到"高科技手段"的电磁攻击，造成全国大面积停电。

3.5 信息安全扫描技术

3.5.1 基本概念

计算机给人们带来便利的同时，也存在许多不安全的因素，为人们的信息和财产安全带来风险和威胁，如果能够根据具体的应用环境，尽可能早地通过信息安全扫描技术发现这些因素，并及时采取适当的处理措施进行修补，就可以有效阻止入侵事件的发生。信息安全扫描技术是主动进行不安全因素的检测，同防火墙、入侵检测等安全监控系统互相配合可为网络提供更好的安全性。信息安全扫描技术根据扫描的方式主要分为两类：基于主机的安全扫描技术和基于网络的安全扫描技术。

（1）基于主机的安全扫描技术

通过执行一些脚本文件模拟对系统进行攻击的行为并记录系统的反应，从而发现其中的漏洞。其侧重于单个用户主机的平台安全性以及基于此主机的应用系统的安全。基于主机的扫描器主要扫描主机相关的安全漏洞，如 password 文件、目录和文件权限、共享文件系统、敏感服务、软件和系统漏洞等，并给出相应的解决办法。

（2）基于网络的安全扫描技术

一种基于网络的远程检测目标网络或本地主机安全性脆弱点的技术，主要针对系统中不合适的设置脆弱的口令，以及针对其他同安全规则、策略相抵触的对象进行检查等。通过网络安全扫描，系统管理员能够发现所维护的 Web 服务器的各种 TCP/IP 端口的分配、开放的服务、Web 服务软件版本和这些服务及软件呈现在网络上的安全漏洞。网络安全扫描技术的运用不仅可以检测出一系列平台的漏洞，也可以对网络设备、整个网段进行检测，克服了主机安全扫描技术只能针对主机或服务器的缺点。信息安全扫描工具中，数量最多的还是基于这种技术的网络类安全扫描工具，如 Nmap、Nessus、Satan、ISS Internet Scanner、p0f、Xprobe 等。

一次完整的基于网络的信息安全扫描过程分为 3 个阶段。

第 1 阶段：主机探测，即发现目标主机或网络。

第 2 阶段：操作系统探测、访问控制规则探测和端口探测，发现目标后进一步搜集目标信息，包括操作系统类型、运行的服务以及服务软件的版本等。如果目标是一个网络，还可以进一步发现该网络的拓扑结构、路由设备以及各主机的信息。

第 3 阶段：漏洞扫描，即根据搜集到的信息判断或者进一步测试系统是否存在安全漏洞。

基于网络的安全扫描技术中主要包括 PING 扫描（ping sweep）、操作系统探测（operating system identification）、访问控制规则探测（firewalking）、端口扫描（port scan）以及漏洞扫描（vulnerability scan）等。这些技术在网络安全扫描的 3 个阶段中各有体现。PING 扫射用于网络安全扫描的第 1 阶段，可以帮助我们识别系统是否处于活动状态。操作系统探测、访问控制规则探测和端口扫描用于网络安全扫描的第 2 阶段。其中，操作系统探测，顾名思义，就是对目标主机运行的操作系统进行识别；探测访问控制规则用于获取被防火墙保护的远端网络的资料；而端口扫描是通过与目标系统的 TCP/IP 端口连接，并查看该系统处于监听或运行状态的服务。网络安全扫描第 3 阶段采用的漏洞扫描通常是在端口扫描的基础上，对得到的信息进行相关处理，进而检测出目标系统存在的安全漏洞。

端口扫描技术和漏洞扫描技术是基于网络的安全扫描技术中的两种核心技术，并且广泛运用于当前较成熟的网络扫描器中，如著名的 Nmap 和 Nessus。鉴于这两种技术在网络安全扫描技术中起着举足轻重作用，本节主要介绍这两种扫描技术。

3.5.2　端口扫描

端口扫描技术是一项自动探测本地和远程系统端口开放情况的策略及方法，它使系统用户了解系统目前向外界提供了哪些服务，从而为系统用户管理网络提供了一种手段。端口扫描向目标主机的 TCP/IP 服务端口发送探测数据包，并记录目标主机的响应。通过分析响应来判断服务端口是打开还是关闭，就可以得知端口提供的服务或信息。端口扫描也可以通过捕获本地主机或服务器的流入/流出 IP 数据包来监视本地主机的运行情况，它仅能对接收到的数据进行分析，帮助发现目标主机的某些内在的弱点，而不会提供进入一个系统的详细步骤。

端口扫描技术根据端口连接的方式主要可分为全连接扫描、半连接扫描、秘密扫描和其他扫描。

（1）全连接扫描

全连接扫描是 TCP 端口扫描的基础，现有的全连接扫描有 TCP connect（) 扫描和 TCP 反向 ident 扫描等。其中 TCP connect（) 扫描的实现原理如下所述：扫描主机通过 TCP/IP 协议的三次握手与目标主机的指定端口建立一次完整的连接。连接由系统调用 connect（) 开始。如果端口开放，则连接将建立成功；否则，若返回-1，则表示端口关闭。建立连接成功如图 3.4（a）所示。图 3.4（a）表明，首先客户端主机向服务器发送 SYN 数据包，数据包中给出了端口号，表明所要请求的服务；接下来，服务器向客户端主机发送 SYN/ACK 数据包，表示接收客户端的请求；最后，客户端主机向服务器发送 ACK 数据包确认连接，表明被扫描主机的响应端口是打开的，至此，连接建立成功，客户端和服务器可以进行正常通信。如果目标端口处于关闭状态，则服务器端会向客户端主机发送 RST 的响应，如图 3.4（b）所示。

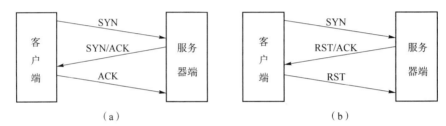

图 3.4 TCP connect（)扫描服务器端与客户端建立连接图

（2）半连接扫描

若端口扫描没有完成一个完整的 TCP 连接，在扫描主机和目标主机的一个指定端口建立连接时只完成了前两次握手，在第三步时，扫描主机中断了本次连接，使连接没有完全建立起来，这样的端口扫描称为半连接扫描，也称为间接扫描。现有的半连接扫描有 TCP SYN 扫描和 IP ID 头 dumb 扫描等。

（3）秘密扫描

端口扫描容易被在端口处所监听的服务器日志记录：这些服务看到一个没有任何数据的连接进端口，就记录一个日志错误。而秘密扫描是一种不被审计工具所检测的扫描技术。现有的秘密扫描有 TCP FIN 扫描、TCP ACK 扫描、NULL 扫描、XMAS 扫描、TCP 分段扫描和 SYN/ACK 扫描等。

（4）其他扫描

这里对 FTP 反弹攻击和 UDP ICMP 端口不可到达扫描两种端口扫描技术的实现加以简介。

FTP 反弹攻击。利用 FTP 协议支持代理 FTP 连接的特点，可以通过一个代理的 FTP 服务器来扫描 TCP 端口，即能在防火墙后连接一个 FTP 服务器，然后扫描端口。若 FTP 服务器允许从一个目录读写数据，则能发送任意的数据到开放的端口。FTP 反弹攻击是扫描主机通过使用 PORT 命令，探测到 USER-DTP（用户端数据传输进程）正在目标主机上的某个端口侦听的一种扫描技术。

UDP ICMP 端口不可到达扫描。这种扫描使用的是 UDP 协议。扫描主机发送 UDP 数据包给目标主机的 UDP 端口，等待目标端口的端口不可到达（ICMP_PORT_UNREACH）的 ICMP 信息。若这个 ICMP 信息及时接收到，则表明目标端口处于关闭的状态；若超时也未能接收到端口不可到达的 ICMP 信息，则表明目标端口可能处于监听状态。

　　端口扫描技术包含的全连接扫描、半连接扫描、秘密扫描和其他扫描都是基于端口扫描技术的基本原理，但由于和目标端口采用的连接方式不同，表现为各种技术在扫描时各有优缺点。表 3.1 对以上的一些扫描技术的优缺点做了比较。

表 3.1　端口扫描各种技术优缺点比较

端口扫描技术		优点	缺点
全连接扫描		扫描迅速、准确而且不需要任何权限	易被目标主机发觉而被过滤掉
半连接扫描		一般不会被目标主机记录连接，有利于不被扫描方发现	在大部分操作系统下，扫描主机需要构造适用于这种扫描的 IP 包，而通常情况下，构造自己的 SYN 数据包必须要有 root 权限
秘密扫描		能躲避 IDS、防火墙、包过滤器和日志审计，从而获取目标端口的开放或关闭的信息。没有包含 TCP 三次握手协议的任何部分，所以无法被记录下来，比半连接扫描要更为隐蔽	扫描结果的不可靠性增加，而且扫描主机也需要自己构造 IP 包
其他扫描	FTP 反弹攻击	能穿透防火墙，难以跟踪	速度慢且易被代理服务器发现并关闭代理功能
	UDP ICMP 端口不可到达扫描	可以扫描非 TCP 端口，避免了 TCP 的 IDS	由于是基于简单的 UDP 协议，扫描相对困难，速度很慢而且需要 root 权限

　　需要注意的是，端口扫描通常只做最简单的端口连通性测试，不做进一步的数据分析，因此比较适合进行大范围的扫描：对指定 IP 地址进行某个端口值段的扫描，或者指定端口值对某个 IP 地址段进行扫描。这种方式判定服务是较早的一种方式，对于大范围评估是有一定价值的，但其精度较低。例如有时扫描时会以为 80 端口开放，但实际上 80 端口并没有提供 http 服务，由于这种关系只是简单对应，并没有去判断端口运行的协议，这就产生了误判，认为只要开放了 80 端口，就是开放了 http 协议。

3.5.3　漏洞扫描

　　漏洞扫描器的历史可追溯到 20 世纪 90 年代。1992 年，Chris Klaus，ISS 公司的创立者，当时只是一名计算机科学系的学生，在做网络安全实验时编写了一个基于 UNIX 的扫描工具，即 ISS（Internet Security Scanner），该工具可以远程探测 UNIX 系统的大多数通用漏洞，并将这些漏洞作上标记，以便日后进行解决。虽然有些人担心该工具的强大功能可能会被用于非法目的，但它的出现却得到了大多数系统管理员的欢迎，并成为用来进行远程安全扫描的最早工具之一。几年以后，Dan Farmer（以 COPS 闻名）和 Wietse Venema（以 TCP_Wrapper 闻名）编写了一个更加成熟的扫描工具，称为 SATAN（Security Administrator Tool for Analyzing Network）。SATAN 相比 ISS 具有一些优点：更加全面、稳定的扫描引擎，具有一个基于 Web 的界面，并能进行分类检查。

漏洞扫描技术是建立在端口扫描技术的基础之上的。从对攻击行为的分析和收集的漏洞来看，绝大多数都是针对某一个网络服务，也就是针对某一个特定的端口的。所以漏洞扫描技术也是以与端口扫描技术同样的思路来开展扫描的。

3.5.3.1 漏洞的基本定义

最初 UNIX 系统和 TCP/IP 网络技术为局域网环境下的小型或中等规模的工作组所设计，研究和应用的主要目的是用于工作组内的资源共享，安全性还并不是主要关注的因素，其可靠性和存在性存在许多弱点。随着互联网的逐步发展，它们所使用的 TCP/IP 协议以及 FTP、TELNET、DNS、NFS 等应用层协议包含的许多不安全的因素就逐渐显露出来，成为可以被黑客利用的漏洞。到目前为止，几乎所有的计算机及网络的软件、硬件平台上都存在着一些安全隐患，也就是存在着漏洞，通常说的"漏洞"一词由英文单词 Vulnerability 翻译而来，按照原词的意思，译作"脆弱性"更为确切，但是人们还是接受了更加通俗化的"漏洞"的说法。

在《现代英汉词典》中，Vulnerability 的意思就是脆弱性，其英文解释如下：

- 英文：In computer security, any weakness or flaw existing in a system, the susceptibility of a system to a specific threat attack or harmful event, or the opportunity available to a threat agent to mount that attack.

- 中文：在计算机安全学中，存在于一个系统内的弱点或缺陷，系统对一个特定的威胁攻击或危险事件的敏感性，或进行攻击的威胁作用的可能性。

具体地说，漏洞就是指允许非法用户未经授权就获得访问权限或可以提高其访问层次，或者可以影响系统正常运行的软件和硬件特征。简单地说，就是在硬件、软件、协议的实现或系统安全策略上存在的缺陷。

漏洞是随着计算机及网络技术的发展而出现的，而且在今后也会一直存在。一个网络系统的安全弱点就是防护最弱的那部分，不管它是否采用了最先进的设备，或者其他部分如何强壮，一旦此弱点被利用，就会给网络带来灾难。漏洞的危害可以简单地用木桶原则来形容：一个木桶能盛多少水，不在于组成它的最长的那根木料，而是取决于它身上最短的那一根。

一些系统性漏洞举例如下：

① 操作系统体系结构上的安全隐患：这是计算机系统脆弱性的根本原因。系统的许多版本升级开发都是采用打补丁（Patch）的方式进行的，这种方式同样也可以被黑客所利用。另外，操作系统的程序可以动态链接，包括 I/O 驱动程序与系统服务，这同样为黑客提供了可乘之机。

② 系统守护进程的安全隐患：守护进程实际上是一组系统进程，它们总是等待相应条件的出现，一旦条件满足，进程便继续进行下去，这些进程特性是黑客能够利用的。值得注意的是，关键不是守护程序本身，而是这种守护进程是否与操作系统的核心层软件具有同等的权限。

③ 应用软件系统的安全脆弱性：很多应用软件在最初设计的时候没有或很少考虑到要

抵挡黑客的攻击。比如对于系统调用函数 get( )，如果孤立地去考察它，并没有致命的安全漏洞。但是当黑客借助特权程序利用 get( ) 函数，不检查参数长度的缺陷，制造缓冲区溢出，普通用户就可获取管理员的权限。可见，在一个相互作用的系统里，小小的设计缺陷可能导致致命的漏洞。

④ TCP/IP 协议漏洞：TCP/IP 协议组是目前使用最广泛的网络互连协议之一。但 TCP/IP 协议组本身存在着一些安全性问题。如 IP 地址可以通过软件设置，这就造成了地址假冒和地址欺骗两类安全隐患。

例如：2015 年 6 月 6 日消息，OpenSSL 基金会发布警告称，一个已存在 10 年的漏洞可能导致黑客利用通过 OpenSSL 加密的流量发动"中间人"攻击。这一漏洞自 1998 年 OpenSSL 首次发布以来就一直存在。而"心脏流血"漏洞是在 2011 年新年 OpenSSL 进行升级时引入的。这一漏洞在长达十几年的时间内一直没有被发现，这再次表明了 OpenSSL 管理的缺陷。

3.5.3.2　漏洞扫描的作用

漏洞扫描器是对网络和主机的安全性进行风险分析和评估的软件，是一种能够自动检测远程或本地主机系统在安全性方面弱点和隐患的程序包。它可以利用目前所发现和国内外公布的危害系统和网络方法，对网络目标扫描分析，检查并报告系统存在的安全脆弱性和漏洞所在，描述这些安全脆弱问题对网络系统的危害程度，对相关联的多个结果与通用安全规范进行分析比较，并对安全脆弱分布情况进行统计，并且提出相应的安全防护措施和应实施的安全策略，加强用户对信息化网络系统的风险管理，以最终达到增强网络安全性的目的。通过使用漏洞扫描器，系统管理员能够发现所维护的服务器的各种网络端口的分配、提供的服务、服务器的软件版本和这些服务及软件呈现在网络上的安全漏洞等。

网络安全在过去一直倾向采取被动式防护策略，如防火墙、入侵检测等，但单靠被动式防护只能忍受亡羊补牢的损失，已显得安全防御力不足，必须进而采取主动防范的策略，找出自己的网络主机安全漏洞并消除它才能有效降低风险。①对于黑客来说，可直接利用扫描工具发现系统可利用的漏洞。②对于系统管理员来说，漏洞扫描器是最好的安全助手，能够主动发现系统服务器的漏洞，并及时修补漏洞，以减少被黑客入侵的可能。③对于制定系统安全防御方法来说，漏洞扫描是网络安全防御中的一项重要技术，实现对目标可能存在的已知安全漏洞进行逐项检查，目标可以是工作站、服务器、交换机、数据库应用等各种对象，而后根据扫描结果提供周密、可靠的安全分析报告，制定相应的安全防范措施。同时，可通过漏洞扫描检查所部署的安全措施是否有效，从而有效地降低安全管理人员的负担。

3.5.3.3　漏洞扫描的分类

对于大多数漏洞，都有各自的出现位置，所以这些漏洞有各自的扫描方法，很难用统一的方式来扫描。漏洞扫描主要通过以下两种方法来检查目标主机是否存在漏洞：

（1）基于漏洞和插件库的漏洞扫描

在端口扫描后，得知目标主机开启的端口以及端口上的网络服务，将这些相关信息与网络漏洞扫描系统提供的漏洞库进行匹配，查看是否有满足匹配条件的漏洞存在，如通过获取服务版本进行版本比较检查是否存在漏洞，发送扫描探测包检查返回结果，以确定是否存在漏洞。基于漏洞和插件库的漏洞扫描主要包括 CGI 漏洞扫描、POP3 漏洞扫描、FTP 漏洞扫描、SSH 漏洞扫描、Web 漏洞扫描、HTTP 漏洞扫描等，这些漏洞扫描基于漏洞库，将扫描结果与漏洞库相关数据匹配比较得到漏洞信息；漏洞扫描还包括没有相应漏洞库的各种扫描，比如 Unicode 遍历目录漏洞探测、FTP 弱势密码探测、OPENRelay 邮件转发漏洞探测等，这些扫描通过使用插件（功能模块技术）进行模拟攻击，测试出目标主机的漏洞信息。基于漏洞和插件库的漏洞扫描有两种实现方法：

① 漏洞库的匹配方法。

基于网络系统漏洞库的漏洞扫描的关键部分就是它所使用的漏洞库。通过采用基于规则的匹配技术，即根据安全专家对网络系统安全漏洞、黑客攻击案例的分析和系统管理员对网络系统安全配置的实际经验，可以形成一套标准的网络系统漏洞库，然后再在此基础之上构成相应的匹配规则，由扫描程序自动进行漏洞扫描的工作。这样，漏洞库信息的完整性和有效性决定了漏洞扫描系统的性能，漏洞库的修订和更新的性能也会影响漏洞扫描系统运行的时间。因此，漏洞库的编制不仅要对每个存在安全隐患的网络服务建立对应的漏洞库文件，而且应当能满足前面所提出的性能要求。

② 插件（功能模块技术）技术。

插件是由脚本语言编写的子程序，扫描程序可以通过调用它来执行漏洞扫描，检测出系统中存在的一个或多个漏洞。添加新的插件就可以使漏洞扫描软件增加新的功能，扫描出更多的漏洞。插件编写规范化后，甚至用户自己都可以用 Perl、C 或自行设计的脚本语言编写的插件来扩充漏洞扫描软件的功能。这种技术使漏洞扫描软件的升级维护变得相对简单，而专用脚本语言的使用也简化了编写新插件的编程工作，使漏洞扫描软件具有强的扩展性。

（2）基于模拟攻击的漏洞扫描

通过模拟黑客的攻击手法，对目标主机系统进行攻击性的安全漏洞扫描，如测试弱势口令等，若模拟攻击成功，则表明目标主机系统存在安全漏洞，这种扫描方式和普通的攻击类似，是通过其他方式无法扫描的情况下才使用这方法，由于其容易产生危害，在扫描重要服务器时，一般不建议做这种扫描。

3.5.3.4　漏洞扫描的问题

漏洞扫描技术中存在的问题主要有以下几种，这些问题便形成了漏洞扫描技术的误报、漏报以及缺少对扫描结果的系统评估。

（1）漏洞库的完整性问题

首先就是漏洞覆盖面的问题，目前大多数漏洞扫描器都能够扫描上千种已知的漏洞，但还没有一个扫描器能够包括或者识别出所有的已经公布的漏洞，网络系统漏洞库是基于漏洞库的漏洞扫描的灵魂所在，而系统漏洞的确认是以系统配置规则库为基础的。但是，这样的系统配置规则库存在其局限性：①如果规则库设计得不准确，预报的准确度就无从谈起；②它是根据已知的安全漏洞进行安排和策划的，而对网络系统的很多危险的威胁却是来自未知的漏洞，这样，如果规则库更新不及时，预报准确度也会逐渐降低；③受漏洞库覆盖范围的限制，部分系统漏洞也可能不会触发任何一个规则，从而不被检测到。建议：系统配置规则库应能不断地被扩充和修正，这样也是对系统漏洞库的扩充和修正，这在目前仍需要专家的指导和参与才能够实现。

（2）漏洞库的及时更新问题

漏洞库信息是基于网络系统漏洞库的漏洞扫描的主要判断依据。如果漏洞库信息不全面或得不到及时的更新（更新要包括编写代码、测试、发布等多个阶段），不但不能发挥漏洞扫描的作用，还会给系统管理员以错误的引导，从而对系统的安全隐患不能采取有效措施并及时地消除。建议：漏洞库信息不但应具备完整性和有效性，也应具有简易性的特点，这样即使是用户自己，也容易对漏洞库进行添加配置，从而实现对漏洞库的及时更新。比如漏洞库在设计时可以基于某种标准（如 CVE 标准）来建立，这样便于扫描者的理解和信息交互，使漏洞库具有比较强的扩充性，更有利于以后对漏洞库的更新升级。

（3）系统的安全评估能力

在未来，一个功能齐全、安全可靠的漏洞扫描器不仅需要扫描出系统中已知的所有漏洞，还应该提供详细的漏洞描述信息和漏洞解决方案，而且还同时需要提供对被扫描系统或网站的一套整体的风险评估。有些扫描器如著名的 ISS Internet Scanner，虽然扫描漏洞的功能强大，但只是简单地把各个扫描测试项的执行结果罗列出来，不能提供详细的描述和分析处理方案；而当前较成熟的扫描器虽然能对扫描出的漏洞进行整理，形成报表，并提供具体的描述和有效的解决方案，但仍缺乏对网络状况的整体评估，对网络安全也没有系统的解决方案。建议：未来的漏洞扫描器不但能扫描安全漏洞，所使用的漏洞扫描技术还应智能化，不但能提高扫描结果的准确性，而且应能协助网络系统管理员评估本网络的安全状况，并给出合适的安全建议。

3.5.4　扩展扫描

（1）网络主机活动扫描

主机活动扫描的目的是确定在目标网络上的主机是否可达。这是收集目标主机信息最初的阶段。如果对一台没有激活的主机进行扫描，会产生大量延时，影响扫描效率和效果；通过判断主机是否可达，可以跳过对没有激活的主机进行扫描，从而减少扫描时间，提高扫描效率。最常用的方法 ICMP Echo 扫描（又称 ping 扫描），即通过发送 ICMP Echo（即 ICMP 的类型和代码的值都为 0）请求给主机，并等待返回 ICMP 回显应答，如果能够收到，则表明目标系统可达或发送的包被对方的设备过滤掉。此外，还有 Broadcast ICMP 扫描（检测整个网段），即将 ICMP 请求包的目标地址设为广播地址或网络地址，则可以探测广播域或整个网络范围内的主机；尝试连接常用端口方式的扫描（如 21、80 等），使用这种方法可以实现对关闭 ICMP 的主机进行活动检查。

（2）操作系统扫描

操作系统扫描的原理是将目的主机对某些数据探测包的响应和已知的操作系统指纹库进行匹配识别来进行的，通过采用不同操作系统对各种探测数据包的反应建立操作系统的指纹识别库，然后在扫描时向目标主机发送探测数据包，将其响应数据包和指纹数据库进行匹配，从而识别操作系统的类型。进行主机操作系统识别主要是因为很多系统漏洞是同 OS 密切相关的，准确识别操作系统对扫描来说有两个用途：①确定系统存在的漏洞。一般来说，一个版本的操作系统都有其特有的系统漏洞，当扫描操作系统后，就可以从漏洞库中查找这个操作系统存在的系统漏洞，可以避免误报和漏报。②提高扫描效率。很多服务都依赖于操作系统平台，比如 IIS 运行在 Windows NT 平台下，不会运行在 UNIX/Linux 平台下，所以如果确定是 UNIX/Linux 操作系统，那么就可以跳过 IIS 相关漏洞的扫描，从而达到提高扫描效率的目的。操作系统识别技术主要有以下几种：获取标识信息、Windows API、TCP/IP 协议栈的指纹探测技术、其他识别方式（TTL）、基于 RTO 采样的指纹识别、基于 ICMP 响应的指纹辨别等。

（3）服务识别

标准的服务都有默认的端口号，比如 HTTP 服务所对应的端口号是 80，FTP 服务所对应的端口号是 21，在 Win2K 系统或 UNIX 系统中都有 services 文件中列出标准服务所对应的端口。由于出于其他方面考虑（比如安全方面等）需要，这些服务的端口是可以改变的，比如将 HTTP 服务的端口号改为 21，如果按照默认的端口号去识别，那就容易出错，这就需要更加准确的服务识别技术。服务识别（Service Identification），主要是通过发送各种特征串来识别目标主机某个端口，根据目标主机的反应来识别该端口所提供的服务，甚至能获得应用程序的名称和版本。服务识别能力的强弱很大程度上看指纹库是否全面，这方面做得比较成功的有 AMAP 和 NMAP 等。

（4）账号扫描

在黑客的攻击手段中，暴力猜测账号密码是比较常用的方法，要猜测账号和密码需要大量的时间，如果有方法获得账号，那么猜测速度将大大提高，所以扫描账号是扫描器的一项重要工作。获得账号主要有两种方法，分别针对 Windows 和 UNIX/Linux。①部分 UNIX/Linux 系统提供的 finger 服务可以导致账号泄露。finger 服务（端口 79）用于提供站点及用户的基本信息，通过 finger 服务，可以查询到站点上的在线用户清单及其他一些有用的信息。出于安全考虑，很多服务器取消了 finger 服务，但仍然有一部分服务器在提供这个服务。②针对 Windows NT、Windows 2000、Windows 2003，通过 NetBIOS 协议，可以远程获取账号。

3.5.5 典型工具

（1）X-scan

X-scan 是国内最著名的综合扫描器之一，主要由国内著名的民间黑客组织"安全焦点"开发。它采用多线程方式对指定 IP 地址段（或单机）进行安全漏洞检测，支持插件功能。扫描内容包括：远程服务类型、操作系统类型及版本，以及各种弱口令漏洞、后门、应用服务漏洞、网络设备漏洞、拒绝服务漏洞等二十几个大类。X-scan 把扫描报告和安全焦点网站相连线，对扫描到的每个漏洞进行"风险等级"评估，并提供漏洞描述、漏洞溢出程式，方便网管测试、修补漏洞。

（2）Nessus

Nessus 是目前全世界最多人使用的系统漏洞扫描与分析软件。总共有超过 75 000 个机构使用 Nessus 作为扫描该机构电脑系统的软件。采用客户端/服务器体系结构，客户端提供了运行在 XWindow 下的图形界面，接受用户的命令与服务器通信，传送用户的扫描请求给服务器端，由服务器启动扫描并将扫描结果呈现给用户；扫描代码与漏洞数据相互独立，Nessus 针对每一个漏洞有一个对应的插件，漏洞插件是用 NASL（NESSUS Attack Scripting Language）编写的一小段模拟攻击漏洞的代码，这种利用漏洞插件的扫描技术极大地方便了漏洞数据的维护、更新；Nessus 具有扫描任意端口任意服务的能力；以用户指定的格式（ASCII 文本、HTML 等）产生详细的输出报告，包括目标的脆弱点、怎样修补漏洞，以防止黑客入侵及危险级别。

3.6 网络数据获取技术

无论是从攻击角度还是从防御和对抗的角度，网络数据获取都是不可缺少的步骤。如通过网络监听可以侦听到网上传输的口令等信息；通过截获网络数据可以获取秘密或重要信息；入侵检测系统必须通过获取网络数据达到攻击检测的目的等。本节主要讨论网络动态和静态数据获取的原理、开发工具和应用案例。

3.6.1　网络动态数据被动获取

3.6.1.1　基本原理

网络数据获取可以通过两种方式实现：一种是利用以太网的广播特性，另一种是通过设置网络设备的监听端口来实现。以太网的数据传输具有广播特性，局域网中的所有网络端口都有访问物理媒体上传输的所有数据的能力。但一般情况下，网卡从网络上收到一个数据帧后，先要进行地址匹配检查，只把与本地网卡 MAC 地址相匹配的，或者为广播地址或特定组播地址的数据帧递交给操作系统内核，而丢弃其他一切数据帧，所以应用程序只接收到到达本机的数据。要捕获到流经网卡但不属于本机的数据，必须将网卡的工作模式设置为"混杂模式（promiscuous）"，当网卡工作在这种模式下时，就具备了接收所有到达网卡数据的能力，它对所有接收到的数据帧都产生中断，不进行地址匹配，而直接把所有数据帧递交给系统处理，这样操作系统通过直接访问数据链路层，就可以捕获流经网卡的所有数据报文。把网卡设成混杂模式需要网卡驱动程序的支持，驱动程序通过系统 I/O 调用把网卡设成混杂模式，从而跳过地址的匹配检查。

Windows 操作系统对数据链路层的访问机制是基于 NDIS（Network Driver Interface Specification，网络驱动接口规范）的，NDIS 是由 Mircosoft 和 3Com 公司开发的用于通信协议程序和网络设备驱动程序相互通信的 Windows 规范。NDIS 为传输层提供了一种通用的接口函数，所有的传输层驱动程序都要通过 NDIS 接口访问网络，其拓扑结构如图 3.5 所示。

应用程序对网卡的访问必须经过调用 NDIS 接口实现，NDIS 向上层提供一个协议（protocol）接口，向下层提供一个 miniport 接口。NDIS 驱动程序通常需要向 NDIS 接口注册一组进程，NDIS 接口在适当的时候能够调用注册进程，驱动程序就可以通过这些进程进行相应数据处理。Windows 允许多个传输驱动程序处于 NDIS 的最高层，典型的 TCP/IP 实现模块 tcpip.sys 就位于这一层，传输驱动程序可以注册为传输提供者，从而为上层的 TDI 客户提供服务，TDI 客户与传输驱动之间采用特定的机制进行通信。

Win32 平台不提供直接的网络底层访问接口，必须通过 VxD（Virtual Device Driver，虚拟设备驱动）实现侦听的功能，在侦听应用程序和 NDIS 之间需要插入一个 VxD 来获取数据，从而通过 VxD 提供外部程序和网卡 NIC 之间的接口，工作原理如图 3.6 所示。

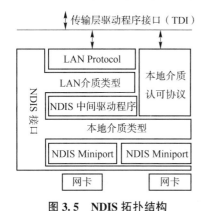

图 3.5　NDIS 拓扑结构　　　　图 3.6　Win32 平台下的数据获取原理

网络数据获取与处理系统逻辑上一般可分为 3 个层次：数据捕获和还原层、数据预处理层、应用处理层。

（1）数据捕获和还原层（底层处理模块）

由数据获取模块和底层打包模块构成，如图 3.7 所示。数据获取模块负责控制网卡，接收网络上的所有报文，其输入为网卡接收的数据流，输出为打包模块。打包模块负责将接收到的报文根据不同的应用，按源 IP 地址、目的 IP 地址、源端口号、目的端口号进行数据还原。对于大流量的数据处理，可对接收到的数据进行分类打包，存入数据级缓冲区或数据库，方便多线程的处理。

（2）数据预处理层（中层处理模块）

由分布控制模块和线程处理队列组成，如图 3.8 所示。分布控制模块负责与线程队列通信，以及从经底层处理模块处理后的存在于缓冲区或数据库中的数据进行提取，并根据不同的应用需求进行预处理。同时，按照一定的分布式计算方法将其放入本机检索队列或后援检索队列或解压队列中，待进一步基于应用的处理。

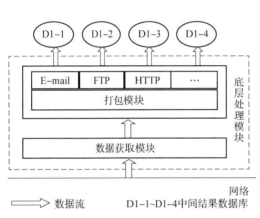

图 3.7　底层模块结构图

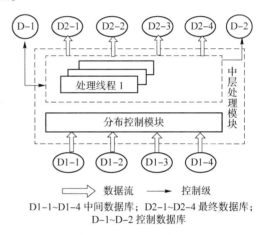

图 3.8　中层模块结构图

（3）应用处理层（上层处理模块）

负责实现和用户之间的交互，如图 3.9 所示。根据不同的应用进行数据的内容分析和数据展示，将数据包去掉包头，读取内容并分析。

3.6.1.2　开发工具

WinPcap 系统是一个功能强大的公共的网络访问系统，目的在于为 Win32 应用程序提供访问网络底层的能力，也支持 64 位的 Windows 系统的安装与使用。它直接和网卡打交道，获取数据链路层的数据，能捕获数据链路层的所有数据包。WinPcap 的分层思想为 Windows 平台提供了一个完整的、简单的、系统无关的编程接口，为在

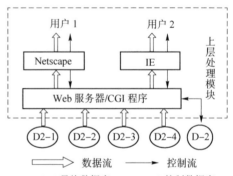

图 3.9　上层模块结构图

Windows 平台下开发高性能的网络数据获取软件提供了方便。WinPcap 的两级缓存的设计，极大地提高了数据包的捕获率，使丢包率降到了很低的程度，尤其是它内核级缓存的动态循

环存储的思想，是它在数据捕获的速度方面优于 UNIX 中的 LibPcap。总之，基于 WinPcap 的网络数据获取系统实验方案具有结构简单、捕获数据快、协议识别率高、操作系统之间易移植、方便程序员开发等特点，它的三个模块的相互套用，实现了网络数据获取的基本功能。

3.6.1.2.1 WinPcap 总体结构

WinPcap 是一个在 Win32 环境下用于实现高效数据包捕获的开发包，它的主要思想来自 UNIX 系统中著名的 BSD 包捕获结构，具有良好的结构和性能。WinPcap 能实现以下功能：捕获最原始的数据包，包括在共享网络上个主机发送/接收的以及相互之间交换的数据，并向用户层提交、按照自定义的规则过滤数据包、设置缓存大小、发包、收集报头信息、统计网络状态。

WinPcap 开发包分为三个相对独立的部分：NPF（Netgroup Packet Filter，一个内核级别的数据包捕获设备驱动程序）、底层的动态链接库（packet. dll）、高级的独立于系统的动态链接库（Wpcap. dll）。其总体结构如图 3.10 所示。

● NPF。NPF 的结构来源于 BPF（Berkeley Packet Filter，伯克利包过滤器），BPF 是用于 UNIX 系统中的一种网络监控工具，它具有由 UNIX 操作系统提供的内核级别的可访问未处理的原始网络数据的功能。BPF 有两个部分：网络开关（network tap）和包过滤机（packet filter），网络开关从网络设备驱动程序中收集数据复制并转发到监听程序，包过滤机决定是否接收该数据包以及接收该数据包方式。当有新的数据到达网卡时，NIC 就会通知 BPF 的网络开关，BPF 开始接收数据，并送到不同的包过滤机，由包过滤机判断是保留此数据还是将其丢弃。符合过滤条件的数据包，将被送到内核缓存区（Kernel buffer），等待着向用户级缓存区（User buffer）传递。

实际上，NPF 是 BPF 的一个虚拟机，但 NPF 不是由操作系统提供而是 WinPcap 的一部分，其主要任务是从网络中获取数据链路层的数据帧，并将它转发给上层模块，对用户级提供可捕获（capture）、发送（injection）和分析性能（analysis capabilities）。NPF 在 Win9x 中以 VXD 文件形式存在，在 Windows 2000 中以 SYS 文件形式存在，所以使用 WinPcap 之前必须进行安装。NPF 通过 NDIS 和 NIC 进行数据交换，NPF 在 NDIS 中的位置如图 3.11 所示。WinPcap 允许同时运行多个 NPF。

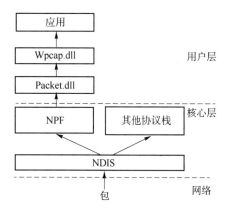

图 3.10 WinPcap 的总体结构

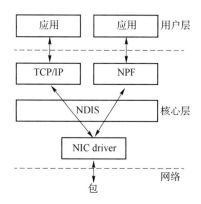

图 3.11 NPF 在 NDIS 中的位置

NPF 中的内核缓存使用的是动态循环缓存区（Hold buffer 和 Store buffer），内核缓存在包捕获时开始被分配，在结束时被释放。当 Hold buffer 存满时，Hold buffer 中的数据包被送到用户级缓存，然后 Hold buffer 被释放。与此同时，NPF 收到的新的数据包将送到 Store buffer，当 Store buffer 存满时，Store buffer 中的数据被送到用户级缓存，Store buffer 被释放，而新的数据包将送到 Hold buffer，如此循环不止。内核缓存的默认大小为 1 MB。用户级缓存用来接收来自内核缓存的数据包，默认大小为 256 KB。用户级缓存越大，在一次系统调用时能从内核缓存读取的数据越多，单位时间内由于复制而引起的系统调用就越少。内核缓存和用户级缓存的大小都可重新设置，通过 pcap_setbuff 函数设置内核缓存的大小，通过 pcap_open_live 函数设置用户缓存的大小。

与此同时，NPF 还包含 WinPcap 的过滤机制，它使用 tcpdump 表达式（expression）来指定过滤规则。由于网络中传输的数据有很多是应用不关心的，称为垃圾数据，大量的垃圾数据会影响系统的工作效率，所以，在数据获取的过程中，必须对到达网卡的数据进行过滤，丢弃垃圾数据，提高工作效率。用户可以根据本地主机和网络状况设置特定的源（或目的）IP 地址、端口号、主机名等，NPF 根据用户设置的过滤条件对数据进行过滤，只把用户需要的数据传送到内核缓存，从而提高了系统的工作效率。

● 动态链接库 Packet. dll 运行在用户层，它提供了 Win32 平台下的捕获包的驱动接口。Pcaket. dll 把应用程序和 NPF 功能独立开，使应用程序可以不加修改地在不同 Windows 系统上运行，因为不同版本的 Windows 都提供了不同的内核模块和应用程序之间的接口函数，而 Packet. dll 有一套独立于系统的 API（Application Programming Interface），通过 Packet. dll 提供的 API 能够直接访问 NPF 的包驱动 API。不同版本的 Packet. dll 提供了相同的编程接口，多数 Packet. dll 与平台无关。

● 动态链接库 Wpcap. dll 和应用程序编译在一起，Wpcap. dll 不依赖于操作系统，它使用由 packet. dll 提供的服务向应用程序提供完善的接口函数，用来捕获和分析网络流量。（在 UNIX 系统中通过 libpcap. dll 提供相同的接口，而 Wpcap. dll 实际上是 libpcap. dll 的一个超集，Wpcap. dll 提供的一些编程接口是 Windows 平台特有的函数。）

3.6.1.2.2 网络数据获取流程

利用 WinPcap 实现网络数据获取既可以通过调用 Packet. dll 中的 API 实现，也可以通过调用 Wpcap. dll 中的 API 实现。此处考虑到与操作系统的无关性，介绍基于 Windows 的 Wpcap. dll 的网络数据获取。过程可分为四步：获取 NIC 的有关信息、建立网络侦听、设置过滤条件、进行循环捕获。

① 获取 NIC 的有关信息。有两种获取 NIC 信息的方法：一种是由用户自己指定；一种是调用 pcap 接口函数自动搜索本地主机可用的网络接口，常使用第二种方法。获取 NIC 相关信息的函数为 pcap_lookupdev 和 pcap_lookupnet，pcap_lookupdev 用来寻找本地主机可用的网络接口，返回类型为字符型指针，用来表示本地网络接口。pcap_lookupnet 用来获取本地主机的 IP 地址和子网掩码，并用 32 位整数表示。pcap_lookupnet 的返回值为 int 型，当函数调用失败时，则返回-1。

② 启动网络侦听。启用上一步骤中获得的网络接口，所使用的函数为 pcap_open_live，它负责按照用户指定的参数和系统默认的初始值初始化 WinPcap。pcap_open_live 的返回值类型为 pcap_t 型指针，作为侦听句柄。pcap_t 是 Wpcap. dll 定义的数据类型。

③ 设置过滤条件。设置过滤条件有两个步骤：一是将用户输入的字符型的过滤条件转

换成系统认可的 bpf_program 型，bpf_program 是 WinPcap 定义的数据结构；另一步骤是将转换后的过滤条件传递给侦听句柄。

④ 进行循环捕获。前面所有的步骤都是对 NPF 的初始化，完成初始化之后，最后一个步骤就是进行数据的循环捕获。Pcap 库提供了两个函数实现这个功能：pcap_dispath 和 pcap_loop；它们实现的功能基本相同，调用成功时返回读取到的字节数，否则返回 0。它们的区别在于 pcap_loop 在读取超时（在 pcap_open_live 中设置）的时候不会返回，而 pcap_dispath 遇到读取超时就返回 0。用户对数据包的所有操作都是在回调函数中完成的，回调函数被定义成一个全局的函数，对每一个循环中读取的数据包按用户的定义进行操作。

3.6.1.3　应用案例

3.6.1.3.1　网络监听的概念

网络监听是一种监视网络状态、数据流程以及网络上信息传输的管理工具或方法。网络监听首先要获取网络上传输的数据，再通过对获取数据的内容分析得到所需信息。对网管来说，网络监听可以起到监视网络的流量、状态、数据等信息的作用，而对黑客来说，网络监听可以达到使目标主机网络通信不畅、数据丢失、信息被窃取等一系列攻击的目的。网络监听具有如下两个特点：

① 间接性。窃听者主要是利用现有网络协议的一些漏洞来实现窃听，不直接对受害主机系统的整体性进行任何操作或破坏。

② 隐蔽性。网络监听只对受害主机发出的数据流进行操作，不会与其他主机交换信息，也不影响受害主机的正常通信，因而不易被察觉，具有很高的隐蔽性。

使用网络监听工具可以监视网络的状态、数据流动情况以及网络上传输的信息，但网络监听造成的安全风险级别很高，因为它可以捕获到用户的账号和口令、保密信息和私人信息等，对于攻击者而言，这是一种非常有效的信息收集手段。局域网下网络监听技术的发展与网络的硬件实现密切相关，从最早的共享式局域网开始，到目前的交换式局域网，随着组网技术的不同，窃听方法也在不断变化。

网络监听所使用的工具通常称为嗅探器（sniffer）。嗅探器既可以通过软、硬件相结合实现，也可以通过纯软件实现。由于硬件设备较为昂贵，而软件方式很容易实现且网上相关的工具软件很多，攻击者一般采用的是软件手段。

常见的网络监听工具有如下几种：

● Sniffit：Sniffit 可以运行在 Solaris、SGI、Linux、Windows 平台上，是由 Lawrence Berkeley Laboratory 实验室开发的一个免费的网络监听软件。主要针对 TCP/IP 协议的不安全性对运行该协议的机器进行监听。其安装简单，功能强大。

● Tcpdump：Tcpdump 是一个用于截取网络分组，并输出分组内容的工具。FREEBSD 还把它附带在了系统上，被 UNIX 用户认为是一个专业的网络管理工具。

● NetRay：NetRay 是由 Cinco Networks 公司开发的一个用于高级分组检错的工具，提供分组获取和译码的功能，而且以各种图形方式描述网络的状态。其主要功能：截取数据包、网络监管功能。

● 网络刺客：是常用的一种嗅探器，主要功能为网络监听、扫描共享资源、破解远程共享、得到本地共享口令、映射网络驱动器、暴力破解字典的设置、IP 到计算机名的相互转换、Finger、端口扫描、主机查找等。

● Sniffer Pro：便携式网管和应用故障诊断分析软件，不管是在有线网络还是在无线网络中，它都能够给予网管人员实时的网络监视、数据包捕获以及故障诊断分析能力。

3.6.1.3.2 网络监听的检测

网络监听本来是为了管理网络，监视网络的状态和数据流动情况，但是由于它能有效地截获网上的数据，因此也成了网上黑客使用得最多的方法。网络监听是很难被发现的。运行网络监听的主机只是被动地接收网上传输的信息，既不会与其他主机交换信息，也不修改网上传输的数据包，这就决定了网络监听检测的困难。

在单机情况下发现一个 sniffer 相对比较容易，可以通过查看计算机上当前正在运行的所有进程来实现，当然这不一定可靠。如在 UNIX 系统下可以使用 ps-aux 命令，列出当前的所有进程；在 Windows 系统下可以通过按下 Ctrl+Alt+Del 组合键，查看所有进程列表。不过，编程技巧高的监听进程不会出现在进程列表里。另外，还可以通过在系统中搜索、查找可怀疑的文件来发现监听程序的存在。除了上述手动判断监听程序是否存在外，还可以使用工具进行判断，如使用 L0pht 小组编写的 AntiSniff（任意操作系统）、Beavis 和 Butthead 编写的 Snifftest（SunOS 和 Solaris 系统）、Trevor F. Linton 编写的 Promisc 工具（Linux 系统）等软件来判断网卡是否工作在混杂模式下。

AntiSniff 工具提供了简单易用的用户图形界面，以多种方式测试远程系统是否正在捕捉和分析那些并不是发送给它的数据包。AntiSniff 必须运行在本地以太网的一个网段上，如果为非交换式的 C 类网络，AntiSniff 能监听整个网络，如果网络交换机按照工作组隔离，则每个工作组中都需要运行一个 AntiSniff，这是因为某些特殊的测试使用了无效的以太网地址，另外某些测试需要进行混杂模式下的统计（如响应时间、包丢失率等）。

AntiSniff 可以实现 3 种类型的测试：操作系统类特殊测试、DNS 测试和网络响应时间测试。每种测试都能单独或与其他测试一起确定机器的运行状态。

（1）操作系统类特殊测试

① Linux：一些版本的 Linux 内核存在一个可被用于确定机器是否处于混杂模式的特性，该版本的 Linux 内核只检查数据包中的 IP 地址，以确定是否存放到 IP 堆栈中进行处理，为了利用这一点，AntiSniff 构造了一个以太网地址无效而 IP 地址有效的数据包。这样对于处于混杂模式的 Linux 系统，就会因只检查到 IP 地址有效而将其接收并存放到相应堆栈中。如果在这个伪造的以太网数据帧中有一个 ICMP ECHO 请求，这些系统会返回响应包（如果处于混杂模式）或忽略（如果不处于混杂模式），从而暴露其工作模式。当伪造的以太网数据帧中的 IP 地址设置为网络广播地址时，这个测试非常有效。

② NetBSD：一些 NetBSD 内核具有与上述 Linux 内核相同的特性，但是伪造以太网数据帧中的 IP 地址必须设为广播地址。

③ WindowsNT：根据对网络驱动程序头文件的了解，可以知道当处于混杂模式时，Microsoft 的操作系统会确切地检查每个包的以太网地址，如果它与网卡的以太网地址匹配，就作为目标 IP 地址的本机数据包存放到相应堆栈中处理，可被利用的一点是系统对以太网广播包的分析。在正常情形下，例如机器工作在非混杂模式下，网卡只向系统内核传输那些目标以太网址与其匹配，或目标网址为以太网广播地址（ff:ff:ff:ff:ff:ff）的数据包。如果机器处于混杂模式下，网络驱动程序仍然会检查每个数据包的以太网地址，但检查是否为广播包时，却只检查头 8 位地址是否为 0xff。因此，为了使处于混杂模式的系统返回响应信

息，AntiSniff 构造了以太网地址为 ff:00:00:00:00:00 且含有正确目标 IP 地址的数据包，当 Microsoft 的操作系统接收到这个数据包时，将根据网络驱动程序检查到的细微差别而返回响应包（如果处于混杂模式）或丢弃这个数据包（如果处于非混杂模式）。这个检查与使用的网络驱动程序有关，Microsoft 默认的网络驱动程序具有以上特性，大多数的厂商为了保持兼容性，也继承了这些特性，不过有些网卡会在其硬件层中检查以太网地址的前 8 位，所以有时无论系统真正的状态是什么，都返回正值。

（2）DNS 测试

因为许多攻击者使用的网络数据收集工具都对 IP 地址进行反向 DNS 解析，从而希望根据域名寻找更有价值的主机，因此有必要进行 DNS 测试。此时工具就由被动型变为主动型，因为未运行网络监听程序的主机不会试图反向解析数据包中的 IP 地址，利用这一点，AntiSniff 使自身处于混杂模式下，向网络发送虚假目标 IP 地址的数据包，然后监听是否有机器发送该虚假目标 IP 地址的反向 DNS 查询。伪造数据包的以太网地址、检查目标、虚假目标 IP 地址可由用户定制。

（3）网络和主机响应时间测试

这种类型的测试是最有效的测试，它能够发现网络中处于混杂模式的任何操作系统，但是这种测试会在很短的时间内产生巨大的网络通信流量。进行这种测试的原理是未处于混杂模式的网卡提供了一定的硬件底层过滤机制，也就是说，目标地址非本地（广播地址除外）的数据包将被网卡丢弃，在这种情况下，骤然增加的目标地址如果不是本地的网络通信流量，对操作系统的影响会很小，而处于混杂模式下的设备则缺乏此类底层的过滤，骤然增加而目标地址不是本地的网络通信流量会对该机器造成较明显的影响，而这些变化可以通过网络通信流量工具监测到。根据这样的理论，AntiSniff 首先利用 ICMP ECHO 请求及响应计算出需要检测机器的响应时间基准和平均值，得到这个数据后，立刻向本地网络发送大量的伪造数据包，与此同时，再次发送测试数据包，以确定平均响应时间的变化值。非混杂模式的设备的响应时间变化量会很小，而处于混杂模式的设备的响应时间变化量则通常会超出 1~4 个数量级。

3.6.1.3.3　网络监听的防范

网络监听由其特性所决定，一般的杀毒软件和扫描软件无法检测到它的存在。用户也容易因此而疏忽大意，从而将用户名、密码或者银行账号之类的重要信息泄露出来。因此，对于网络监听，首先是要加强被动防范措施，尽量使窃听手段无法实现。

● **被动防范措施**

所谓被动，是指从网络自身的完善性出发，无论窃听存在与否，都应当加强相关的防范措施，将网络监听中得以利用的漏洞降至最低，不给网络监听任何得逞的机会。常用的有如下几种方法：

① 分割网段。细化网络会使局域网中被监听的可能性减小。这是因为局域网下的各种窃听方法无法跨网段进行，使用集线器、交换机、网桥等设备就可以有效地阻止被窃听。将相互信任的主机放在一起，组成各个小的网段，让窃听的可能性和必要性降至最低。这一方法的最大缺点是花费太大，需要使用大量的网间设备，容易造成资源的大量浪费。现如今运用 VLAN 技术将局域网划分成一个个网段，可降低移动和变更的管理成本。

② 使用静态 ARP 表。静态 ARP 表是阻止 ARP 改向的方法之一。静态 ARP 表采用手工

输入<IP-MAC>地址对，在连网的过程中不处理 ARP 响应包，不对 ARP 表做任何修改。此方法的唯一缺点是当局域网很大或主机经常变动的时候工作量也会增大，另外，随着计算机的重新启动，ARP 缓冲表就会被清空。同时，静态 ARP 表必须得到操作系统的支持，如 Windows 操作系统虽然设置了静态 ARP 表，但仍然会根据 ARP 应答包修改表中的内容。因此，该方法适合网络环境相对小、主机数量相对稳定的局域网内。

③ 采用第三层交换方式。第三层交换设备是集"交换"和"路由"功能于一身的设备。它可以通过设定，取消局域网对 MAC 地址、ARP 协议的依赖，而采用基于 IP 地址的交换，这样 ARP 改向和混杂模式网卡的窃听方法将完全失效。目前第三层交换设备正在普及，价格略为高昂。当局域网的安全性要求比较高的时候，可以考虑建立基于第三层交换的网络。

④ 加密。使用加密手段处理需要传输的数据，可以有效地对付局域网内的窃听。这是因为局域网内的窃听方法主要是捕获数据链路层的数据包，采用加密方法后，窃听程序所抓到的数据包只是一堆乱码，在无法预知加密手段的情况下，要想破解这些数据是非常困难的，因此，网络监听成了一种徒劳。常用的加密方法有 SSH（Security Shell）、SNP（Security Network Protocol）、SSL（Security Sockets Layer）和 IP Security 等。

对于网络监听，如果仅仅采取被动防范措施则过于烦琐，而且在许多应用上存在实施的困难。采取相应的主动措施将正在窃听的主机找出来，可以有效地对被动防范进行补充，最大可能地防止重要信息的泄露。所谓主动，是指从检测网络中是否存在窃听的角度出发，主动去发现正在实施窃听的主机，并可以对窃听主机进行定位，在此基础上采用相应的管理制度和法律手段进行惩罚，达到维护企业或个人信息安全的目的。

- **共享式局域网下的主动防范措施**

由于共享式网络下的窃听是基于网卡的混杂模式，那么只要将局域网中设置为混杂模式的网卡找出来，就可以知道是谁在窃听，常用方法有以下几种：

① 伪造数据包。网卡在正常模式下对于目标非自己 MAC 地址或广播地址的数据包直接丢弃，只有混杂模式的网卡会将这些数据包接收，并返回响应数据包。因此，可以构造一个含有正确目标 IP 地址和一个不存在目标 MAC 地址（或者一个本网段内没有的 MAC 地址）的数据包并将它发送出去，然后根据收到的响应数据包中所包含的 MAC 地址或 IP 地址就可以将窃听主机找出来。由于各个操作系统针对无效的 MAC 地址有不同的定义，所以这种探测方法具有很强的针对性。

② 性能分析。当向网络上发送大量包含无效 MAC 地址的数据包时，窃听主机会因处理大量信息而导致性能下降，如果在发送前和发送后对主机的响应时间做比较（如采用 ICMP 的 echo delay 方法），就可以判断出这台主机是否真的在窃听。这种方法最有效，但是很容易对网络的运行产生影响，因此不能经常使用。

③ 还有一些其他的探测方法如 DNS 测试等，由于其探测结果的可信度不够高，故只能当作一种辅助手段，来对探测的结果进行进一步的验证。

- **交换式局域网下的主动防范措施**

交换式网络下的窃听手法主要是 ARP 改向。这是因为基于端口映射的方法需要对交换机进行设置，而一般攻击者是很难有机会接触到交换机的。因此，只要加强对硬件设备的管理，就可以阻止端口映射这一窃听途径。发现 ARP 改向可以从以下几个角度来考虑：

①监听 ARP 数据包。监听通过交换机或者网关的所有 ARP 数据包，与合法的<IP-MAC>地址对数据库相比较，如果数据包中所含的内容与库内内容不一致，可以确定为发送此数据包的主机正在进行 ARP 欺骗，根据数据包中所含的 MAC 地址可以很容易对窃听主机进行定位。这种方法需要交换机的支持，即能够对数据包进行过滤，当检测到这种欺骗正在进行时，可以通过发送正确的 ARP 数据包将受害主机的 ARP 表改正回来，使窃听的企图无法得逞。

②定期探测数据包传送路径。"准"受害主机可以定期使用路径探测程序如 tracert、traceroute 等对发出数据包所经过的路径进行检查，并与备份的合法路径作比较，如果在默认网关前出现其他主机的 IP 地址，说明已经被修改了 ARP 表。根据此 IP 地址也可以确定是哪一台主机正在窃听自己。

③使用 SNMP 定期轮询 ARP 表。由于 SNMP 协议得到操作系统的广泛支持，而且目前的网络设备都支持 MIB2，同时，在 MIB2 信息库中的 AT 分组中包含有当前网段中网络设备的 IP 地址和 MAC 地址，因此可以在此基础上定期轮询各主机的 AT 分组中的内容并与正确的<IP-MAC>数据库作比较，一旦出现不一致，就可以在纠正 ARP 表的前提下提取这条虚假信息，定位窃听主机。

在发现了窃听主机之后，首先应当报告网管人员，由网管人员出面进行干预。在没有人员管理的情况下，也可以采取一些反击措施，如向窃听主机发送大量无效数据包，发送虚假 ARP 应答包，发送 ICMP 目标不可达包等方法，干扰其窃听的正常进行，达到保护自己的目的。

3.6.2　网络静态数据主动获取

3.6.2.1　基本原理

目前网络用户主要是通过搜索引擎来得到所需要的网络信息的，搜索引擎的工作原理是根据合适的搜索策略来自行获取海量信息并且精确定位方便用户查询的。而类似于搜索引擎等网络应用的技术基础则是所谓网络爬虫技术，它可以自动提取网页。网络爬虫（Web Crawler）是搜索引擎的重要部分，是一种按照一定的规则，自动抓取万维网信息的程序或者脚本，可以用来自动请求互联网上的网页文档。网络爬虫通常从某一组入口地址（通常称为种子集合）开始，将这个集合添加到一个有序的待抓取队列中，然后按照规则从队列中取出 URL，再去请求 URL 指向的内容，获取网页源码，从源码中抽取出新的 URL，并插入待抓取列表，直到满足终止条件，或者 URL 待爬列表为空。

网络爬虫的分类：

①通用型网络爬虫（General Purpose Web Crawler）。通用型网络爬虫的主要特点是面向全网爬取，所以又称全网爬虫（Scalable Web Crawler），从种子集合中的入口地址开始，沿着抽取到的网址链接，逐渐扩展到整个 Web。通用型网络爬虫目前被广泛用于门户站点搜索引擎和大型 Web 服务提供商采集数据，此类爬虫的功能模块一般包括页面爬行模块、页面分析模块、链接过滤模块、页面存储模块和 URL 待抓队列等。由于抓取的目标是整个互联网，因而这类爬虫爬取范围广，爬取的数据量比较庞大，执行爬取耗时较长。一般为了提高抓取效率，常会采取一定的爬取策略，如深度优先策略、广度优先策略和最佳优先策略。

② 主题型网络爬虫（Topical Crawler），又称聚焦网络爬虫（Focused Crawler）。不像通用爬虫那样需要全面覆盖地抓取网络数据，主题型网络爬虫选择性地抓取那些和预先定义好的主题相关的页面，主题型网络爬虫使用过滤算法过滤掉和主题无关的链接，仅仅抓取部分和主题相关的网页，这样可以缩短抓取周期，提高抓取准确度，同时也能降低服务器资源开销，减少网络带宽消耗，可以更好地满足特定用户的需求。主要的爬行策略包括基于内容评价的爬行策略、基于链接结构评价的爬行策略、基于增强学习的爬行策略、基于语境图的爬行策略。

以上两种均为传统的静态网络爬虫，只能抓取静态页面数据，对采用 AJAX 技术的动态网页无法抓取到目标内容，使用传统爬虫获取的网页是异步加载之前的网页，内容是不完整的，随着动态网页数量占网页总数量的比重不断加大，以及对于舆情控制和企业级服务需求的增加，探索针对 AJAX 网页的爬取方式是很价值的。AJAX 是异步 JavaScript 与 XML 的缩写，由 Jesse James Garrett 在 2005 年提出，是一种创建交互式 Web 应用程序的网页开发技术，也被大多数论坛、新闻、电商等网站采用。

③ 增量式网络爬虫（Incremental Web Crawler），是指对已下载网页采取增量式更新和只爬行新产生的或者已经发生变化网页的爬虫，它能够在一定程度上保证所爬行的页面是尽可能新的页面，它只会在需要的时候爬行新产生或发生更新的页面，并不重新下载没有发生变化的页面，很好地服务于 AJAX 技术的动态页面。

④ Deep Web 爬虫。Deep Web 是那些大部分内容不能通过静态链接获取的、隐藏在搜索表单后的，只有用户提交一些关键词才能获得的 Web 页面，而 Deep Web 爬虫体系则是针对此类页面进行爬取的，其中包含六个基本功能模块和两个爬虫内部数据结构。

3.6.2.2 基本架构

传统的网络爬虫主要由下列部分构成：

① 解析器。解析器是用来对网页进行解析，它主要是通过正则表达式以及网页的格式对网页进行解析，提取出有用的信息（可用的 URL）。

② 临时存储器。临时存储器是用来存储通过解析器解析出来的 URL，临时存储器可以使用数据库表，也可以使用程序中的一些数据结构（如 HashMap）。当某个 URL 已经被抓取时，这个 URL 将在临时存储器中删除。

③ 网页抓取队列。网页抓取队列主要是用来保存从临时存储器中读出的即将要抓取的 URL，当队列中的 URL 全部被抓取完毕时，队列释放。

④ 主存储器。主存储器是用来保存已经抓取的 URL，它通常为数据库表。当网络爬虫欲抓取某个 URL 时，它先到主存储器进行匹配，如果未经抓取，则进行抓取，反之跳过。

⑤ 信息存储器。信息存储器主要是用来保存网络爬虫在 Web 网页爬行时通过抓取 URL 得到的 Web 网页信息（如文章标题、文章内容等）。它可以数据库表或者本地文件形式进行数据组织。

例如，RBSE（Eichmann，1994）是第一个发布的爬虫。它有两个基础程序：第一个是"spider"，抓取队列中的内容到一个关系数据库中，第二个程序是"mite"，是一个修改后的 www 的 ASCII 浏览器，负责从网络上下载页面。WebCrawler 是第一个公开可用的用来建立全文索引的一个子程序，它使用库 www 来下载页面。PolyBot 是一个使用 C++和 Python 编写的分布式网络爬虫。它由一个爬虫管理者、一个或多个下载者、一个或多个

DNS 解析者组成。抽取到的 URL 被添加到硬盘的一个队列里面，然后使用批处理的模式处理这些 URL。

3.6.2.3　开源工具

下面介绍几款网络爬虫开源工具：

Heritrix 是一个互联网档案馆级的爬虫，设计的目标为对大型网络的大部分内容的定期存档快照，是使用 Java 编写的。

Methabot 是一个使用 C 语言编写的高速优化的，使用命令行方式运行的，在 2-clause BSD 许可下发布的网页检索器。它的主要特性是高可配置性，模块化；它检索的目标可以是本地文件系统、HTTP 或者 FTP。

Pavuk 是一个在 GPL 许可下发行的，使用命令行的 Web 站点镜像工具，可以选择使用 X11 的图形界面。与 wget 和 httprack 相比，它有一系列先进的特性，如以正则表达式为基础的文件过滤规则和文件创建规则。

WebSPHINX（Miller and Bharat，1998）是一个由 java 类库构成的，基于文本的搜索引擎。它使用多线程进行网页检索、html 解析，拥有一个图形用户界面用来设置开始的种子 URL 和抽取下载的数据。

WIRE-网络信息检索环境（Baeza-Yates 和 Castillo，2002）是一个使用 C++ 编写，在 GPL 许可下发行的爬虫，其内置了几种页面下载安排的策略，还有一个生成报告和统计资料的模块，所以，它主要用于网络特征的描述。

Ruya 是一个在广度优先方面表现优秀，基于等级抓取的开放源代码的网络爬虫。在英语和日语页面的抓取方面表现良好，使用 Python 编写。

Gecco 是一款用 Java 语言开发的轻量化的易用的网络爬虫，整合了各种优秀的框架，用户只需要配置一些简单的选择器就能很快地写出一个爬虫。其框架有优秀的可扩展性。框架基于开闭原则进行设计，对修改关闭、对扩展开放。其中支持页面中异步 AJAX 请求。

WebCollector 是一个无须配置、便于二次开发的 Java 爬虫框架（内核），提供精简的 API，只需要少量代码即可实现一个功能强大的爬虫。

3.7　计算机病毒及蠕虫

计算机在给人们带来益处的同时，也给人们带来了不安和忧虑，计算机病毒危害程度之大、范围之广，向人类提出了新的挑战。本节主要论述计算机病毒的基本概念、特点、类型、危害、结构和作用，以及计算机病毒的检测、消除和预防。

3.7.1　概念及主要特征

对于计算机病毒的定义，不同的国家、不同的专家从不同的角度给出的定义也不尽相同。中国 1994 年 2 月 18 日颁布的《中华人民共和国计算机信息系统安全保护条例》第 28 条中指出："计算机病毒，是指编制或者在计算机程序中插入的破坏计算机功能或者毁坏数据，影响计算机使用，并能自我复制的一组计算机指令或者程序代码。"此定义在我国具有法律性、权威性。

计算机病毒一般具有以下特性：

① 程序性（可执行性）。计算机病毒是一段可执行程序，享有一切程序所能得到的权力。病毒运行时，与合法程序争夺系统的控制权。

② 传染性。传染性是病毒的基本特征，是判别一个程序是否为计算机病毒的最重要的条件。在生物界，病毒通过传染从一个生物体扩散到另一个生物体，并在适当的条件下得以大量繁殖，使被感染的生物体表现出病症甚至死亡。计算机病毒可通过各种可能的渠道，如软盘、光盘、计算机网络去传染其他的计算机。

③ 寄生性（依附性）。病毒程序嵌入宿主程序中，依赖于宿主程序的执行而生存，这就是计算机病毒的寄生性。病毒程序在侵入宿主程序中后，一般对宿主程序进行一定的修改，宿主程序一旦执行，病毒程序就被激活，从而进行自我复制和繁衍。

④ 隐蔽性。计算机病毒一般是具有很高编程技巧、短小精悍的程序。通常附在正常程序中或磁盘较隐蔽的地方，也有个别的以隐含文件形式出现，目的是不让用户发现它的存在。正是由于隐蔽性，计算机病毒才得以在用户没有察觉的情况下扩散。计算机病毒的隐蔽性表现在两个方面：一是传染的隐蔽性，大多数病毒进行传染时速度是极快的，一般不具有外部表现，不易被人发现。不过也有些病毒非常"勇于暴露自己"，时不时在屏幕上显示一些图案或信息，或演奏一段乐曲。二是病毒程序存在的隐蔽性，一般的病毒程序都夹在正常程序中，很难被发现。

⑤ 潜伏性。病毒的潜伏性表现在两个方面：一是病毒程序不用专用检测程序是检查不出来的，因此病毒可以静静地躲在磁盘或磁带等介质里待上几天，甚至几年，一旦时机成熟，便进行传播和为害。二是计算机病毒的内部往往有一种触发机制，不满足触发条件时，计算机病毒除了传染外，不做什么破坏。触发条件一旦得到满足，有的在屏幕上显示信息、图形或特殊标识，有的则执行破坏系统的操作，如格式化磁盘、删除磁盘文件、对数据文件做加密、封锁键盘以及使系统锁死等。

⑥ 触发性。病毒因某个事件或数值的出现，诱使病毒实施感染或进行攻击的特性称为可触发性。为了隐蔽自己，病毒必须潜伏，少做动作。如果完全不动一直潜伏的话，病毒既不能感染，也不能进行破坏，便失去了杀伤力。病毒既要隐蔽，又要维持杀伤力，它必须具有可触发性。病毒具有预定的触发条件，这些条件可能是时间、日期、文件类型或某些特定数据等。病毒运行时，触发机制检查预定条件是否满足。如果满足启动感染或破坏动作，使病毒进行感染或攻击；如果不满足，则使病毒继续潜伏。

⑦ 破坏性。所有病毒都是一种可执行程序，而这一可执行程序又必然要运行，所以对系统来讲，所有的计算机病毒都存在一个共同的危害，即降低计算机系统的工作效率，占用系统资源，其具体情况取决于入侵系统的病毒程序。同时，计算机病毒的破坏性主要取决于计算机病毒设计者的目的。如果病毒设计者的目的在于彻底破坏系统的正常运行的话，那么这种病毒对计算机系统进行攻击所造成的后果是难以设想的，它可以毁掉系统的部分数据，也可以破坏全部数据并使之无法恢复。

⑧ 变种性（衍生性）。病毒的传染、破坏部分可被其他人进行任意修改，从而衍生出不同于原版本的新的变种的计算机病毒，变种病毒造成的后果可能比原版病毒严重得多。

3.7.2　背景与发展简史

计算机病毒的产生是计算机技术和以计算机为核心的社会信息化进程发展到一定阶段的必然产物。它产生的背景是：计算机软硬件产品的脆弱性，计算机的广泛应用，特殊的政治、经济和军事目的等。

计算机病毒的来源多种多样，制造病毒者的动机各不相同，究其原因，不外乎以下几种：产生于恶作剧，产生于报复心理，产生于软件商保护软件，用于政治、经济和军事等特殊目的等。

1949 年，距离第一部商用计算机的出现还有好几年时，计算机的先驱者冯·诺依曼在他的一篇论文《复杂自动机组织论》中提出了计算机程序能够在内存中自我复制，即已把病毒程序的蓝图勾勒出来，但当时绝大部分的计算机专家都无法想象这种会自我繁殖的程序是可能的，可是少数几个科学家默默地研究冯·诺依曼所提出的概念，10 年后，在美国电话电报公司（AT&T）的贝尔实验室中，三个年轻程序员道格拉斯·麦耀莱、维特·维索斯基和罗伯·莫里斯在工作之余想出一种电子游戏，叫作"磁芯大战"。

1975 年，美国科普作家约翰·布鲁勒尔写了一本名为《震荡波骑士》的书，该书第一次描写了在信息社会中，计算机成为正义和邪恶双方斗争工具的故事，成为当年最佳畅销书之一。

1977 年夏天，托马斯·捷·瑞安的科幻小说《P-1 的青春》成为美国的畅销书，轰动了科普界。作者幻想了世界上第一个计算机病毒，可以从一台计算机传染到另一台计算机，最终控制了 7 000 台计算机，酿成了一场灾难，这实际上是计算机病毒的思想基础。

1983 年 11 月 3 日，弗雷德·科恩博士研制出一种在运行过程中可以复制自身的破坏性程序，伦·艾德勒曼将它命名为计算机病毒，并在每周一次的计算机安全讨论会上正式提出，8 小时后，专家们在 VAX11/750 计算机系统上运行，第一个病毒实验成功，一周后又获准进行 5 个实验的演示，从而验证了计算机病毒的存在。

第一代病毒：1986—1988 年，这一时期出现的病毒称为"传统病毒"，是计算机病毒的萌芽和滋生时期。由于当时计算机的应用软件少，而且大多是单机运行环境，因此病毒没有大量流行，种类也很有限。这一阶段的病毒具有攻击目标比较单一、传染目标后的特征比较明显、不具有自我保护措施等特点，所以病毒的清除工作相对来说较易。1986 年年初，在巴基斯坦的拉合尔，巴锡特和阿姆杰德两兄弟经营着一家 IBMPC 机及其兼容机的小商店。他们编写了 Pakistan 病毒，即 Brain。在一年内流传到了世界各地，使人们认识到计算机病毒对 PC 机的影响。1987 年 10 月，在美国，世界上第一例计算机病毒（Brian）初发现，这是一种系统引导型病毒。它以强劲的执着蔓延开来。世界各地的计算机用户几乎同时发现了形形色色的计算机病毒，如大麻、IBM 圣诞树、黑色星期五等。1988 年 3 月 2 日，一种苹果机病毒发作，这天受感染的苹果机停止工作，只显示"向所有苹果计算机的使用者宣布和平的信息"，以庆祝苹果机生日。1988 年 11 月 3 日，美国 6 000 台计算机被病毒感染，造成互联网不能正常运行。这是一次非常典型计算机病毒入侵计算机网络的事件，迫使美国政府立即做出反应，国防部成立了计算机应急行动小组，更引起了世界范围的轰动。此病毒的作者为罗伯特·莫里斯，当年 23 岁，在康乃尔大学攻读研究生学位。

第二代病毒：1989—1991 年，这一时期出现的病毒称为"混合型病毒"或"超级病毒"。这一阶段是计算机病毒由简单发展到复杂，由单纯走向成熟的阶段。计算机局域网开始应用与普及，许多单机应用软件开始转向网络应用环境，由于网络系统尚未有安全防护的意识，缺乏在网络环境下病毒防御的思想准备与方法对策，给计算机病毒带来了第一次流行高峰。这一阶段的病毒具有攻击的目标趋于混合型、采用更为隐蔽的方法驻留内存和传染目标、传染目标后没有明显的特征、采取了自我保护措施、出现了变种病毒等特点。总之，这一期间出现的病毒不仅在数量上急剧增加，更重要的是，病毒在编制的方式、方法、驻留内存以及对宿主程序的传染方式、方法等方面都有了较大的变化。1989 年，全世界计算机病毒攻击十分猖獗，其中"米开朗基罗"病毒给许多计算机用户造成极大损失。1991 年，在"海湾战争"中，美军第一次将计算机病毒用于实战，在空袭巴格达的战斗中，成功地破坏了对方的指挥系统，使之瘫痪，保证了战斗顺利进行，直至最后胜利。

第三代病毒：1992—1995 年，这一时期出现的病毒称为"多态性病毒"或"自我变形病毒"。"多态性病毒"或"自我变形病毒"的含义是指病毒传染目标时，植入宿主程序中，病毒程序大部分都是可变的，即病毒的程序代码大多数是不同的，这是此类病毒的重要特点。正是由于这一特点，传统的利用特征码法检测病毒的产品不能检测出此类病毒。由此可见，第三阶段是病毒的成熟发展阶段。在这一阶段中，病毒的发展主要是病毒技术的发展，病毒开始向多维化方向发展，即传统病毒传染的过程与病毒自身运行的时间和空间无关，而新兴的计算机病毒则与病毒自身运行的时间、空间和宿主程序紧密相关，这无疑导致计算机病毒检测和消除的困难。1992 年，出现针对杀毒软件的"幽灵"病毒，如 One_Half。还出现了实用机理与以往的文件型病毒有明显区别的 DIR2 病毒。1994 年 5 月，南非第一次多种族全民大选的记票工作因计算机病毒的破坏停止 30 余小时，被迫推迟公布选举结果。

第四代病毒：90 年代中后期，随着计算机网络的发展，病毒的流行突破了地域的限制，首先通过广域网传播至局域网内，再在局域网内传播扩散，网络病毒成为主流。这一时期病毒的最大特点是利用互联网作为主要传播途径，病毒传播快、隐蔽性强、破坏性大。例如，2000 年 5 月出现了"爱虫病毒"（I Love You）。2001 年年初出现了"欢乐时光"（Happytime）病毒。2001 年 7 月出现了丁"红色代码"（Code Red）病毒。2001 年 9 月出现了"尼姆达"（Nimda）病毒等。

3.7.3　主要类型及危害

计算机病毒的分类方法有许多种，同一种病毒可能有多种不同的分类。

● 按攻击的系统分类：DOS 系统病毒、Windows 系统病毒、UNIX 系统病毒。

● 按链接方式，可将计算机病毒分为以下几类：

① 源码型病毒（Source Code Virus）。这种病毒攻击高级语言编写的程序，该病毒在高级语言所编写的程序编译前插入原程序中，经编译成为合法程序的一部分。

② 嵌入型病毒（Intrusive Virus）。这种病毒是将自身嵌入程序中，把计算机病毒的主体程序与其攻击的对象以插入的方式链接。

③ 外壳型病毒（Shell Virus）。这种病毒是将其自身包围在主程序的外围，对原来的程序不做修改。这种病毒易于编写和发现，一般检查文件的大小即可知。

④ 操作系统型病毒（Operating System Virus）。这种病毒运行时，用它自己的程序取代

部分操作系统的合法程序进行工作，具有很强的破坏力，可以导致整个系统的瘫痪。

● 按寄生部位或传染对象分类

① 磁盘引导区型病毒。磁盘引导区传染的病毒主要是用病毒的全部或部分逻辑代码取代正常的引导记录，而将正常的引导记录隐藏在磁盘的其他地方。

② 操作系统型病毒。操作系统传染的计算机病毒就是利用操作系统中所提供的一些程序及程序模块寄生并传染。

③ 可执行程序型病毒。可执行程序传染的病毒通常寄生在可执行程序中，一旦程序被执行，病毒也就被激活，然后设置触发条件并进行传染。

对于以上三种病毒的分类，实际上可以归纳为两大类：一类是引导扇区型传染的病毒；另一类是可执行文件型传染的病毒。

● 按传播媒介分类：分为单机病毒和网络病毒。网络病毒的传播媒介不是移动式载体，而是网络通道，这种病毒的传染速度快，破坏力大。

● 按载体和传染途径分类：计算机病毒按其载体，可分为引导型病毒、文件型病毒和混合型病毒三类；按其传染途径，又可分为驻留内存型病毒和不驻留内存型病毒。引导型病毒几乎都会常驻在内存中，差别只在于内存中的位置（所谓常驻，是指应用程序把要执行的部分在内存中驻留一份，这样就可不必每次在执行它的时候都到硬盘中搜寻，以提高效率）。文件型病毒又分为源码型病毒、嵌入型病毒和外壳型病毒三类。混合型病毒综合引导型和文件型病毒的特征，此种病毒通过这两种方式来感染，更增加了病毒的传染性以及存活率。

计算机病毒的主要危害有：破坏计算机系统数据、抢占系统资源、影响计算机运行速度、造成错误和不可预见的危险、给用户造成严重的心理压力等。计算机病毒像"幽灵"一样笼罩在广大计算机用户心头，给人们造成巨大的心理压力，极大地影响了现代计算机的使用效率，由此带来的无形损失更是难以估量。

3.7.4　结构及作用机制

计算机病毒在结构上有其共性。一般来说，计算机病毒包括三大功能模块：引导模块、传染模块、表现或破坏模块（发作模块）。而每一模块各有自己的工作原理，称之为作用机制。

3.7.4.1　病毒结构

（1）计算机病毒的逻辑结构

计算机病毒从逻辑上一般包括引导模块、传染模块和发作模块三个部分。

① 引导模块：引导模块把整个病毒程序读入内存安装好并使其后面的两个模块处于激活状态，再按照不同病毒的设计思想完成其他工作。

② 传染模块：病毒的传染模块担负着计算机病毒的扩散传染任务，它是判断一个程序是否是计算机病毒的首要条件，是各种病毒必不可少的模块。计算机病毒的传染模块一般包括两部分内容：一是计算机病毒的条件判断部分；二是计算机病毒的传染部分，这一部分负责将计算机病毒的全部代码连接到被传染的攻击目标上，即病毒复制一个自身副本到传染对象中去。

③ 发作模块：该模块可分为两个部分，一部分是触发条件的判断，另一部分是表现或

破坏。病毒发作时都有一定的表现，有时在屏幕显示出来，有时则表现为破坏系统数据。发作模块主要完成病毒的表现或破坏，所以该模块也称为表现或破坏模块。

需要说明的是，并不是所有的计算机病毒都由这三大模块组成，有的病毒可能没有引导模块，如"维也纳"病毒；有的可能没有破坏模块，如"巴基斯坦"病毒；而有的病毒在三个模块之间可能没有明显的界限。

（2）计算机病毒的磁盘存储结构

系统型病毒的磁盘存储结构：系统型病毒是指传染操作系统的启动扇区，主要指传染硬盘主引导扇区和 DOS 引导扇区的病毒。系统型病毒在磁盘上的存储结构是这样的，病毒程序被划分为两部分：第一部分存放在磁盘引导扇区中，第二部分则存放在磁盘其他的扇区中。病毒程序在感染一个磁盘时，首先根据 FAT 表在磁盘上找到一个空白簇，然后将病毒程序的第二部分以及磁盘原引导扇区的内容写入该空白簇，接着将病毒程序的第一部分写入磁盘引导扇区。

文件型病毒的磁盘存储结构：文件型病毒是指专门感染系统中的可执行文件，即扩展名为 .com、.exe 的文件。文件型病毒程序附着在被感染文件的首部、尾部、中部或"空闲"部位，病毒程序没有独立占用磁盘上的空白簇。也就是说，病毒程序占用的磁盘空间依赖于其宿主程序所占用的磁盘空间。但是，病毒入侵后，一定会使宿主程序占用的磁盘空间增加。计算机病毒一般不传染数据文件，这是由于数据文件是不能执行的，如果病毒传染了数据文件以后，病毒自身得不到执行权，那么不能进行进一步的传播，所以计算机病毒不可能存在于数据文件中，但可能修改和破坏数据文件。

（3）计算机病毒的内存驻留结构

计算机病毒一般都驻留在常规内存中，但并不是计算机病毒只能驻留在常规内存中。

引导型病毒的内存驻留结构：引导型病毒是在系统启动时被装入的。此时，系统中断 INT 21H 还未设定，病毒程序要使自身驻留内存，不能采取系统方法功能调用的方法。为此，病毒程序将自身移动到适当的内存高端，采用修改内存向量描述字的方法，使内存容量描述字减少适当的长度，使得存放在内存高端的病毒程序不被其他程序所覆盖。但高端基本内存并不是唯一的选择，如果内存中有些小块内存系统没有使用，计算机病毒也可以把小块空闲内存作为自己的栖身之地，如 Basic 病毒。

文件型病毒的内存驻留结构：文件型病毒程序是在运行其宿主程序时装入内存的。此时，系统中断功能调用已设定，所以病毒程序一般将自身指令代码与宿主程序进行分离，并将病毒程序移动到内存高端或当前用户程序区最低内存地址，然后调用系统功能调用，将病毒程序常驻于内存。以后即使宿主程序运行结束，病毒程序也驻留在内存中而不被任何应用程序所覆盖。

3.7.4.2 作用机制

计算机病毒的作用机制包括引导机制、传染机制、破坏机制和触发机制。

（1）计算机病毒的引导机制

计算机病毒的寄生对象共有三种：第一种是寄生在磁盘引导扇区；第二种是寄生在可执行文件中；第三种是寄生在数据文件中。计算机病毒的寄生方式主要有替代法和链接法两种。计算机病毒的引导过程一般包括以下三方面：驻留内存、窃取系统控制权、恢复系统功能。对于寄生在磁盘引导扇区的病毒来说，病毒引导程序占用了原系统引导程序的位置，并把原系统引导程序搬移到一个特定的地方。对于寄生在可执行文件中的病毒来说，病毒程序一般通过修改原有可执行文件，使该文件一旦执行，首先转入病毒程序引导模块，该引导模块也完成把病毒程序的其他两个模块驻留在内存中及初始化的工作，然后把执行权交给执行文件，使系统及执行文件在带毒的状态下运行。

（2）计算机病毒的传染机制

病毒的传染方式可分为两种：被动传染和主动传染。被动传染是指用户在进行复制磁盘或文件时，把一个病毒由一个载体复制到另一个载体上；或者是通过网络上的信息传递，把一个病毒程序从一方传递到另一方。主动传染是指计算机病毒以计算机系统的运行以及病毒程序处于激活状态为先决条件，在病毒处于激活的状态下，只要传染条件满足，病毒程序能主动地把病毒自身传染给另一个载体或另一个系统。计算机病毒的传染过程基本可分为两大类：一是立即传染，即病毒在被执行到的瞬间，抢在宿主程序开始执行前，立即感染磁盘上的其他程序，然后再执行宿主程序；二是驻留在内存中并伺机传染，内存中的病毒检查当前系统环境，在执行一个程序或操作时传染磁盘上的程序，驻留在系统内存中的病毒程序在宿主程序运行结束后，仍可活动，直至关闭计算机。

（3）计算机病毒的破坏机制

破坏机制在设计原则、工作原理上与传染机制基本相同。它也是通过修改某一中断向量入口地址，使该中断向量指向病毒程序的破坏模块。这样，在判断设定条件满足的情况下，对系统或磁盘上的文件进行破坏活动。例如，在用感染了"大麻病毒"的系统盘进行启动时，屏幕上会出现"Your PC is now Stoned!"。有的病毒在发作时，会干扰系统或用户的正常工作，而有的病毒一旦发作，则会造成系统死机或删除磁盘文件，例如，"黑色星期五"病毒在激活状态下，只要判断当天既是 13 号又是星期五，则病毒程序的破坏模块即把当前感染该病毒的程序从磁盘上删除。病毒破坏目标和攻击部位主要是系统数据区、文件、内存、系统运行、运行速度、磁盘、屏幕显示、键盘、喇叭、打印机、CMOS、主板等。

（4）计算机病毒的触发机制

可触发性是病毒的攻击性和潜伏性之间的调整杠杆，可以控制病毒感染和破坏的频度，兼顾杀伤力和潜伏性。计算机病毒在传染和发作之前，往往要判断某些特定条件是否满足，满足则传染或发作，否则不传染或不发作或只传染不发作，这个条件就是计算机病毒的触发条件。计算机病毒的触发条件常见以下几种：日期触发、时间触发、键盘触发、感染触发、启动触发、访问磁盘次数触发等。病毒中有关触发机制的编码是其敏感部分。如果搞清病毒的触发机制，就可以修改此部分代码，使病毒失效，从而产生没有潜伏性的极为外露的病毒样本，供反病毒研究使用。

3.7.5　检测消除及预防

3.7.5.1　病毒检测

计算机病毒的检测方式有两种：手工检测和自动检测。

● 手工检测：手工检测是指通过一些软件工具进行病毒的检测。其基本过程是利用一些工具软件，对易遭病毒攻击和修改的内存及磁盘的有关部分进行检查，通过和正常情况下的状态进行对比分析，来判断是否被病毒感染。这种方法检测病毒，费时费力，但可以剖析新病毒，检测识别未知病毒，可以检测一些自动检测工具不认识的新病毒。

● 自动检测：自动检测是指通过一些诊断软件来判断一个系统或一个软盘是否有毒的方法。自动检测比较简单，一般用户都可以进行，但需要较好的诊断软件。这种方法可方便地检测大量的病毒，但是，自动检测工具只能识别已知病毒，而且自动检测工具的发展总是滞后于病毒的发展，所以检测工具不能识别新病毒。

计算机病毒的检测方法有比较法、分析法、扫描法、校验和法、行为检测法、行为感染实验法、行为软件模拟法。

① 比较法。比较法诊断的原理是用原始的或正常的与被检测的进行比较。比较法包括长度比较法、内容比较法、内存比较法、中断比较法等。注意：造成被检测程序与原始备份之间差别的原因也有可能为偶然原因，如突然停电、程序失控、恶意程序等破坏的。

② 分析法。使用分析法确认病毒的类型和种类，判定其是否是一种新病毒；搞清楚病毒体的大致结构，提取特征识别用的字符串或特征字，用于增添到病毒代码库供病毒扫描和识别程序；详细分析病毒代码，为制定相应的反病毒措施提供方案。要求分析工作必须在专门设立的试验用机上进行，不怕其中的数据被破坏。此外，很多计算机病毒采用了自加密、抗跟踪等技术，使得分析病毒的工作经常是冗长和枯燥的，有的与系统的牵扯层次很深，因此使病毒的详细剖析工作十分复杂。分析的步骤分为动态和静态两种。静态分析是指利用DEBUG 等反汇编程序将病毒代码打印成反汇编后的程序清单进行分析，看病毒分成哪些模块，使用了哪些系统调用，采用了哪些技巧，如何将病毒感染文件的过程翻转为清除病毒、修复文件的过程，哪些代码可被用作特征码以及如何防御这种病毒。动态分析则是指利用DEBUG 等程序调试工具在内存带毒的情况下，对病毒做动态跟踪，观察病毒的具体工作过程，理解病毒工作的原理。在病毒编码比较简单的情况下，动态分析不是必需的。但当病毒采用了较多的技术手段时，必须使用动、静相结合的分析方法才能完成整个分析过程。

③ 扫描法。扫描法是用每一种病毒体含有的特定字符串对被检测的对象进行扫描，如果在被检测对象内部发现了某一种特定字符串，就表明发现了该字符串所代表的病毒，基于特征串的计算机病毒扫描法是最为普遍的查病毒方法。扫描法包括特征代码扫描法和特征字扫描法。

病毒特征代码扫描法由两部分组成：一部分是病毒代码库，含有经过特别选定的各种病毒的代码串；另一部分是利用代码库进行扫描的扫描程序。

病毒特征字扫描法是基于特征串扫描法发展起来的一种新方法。特征字扫描只需从病毒体内抽取很少几个关键的特征字，组成特征字库。由于需要处理的字节很少，而又不必进行串匹配，大大加快了识别速度，当被处理的程序很大时表现更突出。类似于检测生物病毒的生物活性，特征字识别法更注意计算机病毒的"程序活性"，减少错报的可能性。

④ 校验和法。计算机病毒校验和法诊断，是先计算正常文件内容的校验和，再将该校验和写入文件或写入别的文件中保存。在文件使用过程中，定期地或每次使用文件前，检查文件现在内容算出的校验和与原来保存的校验和是否一致，因而可以发现文件是否感染。它既可发现已知病毒，又可发现未知病毒，但只能是发现病毒，不能识别病毒种类和报出名称。由于病毒感染并非文件内容改变的唯一的排他性原因，文件内容的改变有可能是正常程序引起的，所以校验和法常常误报警。校验和法对隐蔽性病毒无效。隐蔽性病毒进驻内存后，会自动剥去染毒程序中的病毒代码，使校验和法受骗，对一个有病毒的文件算出正常校验和。校验和法的优点是：方法简单；能发现未知病毒；被查文件的细微变化也能发现。其

缺点是：必须预先记录正常态的校验和；不能识别病毒名称；不能对付隐蔽性病毒。

⑤ 行为监测法。计算机病毒行为监测法诊断是利用病毒的特有行为特征监测病毒的方法。通过对病毒多年的观察、研究，人们发现病毒有一些行为，是病毒的共同行为，而且比较特殊，在正常程序中，这些行为比较罕见。当程序运行时监视其行为，如果发现了病毒行为，则立即报警。如染毒程序运行时，先运行病毒而后执行宿主程序，在两者切换时，有许多特征行为。行为监测法的长处在于不仅可以发现已知病毒，而且可以相当准确地预报未知的多数病毒。但行为监测法也有其短处，即可能误报警和不能识别病毒名称，而且实现起来有一定难度。

⑥ 行为感染实验法。计算机病毒行为感染实验法诊断是利用了病毒最重要的基本特征：感染特性。所有的病毒都会进行感染，如果不会感染，就不称其为病毒。如果系统中有异常行为，最新版的检测工具也查不出病毒时，就可以做感染实验，运行可疑系统中的程序后，再运行一些确切知道不带毒的正常程序，然后观察这些正常程序的长度和校验和，如果发现有的程序增长，或者校验和变化，就可断言系统中有病毒。这种方法是一种简单实用的检测病毒方法，可以检测出病毒检测工具不认识的新病毒，自主地检测可疑新病毒。

⑦ 行为软件模拟法。计算机病毒行为软件模拟法诊断的原理是，多态性病毒每次感染都变化其病毒密码，对付这种病毒，特征代码法失效。因为多态性病毒代码实施密码化，而且每次所用密钥不同，把染毒文件中的病毒代码相互比较，也无法找出相同的可能作为特征的稳定代码。虽然行为检测法可以检测多态性病毒，但是在检测出病毒后，无法做消毒处理，因为不知病毒的种类，难以做消毒处理。这种方法采用的是一种软件分析器，用软件方法模拟和分析程序的运行，监视病毒的运行，待病毒自身的密码译码以后，再运用特征代码法来识别病毒的种类。

3.7.5.2 病毒清除

病毒的消除可分为手工消毒和自动消毒两种方法，但不论是手工消毒还是自动消毒，都是危险操作，可能将染毒文件彻底破坏。①手工消毒方法使用 DEBUG 等简单工具，借助于对某种病毒的具体认识，从感染病毒的文件中清除病毒代码。手工操作复杂，速度慢，风险大，需要熟练的技能和丰富的知识。②自动消毒方法使用自动消毒软件自动清除患病文件中的病毒代码。自动消毒方法，操作简单，效率高，风险小。当遇到被病毒感染的文件急需恢复而又找不到解毒软件或解毒软件无效时，才要用手工修复的方法。如果自动方法和手工方法仍不奏效，消毒的最后一招就是对软盘或硬盘进行低级格式化，这种方法虽然消除了病毒，但也要以软盘或硬盘上所有文件的丢失作为代价，所以一定要慎重使用。

3.7.5.3 病毒预防

对待计算机病毒像对待生物病毒一样，应以预防为主，防患于未然。要预防计算机病毒，必须先了解计算机病毒的传播途径及症状。病毒的主要传播途径：移动存储介质、光盘、计算机网络等。计算机病毒发作前一般会出现一定的表现症状，具体出现哪些异常现象与所感染病毒的种类直接相关，常见的症状包括：一是屏幕异常，二是系统运行异常。具体表现如下：键盘、打印、显示有异常现象；运行速度突然减慢；计算机系统出现异常死机或频繁死机；文件的长度、内容、属性、日期无故改变；丢失文件、丢失数据；系统引导过程变慢；计算机存储系统的存储容量减少或有不明常驻程序；整个目录变成一堆乱码等。总之，任何异常现象都可以怀疑计算机病毒的存在，但异常情况不一定说明系统内肯定有病毒，必须通过适当的检测手段来确认。

计算机病毒的预防分为两种：管理方法上的预防和技术上的预防，这两种方法是相辅相成的。实践证明，两者结合对防止病毒的传染是行之有效的。

（1）计算机病毒的管理预防

① 对新购置的计算机系统用检测病毒软件检查已知病毒，用人工检测方法检查未知病毒，经过实验证实没有病毒传染和破坏迹象再实际使用；新购置的硬盘、U 盘、移动硬盘等或出厂时已格式化好的软盘中都可能有病毒。对硬盘可以进行检测或进行低级格式化，因为对硬盘只做 DOS 的 FORMAT 格式化是不能去除主引导区（分区表扇区）病毒的。软盘做 DOS 的 FORMAT 格式化可以去除病毒。

② 新购置的计算机软件也要进行病毒检测。有些著名软件厂商在发售软件时，软件已被病毒感染或存储软件的磁盘已受感染，这在国内外都是有实例的。要用软件检测已知病毒，也要用人工检测和实际实验的方法检测。

③ 定期与不定期地进行磁盘文件备份工作，以便万一系统崩溃时最大限度地恢复系统原样，减少损失。重要的数据应随时进行备份。当然，备份前要保证没有病毒，否则也会将病毒备份。

④ 移动盘中要尽可能将数据和程序分别存放，装程序的移动盘要写保护。对重点保护的机器应做到专机、专人、专盘、专用，封闭的使用环境中是不会自然产生计算机病毒的。

⑤ 工作用计算机或家用计算机要设置使用权限及专人使用的保护机制，禁止来历不明的人和软件进入系统。

⑥ 选择使用公认质量最好、升级服务及时、对新病毒响应和跟踪迅速有效的反病毒产品，定期维护和检测计算机系统及移动存储介质等。从信誉好、口碑好的软件来源获得所需软件产品。多次经手及来历不明的软件最有可能因缺少检测而成为各种病毒的载体和传染源。

⑦ 建立严密的病毒监视体系，及早发现病毒及时消除。经常注意系统的工作状况，特别留心与病毒症状相似的异常现象。

（2）计算机病毒的技术预防

① 安装杀毒软件。

② 检测一些病毒经常要改变的系统信息，如引导区、中断向量表、可用内存空间等，以确定是否存在病毒行为。其缺点是：无法准确识别正常程序与病毒程序的行为，常常误报警，而频频误报警的结果是使用户失去对病毒的戒心。

③ 对计算机系统中的文件形成一个密码检验码和实现对程序完整性的验证，在程序执行前或定期对程序进行密码校验，如有不匹配现象即报警。其优点是易于早发现病毒，对已知和未知病毒都有防止和抑制能力。

④ 设计病毒行为过程判定知识库，应用人工智能技术，有效区分正常程序与病毒程序行为，是否误报警取决于知识库选取的合理性。其缺点是：单一的知识库无法覆盖所有的病毒行为，如对不驻留内存的新病毒会漏报。

⑤ 安装预防软件、"病毒防火墙"等，预防计算机病毒对系统的入侵，或发现病毒欲传染系统时，向用户发出警告等。

3.7.6 蠕虫病毒及特征

蠕虫是病毒的一个特例，因为它与传统计算机病毒不同，它不是插入在文件内的代码，而是直接复制自身文件然后传播的，蠕虫病毒经网络传播，速度快、范围广、危害大。本节特别介绍蠕虫病毒相关的知识。

蠕虫病毒和一般的病毒有着很大的区别，蠕虫是一种通过网络传播的恶性病毒，它具有病毒的一些共性，如传播性、隐蔽性、破坏性等，同时具有自己的一些特征，如蠕虫一般不采用插入文件的方法，而是复制自身在互联网环境下进行传播，病毒的传染能力主要是针对计算机内的文件系统而言的，而蠕虫病毒的传染目标是互联网内的所有计算机。局域网条件下的共享文件夹、电子邮件、网络中的恶意网页、大量存在着漏洞的服务器等，都成为蠕虫传播的良好途径。在产生的破坏性上，蠕虫病毒也不是普通病毒所能比拟的，蠕虫的主动攻击性和突然爆发性常常使得人们手足无措，而且随着网络的发展，蠕虫可以在短短的时间内蔓延全球整个网络，造成网络整体的瘫痪，这种破坏是其他病毒所不能及的。表 3.2 列出了普通病毒与蠕虫的区别。

表 3.2 普通的病毒与蠕虫的区别

对比项	普通病毒	蠕虫病毒
存在形式	寄存文件	独立程序
传染机制	宿主程序运行	主动攻击
传染目标	本地文件	网络计算机

作为计算机病毒的一种，蠕虫具有计算机病毒的普遍特点，但是它也有其新的特点：

① 传播速度快：在单机情况下，病毒通常是通过软盘或光盘从一台计算机传播到另一台计算机；而蠕虫具有较强的传染能力，通过网络可以迅速扩散与传播。

② 传播范围广：只要计算机连在网络上，而且缺乏必要的保护手段，那么网络中任何一个角落的病毒都有可能感染你的机器。一台机器上的蠕虫不仅可以很快扩散到整个局域网络，而且还可能通过远程感染到其他局域网，从而使整个网络变成病毒的温床。

③ 破坏性强：由于网络中信息资源非常多并且为网络用户所共享，因此，病毒一旦在网络中开始破坏，就是全方位的，轻则使机器运行速度变慢，网络运行速度降低，重则导致整个网络瘫痪，其损失是无法想象的。

④ 消除难度大：如果网络服务器被感染，其清除病毒所需时间将是单机的数倍以上，对于传统病毒，可以通过删除带毒文件或对磁盘低级格式化等措施将其清除，而网络中只要有一台计算机没有消毒干净，整个网络就有再次被病毒感染的可能性，而且有可能刚清除完病毒就又重新被感染。

⑤ 衍生变种多，危害更大：由于蠕虫病毒多是由脚本编制的，如 VBS、JavaScript 等，其代码便于学习和改造，因此被不断修改衍生出新的变种，并增加了新的破坏功能，使其更危险、破坏性更大。

最早的网络蠕虫病毒作者是美国的小莫里斯。1988 年，他所编写的蠕虫病毒蔓延，造成了数千台计算机停机。这个蠕虫病毒是在美国军方的局域网内传播的，但是由于必须事先获取局域网的权限和口令，再加上当年计算机网络根本是只在很小范围内的，所以没有造成太大的损失，但是病毒除了可以通过存储设备传播之外，还可以通过网络传播的思路初现端倪。从此，蠕虫病毒开始出现网络，计算机病毒进入了网络传播时代，如 1999 年欧美大规模爆发了"美丽莎""爱虫"等网络蠕虫病毒，一些网站、企业及政府的服务器频频遭受堵塞和破坏，造成了巨大经济损失。

蠕虫病毒从结构上可分为三个主要模块：传播模块、隐藏模块和功能模块。其中传播模块是蠕虫病毒的最重要模块，直接关系到病毒的生命力，又分为三个子模块：扫描模块、攻击模块和复制模块；功能模块除破坏功能外，还包括对计算机的控制和监视功能。蠕虫病毒与传统计算机病毒不同，它不采取插入文件的方法，不需要将其自身附着到宿主程序，而是自我复制，所以不需要引导模块；此外，蠕虫主要不断探测存在漏洞的主机，一旦发现可利用的漏洞就进行传染。这些都是与传输病毒的结构的不同之处。

蠕虫病毒的传播过程：

① 扫描：由蠕虫的扫描功能模块负责探测网络上存在漏洞的主机，当探测成功后，就确认了一个可传播的对象。

② 获取权限：针对扫描模块确定的目标主机进行漏洞利用（也可以说是主动攻击），获取主机的管理权限。

③ 复制：复制病毒副本到获取管理权限的目标主机上。

蠕虫病毒的典型案例：2001 年 9 月，一种名为"尼姆达"的蠕虫病毒席卷世界，侵袭了 830 万部电脑，总共造成约 5.9 亿美元的损失。2010 年 9 月 26 日，谷歌旗下社交网站 Orkut 也成为黑客攻击的对象。Orkut 在周六遭到一款名为"Bom Sabado"（美好的周六）JavaScript 蠕虫的攻击。"Bom Sabado"能够用一段带有"Bom Sabado"主题的碎片感染"用户流"（user streams），然后会自动连接那些已经感染了病毒的用户。Orkut 当时在全球拥有 5 200 万活跃用户，每月的页面浏览量超过 340 亿。

3.7.7　病毒的发展趋势

随着网络的发展，计算机病毒也有了新的变化，呈现出一些新的特点。根据中国互联网络中心 CNNIC 的数据显示，截至 2014 年 12 月，我国国际出口带宽为 4 118 663 Mb/s，年增长 20.9%。随着光纤入户、民用基础网络大提速等工程的顺利实施，中国网民的带宽越来越宽，网速越来越快，人们在享受到更加快捷的网络服务的同时，也间接导致木马病毒、间谍软件、垃圾邮件和网页恶意程序（钓鱼网站）等计算机病毒以更加惊人的速度传播并造成恶劣影响。

未来的计算机病毒只会越来越复杂，越来越隐蔽，计算机病毒的发展也对杀毒软件行业以及国家网络安全部门提出了更大的挑战。21 世纪的计算机病毒呈现出网络化、人性化、隐蔽化、多样化、平民化和智能化的发展趋势。

① 网络化。与传统的计算机病毒不同，恶意程序利用当前最新的基于 Internet 的编程语言与技术实现，易于修改，从而产生新的变种，并逃避反计算机病毒软件的搜索。

② 人性化。病毒制造者充分利用了现有心理学的学术成果，着重针对普通民众的心理如好奇、贪婪等制造各种使他们的计算机成功感染病毒的小陷阱，其标题、文件名称或者包含图片更人性化并且极具诱惑性。例如，My-babypic 计算机病毒就是通过可爱宝宝的照片

链接传播计算机病毒的。

③ 隐蔽化。计算机病毒将更善于隐蔽和伪装，其标题和附件名称都会在传播的过程中不断改变。许多病毒会伪装成常用程序，或者将计算机病毒代码写入文件内部而文件长度不发生变化，使用户防不胜防。还有的计算机病毒在本地没有代码，代码存储于远程计算机上，使杀毒软件难以发现计算机病毒的踪迹。

④ 多样化。新病毒可以是可执行程序、脚本文件和 HTML 网页等多种形式。

⑤ 平民化。由于脚本语言的广泛使用，专用计算机病毒生成工具的流行，计算机病毒的设计与编写已经变成一种简单易行的"游戏"。

⑥ 智能化。对计算机系统入侵的同时，也可能对外接设备或者硬件设施实施物理性破坏，例如击穿显像管、使 CPU 过热而宕机或者引发电路火灾等，甚至对操作者进行攻击。此类计算机病毒可能通过视频攻击人的眼睛，通过声音使人致聋甚至精神失常。

此外，计算机病毒也可以被用于战时的战略武器，使敌方火控系统、通信系统甚至指挥系统短时间瘫痪，为己方创造战机。

3.8　窃密木马攻击技术

有一类特殊的程序非法驻留在目标系统中，在目标系统启动的时候自动运行，并在目标系统上执行一些非法操作，如窃取口令、删除文件、植入病毒等，这类程序称为特洛伊木马（Trojan Horse）。一旦主机被植入了木马，攻击者可以随意控制破坏受害系统。特洛伊木马也是一种重要的用于信息战的网络信息武器。本节主要论述特洛伊木马的基本概念、原理及其特点。

3.8.1　基本概念

特洛伊木马（Trojan Horse，以下简称木马）的名称取自希腊神话的特洛伊木马记。相传，特洛伊王子在访问希腊时诱走了希腊王后，因此希腊人远征特洛伊，九年围攻不下。第十年，希腊将领献计，将一批精兵藏在一个巨大的木马腹中，放在城外，然后佯作撤兵。特洛伊人以为敌人已退，将木马作为战利品推进城去。当夜，木马中的希腊伏兵出来，打开城门里应外合，攻占了特洛伊城。后来一些恶意代码的制造者利用这一思想开发出一种外表上很有魅力且貌似可靠的破坏程序，引诱用户使用，以达到破坏机器的目的。这样，特洛伊木马便产生了。

木马是隐蔽在目标系统里面并具有伪装功能的一段程序代码，用来完成用户不许可的活动。木马通常伪装成正常的程序或软件，欺骗别人执行。当你执行这个看似正常的任务时，木马即被激活并运行，它潜伏在后台监视系统的运行，它同一般程序一样，能实现任何软件的任何功能：复制、删除文件，格式化硬盘，甚至发电子邮件、释放病毒、开设后门、注入新的木马。

木马的发展经历了多个阶段：

① 第一代一般主要表现木马的欺骗性，比如在 UNIX 系统上表现的是假 Login 诱骗等，在 Windows 上则是 BO、Netspy 等木马。

② 第二代木马在隐藏、自启动和操纵服务器等技术上有了很大的发展，比如冰河、广外女生等。

③ 第三代木马在隐藏、自启动和数据传递技术上则有了根本性的进步，以前的木马主要靠 UDP 协议传输数据，但在第三代木马中出现了靠 ICMP 协议传递数据。

④ 第四代木马在进程隐藏方面则做了更大的改动，采用改写和替换系统文件的做法，修改操作系统内核，在 UNIX 内，它伪装成系统守护进程，而在 Windows 内，它则伪装成 DLL 动态连接库，这样使木马几乎和操作系统结合在一起，从而使现有的杀毒软件几乎无能为力，极好地达到了隐藏的目的。

⑤ 第五代驱动级木马多数都使用了大量的 Rootkit 技术来达到在深度隐藏的效果，并深入内核空间，感染后针对杀毒软件和网络防火墙进行攻击，可将系统 SSDT 初始化，导致杀毒防火墙失去效应。有的驱动级木马可驻留 BIOS，并且很难查杀。

⑥ 第六代黏虫技术类型和特殊反显技术类型木马随着身份认证 USBKey 和杀毒软件主动防御的兴起，逐渐开始系统化。前者主要以盗取和篡改用户敏感信息为主，后者以动态口令和硬证书攻击为主。PassCopy 和暗黑蜘蛛侠是这类木马的代表。

根据破坏和侵入目的的不同，木马可分为以下几种：

① 远程访问型。这是最广泛的木马，只要目标主机运行服务端程序，并且客户端得到了目标主机的 IP 地址，那么它就可以访问到目标主机，并且几乎可以在目标主机上做任何事情。

② 密码发送型。这种木马是找到隐藏的密码，并且在受害者不知道的情况下把它们传送到指定的位置（如电子邮箱或 FTP 等）。

③ 键盘记录型。这种特洛伊木马很简单，它们记录受害者的键盘的敲击并且在 LOG 文件里查找密码。

④ 毁坏型。这种特洛伊木马的主要功能是毁坏并删除文件。

⑤ FTP 型。这类特洛伊木马会打开计算机的 FTP 端口，再通过 FTP 方式与受害主机建立连接。

木马都具有隐蔽性和非授权性的特点，特洛伊木马一般都具有以下特征：

① 自动执行性：自动登录在系统启动区，系统载入时自动执行；会自动变更文件名，甚至隐形。

② 隐蔽性：木马的设计者为防止木马被发现，会采用多种手段隐藏木马；程序体积十分小，执行时不会占用太多资源；执行时一般不会在系统中有所显示；自动变更文件名等。

③ 非授权性：一旦控制端与服务端建立连接后，控制端针对服务端进行非法授权（非法）操作，如修改文件、修改注册表、关闭服务端操作系统等。

④ 难清除性：采用多种手段防止被用户清除，执行时很难停止它的运行。

3.8.2 工作原理

实质上，木马只是一个网络客户/服务程序。网络客户/服务模式的原理是一台主机提供服务（服务器），另一台主机接受服务（客户机）。作为服务器的主机一般会打开一个默认的端口并进行监听（Listen），如果有客户机向服务器的这一端口提出连接请求（Connect Request），服务器上的相应程序就会自动运行，来应答客户机的请求。所以，木马软件程序一般由两部分组成：一部分是客户（Client）端程序，即控制在攻击者手中的程序，攻击者通过它获取远程计算机的数据并通过它控制远程计算机；另一部分是服务器（Server）端程序，即由用户运行的程序，用户一旦运行该程序，它就会自动生成一个"注册文件"，并把该文件发送给客户端程序，攻击者通过它就可以对用户计算机 IP 地址进行登录，如果登录成功，就可以取得对用户计算机的控制权限。你的计算机一旦感染了木马，远程攻击者就可以随时通过互联网无限制地访问、控制你的计算机，就如同访问他桌面上另一台计算机一样方便。

完整的木马系统由硬件和软件两部分组成。硬件部分是建立木马连接所必需的硬件实体，包括控制端、服务端和数据传输的网络载体（Internet/Intranet）；软件部分是实现远程控制所必需的软件程序，包括控制端程序和木马程序。

木马攻击的过程可分为三个阶段：传播木马、运行木马、建立连接和进行控制。

（1）传播木马

木马的传播方式主要有三种：通过 E-mail 传播、通过软件下载传播、依托病毒传播。在传播之前，木马制作者一般都要对木马进行伪装，伪装的方式有多种：伪装为图像文件：虽然图像文件的扩展名不可能是 .exe，但由于 Windows 目录列表一般默认设置为隐藏扩展名，所以许多人并不会注意到，另外，图片可能会引起更多的兴趣。伪装成应用程序：如伪装成游戏会引起许多人的兴趣；此外，可将木马程序与一个正常的程序融为一体，当执行正常的程序时，木马程序也同时被执行了。此外，还可以伪装成压缩文件、伪装成应用程序的扩展文件等。

（2）运行木马

木马服务端程序在第一次运行时，会自动修改注册表，添加木马程序数据到注册表 RUN 和 RunServices 键中，以获取系统入口；并将自身复制后藏到 Windows 下的一个目录中，用于以后系统启动时自动装入；同时，还将自身驻留于内存并开始监听和执行指令。服务端用户在运行木马或捆绑了木马的程序后，木马首先将自身复制到 Windows 的系统文件夹中（C:\Windows 或 C：Windows\system 目录下），然后在注册表、启动组和非启动组中设置好木马触发条件，这样木马的安装就完成了。

木马在运行中，一般要进行自我隐藏，木马的隐藏可分为三种：程序的隐藏、进程的隐藏和通信的隐藏。在微软的 32 位操作系统中，有很多实现进程隐藏的方法。一般来说，木马程序都愿意隐藏在 Windows 系统下面，通常为 C:\Windows\目录或 C:\Windows\system\或 C:\Windows\system32 下，因为这些目录为 Windows 的系统目录，文件繁杂且数目众多，很不容易识别恶性程序，一旦误删系统程序，后果不堪设想。然后木马会加载 kernel32.dll，利用 GetProcAddress 来得到 RegisterServiceProcess 这个 API 的地址，一些木马会把自己注册为系统服务，这样在 Win9x 下运行时就不容易被任务管理器发现。然后获取运行参数，如果参数是可执行文件，那么就调用 Winexec 来运行。在有防火墙和杀毒软件的系统中，木马会在系统的进程列表中查找 snfw.exe 和 kav9x.exe 的进程，也就是"天网防火墙"或"金山毒霸"的进程，然后将其杀掉。

只要木马程序是以进程内核的形式运行的，都不可能避开 Ctrl+Alt+Del 命令，所以目前很多木马的实现思路是以非进程方式执行目标代码，从而逃避进程查看器的检查，达到"进程隐藏"的目的。让程序以非进程或服务的方式工作，在任务管理器和进程列表中彻底消失的隐藏方式称为真隐藏。目前有很多思路，比较好的是：把它做成被动型植入木马，使残留在服务端的代码减至最少；尽量依赖系统本身的机制进行加载，例如采用替换 Windows 的某些系统函数的方法，将木马植入服务端。这样做的优点是：可执行代码可以根据需要做出修改，本身具备灵活性；代码的执行是在正常的程序执行中完成的，而且注入一个正常的应用中，其启动和控制无须修改注册表等，很好地实现了进程隐藏；利用本身的端口和 SOCKET 很容易实现通信端口复用和 SOCKET 复用，实现端口隐藏和绕过防火墙；这种木马本身是被动型木马，平时处于休眠状态，只有收到客户端信号才被激活。目前这种木马实现比较方便的是利用 Windows Socket 2 的新特性 SPI。操作系统中一般具有 TCP/IP 协议的系统网络服务，并且在系统启动是自行加载的。如果编写一个嵌入了木马的 IP 协议传输服务提供者，并将它放在服务提供者数据库的最前端，系统网络服务就会连木马一起将此传输服务提供者加载。例如 Ws2_32.dll 中的大多数函数都有与之对应的传输服务提供者函数，如 WSPRecv 和 WSPSend，它们在 Ws2_32.dll 中的对应函数是 WSARecv 和 WSASend。这时可以自己编写一个基于 IP 协议的服务提供者并安装于系统之中，当系统重启时，它被 svchost.exe 程序加载了，而且 svchost.exe 在 135/TCP 监听。在传输服务提供者中，重新编写的 WSPRecv 函数对接收到的数据进行分析，如果其中含有客户端发送过来的信号，就执行相应的命令，然后调用 WSPSend 函数将结果发送到客户端。

（3）建立连接和进行控制

前面已经讲过，木马的实质是一个网络客户/服务模式。单纯的 Server/Client 模式是 Client 向服务端发出连接的请求，服务端响应这个请求，建立服务端和客户端的连接。服务端一般要打开一个默认的端口并进行监听，如果客户端向服务端的这一默认端口提出连接请求，服务端上的相应进程就会自动运行，应答客户端的请求。木马被激活后，进入内存，打开事先定义好的端口，准备和客户端建立连接。例如，NETBUS 运行时，用 NETSTAT-a 命令可以查看是否有异常端口打开。一般来讲，木马的端口都是一些高端端口，如 3456、12345、12346 等，这样比较便于隐藏，不易引起冲突。

但是对于目前大型的内部网络结构，局域网内部的用户想要获得 Internet 上的信息，需经过路由、交换或服务器收发数据，局域网内部的 IP 是独立的、不在 Internet 上出现的 IP，对于这种机器，如果按照单纯的 Server/Client 模式操作，由客户端向服务端发送请求，连接请求要经过服务器，但服务器上没有木马程序，就会丢弃数据包，连接请求失败。所以一些木马的连接建立采用了逆向思维，实现思路是：服务端通过服务器发出连接请求，在一个特定的 IRC 服务器的一个房间里面等待命令，然后客户端在这个 IRC 房间和木马进行联系，发出控制命令，接收消息等。由于这个连接是由局域网内部发起的，所以在网关或路由器中有对应的转换表，能够很容易进入。

木马连接建立后，服务端和客户端之间就像建起了一条通道，客户端的控制程序就可以和服务端的木马程序取得联系，实现对服务端的远程控制。客户端可以享有的控制权限如下：

① 口令信息窃取。木马能够检测到所有以明文形式或缓存在 CACHE 中的密码，另外，多数木马都有击键记录功能。

② 远程监控。例如，木马可以监视服务端的屏幕进行文件操作等。

③ 系统功能控制。木马可以修改注册表、远程关机、锁定鼠标、终止进程等。总之，

操纵被木马控制的服务端，客户端用户就像使用自己的 PC 一样方便，甚至可以用服务端做跳板再去攻击别的机器。

3.8.3   典型木马

典型的第一代木马如 PC-Write 木马。它是 1986 年出现的世界上第一个计算机木马。它伪装成共享软件 PC-Write 的 2.72 版本（事实上，编写 PC-Write 的 Quicksoft 公司从未发行过 2.72 版本），一旦用户信以为真地运行该木马程序，那么后果就是他的硬盘被格式化。

典型的第二代木马如冰河木马。冰河木马开发于 1999 年，在设计之初，开发者的本意是编写一个功能强大的远程控制软件。但一经推出，就依靠其强大的功能成为黑客们发动入侵的工具，并结束了国外木马一统天下的局面。

典型的第三代木马如 ICMP 木马、"ICMP 木马"监控、木马程序。Win32. Troj. IcmpCmd 木马可以向指定的已经被植入该木马的 IP 地址发送命令，例如，添加一个 Admin 用户、执行一个 GUI 程序、执行一个命令行程序、重启计算机打开远程 SHELL、注入远程 SHELL 等，会给用户的机器带来不可预知的破坏。

典型的第四代木马如灰鸽子（Huigezi），又叫灰鸽子远程控制软件，原本该软件适用于公司和家庭管理，但因早年软件设计缺陷，被黑客恶意使用，曾经被误认为是一款集多种控制方式于一体的木马程序。

典型的第五代木马如黑暗天使。它是一个结合窃听密码和远程控制于一体的木马，可以算作一个初级的第五代木马，可用于盗取密码和留后门。

典型的第六代木马如 Passcopy、黑暗蜘蛛侠等。

3.8.4   防范措施

对于木马的防范，一定要注意以下几点：不要随便从网站上下载软件，只从信誉好的站点下载软件，这些站点一般都有专人杀木马和杀毒；不要过于相信别人，不能随便运行别人给的软件；谨慎运行电子邮件中的可执行程序；使用具有电子邮件病毒防护功能的防病毒软件；使用个人防火墙，监测计算机端口，阻止别人访问你的机器上的木马程序；经常检查自己的系统文件、注册表、端口等，经常去安全站点查看最新的木马公告；改掉 Windows 关于隐藏文件后缀名的默认设置；如果上网时发现硬盘莫名其妙地乱响或调制解调器上的数据灯乱闪，就要引起注意。

针对计算机系统，一旦目标系统被植入了木马，首先要断开网络，防止攻击者的控制和破坏。一般情况下，可以利用木马查杀工具清除木马，常用的有 TCPV IEW、ATM、LOCIDOWN、木马克星、木马猎手等。如果具有一定的计算机基础知识，还可以进行一些手工检查和清除。

① Win. ini 及 System. Ini：用文本方式打开 Windows 目录下的配置文件 win. ini，在［windows］字段中有启动命令 "load ＝" 和 "run ＝"，一般情况下 "＝" 右边是空白的，否则就有可能是木马。同样，用文本方式打开 system. ini，若发现字段［386Enh］、［mic］和［drivers32］中有命令行，则需要检查其中是否有木马的启动命令。若发现有木马的启动命令，将其删除。

② 注册表：打开 HKEY_LOCAL_MACHINE\Software\Microsoft\Windows\Current Version\下

以 Run 和 RunServices 开头的主键，在其中寻找可能是启动木马的键值；打开 HKEY_CLASSES_
ROOT\文件类型\shell\open\command 主键，查看其键值，如果发现有木马的键值，将其删除。
注意：在删除和修改注册表前一定要先做备份，以便误操作时恢复。

③ 启动组：启动组对应的文件夹为 C:\windows\startmenu\programs\start-up，检查是否
有木马的启动键，发现后将其删除等。

3.8.5 发展趋势

木马程序技术发展可以说非常迅速，发展到今天已经是第六代，在今后相当长的时间
内，它还会继续其发展的脚步，使其攻击性和破坏性更加强大。通过对木马的分析，可以得
出木马今后的发展方向：

① 运行方式的改变。利用 Windows 的基本设计缺陷或利用 Windows 的系统机制加载执
行。比如，在文中提到的被动型木马的植入，利用的就是 Windows 本身的系统服务。而且要
注意的一点，这里不再是 Windows 的 BUG 之类。

② 连接方式的改变。传统的 TCP 端对端连接将被抛弃。取而代之的要么是非 TCP/UDP
的 IP 数据包，目前就有采用 ICMP 的木马出现；要么采用端口寄生的方式，使正常的数据
包和非正常的数据包很难区分开，很少人会怀疑 80 端口传输的数据包中含有木马。

③ 传播方式的改变。传播范围更广，传播方式更多。未来的木马很可能会大规模交叉
感染，随着木马技术的提高，它也不再甘心传统的一对一植入方式，很可能会采用病毒的传
染机理来改造自己，引起大面积的感染。而它的传播方式也不再局限于 E-mail 等传统方式，
像网页、图片等木马的携带方式将会层出不穷，也就是说，可能在你浏览一幅 BMP 图片、
一帧网页的时候，木马就已经植入了你的机器。

④ 功能上的改变。对系统的破坏越来越大。如果说早期的木马仅以获取信息为乐趣，
那么目前的木马多是为了控制服务端用户的操作，甚至控制服务端的系统操作且恶意的居
多。可以预见，未来的木马将更多注重底层编程，以达到更好的控制服务端操作系统甚至是
破坏服务端操作系统的功能。木马会与病毒结合，形成更强的感染模式和破坏能力。

⑤ 攻击平台的改变。随着网络移动化快速发展，移动终端上的木马也将越来越多。

3.9　信息欺骗攻击技术

网络空间安全中存在多种欺骗攻击行为，本节主要介绍 IP 欺骗攻击、Web 欺骗攻击、
DNS 欺骗攻击、MAC 欺骗攻击和 ARP 欺骗攻击等基本概念、原理与技术。

3.9.1　IP 欺骗攻击

3.9.1.1　IP 基础知识

TCP 是基于可靠性的连接，它能够提供处理数据包丢失、重复或是顺序紊乱等不良情况
的机制。TCP 序列编号可以看作是 32 位的计数器，每一个 TCP 连接交换的数据都是顺序编
号的。在 TCP 数据包中定义序列号（SYN）的标志位位于包头中，确认位（ACK）对所接
收的数据进行确认，并且指出下一个期待接收的数据包序列号。TCP 通过滑动窗口的概念来
进行流量控制，所谓滑动窗口，可以理解成接收端所能提供的缓冲区大小，由于窗口由

16 bit定义，所以接收端最大缓冲区为 65 535 B，由此可以利用窗口大小和第一个数据的序列号计算出最大可接收的数据序列号。

TCP 标志位有 RST、PSH 和 FIN，如果接收到 RST 标志，TCP 连接将立即断开，RST 通常在接收端接收到一个与当前连接不相关的数据包时被发送；当 TCP 模块需要立即传送数据而不能等整段都充满时再传时，就会设置 PSH 标示，并且告诉 TCP 模块立即将所有排列好的数据发给数据接收端；FIN 表示一个应用连接的结束，当接收端收到 FIN 时，认为数据接收结束了。

TCP 连接的建立：TCP 建立连接时分为三个步骤，称为三步握手法。主机 A 和 B 的 TCP 模块分别使用自己的数据包序列号。开始主机 A 通过设置标志位 SYN＝1 告诉服务器它需要建立连接。同时，客户端在其 TCP 头中的序列号数据域设置初始序列号（ISN），并且告诉服务器序列号标示域是有效的，应该被检查。在主机 B 接收 SYN 后，发送自己的 ISN，以及告诉主机 A 下一个期待获得的数据序列号是（ISN+1）。主机 A 对主机 B 的 ISN 进行确认后就可以传输数据了。如图 3.12 所示。

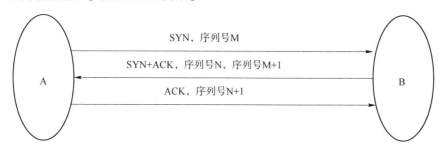

图 3.12　TCP 建立链接的过程示意图

3.9.1.2　IP 欺骗原理

图 3.13 所示为 IP 欺骗过程示意图。假定目标主机 B 已经选定，并找到了一个被目标主机信任的主机。IP 欺骗首先使得被信任的主机丧失工作能力，同时，采样目标主机发出的 TCP 序列号，猜测出它的数据序列号。然后伪装成被信任的主机，同时建立起与目标主机基于地址验证的应用连接。如果成功，攻击者便可以使用一种简单的命令放置一个系统后门以进行非授权操作。

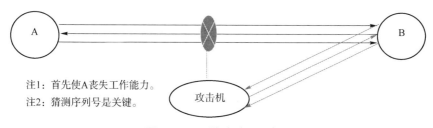

图 3.13　IP 欺骗过程示意图

假设有两台主机 A、B 和入侵者控制的主机 X，同时主机 B 授予主机 A 某些特权，使得 A 能够获得 B 所执行的一些操作。X 的目标就是得到与主机 A 相同的权利。为了实现该目标，主机 X 必须执行两步操作：首先，与主机 B 建立一个虚假连接；然后，阻止主机 A 向主机 B 发送消息。主机 X 必须假造主机 A 的 IP 地址，从而使主机 B 相信从主机 X 发来的包的确是从主机 A 发来的。若主机 A 和 B 之间的通信遵守 TCP/IP 三次握手机制。即：

A→B：SYN（序列号=M）

B→A：SYN（序列号=N），ACK（应答序号=M+1）

A→B：ACK（应答序号=N+1）

主机 X 伪造 IP 地址的步骤如下：首先，X 冒充 A，向主机 B 发送一个带有随机序列号的 SYN 包。主机 B 响应，向主机 A 发送一个带有应答号的 SYN+ACK 包，该应答号等于原序列号加 1。同时，主机 B 产生自己的发送包序列号，并将其与应答号一起发送。为了完成三次握手，主机 X 需要向主机 B 回送一个应答包，其应答号等于主机 B 向主机 A 发送的包序列号加 1。假设主机 X 与 A 和 B 不同在一个子网内，则不能检测到 B 的包，主机 X 只有算出 B 的序列号，才能创建 TCP 连接。其过程描述如下：

X→B：SYN（序列号=M）

B→A：SYN（序列号=N），ACK（应答号=M+1）

X→B：ACK（应答号=N+1）

同时，主机 X 应该阻止主机 A 响应主机 B 的包。为此，X 可以等到主机 A 因某种原因终止运行，或者阻塞主机 A 的操作系统协议部分，使它不能响应主机 B。一旦主机 X 完成了以上操作，它就可以向主机 B 发送命令。主机 B 将执行这些命令，认为是由合法主机 A 发来的。

下面讨论一下主机 X 和主机 A 之间相互发送的包序列。X 向 A 发送一个包，其 SYN 位和 FIN 位置位，A 向 X 发送 ACK 包作为响应：

X→A：SYN-FIN（系列号=M）

A→X：ACK（应答序号=M+1）

主机 A 开始处于监听（LISTEN）状态。当它收到来自主机 X 的数据包后，就开始处理这个包。在 TCP 协议中，对于如何处理 SYN 和 FIN 同时置位的数据包并未做出明确的规定，假设它首先处理 SYN 标志位，转移到 SYN 接收状态；然后再处理 FIN 标志位，转移到关闭等待（CLOSE-WAIT）状态。如果前一个状态是建立链接，则转移到关闭等待状态属正常转移。但 TCP 协议中并未对从 SYN 接收状态到关闭等待状态的转移做出定义。

在上述入侵例子中，由于三次握手没能彻底完成，因此并未真正建立 TCP 连接，相应的网络应用程序并未从核心内获得连接。但是，主机 A 的 TCP 机处于关闭等待状态，因此它可以向主机 X 发送一个 FIN 包终止连接。这个半开放连接保留在套接字侦听队列中，而且应用进程不发送任何帮助 TCP 执行状态转移的消息。因此，主机 A 的 TCP 机被锁在了关闭等待状态。当 TCP 机收到来自对等主机的 RST 时，就从建立 FIN-WAIT-1 和 FIN-WAIT-2 状态转移到关闭状态。这些转移是很重要的，因为它们重置 TCP 且中断网络连接。但是，由于到达的数据段只根据源 IP 地址和当前队列窗口号来证实，因此入侵者可以假装成已建立了合法连接的一个主机，然后向另一台主机发送一个带有适当序列号的 RST 段，这样就可以终止连接。

如前所述，主机一旦进入连接建立过程，则启动连接定时器。如果在规定时间内不能建立连接，则 TCP 机回到关闭状态。先分析一下主机 A 和主机 X 的例子，主机 A 向主机 X 发送一个 SYN 包，期待着回应一个 SYN-ACK 包。假设几乎同时，主机 X 想与主机 A 建立连接，向 A 发送一个 SYN 包。A 和 X 在收到对方的 SYN 包后都向对方发送一个 SYN-ACK 包。当都收到对方的 SYN-ACK 包后，就可认为连接已建立。在本书中，假设当主机收到对方的 SYN 包后，就关闭连接建立定时器。

X→A：SYN（序列号＝M）

A→X：SYN（序列号＝N）

X→A：SYN（序列号＝M），ACK（应答号＝N+1）

A→X：SYN（序列号＝N），ACK（应答号＝M+1）

主机 X 向主机 A 发送一个 FTP 请求，在 X 和 A 之间建立起一个 TCP 连接来传送控制信号。主机 A 向 X 发送一个 SYN 包，以启动一个 TCP 连接用来传输数据。当 X 收到来自 A 的 SYN 包时，它回送一个 SYN 包作为响应。主机 X 收到来自 A 的 SYN-ACK 包时，不回送任何包。主机 A 等待着接收来自 X 的 SYN-ACK，但由于 X 不回送任何包，因此 A 被锁在 SYN-RCVD 状态。这样，X 就成功地封锁了 A 的一个端口。

使主机丧失工作能力的分析：TCP 处理模块有一个处理并行 SYN 请求的最上限，它可以看作是存放多条连接的队列长度。其中，连接数目包括了那些三步握手法没有最终完成的连接，也包括了那些已成功完成握手，但还没有被应用程序所调用的连接。如果达到队列的最上限，TCP 将拒绝所有新连接请求，直至处理了部分连接链路。攻击主机如果向被进攻目标的 TCP 端口发送大量 SYN 请求，这些请求的源地址使用一个合法的但是虚假的 IP 地址（可能使用该合法 IP 地址的主机没有开机）。而受攻击主机往往会向该 IP 地址发送响应数据包，但一直杳无音信。与此同时，IP 包会通知受攻击主机的 TCP，该主机不可到达，但 TCP 会认为这是一种暂时错误，并继续尝试连接（比如继续对该 IP 地址进行路由，发出 SYN/ACK 数据包等），直至确信无法连接。当然，这时已流逝了大量的宝贵时间，这就是攻击主机可利用的攻击时间。需注意的是，攻击主机一般不使用那些正在工作的 IP 地址，工作的 IP 主机会收到 SYN/ACK 响应，而随之发送 RST 给受攻击主机，从而断开连接。

序列号取样和预测：要对目标主机进行攻击，必须知道目标主机使用的数据包序列号，下面来讨论如何预测序列号。先与被攻击主机的一个端口（SMTP 是一个很好的选择）建立起正常的连接。通常这个过程被重复若干次，并将目标主机最后所发送的 ISN 存储起来。还需要估计主机与被信任主机之间的 RTT 时间（往返时间），这个 RTT 时间是通过多次统计平均求出的。RTT 对于估计下一个 ISN 是非常重要的。前面已经提到每秒钟 ISN 增加 128 000，每次连接增加 64 000。现在就不难估计出 ISN 的大小了，它是 128 000 乘以 RTT 的一半，如果此时目标主机刚刚建立过一个连接，那么再加上一个 64 000。在估计出 ISN 大小后，立即开始攻击。当攻击主机的虚假 TCP 数据包进入目标主机时，根据估计的准确度不同，会发生不同的情况：如果估计的序列号是准确的，进入的数据将被放置在接收缓冲器以供使用；如果估计的序列号小于期待的数字，那么将被放弃；如果估计的序列号大于期待的数字，并且在滑动窗口（前面讲的缓冲）之内，那么该数据被认为是一个未来的数据，TCP 模块将等待接收其他缺少的数据包；如果估计的序列号大于期待的数字，并且不在滑动窗口（前面讲的缓冲）之内，那么，TCP 将会放弃该数据并返回一个期望获得的数据序列号。

3.9.1.3　IP 欺骗检测

IP 欺骗可以通过网络监控设备，根据网络上发送数据包的规律加以判断。

（1）伪造 IP 地址

最初，网络监控设备会监测到大量的 TCP-SYN 包从某个主机发往 A 的登录端口。主机

A 会回送相应的 SYN-ACK 包。SYN 包的目的是创建大量的与主机 A 的半开放的 TCP 连接，从而填满主机 A 的登录端口连接队列。大量的 TCP SYN 包将从主机 X 经过网络发往主机 B，相应地，有 SYN-ACK 包从主机 B 发往主机 X（欺骗主机）。然后主机 X 将用 RST 包作应答。这个 SYN/SYN-ACK/RST 包序列使得入侵者可以知道主机 B 的 TCP 序列号发生器的动作。主机 A 向主机 B 发送一个 SYN 包。实际上，这是主机 X 发送的一个"伪造"包。收到这个包之后，主机 B 将向主机 A 发送相应的 SYN-ACK 包。主机 A 向主机 B 发送 ACK 包。按照上述步骤，入侵主机能够与主机 B 建立单向 TCP 连接。

（2）虚假状态转移

当入侵者试图利用从 SYN-RCVD 到 CLOSE-WAIT 的状态转移长时间阻塞某服务器的一个网络端口时，可以观察到如下序列包：从主机 X 到主机 B 发送一个带有 SYN 和 FIN 标志位置位的 TCP 包；主机 B 首先处理 SYN 标志，生成一个带有相应 ACK 标志位置位的包，并使状态转移到 SYN-RCVD，然后处理 FIN 标志，使状态转移到 CLOSE-WAIT，并向 X 回送 ACK 包；主机 X 不向主机 B 发送其他任何包。主机的 TCP 机将固定在 CLOSE-WAIT 状态，直到维持连接定时器将其重置为 CLOSED 状态。因此，如果网络监控设备发现一串 SYN-FIN/ACK 包，可推断入侵者正在阻塞主机 B 的某个端口。

（3）定时器问题

如果入侵者企图在不建立连接的情况下使连接建立定时器无效，可以观察到以下序列包：主机 X 从主机 B 收到一个 TCP SYN 包；主机 X 向主机 B 回送一个 SYN 包；主机 X 不向主机 B 发送任何 ACK 包。因此，B 被阻塞在 SYN-RCVD 状态，无法响应来自其他客户机的连接请求。

3.9.1.4　IP 欺骗预防

防止伪造 IP 地址的入侵行为，可以采取以下措施：

① 配置路由器和网关，使它们能够拒绝网络外部与本网内具有相同 IP 地址的连接请求。而且，当包的 IP 地址不在网内时，路由器和网关不应该把本网主机的包发送出去。

② 为了防止从 SYN-RCVD 到 CLOSE-WAIT 状态的伪转移，需要改变操作系统中 TCP 操作的部分相关代码，使得当 TCP 机处于 SYN-RCVD 状态时，忽略任何对等主机发来的 FIN 包。

③ 只有当建立连接后，才可以使"连接建立"定时器无效。也就是说，在同步开放连接建立过程中，当主机收到一个 ACK 时，定时器应置为无效，使状态转移到建立状态。只有 CLOSED 等少数几种状态与定时器无关。入侵主机可能会迫使 TCP 机转移到这些不受任何定时器制约的状态，主机可能会被阻塞在这个状态。

④ 抛弃基于地址的信任策略，是阻止这类攻击的一种非常容易的办法，让用户使用其他远程通信手段，如 telnet、ssh 等。

⑤ 进行包过滤。如果是通过路由器接入互联网的，那么可以利用路由器进行包过滤。确信只有内部可以建立信任关系，路由器可以过滤掉所有来自外部而希望与内部建立连接的请求。

⑥ 使用加密方法。阻止 IP 欺骗的另一种明显的方法是在通信时要求加密传输和验证。当有多种手段并存时，可能加密方法最为适用。

⑦ 使用随机化的初始序列号。攻击得以成功实现的一个很重要的因素就是，序列号不

是随机选择的或者随机增加的。如采用分割序列号空间，即每一个连接将有自己独立的序列号空间，这些序列号空间中没有明显的关系。

3.9.2　DNS 欺骗攻击

DNS 欺骗也是一种非常复杂的攻击技术，但是它使用起来比 IP 欺骗要简单一些，所以较常见。

3.9.2.1　DNS 基础知识

DNS 的全称是 Domain Name Server，即域名服务器，当一台主机发送一个请求要求解析某个域名时，它会首先把解析请求发到自己的 DNS 服务器上。

假设现在有一台主机 hack.haha.com，它的 DNS 是 ns.haha.com 机器，现在知道某个域名 www.usa.com，但不知道其 IP 地址，这时它就要通过 DNS 查询来获得这个域名的 IP 地址。

首先，hack.haha.com 会将解析请求发往它的 DNS 服务器，如图 3.14 所示。

图 3.14　域名解析过程（一）

这个名字请求是从 hack.haha.com 的某个随机选择的端口发送到 ns.haha.com 的 DNS 绑定端口（一般为 53）的。ns.haha.com 收到这个解析请求后，就开始解析工作，如果 www.usa.com 的 IP 地址在 ns.haha.com 的缓存之中，那么它就直接把这个 IP 地址返回给 hack.haha.com；如果它的缓存里没有这个 IP，它就询问别的 DNS 服务器（上级 DNS）。它会首先询问 ns.internic.net.com 域的权威服务器的 IP 地址是多少，ns.internic.net 会把查询结果返回给 ns.haha.com，如图 3.15 所示。

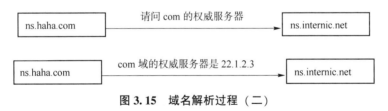

图 3.15　域名解析过程（二）

这里 ns.internic.net 回答了 ns.haha.com，com 域的权威 DNS 的 IP 是 22.1.2.3，然后 ns.haha.com 就会向 22.1.2.3 查询 usa.com 子域的 DNS 服务器的地址，如图 3.16 所示。

图 3.16　域名解析过程（三）

现在 ns.haha.com 知道了 usa.com 子域的权威服务器的 IP 地址了，这时它就可以询问 www.usa.com 的 IP 地址，如图 3.17 所示。

图 3.17 域名解析过程（四）

现在 ns. haha. com 就得到了 www. usa. com 的 IP 地址了，它再将这个 IP 地址返还给请求解析的 hack. haha. com，如图 3.18 所示。

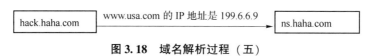

图 3.18 域名解析过程（五）

hack. haha. com 知道了 www. usa. com 的 IP 地址后，就可以和它进行连接了，整个域名解析过程到此结束。

3.9.2.2 DNS 欺骗原理

如前所述，当 ns. haha. com 向 usa. com 的子域 DNS 服务器 199.6.6.1 询问 www. usa. com 的 IP 地址时，有人冒充 199.6.6.1 给出 www. usa. com 的 IP 地址，这个 IP 地址是一个虚假的地址，例如 202.109.2.2，这时 ns. haha. com 就会把 202.109.2.2 当作 www. usa. com 的地址返还给 hack. haha. com。当 hack. haha. com 连接 www. usa. com 时，就会转向这个虚假 IP 地址，这样用户没有真正连接到域名 www. usa. com。这就是 DNS 欺骗的基本原理，但和 IP 欺骗一样，DNS 欺骗在技术实现上也存在一些困难，先分析一下 DNS 查询包的结构。

在 DNS 查询包中有一个重要的域，叫作标识 ID，用来鉴别每个 DNS 数据包的标识，从客户端设置，由服务器返回，它可以让客户匹配请求与响应，如图 3.19 所示。

图 3.19 DNS 欺骗攻击

这时入侵主机只需要用假的 199.6.6.1 进行欺骗，并且在真正的 199.6.6.1 返回给 ns. haha. com 信息之前，先于它给出所查询的 IP 地址，如图 3.20 所示。

图 3.20 给出冒充 DNS 的包

这个图示很直观，就是在 199.6.6.1 前给 ns. haha. com 送出一个伪造的 DNS 信息包，但正如前面说过的，如果要发送伪造的 DNS 信息包而不被识破，就必须伪造出正确的 ID，也就是说，如果无法判别这个标识符的话，欺骗将无法进行。这在局域网上很容易实现，只要装载一个嗅探器（sniffer），通过嗅探就可以得知这个 ID。但如果是在互联网上实现欺骗，可能需要发送大范围的 DNS 信息包，通过碰运气的办法来提高给出正确标识 ID 的机会。

DNS 欺骗攻击的原理示意图如图 3.21 所示。用户希望直接与正常的服务器建立连接，但攻击主机将欺骗服务器的 IP 地址先发给了用户，用户真正连接的是欺骗服务器。

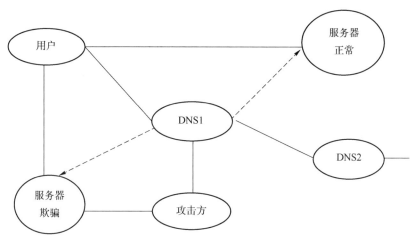

图 3.21 DNS 欺骗攻击原理示意图

3.9.3 Web 欺骗攻击

3.9.3.1 Web 基础知识

互联网的发展与 Web 技术是密不可分的。标准的 Web 服务通过客户端的 Web 浏览器向 Web 服务器发出请求，以进行文件读取、数据提交或信息检索等操作。随着 HTTP 协议的扩展，CGI、Java 等技术的应用，以及 Web 应用软件的开发，Web 页面从最初仅限于文字信息的静态页面，发展到后来包含了图像、声音的图文页面，以至于进一步演变为结合了后台数据库，实现实时数据更新和数据查询功能的动态页面，使得信息的表现更为生动、直观，信息交互更加方便、及时。Web 服务的内涵与外延在不断扩大，在线拍卖、网上购物、视频会议、远程教育等基于 Web 的应用层出不穷。总之，Web 服务极大地推动了社会信息化的进程，但 Web 服务给信息交互带来方便的同时，也带来了不安全问题。

Web 服务所面临的安全威胁可大致归纳为以下两种：一种是机密信息所面临的安全威胁，另一种是 Web 服务器和客户端主机所面临的安全威胁。其中，前者是 Internet 上各种服务所共有的，后者则是由扩展 Web 服务的某些软件所带来的。这两种安全隐患也不是截然分开的，而是共同存在并相互作用的，尤其是后一种安全威胁的存在，使得保护机密信息的安全更加困难。

3.9.3.2 Web 欺骗原理

Web 欺骗是攻击者给用户创造了一个令人信服但是完全错误的 Web 复制，错误的 Web 看起来十分逼真，它拥有相同的网页和链接，这样受攻击者浏览器和 Web 之间的所有网络连接信息完全被攻击者所截获。攻击者既可以获得或者修改任何从受攻击者到 Web 服务器的信息，也可以控制从 Web 服务器到受攻击者的返回信息。当受攻击者填写完一个表单并发送后，这些数据将被传送到 Web 服务器，通过 Web 欺骗，攻击者完全可以截获并加以使用。Web 欺骗可能侵害到用户的隐私和数据完整性，攻击者观察和控制着受攻击者在 Web 上做的每一件事。例如，一些罪犯分子在公共场合建立起虚假的 ATM 取款机，该种机器可以接受 ATM 卡，并且会询问用户的 PIN 密码，一旦该种机器获得受攻击者的 PIN 密码，它会要么"吃卡"，要么反馈"故障"，并返回 ATM 卡，不论哪一种情况，罪犯都会获得足够的信息。在这种攻击中，人们往往被所看到的 ATM 取款机所处的位置、它们的外形和装饰，以及电子显示屏的内容等事物所愚弄。人们利用计算机系统完成具有安全要求的决策时，往往也是基于其所见，例如，在访问网上银行时，人们往往相信所访问的 Web 页面就是所需要的银行的 Web 页面，因为无论是页面的外观、URL 地址，还是其他一些相关内容，都让你感到非常熟悉，没有理由不相信。但是，这可能都是假的。

Web 欺骗的原理并不复杂，切断从被入侵者主机到目标服务器之间的正常连接，建立一条从被入侵者主机到入侵者主机，再到目标服务器的连接即可。虽然这种入侵并不会直接造成计算机的软、硬件损坏，但它所带来的危害也是不可忽视的。通过入侵者的计算机，被入侵者的一切行为都会一览无余。入侵者可以轻而易举地得到合法用户键入的用户名、密码等敏感资料，而且不会直接造成用户主机死机、重启等现象，用户很可能全然没有察觉。这也是 Web 欺骗攻击最危险的地方。

Web 欺骗成功的关键在于用户和其他 Web 服务器之间建立 Web 欺骗服务器，所以被称为"来自中间的入侵"。为了建立一个中转服务器，会进行以下工作：改写 URL 地址；表单陷阱；不安全的"安全链接"；诱骗。Web 欺骗的工作流程如下：

① 用户点击经过改写后的 http://www.attacker.org/http://home.netscape.com；

② http://www.attacker.org 向 http://home.netscape.com 请求文档；

③ http://home.netscape.com 向 http://www.attacker.org 返回文档；

④ http://www.attacker.org 改写文档中的所有 URL；

⑤ http://www.attacker.org 向用户返回改写后的文档。

很显然，修改过的文档中的所有 URL 都指向了 www.attacker.org，当用户点击任何一个链接时，都会直接进入 www.attacker.org，而不会直接进入真正的 URL。如果用户由此依次进入其他网页，那么他们是永远不会摆脱掉受攻击的可能的。图 3.22 所示为 Web 欺骗攻击的原理示意图，在受到 Web 攻击后，用户的访问经过了中间攻击方服务器的信息过滤。

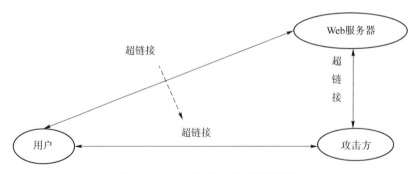

图 3.22　Web 欺骗攻击原理示意图

为了提高 Web 应用的安全性，网络上使用了一种叫作安全连接的概念。它是在用户浏览器和 Web 服务器之间建立一种基于 SSL 的安全连接。可是这种安全策略对于 Web 欺骗不能起到任何作用，受攻击者可以和 Web 欺骗中所提供的错误网页建立起一个看似正常的"安全连接"：网页的文档可以正常地传输，并且作为安全连接标志的图形（通常是关闭的一把钥匙或者锁）依然工作正常。也就是说，浏览器提供给用户的感觉是一种安全可靠的连接。如前所述，此时的安全连接是建立在 www. attacker. org 而非用户所希望的站点之上的。

为了开始攻击，攻击者必须以某种方式引诱受攻击者进入攻击者所创造的错误的 Web。黑客往往使用下面若干种方法：把错误的 Web 链接放到一个热门 Web 站点上；如果受攻击者使用基于 Web 的邮件，那么可以将它指向错误的 Web；创建错误的 Web 索引，指示给搜索引擎。

Web 欺骗在创造一个可信的环境，包括各类图标、文字、链接等，提供给受攻击者各种各样十分可信的暗示的同时，还会处理以下问题：

① 状态线路问题。连接状态是位于浏览器底部的提示信息，它提示当前连接的各类信息。Web 欺骗中涉及两类信息：第一，当鼠标放置在 Web 链接上时，连接状态显示链接所指的 URL 地址，这样，受攻击者可能会注意到重写的 URL 地址；第二，当 Web 连接成功时，连接状态将显示所连接的服务器名称，这样，受攻击者可以注意到显示 www. attacker. org，而非自己所希望的站点。攻击者能够通过 JavaScript 编程来弥补这两项不足，由于 JavaScript 能够对连接状态进行写操作，而且可以将 JavaScript 操作与特定事件绑定在一起，所以，攻击者完全可以将改写的 URL 状态恢复为改写前的状态，这样 Web 欺骗将更为可信。

② 位置状态行。浏览器的位置状态行显示当前所处的 URL 位置，用户可以在其中键入新的 URL 地址进入另外的 URL，如果不进行必要的更改，此时 URL 会暴露出改写后的 URL。同样地，利用 JavaScript 可以隐藏掉改写后的 URL。JavaScript 能用不真实的 URL 掩盖真实的 URL，也能够接受用户的键盘输入，将其改写，从而让用户进入不正确的 URL。

3.9.3.3 Web 欺骗预防

Web 欺骗攻击并不是不留丝毫痕迹的，如下几个方面可以检查 Web 欺骗攻击行为。

① 通过使用浏览器中的"view-source"命令，用户能够阅读当前的 HTML 源文件，从中可以发现被改写的 URL，觉察到攻击。

② 通过使用浏览器中的"view document information"命令，用户能够阅读当前 URL 地址的一些信息。因其提供的是真实的 URL 地址，所以用户能够很容易判断出 Web 欺骗。不过，绝大多数用户很少注意这些属性，可以说潜在的危险还是存在的。

③ 受攻击者可以自觉与不自觉地离开攻击者的错误 Web 页面。如通过访问 Bookmark 或使用浏览器中提供的"Open location"进入其他 Web 页面，离开攻击者所设下的陷阱。不过，如果用户使用"Back"按键，则会重新进入原先错误 Web 页面。当然，如果用户将所访问的错误 Web 存入 Bookmark，那么下次可能会直接进入攻击者设下的陷阱。

④ 代码静态分析：在不运行恶意代码的情况下，利用分析工具对网页代码的静态特征和功能模块进行分析。

⑤ 代码动态分析：在可控环境中运行网页代码，全程监控代码的所有操作，观察其状态和执行流程的变化，获得执行过程中的各种数据。

另外，还可以采用一些方法尽可能地避免 Web 欺骗。禁止浏览器中的 JavaScript、

ActiveX 以及 Java 功能，那么各类改写信息将原形毕露；过滤或转换用户提交数据中的 HTML 代码；确保浏览器的连接状态是可见的，它将给你提供当前位置的各类信息；时刻注意你所点击的 URL 链接是否在位置状态行中得到了正确的显示。改变浏览器，使之具有反映真实 URL 信息的功能，而不会被蒙蔽；通过安全连接建立的 Web 浏览器，要对服务器进行认证，或给出一些提示信息。

3.9.4 ARP 欺骗攻击

ARP 欺骗攻击就是通过伪造 IP 地址和 MAC 地址实现 ARP 欺骗，能够在网络中产生大量的 ARP 通信量使网络阻塞，攻击者只要持续不断地发出伪造的 ARP 响应包，就能更改目标主机 ARP 缓存中的 IP-MAC 条目，造成网络中断或中间人攻击。ARP 攻击主要存在于局域网网络中，局域网中若有一个人感染 ARP 木马，则感染该 ARP 木马的系统将会试图通过"ARP 欺骗"手段截获所在网络内其他计算机的通信信息，并因此造成网内其他计算机的通信故障。

ARP（Address Resolution Protocol）是地址解析协议，是一种将 IP 地址转化成物理地址的协议。从 IP 地址到物理地址的映射有两种方式：表格方式和非表格方式。ARP 具体来说就是将网络层地址解析为数据链路层的物理地址。某机器 A 要向主机 B 发送报文，会查询本地的 ARP 缓存表，找到 B 的 IP 地址对应的 MAC 地址后，就会进行数据传输。如果未找到，则 A 广播一个 ARP 请求报文，请求 IP 地址为主机 B 的 IP 的主机回答物理地址。网上所有主机包括 B 都收到 ARP 请求，但只有主机 B 识别自己的 IP 地址，于是向主机 A 发回一个 ARP 响应报文。其中就包含有 B 的 MAC 地址，A 接收到 B 的应答后，就会更新本地的 ARP 缓存。接着使用这个 MAC 地址发送数据。因此，本地高速缓存的这个 ARP 表是本地网络流通的基础，而且这个缓存是动态的。

ARP 协议并不只在发送了 ARP 请求才接收 ARP 应答。当计算机接收到 ARP 应答数据包的时候，就会对本地的 ARP 缓存进行更新，将应答中的 IP 和 MAC 地址存储在 ARP 缓存中。因此，当局域网中的某台机器 B 向 A 发送一个自己伪造的 ARP 应答，而如果这个应答是 B 冒充 C 伪造来的，即 IP 地址为 C 的 IP，而 MAC 地址是伪造的，则当 A 接收到 B 伪造的 ARP 应答后，就会更新本地的 ARP 缓存，这样在 A 看来 C 的 IP 地址没有变，而它的 MAC 地址已经不是原来那个了。

第一种 ARP 欺骗的原理是截获网关数据。它通知路由器一系列错误的内网 MAC 地址，并按照一定的频率不断进行，使真实的地址信息无法通过更新保存在路由器中，结果是路由器的所有数据只能发送给错误的 MAC 地址，造成正常 PC 无法收到信息。第二种 ARP 欺骗的原理是伪造网关。它的原理是建立假网关，让被它欺骗的 PC 向假网关发数据，而不是通过正常的路由器途径上网。在 PC 看来，就是上不了网了，网络掉线了。

假设有三台主机 A、B、C 位于同一个交换式局域网中，监听者处于主机 A，而主机 B、C 正在通信。现在 A 希望能嗅探到 B->C 的数据，于是 A 就可以伪装成 C 对 B 做 ARP 欺骗——向 B 发送伪造的 ARP 应答包，应答包中 IP 地址为 C 的 IP 地址，而 MAC 地址为 A 的 MAC 地址。这个应答包会刷新 B 的 ARP 缓存，让 B 认为 A 就是 C，说详细点，就是让 B 认为 C 的 IP 地址映射到的 MAC 地址为主机 A 的 MAC 地址。这样，B 想要发送给 C 的数据实际上却发送给了 A，就达到了嗅探的目的。我们在嗅探到数据后，还必须将此数据转发给

C，这样就可以保证 B、C 的通信不被中断。

以上就是基于 ARP 欺骗的嗅探基本原理。在这种嗅探方法中，嗅探者 A 实际上插入了 B->C 中，B 的数据先发送给了 A，然后再由 A 转发给 C，其数据传输关系如下所示：

B----->A----->C

B<----A<------C

于是 A 就成功于截获到了 B 发给 C 的数据。

防范 ARP 欺骗攻击可以采取如下措施：在客户端使用 ARP 命令绑定网关的真实 MAC 地址命令；在交换机上做端口与 MAC 地址的静态绑定；在路由器上做 IP 地址与 MAC 地址的静态绑定；使用"ARP SERVER"按一定的时间间隔广播网段内所有主机的正确 IP-MAC 映射表。

3.10　溢出漏洞攻击技术

由于缓冲区溢出攻击使用的广泛性和破坏的严重性，其在互联网上是一类很严重的安全威胁。国际上现在防范缓冲区溢出攻击的研究集中在通过数据流相关工具和 FIST 等技术来检测缓冲区溢出漏洞上。本节主要介绍缓冲区溢出攻击的基本概念、原理和保护方法。

3.10.1　基本概念

所谓缓冲区溢出攻击，就是一种利用目标程序的缓冲区溢出漏洞，通过操作目标程序堆栈并暴力改写其返回地址，从而获得目标控制权的攻击手段。其英文名称有 buffer overflow、buffer overrun、smash the stack、trash the stack、scribble the stack、mangle the stack、memory leak、overrun screw 等。

自 1988 年的莫里斯蠕虫事件以来，缓冲区溢出攻击一直是互联网上最普遍，同时也是危害最大的一种网络攻击手段。由于缓冲区溢出漏洞非常常见且易于被攻击，因而对系统造成了极大的威胁。利用缓冲区溢出漏洞，攻击者可以植入并且执行攻击代码，以完全达到其目的。被植入的攻击代码可以获得一定的权限（常常是根用户权限）运行，从而得到被攻击主机的控制权。利用溢出攻击，一个互联网用户可以在匿名或拥有一个一般权限的用户的情况下获得系统的最高控制权。CERT/CC 公布的缓冲区溢出漏洞在其当年公布的重大安全漏洞中所占比率均较大，而且远程网络攻击的绝大多数均为缓冲区溢出攻击。例如，1998 年 Lincoln 实验室用来评估入侵检测的 5 种远程攻击方式中，有 3 种基于社会工程学，2 种是缓冲区溢出。在 Bugtraq 的调查中，有 2/3 的被调查者认为缓冲区溢出是一个很严重的安全问题，可见缓冲区溢出漏洞问题的严重性。

当前国际上对防范缓冲区溢出的研究主要集中在动静态测试检测技术的研究上。但数据流工具和 FIST（Fault Injection System Tool，错误注入系统工具）都还属于正在研究发展中的技术。

3.10.2　内存模型

为了理解缓冲区溢出的本质，需要了解程序运行时机器内存的分配情况。一般而言，操作系统会分配给每个进程独立的虚拟地址空间，它们是实际空间的映射。当编译后的 C 程序运行时，内存将被划分为代码区、数据区和堆栈区。其中，代码区和数据区构成静态内存，在程序运行之前这些部分的大小已经固定。而与之相对的则是动态的堆栈区内容：堆和栈。在 C 程序中，栈和堆都可以被用来进行溢出。由于堆溢出和栈溢出原理类似，但计算更加复杂，故此处只以栈溢出来介绍溢出攻击的原理。

在 C 程序中，每当调用函数时，就会自动处理栈分配。栈起到了保存有关当前函数调用上下文的容器的作用。许多内容都可能进入栈区，通常其内容与计算机体系结构及编译器相关。一般而言，如下内容都将被存储在栈中：函数的非静态局部变量值、栈基址、当函数返回时程序应该跳转到的地址以及传递到函数中的参数。

当发生函数调用时，编译器所执行的步骤如下：

① 调用者：首先，调用者将被调用的函数所需的所有参数都压入栈，之后栈指针自动更改到指向当前栈顶。接着随系统不同，调用者可能压入一些其他数据来保护现场。完成后，调用者使用调用指令来调用函数。调用指令将返回地址（IP）压入堆栈，并相应更新栈指针。最后，调用指令将程序计数器设置为正被调用的函数地址，执行权交给被调用函数。进入第②步操作。

② 被调用者：首先，被调用者将栈基址指针（BP）寄存器内容压入栈来保存调用者的栈基址，并更新栈指针到旧的基址。然后设置 BP 内容为自己的栈基址，也即当前的栈指针。然后，被调用者按照局部变量的声明移动栈指针，为所有非静态局部变量分配足够的空间。执行被调用函数的操作。

图 3.23　被调用的函数执行时的栈状况

③ 调用函数结束：当被调用函数执行完毕后，调用者更新栈指针以指向返回地址 IP，调用返回指令将程序控制权交给返回地址上的程序，然后恢复被保存的运行环境。

被调用的函数执行时，其栈状况如图 3.23 所示。

从以上的过程中可以看到，发生函数调用时的栈分配过程中，非静态局部变量缓冲区的分配和填充不是同时进行的，并且依据不同的标准：局部变量缓冲区的分配是依据局部变量的声明，而填充则是依据其实际被赋予的值。因此这个过程中就出现了安全漏洞。

3.10.3　工作原理

根据前面讨论，当实际赋给局部变量的值长度超出缓冲区长度，而程序中又缺乏边界检查机制时，数据就会继续向栈底写入，导致栈中老的元素被覆盖，而被改写的将是栈基址 BP 和返回地址 IP，这样缓冲区溢出攻击就可以实现了。只要在程序运行时传送给它一个足够大的参数，就可以在返回地址中填入一个希望程序转向的任意内存地址，从而控制程序的运行权；而且此时拥有的权限与运行程序所需的权限相同。这就是缓冲区溢出攻击的原理。

例如下面程序：

```
void function(char * str) {
    char buffer[16];strcpy(buffer,str);
}
```

上面的 strcpy( ) 将直接把 str 中的内容复制到 buffer 中，这样只要 str 的长度大于 16，就会造成 buffer 的溢出，使程序运行出错。存在像 strcpy 这样的问题的标准函数还有 strcat( )、sprintf( )、vsprintf( )、gets( )、scanf( ) 等。

实际操作中还存在两个问题：

① 攻击代码植入目标程序地址空间。

可以通过以下两种方法来解决：一种方法是利用已经存在的代码。可以利用被攻击的程序中的代码来达到攻击目的。此时，攻击者只需要对代码传递指定参数，然后将程序控制权转给目标代码，将代码植入堆栈区或数据区。常见的方法是通过溢出代码传送攻击代码，此时攻击代码将出现在堆栈局部变量缓冲区中。另一种方法是将攻击代码存放在变量值中，此时攻击代码将被存放在数据区中。

② 改写返回地址为攻击代码地址，以获得程序控制权。

由于程序的堆栈区起始地址是固定的，因此很容易获得堆栈起始地址。但对于攻击代码的精确地址，则需要仔细分析目标程序的反汇编代码或通过多次试验得到。对此，可以在攻击代码前插入大量空操作来大大降低其难度。这样，只要得到了攻击代码的近似地址而非准确地址，就可以使攻击代码运行。实践证明，这可以相当有效地减少定位攻击代码所需的时间。然后只要溢出一个没有边界检查的缓冲区，以暴力手段改写返回地址 IP 就可以了。

实际上，常见的缓冲区溢出攻击都是一次完成攻击代码植入和程序转向攻击代码两种功能。攻击者找到一个溢出漏洞，然后向被攻击程序传送一个很大的字符串（其中包括攻击代码），在引发缓冲区溢出的同时植入了攻击代码。这就是缓冲区溢出的 Levy 攻击模板。当然，攻击者也可以通过多次完成代码植入和缓冲区溢出的动作。攻击者可以在一个缓冲区内放置代码而不溢出它。之后攻击者再通过溢出另一个缓冲区来将程序指针定位到攻击代码。这种方法一般用来解决可供溢出的缓冲区不足以容纳全部攻击代码的问题。

以上讨论了缓冲区溢出的工作原理。由于其原理易于理解，而且开发一次成功的缓冲区溢出可以作为模板使用，因此缓冲区溢出攻击具有巨大的安全威胁，建立系统的缓冲区溢出防范体系意义重大。

3.10.4　主要分类

根据以上两个目标，可以将缓冲区溢出攻击分为以下 3 类：

① 激活纪录（Activation Records）。每当一个函数调用发生时，调用者会在堆栈中留下一个激活纪录，它包含了函数结束时返回的地址。攻击者通过溢出这些自动变量，使这个返回地址指向攻击代码。通过改变程序的返回地址，当函数调用结束时，程序就跳转到攻击者设定的地址，而不是原先的地址。这类的缓冲区溢出被称为"stack smashing attack"，是目前常用的缓冲区溢出攻击方式。

② 函数指针（Function Pointers）。C 语言中，"void (* foo)( )"声明了一个返回值为 void 函数指针的变量 foo。函数指针可以用来定位任何地址空间，所以攻击者只需在任何空间内的函数指针附近找到一个能够溢出的缓冲区，然后溢出这个缓冲区来改变函数指针即可。在某一时刻，当程序通过函数指针调用函数时，程序的流程就按攻击者的意图实现了。它的一个攻击范例就是在 Linux 系统下的 super probe 程序。

③ 长跳转缓冲区（Longjmp buffers）。在 C 语言中包含了一个简单的检验/恢复系统，称

为 setjmp/longjmp。意思是在检验点设定"setjmp（buffer）"，用"longjmp（buffer）"来恢复检验点。然而，如果攻击者能够进入缓冲区的空间，那么"longjmp（buffer）"实际上是跳转到攻击者的代码。像函数指针一样，longjmp 缓冲区能够指向任何地方，所以攻击者所要做的就是找到一个可供溢出的缓冲区。一个典型的例子就是 Perl 5.003，攻击者首先进入用来恢复缓冲区溢出的 longjmp 缓冲区，然后诱导进入恢复模式，这样就使 Perl 的解释器跳转到攻击代码上了。

3.10.5 典型案例

2000 年 1 月，Cerberus 安全小组发布了微软的 IIS 4/5 存在的一个缓冲区溢出漏洞。攻击该漏洞，可以使 Web 服务器崩溃，甚至获取超级权限执行任意的代码。微软的 IIS 4/5 是一种主流的 Web 服务器程序，因而该缓冲区溢出漏洞对于网站的安全构成了极大的威胁。它的描述如下：浏览器向 IIS 提出一个 HTTP 请求，在域名（或 IP 地址）后，加上一个文件名，该文件名以".htr"做后缀。于是 IIS 认为客户端正在请求一个".htr"文件，".htr"扩展文件被映像成 ISAPI（Internet Service API）应用程序，IIS 会复位向所有针对".htr"资源的请求到 ISM.DLL 程序，ISM.DLL 打开这个文件并执行之。浏览器提交的请求中包含的文件名存储在局部变量缓冲区中，若它很长，超过 600 个字符时，会导致局部变量缓冲区溢出，覆盖返回地址空间，使 IIS 崩溃。更进一步，如果在缓冲区中植入一段精心设计的代码，可以使之以系统超级权限运行。

2001 年，曾经轰动全球的"红色代码（别名：CODERED.C、CODERED、HBC、W32/CodeRed.C、CodeRed Ⅲ、CodeRed Ⅲ）"就是一种利用"缓存区溢出"的病毒，利用微软 IIS 的漏洞进行病毒的感染和传播。该病毒利用 HTTP 协议，向 IIS 服务器的端口 80 发送一条含有大量乱码的 GET 请求，目的是造成该系统缓存区溢出，获得超级用户权限，然后继续使用 HTTP 向该系统送出 ROOT.EXE 木马程序，并在该系统运行，使病毒可以在该系统内存驻留，并继续感染其他 IIS 系统。据当时德州卡尔斯巴德市的媒体"计算机经济"称，红色代码（Code Red），在全球已经造成大约 26 亿美元的损失。

3.10.6 防护方法

通过缓冲区溢出的内存模型和攻击原理的探讨，可以看出，缓冲区溢出漏洞是由于程序本身的不安全性引起的。同时，随着软件模块的日益增大，内存动态分配的复杂性也达到了空前的程度，要完全消除内存地址冲突似乎是一件不太可能的事，但可以通过构建完善的防范体系来有效降低缓冲区溢出攻击的威胁。

完善的防范体系应该包括软件开发、编译检查、安全配置使用三个阶段。

3.10.6.1 软件开发阶段

编写正确的代码是一件非常有意义但耗时的工作，特别是编写 C 语言等具有出错倾向的程序，这是由于追求性能而忽视正确性的传统引起的。尽管花了很长的时间使得人们知道了如何编写安全的程序，但是具有安全漏洞的程序依旧出现。在软件开发阶段主要是通过安全编程技术达到预防缓冲区溢出漏洞出现的目的。

之所以现在仍会产生缓冲区溢出这样的致命错误，其根本原因在于 C 语言（及由其衍生而来的 C++语言）本身的不安全性。在 C 程序中缺乏边界检查来保证数组和指针引用的安全。同时，标准 C 库函数中还包含了许多非安全的字符串操作。虽然有观点认为如果采用 Java 和 ML 等类型安全语言就能保证堆栈内容不会被轻易覆盖，从而可以消除缓冲区溢出漏洞，但是由于作为 Java 执行平台的 Java 虚拟机仍然是 C 语言程序，所以依旧可以通过 JVM 的缓冲区溢出漏洞来攻击 Java 程序。因此，最终的解决办法还是采用安全编程技术来编写安全的代码，从根本上防止缓冲区溢出漏洞的出现。

安全编程技术包括避免使用非安全的 C 函数、执行边界检查、采用非执行堆栈技术等手段。

① 避免使用非安全的 C 函数。在实践中发现，C 语言中大多数缓冲区溢出问题都可以直接追溯到 C 语言标准库的几个函数中。其中最有害的函数是那些自身不进行变量检查的非安全字符串操作，如 gets( )、strcpy( ) 等。一般来讲，这些危险的函数在 C 语言中都可以找到安全的替代函数。永远不使用这些极为危险的函数是一种良好的安全编程风格。表 3.3 总结了一些编程中有害的函数及其解决或替换方案，建议编程时尽量以表 3.3 所列的较安全的方式来替换或使用这些函数。

表 3.3　C 语言标准库中的非安全函数及其危险性、解决方案列表

函数	危险性	解决方案
gets	最危险	使用 fgets(buf，size，stdin) 对 gets 函数的使用几乎总会造成问题
strcpy	很危险	建议改为使用 strncpy 函数
strcat	很危险	建议改为使用 strncat 函数
sprintf	很危险	建议改为使用 snprintf 函数，或者使用精度说明符
scanf	很危险	使用精度说明符，或自己进行解析
sscanf	很危险	使用精度说明符，或自己进行解析
fscanf	很危险	使用精度说明符，或自己进行解析
vfscanf	很危险	使用精度说明符，或自己进行解析
vsprintf	很危险	建议改为使用 vsnprintf，或者使用精度说明符
vscanf	很危险	使用精度说明符，或自己进行解析
vsscanf	很危险	使用精度说明符，或自己进行解析
streadd	很危险	确保分配的目的地参数大小是源参数大小的四倍
strecpy	很危险	确保分配的目的地参数大小是源参数大小的四倍
strtrns	危险	应加入检查代码来查看目的地大小是否至少与源字符串相等
realpath	很危险（或稍小，取决于实现）	分配缓冲区大小为 MAXPATHLEN。同样，手工检查参数以确保输入参数不超过 MAXPATHLEN
syslog	很危险（或稍小，取决于实现）	在将字符串输入传递给该函数之前，将所有字符串输入截成合理的大小
getopt	很危险（或稍小，取决于实现）	在将字符串输入传递给该函数之前，将所有字符串输入截成合理的大小

函数	危险性	解决方案
getopt_long	很危险（或稍小，取决于实现）	在将字符串输入传递给该函数之前，将所有字符串输入截成合理的大小
getpass	很危险（或稍小，取决于实现）	在将字符串输入传递给该函数之前，将所有字符串输入截成合理的大小
getchar	中等危险	如果在循环中使用该函数，确保检查缓冲区边界
fgetc	中等危险	如果在循环中使用该函数，确保检查缓冲区边界
getc	中等危险	如果在循环中使用该函数，确保检查缓冲区边界
read	中等危险	如果在循环中使用该函数，确保检查缓冲区边界
bcopy	低危险	确保缓冲区大小与其声明的大小一致
fgets	低危险	确保缓冲区大小与其声明的大小一致
memcpy	低危险	确保缓冲区大小与其声明的大小一致
snprintf	低危险	确保缓冲区大小与其声明的大小一致
strccpy	低危险	确保缓冲区大小与其声明的大小一致
strcadd	低危险	确保缓冲区大小与其声明的大小一致
strncpy	低危险	确保缓冲区大小与其声明的大小一致
vsnprintf	低危险	确保缓冲区大小与其声明的大小一致

除表 3.3 所列的这些函数之外，还应该注意程序员所使用的第三方提供的库函数（如操作系统平台提供的库函数），其中可能也存在容易引起缓冲区溢出的函数。

② 边界检查。C 和 C++不能自动进行边界检查，这使得 C 程序的不安全性增加。由于 C 语言本身是一种具有容易出错倾向的程序（如：字符串的零结尾），而且在编写 C 语言程序时，程序员往往为了追求性能而忽视了安全性，从而极易由于对数组、指针处理不善而出现缓冲区溢出漏洞。因此，在变量边界检查造成的效率降低不会造成严重影响的时候，建议总是执行边界检查。在将数据传送到自己的缓冲区之前，先检查数据长度。同时，如果不是非常确定其结果，不要将过大的数据传递给另一个函数接口。

③ 采用非可执行堆栈技术。通过使被攻击程序的数据段和堆栈数据段地址空间不可执行，从而使攻击者植入的攻击代码无法攻击，称为可非执行的缓冲区技术。在过去的 UNIX 系统中曾采用这种技术，但现在的 UNIX 和 Windows 系统为了保证性能，往往在数据段中动态地放入可执行的代码，所以为了保持程序的兼容性不可能使得所有数据段不可执行。但可以设定堆栈数据段不可执行，以大大降低被攻击的危险。Linux 和 Solaris 都发布了这样的补丁。由于除缓冲区溢出攻击外，几乎没有任何程序会把执行代码放在堆栈中，因此这几乎不会产生兼容性问题。因此，程序员只要可能，都应该设法获取自己的操作系统的非可执行堆栈补丁，以保护自己的堆栈不可运行。非执行堆栈技术可以有效地避免将攻击代码植入局部变量缓冲区的缓冲区溢出攻击，但对于其他形式的攻击没有效果。如果攻击者将代码植入数据区，就可以跳过这种保护措施。

④ 程序指针完整性检查。程序指针完整性检查和边界检查有略微的不同。与防止程序指针被改变不同，程序指针完整性检查在程序指针被引用之前检测到它的改变。因此，即便一个攻击者成功地改变了程序的指针，由于系统事先检测到了指针的改变，因此这个指针将不会被使用。与数组边界检查相比，这种方法不能解决所有的缓冲区溢出问题，采用其他的缓冲区溢出方法就可以避免这种检测。但是这种方法在性能上有很大的优势，而且在兼容性方面也很好。

3.10.6.2　编译检查阶段

编译检查阶段主要包括使用静态和动态测试工具进一步检查和消除缓冲区溢出问题。

（1）静态测试工具

静态测试工具检查代码但不运行之。最简单的静态测试就是用 grep 来搜索源代码，检查是否存在对危险函数的调用，如 gets 和 strcpy 等。如果发现，就以表 3.3 中建议的解决方案来替换成安全的代码。事实上这也就是一部分静态测试工具的基本原理，这样可以高效地从几十万行代码中找出几百个潜在的危险函数调用。然而即使排除了所有危险的函数调用，由于编写代码的问题，往往仍会有缓冲区溢出漏洞的出现。对此，可以使用数据流相关静态测试工具，利用数据流信息来确定变量的相互影响关系，从而找出漏洞所在。但数据流相关工具往往不能标志出可能是真正问题所在的函数调用。

比较实用而有效的静态工具包括以下几种：

● Compaq C 编译器。它通过编译时对程序中数组边界的检查来保证有限的安全性。Compaq C 对数组边界检查有很多限制，如只检查显示的数组引用、对危险的库函数（如 strcpy）不做边界检查等。

● Jones、Kelly 开发的 gcc 补丁。gcc 补丁可以用来实现对 C 程序进行完全数组边界检查。由于它没有改变指针的含义，所以被编译的程序和其他的 gcc 模块具有很好的兼容性。然而，这一补丁将付出巨大的性能代价：对于一个频繁使用指针的程序，其速度将是正常速度的 1/30。同时，这个编译器目前还很不成熟，一些复杂的程序还不能在其上编译、执行通过。

● Purify 工具。Purify 是一种 C 程序调试时查看存储器使用情况的工具。Purify 使用"目标代码插入"技术来检查所有的存储器存取情况。通过用 Purify 连接工具连接，可以保证程序在执行的时候数组的所有引用的合法性。但这样将使性能损失 3~5 倍。

● Stackguard 工具。Stackguard 工具在已分配数据堆栈的末尾设置标志位，并在缓冲区可能溢出前查看标志位是否已被改变。Stackguard 方法虽然不如一般的边界检查工具安全，但仍然相当有效，并且实现了较高的效率。

● Its4 工具：能够读取一个或多个 C/C++源程序，并将每个源程序分割成函数标志流，然后检查生成的标志是否存在于漏洞数据库中，从而得到每个源程序的所有错误警告列表，并带有相关的描述。其规则库 vulns. i4d 定义了各种函数的危险等级、描述等，通过规则匹配来报出风险。

● LCLint 工具：LCLint 使用 C 源代码文件和一系列的由 LCL 语言编写的规范文件作为输入，然后自动检查源文件和规范文件及其编程传统之间的不一致性，输出相应的警告报告。同一般的程序分析工具相比，LCLint 可以检查抽象边界问题、全局变量的非法使用问题等，因而可以作为源代码缓冲区漏洞检测的基础之一。

（2）动态测试工具

即使程序通过了静态检查，仍不能说它是安全的代码。比如 lprm 程序，虽然它通过了代码的安全检查，但仍然有缓冲区溢出的问题存在。为此，开发了动态测试技术（如错误注入技术，Fault Injection）以及 FIST（Fault Injection System Tool，错误注入系统工具）等故障注入工具。这些工具的目的在于通过人为随机地产生一些缓冲区溢出来寻找代码的安全漏洞，这是一种有效的查找缓冲区溢出漏洞的方法。研究人员曾通过使用 FIST 工具在 wu-ftpd 2.4版中发现三处缓冲区溢出，其中一处被证明是一个缓冲区溢出漏洞。而在此之前，wu-ftpd 已经历了大量静态检查，被认为存在缓冲区溢出漏洞的可能已很小。

比较实用而有效的动态工具包括以下几种：

• StackShield 工具：它的做法是创建一个特别的堆栈来存储函数返回地址的一份复制。它在受保护的函数的开头和结尾分别增加一段代码，程序执行后，将总是正确返回到主调函数中。

• Stackguard 工具：它是 GNU C 编译器的扩展工具，都属于源代码动态检测的类别，用来检测调用的返回地址是否正常，类似的还有其他的一些编译器扩展方法和工具。

• LibFormat 工具：UNIX 中提供了一个有用的环境变量 LD_PRELOAD，它允许我们定义在程序允许前优先加载的动态链接库。主要思想是通过动态连接器将自己插入程序中，在程序以后的运行中，如果发现包含%n 的格式串出现在可写内存中，则终止程序。

• windbg 工具：是在 Windows 平台下，强大的用户态和内核态调试工具。

3.10.6.3　配置使用阶段

动静态测试工具只能用来减少缓冲区溢出的可能，并不能完全消除它的存在。因此，在系统管理阶段仍然应该尽可能安全地配置其系统及系统提供的服务，以减少缓冲区溢出的威胁。这里以 Linux 系统的配置为例说明安全配置的主要原则。

（1）隐藏系统信息

攻击者需要系统信息才能确定缓冲区溢出漏洞所在，并发动相应的攻击。尽量隐藏系统信息可以获得对系统最大限度的保护。

• 不显示系统登录提示信息。修改"/etc/inetd. conf"文件中的 telnet 设置，使 daemon 不显示任何系统信息，只显示登录提示。

• 处理"rc. local"文件。在默认情况下，当登录装有 Linux 系统的计算机时，系统会告诉你 Linux 发行版的名字、版本号、内核版本和服务器名称。这泄露了太多的系统信息。出于安全的考虑，最好只显示一个"Login："的提示信息。

• 使系统对 ping 没有反应。TCP/IP 协议本身有很多的弱点，攻击者可以把传输正常数据包的通道用来偷偷传送恶意的攻击数据。通过禁止系统对 ping 请求做出反应，可以把这种危险减到最小。

（2）关闭不需要的服务

不必要的对外服务往往会提供攻击者其所需的漏洞，因此请只打开系统必需的服务：禁止提供 finger 服务；处理"inetd. conf"文件。对于在网络环境中的 Linux 系统，首要的就是确定需要被监听的网络端口，为每个端口启动相应服务，并卸载不必要的服务；修改系统的"rc"启动脚本，仅仅启动系统必需的服务；处理"services"文件，使其不可被用户修改；用 ssh 代替 telnet。

（3）最小权限原则

取消普通用户的控制台访问权限；减少特权程序的使用（如带"S"的程序）。

3.11　拒绝服务攻击技术

2018 年 2 月，GitHub 遭遇史上大规模 Memcached DoS 攻击，流量峰值高达 1.35 Tb/s。攻击者利用暴露在网上的 Memcached 服务器进行攻击，对很多依赖 GitHub 的企业或者个人开发者或多或少造成了不少影响，包括 GitHub 克隆、上传代码等操作。拒绝服务是一种重要的、危害大、难防范的攻击行为。本节主要介绍拒绝服务攻击的基本概念、原理、分类和防范。

3.11.1　基本概念

DoS（Denial of Service，拒绝服务）攻击，它是一种简单而又很有效的破坏性攻击行为，广义上可以指任何导致你的服务器不能正常提供服务的攻击。确切地说，DoS 攻击是指故意攻击网络协议实现的缺陷或直接通过各种手段耗尽被攻击对象的资源，DoS 攻击既可能来自内部网，也可能来自外部网，目的是让目标计算机或网络无法提供正常的服务，使用户不能获取相应的资源，致使目标系统停止响应甚至崩溃。这些服务资源包括网络带宽、文件系统空间容量、开放的进程或者允许的连接等。

最初 DoS 技术是一种网络测试工具，测试网络的极限带宽、网络设备的运行能力、服务器的最大负载能力等，随后被利用作为一种网络攻击手段。与完全攻破一个系统比较起来，造成系统的拒绝服务要更加容易些，因此许多黑客新手都会以这种相对容易的方法来攻击网站，从而获得一种刺激和快感。这种纯粹为了造成对方网络瘫痪而进行的拒绝服务，是真正的黑客高手所不屑的。真正的高手也许只是去发现这种攻击漏洞，并将它们公布出来，但一般是不会亲自去为了攻击而攻击的，因为黑客精神中重要的一条就是永远追求更新的技术，而不是停留在做重复的事情上。虽然真正的黑客很少单纯是为了攻击而去攻击，但这并不是说他们就不使用拒绝服务攻击，高手们所使用的拒绝服务通常是为了完成其他的攻击而必须做的。例如：在目标机上放了木马，需要让目标机重新启动；为了完成 IP 欺骗攻击，而被冒充的主机却瘫痪了；在正式进攻之前，需要使目标的日志记录系统无法正常工作。

拒绝服务攻击的目的就是让被攻击目标无法正常地工作，从攻击方的角度看来，目标的连接速度减慢或者完全瘫痪，那么攻击的目的也就达到了。而在被攻击的一方看来，当遭到攻击时，系统会出现一些异常现象，例如系统出现蓝屏、CPU 占用率达到 100% 等，这时候就要考虑自己很可能已经遭到拒绝服务攻击了。历史上最著名的拒绝服务攻击恐怕要数 Morris 蠕虫事件。1988 年 11 月，全球众多连在因特网上的计算机在数小时之内无法正常工作，这次事件中遭受攻击的包括 5 个计算机中心和 12 个地区结点，连接着政府、大学、研究所和拥有政府合同的 25 万台计算机。

3.11.2　工作原理

DoS 攻击的基本原理是使被攻击服务器充斥大量要求回复的信息，消耗网络带宽或系统资源，导致网络或系统不胜负荷，以至于瘫痪而停止提供正常的网络服务。要对服务器实施拒绝服务攻击，实质上的方式有两个：①迫使服务器的缓冲区满，不接收新的请求。②使用 IP 欺骗，迫使服务器把合法用户的连接复位，影响合法用户的连接，这也是 DoS 攻击实施的基本思想。

为便于理解，介绍一个简单的 DoS 攻击基本过程，如图 3.24 所示。攻击者先向受害者

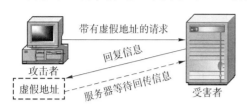

图 3.24　一个简单的 DoS 攻击的基本过程

发送众多带有虚假地址的请求，受害者发送回复信息后等待回传信息，由于是伪造地址，所以受害者一直等不到回传信息，分配给这次请求的资源就始终不被释放。当受害者等待一定时间后，连接会因超时而被切断，攻击者会再度传送一批伪地址的新请求，这样反复进行，受害者资源将被耗尽，最终导致受害者瘫痪。

DoS 攻击的发展趋势有以下几个方面：DoS 攻击的隐蔽性更好，如采用 IP 欺骗技术或者利用木马程序，以达到难以追查的目的；DoS 攻击更多采用分布式技术，由单一攻击源发起进攻转变为由多个攻击源对单一目标进攻；DoS 攻击工具更易操作，功能更完善，破坏性更大，这样使得怀有恶意的非黑客人员也能够使用，从而进行破坏；DoS 攻击更多的是针对路由器和网关的弱点进行，如利用路由器的多点传送功能将攻击破坏程度扩大若干倍；DoS 攻击将会更多地针对 TCP/IP 协议的先天缺陷而进行，如半连接 SYN 攻击和 ACK 攻击。

3.11.3　主要分类

根据 DoS 攻击产生的原因，将其主要分为以下 4 种：

（1）利用协议中的漏洞进行的 DoS 攻击

一些传输协议在其制定过程中存在着一些漏洞，攻击者可以利用这些漏洞进行攻击，致使接收数据端的系统当机、挂起或崩溃。这种攻击较为经典的例子是半连接 SYN flood 攻击，如图 3.25 所示，该攻击以多个随机的源主机地址向目的主机发送 SYN 包，而在收到目的主机的 SYN ACK 后并不回应，这样，目的主机就

为这些源主机建立了大量的连接队列，而且由于没有收到 ACK，就一直维护着这些队列，造成了资源的大量消耗而不能向正常请求提供服务。这种攻击利用的是 TCP/IP 协议的"三次握手"的漏洞完成的。由于攻击所针对的是协议中的缺陷，短时无法改变，因此较难防范。

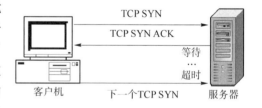

图 3.25　SYN flood 攻击原理

（2）利用软件实现的缺陷进行的 DoS 攻击

软件实现的缺陷是软件开发过程中对某种特定类型的报文或请求没有处理，导致软件遇到这种类型的报文时运行出现异常，从而导致软件崩溃甚至系统崩溃。这些异常条件通常在用户向脆弱的元素发送非期望的数据时发生。攻击者攻击时，就是利用这些缺陷发送经过特殊构造的数据包，从而导致目标主机的瘫痪，如 OOB 攻击、TEARDROP 攻击、LAND 攻击、IGMP 碎片包攻击、JOLT 攻击、Cisco2600 路由器 IOSversion12.0 远程拒绝服务攻击等。

（3）发送大量无用突发数据攻击耗尽资源

这种攻击方式凭借着手中丰富的资源，发送大量的垃圾数据侵占完你的资源，导致 DoS

攻击。比如 ICMP flood、Connection flood 等。为了获得比目标系统更多的资源，通常攻击者会发动 DDoS 攻击，从而控制多个攻击傀儡发动攻击，这样能产生更大破坏。

（4）欺骗型攻击

这类攻击通常是以伪造自身的方式来取得对方的信任，从而达到迷惑对方，瘫痪其服务的目的。最常见的是伪造自己的 IP 或目的 IP（通常是一个不可到达的目标或受害者的地址），或者伪造路由项目，或者伪造 DNS 解析地址等，受攻击的服务器因为无法辨别这些请求或无法正常响应这些请求，从而造成缓冲区阻塞或者死机。如 IP Spoofing DoS 攻击。

随着 DoS 攻击防范技术的不断加强，DoS 攻击手法也在不断发展。迄今，DoS 攻击主要有 DDoS、DRDoS、TCP DoS、UDP DoS 以及 ICMP DoS 等攻击手法。其中，DDoS 由于破坏性大，难以抵挡，也难以查找攻击源，被认为是当前最有效的主流攻击手法。而 DRDoS 作为 DDoS 的变体，是一种新出现的攻击手法，其破坏力更大，更具隐蔽性。这里重点介绍 DDoS 攻击和 DRDoS 攻击。

3.11.3.1　DDoS

DDoS 是在传统的 DoS 攻击基础之上产生的一种分布、协作的大规模攻击方式，主要目标是较大的站点，像商业公司、搜索引擎和政府部门的站点。单一的 DoS 攻击一般是采用一对一的方式，当攻击目标 CPU 速度低、内存小或者网络带宽小等各项性能指标不高时，它的效果是明显的。随着计算机与网络技术的发展，计算机的处理能力迅速增长，内存大大增加，同时也出现了千兆级别的网络，这使得 DoS 攻击的困难程度加大，目标对恶意攻击包的"消化能力"加强了不少，例如攻击软件每秒钟可以发送 3 000 个攻击包，但受害主机与网络带宽每秒钟可以处理 10 000 个攻击包，这样攻击就不会产生什么效果，但如果现在使用 10 台甚至 100 台同时发起攻击，就可以达到攻击的目的。DDoS 攻击就是利用更多的攻击机以更大的规模进攻受害者。

DDoS 攻击是利用一批受控制的机器向一台机器发起攻击，这种攻击来势迅猛，令人难以防备，且具有较大的破坏性。DDoS 的攻击原理如图 3.26 所示。从图中可以看出，一个比较完善的 DDoS 攻击体系包括以下四种角色：

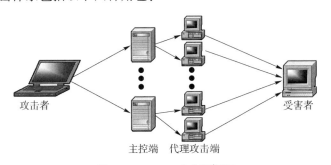

攻击者　　　　　主控端　代理攻击端　　　　受害者

图 3.26　DDoS 攻击原理图

① 攻击者：攻击者所用的主机，也称为攻击主控台。它操纵整个攻击过程，向主控端发送攻击命令。

② 主控端（控制傀儡机）：是攻击者非法侵入并控制的一些主机，这些主机分别控制大量的代理攻击主机。其上面安装特定的程序，可以接受攻击者发来的特殊指令，并且可以把

这些命令发送到代理攻击端主机上。

③ 代理攻击端（攻击傀儡机）：也是攻击者侵入并控制的一批主机，其上面运行攻击程序，接受和运行主控端发来的命令。代理攻击端主机是攻击的执行者，真正向受害者主机发送攻击。

④ 受害者：被攻击的目标主机。

为发起 DDoS 攻击，攻击者首先寻找在 Internet 上有漏洞的主机，进入系统后在其上面安装后门程序。接着在入侵主机上安装攻击程序，其中一部分主机充当攻击的主控端，另一部分充当攻击的代理攻击端。最后各部分主机在攻击者调遣下对攻击对象发起攻击。由于攻击者在幕后操纵，所以在攻击时不会受到监控系统的跟踪，身份不易被发现。

DDoS 攻击的工具主要有 Trinoo、TFN（The Tribe Flood Network）、Stacheldraht、TFN2K、Trinity v3、Shaft、WinTrinoo 等。

也许有人会问，为什么攻击者不直接去控制攻击机，而要通过主控端呢？其实这就是导致 DDoS 攻击难以追查的原因之一。从攻击者的角度来说，是不希望被追查的，使用的攻击机越多，实际上提供给受害者的分析依据就越多。在控制一台主机后，攻击者一般完成两件事：一是考虑如何留好后门，二是如何清理日志。有些攻击者有可能把日志全都删掉，这就给网络管理员留下了线索，较高明的攻击者只删掉自己关心的日志，这样会很难让人发现异常情况，就可以长时间控制主机。但清理日志是一件较为困难的事，这就导致如果清除不干净就会留下踪迹，根据这条踪迹就可能追查到攻击者。如果攻击者利用多个主控端控制众多的代理攻击机（一般一台主控端可以控制几十台代理攻击机），相对来说就安全得多，清理少数几台主控机的日志要比清理众多主控机的日志要方便得多。

3.11.3.2 DRDoS

DRDoS（Distributed Reflection Denial of Service Attack，分布式反射拒绝服务攻击）是 DDoS 攻击的变形，与 DDoS 的不同之处就是它不需要在实际攻击之前占领大量傀儡机。攻击时，攻击者利用特殊发包工具把伪造了源地址（受害者地址）的 SYN 连接请求包发送给那些大量的被欺骗的服务器，根据 TCP 三次握手规则，这些服务器群会向源 IP（也就是受害者）发出大量的 SYN+ACK 或 RST 包来响应此请求。结果原来用于攻击的洪水数据流被大量服务器所分散，并最终在受害者处汇集为洪水，使受害者难以隔离攻击洪水流，并且更难找到洪水流的来源。

DRDoS 攻击的结构如图 3.27 所示。这里反射服务器是指当收到一个请求数据报后就会产生一个回应数据报的主机，如 Web 服务器。不像以往 DDoS 攻击，利用反射技术，攻击者不需要把服务器作为主控机。

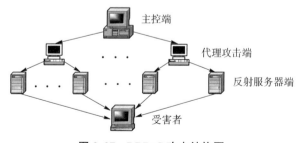

图 3.27　DRDoS 攻击结构图

DRDoS 是一种网络流量放大器，甚至开始时可以使用小洪水流量，最终才在目标服务器处结合为大容量的洪水。这样的机制让攻击者可以利用不同网络结构的服务器作为反射服务器来发起攻击。现在有三种特别有威胁的反射服务器：DNS 服务器、Gnutella 服务器和基于 TCP/IP 的服务器（特别是 Web 服务器）。

3.11.3.3　LDoS

低速率拒绝服务攻击（low-rate denial-of-service，LDoS）又称鼢鼩（shrew）攻击、脉冲拒绝服务攻击（Pulsing Denial-of-Service，PDoS）和降低服务质量攻击（Reduction of Quality，RoQ），最早是由 Rice 大学的 Kuzmanovic 和 Knightly 在 2003 年的 SIGCOMM 国际会议上提出的。而分布式低速率拒绝服务攻击（Distributed Low-rate Denial-of-Service，DLDoS）就是攻击者利用僵尸主机采取分布式方式发起的 LDoS 攻击。

LDoS 攻击与传统的洪泛式 DoS 攻击截然不同，其最大特点是不需要维持高速率攻击流，耗尽受害者端所有可用资源，而是利用网络协议或应用服务中常见的自适应机制（如 TCP 的拥塞控制机制）中所存在的安全漏洞，通过周期性地在一个特定的短暂时间间隔内突发性地发送大量攻击数据包，从而降低被攻击端服务性能。LDoS 攻击只是在特定时间间隔内发送数据，相同周期其他时间段内不发送任何数据，此间歇性攻击特点使得攻击流的平均速率比较低，与合法用户的数据流区别不大，不再具有异常统计特性。可以认为 LDoS 攻击是对传统 DoS 攻击的改进形式，它与传统 DoS 攻击相比，更加彻底地做到了有的放矢，因此，攻击效率有了大幅度的提高，且更加有效地躲避了检测和防范。

3.11.3.4　其他分类

其他的 DoS 攻击手法主要有利用 TCP/IP 协议进行的 TCP DoS 攻击，如 SYN flood 攻击、Land 攻击、Teardrop 攻击；利用 UDP 服务进行的 UDP DoS 攻击，如 UDP Flood DoS 攻击；利用 ICMP 协议进行的 ICMP DoS 攻击，如 Ping of Death 攻击、Smurf 攻击等。下面做简单介绍。

① Land：Land 是因特网上最常见的拒绝服务攻击类型，它是由著名黑客组织 rootshell 发现的，原理很简单，只是利用向目标机发送大量的源地址和目标地址相同的包，造成目标机解析 Land 包时占用大量的系统资源，从而使网络功能完全瘫痪。由于这种攻击是利用 TCP/IP 协议本身的漏洞，所以几乎所有连在因特网上的系统都会受它的影响，尤其是对路由器进行的 Land 攻击威胁更大，会造成整个网络的瘫痪。

② SYN flood：SYN flood 也是一种较常见的拒绝服务攻击手段，它对 Windows NT 系统的攻击效果尤为明显。其原理是，正常完成一个 TCP 连接的初始化要求连接双方进行三个动作，即所谓的三方握手。其过程是这样的：请求连接的客户机首先将一个带 SYN 标志位的包发送给服务器，服务器收到这个包后，随即产生一个自己的 SYN 标志，并把收到的 SYN+1 作为 ACK 标志的等待确认包返还到客户机。最后，客户机在收到这个包之后发送一个 ACK=SYN+1 确认包给服务器。此时，连接正式建立，双方可以使用 TCP 协议传输数据了。在服务器发出等待确认包之后，它就会等待客户机发回 ACK 确认包。这时这个连接就被加到未完成连接队列中了，直到收到 ACK 应答后才从该队列中删除。但大多数系统的未完成队列的数目是有限制的。如果超过这个数目，服务器就丢弃后来收到的 TCPSYN 包。因此，攻击者可以伪造许多 SYN 包（用虚假的 IP 源地址，再连接到被攻击方的一个或多个端口。被攻

击的服务器就会向假 IP 地址发送等待确认包，然后等待回答，当然，那个假 IP 是不会响应的。这时被攻击的服务器就会一直等待，直到超时后，才从未完成队列删除这个包，这个过程叫作"半开连接"。如果攻击者伪造的 SYN 包的数量巨大，造成未完成连接队列被填满，那么正常用户发送的 TCP 连接请求就被丢弃了，这样就造成了拒绝服务。

③ TCP 全连接攻击：TCP 全连接攻击是绕过普通防火墙，不断利用大量的僵尸主机与服务器建立 TCP 连接，许多网络服务程序不能接受大量 TCP 连接，从而导致网站访问速度变慢甚至无法访问，内存被耗尽导致服务器宕机。这种攻击的特点是可绕过一般防火墙的防护而达到攻击目的；缺点是需要找很多僵尸主机，由于僵尸主机的 IP 是暴露的，因此容易被追踪。

④ Script 刷脚本攻击：此种攻击主要针对数据库网站系统的调用。通过调用脚本的查询和列表功能，使服务器从上万条记录中去查出某个记录，大量耗费资源，从而使网站访问速度十分缓慢，ASP 程序失效，PHP 连接数据库失败，数据库主程序占用 CPU 升高。此种攻击可以绕过普通的防火墙，可以用 Proxy 代理进行攻击，但容易暴露 IP，并且对只有静态页面的网站效果不大。

⑤ 死亡之 Ping："死亡之 Ping"攻击是通过向目标端口发送大量的超大尺寸的 ICMP 包来实现的。当目标收到这些 ICMP 碎片包后，会在缓冲区里重新组合它们，由于这些包的尺寸实在太大，以至于造成缓冲区溢出，从而导致系统崩溃。目前常见的工具有蜗牛炸弹、AhBomb 等。

⑥ Smurf 攻击：广播信息可以通过一定的手段（通过广播地址或其他机制）发送到整个网络中的机器。当某台机器使用广播地址，发送一个 ICMP echo 请求包时（例如 PING），一些系统会回应一个 ICMP echo 回应包，也就是说，发送一个包会收到许多的响应包。Smurf 攻击就是使用这个原理来进行的，当然，它还需要一个假冒的源地址。也就是说，在网络中发送源地址为要攻击主机的地址，目的地址为广播地址的包，会使许多的系统响应发送大量的信息给被攻击主机（因为它的地址被攻击者假冒了），导致网络堵塞，使用网络发送一个包而引起大量回应的方式也被叫作"放大器"。现在这种攻击已经很少见，大多数的网络已经对这种攻击免疫了。

⑦ Fraggle 攻击：Fraggle 攻击对 Smurf 攻击做了简单的修改，使用的是 UDP 应答消息而非 ICMP。

⑧ UDP 洪水（UDP flood）：各种各样的假冒攻击利用简单的 TCP/IP 服务，如 Chargen 和 Echo 来传送毫无用处的占满带宽的数据。通过伪造与某一主机的 Chargen 服务之间的一次的 UDP 连接，回复地址指向提供 Echo 服务的一台主机，这样就生成在两台主机之间的足够多的无用数据流，过多的数据流就会导致带宽耗尽。

⑨ 泪滴（teardrop）：泪滴攻击利用那些在 TCP/IP 堆栈实现中信任 IP 碎片中的包的标题头所包含的信息来实现自己的攻击。IP 分段含有指示该分段所包含的是原包的哪一段的信息，某些 TCP/IP 在收到含有重叠偏移的伪造分段时将崩溃。

⑩ AirDoS：电子邮件炸弹是最古老的匿名攻击之一，通过设置一台机器不断大量地向同一地址发送电子邮件，攻击者能够耗尽接收者网络的带宽。而 AirDoS 攻击是一种新型的垃圾邮件攻击，攻击者可以通过 AirDrop 共享弹出窗口无限地向附近的所有 iOS 设备发送垃圾邮件，阻止用户界面，这样设备所有者将无法在设备上执行任何操作。

⑪ CPDoS：Cache-Poisoned Denial-of-Service（CPDoS）是一种禁用 Web 资源和网站的新类型的 Web 缓存投毒攻击。CPDoS 瞄准了 CDN 中的缓存系统，它会向目标网站发送一个包含恶意请求头的 HTTP 请求，CDN 接收到请求后，便会直接转发给原网站，并把原网站的响应缓存起来。由于恶意请求头的存在，原网站的响应往往是异常的，但这并不影响 CDN 对这种异常响应进行缓存，这就导致其他用户在访问同一个页面时会直接看到缓存中的异常响应。这就是 CPDoS 攻击。这种攻击具有多种变种，如 HHO、HMC、HMO 等。

⑫ 畸形消息攻击：各类操作系统上的许多服务都存在此类问题，由于这些服务在处理信息之前没有进行适当正确的错误校验，在收到畸形的信息时可能会崩溃。

3.11.4　典型案例

DDoS 攻击案例：2016 年 10 月 21 日，提供动态 DNS 服务的 DynDNS 遭到了大规模 DDoS 攻击，攻击主要影响其位于美国东区的服务。此次攻击导致许多使用 DynDNS 服务的网站遭遇访问问题，其中包括 GitHub、Twitter、Airbnb、Reddit、Freshbooks、Heroku、SoundCloud、Spotify 和 Shopify。攻击导致这些网站一度瘫痪，Twitter 甚至出现了近 24 小时零访问的局面。

2021 年 10 月 25 日上午 11 点 20 分左右开始，韩国三大通信服务商之一的 KT 公司的有线及无线等网络服务突然中断，造成韩国全国范围内出现大面积网络服务中断。无论是证券交易系统、手机服务信号还是饭店的结算系统，均受到了影响。韩国 KT 的有线网络、移动通信、网络电话都发生了打不通的状况。随后，KT 公司发声明称，KT 网络发生了大规模 DDoS 攻击，KT 危机管理委员会立即启动，正在迅速采取措施。

2013 年，黑客组织伊兹丁·哈桑网络战士向美国金融行业发起了长达数月的攻击，多家知名银行因此服务中断。中国台湾渔民在中菲重叠经济海域捕鱼遭到菲国公务船射杀身亡，DDoS 攻击成为网络战工具，导致双边多个政府网站被攻击和入侵。马来西亚大选投票前夕，DDoS 攻击也大规模出现，攻陷多家新闻和政府网站，导致选民失去独立的信息来源，进而影响选举的结果。层出不穷的攻击事件、与日俱增的攻击规模，对用户系统形成巨大威胁，挑战安全设备厂商安全防护能力。3 月 18 日，欧洲的反垃圾邮件公司 Spamhaus 网站遭遇史上最大流量 DDoS 攻击，攻击流量快速升至 75 Gb/s，导致其网站无法访问。至 3 月 27 日，攻击流量峰值已经高达 300 Gb/s，成为史上最大 DDoS 攻击。超大的攻击流量汇聚到欧洲几个一级运营商网络内部，造成欧洲地区的网络拥塞。

SYN flood 攻击案例：2014 年 6 月，香港 PopVote 投票网站（popvote.hk）遭受到一波大规模 DDoS 攻击，其中出现了以攻击网络第四层为主的 SYN flood 攻击，骇客利用僵尸电脑发送大量伪造的 TCP 连接请求，SYN 封包传送每秒钟高达 1 亿次，就连 CloudFlare 服务器（美国跨国科技企业，专门为客户提供网站安全管理、性能优化及相关的技术支持业务）也因此而无法承受住。最后也因为攻击流量过于庞大而使投票时间延长了 10 天。

3.11.5　防范措施

一般来说，针对 DoS 攻击的防御是比较困难的，因为这种攻击利用了 TCP/IP 协议的漏洞，且 Internet 是一个开放的网络。有个形象的比喻：DDoS 就好像有 1 000 个人同时给你家里打电话，这时候你的朋友还打得进来吗？DoS 攻击的危害性主要在于使被攻击主机系统的网速变慢甚至宕机，无法正常地提供服务；最终目的是使被攻击主机系统瘫痪、停止服务。现在网络上 DoS 攻击工具种类繁多，攻击者往往不需要掌握复杂技术，利用这些工具进行攻击就能够奏效。也许可以通过增加带宽来减少 DoS 攻击的威胁，但是攻击者总是可以利用更多的资源进行攻击。这就是 DoS 攻击难以防范的原因。

DoS 攻击时的异常现象，可以帮助受害者检测发现 DoS 攻击行为，如：出现蓝屏，系统死机，CPU 占用率达到 100%；被攻击主机上有大量等待的 TCP 连接；网络中充斥着大量的无用的数据包或特大型的 ICMP 和 UDP 数据包；网络通信流量超出工作极限；网络拥塞，使受害主机无法正常和外界通信；域名服务器受到大量逆向解析目标的 PTR 查询请求等。

防范 DoS 攻击的主要技术有很多，如：

① 加固操作系统，即配置操作系统各种参数，以加强系统稳固性。

② 利用防火墙，通常有两种算法技术：一是 Random Drop 算法，为保持主机处理能力，当流量达到一定阈值时按照算法规则丢弃后续报文；另一种是 SYN Cookie 算法，采用 6 次握手技术，以极大地降低受攻率。

③ 负载均衡技术，即把应用业务分布到几台不同的服务器上。

④ 带宽限制和 QoS 保证，通过对报文种类、来源等各种特性设置阈值参数，保证主要服务稳定、可靠的资源供给。

此外，还有技术包括：采用下一代互联网 IPv6 地址；网络采用 IPSec 协议；主机通信需要认证（HIP）；ICMP 反追溯协议（ICMP Traceback）；回推协议（Pushback）；网络全部采用 BGP 协议等。

传统方法防范流量小、结构简单的个别 DoS 攻击很有效。然而，随着网络带宽的增长及 DoS 攻击更多地采用分布式技术，传统的防范手段已不能见效，急切需要反大流量、防多类型 DoS 攻击的新技术出现。

DoS 攻击根源很难追查，目前仍没有能有效防御此类攻击的方法，因此应采用预防、监测和响应等多种机制相结合的多重防线来加以防范，这样可以将风险控制在一个适当水平。一些简单易行和快速的安全防范策略包括：

① 对服务器进行硬化，及时更新系统补丁，对主机进行正确设置，系统管理员应经常检查漏洞数据库，以确保服务器版本不受影响等。

② 安装防火墙对出入数据包过滤，延迟攻击者数据报发送时间，对防火墙进行正确设置，启用防火墙的防 DoS/DDoS 属性，严格限制对主机的非开放服务的访问，对流量进行控制，进行冗余备份等。

③ 对网络边界进行硬化，限制特定 IP 地址的访问，对外来数据包和外出数据包进行过滤，优化路由和网络结构并对路由器进行正确设置，与 ISP 密切合作，确保它们同意帮助你实施正确的路由访问控制策略，以保护带宽和内部网络。

3.12　社会工程攻击技术

一般情况下，信息安全攻击技术是利用系统的漏洞进行入侵，而非技术类的信息安全攻击技术是利用人性弱点进行攻击。

3.12.1 基本概念

社会工程学，它综合了社会科学以及自然科学、人文科学的一些知识，同时还涉及工程科学的知识。信息安全与对抗领域，它不只是一门科学，更是一门艺术和窍门。社会工程学是利用人的弱点，以顺从你的意愿、满足你的欲望的方式，让你上当的一些方法、一门艺术与学问。说它不是科学，因为它不是总能重复和成功，而且在信息充分多的情况下会自动失效。社会工程学的窍门也蕴含了各式各样的灵活的构思与变化因素。社会工程学是一种利用人的弱点如人的本能反应、好奇心、信任、贪便宜等弱点进行诸如欺骗、伤害等危害手段，获取自身利益的手法。它并不能等同于一般的欺骗手法，社会工程学尤其复杂，即使自认为最警惕、最小心的人，一样会被高明的社会工程学手段损害利益。

凯文·米特（Kevin Mitnick）2002 年出版的《欺骗的艺术》（The Art of Deception）堪称社会工程学的经典。书中详细地描述了许多运用社会工程学入侵网络的方法，这些方法并不需要太多的技术基础，但可怕的是，一旦懂得如何利用人的弱点如轻信、健忘、胆小、贪便宜等，就可以轻易地潜入防护最严密的网络系统。有学者将其总结为"社会工程学是通过自然的、社会的和制度上的途径，利用人的心理弱点以及规则制度上的漏洞，在攻击者和被攻击者之间建立起信任关系，获得有价值的信息，最终可以通过未授权的路径访问某些重要数据"。

所有社会工程学攻击都建立在使人决断产生认知偏差的基础上。有时候这些偏差被称为"人类硬件漏洞"，足以产生众多攻击方式，其中一些包括：假托（一种制造虚假情形，以迫使针对受害人吐露平时不愿泄露的信息的手段，该方法通常包含对特殊情景专用术语的研究，以建立合情合理的假象）、调虎离山（diversion theft）、在线聊天/电话钓鱼（IVR（interactive voice response）/phone phishing）、下饵（Baiting）、等价交换（如攻击者伪装成公司内部技术人员或者问卷调查人员，要求对方给出密码等关键信息）、尾随（尾随者利用另一合法受权者的识别机制，通过某些检查点，进入一个限制区域）。

社会工程学无处不在，当你仔细留意时，就会发现它的影子，比如商业交易、谈判、司法等。其实在生活中我们也在无意中使用，只是浑然不觉而已。比如，当遇到问题时，我们很容易知道应该寻找有决定权的人来解决，并让周围的人帮助解决。社会工程学是一把双刃剑，有好的一方面，同时也有坏的一方面，关键在于自己的把握。

3.12.2 基本特征

3.12.2.1 综合集成

在进行社会工程学方法论的研究时，其原则就是对多学科的理论与规律进行综合应用，同时还要注重多重规律所蕴含的整体性规律，在研究社会工程学时，采用的方法来源较为广泛。不管是什么方法，只要能够解决相应的问题，都可以将其纳入具体的实施方案中去。所以，在进行问题的解决上，社会工程学有着较为灵活、变通的方法，同时也在实践中进行积极的创新。

3.12.2.2 信息拓扑

社会工程学的特点，就是将多种学科进行交叉融合，进而实现多学科的融会贯通。在进行社会工程学研究时，强调的是协调分析以及综合分析的方法。在网络环境中，社会工程学方法利用的信息大多具备一些潜在的关联性，通过对广义网络中的信息碎片以及活动的痕迹进行收集，并通过一定的推理与分析，进而可以产生一些新的信息，最终不断完善信息的通路。以上就是社会工程学的主要活动过程。并且这一活动过程最终可以将信息拓扑结构进行较为清晰的展示。

3.12.2.3　隐蔽性

社会工程学在其具体的实施过程中，攻击者为了能够避免风险，因而经常会采用一些方法与手段进行自身入侵痕迹的藏匿，这样将会造成目标对相应的入侵行为与目的没有意识。如果目标觉察到入侵行为，就会及时采取措施阻止入侵行为，这就意味着社会工程学攻击可能出现失败的现象。因而，人们要不断提升信息安全意识，这同时也是安全防护的最有效办法。对于一个企业来说，要注重信息安全构架的建立，同时还要注重信息安全意识的宣传工作，进而确保企业信息的安全。

3.12.3　攻击流程

为了侵入攻击目标，社会工程学根据"木桶原理""六度分隔法"等原则，通过信息收集、数据筛选、服从性分析、身份伪造、建立信任，最终发起并完成攻击。具体攻击流程如图 3.28 所示。

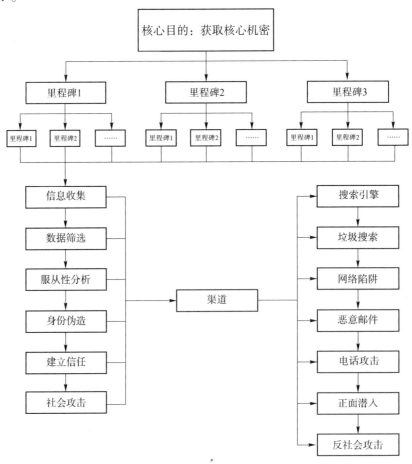

图 3.28　攻击流程

社会工程学攻击不是类似于传统网络攻击一蹴而就的完成攻击，采用的攻击方式也不限于传统的入侵技术（如漏洞利用、邮件钓鱼等），更包括垃圾搜索、正面侵入、电话诱骗以及意识屈服等手段。

相比于传统的技术突破，社会工程学更像是一场"心甘情愿"的出卖。

3.12.4 攻击手段

社会工程学的基本目标和其他黑客手段基本相同，都是为了获得目标系统未授权访问路径或是对重要信息进行欺骗，网络入侵，工业情报盗取，身份盗取，或仅仅是扰乱系统或网络。常见的目标包括电话公司和应答服务机构、著名的大公司和金融组织、军事和政府机构以及医院。现在对那些网络公司的社会工程学攻击也开始出现了，但是仅限于那些较为出名的公司。

对于所发生的社会工程学类的攻击可以分为两个层次来进行分析：物理上的和心理上的。首先对攻击发生的物理地点进行讨论：工作区、电话、你公司的垃圾堆甚至是在网上。对于工作区来说，黑客可以只是简单地走进来，就像电影上的那样，然后开始冒充被允许进入公司的维护人员或是顾问。入侵者悠闲地把整个办公室逛一遍，直到他或是她找到了一些密码或是一些可以稍后在家里对公司的网络进行攻击、利用的资料之后，就会从容地离开。另一种获得审核信息的手段就是简单地站在工作区那里观察公司雇员如何键入密码并偷偷地记住。常用的社会工程攻击手段有以下几种。

3.12.4.1 电话攻击

最流行的社会工程学手段是通过电话进行的，电话攻击主要分为语音电话欺骗、短信电话攻击、电话定位、来电号码伪造等攻击手段。黑客可以冒充一个权力很大或是很重要的人物的身份打电话，从其他用户那里获得信息。一般机构的咨询台容易成为这类攻击的目标。黑客可以伪装成是从该机构的内部打电话来欺骗 PBX 或是公司的管理员，所以说依赖于对打电话的人身份的确认并不是很安全的做法。以下就是一个曾经提到的典型 PBX 伎俩："嗨，我是你的 AT&T 维修员，我现在正在工作，但是需要你帮我按几个键。"

还有更聪明一些的手段，他们会在半夜打电话给你："六小时之前你是不是打过电话到埃及去了？""没有啊。"然后他们会说："我们现在查询到刚才发生的一次有效呼叫，使用的是你的电话卡并且该电话是打往埃及的。所以你得支付 $2 000 的电话费账单，虽然可能如你所说，这实际上是别人使用的费用记到了你的账上。"他们接着会说："我现在可以帮你把这 $2 000 的电话账单消除，但是需要你告诉我你的 AT&T 卡号和密码。"然后大多数人都会落入这个圈套中。

咨询台之所以容易受到社会工程学的攻击，是因为他们所处的位置就是为他人提供帮助的，因此就可能被人利用来获取非法信息。咨询台人员一般接受的训练都是要求他们待人友善，并能够提供别人所需要的信息，所以这就成为社会工程学家们的"金矿"。大多数的咨询台人员所接受的安全领域的培训与教育很少，这就造成了很大的安全隐患。

另一种黑客的电话攻击的战术是通过站在付费电话或 ATM 机旁边偷看实现的。黑客可以简单地通过这种方式获得信用卡号和密码。在机场里面很多人都站在电话的旁边，所以在这种公共地方你应该特别小心。

3.12.4.2 垃圾堆搜索

翻垃圾是另一种常用的社会工程学手段。因为企业的垃圾堆里面往往包含了大量的信息。The LAN Times 列出了下列可能在垃圾堆中找出的危害安全的信息：公司的电话本、机构表格、备忘录、公司的规定手册、会议时间安排表、事件和假期、系统手册、打印的敏感信息或是登录名和密码、打印出来的源代码、磁盘和磁带、公司的信件头格式及备忘录的格式、废旧的硬件。

这些资源可以向黑客提供大量的信息。电话本可以向黑客提供员工的姓名与电话号码来作为目标和冒充的对象。机构的表格包含着信息，可以让他知道机构中的高级员工的姓名。备忘录中的信息可以让他们一点点地获得有用信息来帮助他们扮演可信任的身份。企业的规定可以让他们了解机构的安全情况如何。日期安排表更是重要，黑客可以知道在某一时间有哪些员工出差不在公司。系统手册、敏感信息，还有其他的技术资料可以帮助黑客闯入机构的计算机网络。最后是关于废旧硬件的问题，特别是硬盘，黑客可以对它进行恢复来获取有用信息。

3.12.4.3 公开信息分析

通过网上公开信息、图片、视频等，配合网络工具、社工库等措施，从中获取个人信息、隐私及人物画像等数据。比如某明星发送生活照片到网上，某个狂热粉丝通过瞳孔内周边特征对比来确认标志性建筑物，并通过定向蹲点、跟踪与居家照片个性信息确认其精确的住址后，非法入侵。

3.12.4.4 邮件攻击

邮件攻击主要通过邮件钓鱼、木马感染、身份冒用、服务器劫持等攻击手段，渗透进入终端或企业网络后进行信息采集、篡改、破坏等。一个很好的案例是 VIGILANTE 攻击中提到的对于 AOL 的攻击。在这个案例中，黑客打电话给 AOL 的技术支持中心，并与技术支持人员进行了近一个小时的谈话。在谈话中，黑客提到他有意低价出售他的汽车。那名技术支持人员对此很感兴趣，于是黑客就发送了一篇带有表明为"汽车照片"附件的电子邮件给他。但是实际上，那不是什么汽车的照片，邮件执行了一个后门程序，让黑客可以透过 AOL 的防火墙建立连接。

3.12.4.5 肩窥攻击

通过器材、软件、人员等手段，完成客观信息肩窥、采集、盗取等动作，并持续发生社会及网络安全效应。举个微信二维码盗刷的简单例子：某女子购物时选择手机付款，二维码打开备用；后排男子假装接听微信语音消息，实则通过手机扫描女子付款二维码盗刷。此类攻击数据源泛滥于社交网站。

3.12.4.6 供应链攻击

供应链攻击是一种面向软件开发人员和供应商的新型威胁，此类攻击融合了多种社会工程学，通过多级供应链风险传递，完成低感知网络安全攻击。某公司收到客户来电，称在使用该公司某软件时，调用某模块函数即执行删除文件程序，导致数据丢失。经分析，攻击者为该公司编程人员，就职时已收受同类竞争软件公司贿赂，通过盗取研发服务器管理员账号后上传"逻辑炸弹"代码，通过攻击软件用户方式导致用户弃用该公司软件，改用其他同功能软件。

3.12.4.7　在线社会工程学

国际互联网是使用社会工程学来获取密码的乐园。这主要是因为许多用户都把自己所有账号的密码设置为同一个，所以一旦黑客拥有了其中一个密码以后，他（或者是她）就获得了多个账号的使用权。黑客常用的一种手段是通过在线表格进行社会工程学攻击。他可以发送某种彩票中奖的消息给用户，然后要求用户输入姓名（以及电子邮件地址，这样他甚至可以获得用户在机构内部使用的账户名）以及密码。这种表格不光可以在线表格的方式发送，同样可以使用普通邮件进行发送。况且如果使用普通信件这种方式的话，这些表格看上去就会更加像是从合法的机构中发出的，欺骗的可能性也就更大了。

黑客在线获得信息的另一种方法是冒充该网络的管理员通过电子邮件向用户索要密码。这种方法并不是十分有效，因为用户在线的时候对黑客的警觉性比不在线时要高，但是该方法仍然是值得考虑的。进一步来说，黑客也有可能放置弹出窗口并让它看起来像是整个网站的一部分，声称是用来解决某些问题的，诱使用户重新输入账号与密码。这时用户一般会知道不应当通过明文来传输密码，但是即使如此，管理员也应当定期提醒用户防范这种类型的欺骗。如果想做到进一步的安全的话，系统管理员应当警告用户任何时候除非是在与合法可信网络工作员工进行面对面交谈的情况下，才能公开自己的密码。

3.12.4.8　说服类攻击

黑客他们自己从心理学角度对社会工程学做的阐述中强调了如何调整出一个完美的心理状态去攻击。基本的说服手段包括：不论是使用哪一种方法，主要目的还是说服目标泄露所需要的敏感信息，所以这时一个社会工程师实际上就是一个可以被信任并由此获得敏感信息的人。另一个很重要的地方在于，没有一次询问太多的信息，而是每次从某个人获得少量的信息来维护良好的自身形象。

扮演一般来讲是指构造某种类型的角色并按该角色的身份行事，并且角色应该是越简单越好。某些时候就仅仅是打电话给目标，说："嗨，我是 MIS 的 Joe，我需要你的密码。"但是这种方式并不是任何时候都有效。在其他情况下，黑客会专心调查目标机构中的某一个人并在他外出的时候冒充他的声音来打电话询问信息。根据 Bernz——一个在这方面发表了大量文章的黑客的说法，他们是使用某种小设备来伪装声音，并且还要对他们所扮演目标说话的方式与机构的组织结构进行大量的研究。但是我认为这种手段基本上不具备扮演攻击的特征，因为它需要大量的时间来进行准备，但是无论如何，这种攻击方式同样是存在的。

在扮演攻击中，经常采用的角色包括维修人员、技术支持人员、经理、可信的第三方人员（例如总裁的执行助理打电话说总裁已经允许他对某些信息进行询问），或者是企业同事。在一个大公司这点是不难实现的。因为每人不可能都认识公司中的每个人员，但身份标识是可以伪造的。这些角色中的大多数都具有一定的权利，让别人会不由自主地去巴结。大多数的雇员都想讨好老板，所以他们会对那些有权力的人提供他们所需要的信息。

让他人服从是一种基于团体的行为，但是有时也可以利用其来说服单一个体，告诉他所有人都已经提供了黑客现在所询问的同类信息，假设黑客现在扮演的是一名 IT 经理，黑客所需要做的就是让目标暂时对自己的职责不明确。

还有一种比较有争议的社会工程学手段是仅仅简单地表现出友善的一面来套取信息。其理由是大多数人都愿意相信打电话来寻求帮助的同事所说的话，所以黑客只需要获得基本的信任就可以了。进一步来说，大多数的雇员会友善地做出回应，特别是对于女性的请求。稍稍恭维一下目标会让目标乐意进一步合作，但聪明的黑客在获取信息的时候分寸会把握得很好，不会让目标对任何的特别之处产生怀疑。一个微笑（如果是在面对面的场合下）或者一句简单的"谢谢"都可以成为合作的开始。如果这还不够的话，冒充新手同样可以达到目的："我都糊涂了，（眨眼睛）你能帮帮我吗？"

3.12.4.9　反向社会工程学

获得非法信息更为高级的手段被称为"反向社会工程学"。黑客会扮演一个不存在的但是权力很大的人物让企业雇员主动地向他询问信息。如果深入地研究、细心地计划与实施的话，反向社会工程学攻击手段可以让黑客获得更多、更好的机会来从雇员那里获得有价值的信息。但是这需要大量的时间来准备、研究以及进行一些前期的黑客工作。

根据 Rick Nelson 所写的《黑客手段：社会工程学》中的说法，反向社会工程学包括三个部分：暗中破坏、自我推销和进行帮助。黑客先是对网络进行暗中的破坏，让网络出现明显的问题，然后他就来对网络进行维修，并从雇员那里获得他真正需要的信息。那些雇员不会知道他是个黑客，因为他们网络中出现的问题会得到解决，所有人都会很高兴（包括黑客在内）。

3.12.5　典型案例分析

Christopher Hadnagy 是靠"骗人"来领薪水的，这么多年来，他练就了一套炉火纯青的骗人功夫，他是社会工程学攻击网站 social—engineering. org 的创办人之一，并且著有《社会工程学：安全体系中的人性漏洞》一书，多年来他一直在使用操纵策略，向客户表明犯罪分子在如何窃取信息。Hadnagy 在其书中大致介绍了 3 种典型的社会工程学攻击测试，并指出了企业可以从这些结果中吸取到什么教训。

3.12.5.1　过于自信的执行官

在一个案例研究中，Hadnagy 概述了自己如何受雇于一家印刷公司，担任社会工程学攻击审查员，其任务就是设法闯入该公司的服务器；这家公司有一些专利工艺和供应商名单是竞争对手挖空心思想弄到的。该公司的首席执行官（CEO）与 Hadnagy 的业务合作伙伴进行了一番电话会议，告诉 Hadnagy "想闯入他公司几乎是不可能的"，因为他"拿自己的性命来看管秘密资料。"

Hadnagy 说："他属于从来不会轻易上当的那种人。他想着有人可能会打来电话，套取他的密码，他随时准备对付这样的花招。"

Hadnagy 收集了一些信息后，找到了服务器的位置、IP 地址、电子邮件地址、电话号码、物理地址、邮件服务器、员工姓名和职衔以及更多的信息。但是 Hadnagy 设法了解了这位 CEO 有个家人与癌症作斗争，并活了下来之后，才真正得到了回报。因而，Hadnagy 开始关注癌症方面的募捐和研究，并积极投入其中。他通过 Facebook 还获得了关于这位 CEO 的其他个人资料，比如他最喜爱的餐厅和球队。

他掌握了这手资料后，准备伺机下手。他打电话给这位 CEO，冒充是他之前打过交道的一家癌症慈善机构的募捐人员。他告诉对方慈善机构在搞抽奖活动，感谢好心人的捐赠，奖品除了几家餐厅（包括他最喜欢的那家餐厅）的礼券外，还包括由他最喜欢的球队参加的比赛的门票。

那位 CEO 中招了，同意让 Hadnagy 给他发来一份关于募捐活动更多信息的 PDF 文档。他甚至设法说服这位 CEO，告诉他的电脑上使用哪个版本的 Adobe 阅读器，因为他告诉对方"我要确保发过来的 PDF 文档是你那边能打开的"。他发送 PDF 文档后没多久，那位 CEO 就打开了文档，无形中安装了一个外壳程序，让 Hadnagy 得以闯入他的电脑。

Hadnagy 说，当他和合作伙伴回头告诉这家公司：他们成功闯入了 CEO 的电脑后，那位 CEO 很愤怒，这自然可以理解。

Hadnagy 说："他觉得，我们使用这样的手法是不公道的；但不法分子就是这么干的。不怀好意的黑客会毫不犹豫地利用这些信息来攻击他。"

第一个教训：对于竭力搞破坏的社会工程学攻击者来说，没有什么信息是访问不了的，不管这是涉及个人的信息，还是让对方易动感情的信息。

第二个教训：自认为最安全的人恰恰常常会带来最大的安全漏洞。一名安全顾问最近告诉我们，公司主管是最容易被社会工程学攻击者盯上的目标。

3.12.5.2　主题乐园丑闻

第二个案例研究中的对象是一个担心票务系统可能被人闯入的主题乐园客户。用于游客签到的计算机还可以连接到服务器、客户信息和财务记录。客户担心：如果用于签到的计算机被闯入，可能会发生严重的数据泄密事件。

Hadnagy 开始了他的测试，先打电话给这家主题乐园，冒充是一名软件销售员。他推销的是一种新的 PDF 阅读软件，希望这家主题乐园通过免费试用版来试用一下。他询问对方目前在使用哪个版本的阅读软件，轻而易举就获得了信息，于是准备着手第二步。

下一个阶段需要到现场进行社会工程学攻击，为了确保能够得手，Hadnagy 拉上了其家人。他带着妻子和儿子直奔其中一个售票窗口，问其中一名员工是不是可以用他们的计算机打开他的电子邮件收到的一个文件。电子邮件含有一篇 PDF 附件，里面的优惠券可以在买门票时享受折扣。

Hadnagy 解释："要是她说'不行，对不起，不可以这么做'，那我的整个计划就泡汤了。但是看我那个样子，孩子又急于入园，对方就相信了我。"

那名员工同意了，主题乐园的计算机系统很快被 Hadnagy 的恶意 PDF 文档闯入了。短短几分钟内，Hadnagy 的合作伙伴发来了短信，告诉他已"进入系统"，并且"在收集报告所需的信息。"

Hadnagy 还指出，虽然主题乐园的员工政策明确规定：员工不得打开来源不明的附件（哪怕客户需要帮助也不行），但是没有落实规章制度来切实执行员工政策。

Hadnagy 说："人们愿意不遗余力地帮助别人解决问题。"

第三个教训：安全政策的效果完全取决于实际执行情况。

第四个教训：犯罪分子往往抓住员工乐于助人的善意和愿望来搞破坏。

3.12.5.3　黑客反遭攻击

Hadnagy 给出的第三个例子表明了如何运用社会工程学攻击来防御。他在书中虚构了一个名叫"John"的人物，这名渗透测试人员受雇于一家客户从事标准的网络渗透测试。他使用开源的安全漏洞检测工具 Metasploit 进行了扫描，结果发现了一台敞开的 VNC（虚拟网络计算）服务器，这台服务器允许控制网络上的其他机器。

他在 VNC 会话开启的情况下记录发现的结果，这时候鼠标在后台突然开始在屏幕上移动。John 意识到这是个危险信号，因为在出现这个异常情况的那个时间段，谁也不会以正当的理由连接至网络。他怀疑有人入侵进入了网络。

John 决定冒一下险，于是打开记事本，开始与入侵者聊天，冒充自己是化名为 "n00b" 的黑客，佯称自己是个新手，缺乏黑客技能。

Hadnagy 说："John 想，'我怎样才能从这个家伙身上收集到更多的信息，为我的客户提供更大的帮助？' John 尽量装成自己是个菜鸟，想从黑客高手那里取取经，因而满足了对方的虚荣心。"

John 向这个黑客问了几个问题，装作自己是刚入道的年轻人，想了解黑客行业的一些手法，想与另一名黑客保持联系。等到聊天结束后，他已弄来了这个入侵者的电子邮件和联系信息，甚至还弄来了对方的照片。他回头把这些信息汇报给了客户，系统容易被闯入的问题随之得到了解决。

Hadnagy 另外指出，John 通过与黑客进行一番聊天后还得知：对方其实不是之前一直为公司寻找的黑客，而是四处寻找容易闯入的系统，没想到轻而易举地发现了那个敞开的系统。

第五个教训：社会工程学攻击可以成为一家企业的防御战略的一部分。

第六个教训：犯罪分子通常会选择容易中招的目标下手。要是安全性很差，谁都可能成为目标。

3.12.6 预防手段

人是整个网络安全体系中最重要的一环，但也可能是最薄弱的一环，任何一个可以访问系统的人，都有可能对网络系统构成潜在的安全风险与威胁。然而，网络系统又是供人使用、由人来管理的，这也意味着这一信息安全弱点是普遍存在的，不会因为系统平台、软件、网络和设备等因素的不同而有所差异。因为社会工程学攻击直接以"人"为目标，所以加强对社会工程学攻击的防范，主要是要以人为本，做好"人"的工作。

一是增强防范意识。常言道，"知己知彼，百战不殆"。人们对于网络攻击，过去更偏重于技术上的防范，而很少会关心社会工程学方面的攻击。正如凯文·米特尼克编写《欺骗的艺术》这本书的目的一般，授人以鱼不如授人以渔，保护民众的最好方法不是给他们盔甲，而是给他们武器。因此，了解和掌握社会工程学攻击的原理、手段、案例及危害，增强防范意识，显得尤为重要。

二是加强物理防范。对于涉密程度较高的办公场所，任何人进入必须出示有效证件，对来访者，要有陪同和监视制度。工作人员对于敏感信息的咨询要绝对予以拒绝，也不能在电话中交换这类信息。敏感资料必须入柜上锁，钥匙交由专人保管。废弃资料应经粉碎处理，并确保不能被再恢复。

三是制定健全、安全的方案与机制。安全方案应规定设置账户、批准访问及改变口令等操作的程序和权限。例如，禁止通过电话或不经加密的邮件来设置和获取账户与口令。要制定强有力的口令管理措施，包括规定最短口令长度、复杂性、更换周期等，以及不允许使用姓名、生日、电话等作为口令。做好备份与应急预案，定期举行攻防演练，提升发生安全事件后的应急和恢复能力。

四是强化检查监督。如果条件允许，单位安全部门可设立专门的督查组，经常检查所属人员的防范意识和甄别能力。督查组甚至可以给所属人员打电话，看是否能够诱使其透露口令或重要信息。当所属人员发觉受到可疑的社会工程学攻击时，要及时上报，并及时提醒其他人员注意。

总之，面对无所不用其极的黑客，广大计算机用户尤其是保密工作者，要对社会工程学攻击保持高度的警惕，时刻擦亮自己的眼睛。社会工程学并不神秘，也不可怕，我们不必排斥它，反而要了解它。就好像刀剑本不伤人，伤人的是手持刀剑的人。当我们看透了黑客的一切手段时，那些令人惊慌的攻击反倒变成了我们维护自身的强盾。

3.13　信息战与信息武器

信息化、网络化、移动化、智能化不仅改变了普通老百姓的生活，也给国家安全、社会稳定提出了新的研究课题，现代战争的模式也随之发生了变化，进入了信息战争时代，出现了信息武器。本节主要介绍信息战和信息武器的基本概念和内容。

3.13.1　信息战

3.13.1.1　产生背景

伴随人类社会从工业时代进入信息时代，信息化战争这种新的战争形态正阔步向我们走来，并由此引发的一场世界新军事变革浪潮汹涌澎湃。"兵者，国之大事也，死生之地，存亡之道，不可不察也。"这是我国大军事家孙武的名言。如何跟上时代的步伐，迎接信息化战争和世界新军事变革的挑战，正是"国之大事"，事关国家和民族的生死存亡。因此，对于信息化战争这个新的战争形态，不仅军事上、商业上要正视它、研究它，但凡涉及国家安全和世界和平的人士，也应当了解它。

在漫长的战争历史上，出现过多种战争形态。从战争所使用的兵器性质来区分战争形态，可以分为使用冷兵器的战争、使用热兵器的战争和使用自动化与机械化装备的战争。冷兵器的战争形态在历史上持续了几千年，从电影、电视和历史小说对当时战争的描写中可以看出，那时的战争全靠用铁器打造的刀枪剑戟互相厮杀。显然，当时的战争舞台上冷兵器战争是主角。火药的发明并应用于军事，使人类战争逐渐跨入热兵器时代。热兵器又名火器。公元 1132 年，中国南宋的军事家陈规发明了一种火枪，这是世界军事史上最早的管形火器，它可以称为现代管形火器的鼻祖。公元 13 世纪，中国的火药和金属管形火器传入欧洲，火枪得到了较快的发展。这一个时期，战争舞台上的主帅是热兵器。随后，自动化和机械化武器装备逐步取代了主要使用火器的时代，机械制作的枪、炮、坦克、飞机、舰艇等投入战场，战争又完全变了一个样子。"硝烟弥漫""枪林弹雨""炮声隆隆""战鹰呼啸""铁马轰鸣"，摩托化、机械化作战，"闪击战""空地一体战""陆海空联合作战"等，就是一个时期战争情景的写照。

伴随人类从工业时代迈向信息时代，信息技术的飞速发展并在军事上的运用，战争舞台上一位新的主帅——信息化战争悄然而至了，信息化战争的一个重要条件就是在战争中大量使用信息武器。

有的专家把 1991 年年初的海湾战争称为"信息化战争的缩影"。也有的专家把海湾战争说成是"第一次信息化战争"。称谓不同，意思相似，都说明海湾战争使信息化战争正式登台亮相，从战争舞台上的配角地位上升到主帅的宝座，主导着战争的进程。在海湾战争中显示出的信息战内容是丰富的。比如，情报与谋略方面的较量，包括以信息技术手段获取情报及对情报的判断、外交与政治谋势的斗争、信息威慑及战争计划的制定与修改；自动化指挥系统的对抗，包括战场侦察、信息干扰与电子压制（含雷达压制）、计算机病毒战、指挥决策方面的造势斗智对抗；信息与能量相结合的斗争，包括陆海空天电五维一体战（含导弹战、电子战、机动战、交通战、特种战等）、战法对抗、作战精神（信念、纪律、作风）的对抗等。在海湾战争中，信息战作为战争的先导作用十分突出。古代战争是"兵马未动，粮草先行"。而海湾战争是兵马未动，信息战先行。早在战争开始前的半年多时间，就展开了电子战、情报战。以美国为首的多国部队动用了太空数十颗侦察卫星，空中数十架侦察、预警飞机，地面（海上）几十个侦察站，构成了一个全方位、大纵深、多层次、全领域、全天候、全天时的普查与详查结合、战略与战术结合的情报侦察体系，基本掌握了伊拉克的雷达、电台、导航设备、民用电信系统等情报，使战场对多国部队呈现了单向"透明"。在海湾战争中，制信息权成为夺取战争胜利的"制高点"。制信息权，是指在一定时空范围内，控制战场信息的主动权，包括信息的获取权、信息的传递权、信息的处理权、信息的利用权等方面。谁夺取了制信息权，谁就拥有使用信息的自由权和主动权。海湾战争中，在多国部队猛烈的、软硬一体的信息攻击下，伊军的指挥控制系统遭到严重的破坏，真的成了"聋子""瞎子"，以致不得不始终处于被动挨打的境地。多国部队由于掌握了制信息权，飞机、坦克、火炮、舰艇这些作战平台充分发挥火力，准确地打击伊军。这场战争成为信息战与火力战一体的典型战例。

从上述事实不难看出，信息战在海湾战争中确确实实已经成为主帅统领着战争。海湾战争之后的科索沃战争、阿富汗战争、伊拉克战争，信息化战争更加主导着战争的进程。从海湾战争以来，许多专家学者，或撰文，或著书，一再提醒世人：信息化战争时代到来了。关注和研究信息化战争已经成为摆在人们面前的一个重要课题。

信息战（Information Warfare，IW）是人类社会发展到信息时代的必然产物，现代战争中最可怕和最重要的武器已不再是高性能的战斗机、轰炸机、坦克和军舰，而是信息系统传输的大量信息，没有制信息权，就没有制空权、制海权及陆上作战的主动权。为了夺取制信息权，数字化、信息化的战场上展开了信息战。信息战是指通过利用、改变、瘫痪敌方的信息和信息系统，同时保护己方的信息和信息系统不被敌方利用、改变、瘫痪而采取的各种作战行动。在现代战争条件下，敌对双方的攻击目标不仅是对方的军、政信息基础设施，以破坏和控制其军事指挥和控制系统；同时，还将攻击目标指向关系到国家经济发展的基础设施，如公用通信网、电力、交通、供水、银行等民用设施，以破坏和控制敌国的经济命脉，扰乱其社会秩序，达到"不战而屈人之兵"的目的。

3.13.1.2 基本概念

3.13.1.2.1 信息战概念

信息本身不仅是现代国家力量的一个关键因素，而且更重要的是，它正在成为支援国家外交、经济竞争、科技开发和有效地使用军事力量的一个日趋重要的国家资源。因此，从广义上讲，信息战是利用信息来达到自己国家的目的。

信息战是一种全新的战争模式，"信息战"这个名词始于 1983 年，由美国海军电子系统司令部副司令 A. A. Gallotta 少将提出；1990 年 3 月，我国浙江大学出版社已出版 "信息战" 专著。但关于信息战的定义目前还没有统一的认可，各军种和机构对于信息战的定义可谓是仁者见仁，智者见智。信息战的内涵是广泛的，它模糊了战与非战、军事战争和商战、个人违法活动和国家行为的界限，正如《星期日泰晤士报》载文所指出的："每块芯片都是一种潜在的武器，每台计算机都是射入敌人心脏的一支潜在的箭。"

美国国防信息基础结构（DII）中信息战的定义为：保证任何时间、任何地方整个国防部所需信息的有效性、完整性和安全性，保证全部必需的作战、工程及安全等科目和情报（或反情报）支持及应用。

美军野战条令 FM100-6 中信息战的定义为：在保护己方的信息、信息处理、信息系统和计算机网络的同时，为扰乱敌人的信息、信息处理、信息系统和计算机网络以取得对敌信息优势而采取的行动。

美国国防部在 1995 年财政年度的国防报告中指出，信息战不仅是更好地综合利用己方 C^4I 系统（指挥、控制、通信和情报系统）的手段，而且是有效地与潜在敌方的 C^4I 系统相匹敌的手段，一方面，确保自方信息系统的完好，免遭被敌方利用、瘫痪和破坏，另一方面，则设法利用、瘫痪和破坏敌方的信息系统。因此，信息战就是 C^4I 与 C^4I 的对抗。

美军 2012 版《JP3—13 信息作战条令》中定义，信息作战是指 "在军事行动中，综合运用信息相关能力并协调其他作战手段，影响、中断、破坏或篡改敌人决策，同时保护己方决策"。并提出了 "信息相关能力" 的概念。

俄军对信息战的定义为：信息战是交战双方广泛使用各种信息武器打击对方的指挥控制系统以及民心士气。

印度对信息战的定义为：信息战就是在信息领域进行的战争。它是指在使敌方无法利用信息的同时，己方为了充分利用信息而采取的各种行动。

中国沈伟光将信息战定义为：广义是指军事集团抢占信息空间和争夺信息资源的战争；狭义是指战争中交战双方在信息领域的对抗。我国王普丰对信息战的定义为：信息战争是在战争中大量使用信息技术和信息武器的基础上，构成信息网络化的战场，进行全时空的信息较量的一种战争形态。核心是争夺战场信息的控制权，并以此影响和决定战争的胜负。

可见，信息战是一种综合战略，是指综合运用信息技术和武器，打击敌人的信息系统，特别是侦察和指挥控制系统，使敌人情况不明，难以做出决策，或者给以虚假的信息，使之做出错误的决策，结果处处被动挨打，最后不得不放弃抵抗；与此同时，采取一切措施保护自己的信息系统不受敌人的干扰和破坏，各种功能得以充分发挥；这种攻防兼备的信息战，核心是争夺制信息权。信息战实际上是在信息领域进行的战斗，是己方为夺取战场信息的获取、传递、处理和使用信息的控制权，即夺取 "制信息权"，同时干扰破坏敌方信息的获取、传递、处理和使用信息的能力所进行的斗争。争夺制信息权的斗争，如同以往争夺制空权、制海权一样，成为现代战争各个战场上争夺的焦点；掌握了制信息权，也就掌握了战争的主动权。

简单来说，信息战是利用现代信息手段，根据敌我双方形势，在时间、空间和强度上综合运用信息，通过夺取信息优势来达到自己的军事目的，它既包括了攻击对方的认识和信念，也包括利用信息优势在实际战斗中打败对方，争取 "不战而屈人之兵"。同时，信息战的综合战略也是相对的，进攻性信息战能力强，其众多的信息系统也怕对方的信息攻击。

信息战是指在战场上削弱、破坏敌方信息系统使用效能，保护己方信息系统正常发挥效能而进行的各种作战行动和措施的统称。与常规战争相同的是，信息战也有防御和进攻之分；而与之不同的是，信息战不以消灭敌人的有生力量和摧毁敌人军事设施为目的，而主要着眼于破坏敌人有生力量和军事设施赖以发挥作用的军事信息系统。

以网络技术为核心的信息战在未来战争中会是什么样子呢？美国陆军情报和安全指挥部一位上校军官这样描述：战争爆发后，首先，一种计算机病毒被输入敌国的电话交换系统中，导致电话系统瘫痪。其次，预设的"逻辑炸弹"（如计算机病毒）在敌国的空中和陆地交通管制系统中爆炸，使飞机飞往错误的目的地，运送物资和士兵的车辆开乱了方向。而敌人的前线指挥员遵循无线电报传来的命令行事，并不知道这些电报是伪造的。就这样，兵不血刃，一场战争就胜利了。这个描述或许有些言过其实，但深入思考一下会发现这完全是可能的。

3.13.1.2.2　电子战概念

电子战又称"电子对抗"，是指作战双方利用电磁频谱进行的斗争，它是军事上为削弱、破坏敌方电子设备的使用效能和保障己方电子设备正常发挥效能而采取的综合措施，包括雷达对抗、无线电通信对抗、光电对抗等。其主要作用有：获取敌方的军事和技术信息，干扰和破坏雷达系统，干扰和破坏敌方的通信联络和指挥，干扰和破坏兵器的制导系统，保障己方电子设备的正常工作，进行战役或战斗伪装。电子战包括电子侦察、电子干扰和电子防御。电子侦察是利用电子侦察设备截获敌方电子设备辐射的电磁信号来获取情报。电子干扰利用电子干扰设备或器材，通过发射电磁波或反射、吸收敌方电子设备的电磁波，对敌方电子设备进行压制和欺骗，使敌方电子设备和系统丧失或降低效能。电子防御是为了保障己方电子设备和系统免遭或削弱敌方电子侦察和电子干扰的影响，充分发挥其效能而采取的措施和行动。

信息技术不但使武器、指挥控制及战场信息化，而且使信息系统网络化。信息系统网络化使信息获取、信息传输、信息处理和信息使用四个环节协调工作，较好地解决了指挥控制的协同问题，有利于战场信息共享，有利于战争目的与作战行动的统一、战术与技术的统一、机动与火力的统一以及联合作战的一体化，使各作战要素成为有机的整体，发挥最大的效能。信息技术不但是夺取信息优势的保障，而且引发了信息战。信息战的目的就是削弱、破坏敌方的信息及信息系统，保护己方的信息及信息系统。

从电子战、信息战的发展过程来看，信息战是在电子战的基础上发展起来的，是现代信息技术、计算机技术与电子战的结合，是电子战的新发展和新突破。电子战的本质是破坏敌方获取信息、传输信息的能力，保障己方获取信息、传输信息的能力。将电子战的功用、范围和信息系统或信息网络的组成、功用及范围联系起来看，电子侦察是信息获取的一部分，仅是利用雷达等电子设备获取信息的部分。电子干扰只能对利用电子设备获取信息、传输信息、引导武器的部分进行干扰，电子防御也是保障这些电子设备发挥效能。电子战没有包含信息处理的计算机及其网络和其他获取信息、传输信息的手段。因此，电子战是信息战的一种表现形式，是信息战的一部分，而且是信息战的基础。电子战的提法是针对电子设备的本身构成形式，信息战的提法是针对电子设备输出的结果或功能。两者的出发点和目的是一致的，只是层次和范围有差别。

3.13.1.3　作用形式

信息战改变了战争中的打击重心和顺序。战争中的作战力量由物质、能量和信息三个基本要素构成。在工业时代的战争中，物质和能量表现为火力，起主导作用，信息起重要作用。在信息时代的战争中，信息起了主导作用，物质和能量起重要作用。信息战使打击目标的选择以及打击目标的顺序和地位发生了变化，作战的重心发生了转移。工业时代的战争主要通过使用热兵器，如飞机、坦克、舰艇、枪炮和各种弹药，以消灭敌军有生力量和军事基地为首要目标；而信息时代的战争，以破坏、摧毁敌方重要的计算机网络系统、通信系统、导航系统及传感器等信息系统为首要目标，其次是消灭敌军有生力量、军事基地，最后是摧毁敌方国家的基础设施。这是电子战特征的升华。信息战、电子战几乎不以流血方式进行，但破坏程度不亚于常规武器和核武器。

信息战是获得信息优势的保障，是决定战争中战略及战术主动权乃至胜利的主要因素之一，具有强烈的威慑作用，其威慑作用是通过信息及信息攻击的实力给敌方的人员心理以打击，影响敌方指挥者的决策、指挥和控制，使敌方产生畏惧、恐慌心理，从而削弱敌方的战斗意志及战斗力，实现"不战而屈人之兵"的目的。例如，用电视、报纸等新闻媒体、计算机网络广泛传播己方的优势及对敌方的了解，用电子干扰阻止敌方获取信息、传输信息，或用假信息欺骗敌方，给敌方施加强大的心理压力。当然，信息战的威慑作用与战争的实力密切相关，并以战争实力做后盾。但信息战也不是万能的，它不可能完全代替体能、机械能和化学能量的作用，它只能以其独特的形式发挥其独特的作用。

信息战的攻击是通过使用信息战武器攻击敌方信息和信息系统来达到作战效果的。因此，分析一个武器系统被信息战武器攻击的形式，首先要分析该系统的主要信息流、信息系统的软硬件构成、信息的使用方法、信息的存储方法等与信息有关的各种因素。根据信息技术的特点、信息系统的功能、信息存在的空间以及信息战与电子战的关系，信息战应包括三个方面内容：信息支援、信息攻击、信息防御。

信息支援就是利用信息技术来获取各种信息、处理信息，将信息传输给使用者，包括信息获取、信息处理、信息传输。信息获取包括两方面：一是利用各种传感器获取敌方信息，包括电子侦察；二是汇总己方的信息。信息处理是根据不同的战争目的、战术要求、地理环境及气象条件等，对信息进行处理。信息传输保障信息处理中心与传感器和信息使用者的信息交换。信息支援为信息攻击、打击敌方有效兵力、摧毁敌方军事目标提供保障。特洛伊木马就是获取信息的一种信息武器。

信息攻击是进攻性手段，在情报支持下，综合运用作战安全、军事欺骗、心理战、电子战和物理摧毁等各种手段，利用、瘫痪和破坏敌方的传感器、信息处理系统及信息传输网络等各种信息系统，污染或切断信息流，使敌方不能正常利用信息甚至无法获得信息。它包括对敌方信息系统各环节的软杀伤和硬杀伤。软杀伤是指对传感器及通信的电子干扰，利用计算机病毒破坏处理信息的计算机网络。硬杀伤是指用火力摧毁敌方信息系统或其传感器、通信网、信息处理中心。信息攻击还包括通过各种媒介散布信息优势，打击敌方人员的心理。进攻性信息战的具体内容如下：

① 电子战进攻：使用电磁能干扰敌方的各种信息系统（如指挥系统、传感器系统、通信系统、导航定位系统、侦察系统及识别系统等）；干扰或控制敌方的武器系统等。

② 计算机网络进攻：利用计算机、通信、网络及软件等手段，扰乱敌方的计算机网络，施放各种计算机病毒（广义上也包含逻辑炸弹、"特洛伊木马"等），使敌方的信息系统恶化或瘫痪。

③ 截获和利用敌方的信息：利用己方各种信息系统及计算机网络等侦察手段，截获和

窃取敌方信息系统及计算机网络对己方有用的情报、数据，经处理、破译后，支援己方作战。

④ 军事欺骗：调动部署兵力佯攻或诱敌；向敌方信息系统、计算机网络或其他媒体发出假情报、假数据、假目标、假信号，使敌方做出错误决断。

⑤ 进攻性心理战：利用各种新闻传播媒体（报刊、广播、影视、传单等）向敌方宣传，影响敌方士气，降低敌方战斗力，影响敌方决策或使之停止抵抗等。

⑥ 物理摧毁：用精密制导武器或其他火力，摧毁敌方的信息系统或其要害部位；用强电磁能、定向能、辐射能或电子生物等破坏敌方信息系统的电路；破坏敌方信息系统的电力供应等保障系统。

⑦ 微处理芯片攻击：目前完全可以利用微电子技术在微处理器中设置一些特殊的功能部件，甚至是相互配套的隐藏的功能部件，这些功能部件可以直接通过硬件向外发送信息处理系统中的信息。2008 年 4 月 8 日，美国伊利诺伊大学的科研人员利用一种特别的可编程处理器，注入恶意的固体到芯片的记忆体中就可以实现让攻击者直接登录机器。当一个单位系统被入侵时，没有人相信是硬件出了问题，定位到具体哪个硬件，则更为困难。

⑧ 利用电磁辐射窃取信息：信息系统在输入、输出、加工处理信息过程中，必然会产生电磁辐射。在离工作间几十米甚至上百米处就可探测到计算机等设备的工作状况，收集到的辐射信号通过专用仪器就能还原成正在处理的信息和显示装置上正在显示的内容，轻而易举窃取到秘密信息。

⑨ 高功率微波（HPM）武器：高功率微波武器是一种利用定向发射的高功率微波频段的电磁波（简称高功率微波或 HPM）波束对目标进行干扰、致盲或毁坏的武器。实质是利用高功率微波在与目标的相互作用过程中产生的电效应、热效应和生物效应来对目标进行杀伤破坏的。高功率微波武器是一种能用来对付电子装备和人员的大规模非致命杀伤性武器，可以用于从战略到战术的各种破坏信息运行的作战行动。

信息防御是为了保障己方信息及信息系统免遭侦察、干扰和破坏，使己方信息获取、信息处理、信息传输及信息利用保持正常而采取的一切措施和行动。防御性信息战应包括以下内容：

① 电子战防卫：在实施电子战时，己方的各种信息系统，特别是各种传感器系统和无线通信系统，必须具备抗干扰能力，以保证各种信息系统正常发挥功能。己方的武器系统也应具备抗干扰能力。

② 计算机、通信和网络安全防护：隔离（防火墙）和探测非法入侵，提高操作系统和应用软件抗病毒免疫力。信息战安全包括计算机安全、通信安全、网络安全和操作安全等。

③ 反情报：信息加密；应用低截获概率技术；加强情报保密的认证、批准的管理；严格信息分发程序；技术封锁等。

④ 防御性的军事欺骗及反欺骗：对信息系统重要部位（雷达、无线、节点、指挥中心等）及武器系统部署假设施（如诱饵）；掌握充分情报，识别敌方真实意图；采用相应技术识别敌方的虚假信息（假情报、假数据、假目标、假信号等）。

⑤ 防御性心理战：采取多种方式，平时加强思想宣传教育工作，及时揭露敌方宣传企图，保持旺盛战斗力，做出正确决策。

⑥ 防物理摧毁：对己方信息系统进行系统加固、设备加固、电路加固等；对己方信息

重要部位和武器系统进行伪装或隐身；在可能的条件下建造备用、机动或地下信息系统；干扰敌方来袭的精确制导武器（巡航导弹、制导炸弹等）；建设自主式信息系统应急供电等保障设施；提高信息系统的重组能力。

此外，不断有新的技术应用于信息战中，如虚拟现实技术、定向能武器等。

3.13.1.4　发展趋势

信息战极大地促进了情报收集技术的进步和发展。目前，西方国家已经拥有间谍飞机和携带照相机的无人侦察机用来侦察地面的敌人。在未来战场上，成千上万的微型传感大将被大量空投或秘密地置于地面。美国正在制作一种雪茄烟盒大小的无人空中飞行器，它可以"嗅出"作战对象所处的位置；可以秘密地向敌军部队喷洒烟雾剂；可以秘密地在敌军的食物供应中投入化学剂；飞过敌军头上的生物传感器将根据敌人的呼吸和汗味跟踪敌军的行动位置，确定攻击目标。

利用信息战也可弥补常规武装力量的不足。信息战能够先于武装冲突进行，从而避免流血战争，能够加强对一场兵刃相见的战争的控制能力。比如可将计算机病毒植入敌方可能会使用的武装系统中，武器的所有方面似乎是正常的，但弹头将不会爆炸；还可以在敌方的计算机网络中植入按预定时间启动的逻辑炸弹，并保持在休眠状态，等到了预定时间，这些逻辑炸弹将复活并吞噬计算机收据，专门破坏指挥自动化系统，摧毁那些控制铁路和军用护航线的电路，并将火车引到错误路线，造成交通堵塞等，在一定程度上起到不战而驱人之兵的目标。有人预言，"未来战争可能是一场没有痛苦的、计算机操纵的电子游戏"。

早在 20 世纪 80 年代中期，美国首先提出了信息战这一概念，其后，世界各军事强国都把信息战放在战略地位来研究，并在多次高技术局部战争中进行了实践。海湾战争被许多军事专家称为第一次信息战争，其实就是信息战的雏形，2003 年的伊拉克战争才是真正意义上的信息战争，而 2011 年利比亚战争中，北约国家再次上演了信息系统支持下的机械化战争对单平台机械化战争的跨代优势。美军对 IW 已进行了大量的研究和实践。在投资方面，对 IW 的拨款在美国各项经费投资中大大超过火箭、核武器和空间开发项目；在理论方面，建立了信息战理论，出版了信息战作战条例；在组织上，三军相继成立了信息战机构，组建了数字化部队；在技术方面，制定了 C⁴I 一体化计划，大力发展信息战武器装备；在人才方面，若干军事院校建立了信息专业，以培养 IW 的人才；在信息防护方面，为防止"电子珍珠港事件"发生，对计算机网络和信息系统都采取了有效的防护措施。美军正在形成"导弹武器打击体系+电磁武器打击体系+信息武器打击体系""三位一体"的信息系统支持下的信息化战争力量格局，并在全球谋求更大的战争形态跨代优势。

俄军也特别重视 IW 和信息化部队的建设，采取了一系列措施加快这一领域研究的步伐。1995 年 11 月，俄联邦安全会议部长委员会根据研究机构的咨询意见，向国家首脑呈交了关于"信息安全"的报告，阐述了信息安全和信息斗争的意义。在组织方面，俄政府决定由俄联邦安全委员会负责组建一些特种分队和专门机构，以确保俄罗斯联邦信息传输领域的绝对安全。俄罗斯总统普京上台以后，表现出了对国家安全、信息安全前所未有的重视，并将其在《军事学说》中列为国防部、内务部、安全总局等强力部门的重要使命。

我国在对 IW 重要性的认识方面，在采取有效措施和对策方面，在投入方面，与西方主要发达国家的差距还很大。目前我国的微电子技术和计算机技术还远远落后于世界水平，所以应大量进口各种集成电路芯片，用于制造计算机和其他设备；大量进口计算机硬件设备和操作系统及各种应用软件，应用于各个领域和部门。在国外大力开展信息战和信息武器研究的严峻形势下，我国也应该加快信息战理论和技术的研究，尤其是计算机病毒、逻辑炸弹、蠕虫、电磁脉冲炸弹、特洛伊木马等信息武器的研究，独立自主地构筑起我们的网络与信息安全保障体系，抢占信息安全制高点，以夺取信息战争的主动权，在未来的战争中形成强大的威慑力量，拥有一把打赢现代战争的"杀手锏"。习主席在中央政治局第十七次集体学习时指出，勇于改变机械化战争的思维定式，树立信息化战争的思想观念；改变维护传统安全的思维定式，树立维护国家综合安全和战略利益拓展的思想观念；努力建立起一整套适应信息化战争和履行使命要求的新的军事理论、体制编制、装备体系、战略战术、管理模式。

未来信息战将对非军事目标产生更大的威胁。未来战争可用计算机兵不血刃、干净利索地破坏敌方的空中交通管制、通信系统和金融系统，给平民百姓的日常生活造成极大混乱。信息战虽然凭借它的奇异技术或许能够避免流血或死亡，但信息战的打击面将是综合的、立体的、全方位的，可以在敌国民众中引起普遍的恐慌，从而达到不战而胜的效果。信息战同其他形式的战争一样可怕。纳卡冲突中流出的短视频，已经综合了舆论战、心理战的全部要素，是第四种战争信息战的新表现。虽然纳卡冲突具有历史复杂性，短期之内也难以解决，但在网上广为传播的冲突现场短视频则直白无误地告诉我们，社交媒体正以全新姿态进入战场，并伴随着信息技术的进一步发展，在战争进程中发挥更大作用，争夺网络新媒体舆论主动权将是一项长期战略任务，我们必须高度重视这一发展演进趋势。

信息战作为未来战场上一种新的作战方式，还将对各国军队编成结构产生巨大影响。由于微处理器的运用，武装系统小型化，用电子控制的"无人机"将追踪和攻击目标，航空母舰和有人驾驶的轰炸机可能过时；指挥员和战斗员之间负责处理命令的参谋人员的层次将大大减少；随着战场设备需要更多的技术人员来操纵，设备与士兵之间的区别将变得模糊。

3.13.2　信息武器

3.13.2.1　基本概念

信息武器是以信息技术为核心的军事高科技，是信息化战争的基础，信息化武器装备体系对抗是未来信息化战争的重要特征。所谓信息武器，是指利用信息技术和计算机技术，使武器装备在预警探测、情报侦察、精确制导、火力打击、指挥控制、通信联络、战场管理等方面实现信息采集、融合、处理、传输、显示的网络化、自动化和实时化。

伴随着计算机在军事领域中的广泛应用和技术核心地位的确定，以计算机系统和网络为攻防目标的计算机对抗已发展成为信息战的一个新领域。毋庸置疑，在未来战争中，信息的获取、传输、处理、利用权将是战争双方争夺的焦点，计算机对抗将是现代战争的一种重要形式，信息武器将在计算机对抗中发挥重要作用。因此，西方军事先进国家从20世纪80年代后期便开始研究计算机对抗技术和信息武器，现在已经有了一些较好的成果（或产品）。在我国，计算机对抗也早已引起了军方及有关科研部门的注意，但目前尚处在认识阶段。为适应未来信息战争的需要，应积极开展计算机对抗和信息武器领域的研究工作。

3.13.2.2　主要特点

信息武器主要具有破坏信息系统和影响人的心理两个特点。

（1）破坏信息系统

一种是指通过间谍和侦察手段窃取重要的机密信息；另一种是负面信息。输入负面信息有两条途径，即借助通信线路扩散计算机病毒，使它侵入民用电话局、军用通信节点和指挥控制部门的计算机系统，并使其出现故障；也可以采用"逻辑炸弹"式的计算机病毒，通过预先把病毒植入信息控制中心的由程序组成的智能机构中，这些病毒依据给定的信号或在预先设定的时间里发作，来破坏计算机中的资源，使其无法工作。

（2）影响人的心理

信息武器最重要的威力还在于对人的心理影响和随之对其行为的控制。据称，在海湾战争中，美国国防部依据阿拉伯世界普遍信奉伊斯兰教的特点，特别拟定了在空中展现真主受难的全息摄影，以便使目击者遵从"天上来的旨意"，劝说自己的教友停止抵抗。据说另有一种 666 号病毒在荧光屏上反复产生特殊的色彩图案，使电脑操作人员昏昏欲睡，萌生一些莫名其妙的潜意识，从而引起心血管系统运行状态的急剧变化，直至造成大脑血管梗塞。

3.13.2.3　主要分类

所有用于信息战的武器都可以称为信息战武器。除了常规的电子战武器和心理战手段外，典型的信息战武器还有计算机病毒、蠕虫、特洛伊木马、逻辑炸弹、高能微波武器、粒子束武器、电磁武器，以及一切可以影响敌方信息的装备如广播电台、电视台、出版物、互联网网络等。广义上的信息武器有硬件和软件两种形式。硬件形式的信息武器主要有捣鬼芯片、微波炸弹、微米/纳米机器人和生物炸弹，软件形式的信息武器主要有计算机病毒、特洛伊木马、后门等。

3.13.2.3.1　硬件形式

（1）捣鬼芯片

"芯片捣鬼"是指蓄意修改、更动、设计或使用集成电路芯片的活动。在当今包括多达数百万个晶体管的集成电路芯片上，芯片制造商可以按某些要求轻易地加入一些正常使用料想不到的易损功能或某些特殊作用的功能。例如，在用一段时间后使芯片失效，或者在接收到特定频率的信号后自毁，或者运行后发送可识别其准确位置的无线电信号等。一个关键芯片的小故障足以引起整个系统停止运转。可以预想，有朝一日某国要对购买其武器的客户（盟国或敌国）使坏，只需秘密地对武器系统中少许集成电路芯片做手脚即可，这是既省力、省钱又有效的措施。

1991 年的海湾战争中，美国特工利用伊拉克购置的用于防空系统的打印机途经安曼的机会，将一套带有病毒的芯片换装到这批打印机中，并在美军空袭伊拉克的"沙漠风暴"行动开始后，用无线遥控装置激活潜伏的病毒，致使伊拉克的防空系统陷入瘫痪，造成伊军重大损失。从功能上看，这些芯片类似于木马程序，但是其危害却要大得多，因为木马不过是程序，发现后可以完全清除，而植入计算机硬件的芯片是无法在不损坏计算机的前提下进行清除的。

（2）电磁脉冲武器

电磁脉冲武器的定义有狭义与广义之分。狭义上的电磁脉冲武器，是指运用超强电磁辐射损毁敌人作战平台电子元器件的专用弹药或装备；广义上的电磁脉冲武器，包括更多借助电磁脉冲形成战斗力的作战平台。

狭义上的电磁脉冲武器可分为两类：一类是电磁脉冲炸弹、电磁脉冲导弹、电磁脉冲炮弹这种因"弹"而生电磁脉冲的武器；另一类则是直接生发电磁脉冲、攻击相关目标的作战平台，如一些专用发射装置等。电磁脉冲武器所生发的高强度电磁脉冲能量以辐射方式攻击电子信息系统，可在瞬间破坏特定区域内雷达、电脑和其他电子设备，达到瘫痪指挥控制及作战系统的目的。

因"弹"而生电磁脉冲的武器，最典型的莫过于被誉为"第二原子弹"的电磁脉冲炸弹。目前，这类炸弹已经成为世界各军事强国研究的重点。当前，电磁脉冲炸弹主要有两种类型：核致电磁脉冲炸弹与非核致电磁脉冲炸弹。核致电磁脉冲炸弹就是人们常言的核武器，非核致电磁脉冲炸弹则指利用炸药爆炸压缩磁通量，释放大功率微波的电磁脉冲武器，因其不会产生核污染，是当前各国研发的重中之重。

2003年3月美国发动的伊拉克战争，美英联军第一次使用了微波脉冲炸弹空袭了伊拉克国家电视台，并造成电视台一段时间瘫痪。从此，高功率微波武器正式登上了历史舞台。

2014年，俄罗斯有关媒体披露，俄军试用的"阿拉布加"电磁脉冲武器，在200~300 m的空中爆炸，能够中断周围3.5 km之内的电子设备运行，使营团级规模的作战分队丧失通信能力。

（3）微米/纳米机器人

微米/纳米机器人具有对计算机系统造成严重危害的可能性。它们不像计算机病毒武器那样攻击计算机软件，而是攻击计算机硬件。微米/纳米机器人是一些外形似黄蜂、苍蝇的会飞、会爬的微米/纳米系统，可秘密部署到敌人信息系统或武器系统附近，它们有的可以通过插口钻进计算机，破坏电子电路工作；有的可以是微型传感器，用来获取敌方信息。

目前，各主要军事大国正在积极进行纳米机器人的研发，并已成功研制出数十种纳米机器人用的元器件，纳米机器人部队将在一些实验室或生产线上整装待发。据一些专家推算，预计到2025年军用纳米机器人就将研制成功，受其影响，届时国际政治军事形势也必将发生重大的变化。

（4）生物炸弹

又称芯片细菌，是利用生物工程技术、经过特殊培育的、能毁坏硬件的一种微生物，它们像吞噬垃圾和石油废料的微生物一样，专门"吞食"计算机中某些零部件和绝缘材料，可以通过某些途径进入计算机，对计算机系统造成破坏，造成网络设施失灵和短路，使敌方计算机和网络系统无法正常运作。这类细菌的繁殖能力较强，一旦找到"突破口"，就能迅速蔓延，整个网络就将不战自溃。目前此技术只是一个初步的构想思路，但是相信在未来的战争舞台一定会出现。

（5）幻觉武器

幻觉武器是运用全息投影技术从空间站向云端或战场上的特定空间投射有关影像、标语、口号的一种激光装置。可谓最直接的心理战武器。它的作用是从心理上骚扰、恫吓和瓦解敌军，使之恐惧厌战，继而放弃武器逃离战场。据报道，美国在索马里就曾使用过这种幻觉武器进行了一次投影效应试验，把受难耶稣的巨幅头像投射到风沙迷漫的空中。近些年来，美国正在研制一种新型心理幻觉武器，它能在未来战场上制造出虚假现实图景，这种最新工艺能在任何表面和大气层中映射出物体的虚假形象，包括飞机、坦克、舰船，甚至使用新一代全息图的整支战斗部队和小组。

3.13.2.3.2 软件形式

软件形式的信息武器包括计算机病毒、特洛伊木马、后门、拒绝服务攻击等。详细内容参见前面章节中所述内容。下面补充分析计算机病毒的注入方式和后门的概念。

计算机病毒的注入方式有很多，主要包括以下几种：

（1）无线注入技术

无线注入即空间无线耦合技术，将含有计算机病毒程序的电磁波向敌方通信天线、接收机、武器系统的指令、信号系统辐射，通过敌方的有用信号通道或电路耦合直接把病毒送进计算机系统，以达到破坏的目的。这种方式技术难度大，隐蔽性好，是注入病毒的最佳方式。2000 年 6 月，在西班牙马德里的无线网络中曾出现一种可以入侵 GSM 手机的蠕虫病毒 Timofonica，这是一种用 VBScript 编写的病毒，传播方式和 I Love You 病毒很相似。虽然这种病毒没有产生大的危害，感染范围也很小。但是这个病毒的出现提醒人们，病毒的无线注入绝不仅仅是理论上的设想。

（2）有线注入技术

对敌方有线联网的计算机网络，可以通过"搭线""开口"的方式，将病毒注入敌方计算机系统、网络中去。对 C^4I 系统，病毒可以通过数据链路和控制链路直接进入目标计算机，然后蔓延开来。如在军事应用上，计算机病毒渗透到机载电子设备中，会造成空中飞机与基地的通信联系中断等后果。此外，由于目前的军民用电话系统都是网络化，靠计算机自动控制，因此计算机病毒可通过网络渗透到电话系统，影响正常通话。

（3）"预埋技术"

把含有计算机病毒的芯片、软件、外设或系统，配置到敌方计算机设备、系统或网络中去；同时，也就把计算机病毒"预埋"到敌方计算机系统中去。据称，美国正在进行的 CPU"陷阱"设计，通过对敌国高科技出口将这样的芯片顺利进入敌国，可使美国通过互联网发布指令让敌方电脑停止工作。其攻击方案有：

① "特洛伊木马"方案病毒射入系统后，先潜伏下来，等到预定的事件或时间，才给所潜入的系统或网络造成灾难性的破坏。这种方案的优点是，在所期望的事件出现以前，病毒对系统无任何影响，因而不会引起敌方的怀疑。

② 过载方案：病毒被植入系统后，它将把自己进行多次复制，以降低系统的处理速度，这种附加的延迟将使得像火控雷达等对时间较敏感的系统性能大大降低。

③ 强迫隔离方案：病毒进入网络后，就充分地表现自己已经存在，即宣布此网络有病毒了。敌方由于害怕该网络节点感染其他网络节点，所以就被迫把它与其他网络节点断开。这使得网络不得不以各个独立的节点运行，从而大大降低网络的效能。

④ 探测方案：探测病毒搜索一块特定的数据，然后把它自己发送回指定的位置。这样可以目标集中地破坏敌人的关键信息。

⑤ 刺客方案：刺客病毒射入网络，破坏网络中的一个特殊文件、系统或其他实体。此种病毒在找到目标之前在所有地方传播，然后再擦去自己。它将使所攻击的目标瘫痪，并在最后自行擦除而不留任何痕迹。

后门又称陷门，指程序中的一个秘密的、未载入文本的入口，可以不通过常规认证方式进入系统。后门通常有两种：一种是计算机系统或软件设计者预先在系统中构造的一种秘密入口，其作用是使设计者能越过正常的系统保护，提供一种可潜入系统的方法；一种是攻击者在攻击目标系统成功后为下次再次进入而故意留下的，其目的是保证在管理员改变密码以后，仍能够再次侵入，使再次侵入被发现的可能性减至最低，利用脆弱性，重复攻破机器。

常见的安全后门有密码破解后门、内核后门、Shell 后门等。1998 年 DEFCON 的黑客盛会，"死牛祭礼"（CDC）的黑客组织发表并演示了 Back Orifice（BO）和 DirectXPloit 等黑客工具，引起与会者极大的震动。2009 年 11 月，江苏省公安厅破获"温柔"黑客团伙案，该团伙利用木马、后门等方式窃取网游账号，非法入侵各类网站 1 200 多个，至少造成 800 万个游戏玩家的游戏账号密码、游戏装备被盗，涉案金额高达 3 000 万元。和后门一样，逻辑炸弹也是预先植入的程序。后门必须打开端口才能引狼入室，容易被发现。而逻辑炸弹只是静静地潜伏在计算机系统中，不断检查一个逻辑表达式的值，一旦发现这个逻辑表达式的值为真（或者假），立刻执行预先准备的破坏指令。

3.14　其他信息攻击技术

3.14.1　APT 攻击

APT（Advanced Persistent Threat）即高级持续性威胁攻击，已经成为业界关注和讨论的热点，APT 攻击以其独特的攻击方式和手段，使得传统的安全防御工具已无法进行有效的防御。

3.14.1.1　基本概念

有些将 APT 攻击定义为由民族或国家发起的攻击，有些则将 APT 描述为窃取一般数据或者知识产权信息的威胁。准确地说，APT 是指组织（特别是政府）或者小团体使用先进的攻击手段对特定目标进行长期持续性网络攻击的攻击形式。APT 攻击的高级体现在精确的信息收集、高度的隐蔽性，以及使用各种复杂的网络基础设施、应用程序漏洞对目标进行的精准打击。攻击人员的攻击形式更为高级和先进，称为网络空间领域最高级别的安全对抗。

2010 年的 GoogleAurora（极光）攻击是一个十分著名的 APT 攻击。Google 的一名雇员点击即时消息中的一条恶意链接，引发了一系列事件，导致这个搜索引擎巨人的网络被渗入数月，并且造成各种系统的数据被窃取。

2011 年 3 月，EMC 公司下属的 RSA 公司遭受入侵，部分 SecurID 技术及客户资料被窃取。其后果导致很多使用 SecurID 作为认证凭据建立 VPN 网络的公司——包括洛克希德马丁公司、诺斯罗普公司等美国国防外包商——受到攻击，重要资料被窃取。

2013 年 4 月，启明星辰发现了一个拥有合法数字签名的后门程序，这个后门利用 Adobe Flash 漏洞（CVE-2013-0634），可能已经存活很长时间。

2018 年，APT 28 组织频繁利用 Office 模板注入远程宏文档的攻击技术对北美国家的外交事务组织、欧洲国家的外交事务组织以及苏联国家的政府实体进行定向攻击。

2019 年年初，委内瑞拉遭受极为严重的网络打击，全境大面积断电断水，国民生产生活陷入瘫痪，国家接近崩溃边缘，嫌疑直指美国策划该攻击事件。

2019 年 12 月，IBM 披露中东工业和能源行业遭伊朗 APT34（Oilrig）恶意数据擦除软件 ZeroCleare 的"摧毁型"攻击。

APT 攻击不是一个整体，而是将众多入侵渗透技术进行整合而实现的隐秘性的攻击手法，其体现出三方面的特点。

（1）Advanced（高级）

意味着攻击者拥有更高级的全方位的情报收集技术和更高级的攻击手段。这些可能包括传统的情报收集技术、计算机入侵技术、会话劫持技术以及卫星成像等技术。APT 组织一般会自己动手构建恶意软件工具包，根据需要访问和开发更高级的工具。他们经常结合多种定位方法、工具和技术，以达到并保持对目标的访问。因而与传统攻击手段和入侵方式相比，APT 攻击体现的技术性更强，过程也更为复杂。

（2）Pesistent（持续的）

与传统黑客对信息系统的攻击是为了取得短期的收益和回报不同，APT 攻击一方优先考虑某项具体任务，而不会投机取巧地寻求获取财务或其他收益的信息。这个意味着攻击者是由外部实体引导的。攻击的针对性是通过持续监控和互动来实现的，以达到既定的目标。这类持续时间远大于通常意义的攻击，很少是黑客的个人行为，其背后往往体现着组织或国家的意志。

（3）Threat（威胁）

APT 攻击是人为的，有针对性的，其最终目标是破坏、窃取重要信息资产，甚至有可能危及社会稳定和国家安全。由于 APT 攻击通常都由经验丰富的黑客或团伙发起，受雇于第三方，具有充足的经费支持，因此攻击的成功率较高，对于受害者而言危险系数更大，威胁程度更高。

高级、持续性和威胁是 APT 攻击的 3 个主要方面，如果在某次恶意攻击中，其动机是获取经济利益、保持竞争优势或影响国家利益。其表现形式是长期的攻击，其对象是一个特定的企业、组织或平台，则一般认为该攻击具有 APT 性质。

3.14.1.2　工作原理

APT 攻击一般持续较长时间，且与病毒较为相似，具有显著的多阶段性特征。APT 攻击可以大致分为探测期、入侵期、潜伏期、退出期 4 个阶段，这 4 个阶段通常是循序渐进的，但也不排除少数攻击为了实现其特定目标而略过某些阶段，或重复进行某些阶段。

（1）探测期

探测期是 APT 攻击者收集目标信息的阶段。攻击者使用技术和社会工程学手段收集大量关于系统业务流程和使用情况等关键信息，通过网络流量、软件版本、开放端口、员工资料、管理策略等因素的整理和分析，得出系统可能存在的安全弱点。另外，攻击者在探测期中也需要收集各类 0DAY 漏洞、编制木马程序、制订攻击计划等，用于下一阶段实施精准攻击。常用的信息收集方法有公开网站搜索（域名注册信息、zoomeye 等）、DNS 记录分析（dig、fierce 等）、信息收集工具（discover、recon-ng 等）、端口服务扫描（nmap 等）、主机扫描（nessus、openvas 等）、Web 应用扫描（mvs、burpsuite 等）。

（2）入侵期

攻击者突破安全防线的方法可谓是五花八门，如采用诱骗手段将正常网址请求重定向至恶意站点，发送垃圾电子邮件并捆绑染毒附件，以远程协助为名在后台运行恶意程序，或者直接向目标网站进行 SQL 注入攻击等。有时，攻击者为了让被攻击者目标更容易信任，往往会先从被攻击者目标容易信任的对象着手，比如攻击一个被攻击者目标的电脑小白好友或家人，或者被攻击者目标使用的内部论坛，通过他们的身份再对组织内的被攻击者目标发起"0 day"攻击，成功率会高很多。再利用组织内的已被攻击成功的身份去渗透攻击他的上级，逐步拿到对核心资产有访问权限的目标。尽管攻击手段各不相同，但绝大部分目的是尽量在避免用户察觉的条件下取得服务器、网络设备的控制权。

（3）潜伏期

攻击者成功入侵目标网络后，通常并不着急于获取敏感信息或数据，而是在隐藏自身的前提下寻找实施下一步行动的最佳时机。当接收到特定指令，或者检测到环境参数满足一定条件时，恶意程序开始执行预期的动作。取决于攻击者的真正目的，APT 将数据通过加密通道向外发送，或是破坏应用服务并阻止恢复，令受害者承受极大损失。

（4）退出期

以窃取信息为目的的 APT 类攻击一旦完成任务，用户端恶意程序便失去了使用价值；以破坏为目的的 APT 类攻击得手后即暴露了其存在。这两种情况中，为了避免受害者推断出攻击的来源，APT 代码需要对在目标网络中的痕迹进行销毁，这个过程可以称为 APT 的退出。APT 根据入侵之前采集的系统信息，将滞留过的主机进行状态还原，并恢复网络配置参数，清除系统日志数据，使事后电子取证分析和责任认定难以进行。

3.14.1.3 攻击方式

APT 组织常用的攻击手法有鱼叉式网络钓鱼、水坑攻击、路过式下载攻击、社会工程学、即时通信工具、社交网络等，在各大分析报告中出现最多的还是鱼叉式网络钓鱼、水坑攻击、路过式下载攻击手法、社会工程学，下面做简单介绍。

（1）鱼叉式网络钓鱼（Spear phishing）

鱼叉式网络钓鱼指一种源于亚洲与东欧，只针对特定目标进行攻击的网络钓鱼攻击。当进行攻击的骇客锁定目标后，会以电子邮件的方式，假冒该公司或组织的名义寄发难以辨真伪的档案，诱使员工进一步登录其账号密码，使攻击者可以此借机安装特洛伊木马或其他间谍软件，窃取机密；或于员工时常浏览的网页中置入病毒自动下载器，并持续更新受感染系统内的变种病毒，使使用者穷于应付。

（2）水坑攻击（Watering hole）

水坑攻击是一种计算机入侵手法，其针对的目标多为特定的团体（组织、行业、地区等）。攻击者首先通过猜测（或观察）确定这组目标经常访问的网站，并入侵其中一个或多个，植入恶意软件，最后，达到感染该组目标中部分成员的目的。

（3）路过式下载攻击（Drive-by download）

在用户不知道的情况下下载间谍软件、计算机病毒或者任何恶意软件。路过式下载可能发生在用户访问一个网站、阅读一封电子邮件或者点击一个欺骗性弹出式窗口的时候。例如，用户误以为这个弹出式窗口是自己的计算机提示错误的窗口或者以为这是一个正常的弹出式广告，因此点击了这个窗口。

（4）社会工程学

在计算机科学中，社会工程学指的是通过与他人合法地交流，来使其心理受到影响，做出某些动作或者是透露一些机密信息的方式。这通常被认为是一种欺诈他人以收集信息、行骗和入侵计算机系统的行为。在英美普通法系中，这一行为一般被认作侵犯隐私权。

3.14.1.4 典型案例

APT 攻击案例中比较著名的有：

2010 年，针对 Google 等三十多个高科技公司的极光攻击。攻击者通过 Facebook 上的好友分析，锁定了 Google 公司的一个员工和他的一个喜欢摄影的电脑小白好友。攻击者入侵并控制了电脑小白好友的机器，然后伪造了一个照片服务器，上面放置了 IE 的 0day 攻击代码，以电脑小白的身份给 Google 员工发送 IM 消息邀请他来看最新的照片，其实 URL 指向了这个 IE 0day 的页面。Google 的员工相信之后打开了这个页面，然后中招，攻击者利用 Google 这个员工的身份在内网内持续渗透，直到获得了 Gmail 系统中很多敏感用户的访问权限。窃取了 Gmail 系统中的敏感信息后，攻击者通过合法加密信道将数据传出。事后调查，不只是 Google 中招了，三十多家美国高科技公司都被这一 APT 攻击搞定，甚至包括赛门铁克这样的安全厂商。

2010 年，针对伊朗核电站的震网病毒攻击。伊朗核电站是一个物理隔离的网络，因此攻击者首先获得了一些核电站工作人员和其家庭成员的信息，针对这些家庭成员的主机发起了攻击，成功控制了这些家庭用的主机，然后利用 4 个 Windows 的 0day 漏洞，可以感染所有接入的 USB 移动介质以及通过 USB 移动介质可以攻击接入的主机。终于靠这种摆渡攻击渗透进了防护森严的物理隔离的伊朗核电站内部网络，最后再利用了 3 个西门子的 0day 漏洞，成功控制了控制离心机的控制系统，修改了离心机参数，让其发电正常但生产不出制造核武器的物质，但在人工检测显示端显示一切正常，最终成功地将伊朗制造核武器的进程拖后了几年。

2011 年，针对美国能源部的夜龙攻击。攻击者首先收集了很多能源部门的 Web 服务器的 SQL 注射的漏洞，攻击并控制了这些 Web 服务器。但这并不是攻击者想要的，攻击者在这些 Web 站点上一些供内部人员访问的页面上放置了针对 IE 和 Office 应用的 0day 挂马攻击代码，因为其是针对内部站点的，靠挂马检测难以检测，传播范围不大，而且上来的基本都是目标。于是很快搞定了一些个人终端，渗透进能源部门的内网，窃取和控制了大量的有价值的主机。

2011 年，针对 RSA 窃取 Securid 令牌种子的攻击。攻击者首先攻击了 RSA 一个外地的小分支机构人员的邮箱或主机，然后以这个人员的身份向 RSA 的财务主管发了一封财务预算的邮件，请求 RSA 的财务主管进行审核，内部附属了一个 Excel 的附件，但是里面嵌入了一个 Flash 的 0day 利用代码。RSA 的财务主管认为可信并是自己的工作职责，因此打开了这个 Excel 附件，于是攻击者成功控制了 RSA 的财务主管，再利用 RSA 的财务主管的身份逐步渗透，最后窃取走了 Securid 令牌种子，通过 IE 的代理传回给控制者，RSA 发现被入侵后一直不承认 Securid 令牌种子也被窃取走，直到攻击者利用窃取的 Securid 令牌种子攻击了多个美国军工企业 RSA 才承认 Securid 令牌种子被偷走。

2015 年，针对乌克兰电网的"电力门事件"。2015 年的平安夜注定让乌克兰伊万诺弗兰科夫斯克地区电力部门官员不"平安"，节日前夕，当地时间 12 月 23 日，当地城市电力设施突然不能正常工作，成百上千居民家中停电，城市陷入恐慌当中，损失惨重。据悉，相关研究人员证实此事件是典型的有黑客组织利用技术制造的 APT 攻击事件。本次乌克兰多家电厂被 Killdisk 恶意软件感染，此恶意软件为破坏型木马，一旦运行该木马，系统 MBR 数据被清空，导致无法开机。该组件可以破坏计算机硬盘的某些零件，破坏工业控制系统的功能。

2016 年 7 月，针对军事和科研院所的"丰收行动"。东巽科技 2046Lab 捕获到一例疑似木马的样本，该木马样本伪装成 Word 文档，实为包含 CVE-2015-1641 漏洞（Word 类型混淆漏洞）利用的 RTF 格式文档，以邮件附件的形式发给攻击目标，发动鱼叉式攻击。该样本源于南亚某国隐匿组织的 APT 攻击，目标以巴基斯坦、中国等国家的科研院所、军事院校和外交官员为主，通过窃取文件的方式获取与军事相关的情报。由于样本的通信密码含有"January14"关键词，这一天正好是南亚某国盛行的"丰收节"，故把该 APT 事件命名为"丰收行动"。

3.14.1.5　防范措施

3.14.1.5.1　攻击检测

阻断和遏止 APT 攻击的前提是能够有效检测到安全威胁的存在，通常已经退出目标系统的 APT 由于活动痕迹已被清除而难以发现，因此检测的重点是 APT 攻击的前 3 个时期。

（1）基于沙箱的恶意代码检测技术——未知威胁检测

要检测恶意代码，最具挑战性的就是利用 0day 漏洞的恶意代码。因为是 0day，就意味着没有特征，传统的恶意代码检测技术就此失效。沙箱技术，简单地说，就是构造一个模拟的执行环境，让可疑文件在这个模拟环境中运行起来，通过监控可疑文件所有的真正的行为（程序外在的可见的行为和程序内部调用系统的行为）来判断是否为恶意文件。沙箱技术的模拟环境可以是真实的模拟环境，也可以是一个虚拟的模拟环境。而虚拟的模拟环境可以通过虚拟机技术来构建（KVM），或者通过一个特制程序来虚拟（docker）。

（2）基于异常的流量检测技术——IDS（已知的特征库的检测）

在入侵期中，攻击者已经发现了系统中可以利用的漏洞，并通过漏洞进行木马、病毒植入，此阶段对于检测者而言体现在反常事件的增多。采取基于异常流量检测的 IDS 类实现方法，对管理员密码修改、用户权限提升、角色组变更和计算机启动项、注册表修改等活动的关注有助于发现处于入侵期的 APT 类攻击。

入侵后 APT 即进入潜伏期，此时的攻击代理为避免被发现，在大多数时间内处于静默状态，仅在必要时接受主控端的指令，执行破坏动作或回传窃取到的数据。如果指令或传输的数据被加密，那么对其内容的检测就十分困难，只能通过流量分析判断系统可能处于异常状态；但如果数据未加密，则通过内容分析技术有可能识别出敏感数据已经以非正常方式送到了受保护区域之外。

传统的 IDS 都是基于特征的技术去进行 DPI 分析（入侵检测系统），检测能力的强弱主要看 IDS 库的能力（规则库覆盖面广，还要及时更新）。面对新型威胁，有的 IDS 也加入了 DFI 技术来增强检测能力。基于 Flow，出现了一种基于异常的流量检测技术，通过建立流量行为轮廓和学习模型来识别流量异常，进而识别 0day 攻击、C&C 通信，以及信息渗出。本质上，这是一种基于统计学和机器学习的技术。

对 APT 攻击行为的检测需要构建一个多维度的安全模型，它既包含技术层面的检测手段，也包含管理层面的分析和追踪。为了使安全模型能够导出整体、全面的 APT 监控解决方案，它必须能够识别和分析服务器与网络的微妙变化和异常，从而捕获 APT 的关键行为。因为无论攻击者的入侵计划多么缜密，由于技术手段的限制，往往还是会残留下一些踪迹的（如进入网络、植入软件、复制数据等时刻）。这种 APT 攻击的证据并不明显，但一旦发现，就必须及时保存现场状态并尽快通知安全系统，并对疑似感染的机器进行隔离和详细检查。

3.14.1.5.2　响应抑制

对 APT 攻击的响应和抑制依赖于有效的检测手段，对已感染的主机、APT 攻击的手段和攻击目标收集到的信息越多，系统所能采取的反制手段也就越具针对性，清除 APT 攻击的成功率也越高。如果信息系统应急响应预案中包含 APT 攻击响应预案，那么就可以根据预先定义的保护策略进行安全防护动作；而在缺乏对 APT 类攻击认知的情形下，可以采取类似通常安全威胁的抑制方法来阻塞 APT 类攻击，手段一般包括：

① 断开与染毒主机的连接。一旦确认网络中的某台主机正在发起危险指令，或检测出了恶意代码，则应立即切断该主机与外界的网络通路，并执行病毒查杀程序。必要时可进行系统的清除与重新安装。

② 隔离网络域。隔离网络域既包括为避免感染的目的而与危险网络域进行隔离，也包括为保护资产的目的而将重要数据网络域与其他域隔离开来。

③ 基于检测系统识别出来的攻击特征指纹，安全管理员重新唤醒、激活被黑客绕过的防火墙、入侵检测和访问控制等机制，并添加相应的防护规则，以避免类似的攻击再次生效。

④ 入侵定位与反向渗透。对攻击样本逆向分析，从中提取攻击特征与功能特性，从而定位攻击者的地址等相关信息，根据需要还可以发起反向渗透，对攻击者产生威慑作用。

3.14.1.5.3　主动预防

对于任何系统而言，灾难事前的预防都远远胜过事后的补救。面对 APT 这类高威胁度、高烈度的新型攻击方式，信息系统的管理者应尽早准备。如同中医理论中所倡导的"防患于未然"的思想，在威胁没有发生前，安全决策者就需要提前为 IT 生产环境进行全面的安全检查和评估，充分掌握系统和资产所面临的安全风险，有计划、有目标地引入适当级别的安全防护机制，这样既从整体上节约了成本，又使安全的投入真正物有所值，最关键、最重要的资产得到了有效保护。

防范 APT 攻击首先要从用户和终端入手。用户的安全意识不强是导致攻击能够突破安全防线的重要原因。伪装的电子邮件、假冒的可执行程序以及钓鱼网站等均会将粗心的用户引入陷阱之中。另外，以往的安全体系过于强调边界的高强度防护，边界一旦被破坏，内部网络防御能力较弱的终端就暴露在攻击者面前。对周边安全设备过高的依赖不仅使终端安全陷入被动局面，也使内部攻击和跳板攻击易于得手。作为最后一道防线，终端自身必须具有一定程度的防护实现能力，在最靠近资产的位置积极阻断安全风险。

其次，需要对系统操作和流量加强控制。系统操作既包括正常的业务动作，也包括危险的、可能导致破坏的调用指令。对于各类操作不能简单地根据安全策略做出"允许"或"拦截"这样的粗粒度授权，而应结合行为信誉评级技术，对行为发起者、系统状态、行为目标和预计的效果进行跟踪和评估，以最终确定操作是否合法。系统的通信量必须得到检测和控制，以及时发现用户试图访问恶意 URL、将敏感数据发送至未知区域，或是下载不可信站点的二进制代码等异常行为。

最后，未知的安全风险是最可怕的。系统管理者应了解不断变化的威胁，及时更新病毒库、恶意站点列表和入侵检测规则库，尽量填补已知的系统漏洞。当今 APT 攻击仍在持续发展之中，如果组织不能及时获悉攻击者采用的新技术手段，那么根据威胁状况进行防范措施的调整也就无从谈起。

3.14.1.6　最新发展方向

3.14.1.6.1　精准钓鱼

精准钓鱼是一种精确制导的钓鱼式攻击，比普通的定向钓鱼（spear phishing）更聚焦，只有在被攻击者名单中的人才会看到这个钓鱼网页，其他人看到的则是 404 error。也就是说，如果你不在名单之列，看不到钓鱼网页。如此一来，一方面攻击的精准度更高，另一方面也更加保密，安全专家更难进行追踪（因为你不知道名单，且不在名单之列）。

3.14.1.6.2　高级隐遁技术

高级隐遁技术（Advanced Evasion Technology，AET）这个术语最初源自 2010 年芬兰的 Stonesoft 公司（2013 年 5 月被 McAfee 收购）的一个研究成果。高级隐遁技术是一种通过伪装和/或修饰网络攻击以躲避信息安全系统的检测和阻止的手段。高级隐遁技术是一系列规避安全检测的技术的统称，可以分为网络隐遁和主机隐遁，而网络隐遁又包括协议组合、字符变换、通信加密、0day 漏洞利用等技术。

3.14.1.6.3　水坑式攻击

所谓水坑攻击，是指黑客通过分析被攻击者的网络活动规律，寻找被攻击者经常访问的网站的弱点，先攻下该网站并植入攻击代码，等待被攻击者来访时实施攻击。这种攻击行为类似于《动物世界》纪录片中的一种情节：捕食者埋伏在水里或者水坑周围，等其他动物前来喝水时发起攻击猎取食物。

3.14.1.6.4　沙箱逃避

新型的恶意代码设计越来越精巧，想方设法逃避沙箱技术的检测。例如有的恶意代码只有在用户鼠标移动的时候才会被执行，从而使得很多自动化执行的沙箱没法检测到可疑行为。还有的沙箱用到了虚拟机方式来执行，那么恶意代码的制作者就会想办法去欺骗虚拟机。

3.14.2　物联网攻击

3.14.2.1　基本概念

物联网的概念最初在 1999 年提出：通过射频识别（RFID）（RFID+互联网）、红外感应器、全球定位系统、激光扫描器、气体感应器等信息传感设备，按约定的协议，把任何物品与互联网连接起来，进行信息交换和通信，以实现智能化识别、定位、跟踪、监控和管理的一种网络。简而言之，物联网就是"物物相连的互联网"。

中国物联网校企联盟将物联网的定义为几乎所有技术与计算机、互联网技术的结合，实现物体与物体之间环境以及状态信息的实时共享以及智能化的收集、传递、处理、执行。广义上说，涉及信息技术的应用都可以纳入物联网的范畴。

而在中国物联网校企联盟著名的科技融合体模型中，提出了物联网是当下最接近该模型顶端的科技概念和应用。物联网是一个基于互联网、传统电信网等信息承载体，让所有能够被独立寻址的普通物理对象实现互联互通的网络。其具有智能、先进、互联的三个重要特征。

国际电信联盟（ITU）发布的 ITU 互联网报告，对物联网做了如下定义：通过二维码识读设备、射频识别（RFID）装置、红外感应器、全球定位系统和激光扫描器等信息传感设备，按约定的协议，把任何物品与互联网相连接，进行信息交换和通信，以实现智能化识别、定位、跟踪、监控和管理的一种网络。

根据国际电信联盟（ITU）的定义，物联网主要解决物品与物品（Thing to Thing，T2T）、人与物品（Human to Thing，H2T）、人与人（Human to Human，H2H）之间的互连。但是与传统互联网不同的是，H2T 是指人利用通用装置与物品之间的连接，从而使得物品连接更加简化，而 H2H 是指人之间不依赖于 PC 而进行的互连。因为互联网并没有考虑到对于任何物品连接的问题，故我们使用物联网来解决这个传统意义上的问题。物联网，顾名思义，就是连接物品的网络，许多学者讨论物联网中，经常会引入一个 M2M 的概念，可以解释成人到人（Man to Man）、人到机器（Man to Machine）、机器到机器。从本质上而言，人与机器、机器与机器的交互，大部分是为了实现人与人之间的信息交互。

物联网（Internet of Things，IoT）是指通过各种信息传感器、射频识别技术、全球定位系统、红外感应器、激光扫描器等装置与技术，实时采集任何需要监控、连接、互动的物体或过程，采集其声、光、热、电、力学、化学、生物、位置等各种需要的信息，通过各类可能的网络接入，实现物与物、物与人的泛在连接，实现对物品和过程的智能化感知、识别和管理。物联网是一个基于互联网、传统电信网等的信息承载体，它让所有能够被独立寻址的普通物理对象形成互连互通的网络。

3.14.2.2　安全问题

（1）传感器的本体安全问题

物联网之所以可以节约人力成本，是因为其大量使用传感器来标示物品设备，由人或机器远程操控它们来完成一些复杂、危险和机械的工作。在这种情况下，物联网中的这些物品设备多数是部署在无人监控的地点工作的，攻击者可以轻易接触到这些设备，针对这些设备或其上面的传感器本体进行破坏，或者通过破译传感器通信协议，对它们进行非法操控。如果国家一些重要机构依赖于物联网时，攻击者可通过对传感器本体的干扰，从而达到影响其标示设备正常运行的目的。例如，电力部门是国民经济发展的重要部门，在远距离输电过程中，有许多变电设备可通过物联网进行远程操控。在无人变电站附近，攻击者可非法使用红外装置来干扰这些设备上的传感器。如果攻击者更改设备的关键参数，后果不堪设想。通常情况下，传感器功能简单、携带能量少，这使得它们无法拥有复杂的安全保护能力，而物联网涉及的通信网络多种多样，它们的数据传输和消息也没有特定的标准，所以没法提供统一的安全保护体系。

（2）核心网络的信息安全问题

物联网的核心网络应当具有相对完整的安全保护能力，但是由于物联网中节点数量庞大，而且以集群方式存在，因此会导致在数据传输时，由于大量机器的数据发送而造成网络拥塞。而且，现有通行网络是面向连接的工作方式，而物联网的广泛应用必须解决地址空间空缺和网络安全标准等问题，从现状看，物联网对其核心网络的要求，特别是在可信、可知、可管和可控等方面，远远高于目前的 IP 网所提供的能力，因此认为物联网必定会为其核心网络采用数据分组技术。此外，现有的通信网络的安全架构均是从人的通信角度设计的，并不完全适用于机器间的通信，使用现有的互联网安全机制会割裂物联网机器间的逻辑关系。庞大且多样化的物联网核心网络必然需要一个强大而统一的安全管理平台，否则对物联网中各物品设备的日志等安全信息的管理将成为新的问题，并且由此可能会割裂各网络之间的信任关系。

（3）物联网的加密机制问题

互联网时代，网络层传输的加密机制通常是逐跳加密，即信息发送过程中，虽然在传输过程中数据是加密的，但是途经的每个节点上都需要解密和加密，也就是说，数据在每个节点都是明文。而业务层传输的加密机制则是端到端的，即信息仅在发送端和接收端是明文，而在传输过程中途经的各节点上均是密文。逐跳加密机制只对必须受保护的链接进行加密，并且由于其在网络层进行，所以可以适用所有业务，即各种业务可以在同一个物联网业务平台上实施安全管理，从而做到安全机制对业务的透明，保障了物联网的高效率、低成本。但是，由于逐跳加密需要在各节点进行解密，因此中间所有节点都有可能解读被加密的信息，因此逐跳加密对传输路径中各节点的可信任度要求很高。如果采用端到端的加密机制，则可以根据不同的业务类型选择不同等级的安全保护策略，从而可以为高安全要求的业务定制高安全等级的保护。但是，这种加密机制不对消息的目的地址进行保护，这就导致此种加密机制不能掩盖传输消息的源地址和目标地址，并且容易受到网络嗅探而发起的恶意攻击。从国家安全的角度来说，此种加密机制也无法满足国家合法监听的安全需要。如何明确物联网中的特殊安全需要，考虑如何为其提供何种等级的安全保护，架构合理的适合物联网的加密机制亟待解决。

3.14.2.3 攻击类型

物联网的基本构架由三层组成，分别是感知层、网络层和应用层。同时，物联网也是基于目前的互联网 OSI 计算机网络体系结构，目前物联网面临的协议层威胁主要为物理层、数据链路层、网络层、传输层，以下介绍各协议层易受到的攻击手段。

3.14.2.3.1 物理层

① 阻塞干扰：攻击者在获取目标网络通信频率的中心频率后，通过在这个频点附近发射无线电波进行干扰，使得攻击节点通信半径内的所有传感器网络节点不能正常工作，甚至使网络瘫痪，是一种典型的 DOS 攻击方法。

② 物理破坏：攻击者俘获一些节点，对它进行物理上的分析和修改，并利用其干扰网络的正常功能，甚至可以通过分析其内部敏感信息和上层协议机制，破坏网络安全性。攻击者直接停止俘获节点的工作，造成网络拓扑结构变化，如果是骨干节点被俘获，将造成网络瘫痪。对抗物理破坏可在节点设计时采用抗篡改硬件，同时增加物理损害感知机制。

3.14.2.3.2 数据链路层

① 碰撞攻击：攻击者连续发送数据包，在传输过程中和正常节点发送的数据包发生冲突，导致正常节点发送的整个数据包因为校验和不匹配被丢弃，是一种有效的 DoS 攻击方法。

② 耗尽攻击：利用协议漏洞，通过持续通信的方式使节点能量耗尽，如利用链路层的错包重传机制使节点不断重复发送上一包数据，最终耗尽节点资源。

③ 非公平竞争：非公平竞争指恶意节点滥用高优先级的报文占据信道，使其他节点在通信过程中处于劣势，从而导致报文传送的不公平，进而降低系统性能，但这种攻击方式需要完全了解传感器网络的 MAC 协议机制。

3.14.2.3.3 网络层

① 选择转发攻击：物联网是多跳传输，每一个传感器既是终节点又是路由中继点。这要求传感器在收到报文时要无条件转发（该节点为报文的目的时除外）。攻击者利用这一特点拒绝转发特定的消息并将其丢弃，使这些数据包无法传播，采用这种攻击方式，只丢弃一部分应转发的报文，从而迷惑邻居传感器，达到攻击目的。

② 陷洞（Sinkhole）攻击：攻击者的目标是尽可能地引诱一个区域中的流量通过一个恶意节点（或已遭受入侵的节点），进而制造一个以恶意节点为中心的"接受洞"，一旦数据

都经过该恶意节点，节点就可以对正常数据进行篡改，并能够引发很多其他类型的攻击。因此，无线传感器网络对 Sinkhole 攻击特别敏感。

③ 女巫（Sybil）攻击：物联网中每一个传感器都应有唯一的标识与其他传感器进行区分，由于系统的开放性，攻击者可以扮演或替代合法的节点，伪装成具有多个身份标识的节点，干扰分布式文件系统、路由算法、数据获取、无线资源公平性使用、节点选举流程等，从而达到攻击网络目的。

④ 虚假路由信息：通过欺骗、篡改或重发路由信息，攻击者可以创建路由循环，引起或抵制网络传输，延长或缩短源路径，形成虚假错误消息，分割网络，增加端到端的延迟等。

⑤ 虫洞（Wormholes）攻击：恶意节点通过声明低延迟链路骗取网络的部分消息并开凿隧道，以一种不同的方式来重传收到的消息。Wormholes 攻击可以引发其他类似于 Sinkhole 攻击等，也可能与选择性地转发或者 Sybil 攻击结合起来。

3.14.2.3.4 传输层

① 洪泛攻击：攻击者利用 TCP 传输的三次握手机制，在攻击端利用伪造的 IP 地址向被攻击端发送大批请求，使被攻击端得不到响应，用来消耗服务器资源，导致整个网络性能下降，影响正常通信。

② 失步攻击：攻击者向节点发送重放的虚假信息，导致节点请求重传丢失的数据帧。利用这种方式，攻击者能够削弱甚至完全削夺节点进行数据交换的能力，并浪费能量，缩短节点的生命周期。

3.14.2.4 防御策略

随着物联网网络功能的增多，其面临的攻击和威胁也逐渐多样化，对网络安全性的要求越来越高。但是，传统的安全技术和机制尚不足以满足物联网安全性的需求，因此，目前许多防御策略和检测机制与技术被相继提出。主要包括以下几种。

3.14.2.4.1 物理感知层安全防护

感知层包含各类传感器、RFID、摄像头及多种智能设备，这些设备大小、功能各异，面对的安全威胁也多种多样，故需从硬件、接入、操作系统、应用等多个环节入手，确保硬件安全、接入安全、操作系统安全和应用安全，保证数据不被篡改和未授权获取，防范非法侵入和攻击，保证操作系统升级更新过程安全可控，应用软件行为受到监控。

3.14.2.4.2 网络应用层安全防护

物联网采用无线局域网、窄带物联网络、蜂窝移动网络、无线自组网络等多种接入技术，面对的安全威胁也复杂多样，需从身份认证、数据完整性保护、数据传输加密操作、网络通信安全感知等方面进行加强，包括引入身份认证机制、强化终端数据完整性保护、禁止明文传输（即加密处理）、跟踪监控通信网络行为等策略。

物联网内会产生海量数据，配置大量服务资源，为避免攻克一点而全网崩溃的局面出现，应采用去中心管理系统，即分布式数据管理系统，同时配置系统加固、漏洞检测、安全审计等功能，强化安全防护能力。对于采用云计算的应用，为防范各种攻击行为，可采取设置安全基线、自动检测、不定期扫描漏洞和系统更新、数据统计分析、安装防病毒软件等策略，并采取业务分级保护措施。

3.14.2.4.3　通信协议安全防护

为了保障物联网系统通信安全，在物联网常用协议中需要增加稳健的安全机制，然而协议的制定和改进是多方参与且长期演进的过程，因此，更重要的是协议应用方必须在业务逻辑中对通信实体的身份和权限实施严格检查。例如，针对 MQTT 协议模型中缺失的安全属性，应增加通信会话的管理机制、面向消息的访问控制机制，以及限制通配符的功能范围。还有部分研究面向设备近距离通信设计了新型的安全配对协议，克服传统配对协议存在密钥信息易被窃取、需要人工参与等问题。

3.14.2.4.4　常用技术防护

（1）入侵检测技术

在物联网安全防护中，入侵检测是主要技术，能有效地对防火墙技术进行补充。就其入侵检测原理而言，主要是在特定安全策略的前提下，采取监视的方式，实时掌握计算机系统和网络运行状态，并对其中存在的攻击行为进行处理，对于计算机网络信息安全与系统自身的安全有着较强的防护作用。就入侵检测的内容而言，主要是对网络数据报文实施实时在线监视与分析，当出现可疑数据报文时，就能及时地发现和处理。利用入侵检测能及时、有效地统计和分析网络事件，并对其存在的问题及时地处理，保证系统始终处于安全状态。

（2）防火墙技术

防火墙是防止攻击者对网络发起恶意攻击及对一些不安全因素进行阻断的一种网络安全防护技术措施，其位于两个（或多个）网络间，实施网络之间访问控制的一组组件集合，类似于房屋的"门"。防火墙这堵"墙"并不是实心的，而是有一些小孔的存在，其除了对恶意攻击进行阻挡外，还可对数据进行过滤。通过防火墙建立网络通信监控系统，并提供包过滤和代理服务隔离内外网络，阻断外部攻击者的入侵。

（3）数据加密技术

据加密能够使信息的机密性得到保证，根据收发双方密钥进行分类，可将加密算法划分为公钥与私钥两种加密算法。私钥加密算法的主要优势是具备较高的保密强度，但是要通过安全途径进行传递，系统安全的重点是密钥管理。公钥加密算法具有不同的收发两方密钥，无法利用加密密钥对解密密钥进行推导。

（4）身份认证技术

身份认证技术在物联网安全检测和管理的过程中具有广泛应用和显著优势，它能够为每个用户提供相应的身份信息，继而帮助用户更好地识别网络漏洞，引导用户更合理地使用网络。在物联网这种信息量较大、安全等级较高的网络中，更应积极采用身份认证技术进行检验，通过对访问者身份的识别和验证，从源头上减少恶意攻击，保障系统安全。

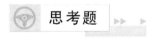 思考题

1. 简述系统攻击的行为过程及其特点。

2. 试分析网络攻击行为分类的目的和意义。

3. 什么是黑客？黑客精神有哪些？

4. 什么是信息安全扫描技术？如何分类？

5. 什么是系统漏洞？简述漏洞扫描器的原理。

6. 什么是端口？简述端口扫描的原理。

7. 简述网络数据获取的机理，并设计一种网络数据获取系统。

8. 什么是网络监听？如何检测和预防？

9. 什么是计算机病毒？简述计算机病毒的结构和作用机制。

10. 简述计算机病毒的检测、清除和预防方法。

11. 简述蠕虫病毒的概念、特点、传播机制。

12. 什么是特洛伊木马攻击技术？如何分类？

13. 什么是 IP 欺骗攻击？简述 IP 欺骗攻击的原理。

14. 什么是 Web 欺骗攻击？简述 Web 欺骗攻击的原理。

15. 什么是 DNS 欺骗攻击？简述 DNS 欺骗攻击的原理。

16. 试分析 Web 服务的安全性。有哪些针对 Web 服务的攻击行为？

17. 试分析 CGI 和 ASP 的安全性。

18. 什么是缓冲区溢出攻击？简述缓冲区溢出攻击的机理并举例说明。

19. 什么是 DoS 攻击？简述 DoS 攻击的原理。常见的 DoS 攻击有哪些？

20. 什么是 DDoS 攻击？简述 DDoS 攻击的机理。

21. 什么是社会工程攻击技术？有哪些主要方法？

22. 简述信息战的概念、特点及其作用。

23. 什么是信息武器？如何分类？

24. 什么是 APT 攻击？有哪些主要特点？

第4章

信息安全防御与对抗技术

4.1 引　　言

本章主要是论述信息系统安全防御与对抗技术，主要内容包括防御行为过程分析、网络安全事件分类、物理实体安全技术、防火墙安全技术、入侵信息检测技术、蜜罐及其蜜网技术、信息安全取证技术、资源访问控制技术、信息加密解密技术、身份认证识别技术、信息数字水印技术、信息物理隔离技术、虚拟隧道专网技术、信息灾难恢复技术、无线网络安全技术、网络安全审计技术等。

4.2 防御行为过程分析

4.2.1 防御过程

一般情况下被攻击方几乎始终处于被动局面，他不知道攻击行为在什么时候、以什么方式、以什么样的强度来攻击，故而被攻击方只有沉着应战才有可能获取最佳效果，把损失降到最低。单就防御来讲，相应于攻击行为过程，防御过程也可分为三个阶段，如图4.1所示，即确认攻击、对抗攻击、补救和预防。防御方首先要尽可能早地发现并确定攻击行为、攻击者，所以平时信息系统要一直保持警惕，收集各种有关攻击行为的信息，不间断地进行分析、判定。系统一旦确定攻击行为的发生，无论是否具有严重的破坏性，防御方都要立即、果断地采取行动阻断攻击，有可能的情况下以主动出击的方式进行反击（如对攻击者进行定位跟踪）。此外，尽快修复攻击行为所产生的破坏性，修补漏洞和缺陷来加强相关方面的预防，对于造成严重后果的，还要充分运用法律武器。

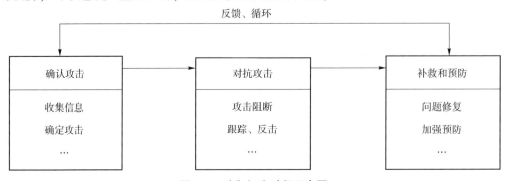

图 4.1　防御行为过程示意图

● 确认攻击。攻击行为一般会产生某些迹象或者留下踪迹，所以可根据系统的异常现象发现攻击行为，如异常的访问日志；网络流量突然增大；非授权访问（如非法访问系统配置文件）；正常服务的终止；出现可疑的进程或非法服务；系统文件或用户数据被更改；出现可疑的数据等。发现异常行为后，要进一步根据攻击的行为特征，分析、核实入侵者入侵的步骤，分析入侵的具体手段和入侵目的。一旦确认出现攻击行为，即可进行有效的反击和补救。总之，确认攻击是防御、对抗的首要环节。

● 对抗攻击。一旦发现攻击行为，就要立即采取措施，以免造成更大的损失，同时，在有可能的情况下给以迎头痛击，追踪入侵者并绳之以法。具体地，可根据获知的攻击行为手段或方式采取相应的措施，比如，针对后门攻击，及时堵住后门；针对病毒攻击，利用杀毒软件或暂时关闭系统，以免扩大受害面积等。还可采取反守为攻的方法，追查攻击者，复制入侵行为的所有影像作为法律追查分析、证明的材料，必要时直接通过法律武器解决或报案。

● 补救和预防。一次攻击和对抗过程结束后，防御方应吸取教训，及时分析和总结问题所在，对于未造成损失的攻击，要修补漏洞或系统缺陷；对于已造成损失的攻击行为，被攻击方应尽快修复，尽早使系统工作正常，同时修补漏洞和缺陷，在需要的情况下，运用法律武器追究攻击方的责任。总之，无论是否造成损失，防御方都要尽可能地找出原因，并适时进行系统修补（亡羊补牢），并且要进一步采取措施加强预防。

4.2.2　对抗过程

将待研究问题高度抽象概括，构成以数学概念、理论、方法等为基础的一组数学关系（或称数学结构），用于同态表征运动规律，称为数学模型。通过建立模型来解决问题是人们利用人脑对欲解决问题进行抽象的过程，是常用的一种"化归"方法。模型的建立同时也是一种映射关系的建立，即由运动着的事物通过掌握信息及其本质特征建立一种本质关系的映射。根据具体情况，简单的事物可对其本质关系建立一种简单模型；复杂事物有多层次、多剖面的动态关系，其模型也可能有多层次、多剖面的隶属关系，所以可根据不同的前提条件和不同的目的建立多种模型。

信息安全与对抗问题本身是一个极为复杂的问题，如果能对该问题抽象出一种模型，将会对信息安全与对抗问题的解决起到积极的指导作用，这也是信息安全与对抗系统层次上的分析和研究。本节主要通过对信息攻击和防御过程的分析，基于系统层次建立一种信息系统对抗过程的"共道-逆道"模型，如图 4.2 所示。

攻击与对抗首先是一个过程，对于整个系统以及时间轴来讲，这个过程是不断连续的，随着人类社会的发展而连续，即攻击与对抗过程贯穿于人类社会发展的整个过程。但从分析、理解、设计、评价的角度，一个具体的过程可以置于准静态之中来分析和建模。针对具体系统的一次具体攻击与对抗而言，它是连续之中的间断，有开始也有结束，有不同对抗斗争的方法、方式，还有不同的子阶段，子阶段之间既有衔接，也有区别，所以，一个具体的攻击与对抗行为是一个既有连续又有间断的过程，双方都希望对方早些失败来结束该过程，但就整体而言，信息系统对抗是一种矛盾的发展过程，它将不断演化、发展。

过程是相对于时间而言的，所以网络攻击与对抗过程模型应以时间轴为基准，把整个攻击和对抗行为映射于相对位置的时间轴上，这种时间关系对于双方在不透明情况下的对抗斗争，以及"知彼知己"来获得信息很重要，即获得信息越及时、越早越好，行动也要尽早、

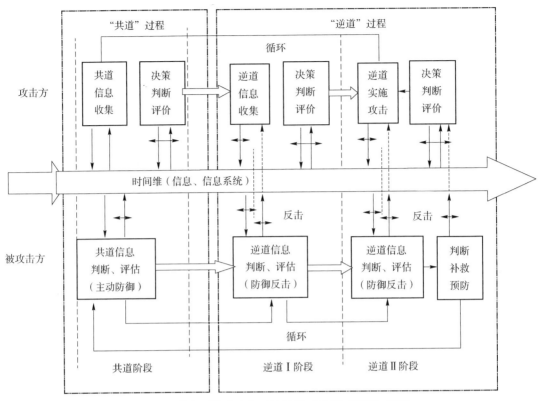

图 4.2　信息系统攻击与对抗过程"共道-逆道"模型

尽快，要力争对方来不及反应前动手，即"攻其不备"，时间拖得越长，信息越容易暴露，行动就越易于失败，同时也会丧失主动权，这些均是攻守双方都力求避免的局面。

"道"，这里是指规律、秩序、机制、原理等，"共道"即是遵循共同的原理、机制、秩序；"逆道"即是指相"逆"而行。还应强调的是，信息系统中"共道"是多个内容的集合，不是指单一元素；同样，"逆道"也是多个内容集合。模型中"共道"是指为达到某种攻击目的所必要的"共道"集合，其中可能有多种元素，是"共道"内容集合的子集，即是达到攻击目的的必要元素的集合；同样，"逆道"也是达到目的的必要元素的"逆道"内容集合的子集。

综合考虑时间因素、过程因素以及"道"的因素，便形成了具有串联结构的信息系统对抗过程的"共道-逆道"抽象模型，如图 4.2 所示。从图中可以明显看出，总体上讲，一次攻击与对抗过程可分为三个阶段，即"共道"阶段、"逆道Ⅰ"阶段和"逆道Ⅱ"阶段。在前面的分析中，攻击方和被攻击方行为也分为三个阶段，但这与对抗过程模型中的三个阶段的划分有所不同，即对抗过程模型不是攻击和防御过程三阶段的简单堆砌或拼凑。模型以时间轴为基准，攻击方和被攻击方的行为有较严格的时间对照关系。很明显，被攻击方一般情况下处于被动局面，虽然能提供主动防御措施，但很难预测得出攻击行为的发生（虽然通过统计可以发现某些类型的攻击，但大多数据情况下这种方法并不能起作用）。而攻击方始终处于主动，能在任何时间、任意地点以任何方式实施攻击。（注：图中的横向双箭头是指该"行为"在时间轴上的移动。）

下面对对抗过程模型进行具体分析、运用：

"共道"阶段：对于攻击方而言，在"共道"阶段将主要利用共有的信息（如规律、机制、原理等）进行信息收集，当收集到足够信息后，便可做出决策，决定是否需要进一步收集"逆道"信息（如系统漏洞或缺陷等）或实施攻击。如果立即实施攻击，其过程便可直接转至"逆道Ⅱ"阶段，即实施攻击阶段（如拒绝服务攻击，它并不需要收集逆道信息便可直接实施攻击），这种情况下，整个攻击与对抗过程就分为两个阶段，即"共道"和"逆道Ⅱ"阶段。对于被攻击方而言，在"共道"阶段很难获得攻击行为所表现的信息，这主要是因为"共道"阶段攻击行为无显著的特征（攻击方在收集信息的过程中可能不会留下任何踪迹），故很难采取必要的反击措施，但这个阶段被攻击方可以采取必要的措施进行主动防御，尽可能消除系统的缺陷和漏洞，以使攻击方无机可乘。总体来讲，"共道"阶段，对于被攻击方而言，只是对后续的攻击提供信息积累作用，为反击提供一定程度的支持，该阶段很难实施对抗反击行为。

"逆道"过程总体上分为两个阶段，即"逆道Ⅰ"和"逆道Ⅱ"阶段。但这两个阶段对于一次具体的攻击和对抗过程，也有可能只存"逆道Ⅱ"阶段，而不存在"逆道Ⅰ"阶段，这种情况下，攻击方通过"逆道Ⅱ"阶段便达到了攻击的目的，而不需要实施"逆道Ⅰ"阶段的信息收集，这种攻击行为一般属于破坏型攻击（如前面提到的拒绝服务攻击）。但大多数情况下，对于攻击者来说，必须通过"逆道Ⅰ"信息收集才有可能达到攻击的目的。没有通过"逆道Ⅰ"过程收集到足够的"逆"信息，就无法实施具体的攻击，也就不能达到最终的攻击目的（如木马攻击）。这种情况下，"逆道"两个阶段都需要，缺一不可。对于被攻击方而言，如果在"逆道Ⅰ"阶段确认了攻击行为或实施了有效的反击，则是对攻击方一种沉重的打击，攻击方有可能就此停止攻击行为，被攻击方也不会造成大的损失。若被攻击方对"逆道Ⅰ"阶段未引起足够的重视，则于"逆道Ⅱ"阶段的反击将会受到很大影响，有可能造成很大的损失。此外，"逆道Ⅰ"阶段也许是被攻击方采取主动的机会，被攻击方可以采取诱骗和陷阱技术给攻击者以致命的打击。总之，攻防双方谁在时间上占有优势，谁就有可能占有主动，被攻击方才有可能从被动转为主动。

一次攻击与对抗过程完成后，便循环进入下一轮的对抗。对于被攻击方来讲，要充分总结经验、亡羊补牢，加强预防措施，或变被动为主动，主动追击攻击者（如迅速跟踪定位）。对于攻击方来讲，要对攻击行为产生的后果进行评估，判断是否达到了攻击目的，是否隐藏了自己的踪迹，是否需要进入下一轮的攻击等。

模型分析、运用中的注意问题：

① 此模型是一个框架性模型，可根据具体情况填充和合理裁剪。信息系统攻击与对抗领域包括了无数的具体问题，有不同的矛盾，也就有不同对抗机制，但就其共性和本质而言，"共道-逆道"模型是攻击与对抗过程的一种基础模型，在攻击与对抗过程中，"共道"和"逆道"环节缺一不可，是必然的环节，否则不能称之为对抗过程，这也正是矛盾的对立统一规律的体现。

② 一般情况下，"逆道Ⅱ"阶段是对抗最为多见和激烈的阶段。为对于信息系统，其功能越多、应用越广，其重要性越大，则可能遇到的攻击种类和次数就越多，这就是信息系统的"道"，同样，反其"道"也就越多、越广。从这一角度来讲，单项或单元攻击与对抗的研究是必要的，但远远不够，应从系统的角度，综合、整体地分析、讨论，既要考虑到它的

特殊性，又要考虑到它的普适性。

③ 防御反击既可以采用单项技术，又可以采用综合性技术（技术、组织、管理、法律等）。针对单项技术攻击，采用相应单项或综合性反击措施；对综合性攻击，只有采用综合性反击措施。

④ 信息攻击与对抗的系统性研究极为必要。攻击即是防御，防御也可为攻击，二者辩证统一。但攻击行为可以任意时间、任意地点、任意方式进行，特别是随着当前信息系统、信息网络的快速发展，全球已逐渐形成一个整体，其安全与对抗问题的研究就更为重要，系统地研究攻击与对抗行为过程可以实现更为有效的攻击和防御。

4.3　网络安全事件分类

信息安全事件应急响应作为信息安全保障工作的最后手段，也因此变得越来越重要。2007 年，国家在网络与信息安全事件的应急响应方面先后制定发布了《信息安全事件分类分级指南》（GB/Z 20986—2007）、《国家网络与信息安全事件应急预案》等重要里程碑文件。2017 年 1 月，中央网信办印发了《国家网络安全事件应急预案》。这些文件为网络与信息安全事件应急管理工作奠定了坚实的基础。在网络安全应急处置中，对事件的分类分级是响应的基础，因此，安全事件的分类研究对于应急响应体系的建设有着重要的意义。

4.3.1　基本概念

事件：所有与计算机有关的操作、行为都可以称为一个计算机事件。用形式化的描述就是一个行为、针对某个目标、相应产生导致系统状态发生变化的结果，就是一个计算机事件。

安全事件：由于自然或者人为以及软硬件本身缺陷或故障的原因，对信息系统造成危害，或对社会造成负面影响的事件。

信息安全事件可以是故意、过失或非人为原因引起的。综合考虑信息安全时间的起因、表现、结果等，可以将信息安全事件分为如下基本类型：有害程序事件、网络攻击事件、信息破坏事件、信息内容安全事件、设备设施故障、灾害性事件和其他信息安全事件。

应急响应：是指组织为了应对突发/重大信息安全事件的发生所做的准备以及在事件发生后所采取的措施。应急响应是信息安全防护的最后一道防线。

分类学的创始人 Carolus Linnaeus 曾经说过："对事物的研究，首先从认识事物开始。认识事物，需要根据不同的特性或属性区分事物，并对事物进行系统分类。所以说，分类是科学研究的基础。" 对事物进行系统的分类研究，其作用与意义主要体现在以下几个方面：

① 描述：描述研究对象，将其转化为易于理解、分析和管理的对象。

② 理解：好的分类方法有助于人们更清晰、更系统地理解所研究的对象。

③ 预测：通过对已知领域或已知事物的系统分类研究，可以进一步预测未知领域，或者为进一步的研究提供指导。

计算机网络安全事件分类研究，对于应急响应体系的建设有着重要的意义：

事件报告：建立一个好的分类体系，有利于事件及时、准确地报告。

事件响应：事件响应就是针对不同的安全事件，采取相应的响应措施；对安全事件的分类研究，有助于响应措施的决策。

事件统计：通过系统分类，有利于进一步地统计分析。从已发生的安全事件中进行数据挖掘，为系统的进一步安全防护提供有效信息。

可以说，对网络安全事件的分类研究，是应急响应相关研究的基础。

从共性的角度考虑，理想的分类方法应该具备以下特性：

① 互斥性：即分类之间不能有重叠，一个事物只能属于其中一个类别。

② 完整性：分类应该包括所有的情况，即任何一个事物都应该能归到某一类中。

③ 明确性：即某个事物属于哪个类别，应该是非常明确的，非此即彼。

④ 可用性：分类方法可以被接受、认可，可用于该领域中的深入研究。

这些都是一个分类方法应该具有的理想特性。但是在实际情况中，由于事物的多样性、复杂性，以上分类要求很难完全满足。

对计算机安全事件的分类研究，除了尽量满足互斥性、完整性、明确性等要求外，重点应该考虑分类的可用性。分类方法应该是面向应急响应的，能够用于与事件响应相关的进一步研究与应用。与网络安全事件相关的分类研究主要包括对漏洞的分类研究和对攻击的分类研究。系统漏洞的存在是安全事件产生的根本原因，而安全事件又以网络攻击事件为主。第3章中已介绍了信息系统攻击行为的分类，本节主要介绍网络安全事件的分类。

4.3.2　分类方法

对安全事件的要素进行分析，从应急响应过程的要求出发，有重点地提取分类依据，从而构建了一个面向响应的多维分类模型。一个安全事件的形式化描述如图 4.3 所示。攻击者利用某种工具或攻击技术，通过系统的某个安全漏洞进入系统，对攻击目标执行非法操作，从而导致某个结果产生，影响或破坏到系统的安全性。最后一步是整个事件达到的目的，比如是达到了政治目的还是达到了经济目的。

图 4.3　安全事件描述

以上描述指出了安全事件的多个要素，这些要素可以作为安全事件的分类依据，从而可以从不同维度出发，构造一个多维分类模型。应急响应就是在网络安全事件发生后采取相应补救措施和行动，以阻止或减小事件对系统安全性带来的影响。按照事件响应的 6 阶段方法学，响应过程包括准备、检测、抑制、根除、恢复、跟踪 6 个阶段。其中，准备和检测是事前的监测预警，抑制和根除是事中处置，恢复及跟踪则可视为事后处置。而在这 6 个阶段中，主要的响应步骤是抑制、根除和恢复。在入侵检测系统检测到有安全事件发生之后，抑制的目的在于限制攻击范围，限制潜在的损失与破坏；在事件被抑制以后，应该找出事件根源并彻底根除；然后就该着手系统恢复，恢复的目的是把所有被破坏的系统、应用、数据库等恢复到它们正常的任务状态。抑制是一种过渡或者暂时性的措施，实质性的响应应该是根除与恢复。根除事件的根源，需要分析找出导致安全事件的系统漏洞，从而杜绝类似事件的再发生。而系统恢复则需要从事件结果的角度对系统受影响的程度进行分析，进而将系统恢复到正常状态。

从以上的讨论可以看出，从应急响应过程考虑，安全事件的各个要素中，系统漏洞和事件结果这两部分信息对于响应决策有着重要意义。

在上述讨论的基础上，可以在引入时间概念的同时，以事件的多个要素作为分类依据，从而构造了一个 6 维分类模型，其中每一个维度都有具体的粒度划分。在这 6 个维度中，再根据响应过程的要求，以系统安全漏洞和事件结果两个角度作为重点。

面向响应的多维分类模型如图 4.4 所示。

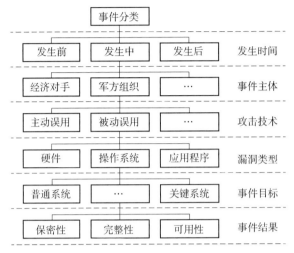

图 4.4　安全事件分类模型

① 时间：分类模型的第一维是按事件发生的时间进行分类。从时间的角度考虑，目的在于正确地选择响应策略。按照响应的 6 阶段方法，在事件发生前应该进行准备工作，在事件进行中主要采取抑制措施，阻止攻击的延续，限制潜在的威胁，尽最大可能减少系统损失；在事件发生之后，则应以系统恢复以及损失的评估等为主。

② 事件主体：模型的第二维从事件主体的角度对安全事件进行分类。在这个维度，安全事件又可以进一步从事件源数量、事件源位置和事件源性质三个角度进行详细划分。从事件源数量出发，事件可以分为单攻击源事件和多攻击源事件（如分布式拒绝服务攻击）；从事件源位置出发，事件可以分为内部攻击（局域网范围内的攻击）和外部攻击；而从事件源的性质出发，也就是考察攻击者的性质，确定事件是由普通的恶作剧者发起的还是由经济对手或者军方组织发起的。

③ 攻击技术：模型第三维从攻击技术的角度对事件进行分类。Lindqvist 对攻击技术的分类方法（图 4.5）在这里可以得到应用。对攻击技术的分类，有利于在响应过程中采取有效的抑制措施。

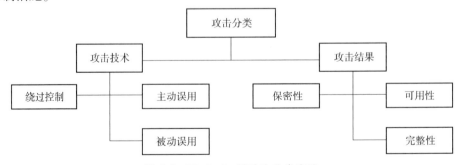

图 4.5　Lindqvist 的攻击分类方法

④ 安全漏洞：模型第四维从系统安全漏洞的角度对事件进行分类。这一维是整个分类模型的两个重点之一。通过发现和分析导致安全事件发生的系统漏洞，可以有效地执行系统响应过程中根除阶段的措施，封堵漏洞，从而进一步提高系统防护能力。对漏洞的分类，可以采用 Landwehr 提出的漏洞分类方法（图 4.6）。

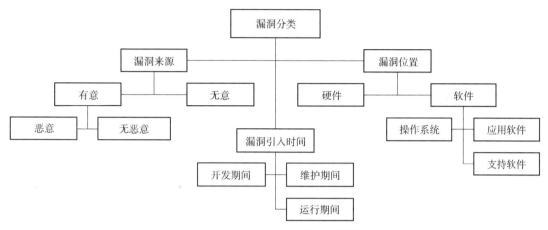

图 4.6　Landwehr 的漏洞分类模型

⑤ 事件目标：模型第五维从事件的目标出发进行分类。即使是同一种类型的攻击行为，如果攻击的目标不同，则对应的响应措施也不同。比如受攻击的系统一个是 DNS 服务器，一个是普通的工作站，这两个事件的严重性显然不同，响应自然不同。

⑥ 事件结果：这一维也是整个模型的重点，它的意义在于系统恢复。安全事件导致系统安全性受到破坏或影响，而系统安全性主要包括保密性、完整性和可用性，这是迄今为止被广为接受的一种对安全性的划分。可以从这三个方面对事件结果进行分类，确定系统哪方面的安全性受到了破坏，并据此进行系统恢复。

以上的分类模型由中国科学院研究生院国家计算机网络入侵防范中心提出，其优点主要在于多维性与明确地面向响应的特性。通过这个多维分类模型，可以对网络安全事件进行详细分类，从不同角度确定事件的多个性质或属性，从而有利于安全事件的准确报告，有利于及时、有效地响应决策。而且还可以利用这个多维分类模型，对以往发生的网络安全事件进行多维度的数据分析与知识发现。当然，这个模型也有其不足的地方，比如在每个维度中的详细划分上，可能会存在一些概念上的交叉与模糊，这些问题需要在对模型的进一步应用过程中逐步改进、完善。

4.4　物理实体安全技术

对信息系统的威胁和攻击，按其对象划分，可分为两类：一类是对信息系统实体的威胁和攻击，另一类是对系统信息的威胁和攻击。

一般来说，对实体的威胁和攻击主要是指对系统本身及其外部设备、场地环境和网络通信线路的威胁与攻击，致使场地环境遭受破坏、设备损坏、电磁场受干扰或电磁泄漏、通信中断、各种媒体被盗和失散等。1985 年，一个荷兰人用一台改装的普通黑白电视机在 1 km

的范围内接收了计算机终端的辐射信息，并在电视机上复原出来，可以看到计算机屏幕上的显示内容。20世纪80年代末，苏联曾经向西方国家采购了一批民用计算机，但是美国中央情报局获悉，此批计算机的最终用户是苏联国际部和克格勃组织。因此，中央情报局设法在计算机中安装了窃听器。当这些计算机运抵莫斯科后，多疑的克格勃情报官员对计算机进行了拆机检查。结果在其中8台计算机上发现了30多个不同的窃听器。有些窃听器是用来获取计算机存储的数据并将其转发给中央情报局的监听站的，有些窃听器则潜伏在计算机存储器中，并在美苏发生冲突时可由中央情报局给予激活，一旦被激活，这些潜伏的窃听器会破坏计算机主机数据库并毁坏与此主机相连的计算机。2013年，"斯诺登事件"披露的涉密文件曝光了美国利用电磁泄漏发射主动攻击窃密的丑闻。一份文件描述了美国国家安全局窃听各个国家驻美国大使馆或代表处的秘密代号"DROPMIRE"。DROPMIRE不是在传真机上添加窃听器或窃照设备，而是充分利用设备自身功能部件电路，在电路设计上有意识地增强敏感信息的电磁波发射。该部件在完成传真机自身功能的基础上，会增强加密传真机明文信息的电磁波发射强度，使得密码传真机处理的明文信息能够在远距离被窃取。这是美国在"棱镜"计划中窃听各国的重要一环。2019年11月，社交媒体平台Facebook透露一名小偷从员工汽车上偷走了数个公司硬盘，这些未加密的硬盘中存储了包括员工姓名、银行账号、薪酬信息等数据。这次硬盘失窃事件导致数万名Facebook员工个人信息遭到泄露。我国1998年9月22日发生在扬州的利用计算机盗取银行巨款案，侦查人员在现场勘查时发现储蓄所工作间一张办公桌与柜台间的夹缝中有一个接线板，上面插着两个变压器，其中一个连着调制解调器，另一个连着一个无绳电话机；还发现一块无线接收板、一套减速遥控杆及电池等物。由此可知，犯罪分子利用电磁辐射远距离实施犯罪。

以上所列举的都是针对实体的犯罪。由此可见，对实体的威胁和攻击，不仅会造成国家财产的重大损失，而且会使存储于信息网络系统中的机密信息严重泄露和破坏。因此，对实体的保护是防止信息受到威胁和攻击的首要一步，也是防止对信息威胁和攻击的天然屏障。

4.4.1 环境安全

4.4.1.1 基本问题

一个安全可靠的物理环境是信息系统安全工作的前提，是信息系统最基本的安全保障。下面分别介绍环境安全涉及的最基本问题。

（1）场地组合

计算机场地的大小及复杂程度，取决于计算机信息系统的性质及业务量大小，若从环境安全角度考虑，应该按《电子信息系统机房设计规范》（GB 50174—2008）规定，参考管理体制确定其组成。通常，完整的信息系统场地应包括主机房、辅助区、支持区和行政管理区。主机房：主要用于电子信息处理、存储、交换和传输设备的安装与运行的建筑空间；辅助区：用于电子信息设备和软件的安装、调试、维护、运行监控与管理的场所；支持区：支持并保障完成信息处理过程和必要的技术作业的场所；行政管理区：用于日常行政管理及托管设备进行管理的场所。上述房间视具体情况选择组合，在进行房间选择组合时，应坚持以下几个原则：业务上相关联的房间应尽可能地组合在同一区域内，便于管理；配电设备间应尽量远离主机房；避免工作人员在房间内穿越，防止干扰；对外开放房间尽量远离工作间；以减少投资为目标组合房间。

电子信息系统机房应划分为 A、B、C 三级。A 级场地设施应按容错系统配置,在系统运行期间,场地设施不会因操作失误、设备故障、外电源中断等而导致系统中断。B 级场地设施应按冗余要求配置,在系统运行期间,不会因设备故障而导致系统中断。C 级场地设施应按基本需求配置,在场地设置正常运行情况下,应保证系统运行不中断。

（2）场地选择

计算机房应远离产生粉尘、油烟、有害气体以及生产或储存具有腐蚀性、易燃、易爆物品的场所。为避免由于火灾、爆炸、气候和环境引起的损坏,机房不应设在锅炉房附近或其他有潜在危险的区域,同时要避开大的变压器或发电机等强电磁辐射源,机房最好不要利用建筑物最外层的房间。一般来说,在进行计算机房场地选择时,应从外部环境和内部环境两方面入手,综合考虑以下因素:地质条件要安全可靠;环境的安全性易于控制;场地的自然抗干扰性强;区域独立易于实现;出入口控制方便、可靠、易行;防水、防火和防渗措施完备。若在高层建筑中设置计算机房及附属房间,应尽可能选择 2~4 层,这样有利于大、重型设备（空调器、电源）的安装;有利于计算机专用地线的铺设;有利于防火;外界振动对设备的影响也相对较小。在风力较大地区,机房不能设在高层;在潮湿地区,机房应绝对避免设在底层;在低楼层选机房,应尽可能选择从其他建筑物上不易观察的房间,或增加专门的防护措施。

（3）温度影响

为避免环境温度对信息系统的危害,我国在《电子信息系统机房设计规范》（GB 50174—2008）中对机房环境温度做了具体规定,见表 4.1。对于微型计算机的温度限制可适当放宽,但若能满足规定要求,无疑会使机器寿命有所延长,机器性能更好地得到保证。

表 4.1　机房环境温度要求

状态	A 级	B 级	C 级
开机时	（23±1）℃		18~18 ℃
停机时	5~35 ℃		

计算机硬件设备由电子器件和精密机械设备构成,故环境温度对计算机可靠运行的影响十分明显。当温度梯度变化太大时,会加速设备元器件、设备材料的机械损伤,引起电气性能变化。温度过高,会使印制电路板、插座金属簧片的腐蚀过程加速,接触电阻增大,性能变坏,可靠性变差。温度过低,则会使绝缘材料变硬,设备结构强度减弱,不同的收缩系数将导致插座接触不良;转动部分会因润滑油受冷而凝结,黏度增大,出现黏滞现象。

（4）湿度影响

要维持信息系统长时间正常运行,除了控制适中的温度外,还要注意控制环境的湿度。湿度与温度有关,随着温度上升,相对湿度降低,在相对湿度保持不变时,温度越高,水蒸气对计算机的影响越大,过高或过低的湿度对计算机安全都有很大影响。①湿度过高会引起芯片脚和一些机械设备锈蚀,造成接触不良或短路等故障。高湿度对存储介质的影响也很大,受潮后的磁盘会发霉,导磁率发生明显变化,损耗增大,造成读写数据错误。严重时会使磁粉脱落,污染软驱磁头,造成硬件设备的故障。②低湿度对计算机的危害后果更为严重。在低湿度环境中很容易产生静电,静电是计算机系统安全运行中的一大威胁,据统计,设备损坏有 50% 是由静电直接或间接造成的，在某些特定环境下，静电造成的设备损坏率竟高达80%，可见减少静电的重要。另外，湿度太低也会导致电路板变形，造成系统接触故障。

为避免环境湿度给计算机设备造成的危害，国家在《电子信息系统机房设计规范》（GB 50174—2008）中对机房环境的湿度做了具体规定，见表4.2，通常把计算机机房的湿度控制在40%～55%。

表 4.2　机房环境相对湿度的要求

状态	A 级	B 级	C 级
开机时	40%～55%		35%～75%
停机时	40%～70%		20%～80%

（5）洁净度

所谓洁净度，主要指空气中所含尘埃数量，通常把空气中含有有害气体的量也看作洁净度指标。早期人们对计算机工作环境的洁净度要求较高，随着计算机普及和计算机设备可靠性的提出，对计算机工作环境的要求有所降低，特别是对洁净度的要求。微型计算机使用环境很少提及洁净度，实际上，洁净度是影响计算机可靠性的一个重要因素。

大量灰尘进入计算机吸附在集成电路的元器件上，会使其散热能力降低，灰尘吸潮将使设备的绝缘性降低，甚至出现短路或元器件腐蚀现象，影响计算机的正常运转。灰尘对磁性存储器等精密机械设备危害更大，密封较差的磁盘机最怕灰尘。一般磁盘与磁头之间的缝隙很小，只有0.8 μm左右，在高速旋转运动中，灰尘进入将导致磁盘磨损，划坏盘片，数据信息丢失。计算机房的灰尘通常由下面因素引起：机房工作人员出入带入的灰尘；机房门窗密封不严，由缝隙渗入机房的灰尘；机房墙壁、地面、天棚、涂层等引起的灰尘；计算机外设工作时产生的尘屑。针对不同的原因，可采取不同的办法来降低环境含尘量：采用双层窗户密封机房；在机房外，设一缓冲间，铺设吸尘地毯；工作人员出入机房更换拖鞋、服装；机房装修不用易起尘的建筑材料；严格执行清洁卫生制度。

我国将计算机工作环境中的尘埃等级分为两级，视不同计算机系统选择控制机房洁净度。机房内尘埃等级划分见表4.3。

表 4.3　机房尘埃等级划分表

要求	A 级	B 级	C 级
粒径	大于或等于0.5 μm		
个数	≤18 000 粒/m³		无

（6）噪声、电磁干扰、震动及静电

除温度、相对湿度及洁净度这三种影响环境安全的重要因素之外，还有四种较为重要的影响因素：噪声、电磁干扰、震动及静电。对这四种因素的约束限制对于维护信息系统物理实体的环境安全同样意义重大。

噪声是这些干扰中对计算机干扰最小的因素，但噪声会对人体产生巨大的干扰，当超过一定界限时，噪声就会对人体产生不可逆的损害。根据设计规范，在有人值守的主机房和辅助区，在电子信息设备停机时，在主操作员位置测量的噪声值应小于65 dB。

电磁场的干扰，会使电子电路的噪声增大，使计算机设备可靠性降低，甚至会使计算机处于瘫痪状态。计算机房应当远离各种强功率的电台，如广播电台、电视台等。主机房内无线电干扰场强，在频率为 0.15~1 000 MHz 时，主机房和辅助区内的无线电干扰场强不应大于 126 dB，磁场干扰环境场强不应大于 800 A/m。

为确保计算机设备的正常工作，机房在建设时应避开强震动源。在高强度的震动下，计算机容易发生紧固零件的松动、元件及导线的变形、电子器件焊点脱焊等现象。因此，在电子信息设备停机条件下，主机房地板表面垂直及水平向的振动加速度值不应大于 500 mm/s^2。

实验表明，当静电达到 40 V 时，就有可能损坏晶体管器件；达到 1 kV 时，便有可能清掉屏幕及缓冲区；达到 1.5 kV 时，就有可能导致磁盘损坏和数据丢失。因此，必须确保主机房和辅助区的绝缘体的静电电位不应大于 1 kV。

4.4.1.2　环境安全技术

环境安全技术主要包括机房场地选择、防火、防水、防雷、防鼠、防盗防毁、供配电系统、空调系统、综合布线、区域防护等方面。本节主要介绍场地选择、灾害防护、防盗防毁、区域防护等环境安全技术，其中防雷将在后面介绍。

（1）场地选择

实体的场地选址原则是要充分考虑各种环境条件对计算机信息系统的影响，力图把这种影响降到最低限度，以保护计算机信息系统能正常工作。具体原则如下：

① 实体设备的位置应远离街道，远离噪声源、振动源，因为振动和冲击对计算机设备会造成如下危害：触点接触不良；焊接部分脱落；元器件及导线变形；使紧固件产生松动现象；引起位移及电缆张力过大等问题。

② 避开近海滩地区和工业灰尘或腐蚀性气体大的地方，如远离煤厂、石灰厂、水泥厂和某些化工厂及矿山，选择自然环境比较干净、清洁的区域。

③ 远离火容易蔓延到的地方和易受洪水淹没的地方。

④ 应该尽量避开强电磁场源。强电磁场对计算机有干扰，不仅会干扰计算机正常工作，还会损害磁介质上存储的信息数据。

（2）灾害防护

① 场地的防火。工作室内应当有防火器材与设备，如手提式灭火器、消防栓、感烟式探测、自动喷淋灭火系统等。

② 水灾的防护。有许多自然现象能引起水灾，所以对计算机系统要进行防水灾的设计，要设专用的排水设备。

③ 地震的防护。地震可以引起机房建筑结构的损坏或倒塌、电线或通信线路的中断、物品的丢失或其他直接的影响。为了保证在地震以后备份文件和资料不被破坏，应有专用设施存放它们。

④ 虫鼠的防护。虫鼠会破坏电线或通信线路，或者进入计算机内部破坏电子元件。为防止虫鼠影响，需要在易受破坏的场所涂敷驱虫、鼠药剂，设置捕鼠和驱鼠装置。

（3）防盗防毁

对于保密程度要求高的计算机系统及其外部设备，应安装防盗报警装置、制定安全保护办法及夜间留人值守。

① 安全保护设备：计算机设备的保护装置有多种形式，主要包括有源红外报警器、无

源红外报警器和微波报警器等。信息系统是否安装报警系统，安装什么样的报警系统，要根据系统的安全等级及中心信息与设备的重要性来确定。

② 防盗技术：除了安装报警设备外，还可以用防盗技术来防止计算机及设备被盗。计算机系统和外部设备，特别是微机的每一个部件，都应做上无法去除的标识，这样被盗后可以方便查找赃物，也可防止有人更换部件；使用一种防盗接线板，一旦有人拔电源插头，就会报警；可以利用火灾报警系统来增加防盗报警功能；利用闭路电视系统对计算机中心的各部位进行监视保护等。

③ 设备部件的操作与维护：给机器留出足够的散热空间，以便机器正常运行。保证设备和线路相互之间互不干扰，相互兼容。存储介质应存放在放电磁的铁皮柜内。

（4）区域防护

所谓区域防护，是指对特定区域提供某种形式的保护和隔离。如对进入计算中心访问的人员要按所去的部位和人员的职责，实行不同形式的监控的原则和方法。

为做到区域安全，第一，应考虑物理访问控制，物理访问控制必须能够识别来访问用户的身份，并对其合法性进行验证，主要通过特殊标识符、口令、指纹等实现。第二，对来访者必须限制其活动范围。第三，要在计算机系统中心设备外设立多层安全防护圈，以防非法的暴力入侵。第四，设备所在的建筑物应具有抵御各种自然灾害的设施。第五，应设立完备的安全管理制度，培养职员良好的风纪，以防止各种偷窃与破坏活动的发生。

为保障信息系统中心设备的安全，应有物理通道的控制，例如利用重量检查控制通过通道的人数；并实行门的控制，例如双重门等；此外，应当使用出入证（由接待员控制），像进入单口的封闭车间那样管理，其他门则作为紧急情况时的出口。在此工作的每个人都应当佩戴标志，当某人不再被该中心雇用时，他的所有标志、钥匙、标识卡和其他类似的东西都应当收回。参观者要发给有实际意义的临时标志（和雇员的标志不同），他们应随警卫进入，而且不允许过多的人同时进入，以便警卫能监视每个参观者的行动。所有参观者都应当登记进入的时间和参观的目的，并有批准他们进入的人员签字。

工作场地四周应有较好的物理防护，只留一个可控制的入口通向设备。下班以后，这个场地应当加锁，使用监视器和报警器警卫，用来监视与检测入侵者。使用电子锁的门，可定期地改变密码，这种装置可以连接计算机，计算机内有标志拥有者身份的信息并记录、标志使用的日期和时间。提供人们进入机房的记录或业余进入机房的报告。进入的工作人员的安全管理有特定规章制度。总之，要根据不同的区域实行不同的控制。

4.4.2 设备安全

信息系统的设备安全保护主要包括电源保护、防止电磁信息泄露、抗电磁干扰，以及设备震动、碰撞、冲击适应性等方面。本节主要介绍电源保护、静电防护、接地系统等，防止电磁信息泄露在后面介绍。

4.4.2.1 电源保护

为计算机及其设备提供的电源质量的好坏直接影响着信息系统可靠运转。信息系统对所供电源的质量和连接性要求是很高的，它不仅取决于电网的电压、频率及电流等是否符合计算机设备的要求，而且对电网的其他质量措施也有很高的要求。电网的干扰常常影响系统及辅助设备的正常工作，产生误操作甚至造成停机。如高速运转的磁盘机，当电网频率发生变化时，可能会导致错误。

（1）基本供电要求

信息系统及其外部设备对电源的线制、电压、频率及额定容量等都有具体的要求。我国电力系统采用的是三相四线制，单相额定电压为 220 V，三相额定电压为 380 V。国产计算机要求供电频率为 50 Hz。从国外引进的计算机系统，有的要求供电频率为 60 Hz。对于这类计算机系统，需要采用频率变换器将 50 Hz 电源转换成 60 Hz 电源。计算机要求的额定容量以两种方式给出：一种是在额定电压下的计算机系统总容量或者是计算机系统的总电流；第二种是各计算机单机和设备所要求的工作电流，指设备稳态工作时的额定值。

（2）电源保护装置简介

为了保持电源的可靠性，应当采用稳压变压器（VRT）、不间断电源（UPS）或备用发电机组。稳压变压器可以防止电压对系统的影响，由于稳压变压器还包括一个隔离变压器，可以降低噪声；UPS 能提供高级电源保护功能，特别对断电更具保护作用，一旦断电，UPS 利用自身的电池给计算机系统继续供电。依靠电池的安培/小时容量，UPS 可以在断电的情况下支持其负载一段时间的运行，同时，它可以滤除电压瞬态，补偿电压不足。

4.4.2.2　防盗保护

对于保密程度要求高的计算机系统及其外部设备，应安装防盗报警装置、制定安全保护办法及夜间留人值守。

① 安全保护设备：计算机设备的保护装置有多种形式，主要包括有源红外报警器、无源红外报警器和微波报警器等。信息系统是否安装报警系统，安装什么样的报警系统，要根据系统的安全等级及中心信息与设备的重要性来确定。

② 防盗技术：除了安装报警设备外，还可以用防盗技术来防止计算机及设备被盗。计算机系统和外部设备，特别是微机的每一个部件，都应做上无法去除的标识，这样被盗后可以方便查找赃物，也可防止有人更换部件；使用一种防盗接线板，一旦有人拔电源插头，就会报警；可以利用火灾报警系统来增加防盗报警功能；利用闭路电视系统对计算机中心的各部位进行监视保护等。

③ 设备部件的操作与维护：给机器留出足够的散热空间，以便机器正常运行。保证设备和线路相互之间互不干扰，相互兼容。存储介质应存放在放电磁的铁皮柜内。

4.4.2.3　静电防护

机房中静电的来源：人员走动时与地板摩擦产生静电；办公设备在使用时会产生静电；所穿的服装相互摩擦产生静电；某些机器在运行中会产生静电；机房湿度过低会使静电增力。

静电的危害：产生的静电荷的类型不同，所能达到的最高电压也不同。例如，一个穿塑料底鞋的人在人造纤维地毯上走，每走一步，都会在鞋底上留下负电荷，在地毯上留下正电荷，平均产生 12 kV 电压，有时高达 20~25 kV，但不会超过 40 kV。当人体接触金属时，将引起静电释放，即静电放电。当静电电压为 15 kV 时，放电电流峰值可达 7.5 A，由于积蓄能量小，放电的时间很短，这是目前大规模集成芯片所不能承受的。如果静电超过 2 kV，就会引起磁盘设备出故障。大量积生的静电荷则能严重损坏磁媒介上所存储的数据。产生静电后的磁带或磁盘读写头极易吸附尘埃杂质，从而导致元件的早期损坏。

防静电是计算机房建设不可忽视的问题之一，在进行机房建设时，我们应采取多种措施来避免这些情况。

① 接地。接地是防止静电的最基本措施，其目的是使导体与大地之间构成电气上的泄漏电路，将产生在物体上的静电泄漏给大地。

② 工作人员服装采用不产生静电的衣料，特别是鞋，最好使用低阻值的材料制成，以免产生静电。

③ 使用防静电地板。此种地板电阻较低，使地板表面提供导电途径，即使产生静电，也可以很快向大地泄漏。

④ 计算机采用 RAS 功能。RAS 是 Reliability、Availability、Serviceability 的字头缩写，它的功能就是将发生静电故障的原因从技术上研究认识和显示出来，一旦显示出故障发生时，就尽快地使计算机恢复到正常工作的功能，称之为 RAS。

4.4.2.4 接地系统

机房和场地都要求有一个良好的接地系统。接地的种类有直流地（逻辑地）、交流工作地、安全保护地、防雷保护地。

① 信息系统直流地，即逻辑地，比较复杂，不同的系统，直流地线的处理方法不一样。目前主要有两种处理方式：一种是直流地不与大地相接，简称为"直流悬空"；一种与大地相接，简称为直流接地，此时接地电阻要求小于 4 Ω。

② 交流工作地和安全保护地的作用及要求与大多数电子设备接地要求相似。电流的零线就是交流的工作地线，另设一条作为保护地线，它们在机房外接到同一条接地线上。其接地电阻要求在 4 Ω 以下。

③ 防雷保护地，如机房建在已有防雷设施的建筑群中，并且在保护范围之内，可不设此地线。若单独建设，应设防雷保护地，其接地极要与安全保护地线的地极相距 5 m 以上。

接地的要求：为了消除噪声，避免干扰，使计算机系统稳定、可靠工作，对于地线的处理，有以下要求：

① 无论是悬空还是接地，在机房内部都不允许它与交流地线相短接，以保证直流地线上无交流电流。因此，设备安装后应进行交直流的短路检测。

② 交流线路走线，不允许与直流线路走线平行敷设。

③ 直流接地极与避雷接地极应离开 5 m 以上。

④ 直流地线网应做到哪里，有机柜就能在哪里直接接地。

4.4.3 介质安全

信息系统的介质安全主要包括介质自身安全以及介质数据的安全。介质安全的目的是保护存储在介质上的信息，其中介质自身安全包括介质的防盗，介质的防毁、防霉、防砸等；介质数据安全包括及介质数据的保护、安全删除和介质安全销毁。

介质安全要求：

① 设置记录介质库，对出入介质库的人员实施记录，无关人员不得入内。

② 对有用数据、重要数据、使用价值高的数据、秘密程度很高的数据以及对系统运行和应用起关键作用的数据记录介质实施分类标记、登记并保存。

③ 记录应具备防盗、防火功能，对于磁性介质，应该具有防止介质被磁化的措施。

④ 记录介质的借用应规定审批权限，对于系统中有很高使用价值或很高秘密程度的数据，应采用加密等方法进行保护。

⑤ 对于应该删除和销毁的重要数据，要有严格的管理和审批手续，并采取有效措施，防止被非法复制。

常用的媒体加密设置方法：

① 制造出非标准格式化（如增加磁道数，改变每道的扇区数、每个扇区的字节数）的软盘（这种方法抵御不了高级复制的攻击）。

② 在软盘上设置"指纹"。

道缝技术：每个圆形磁盘总有首尾相接之处的空隙。由于驱动器存在着电动机转速和机械定位的误差，必然使此空隙处的数据具有随机性和不可复制性，因此可将此空隙中的数据作为"指纹"（每人的指纹是不同的）。

扇缝技术：由于电动机转速和机构定位的误差，因此向扇区写数据时，数据区的起始和结束位置变化，使本扇区到下扇区的间隙变化。因此，扇缝处的数据可作为"指纹"，具有随机性和不可复制性。

伪 ID 技术：选择非常规的扇区号对正常格式化后的软盘磁盘再进行一次特殊格式化，将非常规扇区写入这一磁道。建立的一个特殊的扇区号可作为"指纹"。

③ 在硬盘上设置密钥。为防止硬盘中可执行文件被非法复制，必须在硬盘上设置密钥。介绍几种常用制作方法：

设置在主引导区（DOS 任何复制程序都无法获得此区内的密钥）。

利用可执行文件本身在硬盘中存放的物理位置作为"指纹"。

利用已不再用于校检扇区数据正确性的 ECC 校检码，将其修改再写回盘上作为密钥。硬盘扇区多且选定作为密钥的扇区又是随机的，故被解密发现的可能性小。

④ 激光打孔作标记。利用激光在格式化软盘的某扇区上打出一个极微小的孔，造成一种物理上的坏扇区作为"标记"（错误的数据不能复制过去）。

⑤ 加装硬件密钥载体如"加密狗"。它安装在计算机并口、串口或者 USB 口上，能提供更多的密码数据。

⑥ 利用加密软件，或者对软件进行加密。

媒体进出境管理：

信息媒体进出境管理的实质，在于媒体中信息的出入境。实施出入境申报制度的主要目的，是对有害信息出入境进行监督检查和控制，当然，也包括检查控制涉密信息的出入境。

4.4.4　电磁泄漏

信息系统的设备在工作时能经过地线、电源线、信号线、寄生电磁信号或谐波等辐射出去，产生电磁泄漏。这些电磁信号如被接收下来，经过提取处理，就可恢复出原信息，造成信息失密。利用计算机系统的电磁泄漏提供的情报，比用其他方法获得的情报更为及时、准确、广泛、连续且隐蔽。所以，防止计算机系统的电磁泄漏问题已经引起了各国的高度重视，由此派生出了电磁泄漏的防护和抑制的专门技术，通称为 TEMPEST 技术。

在 19 世纪末，电磁干扰问题就已引起人们的重视。最初，由于无线电广播、通信的发展，人们不得不研究无线电射频干扰，协调和划分频段，以避免相互间的干扰，并统一管理。我国无线电频段的分配是由国家无线电干扰标准化技术委员会统一管理的。后来电磁干扰涉及的范围越来越广，为了解决相互间的电磁干扰，不得不采取适当控制电磁发射的方法，使电子、电气设备、系统在一定的范围内，都能相互不影响而正常工作，这即是电磁兼容的问题。

（1）防电磁泄漏（TEMPEST）的基本概念

加密传输是一种非常有效并经常使用的方法，但它不能解决输入端和输出端的电磁信息泄漏问题。因为人机界面不能使用密码，而使用通用的信息表示方法，如CRT显示、打印机打印信息等。无论什么信息系统，输入端和输出端设备总是必有的，事实证明，这些设备（系统）电磁泄漏造成的信息泄漏十分严重，这即是"TEMPEST"要解决的问题。

美国的TEMPEST计划从20世纪50年代开始，最早的标准是美国海军顾问组系列文件NAG-4/TSGC、NAG-8/TSGC以及空军的有关规定。随着TEMPEST技术研究的深入，TEMPEST标准也在不断地发展和完善。进入20世纪70年代，随着TEMPEST关键技术的突破以及用户需求的加大，美国开始系统地制定TEMPEST技术标准，到20世纪80年代初，已制定出一整套的TEMPEST标准，主要有MACSEM5100和NACSEM5200系列，但其内容是保密的。

我国大力开展这方面的研究工作是从"七五"规划开始的，到现在已有较大的进展。对计算机系统及输入、输出设备（CRT、软盘驱动器、键盘、点阵式打印机、传真机等）开展了一系列的研究，并开始了低辐射产品和相关干扰器的研制与生产。理论探讨和研究工作也正在进行，如对TEMPEST的解释，对红信号、黑信号、红区、黑区概念的理解和建立，瞬态发射电磁场理论的分析及应用，信息辐射泄漏仿真系统的研究与建立，ITE（信息技术设备）TEMPEST安全评估的原则及标准的研究与建立等。总体上，不论是TEMPEST涉及的理论还是技术问题，都亟待投入更大的资金力量进一步开展深入的研究。

（2）什么是EMC/EMI与信息电磁泄漏

EMI（电磁干扰）是指一切与有用信号无关的、不希望有的或对电器及电子设备产生不良影响的电磁发射。EMC（电磁兼容）是指电子系统或设备在自己正常工作产生的电磁环境下，电子系统或设备之间相互不影响的电磁特性。为此，每种电子系统设备都应遵循一定的EMC标准生产，限制自身的电磁辐射，使其具有一定的敏感性。它是电子产品应具有的品质，这也是我国电子产品走向国际市场的必要条件。EMC标准是为了保证系统和设备正常工作而制定的。

（3）TEMPEST与EMC/EMI的区别

TEMPEST研究是指信息电磁泄漏的研究。它只是美国在信息电磁防泄漏的研究中，关于这方面研究计划的代号。在电磁兼容中被称为瞬态电磁辐射标准，是对数字技术设备信息电磁泄漏限制的标准，是为避免信息泄露而制定的。TEMPEST与EMC/EMI的区别在于：

① TEMPEST与EMC/EMI测试和约束的对象不同。EMC测试和约束系统及设备的所有电磁发射。TEMPEST只测试和约束用户关心的信息信号的电磁发射。TEMPEST测试的电磁发射是EMC测试的电磁发射中的一部分，是针对红信号（指那些一旦被窃取，便会造成用户所关心的信息失密的信号）进行的，即所要保密的那些信息信号的电磁发射。其他的信号则称为黑信号。因此，随着ITE的不同，红信号的具体内容也会不同。比如显示器CRT，一般行频信号和图像信号均属于红信号，传真机的图像数据信号也是红信号等。红信号随其

在泄密中的地位，可分为核心红信号和附属红信号。随着所采取的防护措施，其地位也发生变化。如，CRT 图像信号未做任何防范时，行、帧同步信号是最容易被突破的，因此它的不安全地位是首要的。当图像数据采取了防范措施，使其泄露发射信号无法恢复识别时，行、帧同步信号就不那么重要了（此时可认为变成了附属红信号），因为知道了行、帧同步信号也无济于事。若把输入、输出的信息数据信号及它们的变换称为核心红信号，那些可以造成核心红信号泄密的控制信号则可称为关键红信号。红区：红信号的传输通道或单元电路称为红区；反之，称为黑区。

② TEMPEST 电磁泄漏与 EMC/EMI 的特性域不同，它们同是泄漏发射的电磁波，具有电磁波的一切物理特性（空域特性、频域特性和时域特性等），但 TEMPEST 研究的电磁泄漏电磁波是那些携带敏感信息的电磁波，其辐射具有敏感的信息特征，数字信号的辐射源及电磁辐射具有一定的编码特性。

（4）防电磁信息泄露的一般方法

常用的基本防护有三种方法：一是抑制电磁发射，采取各种措施减少"红区"电路电磁发射。二是屏蔽隔离，在其周围利用各种屏蔽材料衰减红信息信号电磁发射场到足够小，使其不易被接收，甚至接收不到。三是相关干扰（包容），采取各种措施使信息相关电磁发射泄漏即使被接收到，也无法识别。

常用的具体防电磁信息泄露的具体方法有三种：

① 屏蔽法即空域法。

采用各种屏蔽材料和结构，完善和合理地将辐射干扰电磁场与接收器隔离开，使干扰电磁场在到达接收器时强度降低到最低限度，从而达到控制干扰的目的。空域防护是对空间辐射干扰控制的最有效和最基本的方法。机房屏蔽室就是这种方法的典型例子。采用屏蔽机房一是为了隔离外界及内部设备相互间的电场、磁场、电磁场的干扰，二是为了防止干扰源产生的电磁场辐射外部空间。对于一般机房而言，其目的主要是保持机器的运行，而对于那些用于处理敏感信息的机房来讲，屏蔽还有防止信息泄露的目的。根据屏蔽对象的电磁特性，可分为静电屏蔽、电磁屏蔽。根据可屏蔽的频率范围来分，可分为低频、超高频、微波屏蔽。根据屏蔽的空间特性，又可分为空间屏蔽和线路屏蔽。还有为了防止电磁辐射的有源辐射屏蔽和为了免受外界干扰的无源屏蔽。

② 频域防护控制。

不论是辐射的干扰电磁场还是传导的干扰电压、电流，都具有一定的频谱，即由一定的频率成分组成。因此，可以通过频域控制的方法来抑制干扰的影响，也即利用系统的频率特性将需要的频率成分（信号、电源的工频交流频率）加以接收，而将干扰的频率加以剔除。总之，利用要接收的信号与干扰所占有的频域不同，对频域进行控制。具体方法有滤波、调频、编码（数字化传输）、电光转换。

③ 时域防护控制。

当干扰非常强、不易受抑制，但仅在一定时域内阵发存在时，通常采用时间回避方法，即信号的传输在时间上避开干扰的作用，这种方法称为时域控制法。具体又分为主动时间回避法、被动时间回避法、能域防护控制、传导回路的防护控制等。

目前主要还是采取降低辐射的措施来研制生产 TEMPEST 产品，采用金属机箱、屏蔽层、滤波器、密封垫圈、密封条等减少辐射。TEMPEST 的另一个发展很快的领域是研制超

小 "D" 形连接器，它是一种把计算机输出的低速数据线接至打印机、绘图仪和其他远距离设备的器件。外套管可以实现对射频干扰、电磁干扰和环境的密封，具有更高的抑制效果。

4.4.5　光纤窃听

1986 年，一个 "意外" 出现了，这个 "意外" 的出现差点让美国国家安全局成了 "聋子"。这个 "意外" 便是美国著名的 "美国电话电报公司"（AT&T）推出的海底光纤电缆。从此，海底光缆就在跨洋洲际海缆领域取代了同轴电缆，世界通信可谓在一夜之间迈入了 "光缆" 时代。美国国家安全局则是随着光缆的普及，一夜之间从窃听 "黄金时代" 被推进了 "聋子时代"：间谍卫星、地面侦听站、海洋侦察船差一点成了摆设。因为越来越多的越洋电话、军方雷达信息、电子邮件都开始转由光纤电缆传输，传统的窃听手段能捕捉到的情报变得越来越少。

光缆通信出现后，由于光纤通信的载体——光波是在封闭媒质光纤的内部传输的，很难从光纤中泄漏出来，即使在转弯处，弯曲半径很小时，漏出的光波也十分微弱，若在光纤或光缆的表面涂上一层消光剂，则效果更好，这样，即使光缆内光纤总数很多，也可实现无串音干扰，在光缆外面，也无法窃听到光纤中传输的信息，对光信号的窃听变得困难。特别是海底，光缆以其安全、隐蔽性强而格外受到重视。但随着技术的发展，光纤通信的绝对安全性已被打破，对于海底光缆的窃听，逐步由设想变成了现实。

窃听光纤的基本步骤：首先将需要窃听的光纤放入一个设备中被适当弯曲，从光纤中折射出来的光线被设备中的光学检测设备拾取，然后发送给光电转换设备，光电转换装置将光信号转换为电信号，然后通过以太网线将数据传送到电脑上。

1989 年年初，美国国家安全局开始窃听海底光缆的技术研究。20 世纪 90 年代中期，美国国家安全局进行了海底光缆的首次窃听实验。实验中，美国特工人员乘一艘特制的间谍潜艇潜入洋底，通过特殊手段将一段海缆扯进间谍潜艇的特制工作舱内，成功地切开了一条海底光缆。此次实验未被光缆运营商发现，这标志着美国已经从技术上实现了对海底光缆的窃听。2005 年 3 月，美军核动力攻击潜艇 "吉米·卡特" 号正式服役，值得关注的是，它不仅具有强大的作战能力，而且它是具有窃听海底光缆的能力的一艘特种潜艇。从此，光纤通信就变得不再安全。在其后的这些年中，美国国家安全局仍不遗余力地开发窃听海底光缆的技术和设备，并取得成功。2001 年的 "9·11" 事件后，美国建立的反恐包围圈为海底光缆窃听提供了有力的支持，美、英等英语圈 5 国计划在获取光缆通信情报方面进行合作。

随着技术的发展，对缆通信线路进行窃听已经成为一种现实存在的威胁，光缆反窃听技术已日益引起人们的关注。为了满足光纤通信保密性能的要求，研究高度保密性能的光纤保密通信系统是非常重要的。在第一代防窃听光缆中，为了防止光缆被对方拉出、弯曲，采取的是一种 "物理" 办法：在光缆里面预置两条高应力玻璃棒，当一根光纤被弯曲到一定程度时，高应力棒的存在会让光纤崩掉，虽说我们损失掉了光纤，但窃听方是得不到任何数据的，而且机房能够迅速找到断点位置，这一类防窃听技术是在物理层上防止或者监测窃听。比如监测信号的劣化、丢失或者是信号功率的瞬态变化乃至丢失等，通过对这些物理量的监测，来分析是否有窃听，进而进行自动保护，这种手段是一种被动的手段。但是这种方法也有局限性，比如无法检测出倏逝波耦合窃听。此外，为了检测大多数类型的窃听，信号衰减的限制都必须设置在较高的水平，这就会导致频繁误报，一次例行检查就足以触发告警。唯一能防止传输的信息被窃听的主动手段，是对传输的信息进行加密。用于光纤通信的加密技术主要有量子加密光通信技术、混沌加密光通信技术和光码分多址（OCDMA）加密技术。

4.4.6　雷电防护

雷电危害与地震、水患一直被列为最严重的自然灾害，越来越被人们所重视，对雷害的研究和预防，人类一直没有停止过。信息系统设备大量采用的大规模集成电路芯片，其耐过电压、过电流的能力极低，无法保障在特定的空间里的计算机信息系统在遭受雷过电压、过电流后仍能安全运行。防雷与防雷检测就成为计算机信息系统安全监察的一项重要工作。

4.4.6.1　危害信息系统安全的电磁场干扰源种类

外界电磁场干扰源主要有雷电电磁脉冲（LEMP）、电网操作过电压（SEMP）、静电放电（ESD）、核电磁脉冲、微波辐射。其中，LEMP、SEMP、ESD 是最重要的电磁场干扰源。这三种干扰源中，电网操作过电压的发生频度最大，雷电电磁脉冲能量最大。在大气干燥的北方，静电放电也是不可忽略的，过电压、过电流会对计算机设备、设施造成损失。信息系统防雷实际是防止过电压、过电流对计算机设备、设施造成损害。由于雷电电磁脉冲能量较大，能有效地防止雷电电磁脉冲入侵，即可很好地防止其他过电压、过电流对计算机设备、设施造成损害，所以弱电设备的防护标准都应是过电压、过电流的防护标准而不是单纯的防雷标准。

4.4.6.2　信息系统雷害机理

一提到防雷，大家很容易想到避雷针。其实人们平常看到的避雷针是用来保护房屋免遭雷电直击，即防直击雷的。信息系统的电子设备雷害一般由感应雷击产生，因此防护的方法完全不一样。大家知道，雷电的实质是带电的雷云放电。雷云放电分为云间放电和云地放电两种，云间放电是带不同极性电荷的两朵以上的雷云间放电，云地放电是带电的雷云对大地放电，以达到与大地中电荷中和的目的。所谓的避雷针防雷，实际上是避雷针引雷，因为避雷针设在高大建筑物的顶端，其下与大地用很小的电阻相连，避雷针针尖与大地同电位，因此与被保护的高大建筑物相比，它的电场强度大，雷云与避雷针针尖的距离小于被保护的高大建筑物的距离，使得雷云中的电荷（一般为负电荷）通过避雷针与地球中的正电荷中和，而不是通过高大建筑物与地球中的电荷中和。实际是避雷针将雷电引向自己，它通过牺牲自己保护了房屋建筑，使房屋建筑免遭直接雷击之害。自避雷针发明 200 多年来，国内外的各类建筑物和构筑物的防雷实践一再证明它对防护直接雷击，保护建筑物是行之有效的方法，目前仍然是防止直接雷击的最佳和最优先的选择。

直击雷可以袭击各类建筑物，但直击雷却几乎没有发生在电子设备所处的建筑物内，信息系统设备本身处于建筑物内部，只会遭受感应雷击（或间接雷击）。感应雷击可以侵入信息系统。从前人们认为由于带电雷云产生的静电场可以在架空线路上感应出异性束缚电荷，而线路上的自由点电荷可通过导线上的漏电导泄放入地。在雷云放电后，线路上的束缚电荷被释放而沿线路向左右两方向传播，通过线路侵入计算机信息系统造成雷害。根据这一理论，线路上的感应雷电压与导线离地面的高度成正比，那么，埋地电缆的架设高度为零，自然被感应出的雷过电压也应为零，地下电缆就不会遭到雷击了。但实际上，埋地电缆上的雷过电压可高达数万伏。显然用静电感应的理论是不能完善地解释感应雷击现象的，于是人们开始考虑静电感应理论的局限性。近年来，人们观测雷电的手段有了很大的进步，观测到的雷电参数用单纯的静电感应理论已不能圆满解释，因此产生一种新的解释方法，这种方法认为，对于埋地电缆来说，闪电径路周围产生的电磁场和雷云产生的静电场相比，处于支配地位。雷云中的电荷经闪电道入地的这一瞬间可以在周围空间形成很强的电磁场，如大地电阻率为零，则闪电道中的强大电流在周围诱导产生的电场垂直于大地。但是，大地具有一定的电阻率，因而电场有少量倾斜，出现水平和垂直两个分量，这一电场随闪电道电流而变化，变化速率与雷电流相同。处于该电场中的线路（包括架空线和埋地电缆）和电子设备具有较高电位，即具有较高的感应电压，造成雷害。许多国家架空线路上记录的感应雷电压幅值大部分都在几十到几万伏。当雷击点和线路距离很近时，感应雷电压急剧增高；雷击点和线路之间距离为 50~100 m 时，有可能在线路上引起大电流脉冲；雷击点和线路间距大于 3 km 时，任意长导线上的感应电压很小。避雷针引雷即雷电流经避雷针入地的同时，强大的雷电流在避雷针周围产生强电磁场，在电磁场内的电子设备可被感应出较高的雷电压、雷电流，造成电子设备损坏。也就是说，避雷针可以很好地保护建筑物和构筑物，对建筑物和构筑物的防雷是正面的，但避雷针引雷时，在避雷针周围产生强电磁场对电子设备防雷的影响则是负面的。据报道，1987 年，德国斯图嘉特一个银行大楼在 1 500 m 外发生雷击而将大楼内计算机设备击坏，可见感应雷击的厉害。

雷侵入信息系统的途径主要有三条：

（1）电源馈线侵入

信息系统的电源大部分由架空电力线路输入室内。架空电力线路架设高度高，路径长，因此遭受直击雷和感应雷的概率大，直击雷击中高压电力线后，在高压电力线上传输经高压变压器的电容，然后侵入计算机系统的供电设备。低压电力线上也可被直击雷击中或被感应出雷过电压。例如，在我国雷电高发的地区，100 km 电力线路每年可被雷击中 21 次，我国在 220 V 电源线上出现的雷过电压平均可达 1 万伏。造成计算机设备的损坏占整个雷害事故的 60%。由电源线侵入的雷过电压，其电压高、能量大，往往一次雷击可造成电源设备损坏，甚至侵入计算机系统内部烧坏印刷板、击坏 CPU 等。

（2）信息传输通道线侵入

通道线中出现的雷过电压过电流，主要有两种情况：一种是道路旁有大树、高大建筑物、独立避雷针等地面突出物，当这些地面突出物遭直击雷时，强雷电压将把附近土壤击穿，雷电流直接侵入电缆外皮，进而击穿电缆使高压侵入电缆芯线。雷电流在外皮上流动时，也可在芯线上感应出过电压。对于架空线路（包括户外敷设的双绞线和多芯电缆、同轴电缆），可以遭受直接雷击，侵入架空线路的雷过电压和侵入埋地电缆的雷过电压一样，以行波方式由入侵点向两边传播。另一种情况如前所述，当设备附近发生雷云对地放电时，由雷电水平电场感应出过电压，一般感应过电压可达上千伏，特别是当雷击距离在 1 000 m 以内时，将会出现几千伏的感应过电压，而通道线直接和计算机系统设备的接口相连，因此，过电压会由此而击坏调制解调器、长线驱动器接收器、光电隔离器及其他通信单元，甚至由此进入系统内部而击坏下一级电路。我国有关部门在广泛测雷后对大量的数据进行处理，数理统计资料表明，埋地电缆芯线上的感应过电压一般为几百至几千伏，严重时可达 5 kV 以上。

（3）地电位反击

现场设备附近往往有避雷针或房屋避雷装置，这些避雷装置可以吸引雷电，保护高大建筑。雷击时强大的雷电流经引下线和接地装置泄入大地，这时接地装置周围土壤形成喇叭形电位分布。当计算机设备的其他接地装置和它靠近时，高地电位便可由此侵入计算机设备，造成雷害。地电反击时侵入设备的雷过电压较高，可达数万伏，并且波形陡峭，危害性较大。

4.4.6.3　计算机信息系统的防雷方法

要防止计算机信息系统遭到雷害，不能指望避雷针，因为避雷针不但不能保护计算机系统，反而增加了计算机系统的雷害；也不能指望仅采用屏蔽电缆，因为屏蔽电缆对外界电磁场虽有一定的屏蔽作用，但要实现 60 dB 以上的屏蔽效果，则要用 100 目的双层铜网做成全封闭的笼子。屏蔽电缆的屏蔽层上有雷电流流动时，其芯线上感应的雷电压是不可忽视的。土层对电磁感应的屏蔽作用也不大，计算表明，0.5 m 的泥土只能将电磁感应减少 7%，要想使电磁感应减少 90%，所需覆盖的土层需达 16.5 m。这还是针对空间电磁场而言的，若埋地电缆附近的土壤里有电流流过，则埋地电缆上感应的雷电压比架空电缆上感应的雷电压还高。光电隔离器也有一定的防过压能力，但实践中往往光端和电端分别被雷击穿，雷过电压较高时，还可将光端和电端同时击穿。因此，绝对不可用避雷针来防止计算机系统的雷害。

雷害严重地区，采用屏蔽埋地电缆和接口加装光电隔离器等措施，其防护效果并不明显。国内外通用的防雷措施是在和计算机连接的所有外线上（包括电源线和通信线）加设专用防雷设备——防雷保安器，同时规范地线，防止雷击时在地线下产生的高电位反击。防雷保安器的设计应满足以下原则：在线路中应不影响被保护设备的正常工作；在雷击产生冲击波时应有低阻抗，将冲击电流直接导入大地，而不产生危险的冲击对地电位差；应有较高的承受冲击能量的能力。

在防雷系统设置时，应符合"均—分—屏—地"原则，"均"是均衡系统电位，即在雷击计算机信息系统中，各点几乎处于同一电位，"分"是逐级分别泄流，"屏"是加强屏蔽，"地"是规范的接地系统。根据被保护设备的特点和雷电侵入的不同途径，采用相应的防护措施。因此，必须加强对防雷设备防护效果的检测，以满足 GAl73-W98《计算机信息系统防雷保安器》的要求。

4.5　防火墙式安全技术

防火墙是一种非常有效的保障网络安全的工具，它可以对进出网络的数据进行访问控制。本节首先介绍防火墙的基本概念，继而介绍防火墙的发展、体系结构和关键技术，最后分析防火墙的安全性。

4.5.1　基本概念

1986 年，美国 Digital 公司在 Internet 上安装了全球第一个商用防火墙系统，防火墙的概念也随之被提出。所谓防火墙，是指一种将内部网和公众访问网（如 Internet）分开的方法，它实际上是一种建立在现代通信网络技术和信息安全技术基础上的应用性安全技术。防火墙并非单纯的软件或硬件，它是软件和硬件加上一组安全策略的集合，防火墙可以是硬件防火墙，也可以是运行特定防火墙软件的宿主机。它是一个系统，位于被保护网络和其他网络之间，进行访问控制，防止外部用户非法使用内部网的资源，保护内部网络的设备不被破坏，防止内部网络的敏感数据被窃取；决定了哪些内部服务可以被外界访问，外界的哪些人可以访问内部的那些可以访问的服务，以及哪些外部服务可以被内部人员访问。要使一个防火墙有效，所有往来的数据必须经过防火墙，接受防火墙的检查，防火墙必须只允许授权的数据通过，并且防火墙本身也必须能够免于渗透，防火墙系统一旦被攻击者突破或迂回，就不能提供任何保护了。

防火墙最基本的功能是确保网络流量的合法性，并在此前提下将网络的流量快速地从一条链路转发到另外的链路上去。防火墙将网络上的流量通过相应的网络接口接收，按照 TCP/IP 协议栈的七层结构顺序上传，在适当的协议层进行访问规则和安全审查，然后将符合通过条件的报文从相应的网络接口送出，而对于那些不符合通过条件的报文，则予以阻断。因此，从这个角度上来说，防火墙是一个类似于桥接或路由器的、多端口的（网络接口≥2）转发设备，它跨接于多个分离的物理网段之间，并在报文转发过程之中完成对报文的审查工作，如图 4.7 所示。

图 4.7　防火墙技术原理

防火墙类似于一种过滤塞，对于数据包，要么接受要么拒绝，即谁和什么能被允许访问本网络。从总体上看，防火墙应具有五大基本功能：入侵检测功能、强化网络安全策略、监控审计、防止内部信息的外泄、日志记录与事件通知。

4.5.2　发展简史

防火墙技术最早发源于 1986 年美国 Digital 公司，到目前为止，世界上至少有几十家公司和研究所在从事防火墙技术的研究和产品开发。几乎所有的网络厂商都开始了防火墙产品的开发或者 OEM 其他防火墙厂商的防火墙产品。

20 世纪 80 年代，最早的防火墙几乎与路由器同时出现，纵观防火墙产品的发展，根据功能，可将其划分为 5 个阶段。

■ 第一阶段：基于包过滤技术的路由器的防火墙

由于多数路由器中本身就包含有分组过滤的功能，故网络访问控制功能可通过路由控制来实现，从而使具有分组过滤功能的路由器成为第一代防火墙产品。

第一代防火墙的优点：利用路由器本身对分组的解析，以访问控制表方式实现对分组的过滤；过滤判决的依据可以是地址、端口号、IP 标记及其他网络特征；只有分组过滤的功能，且防火墙与路由器是一体的，对安全要求低的网络采用路由器附带防火墙功能的方法，对安全性要求高的网络则可单独利用一台路由器作防火墙。

第一代防火墙的不足：路由协议十分灵活，本身具有安全漏洞，外部网络要探寻内部网络十分容易。例如，在使用 FTP 协议时，外部服务器容易从 20 号端口上与内部网相连，即使在路由器上设置了过滤规则，内部网络的 20 端口仍可由外部探寻。路由器上的分组过滤规则的设置和配置存在安全隐患。对路由器中过滤规则的设置和配置十分复杂，它涉及规则的逻辑一致性、作用端口的有效性和规则集的正确性，一般的网络系统管理员难以胜任，加之一旦出现新的协议，管理员就得加上更多的规则去限制，这往往会带来很多错误。路由器防火墙的最大隐患是：攻击者可以"假冒"地址，由于信息在网络上是以明文传送的，黑客可以在网络上伪造假的路由信息欺骗防火墙。路由器防火墙的本质性缺陷是：由于路由器的主要功能是为网络访问提供动态的、灵活的路由，而防火墙则要对访问行为实施静态的、固定的控制，这是一对难以调和的矛盾，防火墙的规则设置会大大降低路由器的性能。可以说：基于路由器的防火墙只是网络安全的一种应急措施。

■ 第二阶段：用户化防火墙工具套件

为了弥补路由器防火墙的不足，很多大型用户纷纷要求专门开发用户化防火墙工具套。1989 年，贝尔实验室的 Dave Presotto 和 Howard Trickey 最早推出了第二代防火墙，即电路层防火墙。

第二代防火墙的优点：将过滤功能从路由器中独立出来，并加上审计和告警功能；针对用户需求，提供模块化的软件包；软件可通过网络发送，用户可自己动手构造防火墙；与第一代防火墙相比，安全性提高了，价格降低了。

第二代防火墙的不足：配置和维护过程复杂、费时；对用户的技术要求高；全软件实现、安全性和处理速度均有局限；实践表明，使用中出现差错的情况很多。

■ 第三阶段：建立在通用操作系统上的防火墙

20 世纪 90 年代初，开始推出第三代防火墙，即应用层防火墙（或者叫作代理防火墙）；到 1992 年，USC 信息科学院的 BobBraden 提出了基于动态包过滤（Dynamic packet filter）技术，后来演变为状态监视（Stateful inspection）技术。基于软件的防火墙在销售、使用和维护上的问题迫使防火墙开发商很快推出了建立在通用操作系统上的商用防火墙产品。

第三代防火墙的优点：是批量上市的专用防火墙产品。包括分组过滤或者借用路由器的分组过滤功能；装有专用的代理系统，监控所有协议的数据和指令；保护用户编程空间和用户可配置内核参数的设置；安全性和速度大为提高。

第三代防火墙的不足：作为基础的操作系统及其内核往往不为防火墙管理者所知，由于原码的保密，其安全性无从保证；由于大多数防火墙厂商并非通用操作系统的厂商，通用操作系统厂商不会对操作系统的安全性负责；从本质上看，第三代防火墙既要防止来自外部网络的攻击，还要防止来自操作系统厂商的攻击；用户必须依赖两方面的安全支持：一是防火墙厂商、一是操作系统厂商。

■ 第四阶段：UTM

2004 年，IDC 首次提出"统一威胁管理"的概念，即将防病毒、入侵检测和防火墙安全设备划归统一威胁管理（Unified Threat Management，UTM）。由 IDC 提出的 UTM 是指由硬件、软件和网络技术组成的具有专门用途的设备，它主要提供一项或多项安全功能，将多种安全特性集成于一个硬设备里，构成一个标准的统一管理平台。UTM 设备应该具备的基本功能包括网络防火墙、网络入侵检测/防御和网关防病毒功能。

第四代防火墙的优点：将多种安全功能整合在同一产品当中，能够让这些功能组成统一的整体发挥作用，相比于单个功能的累加功效更强；UTM 安全产品的各个功能模块遵循同样的管理接口，并且只要插接在网络上，就可以完成基本的安全防御功能，因此可以大大降低信息安全工作强度；UTM 为提高易用性进行了大量考虑，且 UTM 各功能模块之间可以进行协同运作，降低了技术的复杂度。

第四代防火墙的缺点：将多个网络安全产品功能集中于一个设备中，必然导致处理能力分散，整体功能大而不全；将所有功能集成在 UTM 设备当中使得抗风险能力有所降低。一旦该 UTM 设备出现问题，将导致所有的安全防御措施失效，过度的集中就会导致风险的集中；UTM 设备以网关防御为主，这种防御在防范外部威胁的时候非常有效，但是在面对内部威胁的时候就无法发挥作用了。

■ 第五阶段：下一代防火墙

2009 年，著名咨询机构 Gartner 介绍，为应对当前与未来新一代的网络安全威胁，认为防火墙必须要再一次升级为"下一代防火墙"。下一代防火墙，即 Next Generation Firewall，简称 NGFW，是一款可以全面应对应用层威胁的高性能防火墙。通过深入洞察网络流量中的用户、应用和内容，并借助全新的高性能单路径异构并行处理引擎，NGFW 能够为用户提供有效的应用层一体化安全防护，帮助用户安全地开展业务并简化用户的网络安全架构。第五代防火墙的名称就是"下一代防火墙"，下一代防火墙就是目前最常见的防火墙。

第五代防火墙的优点：基于七元组对数据流做控制，可以收集到更多的安全数据；可以仅通过一次扫描就提取出安全功能所需的数据，识别出流量的应用类型、包含的内容与可能存在的网络威胁；可以在流量传输过程中的所有报文进行实时监测，随时发现和阻断其中的不安全因素，实现对网络的持续保护。

防火墙的发展趋势：

智能防火墙。在防火墙产品中加入人工智能识别技术，不但提高防火墙的安全防范能力，而且由于防火墙具有自学习功能，可以防范来自网络的最新型攻击。

分布式防火墙——一种全新的防火墙体系结构。网络防火墙、主机防火墙和管理中心是分布式防火墙的构成组件。传统防火墙实际上是在网络边缘上实现防护的防火墙，而分布式防火墙则在网络内部增加了另外一层安全防护。分布式防火墙的优点有：支持移动计算；支持加密和认证功能；与网络拓扑无关等。

4.5.3　体系结构

防火墙的体系结构多种多样。当前，最主要的体系结构包括包过滤、双宿网关、屏蔽主机、屏蔽子网、合并外部路由器和堡垒主机结构、合并内部路由器和堡垒主机结构、合并外部路由器和内部路由器的结构、两个堡垒主机和两个"非军事区"结构、牺牲主机结构、使用多台外部路由器的结构等。下面简单介绍几种。

4.5.3.1　包过滤型防火墙

包过滤型防火墙往往可以用一台过滤路由器来实现，对所接收的每个数据包做允许或拒绝的决定，如图 4.8 所示。此时，路由器审查每个数据包，以便确定其是否与某一条包过滤规则匹配。过滤规则基于可以提供给 IP 转发过程的包头信息。包头信息中包括 IP 源地址、IP 目标端 F 地址、内装协议（ICP、UDP、ICMP 或 IPTunnel）、TCP/UDP 目标端口、ICMP 消息类型、TCP 包头中的 ACK 位。包的进入接口和输出接口如果有匹配，并且规则允许该数据包通过，那么该数据包就会按照路由表中的信息被转发；如果匹配但规则拒绝该数据包，那么该数据包就会被丢弃；如果没有匹配规则，用户配置的默认参数会决定是转发还是丢弃数据包。

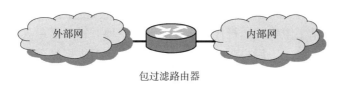

图 4.8　包过滤型防火墙

包过滤路由器型防火墙的优点:

① 处理包的速度要比代理服务器快, 过滤路由器为用户提供了一种透明的服务, 用户不用改变客户端程序或改变自己的行为。

② 实现包过滤几乎不需要费用, 因为这些规则可于路由器中直接配置。

③ 包过滤路由器对用户和应用来讲是透明的, 不必对用户进行培训和在每台主机上安装特定的软件。

包过滤路由器型防火墙的缺点:

① 防火墙的维护比较困难, 定义数据包过滤器会比较复杂, 因为网络管理员需要对各种因特网服务、包头格式以及每个域的意义有非常深入的理解。

② 只能阻止外部主机伪装内部主机的 IP, 对于外部主机伪装成其他可信任的外部主机的 IP 却不可能阻止。

③ 任何直接经过路由器的数据包都有被用作数据驱动式攻击的潜在危险, 若该数据包括了一些隐藏的指令, 则能够让主机修改访问控制和与安全有关的文件, 使得入侵者能够获得对系统的访问权。

④ 一些包过滤网关不支持有效的用户认证, 仅通过 IP 地址来判断是不安全的。

⑤ 不可能提供有用的日志, 或根本就不提供。

⑥ 随着过滤器数目的增加, 路由器的吞吐量会下降, 路由器不仅必须对每个数据包做出转发决定, 还必须将所有的过滤器规则施用给每个数据包, 这样就消耗 CPU 时间并影响系统的性能。

⑦ 包过滤路由器能够允许或拒绝特定的服务, 但是不能理解特定服务的上下文环境和数据。

4.5.3.2　双宿网关型防火墙

双宿网关防火墙又称为双重宿主主机防火墙。双宿网关是一种拥有两个连接到不同网络上的网络接口的防火墙。例如, 一个网络接口连到外部的不可信任的网络上, 另一个网络接口连接到内部的可信任的网络上, 如图 4.9 所示。这种防火墙的最大特点是中层的通信是被阻止的, 两个网络之间的通信可通过应用层数据共享或应用层代理服务来完成。一般情况下, 人们采用代理服务的方法, 因为这种方法为用户提供了更为方便的访问手段。也可以通过应用层数据共享来实现对外网的访问。

图 4.9　双宿网关型防火墙

双重宿主主机用两种方式来提供服务：一种是用户直接登录到双重宿主主机上来提供服务，另一种是在双重宿主主机上运行代理服务器。第一种方式需要在双重宿主主机上开许多账号，这是很危险的。第一，用户账号的存在会给入侵者提供相对容易的入侵通道，每一个账号通常有一个可重复使用口令，这样很容易被入侵者破解；第二，如果双重宿主主机上有很多账号，管理员维护起来很费劲；第三，支持用户账号会降低机器本身的稳定性和可靠性；第四，因为用户的行为是不可预知的，如双重宿主主机上有很多用户账户，则会给入侵检测带来很大的麻烦。代理的问题相对要少得多，而且一些服务本身的特点就是"存储转发"型的，如 HTTP、SMTP 和 NNTP，这些服务很适合代理。在双重宿主主机上，运行各种各样的代理服务器，当要访问外部站点时，必须先经过代理服务器认证，然后才可以通过代理服务器访问因特网。

双宿网关型防火墙的不足：

① 双重宿主主机是唯一的隔开内部网和外部因特网之间的屏障，如果入侵者得到了双重宿主主机的访问权，内部网络就会被入侵，所以双重宿主主机应具有强大的身份认证系统，才可以阻挡来自外部不可信网络的非法登录。

② 系统应尽量限制用户的数量，由于双重宿主主机是外部用户访问内部网络系统的中间转接点，因此其主机的性能非常重要。

4.5.3.3　屏蔽主机型防火墙

屏蔽主机型防火墙强迫所有的外部主机与一个堡垒主机相连接，而不让它们直接与内部主机相连。屏蔽主机防火墙由包过滤路由器和堡垒主机组成，如图 4.10 所示。这个防火墙系统提供的安全等级比包过滤防火墙系统高，因为它实现了网络层安全（包过滤）和应用层安全（代理服务）。所以入侵者在破坏内部网络的安全性之前，必须首先渗透两种不同的安全系统。堡垒主机配置在内部网络上，而包过滤路由器则放置在内部网络和外部网之间。在路由器上进行规则配置，使得外部系统只能访问堡垒主机，去往内部系统上其他主机的信息全部被阻塞。由于内部主机与堡垒主机处于同一个网络，内部系统是否允许直接访问外网，或者是要求使用堡垒主机上的代理服务来访问外网由机构的安全策略来决定。对路由器的过滤规则进行配置，使得其只接收来自堡垒主机的内部数据包，就可以强制内部用户使用代理服务。

图 4.10　屏蔽主机型防火墙

在采用屏蔽主机防火墙情况下，过滤路由器是否正确配置是这种防火墙安全与否的关键，过滤路由器的路由表应当受到严格的保护，否则，如果路由表遭到破坏，则数据包就不会被路由到堡垒主机上，使堡垒主机被越过。因为屏蔽主机这种体系结构有堡垒主机被绕过的可能，堡垒主机与其他内部主机之间没有任何保护网络安全的措施，一旦堡垒主机被攻破，内部网将完全暴露。

4.5.3.4　屏蔽子网型防火墙

屏蔽子网防火墙系统用了两个包过滤路由器和一个堡垒主机，是一种较安全的防火墙系统，因为在定义了"非军事区"网络后，它支持网络层和应用层安全功能，如图 4.11 所示。网络管理员将堡垒主机、信息服务器，以及其他公用服务器放在"非军事区"网络中。"非军事区"网络很小，处于外网和内部网络之间。在一般情况下，将"非军事区"配置成使用外网和内部网络系统能够访问"非军事区"网络上数目有限的系统，而通过"非军事区"网络直接进行信息传输是严格禁止的。

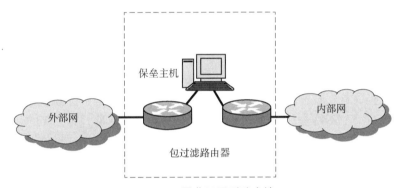

图 4.11　屏蔽子网型防火墙

对于进来的信息，外面的这个路由器用于防范通常的外部攻击（如源地址欺骗和源路由攻击），并管理因特网到"非军事区"网络的访问。它只允许外部系统访问堡垒主机。里面的路由器提供第二层防御，只接收源于堡垒主机的数据包，负责的是管理"非军事区"到内部网络的访问。对于去往因特网的数据包，里面的路由器管理内部网络到"非军事区"网络的访问。它允许内部系统只访问堡垒主机。外面的路由器上的过滤规则要求使用代理服务（只接收来自堡垒主机的去往因特网的数据包）。

内部路由器（又称阻塞路由器）位于内部网和"非军事区"之间，用于保护内部网不受"非军事区"和因特网的侵害，它执行了大部分的过滤工作。外部路由器的一个主要功能是保护"非军事区"上的主机，但这种保护不是很必要，因为主要是通过堡垒主机来进行安全保护的。外部路由器还可以防止部分 IP 欺骗，因为内部路由器分辨不出一个声称从"非军事区"来的数据包是否真的从"非军事区"来，而外部路由器很容易分辨出真伪。在堡垒主机上，可以运行各种各样的代理服务器。

堡垒主机是最容易受侵袭的，虽然堡垒主机很坚固，不易被入侵者控制，但一旦堡垒主机被控制，如果采用了屏蔽子网体系结构，入侵者仍然不能直接侵袭内部网络，内部网络还受到内部过滤路由器的保护。如果没有"非军事区"，那么入侵者控制了堡垒主机后就可以监听整个内部网络的对话。如果把堡垒主机放在"非军事区"网络上，即使入侵者控制了堡垒主机，他所能侦听到的内容是有限的。即只能侦听到周边网络的数据，而不能侦听到内部网上的数据。内部网络上的数据包虽然在内部网上是广播式的，但内部过滤路由器会阻止这些数据包流入"非军事区"网络。

4.5.4 关键技术

防火墙所涉及的关键技术包括包过滤技术、代理技术、电路级网关技术、状态检查技术、地址翻译技术、加密技术、虚拟网技术、安全审计技术、安全内核技术、身份认证技术、负载平衡技术、内容安全技术等。

4.5.4.1 包过滤

包过滤技术一般由一个包检查模块来实现。包过滤可以安装在一个双宿网关上或一个路由器上实现，当然，也可以安装在一台服务器上。数据包过滤可以控制站点与站点、站点与网络、网络与网络之间的相互访问，但不能控制传输的数据的内容，因为内容是应用层数据，不是包过滤系统所能辨认的，数据包过滤允许在单个地方为整个网络提供特别的保护。包检查模块深入到操作系统的核心，在操作系统或路由器转发包之前拦截所有的数据包。当把包过滤防火墙安装在网关上之后，包过滤检查模块深入到系统的网络层和数据链路层之间。

防火墙检查模块首先验证这个包是否符合过滤规则，不管是否符合过滤规则，防火墙一般要记录数据包情况，不符合规则的包要进行报警或通知管理员。对丢弃的数据包，防火墙可以给发方一个消息，也可以不发。这取决于包过滤策略，如果都返回一个消息，攻击者可能会根据拒绝包的类型猜测包过滤规则的大致情况。所以对是否发一个返回消息给发送者要慎重。包过滤一般要检查下面几项内容：IP 源地址；IP 目标地址；协议类型（TCP 包、UDP 包、ICMP 包）；TCP 或 UDP 的源端口；TCP 或 UDP 的目标端口；ICMP 消息类型；TCP 报头中的 ACK 位。此外，TCP 的序列号、确认号、IP 校验和、分割偏移也往往是要检查的选项。

包过滤技术的主要优点：
① 帮助保护整个网络，减少暴露的风险。
② 对用户完全透明，不需要对客户端做任何改动，也不需要对用户做任何培训。
③ 很多路由器可以做数据包过滤，因此不需要专门添加设备。

包过滤技术的主要缺点：
① 包过滤规则难以配置。一旦配置，数据包过滤规则也难以检验。
② 包过滤仅可以访问包头信息中的有限信息。
③ 包过滤对信息的处理能力非常有限。
④ 一些协议不适合用数据包过滤，如基于远程过程调用的应用。

4.5.4.2 状态检查

状态检查技术能在网络层实现所需要的防火墙能力。状态检查模块访问和分析从各层次得到的数据，并存储和更新状态数据及上下文信息，为连接的协议提供虚拟的会话信息。任何安全规则没有明确允许的数据包将被丢弃或者产生一个安全警告，并向系统管理员提供整个网络的状态。检测模块可以在不影响网络正常工作的前提下，采用抽取相关数据的方法对网络通信的各层实施监测，抽取状态信息并动态地保存起来作为以后制定安全决策的参考。

检测模块支持多种协议和应用程序，很容易实现应用和服务的扩充，状态监视器要抽取有关数据进行分析，结合网络配置和安全规定做出接纳、拒绝、鉴定或给该通信加密等决定。一旦某个访问违反安全规定，安全报警器就会拒绝该访问，并作记录，向系统管理器报告网络状态。状态监视器的另一个优点是它会监测 UDP 之类的端口信息，包过滤和代理网关都不支持此类端口。但基于状态检查技术防火墙配置非常复杂，而且会降低网络的速度。

4.5.4.3 网络地址转换技术

网络地址转换（Network Address Translation，NAT），也叫作网络掩蔽或者 IP 掩蔽（IP masquerading），是一种在 IP 数据包通过路由器或防火墙时重写来源 IP 地址或目的 IP 地址的技术。网络地址转换可以对内部地址进行转换，其转换过程以透明方式进行。网络地址转换主要用于两个方面：

① 网络管理员希望隐藏内部网络的 IP 地址，这样因特网上的主机无法判断内部网络的情况。

② 内部网络的 IP 地址是无效的 IP 地址。这种情况主要是因为现在的 IP 地址不够用，要申请到足够多的合法 IP 地址很难办到，因此需要翻译 IP 地址。

利用这种方式，网络管理员可以决定哪些内部的 IP 地址需要隐藏，哪些地址需要成为一个对因特网可见的 IP 地址。防止内部网络的结构出现泄漏，同时保护主机资源，防止外部网络访问。

4.5.4.4 代理技术

代理（Roxy）技术与包过滤技术完全不同。包过滤技术是在网络层拦截所有的信息流，代理技术是针对每一个特定应用都有一个程序。代理是企图在应用层实现防火墙的功能，代理的主要特点是有状态性。代理能提供部分与传输有关的状态，能完全提供与应用相关的状态和部分传输方面的信息，代理也能处理和管理信息。

代理使得网络管理员能够实现比包过滤路由器更严格的安全策略。应用层网关不用依赖包过滤工具来管理因特网服务在防火墙系统中的进出，而是采用为每种所需服务安装网关上特殊代码（代理服务）的方式来管理因特网服务，应用层网关能够让网络管理员对服务进行全面的控制。如果网络管理员没有为某种应用安装代理编码，那么该项服务就不支持并不能通过防火墙系统来转发。同时，代理编码可以配置成只支持网络管理员认为必需的功能。

代理技术的主要优点：

① 支持可靠的用户认证并提供详细的注册信息。

② 用于应用层的过滤规则相对于包过滤路由器来说更容易配置和测试。

③ 代理工作在客户机和真实服务器之间完全控制会话，所以可以提供详细的日志和安全审计功能。

④ 提供代理服务的防火墙可以被配置成唯一的可被外部看见的主机，这样可以隐藏内部网的 IP 地址，同时可以解决内部 IP 地址不够用的问题。

代理技术的主要缺点：

① 有限的连接性。代理服务器一般具有解释应用层命令的功能，如 Telnet 命令等，那么这种代理服务器就只能用于某种服务，但实际可能需要多种服务，所以能提供的服务和可伸缩性是有限的。

② 有限的技术。应用层网关不能为 RPC、talk 等基于通用协议族的服务提供代理。

③ 性能低。每个应用程序都必须有一个代理服务程序来进行安全控制，每一种应用升级时，代理服务程序一般也要升级。

④ 需要安全安装特殊的软件，如代理软件。此外，代理对操作系统和应用层的漏洞也是脆弱的，不能有效检查底层的信息，传统的代理也很少是透明的。

4.5.4.5 其他关键技术

安全审计技术：绝对的安全是不可能的，因此必须对网络上发生的事件进行记载和分析，对某些被保护网络的敏感信息访问保持不间断的记录，并通过各种不同类型的报表、报警等方式向系统管理人员进行报告。比如，在控制台上实时显示与安全有关的信息，对用户非法访问进行动态跟踪等。

安全内核技术：除了采用代理以外，人们开始在操作系统的层次上考虑安全性。例如考虑把系统内核中可能引起安全问题的部分从内核中去掉，形成一个安全等级较高的内核，从而使系统更安全。安全的操作系统来自对操作系统的安全加固和改造，从现有的诸多产品来看，对安全操作系统内核的加固与改造主要从以下几个方面进行：取消危险的系统调用；限制命令的执行权限；取消 IP 的转发功能；检查每个分组的端口；采用随机连接序列号；驻留分组过滤模块；取消动态路由功能；采用多个安全内核。

负载平衡技术：平衡服务器的负载，由多个服务器为外部网络用户提供相同的应用服务。当外部网络的一个服务请求到达防火墙时，防火墙可以用其制定的平衡算法确定请求是由哪台服务器来完成的。但对用户来讲，这些都是透明的。

内容安全技术：内容安全性提供对高层服务协议数据的监控能力，确保用户的安全。包括计算机病毒、恶意攻击、恶意电子邮件及不健康网页内容的过滤防护等。

4.5.5 攻击方法

针对防火墙的攻击可以分为三种：防火墙探测、绕过防火墙的攻击和破坏性攻击。

在防火墙探测攻击中，一旦攻击者标识出目标网络的防火墙，就能确定它们的部分脆弱点。不同厂商的防火墙在具体实现上有差异，正是这种实现上的差异成为网络攻击的突破口。常用的防火墙探测技术有：

① 利用防火墙对探测数据包的返回信息。

② 利用一些工具，例如 Traceroute、Firewalking、Hpinging 和 NMAPing，分析其返回结果，可以判定和定位防火墙，并能探测出该防火墙开放的端口等信息，如 Traceroute 可以用来进行防火墙定位。

③ 利用端口扫描和 ICMP 报文，如一台主机开放了防火墙用的端口，它很有可能是一台防火墙。

④ 基于错误 CRC 的防火墙探测技术；利用 SYN、Stealth FIN、Xmas Tree 和 Null 等扫描技术。

以上技术都存在一定的适用范围，因此攻击者往往同时使用多种探测方案，再对结果进行全面的分析。对于这一类攻击，可以通过设置防火墙过滤规则把出去的 ICMP 数据包过滤掉，或者在数据包进入防火墙时，检查 IP 数据包的 TTL 值，如果为 1 或者 0 则丢弃，且不发出任何 ICMP 数据包来达到防止探测的目的。另外，关闭自身不必要的端口也是很关键的。

绕过防火墙攻击是利用防火墙自身设计机制上的缺点或漏洞，绕过防火墙认证机制，从而达到攻击主机的目的。常用的绕过防火墙攻击有：

① 欺骗攻击，包括 IP 欺骗与 DNS 欺骗。通过伪造攻击者的源 IP 地址或假冒 DNS 服务器，将自己伪装成合法的数据欺骗绕过防火墙的检测。

② 拒绝服务攻击。主要是 DoS 攻击。拒绝服务攻击指的是攻击者通过占用资源、占用带宽等方式使得被攻击者瘫痪，从而无法与其他主机正常通信。

③ 分片攻击。分片攻击是利用网络层转发数据包时的分片转发机制，通过起始的正常数据包来掩盖后续 IP 分片里的攻击数据。

④ 木马攻击。防火墙防御外部攻击能力较强，但防御内部攻击能力较差。所以内部网络一旦被安装了木马，防火墙基本上就无能为力了。

⑤ 隧道攻击。隧道攻击是指将一种协议的数据分装进另一种协议的数据包中，攻击者可以将恶意攻击数据包隐藏在另一种协议的头部，从而穿透防火墙进行攻击。

对于绕过防火墙攻击，可以在配置防火墙时过滤掉那些源地址是内部地址的数据包来达到防范 IP 欺骗攻击。拒绝服务攻击的对策主要可以分为检测、增强容忍性和追踪三个方面。对于分片攻击，目前可行的解决方案是在分片进入内部网络之前防火墙对其进行重组，但是这增加了防火墙的负担，也影响防火墙传发数据包的效率；木马攻击是比较常用的攻击手段，最好的防范就是避免木马的安装以及在系统上安装木马检测工具；隧道攻击需要防火墙支持各种新的隧道协议，对隧道进行解封装，从而对内嵌报文进行处理。

破坏性攻击通常造成目标主机或网络的崩溃或数据破坏，主要包括逻辑炸弹、计算机病毒以及直接破坏计算机系统的电子元件。破坏性攻击的破坏能力更强，可以对程序、数据库、磁盘甚至物理实体进行破坏。这些攻击主要是在内部网络进行破坏，防火墙通常无能为力。

为了更充分地发挥防火墙的安全作用，在其使用过程中还需要重点考虑以下几个问题：

① 正确选用、合理配置防火墙并非易事。防火墙作为网络安全的一种防护手段，有多种实现方式。然而，多数防火墙的设立没有或很少进行充分的风险分析和需求分析，而只是根据不很完备的安全策略选择了一种似乎能"满足"需要的防火墙。

② 需要正确评估防火墙的失效状态。评价防火墙性能如何及能否起到安全防护作用，不仅要看它工作是否正常，能否阻挡或捕捉到恶意攻击和非法访问的蛛丝马迹，而且要看到一旦防火墙被攻破，它的状态如何。按级别来分，它应有这样四种状态：未受伤害，能够继续正常工作；关闭并重新启动，同时恢复到正常工作状态；关闭并禁止所有的数据通行；关闭并允许所有的数据通行。前两种状态比较理想，而第四种最不安全，所以有必要对失效状态进行测试、评估。

③ 防火墙必须进行动态维护。防火墙安装和投入使用后，若要充分发挥其安全防护作用，必须对它进行动态维护，不仅涉及规则的动态配置，还涉及厂商针对安全漏洞的补救而进行的产品升级、更新。

④ 防火墙难以测试验证。防火墙的测试验证方法、攻击技术的不断发展，以及测试工具的开发等，均使防火墙的测试验证工作困难。

4.6　入侵信息检测技术

4.6.1　基本概念

入侵信息检测技术是对防火墙技术有益的补充，对防火墙和入侵检测系统的联系有一个经典的比喻：防火墙相当于一个把门的门卫，对所有进出大门的人员进行审核，只有符合安全要求的人，就是那些有入门许可证的人才可以进出大门；门卫可以防止小偷进入大楼，但不能保证小偷 100%地被拒之门外，而且对于那些本身就在大门内部的，以及那些具备入门证的、以合法身份进入了大门的人，是否做好事也无法监控，这时候就需要依靠入侵检测系统来进行审计和控制、发现异常情况并发出警告。

入侵检测系统（Intrusion Detection System）就是对计算机网络和计算机系统的关键结点的信息进行收集和分析，检测其中是否有违反安全策略的事件发生或攻击迹象，并通知系统安全管理员。违反安全策略的行为有入侵（即非法用户的违规行为）、滥用（即用户的违规行为）等。一般把用于入侵检测的软件、硬件合称为入侵检测系统。入侵检测系统的应用，能使在入侵攻击对系统发生危害前，检测到入侵攻击，并通过报警与防护系统阻断入侵攻击；在入侵攻击过程中，能减少入侵攻击所造成的损失；在被入侵攻击后，收集入侵攻击的相关信息作为防范系统的知识，添加到知识库内，以增强系统的防范能力。

入侵检测系统的厂商国外主要有安氏、CA、NAI、赛门铁克等。国内主要有冠群金辰、启明星晨、金诺网安等。1980 年 4 月，James P. Anderson 为美国空军做了一份题为《Computer Security Threat Monitoring and Surveillance》（计算机安全威胁监控与监视）的技术报告，第一次详细阐述了入侵检测的概念。他提出了一种对计算机系统风险和威胁的分类方法，并将威胁分为外部渗透、内部渗透和不法行为三种，还提出了利用审计跟踪数据监视入侵活动的思想，这份报告被公认为是入侵检测的开山之作。

1986 年，为检测用户对数据库异常访问，在 IBM 主机上用 Cobol 开发的 Discovery 系统成为最早的基于主机的 IDS 雏形之一。

1987 年，Dorothy E. Dennying 提出了异常入侵检测系统的抽象模型，首次将入侵检测的概念作为一种计算机系统安全防御问题的措施提出。

1988 年，Morris Internet 蠕虫事件使得 Internet 约 5 天无法正常使用，该事件导致了许多 IDS 系统的开发研制。Teresa Lunt 等人进一步改进了 Dennying 提出的入侵检测模型，并创建了 IDES（Intrusion Detection Expert System，入侵检测专家系统），它提出了与系统平台无关的实时检测思想。

1990 年是入侵检测系统发展史上的一个分水岭。这一年，加州大学戴维斯分校的 L. T. Heberlein 等人开发出了 NSM（Network Security Monitor，网络安全监视器），该系统第一次直接将网络数据流作为审计数据源，因而可以在不用将审计数据转换成统一格式的情况下监控异种主机，从此之后，入侵检测系统发展史翻开了新的一页，形成了两大阵营：基于网络的 IDS 和基于主机的 IDS。

1995 年，IDES 后续版本——NIDES（Next-Generation Intrusion Detection System，下一代入侵检测系统）实现了检测多个主机上的入侵。

1996 年，GRIDS（Graph-based Intrusion Detection System，基于图像的入侵检测系统）的设计和实现解决了入侵检测系统伸缩性不足的问题，使得对大规模自动或协同攻击的检测更为便利。Forrest 等人将免疫原理运用到分布式入侵检测领域。

1997 年，Mark Crosbie 和 Gene Spafford 将遗传算法运用到入侵检测中。

1998 年，Ross Anderson 和 Abida Khattak 将信息检索技术引进到了入侵检测系统。

2000 年之后，入侵检测系统采用了协议分析、行为异常分析等技术，使得入侵检测系统大大减小了计算量与误报率。而机器学习提高了入侵检测系统的自适化与智能化，入侵检测系统变得越来越完善。

随着入侵或攻击行为的综合化、复杂化，入侵主体对象的间接化，入侵或攻击规模、范围的扩大，入侵或攻击技术的分布化，以及攻击对象的不断转移（如以前针对主体，而现在有的直接针对网络防护系统），入侵检测技术将随着入侵或攻击的变化而不断演化和发展，如下几个方面需要加以考虑。

- 大范围的分布式入侵检测。针对分布式网络攻击的检测方法，使用分布式的方法来检测分布式的攻击，其中的关键技术为检测信息的协同处理与入侵攻击的全局信息获取。
- 智能化入侵检测。即使用智能化的方法与手段来进行入侵检测，神经网络、遗传算法、模糊技术、免疫原理等方法可能用于入侵特征的辨识与泛化。智能代理技术可能广泛应用于入侵检测技术。
- 系统层的安全保障体系。将其他安全技术融入入侵检测系统中，或者入侵检测系统与其他网络安全设备进行互动、互相协作，构成较为全面的安全保障体系。
- 面向 IPv6 的入侵检测。随着 IPv6 应用范围的扩展，入侵检测系统支持 IPv6 将是一大发展趋势，是入侵检测技术未来几年该领域研究的主流。
- 面向应用层的检测。有人统计，目前对网络的攻击 70% 以上集中在应用层，并且这一数字呈上升趋势。所以入侵检测系统对应用层的保护将成为未来研究的方向。
- 入侵检测系统的自身保护和易用性的提高。目前的入侵检测产品大多采用硬件结构，黑箱式接入，免除自身的安全问题。同时，大多数的使用者对易用性的要求也日益增强，这些都是优秀的入侵检测产品以后继续发展细化的趋势。
- 基于云模型和支持向量机的入侵检测特征选择方法。其解决了目前算法的缺陷。

4.6.2 功能分类

4.6.2.1 主要功能

单纯的防火墙技术暴露出明显的不足和弱点，如防火墙不能防范如 TCP、IP 等本身存在的协议漏洞；无法解决安全后门问题；不能阻止网络内部攻击；不能提供实时入侵检测能力等。入侵检测系统弥补了防火墙的不足，它旨在帮助系统对付内部攻击、外部攻击和误操作的实时保护，在网络系统受到危害之前拦截和响应入侵，如可以记录证据、跟踪入侵、恢复或断开网络连接等。同时，入侵检测系统提高了系统管理员的安全管理能力（包括安全审计、监视、攻击识别和响应），有助于提高信息安全基础结构的完整性。而且入侵检测系统以旁路侦听的方式收集和分析信息，在不影响网络性能的情况下对网络进行监测。

具体地讲，入侵检测系统功能主要有：

- 识别常见入侵与攻击。入侵检测系统通过分析各种攻击特征，可以全面、快速地识别探测攻击、拒绝服务攻击、缓冲区溢出攻击、电子邮件攻击、浏览器攻击等各种常用攻击手段，并做相应的防范和向管理员发出警告。
- 监控网络异常通信。IDS 系统会对网络中不正常的通信连接做出反应，保证网络通信的合法性；任何不符合网络安全策略的网络数据都会被 IDS 侦测到并警告。
- 鉴别对系统漏洞及后门的利用。IDS 系统一般带有系统漏洞及后门的详细信息，通过对网络数据包连接的方式、连接端口以及连接中特定的内容等特征分析，可以有效地发现网络通信中针对系统漏洞进行的非法行为。

● 完善网络安全管理。IDS 通过对攻击或入侵的检测及反应，可以有效地发现和防止大部分的网络入侵或攻击行为，给网络安全管理提供了一个集中、方便、有效的工具。使用 IDS 系统的监测、统计分析、报表功能，可以进一步完善网络管理。

4.6.2.2　主要分类

（1）根据入侵检测的时序分类

可将入侵检测技术分为实时入侵检测和事后入侵检测两种。

① 实时入侵检测。

实时入侵检测在网络连接过程中进行，系统根据用户的历史行为模型、存储在计算机中的专家知识以及神经网络模型对用户当前的操作进行判断，一旦发现入侵迹象，立即断开入侵者与主机的连接，并收集证据和实施数据恢复，这个检测过程是不断循环进行的。

② 事后入侵检测。

事后入侵检测需要由网络管理人员进行，他们具有网络安全的专业知识，根据计算机系统对用户操作所做的历史审计记录判断用户是否具有入侵行为，如果有，就断开连接，并记录入侵证据和进行数据恢复。事后入侵检测由管理员定期或不定期进行。

（2）从使用的技术角度分类

可将入侵检测分为基于特征的检测和基于异常的检测两种：

① 特征检测（Signature-based detection，又称 Misuse detection）。

特征检测假设入侵者活动可以用一种模式来表示，系统的目标是检测主体活动是否符合这些模式。它可以将已有的入侵方法检查出来，但对新的入侵方法无能为力。其难点在于如何设计模式既能够表达"入侵"现象，又不会将正常的活动包含进来。

② 异常检测（Anomaly detection）。

异常检测假设入侵者活动异常于正常主体的活动。根据这一理念建立主体正常活动的"模板"，将当前主体的活动状况与"模板"相比较，当违反其统计规律时，认为该活动可能是"入侵"行为。异常检测的难题在于如何建立"模板"以及如何设计统计算法，从而不把正常的操作作为"入侵"或忽略真正的"入侵"行为。

（3）从入侵检测的范围角度分类

可将入侵检测系统分为基于网络的入侵检测系统、基于主机的入侵检测系统和混合型的入侵检测系统。

① 基于网络的入侵检测系统。

网络入侵检测系统能够检测那些来自网络的攻击，它能够检测到超越授权的非法访问，而不需要改变其他设备的配置，也不需要在其他主机中安装额外的软件，因此不会影响业务系统的性能。同时，网络入侵检测系统的工作方式不同于路由器、防火墙等关键设备，不会成为系统中的关键路径，即使系统发生故障，也不会影响正常业务的运行。网络入侵检测系统的安装非常方便，只需将定制的设备接上电源，做很少一些配置，将其连接到网络上即可。

网络入侵检测系统存在如下的弱点：

a. 网络入侵检测系统只检查它直接连接到网段的通信，不能检测在不同网段的网络包，存在监测范围的局限。而安装多台设备显然增加了成本。

b. 采用特征检测的方法可以检测出普通的一些攻击，很难检测复杂的需要大量时间和分析的攻击。

c. 大数据流量网络入侵检测上存在一定的困难。

d. 加密通信检测上存在困难，而加密通信将会越来越多。

② 基于主机的入侵检测系统。

基于主机的入侵检测系统通常安装在被重点检测的主机上，主要是对该主机的网络实时连接以及系统审计日志进行智能分析和判断，如果其中主体活动十分可疑（特征或违反统计规律），入侵检测系统就会采取相应措施。主机入侵检测系统对分析"可能的攻击行为"非常有用，它除了指出入侵者试图执行一些"危险的命令"之外，还能分辨出入侵者干了什么事，他们运行了什么程序、打开了哪些文件、执行了哪些系统调用。主机入侵检测系统通常情况下比网络入侵检测系统误报率要低，因为检测在主机上运行的命令序列比检测网络流更简单，系统的复杂性也较低。主机入侵检测系统可部署在那些不需要广泛的入侵检测、传感器与控制台之间的通信带宽不足的情况下。

主机入侵检测系统的弱点：

a. 安装在保护的设备上会降低系统的效率，也会带来一些额外的安全问题。如安装了主机入侵检测系统后，本不允许安全管理员有权力访问的服务器变成可以访问的了。

b. 系统依赖于服务器固有的日志与监视能力，如果服务器没有配置日志功能，则必须重新配置，这将会给运行中的系统带来不可预见的性能影响。

c. 全面部署基于主机的入侵检测系统代价较大，则未安装检测系统的设备将成为保护的盲点，入侵者可利用这些机器达到攻击目标。

d. 对网络入侵行为无法检测。

③ 混合型的入侵检测系统。

上述两种系统各自存在自身的优劣势，也容易被攻击者利用其缺点，所以系统安全最终也会受到影响。混合式 IDS 则结合了基于主机的 IDS 和基于网络的 IDS 的优劣势，既引入了基于网络数据包的数据分析，又可以利用主机的系统日志分析检测异常状态，两种方式综合起来形成了一套更加综合和全面的入侵监测系统。

（4）从使用的检测方法分类

可将入侵检测系统分为基于特征的检测、基于统计的检测、基于专家系统的检测、基于人工神经网络的检测、基于数据挖掘的检测、基于模式预测的检测等。

① 基于特征的检测。

特征检测对已知的攻击或入侵的方式做出确定性的描述，形成相应的事件模式。当被审计的事件与已知的入侵事件模式相匹配时，即报警。原理上与专家系统相仿。其检测方法上与计算机病毒的检测方式类似。目前基于对包特征描述的模式匹配应用较为广泛，该方法预报检测的准确率较高，但对于无经验知识的入侵与攻击行为无能为力。

② 基于统计的检测。

统计模型常用异常检测，在统计模型中常用的测量参数包括审计事件的数量、间隔时间、资源消耗情况等。常用的有五种统计模型为：

a. 操作模型，该模型假设异常可通过测量结果与一些固定指标相比较得到，固定指标可以根据经验值或一段时间内的统计平均得到，如在短时间内的多次失败的登录很有可能是口令尝试攻击。

b. 方差，计算参数的方差，设定其置信区间，当测量值超过置信区间的范围时，表明有可能是异常情况。

　　c. 多元模型，操作模型的扩展，通过同时分析多个参数实现检测。

　　d. 马尔可夫过程模型，将每种类型的事件定义为系统状态，用状态转移矩阵来表示状态的变化，当一个事件发生时，状态矩阵的转移概率较小则可能是异常事件。

　　e. 时间序列分析，将事件计数与资源耗用根据时间排成序列，如果一个新事件在该时间发生的概率较低，则该事件可能是入侵。

　　统计方法的最大优点是它可以"学习"用户的使用习惯，从而具有较高检出率与可用性。但是它的"学习"能力也给入侵者以机会，通过逐步"训练"使入侵事件符合正常操作的统计规律，从而通过入侵检测系统。

　　③ 基于专家系统的检测。

　　专家系统的建立依赖于知识库的完备性，知识库的完备性又取决于审计记录的完备性与实时性。入侵的特征抽取与表达，是基于专家系统的入侵检测的关键。在系统实现中，就是将有关入侵的知识转化为 if-then 结构（也可以是复合结构），条件部分为入侵特征，then 部分是系统防范措施。运用专家系统防范有特征入侵行为的有效性完全取决于专家系统知识库的完备性。

　　④ 基于人工神经网络的检测。

　　人工神经网络是对人脑简单的一种抽象和模拟，其对不完整输入信息具有一定的容错能力。在网络中，审计记录所记录的信息通常会出现变形失真或不完整的情况，神经网络非常适合处理此类情况。基于神经网络的入侵检测则通过对输入的正常事件样本和异常事件样本的不断训练学习，不仅能以很高的准确率识别训练样本中已知的入侵行为特征，而且能识别一定量新的入侵行为特征或已知入侵行为的变种形式。神经网络自适应能力使基于神经网络的入侵检测对噪声的抗干扰能力增强。神经网络的高度并行能力使基于神经网络的入侵检测对入侵行为快速响应。虽然基于神经网络的入侵检测具有诸多优点，但对其所构建的神经网络隐层拓扑以及输出结果等通常难以控制和解释。

　　⑤ 基于数据挖掘的检测。

　　计算机网络中急剧增长的审计记录，依靠人工很难发现记录中的异常现象及相互关系。数据挖掘技术针对大量数据的特征提取或规则建立具有很强的优势。由于基于数据挖掘的检测算法将检测过程等同于对海量审计记录的分析处理过程，因此，即使对各种攻击行为的作用机制不了解，也能利用数据挖掘的相关算法从这些审计记录本身所隐藏的规律中发现入侵行为。基于数据挖掘的检测算法在入侵预警方面具有较大优势，但其实时性较差。

　　⑥ 基于模式预测的检测。

　　该方法一般用于异常检测的 IDS。该方法事先假设审计记录的事件序列的发生符合某种可区分的特定模式，进而利用事件序列的相关性检测入侵行为。基于模式预测的检测方法根据观察到的用户行为，利用归纳学习产生已经发生的事件（左侧）和随后发生的事件及其可能性（右侧）两部分对应规则。若发生的事件序列与左侧规则匹配，但随后的事件序列背离（有较大的统计偏离）右侧规则的预测，则将该事件判别为入侵行为。该方法可较好地适应用户行为的变化，且在预测规则学习期间对试图训练系统的入侵行为具有较好的防御能力。

4.6.3　工作原理

　　在本质上，入侵检测系统是一个典型的"窥探设备"。它不跨接多个物理网段（通常只有一个监听端口），无须转发任何流量，而只需要在网络上被动地、无声息地收集它所关心的报文即可。对收集来的报文，入侵检测系统提取相应的流量统计特征值，并利用内置的入侵知识库与这些流量特征进行智能分析比较匹配。根据预设的阈值，匹配耦合度较高的报文流量将被认为是进攻，入侵检测系统将根据相应的配置进行报警或进行有限度的反击。入侵检测系统的原理模型如图 4.12 所示。

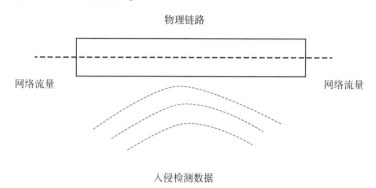

图 4.12　入侵检测系统通过监听获得网络链路上的数据

无论是何种类型的入侵检测系统，其系统结构大致相同，大体上可分为四个部分，即传感器模块、信息处理分析模块、管理与控制模块和数据库。图 4.13 所示为入侵检测系统结构图。

● 传感器模块。传感器可以是软件，安装在受保护主机中的一套软件；也可以是硬件，通过网线连接到要保护的网络里。传感器的作用是负责采集数据（网络数据包、系统日志、网络行为数据等），负责对数据进行预处理，并将预处理后的数据传送给数据处理和分析模块。对于大型网络，或者分布式入侵检测系统，传感器可能有多个，需保护的区域均要安装数据采集传感器。

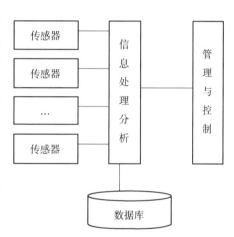

图 4.13　入侵检测系统的一般系统结构

● 数据处理和分析模块。数据处理和分析模块负责对经数据采集传感器获取的数据做进一步处理，处理方式有特征检测、统计分析、智能推理等，主要目的是发现入侵、攻击或者违反安全策略的行为或事件，并将处理结果传送给管理与控制模块。

● 管理和控制模块。管理与控制模块主要负责系统的总体控制和检测分析结果的进一步处理，包括记日志记录、实时报警或实施有限度的反击等。管理和控制模块在 IDS 中处于非常重要的地位。

● 数据库。数据库主要用于存储入侵、攻击或违反安全策略行为的模式、模板或特征数据等。

入侵检测系统的工作流程大体上分为以下三个步骤，即信息收集、信息分析和结果处理。

① 信息收集。入侵检测的第一步是信息收集，收集信息的内容包括网络流量的内容、日志、用户连接活动的状态和行为，以及历史数据等。

② 信息分析。对收集到的信息，一般通过三种技术手段进行分析：模式匹配、统计分

析和完整性分析。其中前两种方法用于实时的入侵检测，而完整性分析则用于事后分析。

模式匹配：模式匹配就是将收集到的信息与已知的网络入侵及系统误用模式数据库进行比较，从而发现违背安全策略的行为。它与病毒防火墙采用的方法一样，检测准确率和效率都相当高。但是，该方法需要不断地升级，以实现对不断出现的新的攻击方法的检测。

统计分析：统计分析方法首先给信息对象（如用户、连接、文件、目录和设备等）创建一个统计描述，统计正常使用时的一些测量属性（如访问次数、操作失败次数和延时等）。测量属性的平均值将被用来与网络、系统的行为进行比较，任何观察值在正常偏差之外时，就认为有入侵发生。例如，统计分析可能标识一个不正常行为，因为它发现一个在晚八点至早六点不登录的账户却在凌晨两点试图登录。其优点是可检测到未知的入侵和更为复杂的入侵，缺点是误报、漏报率高，且不适应用户正常行为的突然改变。具体的统计分析方法有基于专家系统的、基于模型推理的和基于神经网络方法等。

完整性分析：完整性分析主要关注某个文件或对象是否被更改，包括文件和目录的内容及属性，它在发现被更改的、被破坏的应用程序方面特别有效。完整性分析利用强有力的加密机制，称为消息摘要函数（例如 MD5），能识别及其微小的变化。其优点是不管模式匹配方法和统计分析方法能否发现入侵，只要是成功的攻击导致了文件或其他对象的任何改变，它都能够发现。缺点是一般以批处理方式实现，不用于实时响应。这种方式主要应用于基于主机的入侵检测系统。

③ 结果处理。IDS 根本的任务是要对入侵行为做出适当的反应，这些反应包括详细日志记录、实时报警和有限度的反击攻击源。

4.6.4 应用案例

Snort 是一个开放源代码的基于 libpcap（一种共享软件，可直接下载）的数据包嗅探器，并可以作为轻量级的网络入侵检测系统。它对操作系统的依赖程度很低，网络管理员能够轻易地将 Snort 安装到网络中去，并可在很短的时间内完成配置，从而可以很方便地将其集成到网络安全的整体方案中，使其成为网络安全体系的有机组成部分。

Snort 有三种工作模式：嗅探器、数据包记录器、网络入侵检测系统。嗅探器模式仅仅是从网络上读取数据包并作为连续不断的流显示在终端上。数据包记录器模式把数据包记录到硬盘上。网络入侵检测模式是可以配置的，可以让 Snort 分析网络数据流以匹配用户定义的一些规则，并根据检测结果采取一定的动作。图 4.14 所示为 Snort 系统的总结构图。

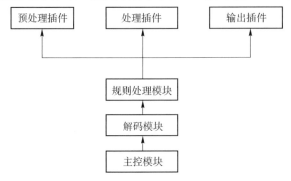

图 4.14 Snort 总体结构

- **主控模块**：实现所有模块的初始化，命令行解释、配置文件解释、libpcap 的初始化、然后调用 libpcap 开始捕获数据包，并进行编码检测入侵。此外，所有插件的管理功能也属于主控模块的范围。

- **解码模块**：把网络中抓取的数据包，沿着协议栈自上而下进行解码，并填充相应的内部数据结构，以便规则处理模块进行处理。

- **规则处理模块**：实现了对这些报文进行基于规则的模式匹配工作，检测出攻击行为；在初始化阶段，它还负责完成规则文件的解释和规则语法树的构建工作。规则处理模块在执行检测工作过程中共使用了三种类型的插件，分别为预处理插件模块、处理插件模块和输出插件模块。主控模块中的插件管理功能实现的是对所有插件的管理，包括其初始化、启动、停止等。**预处理插件**：在模式匹配前进行，对报文进行分片重组、流重组和异常检查等预处理。**处理插件**：检查数据包的各个方面，包括数据包的大小、协议类型、IP/ICMP/TCP 的选项等，辅助规则匹配完成检测功能。**输出插件**：实现检测到攻击后执行各种输出的反应。

- **日志模块**：实现报文日志功能，也就是把各种类型的报文记录到各种类型的日志中。

- **辅助模块**：定义了几种 Snort 使用到的二叉树结构和相关的处理函数。Snort 使用的匹配方法是 Boyer-Moore 检测方法，为了加快检索速度，Snort 中使用了大量的平衡二叉树。

4.6.5　入侵阻断 IPS

4.6.5.1　发展背景

2003 年 6 月，Gartner 在其发布的一个研究报告中突然宣告了 IDS 技术的"死刑"。Gartner 认为 IDS 不但不能给网络带来安全性，反而会增加管理员的困扰，它建议用户使用 IPS（也称为 IDP）来代替 IDS。或许 Gartner 的结论有些武断，但 IDS 确实存在着一些固有的、难以克服的缺陷，主要表现在：

① 由于 IDS 不能解析加密数据码流，也就不能检测加密流量中的攻击。因此，对于加密的通信来说，IDS 是无能为力的。

② 随着网络交换频率的增大，IDS 只能监视到少量的数据流量。因此，必须大量增加 IDS 传感器来监视所有网段上的流量，但对于一个大型网络来说，这就意味着更大的花销。

③ IDS 在识别"大规模的组合式、分布式的入侵攻击"方面，还没有较好的方法和成熟的解决方案，误报与漏报现象严重，用户往往淹没在海量的报警信息中，而漏掉真正的报警。

从功能上讲，作为并联在网络上的 IDS 设备，绝大多数需要与防火墙联动来阻止攻击，但由于标准不统一，IDS 与防火墙之间不易联动；此外，IDS 只能报警而不能有效采取阻断措施的设计理念，也不能满足用户对网络安全日益增长的需求。相反，IPS 则能够提供主动性的防护，IPS 的拦截行为与其分析行为处在同一层次，通过多重检测机制、粒度更细的规则设定，能够更敏锐地捕捉入侵数据流，并能将危害切断在发生之前。因此，从 IDS 到 IPS 将是未来发展的必然趋势。

4.6.5.2　基本概念

IPS 是一种主动、智能的入侵检测、防范、阻止系统，其设计旨在预先对入侵活动和攻击性网络流量进行拦截，避免其造成任何损失，而不是简单地在从恶意流从传送时或传送后才发出警。它部署在网络的进出口处，当检测到攻击企图后，会自动将攻击包丢掉或采取措施将攻击源阻断。

IPS 系统根据部署方式可分为 3 类：基于主机的入侵防护（HIPS）、基于网络的入侵防护（NIPS）和应用入侵防护（AIP）。HIPS 通过在主机/ 服务器上安装软件代理程序，防止网络攻击入侵操作系统以及应用程序；NIPS 通过检测流经的网络流量，提供对网络系统的安全保护，由于它采用在线连接方式，所以一旦辨识出入侵行为，NIPS 就可以去除整个网络会话，而不仅仅是复位会话；AIP 是 NIPS 的一个特例，它把基于主机的入侵防护扩展成为位于应用服务器之前的网络设备，AIP 被设计成一种高性能的设备，配置在应用数据的网络链路上。

4.6.5.3　工作原理

IPS 实现实时检查和阻止入侵的原理在于 IPS 拥有数目众多的过滤器，能够防止各种攻击。当新的攻击手段被发现之后，IPS 就会创建一个新的过滤器。IPS 数据包处理引擎是专业化定制的集成电路，可以深层检查数据包的内容。如果有攻击者利用 Layer 2（介质访问控制）至 Layer 7（应用）的漏洞发起攻击，IPS 能够从数据流中检查出这些攻击并加以阻止。传统的防火墙只能对 Layer 3 或 Layer 4 进行检查，不能检测应用层的内容。防火墙的过滤技术不会针对每一字节进行检查，因而也就无法发现攻击活动，而 IPS 可以做到逐一字节地检查数据包。所有流经 IPS 的数据包都被分类，分类的依据是数据包中的报头信息，如源 IP 地址和目的 IP 地址、端口号和应用域。每种过滤器负责分析相对应的数据包。通过检查的数据包可以继续前进，包含恶意内容的数据包会被丢弃，被怀疑的数据包需要接受进一步的检查。

针对不同的攻击行为，IPS 需要不同的过滤器。每种过滤器都设有相应的过滤规则，为了确保准确性，这些规则的定义非常广泛。在对传输内容进行分类时，过滤引擎还需要参照数据包的信息参数，并将其解析至一个有意义的域中进行上下文分析，以提高过滤准确性。

过滤器引擎集合了流水和大规模并行处理硬件，能够同时执行数千次的数据过滤检查。并行过滤处理可以确保数据包不间断地快速通过系统，不会对速度造成影响。这种硬件加速技术对于 IPS 具有重要意义，因为传统的软件解决方案必须串行进行过滤检查，会导致系统性能大打折扣。

4.6.5.4　主要特征

IPS 专注于提供前瞻性的防护，其设计宗旨在于预先拦截入侵活动和攻击性网络流量。它有如下的主要技术特征：

① 嵌入式运行模式。采取一进一出的在线方式检测数据包，对攻击数据包依据安全策略在第一时间直接地由硬件自动处理（或中断联机，或丢弃攻击包，或记录数据包），同时维持正常的数据包通过，保证正常的网络流量。IPS 采用这种嵌入式模式运行，根据需要将其嵌入服务器、关键主机、路由器、以太网交换机等网络设备中。只有以嵌入式模式工作在稳定和可靠的平台上，成为网络通信线路的一部分的 IPS 设备才能够实现实时的安全防护，主动拦截所有可能的攻击网络数据包。

② 完善的安全策略。为达到主动防御的目的，IPS 必须具备完善的安全策略，具备深入分析能力，根据攻击类型确定哪些流量应该被拦截，以及给出相应的响应要求。

③ 高质量的入侵特征库。信息系统综合威胁的不断发展，需要多层、深度的防护才能有效，为达到高效检测的目的，IPS 必须建立丰富且尽可能完备的入侵特征库。

④ 高效处理数据包的能力。鉴于 IPS 部署的位置，它的运行效率对所要保障的系统有着至关重要的影响，所以 IPS 一般都有着高效的数据包处理能力。IPS 采用各种先进的软件和专用硬件技术来提高检测效率。

⑤ 强大的响应功能。IPS 强大的响应功能是它区别于 IDS 的最显著的特点，也是其进行主动防御的保障。它的响应功能可分为被动响应和主动响应两种。被动响应主要记录和报告检出的问题，包括通知、报警等。主动响应则是根据检测结果阻断入侵或延时入侵过程以降低损失。此外，IPS 还可以根据策略配置，分别采取实时、近期和长期的响应行为。

4.7　蜜罐及其蜜网技术

本节主要从多个方面阐述蜜罐技术。首先，介绍蜜罐的概念和发展历史，阐述它的技术价值、在网络安全中的地位和面临的法律问题。蜜罐是一种资源，它的价值是被攻击或攻陷，蜜罐不会直接提高网络安全，但它却是其他安全策略不可替代的一种主动防御技术。然后，介绍诱骗服务、弱化系统、强化系统和用户模式服务器四种不同的蜜罐配置方式，并根据不同的分类原则对蜜罐进行分类。最后，再介绍蜜网（Honeynet）技术。

4.7.1　蜜罐技术

4.7.1.1　基本概念

4.7.1.1.1　概念

网络与信息安全技术的核心问题是对计算机系统和网络进行有效的防护。而大多数数据技术，包括防火墙技术、入侵检测技术、病毒防护技术等都是在攻击者对网络进行攻击时对系统进行被动的防护。蜜罐技术可以采取主动的方式，顾名思义，就是用特有的特征吸引攻击者，同时对攻击者的各种攻击行为进行分析并找到有效的对付方法。

蜜罐是一种在互联网上运行的计算机系统，它是专门为吸引并"诱骗"那些试图非法闯入他人计算机系统的人而设计的。蜜罐系统是一个包含漏洞的诱骗系统，它通过模拟一个或多个易受攻击的主机，给攻击者提供一个容易攻击的目标，由于蜜罐并没有向外界提供真正有价值的服务，因此所有链接的尝试都将被视为是可疑的。蜜罐的另一个用途是拖延攻击者对真正目标的攻击，让攻击者在蜜罐上浪费时间。这样，最初的攻击目标得到了保护，真正有价值的内容没有受到侵犯。此外，蜜罐也可以为追踪攻击者提供有用的线索，为起诉攻击者搜集有力的证据。从这个意义说，蜜罐就是"诱捕"攻击者的一个陷阱。无论使用者如何建立和使用蜜罐，只有当蜜罐受到攻击时，它的作用才能发挥出来。为了方便攻击者攻击，最好是将蜜罐设置成域名服务器（DNS）、Web 或电子邮件转发服务等流行应用中的某一种。蜜罐在系统中的一种配置方法如图 4.15 所示，从中可以看出其在整个安全防护体系中的地位。

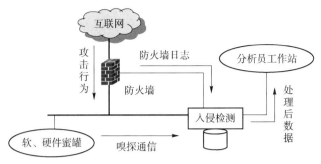

图 4.15　蜜罐的一种配置方法

L. Spiuner 是一名蜜罐技术专家。他对蜜罐做了这样的定义：蜜罐是一种资源，它的价值是被攻击或攻陷，这就意味着蜜罐是用来被探测、被攻击甚至最后被攻陷的，蜜罐不会修补任何东西，这样就为使用者提供了额外的、有价值的信息。蜜罐不会直接提高计算机网络安全，但它却是其他安全策略所不可替代的一种主动防御技术。

4.7.1.1.2　价值

为何要使用蜜罐？蜜罐并不会替代其他安全防护工具，例如防火墙、常规系统侦听等。它们是增强现有安全性的强大工具，是一种可以了解黑客常用工具和攻击策略的有效手段。

根据设计的最终目的不同，可以将蜜罐分为产品型蜜罐和研究型蜜罐两类。

（1）产品型蜜罐的价值

产品型蜜罐的价值一般运用于特定组织中，以减小各种网络威胁，它增强了产品资源的安全性。产品型蜜罐最大的价值是检测，这是因为产品型蜜罐可以降低误报率和漏报率，这极大地提高了检测非法入侵行为的成功率，同时也会增强整个组织对意外事件的响应能力。但是蜜罐不能阻止入侵者进入那些易受攻击的系统。下面从防护、检测和响应三个方面给出产品型蜜罐的价值。

① 防护。蜜罐的防护作用很小，蜜罐不会将那些试图攻击的入侵拒之门外。事实上，蜜罐希望有人闯入系统，从而进行各项记录和分析工作。有些人认为诱骗也是一种对攻击者进行防护的方法，但是如果想得到很好的防护，最好还是选择专门的防护产品。同时，诱骗工具不能防护自动工具包攻击和蠕虫类攻击。

② 检测。虽然蜜罐的防护功能很弱，但是它却具有很强的检测功能。想要从大量的网络行为中检测出攻击行为，是一件非常困难的事情，甚至想检测出哪些系统已经被攻陷也是一件十分困难的事情。高误报率往往使 IDS 失去有效告警的作用，而蜜罐的误报率远远低于大部分 IDS 工具。另外，蜜罐可以解决漏报问题，因为它们很难躲避，也很难被新的攻击方法攻陷。实际上，使用蜜罐的首要目的就是在新的或未知的攻击发生的时候将它们检测出来。蜜罐的系统管理员无须担心特征数据的更新和检测引擎的修订，因为蜜罐最希望看到的就是攻击如何进行。蜜罐可以简化检验的过程。因为蜜罐没有任何有效行为，所以所有与蜜罐相关的连接都认为是可疑的行为。

③ 响应。尽管从一般意义上讲，蜜罐也可以进行响应。但是如果某组织内的系统已经被入侵，那么这之后发生的所有行为都已经是受入侵者控制的"污染"数据。如系统管理员登录到网页上，但是发现所有登录在网站上的用户都在使用已经被入侵的系统，如果想在

此时收集入侵存在攻击行为的证据，就是一件很难的事情。必须解决的问题是那些发生事故的系统在被入侵之后不能脱机工作，否则导致的结果是，这些系统所提供的所有产品服务都将停止。同时，系统管理员也不能进行合适和全面的鉴定分析。蜜罐可以减弱甚至消除这两个问题，它提供了一个具有低数据污染的系统，并且这个牺牲性系统可以随时脱机工作。例如，某个组织有三个 Web 服务器，这些服务器都已经被攻击者攻陷，管理员虽可以进入系统并清除特定的问题，但它仍然不知道出了什么问题，问题出在什么地方，系统是否可用。若三个服务器中有一台为蜜罐，系统管理员就可以将该系统置于脱机状态，并进行鉴定分析工作，得到有效的分析结果。

（2）研究型蜜罐的安全价值

对于一个安全研究组织来说，面临的最大问题是缺乏对入侵者的了解。他们最需要了解的是谁在攻击、攻击的目的是什么、攻击者如何进行攻击、攻击者使用什么方法攻击，以及攻击者何时进行攻击等。这些问题不能凭空猜测，那么如何解决这一问题呢？也许解决这个问题最好的方法之一就是使用蜜罐。蜜罐可以为安全专家们提供一个学习各种攻击的平台。在研究攻击入侵中，没有其他方法比观察入侵者的行为，一步步记录他们的攻击直至整个系统被入侵的方法更好。当然，如果能够观察入侵者在系统被入侵之后所进行的行为，将会有更大的价值，比如他们与其他攻击者之间的通信或者上载一个新的工具包的行为。这可能是蜜罐特有的属性。此外，研究型蜜罐可以捕获自动攻击，比如 auto-rooter 和蠕虫等。因为这些攻击手段的目标是整个网段，所以研究型蜜罐可以捕获这些攻击并进行研究。

总之，研究型蜜罐并不会降低任何风险与威胁，但是它们可以帮助使用者获得更多入侵者的信息。这些信息可以用于更好地理解各种攻击并更好地保护应该受到保护的系统。

4.7.1.1.3　法律问题

1986 年 8 月，加州大学伯克利分校一位天文学家发现他实验室一台电脑的账户上少了75 美分。几经调查，他发现有人侵入他的电脑，并盗用了计算机账号，在未经允许的情况下使用了一小会儿，使账户上的钱发生了变化。这件事情引起了斯多博士极大的兴趣，也促使他从天文学家转变成一名计算机学家，并成为新兴的科学计算机跟踪分析学（computer forensics）历史中的第一位传奇人物。斯多博士设置了第一个网络蜜罐，并且在电话公司人员的配合下，花了一年的时间小心翼翼地跟踪入侵者的足迹，并进行了记录。他目睹了入侵者用伯克利的电脑袭击位于阿尔巴马和加利福尼亚的军用电脑、侵入了五角大楼的全过程。他还查到了这个名叫马克·荷斯的入侵者是一个专门向俄罗斯出售美国军事机密的德国人。荷斯后来的被捕要感谢斯多博士一年来对他不懈的追击。

2000 年，计算机专家们成功地利用蜜罐技术追踪了一伙巴基斯坦黑客，这些巴基斯坦黑客于 2000 年 6 月突然闯入了位于美国的某计算机系统时，他们自以为是地认为发现了两个漏洞，利用这个漏洞可以从印度匿名发动攻击，结果却落入了蜜罐的圈套。一个月以内，不管他们在键盘上键入任何字符，用了何种工具，甚至在网上聊天的电话，都被记录了下来。

尽管蜜罐的最初设计目标是为起诉攻击者提供证据收集的手段，但是有的国家法律规定，蜜罐收集的证据不能作为起诉证据。安全专家指出，该提议存在漏洞，因为根据这项方案，IT 部门正当保护他们系统的安全的某些软件和技术也是违法的。

首先，只要谈及蜜罐，就会使人联想到"诱骗"。诱骗的法律定义是，在本没有意图触犯法律的情况下，在法律实施者或者其代理人引诱或者劝诱下触犯法律。有人认为，诱骗并不是问题。首先，大多数个人或组织都既不是法律实施者，也不是法律实施者的代理人。他们的行为不受法律实施者这一条件约束，甚至不能说他们是有意的。因此，法律定义的诱骗并不适用于蜜罐的使用者。甚至在法律实施者来看，蜜罐并不代表一种诱骗行为，因为它们用于吸引攻击者的注意力而不是说服攻击者。蜜罐并没有引诱或者劝说攻击者对自己进行攻击；相反，攻击者主动将蜜罐作为自己的攻击目标。因此，可以说蜜罐技术与法律电脑诱骗行为并没有很大的关联。

其次，蜜罐也触及与隐私相关的事宜。无论是入侵者放置在被入侵系统上的文件还是通过 Honeypot 转交的通信内容，都与此问题相关。虽然侵犯存储在被盗计算机上的文件，或者入侵者威胁机主的权利或者在未核准的情况下使用机主的权利属于明显的侵犯隐私的行为，但很少有人会认为对通过被入侵计算机转交的通信进行拦截是一种侵犯隐私的法律行为。

4.7.1.2　配置方式

蜜罐有四种不同的配置方式：诱骗服务（Deception Service）、弱化系统（Weakened System）、强化系统（Hardened System）和用户模式服务器（User Mode Server），下面分别加以介绍。

4.7.1.2.1　诱骗服务

诱骗服务是指在特定 IP 服务端口上侦听并像其他应用程序那样对各种网络请求进行应答的应用程序。例如，可以将诱骗服务配置为 Sendmail 服务的模式。当攻击者连接到蜜罐的 TCP/25 端口时，就会收到一个由蜜罐发出的代表 Sendmail 版本号的标识。如果攻击者认为诱骗服务就是他要攻击的 Sendmail，他就会采用攻击 Sendmail 服务的方式进入系统。此时，系统管理员便可以记录攻击的细节，并采取相应的措施及时保护网络中实际运行着 Sendmail 的系统。日志目录也会提交给产品厂商、CERT 或法律执行部门进行核查，以便对产品警醒改进并提供相应的证据。

蜜罐的诱骗服务需要精心配置和设计，首先，想要将服务模拟得足以让攻击者相信是一件非常困难的事情。比如，攻击者可能用各种不同的电子邮件地址来检验预期的响应，还可能用一系列控制命令进行检验。只有诱骗服务有能力通过这些来自攻击者的预先测定，他们才有可能进入蜜罐设定的陷阱并进行攻击行为。

另一个问题是诱骗服务只能收集有限的信息。系统管理员可以发现初始的攻击，比如试图获得机器的根目录访问权限，但是系统管理员可以获得的信息仅此而已。攻击者是否成功地完成了攻击行为，对用户来说才是更加有用的信息。成功的攻击行为可能为系统管理员提供其他有用信息，比如攻击者身份的线索或者攻击者使用的工具等。因为诱骗服务不允许攻击者访问蜜罐机器本身，所以它不可能收集到更多的有用信息。

从理论上讲，诱骗服务本身可以在一定程度上允许攻击者访问系统，但是这样会带来一定的风险，如果系统记录所有蜜罐本身的日志记录，而攻击者找到了攻击诱骗服务的方法，蜜罐就陷入失控状态，攻击者可以闯入系统将所有攻击的证据删除，这显然是很糟糕的。更糟的是蜜罐还有可能成为攻击者攻击其他系统的工具。

4.7.1.2.2　弱化系统

弱化系统是一个配置有已知攻击弱点的操作系统，比如，系统安装有较旧版本的 SunOS，这个操作系统已知的易受远程攻击的弱点有 RPC（Remote Procedure Call，远程过程调用）、Sadmind 和 mountd 等。这种配置的特点是，恶意攻击者更容易进入系统，系统可以收集有关攻击的数据。为了确保攻击者没有删除蜜罐的日志记录，需要运行其他额外记录系统，比如 syslogd 和入侵检测系统等，实现对日志记录的异地存储和备份。

弱化系统的优点是蜜罐可以提供的是攻击者试图入侵的实际服务，这种配置方案解决了诱骗服务需要精心配置的问题，而且它不限制蜜罐收集到的信息量，只要攻击者入侵蜜罐的某项服务，系统就会连续记录他们的行为并观察他们接下来的所有动作，这样系统可以获得更多的关于攻击者本身、攻击方法和攻击工具方面的信息。比如，如果系统观察到入侵者创建目录用来存储攻击工具，系统管理员应该检验所有的系统是否含有这样的目录，如果找到了这样的目录，则说明该系统已经遭到入侵者的渗透。

弱化系统的问题是"维护费用高，但收益很少"。如果攻击者对蜜罐使用已知的攻击方法，弱化系统就变得毫无意义，因为系统管理员已经有防护这种入侵方面的经验，并且已经在实际系统中针对该攻击做了相应的修补。

4.7.1.2.3　强化系统

强化系统是对弱化系统配置的改进。强化系统并不配置一个看似有效的系统，蜜罐管理员为基本操作系统提供所有已知的安全补丁，使系统每个无掩饰的服务变得足够安全。一旦攻击者闯入"足够安全"的服务中，蜜罐就开始收集攻击者的行为信息，一方面可以为加强防御提供依据，另一方面可以为执法机关提供证据。配置强化系统是在最短时间内收集最多有效数据的最好方法。

将强化系统作为蜜罐使用的唯一缺点是，这种方法需要系统管理员具有比恶意入侵者更高的专业技术。如果攻击者具有更高的技术能力，就很有可能取代管理员对系统进行控制，并掩饰自己的攻击行为。更糟的是，他们可能会使用蜜罐进行对其他系统进行攻击。在实际中，高素质安全管理员的蜜罐被攻陷并在几天之后才发现问题的实例并不少见。所以强化系统会带来危险，必须采取其他措施来保障管理员始终掌握对蜜罐系统的控制权。

4.7.1.2.4　用户模式

用户模式服务器地址是一个用户进程，它运行在主机上，并模拟成一个功能健全的操作系统，类似于用户通常使用的台式电脑操作系统。在用户的台式电脑中，用户可以同时运行文字处理器、电子数据表和电子邮件应用程序。将每个应用程序当作一个具有独立 IP 地址的操作系统和服务的特定实例，简单地说，就是用一个用户进程来虚拟一个服务器，这个概念很容易理解。用户模式服务器是一个功能健全的服务器，嵌套在主机操作系统的应用程序空间中。因特网用户向用户模式服务器的 IP 地址发送请求，主机会接受该请求并将它转发给适当的用户模式实例。

图 4.16 所示的是用户模式服务器配置的网络"假象"。对于因特网上的用户来说，用户模式主机看似一个路由器和防火墙。每个用户模式服务器都看似一个独立运行在路由器或防火墙后的保护的正常主机，所以运用这种配置方式对付攻击者非常有效。此外，还有其他的配置方式，如运用地址解析协议（ARP），让用户模式主机和服务器看似都连接在同一个

逻辑网段上，于是管理员可以将自己的蜜罐隐藏在具有真实系统的网段中。

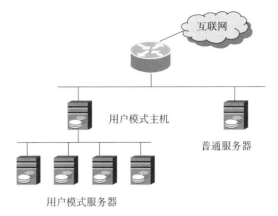

图 4.16　用户模式服务器型蜜罐

　　用户模式服务器的执行取决于攻击者受骗的程度。如果适当配置，攻击者几乎无法察觉他们链接的是用户模式服务器而不是真正的目标主机，也就不会得知自己的行为已经被记录下来。用户模式蜜罐的优点是它仅仅是一个普通的用户进程，这就意味攻击者如果想控制机器，就必须首先冲破用户模式服务器，再找到攻陷主机系统的有效方法。这保证了系统管理员可以在面对强大对手的同时依然保持对系统的控制，同时也为取证提供证据。因为每个用户模式服务器都是一个定位在主机系统上的单个文件，如果要清除被入侵者攻陷的蜜罐，只需关闭主机上的用户模式服务器进程并激活一个新的进程即可。进行取证时，只需将用户模式服务器文件传送到另一台计算机，激活该文件，登录并调试该文件系统即可。

　　当考虑到对蜜罐的配置时，用户模式服务器还有另一个优点：为了完全地记录和控制入侵蜜罐系统的攻击者，可以将系统配置为防火墙、入侵检测系统和远程登录服务器，使用用户模式可以将所有的组成部分在一台单独的主机中配置完成。

4.7.1.2.5　配置蜜罐的实例

　　图 4.17 所示是一种符合上述各标准的蜜罐配置。图中的防火墙配置有 4 个网卡，将蜜罐系统从真实的网络中隔离出来，这也满足将系统尽量靠近因特网的要求。在 Honeypot 中放置入侵检测系统，可以记录所有的业务流。由于 IDS 可以记录所有包括有效负载的数据报信息，所以蜜罐可以清晰地记录攻击者的每一步行为。由于日志记录工作在蜜罐之外进行，所以在蜜罐被攻陷的情况下也不会丢失日志记录信息。实际上，大部分 IDS 可以在无 IP 地址的情况下工作，这使得 IDS 对于任何试图监控网络行为的人都不可见。

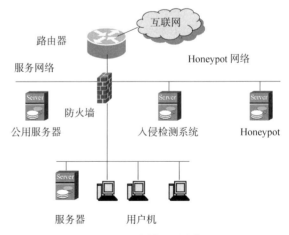

图 4.17　蜜罐配置实例

4.7.1.3　基本分类

　　根据不同的标准，可以对蜜罐技术进

行不同的分类，这里讨论三种分类方式：根据产品设计目的、根据交互程度和蜜罐的基本分类。

4.7.1.3.1 蜜罐基本分类

蜜罐可以分为 3 种基本类型：牺牲型蜜罐、外观型蜜罐和测量型蜜罐。

（1）牺牲型蜜罐

牺牲型蜜罐就是一台简单的为某种特定攻击设计的计算机。牺牲型蜜罐实际上是放置在易受攻击地点，假扮为攻击的受害者，它为攻击者提供了极好的攻击目标。管理员需要定期检验蜜罐系统，判断整个系统是否已被入侵。在被入侵的情况下，还需要判断蜜罐所遭受的攻击类型。大部分情况下所使用的数据收集形式都是蜜罐附近配置的网络嗅探器。还必须考虑使用防火墙或其他网络控制设备来隔离并控制牺牲型蜜罐。但提取攻击数据非常费时，并且牺牲型蜜罐本身也会被攻击者利用来攻击其他的机器。此外，牺牲型蜜罐并不提供全套的行为规范或控制设备，要根据专家对攻击的分析建议对系统资源进行管理和组织。

（2）外观型蜜罐

外观型蜜罐技术仅仅对网络服务进行仿真而不会导致机器真正被攻击，从而蜜罐的安全不会受到威胁。当外观型蜜罐受到侦听或攻击时，它会迅速收集有关入侵者的信息。这很类似于设置一个大门，这个大门后面没有任何有价值的东西，然后观察进入这扇门的人。仿真的深度取决于执行的成功性。有些外观型蜜罐只提供部分应用层行为，而另一些外观型蜜罐则通过仿真提供目标的网络层服务。这样做的目的是防止利用某种形式的操作系统指纹进行远程签名测试。外观蜜罐的性能取决于它能够仿真什么样的系统和应用以及它的配置和管理。外观型蜜罐也具有牺牲型蜜罐的弱点，但是它们不会提供牺牲型蜜罐那么多的数据。用外观型蜜罐对记录的数据进行访问更加简单，因此可以更加容易地检测出攻击者。外观型蜜罐是最简单的蜜罐，通常由某些应用服务的仿真程序构成，以欺骗攻击者。此类蜜罐有一个很明显的缺点：它们只能够提供潜在威胁的基本信息，因此一般只适用于小型或中型企业。

（3）测量型蜜罐

测量型蜜罐建立在牺牲型蜜罐和外观型蜜罐的基础之上。与牺牲型蜜罐类似，测量型蜜罐为攻击者提供了高度可信的系统。与外观型蜜罐类似，由于记录攻击信息的原因，测量型蜜罐非常容易访问但是很难绕过。通过对现有系统进行大规模操作系统层次或内核层次更改以及应用程序开发，商业企业已经将蜜罐作为一种有效的网络防御方法，包括进行高级数据收集、攻击活动规范、基于策略的告警和企业管理功能等。与此同时，高级的测量型蜜罐还防止攻击者将系统作为进一步攻击的跳板。

4.7.1.3.2 根据产品设计目的分类

Snort 的创始人 Marty Roesch 将蜜罐分为两类：产品型和研究型（前面已有介绍）。

产品型蜜罐的目的是减轻受保护组织将受到的攻击威胁。蜜罐加强了受保护组织的安全措施。可以将这种类型的蜜罐作为"法律实施者"，它们所要做的工作就是检测并对付恶意攻击者。一般情况下，商业组织运用产品型蜜罐对自己的网络进行防护。

研究型蜜罐专门以研究和获取攻击信息为目的而设计。这类蜜罐并没有增强特定组织的安全性，恰恰相反，蜜罐此时要做的工作是使研究组织面对各类网络威胁，并寻找能够对付这些威胁更好的方式。这种类型的蜜罐使用的是"逆向思维"，它们所要进行的工作就是收集恶意攻击者相关的信息。研究型蜜罐一般情况下用于大学、政府、军队等研究性机构。

4.7.1.3.3 根据交互的程度分类

根据蜜罐与攻击者之间进行的交互程度（包含级别）不同，可将蜜罐分为三类：低交互蜜罐、中交互蜜罐和高交互蜜罐。

（1）低交互蜜罐

低交互蜜罐只提供一些特殊的虚假服务，这些服务通过特殊端口监听来实现。在这种方式下，所有进入的数据流很容易被识别和存储，但这种简单的解决方案不可能获取复杂协议传输的数据。在低级别包含的蜜罐中，攻击者没有真正的操作系统可以使用，这样就大大减少了危险，因为操作系统的复杂性降低了。这种方式的一个缺点是不可能观察攻击者和操作系统之间的交互信息。低级别包含的蜜罐就像单向的连接，只是监听但不会发送响应信息，这种方法就显得很被动，其原理如图4.18所示。

低交互蜜罐最大的特点是模拟。蜜罐为攻击者展示的所有攻击弱点和攻击对象都不是真正的产品系统，而是对各种系统及其提供的服务的模拟。如果攻击者与低交互蜜罐进行更多的交互，就会发现事实的"真相"。低交互蜜罐是三种蜜罐中最为安全的类型，它引入系统的风险最小，它不会被攻击者入侵并作为其下一步攻击的跳板。

（2）中交互蜜罐

中交互蜜罐提供了更多的交互信息，但还是没有提供一个真实的操作系统。由于蜜罐复杂程度的提高，攻击者发现安全漏洞和弱点的可能性也就大大提高了。通过这种较高程度的交互，更复杂些的攻击手段就可以被记录和分析。因为攻击者认为这是一个真实的操作系统，它就会对系统进行更多的探测和交互，如图4.19所示。中交互蜜罐是对真正的操作系统的各种行为的模拟，在这个模拟行为的系统中，用户可以进行各种随心所欲的配置，让蜜罐看起来和一个真正的操作系统没有区别。

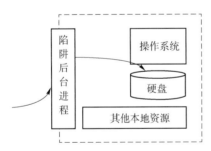

图4.18　低级别包含的蜜罐

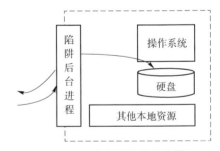

图4.19　中级别包含的蜜罐

中交互蜜罐的设计目的是吸引攻击者的注意力，从而起到保护真正系统的作用。它们是看起来比真正系统还要诱人的攻击目标，而攻击者一旦进入蜜罐，就会被监视并追踪。中交互蜜罐与攻击者之间的交互非常接近真正的交互，所以中交互蜜罐可以从攻击者的行为中获得更多信息。虽然中交互蜜罐是对真实系统的模拟，但是它已经是一个健全的操作系统，可以说中交互蜜罐是一个经过修改的操作系统，整个系统有可能被入侵，所以系统管理员需要对蜜罐进行定期检查，了解蜜罐的状态。

（3）高交互蜜罐

高交互蜜罐具有一个真实的操作系统，这样随着复杂程度的提高，危险性也随之增大，但同时收集信息的可能性、吸引攻击者攻击的程度也大大提高。黑客攻入系统的目的之一就是获取 root 权限，一个高级别包含的蜜罐就提供了这样的环境。一旦攻击者获得权限，他的真实活动和行为都被记录，但是攻击者必须要攻入系统才能获得这种自由。攻击者会取得 root 权限并且可以在被攻陷的机器上做任何事情，这样系统就不再安全，整个机器也不再是安全了，如图 4.20 所示。

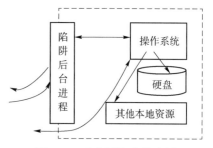

图 4.20　高级别包含的蜜罐

这类蜜罐最大的特点就是真实，最典型的例子是 Honeynet。高交互蜜罐是完全真实的系统，设计的最主要目的是对各种网络攻击行为进行研究。目前安全组织最缺乏的就是对自己的敌人——攻击者的了解，最需要回答的问题包括谁是攻击者、攻击者如何进行攻击、用什么工具攻击以及攻击者何时会再次发出攻击。高交互蜜罐所要做的工作就是对攻击者的行为进行研究以回答这些问题。

显然，高交互蜜罐最大的缺点是被入侵的可能性很高。如果整个高交互蜜罐被入侵，那么它就会成为攻击者对其他主机和组织进行下一步攻击最好的工具。所以必须采取各种各样的策略和预防措施防止高交互蜜罐成为攻击者进行攻击的跳板。

表 4.4 所示是三种类开蜜罐的特性比较。

表 4.4　不同包含级别蜜罐的特性比较

特性	低	中	高
包含等级	低	中	高
真实操作系统	—	—	√
危险性	低	中等	高
信息收集	连接	请求	所有
被攻陷期望值	—	—	√
运行所需知识	低	低	高
建立所需知识	低	高	中等
维护的时间	低	低	很高

4.7.2　蜜网技术

Honeynet 是专门为研究设计的高交互型蜜罐，可以从攻击者那里获取所需的信息。与蜜罐有两点不同：

① Honeynet 不是一个单独的系统，而是由多个系统和多个攻击检测应用组成的网络。这个网络放置在防火墙的后面，所有进出网络的数据都会通过这里，可以捕获并控制这些数据。根据捕获的数据信息分析的结果就可以得到攻击组织所使用的工具、策略和动机。

② 所有放置在 Honeynet 中的系统都是标准的产品系统，这些系统和应用都是用户可以在互联网上找到的真实系统和应用。这意味着该网络中的任何一部分都不是模拟的应用，而

这些应用都具有与真实的系统相同的安全等级。

因此，在 Honeynet 中发现的漏洞和弱点就是真实存在的组织所需改进的问题。用户所需做的就是将系统从产品环境移植到 Honeynet 中。Honeynet 就是用户创建的网络，类似于一个透明玻璃鱼缸，用户可以看到这个网络中发生的所有事情，用户就像观察鱼缸中的鱼一样查看攻击者在自己的虚拟网络中的各种攻击行为，捕获的行为可使用户掌握攻击组织使用的工具、策略和动机。

Honeynet 都必须支持信息控制和信息捕获两大功能。

① 信息控制。信息控制就是对入侵者行为的规范。对付那些总是构成威胁的攻击者时，Honeynet 应该降低入侵者能造成的威胁。需要确定的是，一旦系统被入侵，Honeynet 内的蜜罐不能损害任何其他处于 Honeynet 系统之外的机器和组织。Honeynet 工程所设计的 Honeynet 要捕获所有进出的连接，所以就在 Honeynet 前端放置一个防火墙，所有的信息包将通过防火墙进入 Honeynet，防火墙能够对所有从 Honeynet 内的蜜罐机器向外的连接进行追踪，当一个蜜罐外发的连接数量达到预设的上限时，防火墙便会拦截那些信息包，这样就可以保证在 Honeynet 内的机器不被滥用的前提下，允许入侵者尽可能多地做他们想做的事情。

② 信息捕获。信息捕获就是捕获所有的攻击者行为。对这些捕获的行为进行分析，从而得知攻击者所使用的攻击工具、攻击策略和攻击动机等。最大问题是在攻击者没有察觉的情况下，尽量多地捕获有关攻击者行为的数据，并使到达蜜罐的数据尽量真实。值得注意的是，捕获的数据不能存储在本地蜜罐中，这是因为存储在本地的数据很有可能会被攻击者发现，这使得攻击者得知他们正在攻击的系统是 Honeynet。此外，存储在本地的数据很有可能会丢失或被破坏。所以 Honeynet 需要做的不仅是在不被攻击者发现的情况下记录攻击者的每个动作，还要在远程存储捕获的信息。Honeynet 要从各种不同的数据源收集数据，所以分层次地进行信息捕获是一种很好的信息捕获结构。将这些层次合并绘制一幅大而有层次的图像，并对数据进行一目了然的分析。

密网技术中需不断深入研究的问题包括：如何通过增强系统伪装的智能性，感知和学习实时的网络环境，动态自适应网络变化，自动地进行系统配置，提高模拟服务的质量和被攻击、探测的概率，确保蜜网内容的高度真实性和迷惑性等。另外，对捕获的攻击数据进行分析并提取攻击特征，需要安全人员投入较多的精力和时间；需进一步提高对计算机取证和法律问题的重视，蜜网是一种防御系统，只要不对部署的蜜网进行宣传从而引诱黑客进行攻击，就不会触犯到法律，可能引发法律纠纷的是黑客利用蜜网向第三方网络发起攻击造成破坏，因此对黑客利用蜜网向第三方网络发起的攻击时，要采取控制措施来避免此风险。

4.8　信息安全取证技术

本节先介绍计算机取证的概念，继而介绍取证的核心技术电子证据，接着给出计算机取证的原则和步骤，最后分析计算机取证涉及的法律问题。

4.8.1　基本概念

计算机取证为解决民事纠纷和打击计算机犯罪提供科学的方法和手段，可以提供法庭需要的合适证据。一种新的存在于计算机及相关外围设备（包括网络介质）中的电子证据逐渐成为新的诉讼证据之一。人们每天面对大量的计算机犯罪案例，如商业机密信息的窃取和破坏、计算机欺诈、对政府或金融网站的破坏等，这些案例的取证工作需要提取存在于计算机系统中的数据，甚至需要从已被删除、加密或破坏的文件中重获信息。电子证据本身和取证的过程有许多有别于传统物证和取证的特点，对司法和计算机科学领域都提出了新的挑战。

4.8.1.1　计算机取证概念

作为计算机取证方面的资深人士，Judd Robbins 先生对此给出了如下定义："计算机取证不过是将计算机调查和分析技术应用于对潜在的、有法律效力的证据的确定与获取。证据可以在计算机犯罪或误用这一大范围中收集，包括窃取商业秘密、窃取或破坏知识产权和欺诈行为等。"计算机专家可以提供一系列方法来挖掘存储于计算机系统内的数据或恢复已删除的、被加密的或被破坏的文件信息。这些信息在收集证词、宣誓作证或实际诉讼过程中都可能有帮助。

计算机紧急事件响应和取证咨询公司 New Technologies 进一步扩展了该定义，即计算机取证包括了对以磁介质编码信息方式存储的计算机证据的保护、确认、提取和归档。SANS公司则归结为如下说法：计算机取证是使用软件和工具，按照一些预先定义的程序，全面地检查计算机系统，以提取和保护有关计算机犯罪的证据。而 Sensei 信息技术咨询公司则将其简单概括为对电子证据的收集、保存、分析和陈述。Enterasys 公司 CTO、办公室网络安全设计师 Dick Bussiere 则认为计算机取证也可以称作计算机法医学，是指把计算机看作犯罪现场，运用先进的辨析技术，对计算机犯罪行为进行法医式的解剖，搜寻确认罪犯及其犯罪证据，并据此提起诉讼的过程和技术。该定义强调了计算机取证与法医学的关联性。

综合以上定义认为，计算机取证是指对能够为法庭接受的、足够可靠和有说服力的、存在于计算机和相关外设中的电子证据的确认、保护、提取和归档的过程，它能推动或促进犯罪事件的重构，或者帮助预见有害的未经授权的行为。若从动态的观点来看，计算机取证可归结为以下几点：在犯罪进行过程中或之后收集证据；重构犯罪行为；为起诉提供证据。对计算机网络进行取证尤其困难，完全依靠所保护信息的质量。

4.8.1.2　电子证据的概念

从计算机取证的概念中可以看出，取证过程主要是围绕电子证据来进行的，因此，电子证据是计算机取证技术的核心，它与传统证据的不同之处在于它是以电子介质为媒介的。

在传统的法律观念看来，纠纷当中的证据讲求的是"白纸黑字"和有原诉人亲笔签名的原件，但使用计算机的作者只有电子文档，使用网络的商人只有商业往来的电子邮件，遭人诋毁的被害者只能找到 BBS 上的电子文章，而这些电子文件不仅没有"白纸黑字"的"原件"为凭，而且连存放在计算机系统内的电子文件内容和署名本身，都能够被任何人轻易修改。但近年来，网络上发生的众多纠纷案件中，电子证据几乎无一例外地出现。和书面证据不同的是，电子证据往往以多种形式存在：电子文章、图形文件、视频文件、已删除文件（如果没有被覆盖）、隐藏文件、系统文件、电子邮件、光盘、网页和域名等。而且其作用的领域很广，如证明著作权侵权、不正当竞争以及经济诈骗等。随着网络技术的快速发展，还出现了许多除电子文件和邮件以外的，新型的电子证据。例如 cookie（"小甜饼"），能够由网站自动下载到客户端，并在用户不知不觉的情况下记录用户的信息。再如 CRM

（客户关系管理系统），可以管理和记录客户在网上的一切活动和特征（如浏览内容、停留时间和收发信息等）。在法律上如何准确定位这些新型的电子记录以及上文提及的电子邮件、多媒体软件、网页的地位和证明效力，将是清晰解决各种网络纠纷的前提。

目前，国内法学界多数学者将电子证据定义为：在计算机或计算机系统运行过程中产生的以其记录的内容来证明案件事实的电磁记录物。任何材料要成为证据，均需具备三性：客观性、关联性、合法性。电子证据与传统证据一样，电子证据必须是可信的、准确的、完整的、符合法律法规的。

4.8.2　证据特点

电子证据的存在形式是电磁或电子脉冲，缺乏可见的实体。但是，它同样可以用专门工具和技术来收集与分析，而且有的可以作为直接证据。例如，美国联邦证据法规定，在规范活动中产生的电子记录不属于传闻证据，可以被法庭采用。如规范的电子商务、政务活动中的电子记录，在一定条件下计算机中的日志文件等。电子证据和其他种类的证据一样，具有证明案件事实的能力，而且在某些情况下电子证据可能是唯一的证据。同时，电子证据与其他种类的证据相比，有其自身的特点。

① 表现形式的多样性。电子证据超越了以往所有的证据形式，不仅可以用文字、图像和声音等多种方式存储，还可以多媒体形式存在。例如，某出版社出版的"大百科图书光盘"，通过计算机播放，不仅有文字，而且配有图像、动画甚至电影片段，还有优美的解说，这种将多种表现形式融为一体的特点是电子证据所特有的。

② 存储介质的电子性。电子证据依据计算机技术产生，化为一组组电子信息存储在特定的电子介质上，例如，计算机硬盘和光盘等，它的产生和重现必须依赖于这些特定的电子介质，而传统的证据（例如笔录）则无须依赖于其他介质就可以独立重现，这点也正是电子证据的弱点，直接削弱了它的证明力度。因为，如果有人在电子介质上做手脚，就能改变电子证据本来面目，给证据的认定带来困难。

③ 准确性。电子信息严格按照运行于计算机上的各种软件和技术标准产生和运行，其结果完全是"铁面无私"的机器内部对一组组二进制编码的运行结果，丝毫不会受到感情、经验等多种主观因素的影响。因此，如果没有人为的蓄意修改或毁坏，电子证据能准确地反映整个事件的完整过程和每个细节，准确度非常高。

④ 脆弱性。书面文件使用纸张为载体，不仅真实记录有签署人的笔迹和各种特征，而且可以长久保存，如有任何改动或添加，都会留下"蛛丝马迹"，通过专家或司法鉴定等手段均不难识别。但电子证据使用电磁介质，储存的数据修改简单而且不易留下痕迹，这导致当有人利用非法手段入侵系统、盗用密码、操作人员误操作时或供电系统和网络故障等情况发生时，电子证据均有可能被轻易地盗知、修改甚至全盘毁灭而不留下任何证据。它还容易受到电磁攻击，比如，鉴定证据时，一旦不小心打开文件，那么文件的最近修改时间就会改变。电子证据的这种特点，使得计算机罪犯的作案行为变得更轻易而事后追踪和复原变得更困难。

⑤ 数据的挥发性。在计算机系统中，有些紧急事件的数据必须在一定的时间内获得才有效，这就是数据的"挥发性"，即经过一段时间数据可能就无法得到或失效了，就像"挥发"了一样。因此，在收集电子证据时，必须充分考虑到数据的挥发性，在数据的有效期内及时收集数据。

⑥ 高科技性。电子证据的科技含量高，蕴藏的信息极为丰富，一张光盘存储的图像可以连续播放几个小时。电子证据必须借助计算机技术和存储技术等，离开了高科技的技术设备，电子证据无法保存和传输。从电子证据依赖的设备、存储信息的介质、传输手段、收集和审查鉴定判断上来看，电子证据从产生到运用，各个环节都离不开高、精、尖科学技术的支持。电子证据与其他证据相比，技术含量相当高，未经过计算机专业培训的人员难以辨别和认识。

⑦ 动态传输性和生动形象性。电子证据具有动态传输性，传统证据大多以静态的方式来反映案件事实，只能反映案件事实的某个片段或者个别情况。而电子证据能够再现与案件有关的文字、图像、数据和信息，生动、形象地展现案件事实，并且它所反映的事实是一个动态连续的过程，较直观地再现了现场情景，所以也具有生动形象性。

⑧ 无形性。电子证据是以电子形式存储在各种电子设备上的，它以光、电、磁形式存在，不像传统证据那样能为人直接看到、听到、接触到。电子证据是以二进制码，即 0 或 1 数字编码的形式存在的，这种看不见、摸不着的二进制编码使得电子证据具有无形性特点。电子证据在运行时以电磁脉冲、光束等形式进行，其运行过程和形式人们是看不到的，人们要读取、收集、取证、审查、判断时，要借助一定的技术手段或电子设备。由于电子证据离不开磁带、芯片、软盘、移动硬盘、光盘、U 盘等存储介质，人们在收集电子证据时，应当同时保存相应的软硬件设备。

当然，电子证据和传统证据相比，具有以下优点：可以被精确地复制，这样只需对副件进行检查分析，避免原件受损坏的风险；用适当的软件工具和原件对比，很容易鉴别当前的电子证据是否有改变，譬如 MD5 算法可以认证消息的完整性，数据中一个比特的变化就会引起检验结果的很大差异；在一些情况下，犯罪嫌疑人完全销毁电子证据是比较困难的，如计算机中的数据被删除后，还可以从磁盘中恢复，数据备份可能会被存储在意想不到的地方。

4.8.3　常见证据

随着各类电子设备的广泛应用，电子证据几乎无所不在。下面将简单介绍几种常见电子设备中潜在的电子证据，以使读者对电子证据的概念有更清晰的认识。

① 计算机系统。计算机系统的硬盘及其他存储介质中往往包含相关的电子证据。应检查的存储介质包括移动存储器、小记忆卡。应检查的应用数据包括：用户自建的文档（地址簿、E-mail、视/音频文件等）；用户保护文档（压缩文件、改名文件、加密文件和隐藏文件等）；计算机创建的文档（备份文档、日志文件、配置文件、Cookies、隐藏文件、历史文件和临时文件等）；其他数据区中可能存在的数据证据（硬盘上的坏簇、其他分区、lack 空间、计算机系统时间和密码、被删除的文件、软件注册信息、自由空间、隐藏分区、系统数据区、丢失簇和未分配空间）。另外，计算机附加控制设备（如智能卡和加密狗等）具有控制计算机输入/输出或加密功能，这些设备可能含有用户的身份和权限等重要信息。

② 自动应答设备。具备留言功能的电话机，可以存储声音信息，可记录留言时的时间及当时的录音。其潜在的证据还有打电话人的身份信息、备忘录、电话号码和名字、被删除的消息、近期电话通话记录和磁带等。

③ 数码相机。微型摄像头、视频捕捉卡和可视电话等设备可能存储有影像、视频、时

间日期标记、声音信息等。

④ 手持电子设备。可能包含有地址簿、密码、计划任务表、电话号码簿、文本信息、个人文档、声音信息、E-mail 和书写笔迹等信息。

⑤ 连网设备。包括各类调制解调器、网卡、路由器、集线器、交换机、网线与接口等。一方面，这些设备本身就属于物证范畴；另一方面，从设备中也可以获得重要的信息，如网卡的 MAC 地址、一些配置文件等。

⑥ 打印机。很多打印机都有缓存装置，打印时可以接收并存储多页文档，有的甚至还有硬盘。可以获取以下资料：打印文档、时间日期标记、身份识别信息和日志等。

⑦ 扫描仪。根据扫描仪的个体扫描特征可以鉴别出经过其处理的图像的共同特征。

⑧ 其他电子设备，如复印机、读卡机、传真机等，都可以找到其电子证据。

4.8.4 取证技术

计算机取证技术主要涉及计算机证据获取、分析、保管、呈堂（呈示），主要可分为以下几类：

（1）数据获取技术

对计算机系统和文件的安全获取技术，避免对原始系统、原始介质进行任何破坏和干扰；对数据和软件的安全搜集技术；文件检索技术；对磁盘或其他存储介质的安全无损备份技术；对已删除的文件的恢复、重建技术；对磁盘空间、未分配空间和自由空间中包含的信息的发掘技术；对交换文件、缓存文件、临时文件中包含的信息的复原技术；计算机在某一特定时刻活动内存中的数据的搜集技术；网络流动数据的获取技术等。

（2）数据分析技术

在已经获取的数据流或信息流中寻找、匹配关键词或关键短语是目前的主要数据分析技术，具体有：文件属性分析；文件数字摘要分析；日志分析。根据已经获得的文件或数据的用词、语法和写作（编程）风格，推断出其可能的作者的分析；发掘同一事件的不同证据间联系的分析；网络数据包协议分析。

（3）计算机犯罪分析

一项犯罪涉及四个方面：

① 犯罪的主体分析。对犯罪的主体进行认定，通过分析重构犯罪嫌疑人特征，这通常称为犯罪嫌疑人画像。比如通过分析描绘嫌疑人的技术水平、爱好，推测其年龄等特征。

② 犯罪的客体分析。对犯罪的客体进行认定，比如对于大规模传播恶意代码实现大规模入侵的案件，通常需要对攻击范围、规模进行认定，以认定攻击造成破坏的程度、受害者遭受的损失。

③ 犯罪的主观方面。认定嫌疑人该犯罪行为是故意还是过失，具有何种犯罪动机等。比如有国外学者研究相关技术，认定嫌疑人主机上的儿童色情图片是由嫌疑人故意下载存储的还是不慎从网络上下载的，以帮助认定是否构成犯罪。

④ 犯罪的客观方面。这主要是通过分析认定什么人在什么事件中实施了什么行为。比如认定某个特定的嫌疑人在特定的事件对特定的目标实施了网络攻击。

（4）数据解密技术

取证在很多情况下都面临如何将加密的数据进行解密的问题。计算机取证中使用的密码破解与口令获取技术和方法主要有密码分析技术、密码破解技术、口令搜索、网络窃听和口令提取。

除了上述技术，一般还包括基于网络的取证技术，证据保管、证据完整性的实现技术，反取证技术等。

4.8.5　取证模型

实施计算机取证要遵循以下基本原则：尽早搜集证据，并保证其没有受到任何破坏，也不会被取证程序本身所破坏；必须保证取证过程中计算机病毒不会被引入目标计算机；必须保证"证据连续性"（chain of custody），即在证据被正式提交给法庭时，必须保证一直能跟踪证据，也就是要能说明在证据从最初的获取状态到在法庭上出现状态之间的任何变化，当然，最好是没有任何变化，还要能够说明证据的取证复制是完全的，用于复制这些证据的进程是可靠并可复验的，以及所有的介质都是安全的；整个检查、取证过程必须是受到监督的，也就是说，由原告委派的专家所做的所有调查取证工作，都应该受到由其他方委派的专家的监督；必须保证提取出来的可能有用的证据不会受到机械或电磁损害；被取证的对象如果必须运行某些商务程序，要确保该程序的运行只能影响有限时间；尊重不小心获取的任何关于客户代理人的私人信息，不能把这些信息泄露出去。

计算机取证的过程可划分为三个阶段：获取、分析和陈述。

• 获取阶段：获取阶段保存计算机系统的状态，以供日后分析。这一阶段的任务就是保存所有电子数据，至少要复制硬盘上所有已分配和未分配的数据，这就是通常所说的映像。在这一阶段中，可以利用相关的工具把可疑存储设备上的数据复制到可信任的设备上。这些工具必须尽可能少地更改可疑设备，并且复制所有数据，即要保证数据的完整性。

• 分析阶段：分析阶段取得已获取的数据，然后分析这些数据确定证据的类型。寻找的证据主要有：使人负罪的证据，支持已知的推测；辨明无罪的证据，同已知的推测相矛盾；篡改证据，此证据本身和任何推测并没有联系，但是可以证明计算机系统已被篡改而无法用来作证。在这一阶段，应该用科学的方法根据已发现的证据推出结论。

• 陈述阶段：陈述阶段将给出调查所得结论及相应的证据，这一阶段应依据政策法规行事，对不同的机构采取不同方式。比如，在法律机构中，听众往往是法官和陪审团，所以往往需要律师实现评估证据。

根据上述三个阶段的特点，计算机取证一般按照以下几个步骤进行：

① 保护目标计算机系统，避免发生任何的改变、伤害、数据破坏或病毒感染。

② 搜索目标系统中所有的文件，包括正常、删除、隐藏、密码保护文件等。

③ 全部（或尽可能）恢复所发现的已删除文件。

④ 最大程度展示操作系统或应用程序使用的隐藏、临时和交换文件。

⑤ 如果可能且法律允许，访问被保护或加密文件的内容。

⑥ 分析磁盘中的未分配和空白区域，以发现有价值的数据。

⑦ 给出分析结论，包括系统的整体情况以及在调查中发现的其他相关信息。

⑧ 给出必需的专家证明和/或在法庭上的证词。

对网络攻击行为模式的研究有助于对网络入侵取证途径的研究。无论攻击者的技术水平如何，网络攻击通常遵循同一种行为模式，一般都要经过寻找攻击目标、入侵、破坏和掩盖入侵足迹等几个攻击阶段。图 4.21 所示的是传统取证周期的状态转移模型。在传统模型中，在犯罪发生之后或者再迟一点犯罪被发现之后才开始进行取证。上一节提及的计算机取证原则及步骤都是基于这一模型。而在图 4.22 中，周期从取证行为开始，即允许在犯罪发生前开始收集证据。大量的事后取证行为则是由对已收集证据的分析组成的。对网络入侵行为的取证往往应采取后一种模型，否则，在入侵者消除入侵足迹后再进行证据获取就会为时已晚。这种模型的实现往往需要将计算机取证工具和 IDS、蜜罐等网络安全工具相结合。

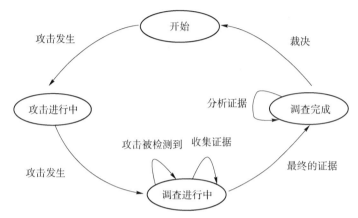

图 4.21　传统取证周期的状态转移模型

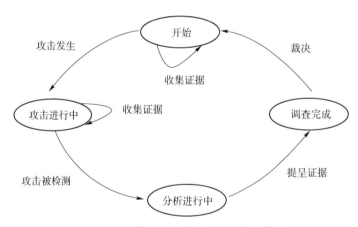

图 4.22　计算机取证周期的状态转移模型

4.8.6　法律问题

从前面几节不难看出，因为计算机取证是介于计算机领域和法学领域的一门交叉科学，所以其必然要涉及一些法律问题。计算机取证主要是对电子证据的获取、分析、归档、保存和描述的过程，而电子证据需要在法庭上作证，所以计算机取证涉及的法律问题主要是电子证据的真实性和电子证据的证明力，其主要困难则是如何证明电子证据的真实性和说明电子证据的证明力。

4.8.6.1　真实性

根据法律要求，作为定案依据的证据应当符合真实性、合法性和关联性这三者的要求，电子证据也不例外。一般而言,关联性主要指证据与案件争议事实和理由的联系程度,这属于法官裁判范围。合法性主要指证据形式是否合法问题,即证据是否通过合法手段收集,是否存在侵犯他人合法权益,取证工具是否合法等。这点与电子证据的自身特性也联系不大。电子证据若要成为法定的证据类型,关键是解决"真实性"的证明问题。传统证据有"白纸黑字"为凭,为了保证证据的真实性,民事诉讼法和相关司法解释均要求提供证据原件即书面文件,因为原件能够保证证据的唯一性和真实性,防止被篡改或冒认。但电子证据以电磁介质为载体,没有传统观念上的原件。

国外对此难题提出的解决方案是:对电子证据附加上"数字签名",即通过前面所提到的数字签名技术赋予每个电子证据发出人一个代表其身份特征的电子密码。当证据被签发时,电子密码结合证据内容就会自动生成一个新的特征码即"数字签名"附加在电子证据之上,成为与证据内容不可分割的一部分。以后无论任何人(包括电子证据发出人)对电子证据进行篡改后,电子证据的特征就会与原特征码不符,人们就会知道电子数据被篡改了。如果相符,则意味着电子证据未被改动过。但是由于数字签名技术在我国还远未推广开来,在目前比较现实的做法是在证据搜集和运用方面采用下面的技巧:权利登记、电子认证、网络服务供应者的证明、专家鉴定结论或咨询意见书等。

4.8.6.2　证明力

证据的证明力指的是证据对证明案件事实所具有的效力,即该证据是否能够直接证明案件是事实的,还是需要配合其他证据综合认定。根据我国《民事诉讼法》第 63 条规定,法定证据共 7 种:书证、物证、视听资料、证人证言、当事人陈述、鉴定结论和勘验笔录,其中,并未考虑电子证据在内。

在证据的"7 种武器"当中,书证位列各类证据之首,又称为"证据之王",比物证、证人证言等其他类小的证据证明力要强得多。例如,如果举出的证据是双方签订的书面合同作为书证,双方的合同关系事实即可认定;但如果是证言,那只能作为一种间接证据,不能单独定案。可见,证据的"出身",即属于何种类型的证据,直接决定了其证明力的大小。那么,电子证据属于何种证据类型呢?这正是网络法律界正在争论的一个新课题——电子证据是"视听资料"还是"书证"的问题。

4.8.6.3　法律性

为了确认电子证据的法律效力,还必须保证取证工具能受到法庭认可。在评估一个计算机取证的程序时,通常以 Daubert 测试为指导方针,主要包括四个方面:测试,是否能够且已经测试了该程序;错误率,程序的错误率是否已知;公开性,程序是否已经公开并接受同等部门的评议;可接受性,程序是否被相关的科学团体广泛接受。计算机取证是对能够为法庭接受的、足够可靠和有说服性的、存在于计算机和相关外设的电子证据的确认、保护、提取和归档的过程。

随着与计算机相关的知识产权问题、不履行安全规范问题和经济诈骗问题等的增加,计算机取证显得越来越重要。法庭可命令对电子证据进行查封和分析,并调查可能是犯罪或攻击手段和工具的计算机,或是包含与刑事或民事纠纷有关的电子证据的计算机。利用专业的数据存储和恢复工具,建立相关策略,把计算机取证和入侵检测系统相结合,都是行之有效的计算机取证方法。另外,取证技术必须进一步标准化才能逐步走向成熟。为了便于其标准化，取证工具使用的程序应该被公开、被复查和被讨论。取证工具技术的公开也有助于提高工具本身的质量和实用性。

4.8.7 取证对抗

在计算机取证技术发展的同时，犯罪分子也在绞尽脑汁进行取证对抗。反取证技术就是在这种背景下发展起来的。与计算机取证研究相比，人们对反取证技术的研究相对较少。对于计算机取证人员来说，研究反取证技术意义非常重大，一方面，可以了解入侵者有哪些常用手段用来掩盖甚至擦除入侵痕迹；另一方面，可以在了解这些手段的基础上，开发出更加有效、实用的计算机取证工具，从而加大对计算机犯罪的打击力度，保证信息系统的安全性。它主要包括三类技术：数据擦除、数据隐藏和数据加密。综合使用这些技术，将使计算机取证更加困难。

4.8.7.1 数据擦除

数据擦除是阻止取证调查人员获取、分析犯罪证据的最有效的方法，一般情况下是用一些毫无意义的、随机产生的"0""1"字符串序列来覆盖介质上面的数据，使取证调查人员无法获取有用的信息。反取证的最直接、最有效做法就是数据擦除，它是指清除所有可能的证据索引节点、目录文件和数据块中的原始数据。

可以清除的媒介设备有磁盘、闪存设备、CD 和 DVD。当设备清除完成后，上面应当没有任何残留数据，即使是先进的取证工具也无法恢复任何数据。清除技术可以是擦除数据的特定软件、连接存储并擦除数据的特定设备，或者是从物理上破坏媒介的一种过程，使得数据无法从存储设备上恢复。

反取证工具 TDT 专门设计了两款用于数据擦除的工具软件 Necrofile 和 Klismafile。其中，Necrofile 用于擦除文件的数据，它把所有可以找到的索引节点的内容用特定的数据覆盖，同时用随机数重写相应的数据块。目前最极端的数据擦除工具是 Data Security Inc 开发的基于硬件的 degaussers 工具，该工具可以彻底擦除计算机硬盘上的所有电磁信息。其他用软件实现的数据擦除工具既有商业软件包，也有开放源代码的自由软件，其中最有名的是基于 UNIX 系统的数据擦除工具 The Deftler's Toolkit，The Defiler's Toolkit 提供彻底清除 UNIX 类系统中的文件内容。

4.8.7.2 数据隐藏

为了逃避取证，计算机犯罪者还会把暂时不能被删除的文件伪装成其他类型，或者把它们隐藏在图形和音乐文件中。也有人把数据文件藏在磁盘上的隐藏空间里，比如反取证工具 Runefs 就利用一些取证工具不检查磁盘的坏块的特点，把存放敏感文件的数据块标记为坏块以逃避取证。数据隐藏仅仅在取证调查人员不知道到哪里寻找证据时才有效，所以它仅适用于短期保存数据。为了长期保存数据，必须把数据隐藏和其他技术联合使用，比如使用别人不知道的文件格式或加密。在 Windows 系统中，更改文件的扩展名是一种最简单的数据隐藏方法。例如，某人不想让别人看到其 Word 文档里的内容，并且不想使其成为对自己不利的证据，那么他可以将文件的扩展名从 .doc 改为 .jpg。这样的话，无论是 Internet Exploer 还是图标外观，都显示该文件为一个 JPEG 图片。对于经验不足的调查取证人员，可能永远也不会想到该文件其实是一个文档，即使你双击该图标，Windows 也会试图使用默认的 JPEG 文件的浏览器来打开它。图像隐写技术也是一个常用的技术，由于图像文件的特性，我们可以把一些想要刻意隐藏的信息或者证明身份、版权的信息隐藏在图像文件中。

4.8.7.3　数据加密

数据加密是用一定的加密算法对数据进行加密，使明文变为密文。但这种方法不是十分有效，因为有经验的调查取证人员往往能够感觉到数据已被加密，并能对加密的数据进行有效的解密。随着加密技术的普及，越来越多犯罪分子使用加密技术。一个例子就是在 DoS 攻击中对控制流进行加密。一些分布式拒绝服务（DDoS）工具允许控制者使用加密数据控制那些目标计算机。BO2000 也对控制流进行了加密，试图躲过入侵检测软件。除此之外，黑客也可以利用 Root Kit（系统后门、木马程序等）避开系统日志或者利用窃取的密码冒充其他用户登录，更增加了调查取证的难度。

综上所述，面对反取证技术的发展，计算机取证系统的设计需要进一步加强现有软件系统的防范措施。可以预见，取证与反取证的对抗必将越来越激烈，只有对反取证技术深入了解，才能不断提高取证软件的可靠性、可信任性。在某种意义上，保护隐私以外的反取证是一种犯罪行为，对反取证技术的研究将成为信息安全与取证技术研究的重要方向。

4.9　资源访问控制技术

访问控制是一种基本的网络安全措施，控制着用户对网络系统及其资源访问权限。

4.9.1　基本概念

访问控制是一种基本的网络安全措施，主要通过访问控制表（Access Control List，ACL）来控制用户对网络系统及其资源的访问。一个用户必须事先注册成合法用户后才允许访问网络系统及其资源，用户的注册信息将存放在 ACL 中，包括用户的身份标识（如账户名、用户名、口令及其相关属性等）和访问权限。用户发出登录网络请求后，系统将根据 ACL 来验证用户的身份，以确定是否允许该用户进入网络系统。对于已登录到网络的合法用户，在发出访问网络资源请求后，系统将根据 ACL 来检查该用户的访问权限，以确定是否允许对该资源的访问。决定开放系统环境中允许使用哪些资源、在什么地方适合阻止未授权访问的过程叫作访问控制。在访问控制实例中，访问可以是对一个系统（即对一个系统通信部分的一个实体）或对一个系统内部进行的。

访问控制的目标：一般目标是对抗涉及计算机或通信系统非授权操作的威胁，这些威胁经常被细分为下列各类：非授权使用；泄露；修改；破坏；拒绝服务。其具体目标是：通过对数据、不同进程或其他计算资源的处理（可以是人类行为或其他进程）进行访问控制；在一个安全域中或跨越一个或多个安全域的访问控制；根据它的上下文进行访问控制。例如，依靠诸如试图访问的时间、访问者地点或访问路线这样的因素对访问过程中的授权变化做出反应的访问控制。

访问控制的主体与客体："访问"的本质含义是一个主动的主体使用某种特定的访问操

作去访问一个被动的客体。同时有一个监视程序准许或拒绝访问。在信息系统中，用户或进程代表主体，系统所有的用户或进程形成主体集合，系统被处理、被控制或被访问的对象（如文件、程序、存储器）称为客体，根据制定的系统安全策略，形成了主体与客体、主体与主体、客体与客体相互间的关系。但并不是要把系统中的每个实体都分为客体或主体，根据不同的情况，一个实体可以是一个访问请求的主体，而又是另一个访问请求的客体。

访问控制方式：在最基本的层面上，主体一般有两种访问方式：观察（observe），查看主体的内容；改变（alter），改变客体的内容。尽管大多数访问控制策略可以用观察和改变的观点来表达，但这种描述难以检查是否正确地执行了策略，因此，通常会有一组较为丰富的访问操作。

4.9.2　基本分类

访问控制可分为自主访问控制和强制访问控制两大类。

自主访问控制，是指用户有权对自身所创建的访问对象（文件、数据表等）进行访问，并可将对这些对象的访问权授予其他用户和从授予权限的用户收回其访问权限。

强制访问控制，是指由系统（通过专门设置的系统安全员）对用户所创建的对象进行统一的强制性控制，按照规定的规则决定哪些用户可以对哪些对象进行什么样操作系统类型的访问，即使是创建者用户，在创建一个对象后，也可能无权访问该对象。

4.9.3　抽象原理

下面是抽象的访问控制功能描述，基本上与访问控制策略及系统设计无关。实际系统中的访问控制则与多种类型的实体有关，实体有：物理实体（如实系统）；逻辑实体（如 OSI 层实体、文件、组织和企业）；用户等。实际系统中的访问控制需要一系列复杂的活动。这些活动包括：建立一个访问控制策略的表达式；建立访问控制信息（ACI）的表达式；分配 ACI 给元素（发起者、目标或访问请求）；绑定 ACI 到元素；使访问判决信息（ADI）对访问判决功能（ADF）有效；执行访问控制功能；ACI 的修改（分配 ACI 值以后的任何时间，包括撤销）；ADI 的撤销。

这些活动可以分成两组：操作活动（使 ADI 对 ADF 有效和执行访问控制功能）；管理活动（所有维护活动）。上面的一些活动可归类为在实际系统中的单一可识别活动。虽然一些访问控制活动有必要先于其他活动，但是它们常常是互相交叠的，一些活动还可以重复执行。

（1）访问控制功能

访问控制的基础性功能如图 4.23 和图 4.24 所示。涉及访问控制的基本实体和功能是发起者、访问控制执行功能（AEF）、访问判决功能（ADF）和目标。

• 发起者：代表访问或试图访问目标的人和基于计算机的实体。在实际系统中，基于计算机的实体代表发起者，尽管代表发起者行为的基于计算机实体的访问请求可能会受到基于实体的计算机 ACI 的进一步限制。

• 目标：代表被试图访问或由发起者访问的，基于计算机或通信的实体。例如，目标可能是 OSI 实体、文件或实系统。

- 访问请求：代表构成试图访问部分的操作和操作数。

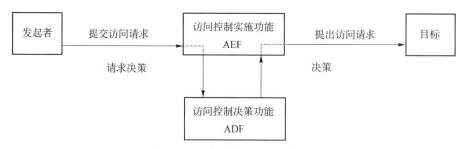

图 4.23　访问控制原理示意图

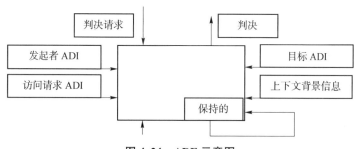

图 4.24　ADF 示意图

AEF 确保只有对目标允许的访问才由发起者执行。当发起者请求对目标进行特殊访问时，AEF 就通知 ADF，需要一个判决来做出决定。为了做出判决决定，给 ADF 提供了访问请求（作为判决请求的一部分）和下面的几种访问控制判决信息（ADI）：发起者 ADI（ADI 由绑定到发起者的 ACI 导出）；目标 ADI（ADI 由绑定到目标的 ACI 导出）；访问请求 ADI（ADI 由绑定到访问请求的 ACI 导出）。ADF 的其他输入是访问控制策略规则（来自 ADF 的安全域权威机构）和用于解释 ADI 或策略的必要上下文信息。上下文信息包括发起者的位置、访问时间或使用中的特殊通信路径。基于以上这些输入，以及可能还有以前判决中保留下来的 ADI 信息，ADF 可以做出允许或禁止发起者试图对目标进行访问的判决。该判决传递给 AEF，然后 AEF 允许将访问请求传给目标或采取其他合适的行动。

在许多情况下，由发起者对目标的逐次访问请求是相关的。应用中的一个典型例子是在打开与同层目标的连接应用进程后，试图用相同（保留）的 ADI 执行几个访问。对一些随后通过连接进行通信的访问请求，可能需要给 ADF 提供附加的 ADI，以允许访问请求。在另一些情况中，安全策略可能要求对一个或多个发起者与一个或多个目标之间的某种相关访问请求进行限制。这时，ADF 可能使用与多个发起者及目标有关的先前判决中所保留的 ADI 来对特殊访问请求做出判决。

如果得到 AEF 允许的话，访问请求只涉及发起者与目标的单一交互。尽管发起者和目标之间的一些访问请求是完全与其他访问请求无关的，但常常是两个实体进入一个相关的访问请求集合中，如询问-应答模式。在这种情况下，实体根据需要同时或交替地变更发起者和目标角色，可以由分离的 AEF 组件、ADF 组件和访问控制策略对每一个访问请求执行访问控制功能。

（2）其他访问控制活动

① 建立访问控制策略表达式：访问控制策略常以用自然语言陈述为广泛原则，例如：只允许某一级别以上的管理者检查雇员的工资信息。将这些原则转换成规则是工程任务。

② 建立 ACI 表达式：在这项活动中，要对实系统（数据结构）中的 ACI 表达式和实系统之间的交换（语法）做出选择。ACI 表达式必须能够支持特定访问控制策略的要求。一些 ACI 表达式可能适宜在实系统中和实系统之间使用。不同的 ACI 表达式可用于不同的目的和特殊元素中。经挑选的 ACI 表达式，可看成在安全域中给元素分配特定 ACI 值的一个模板。建立 ACI 表达式的一个问题是决定可以分配给安全域中元素的 ACI 值的类型和范围（而不是可以分配给特殊元素的类型）。为了进行访问控制管理或在实体之间进行交换 ACI，在实系统之间交换的 ACI 表达式和访问控制功能是 OSI 标准的候选标准。

③ 给发起者和目标分配 ACI：在这一活动中，指定给元素的 ACI 的特定属性类型和属性值，是由 SDA 及其代理或其他实体（如资源拥有者）分配的。这些实体可以根据安全域策略指定或修改 ACI 分配值。由实体分配的 ACI，可能受到由另一个实体绑定到它上面的 ACI 的限制。由于有新元素添加到安全域中，元素的 ACI 分配是一个不间断的活动。应予注意，承认"访问权利"的管理活动有时就是指授权。在给发起者和目标分配 ACI 时包含这一层意思。ACI 可以是关于单一实体的信息，也可以是关于实体间关系的信息。分配给发起者的 ACI 可以纯粹是关于发起者的，或者是关于发起者与可能的上下文之间关系的。于是，分配给发起者的 ACI 可以包括发起者 ACI、目标 ACI 或上下文信息。类似地，分配给目标的 ACI 可以包括目标 ACI、发起者 ACI 或上下文信息。在实际操作中，ACI 必须被绑定到一个元素上，这样，使用从绑定 ACI 导出 ADI 的 ADF，在那条信息中才是可信的。因此，尽管给元素分配 ACI 对构造绑定 ACI 而言是先决条件，但只有绑定到元素的 ACI 才能真正出现在实开放系统中。

④ 绑定 ACI 到发起者、目标和访问请求：绑定 ACI 到元素（例如，发起者、目标或访问控制）创建了元素和分配给该元素的 ACI 之间的安全链接。绑定对访问控制功能和其他元素提供保证，这些元素确实是被指定了 ACI 的特殊元素，而且绑定后没有发生任何修改。通过使用完整性服务可以获得绑定。还有几种可能的绑定机制，其中一些机制依靠元素和 ACI 的配置，而另一些机制可能依靠某些密码信号或密封处理。绑定 ACI 到元素的完整性，需要在发起者和目标系统中得到保护（例如，通过依赖诸如文件保护和进程分离这样的操作系统功能），而且，在 ACI 交换中也要进行保护。既然元素的 ACI 可能存在几种表达式（系统中和系统之间），那么对同一个 ACI，就可以使用不同的绑定机制。在某些安全策略下，还需要维护 ACI 的机密性。由于有新元素添加到安全域，因此对元素的 ACI 绑定是不间断的活动。SDA 及其代理或其他允许的实体，可根据一致性安全策略删除或添加 ACI 绑定。SDA 可按照需求对绑定到元素的 ADI 进行修改，以表明变化的安全策略或属性。绑定 ACI 可包括有效期指示器，从而使需要在以后撤销 ACI 的工作量最小化。ACI 何时被绑定到元素上，以及何种实体导致绑定机制被请求，均与元素类型有关。发起者将通过 SDA 及其代理使它们与 ACI 绑定在一起，直到它们有能力进行访问。所有目标都将通过 SDA 及其代理进行 ACI 绑定，直到它们是可访问的。由代表用户的应用或另一个应用生成的目标，将在生成时或之后对目标进行 ACI 绑定。绑定到这样的目标上的 ACI，可能受到绑定在用户或

应用上的 ACI 的局限性的限制。在试图访问前，由用户或应用，或由 SDA 及其代表用户或应用的代理，将 ACI 绑定到访问请求上。而且，绑定到访问请求的 ACI 可能受到绑定在用户或应用上的 ACI 中的局限性的限制。通常的情况是访问请求导致新的目标实体被生成（例如，当一个文件在某些系统间传输时）。这样一种目标的 ACI 可以通过绑定到访问请求上的 ACI 指定（或由此导出）。

⑤ 使 ADI 对 ADF 可用：如果访问控制策略允许，如果使用中的绑定机制允许，发起者或目标可选中一个绑定到发起者或目标的 ACI 子集，以用于 ADF 做出特殊访问控制决定。绑定到一个元素的 ACI 可以临时绑定到另一个元素，例如，当一个实体代表另一个实体的行为时。为了执行访问控制的功能，图 4.24 的各种 ADI 必须对 ADF 可用。注意，本段落中对实体的物理分布、功能或 ADI 不作任何假设，也不知道怎样的输入对 ADF 才是可用的。实体和分布式访问控制组件之间的一些可能关系在以下段落中讨论。发起者 ADI、目标 ADI 或访问请求 ADI 存在三种可能性：（a）在分配 ACI 值后，ADI 可能被预置到一个或多个 ADF 组件；（b）ADI 可能由在访问控制进程中传送给 ADF 组件的绑定 ACI（可能与尝试的访问一起）导出；（c）ADI 可能由通过其他来源（例如，目录服务代理）所获得的绑定 ACI 导出。根据需要，或由发起者或目标获得绑定 ACI（对 ADF 来说，这一点与（b）不可分）或由 ADF 获得绑定 ACI。对发起者或目标来说，这一点与（a）不可分。没有指定通过 ADF 获得绑定 ACI 和生成这个 ADI 的方法。发起者没有必要递交发起者绑定 ACI，目标也不必递交目标绑定 ACI，访问请求也不必递交访问请求绑定 ACI。ADF 必须能够确定 ADI 由绑定到元素上的 ACI 所导出，而 ACI 是通过合适的 SDA 将其绑定到元素上的。

⑥ 修改 ACI：SDA 可根据需要修改已分配并绑定到元素的 ACI，以表示变化的安全属性。ACI 可以在将其分配给元素后的任何时间被修改。如果修改降低了发起者对目标的可允许访问，那么这种变化可能要求撤销 ACI 和由 ADF 组件维持的 ADI 导出的 ADI。

⑦ 撤销 ADI：撤销 ACI 后，任何试图使用由该 ACI 导出的 ADI，必然导致访问被禁止。在撤销 ACI 之前，应该防止进一步使用由 ACI 导出的 ADI。撤销 ACI 后，如果基于先前导出的 ADI 的访问还在继续的话，那么，访问控制策略实际上可能要求终止访问。

（3）ACI 转发

在分布式系统中，实体请求其他实体代表它们执行访问是普遍的需求。发起者和目标是实体假设的角色，尽管不是所有的实体都能假设这两个角色。一个实体在假定它本身是与另一个作为发起者实体有关的目标的同时，这个实体可同时假定它是与一个实体有关的发起者。

4.9.4　控制策略

访问控制策略表达了安全域中的确定安全需求，访问控制策略是一组作用在 ADF 上的规则。访问控制策略是网络安全防范和保护的主要策略，其任务是保证网络资源不被非法使用和非法访问。各种网络安全策略必须相互配合才能真正起到保护作用，而访问控制是保证网络安全最重要的核心策略之一。访问控制策略包括入网访问控制策略、操作权限控制策略、目录安全控制策略、属性安全控制策略、网络服务器安全控制策略、网络监测、锁定控制策略和防火墙控制策略等方面的内容。注意，在这里不考虑虽满足安全策略，但涉及其他安全服务（如机密性、完整性）的访问控制机制。访问控制策略的两个重要而本质的方面，是它的表达方式和管理方式。通常，使用安全标签表达和执行管理性强加的访问控制策略，而用户选择访问控制策略按可选方式进行表达和执行。但是，访问控制策略的表达、它的管理和用来支持它的机制，在逻辑上是互相独立的。

4.9.4.1　访问控制策略的分类

访问控制策略分类：基于规则和基于身份这两类安全策略在 CCITTRec. X. 800|ISO 7498-2 中予以区别。基于规则的安全策略是被发起者用于施加在安全域中任何目标上的所有访问请求。基于身份的访问控制策略是基于特定的单个发起者、一群发起者、代表发起者行为的实体或扮演特定角色的规则。上下文能修改基于规则或基于身份的访问控制策略。上下文规则可在实际上定义整体策略。实系统通常将使用这两种策略类型的组合；如果使用了基于规则的策略，那么基于身份的策略通常也生效。

群组和角色：根据按发起者群组或扮演特定角色发起者含义陈述的访问控制策略，是基于身份策略的特殊类型。群组是一组发起者，当特定的访问控制策略被强制执行时，认为其成员是平等的。群组允许一组发起者访问特定的目标，不必在目标 ACI 中包括单个发起者的身份，也不必特意将相同的 ACI 分配给每一个发起者。群组的组成（成分）是由管理行为决定的；创建或修改群组的能力必须服从访问控制的需要。在不区分群组内成员的情况下，可要求或不要求按群组对访问请求进行审计。角色对某一用户在组织内允许执行的功能进行特征化。给定的角色可适用于单个个体（例如部门经理）或几个个体（例如销售员、信贷员和委员会成员）。可按层次使用群组和角色，对发起者身份、群组和角色进行组合。

安全标签：根据安全标签含义陈述的访问控制策略，是基于规则的安全策略的特殊类型。发起者和目标分别与命名的安全标签关联。访问决策依据发起者和目标安全标签的比较结果。这些策略通过对具有特定安全标签的发起者和目标之间可能发生的访问进行描述的若干规则来表达。根据安全标签表达的访问控制策略，在用来提供完整性和机密性形式时特别有用。

多发起者访问控制策略：有许多根据多发起者含义陈述的访问控制策略，这些策略可以对个人发起者、相同或不同的群组成员的发起者、扮演不同角色的发起者，或这些发起者的组合进行识别。通常假定特殊角色的发起者必须同意访问，如公司董事长和财务部长。不同群组的两个成员必须同意访问，如任何公司的官员和董事会的任何成员。此例中，策略很可能要求同一个人不能同时在两个群组中充当角色，那么个人身份和群组成员就能成为 ADF 使用 ADI 的一部分。群组成员的特定成员（可能大多数）必须同意访问。

4.9.4.2　访问控制策略的管理

访问控制策略管理分为三个方面：①固定策略：固定策略是那些一直应用又不能被改变的策略，例如由于它们已被内装在系统里；②管理性强加策略：管理性强加策略是那些一直应用而只有被适当授权的人才能改变的策略；③用户选择策略：用户选择策略是那些对发起者和目标的请求可用，而且只应用于涉及发起者或目标、发起者或目标资源的访问请求的策略。

4.9.4.3 访问控制策略的粒度和容度

访问控制策略可以在不同级别上定义目标。每一个粒度级别可有它自己的逻辑分离策略，还可以对不同 AEF 和 ADF 组件（虽然它们可能使用同样的 ADI）的使用进行细化。例如，可能将对数据库服务器的访问控制作为整体进行控制；也就是说，要么完全拒绝发起者访问，要么允许它访问服务器上的任何东西。另一种策略是，可能将访问控制区分到个人文件、文件中的记录甚至记录中的数据条目。特定的数据库可以是目录信息树，对其访问可以控制整个树一级的粒度，或树内的子树，或树的条目甚至是条目的属性值。控制粒度的另一个例子是计算机系统和系统中的应用。

容度可用来控制对目标组的访问，它通过指定一个只有当其允许对一个包含目标组的目标进行访问时，才允许对目标组内的这些目标进行访问的策略实现。容度也用在大群组里包含的发起者的子群组。通常，容度概念用在互相关联的目标中，例如数据库中的文件或记录中的数据条目。在一个元素包含于另一个元素的情况下，有必要赋予发起者必需的访问权力，以在试图访问经密封的元素之前"通过"该密封元素。除非这些安全策略的设计者谨慎地使用，否则，被一个策略拒绝可能被另一个策略允许，当然，这不是安全策略的本意。

4.9.5 控制模型

4.9.5.1 基于对象的访问控制模型

基于对象的访问控制（Object-based Access Control Model，OBAC 模型）：DAC 或 MAC 模型的主要任务都是对系统中的访问主体和受控对象进行一维的权限管理。当用户数量多、处理的信息数据量巨大时，用户权限的管理任务将变得十分繁重且难以维护，这就降低了系统的安全性和可靠性。

对于海量的数据和差异较大的数据类型，需要用专门的系统和专门的人员加以处理，要是采用 RBAC 模型的话，安全管理员除了维护用户和角色的关联关系外，还需要将庞大的信息资源访问权限赋予有限个角色。

当信息资源的种类增加或减少时，安全管理员必须更新所有角色的访问权限设置，当受控对象的属性发生变化，以及需要将受控对象不同属性的数据分配给不同的访问主体处理时，安全管理员将不得不增加新的角色，并且还必须更新原来所有角色的访问权限设置以及访问主体的角色分配设置。

这样的访问控制需求变化往往是不可预知的，造成访问控制管理的难度和工作量巨大。所以，在这种情况下，有必要引入基于受控对象的访问控制模型。

控制策略和控制规则是 OBAC 模型的核心所在，在基于受控对象的访问控制模型中，将访问控制列表与受控对象或受控对象的属性相关联，并将访问控制选项设计成用户、组或角色及其对应权限的集合；同时，允许对策略和规则进行重用、继承和派生操作。

这样，不仅可以对受控对象本身进行访问控制，对受控对象的属性也可以进行访问控制，而且派生对象可以继承父对象的访问控制设置，这对于信息量巨大、信息内容更新变化频繁的管理信息系统非常有益，可以减轻由于信息资源的派生、演化和重组等带来的分配、设定角色权限等的工作量。

OBAC 模型是从信息系统的数据差异变化和用户需求出发，有效地解决了信息数据量大、数据种类繁多、数据更新变化频繁的大型管理信息系统的安全管理，并从受控对象的角度出发，将访问主体的访问权限直接与受控对象相关联，一方面，定义对象的访问控制列表，增、删、修改访问控制项易于操作，另一方面，当受控对象的属性发生改变，或者受控对象发生继承和派生行为时，无须更新访问主体的权限，只需要修改受控对象的相应访问控制项即可，从而减少了访问主体的权限管理，降低了授权数据管理的复杂性。

4.9.5.2　基于任务的访问控制模型

基于任务的访问控制模型（Task-based Access Control Model，TBAC 模型）是从应用和企业层角度来解决安全问题，以面向任务的观点，从任务（活动）的角度来建立安全模型和实现安全机制，在任务处理的过程中提供动态实时的安全管理。

在 TBAC 模型中，对象的访问权限控制并不是静止不变的，而是随着执行任务的上下文环境发生变化。TBAC 模型首要考虑的是在工作流的环境中对信息的保护问题：在工作流环境中，数据的处理与上一次的处理相关联，相应的访问控制也如此，因而 TBAC 模型是一种上下文相关的访问控制模型。其次，TBAC 模型不仅能对不同工作流实行不同的访问控制策略，而且还能对同一工作流的不同任务实例实行不同的访问控制策略。从这个意义上说，TBAC 模型是基于任务的，这也表明，TBAC 模型是一种基于实例（instance-based）的访问控制模型。

TBAC 模型由工作流、授权结构体、受托人集、许可集四部分组成。

任务（task）是工作流程中的一个逻辑单元，是一个可区分的动作，与多个用户相关，也可能包括几个子任务。授权结构体是任务在计算机中进行控制的一个实例。任务中的子任务对应于授权结构体中的授权步。

授权结构体（authorization unit）是由一个或多个授权步组成的结构体，它们在逻辑上是联系在一起的。授权结构体分为一般授权结构体和原子授权结构体。一般授权结构体内的授权步依次执行，原子授权结构体内部的每个授权步紧密联系，其中任何一个授权步失败都会导致整个结构体的失败。

授权步（authorization step）表示一个原始授权处理步，是指在一个工作流程中对处理对象的一次处理过程。授权步是访问控制所能控制的最小单元，由受托人集（trustee set）和多个许可集（permissions set）组成。

受托人集是可被授予执行授权步的用户的集合，许可集则是受托集的成员被授予授权步时拥有的访问许可。当授权步初始化以后，一个来自受托人集中的成员将被授予授权步，我们称这个受托人为授权步的执行委托者，该受托人执行授权步过程中所需许可的集合称为执行者许可集。授权步之间或授权结构体之间的相互关系称为依赖（dependency），依赖反映了基于任务的访问控制的原则。授权步的状态变化一般自我管理，依据执行的条件而自动变迁状态，但有时也可以由管理员进行调配。

一个工作流的业务流程由多个任务构成。而一个任务对应于一个授权结构体，每个授权结构体由特定的授权步组成。授权结构体之间以及授权步之间通过依赖关系联系在一起。在TBAC 中，一个授权步的处理可以决定后续授权步对处理对象的操作许可，上述许可集合称为激活许可集。执行者许可集和激活许可集一起称为授权步的保护态。

TBAC 模型一般用五元组（S,O,P,L,AS）来表示，其中 S 表示主体，O 表示客体，P表示许可，L 表示生命期（lifecycle），AS 表示授权步。由于任务都是有时效性的，所以，在基于任务的访问控制中，用户对于授予他的权限的使用也是有时效性的。

因此，若 P 是授权步 AS 所激活的权限，那么 L 则是授权步 AS 的存活期限。在授权步 AS 被激活之前，它的保护态是无效的，其中包含的许可不可使用。当授权步 AS 被触发时，它的委托执行者开始拥有执行者许可集中的权限，同时，它的生命期开始倒计时。在生命期期间，五元组（S,O,P,L,AS）有效。生命期终止时，五元组（S,O,P,L,AS）无效，委托执行者所拥有的权限被回收。

TBAC 的访问政策及其内部组件关系一般由系统管理员直接配置。通过授权步的动态权限管理，TBAC 支持最小特权原则和最小泄漏原则，在执行任务时，只给用户分配所需的权限，未执行任务或任务终止后用户不再拥有所分配的权限；而且在执行任务过程中，当某一权限不再使用时，授权步自动将该权限回收；另外，对于敏感的任务，需要不同的用户执行，这可通过授权步之间的分权依赖实现。

TBAC 从工作流中的任务角度建模，可以依据任务和任务状态的不同，对权限进行动态管理。因此，TBAC 非常适合分布式计算和多点访问控制的信息处理控制以及在工作流、分布式处理和事务管理系统中的决策制定。

4.9.5.3　基于角色的访问控制模型

基于角色的访问控制模型（Role-based Access Model，RBAC 模型）：RBAC 模型的基本思想是将访问许可权分配给一定的角色，用户通过饰演不同的角色来获得角色所拥有的访问许可权。这是因为在很多实际应用中，用户并不是可以访问的客体信息资源的所有者（这些信息属于企业或公司），这样的话，访问控制应该基于员工的职务而不是基于员工在哪个组或是谁的信息的所有者，即访问控制是由各个用户在部门中所担任的角色来确定的，例如，一个学校可以有教工、老师、学生和其他管理人员等角色。

RBAC 从控制主体的角度出发，根据管理中相对稳定的职权和责任来划分角色，将访问权限与角色相联系，这点与传统的 MAC 和 DAC 将权限直接授予用户的方式不同；通过给用户分配合适的角色，让用户与访问权限相联系。角色成为访问控制中访问主体和受控对象之间的一座桥梁。

角色可以看作是一组操作的集合，不同的角色具有不同的操作集，这些操作集由系统管理员分配给角色。在下面的实例中，假设 Tch1，Tch2，Tch3，…，Tchi 是对应的教师，Stud1，Stud2，Stud3，…，Studj 是相应的学生，Mng1，Mng2，Mng3，…，Mngk 是教务处管理人员，那么老师的权限为 TchMN＝{查询成绩、上传所教课程的成绩}；学生的权限为 Stud MN＝{查询成绩、反映意见}；教务管理人员的权限为 MngMN＝{查询、修改成绩、打印成绩清单}。

那么，依据角色的不同，每个主体只能执行自己所制订的访问功能。用户在一定的部门中具有一定的角色，其所执行的操作与其所扮演的角色的职能相匹配，这正是基于角色的访问控制（RBAC）的根本特征，即，依据 RBAC 策略，系统定义了各种角色，每种角色可以完成一定的职能，不同的用户根据其职能和责任被赋予相应的角色，一旦某个用户成为某角色的成员，则此用户可以完成该角色所具有的职能。

4.9.6　技术实现

4.9.6.1　实现机制

访问控制的实现机制建立访问控制模型和实现访问控制都是抽象和复杂的行为，实现访问的控制不仅要保证授权用户使用的权限与其所拥有的权限对应，制止非授权用户的非授权行为，还要保证敏感信息的交叉感染。为了便于讨论这一问题，我们以文件的访问控制为例对访问控制的实现做具体说明。通常用户访问信息资源（文件或是数据库），可能的行为有读、写和管理。为方便起见，我们用 Read 或是 R 表示读操作，用 Write 或是 W 表示写操作，用 Own 或是 O 表示管理操作。我们之所以将管理操作从读写中分离出来，是因为管理员也许会对控制规则本身或是文件的属性等做修改，也就是修改我们在下面提到的访问控制表。

4.9.6.2　访问控制表

访问控制表（Access Control Lists，ACLs）是以文件为中心建立的访问权限表，简记为ACLs。大多数 PC、服务器和主机都使用 ACLs 作为访问控制的实现机制。访问控制表的优点在于实现简单，任何得到授权的主体都可以有一个访问表，例如授权用户 A1 的访问控制规则存储在文件 File1 中，A1 的访问规则可以由 A1 下面的权限表 ACLsA1 来确定，权限表限定了用户 UserA1 的访问权限。

4.9.6.3　访问控制矩阵

访问控制矩阵（Access Control Matrix，ACM）是通过矩阵形式表示访问控制规则和授权用户权限的方法。也就是说，对每个主体而言，都拥有对哪些客体的哪些访问权限；而对客体而言，又有哪些主体对他可以实施访问；将这种关联关系加以阐述，就形成了控制矩阵。其中，特权用户或特权用户组可以修改主体的访问控制权限。访问控制矩阵的实现很易于理解，但是查找和实现起来有一定的难度，而且，如果用户和文件系统要管理的文件很多，那么控制矩阵将会呈几何级数增长，这样对于增长的矩阵而言，会有大量的空余空间。

4.9.6.4　访问控制能力列表

能力是访问控制中的一个重要概念，它是指请求访问的发起者所拥有的一个有效标签（ticket），它授权标签表明的持有者可以按照何种访问方式访问特定的客体。访问控制能力表（Access Control Capabilitis Lists，ACCLs）是以用户为中心建立访问权限表。例如，访问控制权限表 ACCLsF1 表明了授权用户 UserA 对文件 File1 的访问权限，UserAF 表明了 UserA 对文件系统的访问控制规则集。因此，ACCLs 的实现与 ACLs 正好相反。定义能力的重要作用在于能力的特殊性，如果赋予哪个主体具有一种能力，事实上是说明了这个主体具有了一定对应的权限。能力的实现有两种方式：传递的和不可传递的。一些能力可以由主体传递给其他主体使用，另一些则不能。能力的传递牵扯到了授权的实现，我们在后面会具体阐述访问控制的授权管理。

4.9.6.5　安全标签

安全标签是限制和附属在主体或客体上的一组安全属性信息。安全标签的含义比能力更为广泛和严格，因为它实际上还建立了一个严格的安全等级集合。访问控制标签列表（Access Control Security Labels Lists，ACSLLs）是限定一个用户对一个客体目标访问的安全属性集合。安全标签能对敏感信息加以区分，这样就可以对用户和客体资源强制执行安全策略，因此，强制访问控制经常会用到这种实现机制。

4.10　身份认证识别技术

身份认证技术是一项重要的网络安全技术，可能会涉及每一个人，将会越来越重要。本节从身份认证的基本概念讲起，简述各种身份认证的方法，重点介绍了基于生物特征的身份认证技术。

4.10.1　基本概念

"身份认证"（身份认证也称为"身份验证"或"身份鉴别"），是证明某人就是他自己声称的那个人的过程，是安全保障体系中的一个重要组成部分。用户要查找信息资料，而你的工作就是确认谁有权访问那些信息。举个例子，在你的公司里，应该只有特定的几个人有权查阅员工的工资表，或者只有特定的几个人有权查看产品的源代码。身份认证必须有可供验证的内容才有实际意义，其中，一个是身份，一个是授权。"身份"的作用是让系统知道确实存在这样一个用户，比如用户名；"授权"的作用是让系统判断该用户是否有权访问他申请访问的资源或数据。授权的种类和方式有很多，Windows NT 中的文件访问权限就是一个绝佳的授权示例。注意：身份、身份认证和授权这几项通常被放在一起讨论，总称为"访问权限控制"。

身份、身份认证和授权将依次回答下面四个重要问题：你是谁？你属于这里吗？你有什么样的权限？我怎么才能知道你就是你声称的那个人？用户只有在回答了这四个问题之后才能访问受保护资源，这些受保护资源可以是一个 Web 服务器、一个工作站或者一个路由器。现在普遍使用的三种身份认证方法的依据分为以下三种（按最弱到最强的顺序排列）：

- 知道的一些事情：个人身份号码（PIN 号码）、口令字等。
- 拥有的一些东西：SecurID、智能卡、iButton（电子纽扣）。
- 身体的一些特征：一些可测量的物理体征，比如指纹或口音等。

智能卡、SecurID 和 iButton（电子纽扣）确实是很有效的身份认证手段，但万一丢失就比较麻烦。所以，具体到每一种方法都有其各自的局限性，"拥有的一些东西"可能被偷走；"知道的一些事情"可能会被猜出来，或者大家都知道；而"身体的一些特征"虽然是最强的验证方法，但其实现成本却很高。

为了加强身份认证功能，可以把多种方法组合起来，即通常所说的"多重身份认证"或"强力身份认证"。最常见的措施是双重身份认证，比如同时使用 PIN 代码和 SecurID 标牌登录系统。还可以使用三重身份认证，如把指纹信息保存在一个 iButton 上，而这个 iButton 需要用户输入自己的 PIN 才能拿到。在决定是否采用强力身份认证措施时，最关键的考虑因素是以资金额、公众接受程度或其他适当方式计算出来的代价，即因非授权数据访问或非授权资源使用而可能造成的损失。

4.10.2　常用方法

身份认证的方法有许多种，不同方法适用于不同的环境，下面简介几种。

4.10.2.1　用户 ID 和口令字

用户 ID 和口令字的组合是一种最简单的身份认证方法，也是大家最熟悉的方法，随着时间的推移，好像任何东西都需要有口令字了。除了日常工作中需要记住用到的一大堆口令字以外，登录 ISP 要口令字，检查个人电子邮件账户要口令字，银行账户要口令字，等等。许多人认为通过口令字进行身份认证不够安全，但它却是一个很有效的手段。口令字身份认证的最大问题来自用户，总有人使用"坏"口令字（即很容易被猜到或破解的口令字）。一个"好"口令字需要满足以下几项要求：它至少要有七个字符长；大小写字母混用；至少包含一个数字；至少包含一个特殊字符（!、@、#、$、%、^、&、*）；不是字典单词，不是人或物品的名称，也不是用户的"珍贵"资料（比如电话号码、生日、孩子的名字等）。如"L3t5G0!"就是一个好口令字。此外，选用口令字时，尽量让口令字中的字符能够拼出点意思，这可以帮助用户记住它们，同时还不违反好口令字规则。口令字是很难抵抗或避免暴力攻击、字典攻击、盗用、遗忘这些情况的。如果口令字验证过程本身就有弱点，再好的口令字也没有实际意义。如果应用程序是以明文（没有加密）的形式把口令字发往验证用服务器的，则口令字无论是 100 个字符还是 1 个字符，通过一个网络嗅探器就可以窃听到。

4. 10. 2. 2 数字证书

用数字证书来进行身份认证就必须有公共密钥体系（Public Key Infrastructure，PKI 体系），但因为 PKI 体系的高成本和高复杂性，目前拥有它的企业或机构还不太多，大多数公司现在还不能把数字证书当作身份认证的办法。而那些已经使用数字证书的企业通常是用这些证书来验证进入"虚拟网"（Virtual Private Network，VPN）的用户身份的。数字证书经常与智能卡或 iButton 联合使用，这类组合既具有物理安全性，又能满足移动办公的要求。用数字证书来进行身份认证虽然提高了安防水平，但因此也增加了成本。

4. 10. 2. 3 SecurID

SecurID 是 Security Dynamics 公司开发出来的技术，后被 RSA 收购。SecurID 已经成为令牌身份认证事实上的标准。许多应用软件都能配置成支持 SecurID 作为身份认证手段的模式。SecurID 要有一个能够验证用户身份的硬件装置，也就是安全卡（security token）；从对抗身份伪装和暴力攻击方面看，SecurID 提供的保护效果确实是增强了。与时间变化同步的SecurID 卡上有个显示着一串数字的液晶屏幕，数字每分钟变化一次。用户在登录上机时，先输入自己的用户名。然后输入卡牌上显示的数字。主机系统当然知道该用户在这一时刻登录应该输入哪些数字。如果数字正确，用户就能进系统访问资源了。采用 SecurID 作为身份认证办法有这样一个弊端：无论使用什么样的身份认证装置，用户都必须做到随身携带，而用户经常会忘记带这些装置，就进不了系统。此外，身份认证装置和 ACE/Server 服务器也可能出现不同步的现象。

4. 10. 2. 4 Kerberos

Kerberos 是一种网络身份认证协议（名字 Kerberos 源自希腊神话中看守冥府大门的那只三头狗），是由麻省理工学院开发的（提供协议的免费实现版本），它使客户程序能够通过一个无安防措施的网络向服务器提供自己的身份（或者是服务器向客户程序提供身份）。客户和服务器之间通过 Kerberos 证明彼此的身份之后，还可以对彼此之间的全部通信进行加密，以保证私密性和数据的完整性。Kerberos 的典型用法是"网络上的某个用户准备使用某项网络服务，而该项服务需要确认：该用户就是他自己声称的那个人"。用户出示由Kerberos 身份认证服务器签发的一份证明书，就像出示由车管所签发的驾驶执照一样。那项服务查验这份证明书，验证出该用户的身份。如果一切顺利，就接纳该用户并允许他使用这项服务。因此，这份证明书所包含的资料必须是与这个用户有直接的联系。证明书必须能够证明持证者知道一些只有证明书的合法主人才会知道的事情，比如一个口令字。此外，还必须有防范攻击者偷走证明书并盗用它的防范措施。

4.10.2.5　动态口令

动态口令技术是一种让用户密码按照时间或使用次数不断变化、每个密码只能使用一次的技术。它采用一种叫作动态令牌的专用硬件，内置电源、密码生成芯片和显示屏，密码生成芯片运行专门的密码算法，根据当前时间或使用次数生成当前密码并显示在显示屏上。认证服务器采用相同的算法计算当前的有效密码。用户使用时，只需要将动态令牌上显示的当前密码输入客户端计算机，即可实现身份认证。由于每次使用的密码必须由动态令牌来产生，只有合法用户才持有该硬件，所以，只要通过密码验证，就可以认为该用户的身份是可靠的。而用户每次使用的密码都不相同，即使黑客截获了一次密码，也无法利用这个密码来仿冒合法用户的身份。动态口令技术采用一次一密的方法，有效保证了用户身份的安全性。但是如果客户端与服务器端的时间或次数不能保持良好的同步，就可能发生合法用户无法登录的问题。并且用户每次登录时需要通过键盘输入一长串无规律的密码，一旦输错，就要重新操作，使用起来非常不方便。

4.10.2.6　USB Key 认证

基于 USB Key 的身份认证方式是一种方便、安全的身份认证技术。它采用软硬件相结合、一次一密的强双因子认证模式，很好地解决了安全性与易用性之间的矛盾。USB Key 是一种 USB 接口的硬件设备，它内置单片机或智能卡芯片，可以存储用户的密钥或数字证书，利用 USB Key 内置的密码算法实现对用户身份的认证。基于 USB Key 身份认证系统主要有两种应用模式：一是基于冲击/响应的认证模式，二是基于 PKI 体系的认证模式。

4.10.3　生物认证

传统的身份鉴别方法多利用身份标识物品（如钥匙、证件、IC 卡等）和用户名、密码。但是这些方法容易被窃、伪造，一旦身份标识物品或者密码被窃，将造成很大的损失。而且由于越来越多的地方需要口令（比如电脑、网络登录、网上交易、信用卡、电子邮件信箱等），造成密码的泛滥，因此口令和密码非常容易被忘记，也容易泄露被人非法使用。针对这种情况，一种以防伪为特征的高新技术，即生物特征认证技术兴起于 20 世纪末期。现代社会对于身份鉴别的准确性、安全性与实用性提出了更高的要求，传统的身份识别方法已经不能满足这种要求，而人体丰富的生理和行为特征为此提供了一个可靠的解决方案，因而引起了国际学术界和企业界的广泛关注。

一个生物识别系统的性能主要从下列几个方面进行评价：易使用性，即是否可以被用户简单而方便地使用；非侵袭性，对使用者是否具有非侵袭性；安全性，包括识别的精确性和系统防止攻击的能力；反应性，包括对系统资源的要求，数据获取和分析的速度；费用，软硬件的购买，维护等的费用投入。

"9·11"事件是生物特征认证技术在全球发展的一个重要转折点，它使各国政府更加清楚地认识到生物识别技术的重要性。传统的身份鉴别技术在面临反恐任务时所表现出来的缺陷，使得各国政府在生物特征识别技术研究与应用上开始了大规模的投资。同时，普通公众对生物识别技术的了解也随着"9·11"的曝光率而大幅度提高。种种因素促成了"9·11"之后全球生物特征认证市场的加速增长。

4.10.3.1　基本概念

生物特征认证又名生物特征识别，是指通过计算机利用人体固有的生理特征或行为特征鉴别个人身份（更具体一点，生物特征识别技术就是通过计算机与光学、声学、生物传感器和生物统计学原理等高科技手段密切结合，利用人体固有的生理特性和行为特征来进行个人身份的鉴定）。生理特征与生俱来，多为先天性；行为特征则是习惯使然，多为后天性。生理和行为特征被统称为生物特征，常用的生物特征包括脸像、虹膜、指纹、掌纹、声音、笔迹、步态、颅骨、击键等，除了这些比较成熟的识别技术之外，还有许多新兴的技术，如耳朵识别、气味识别、血管识别、步态识别、DNA识别或基因识别等。生物特征认证与传统的密码、证件等认证方式相比，具有依附于人体、不易伪造、不易模仿等优势。

4.10.3.2　常用技术

4.10.3.2.1　指纹识别

指纹是指手指末端正面皮肤上凹凸不平的纹路。这些纹路的存在增加了皮肤表面的摩擦力，使得人们能够用手抓起重物，但同时，它蕴含了大量生命信息。这些皮肤的纹路在图案、断点和交叉点上各不相同，在信息处理中将它们称作"特征"，如图4.25所示。这些特征对于每个手指来说都是不同的。正因为这些特征具有唯一性和永久性，可以把一个人同他的指纹对应起来，通过比较他的指纹特征和预先保存的指纹特征，即可验证他的真实身份。

图4.25　指纹特征细节图

不同手指的指纹纹脊的式样不同和指纹纹脊的式样终生不变是使用指纹进行身份鉴别得以成立的两个重要特性。开始于20世纪60年代的自动指纹识别系统（Automatic Fingerprint Identification System，AFIS）是目前生物识别技术中最为成熟的身份鉴别手段，现有的指纹自动识别系统已经进入了操作方便、准确可靠、价格适中的实用阶段。

自动指纹识别系统通过特殊的光电转换设备和计算机图像处理技术，对活体指纹进行采集、分析和比对，可以自动、迅速、准确地鉴别出个人身份。一般可以分成"离线"和"在线"两个部分，如图4.26所示。

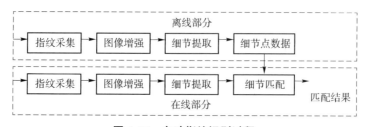

图4.26　自动指纹识别过程

其中离线部分包括用指纹采集仪采集指纹、提取出细节点、将细节点保存到数据库中形成指纹模板库等主要步骤；在线部分包括用指纹采集仪采集指纹、提取出细节点，将这些细节点与保存在数据库中模板的细节点进行匹配，判断输入细节点与模板细节点是否来自同一个手指的指纹。指纹识别技术主要由指纹增强和指纹匹配两个核心步骤组成。

4.10.3.2.2　虹膜识别

虹膜是位于眼睛黑色瞳孔和白色巩膜之间的圆环状部分，总体上呈现一种由里到外的放射状结构，包含许多相互交错的类似斑点、细丝、冠状、条纹、隐窝等形状的细微特征，如图 4.27 所示。这些特征信息对每个人来说都是唯一的，其唯一性主要是由胚胎发育环境的差异所决定的。通常，人们将这些细微特征

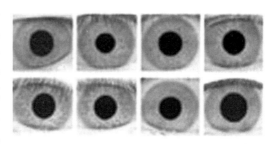

信息称为虹膜的纹理信息。与其他生物特征（如面像、指纹、声纹等）相比，虹膜是一种更稳定、更可靠的生理特征。而且，由于虹膜是眼睛的外在组成部分，因此基于虹膜的身份鉴别系统对使用者来说可以是非接触的。唯一性、稳定性和非侵犯性使得虹膜识别技术具有广泛的应用前景。

图 4.27　虹膜

从颜色信息到细微特征：虹膜中包含有丰富的色素细胞，当外部光线照射到眼睛上时，由于不同人的色素细胞对光有不同的吸收率，使得虹膜呈现不同的颜色。从识别的角度来说，虹膜的颜色信息并不具有广泛的区分性，那些相互交错的类似于斑点、细丝、冠状、条纹、隐窝等形状的细微特征才是虹膜唯一性的体现。这些细微特征在彩色图像和灰度图像中是一致的，因此一般采用灰度图像进行虹膜识别的研究。利用特殊的图像采集装置获取虹膜的图像后，采用一定的算法将虹膜图像中的细微特征转化为对应的特征向量，再通过计算特征向量的相似性区分不同的虹膜，即可实现身份鉴别。虹膜识别系统主要包含虹膜图像采集装置、活体虹膜检测算法、特征提取和匹配三大模块。

4.10.3.2.3　面像识别

面像识别由于具有无需特殊的采集设备、系统成本相对低、不干扰使用者、不侵犯使用者的隐私权等特点，因此成为目前实际使用的广泛程度仅次于指纹识别的生物特征手段。尽管面像识别技术不如指纹识别应用那么普及，但市场上也已出现了众多基于面像识别技术的产品，如面像识别门禁系统、面像识别考勤系统、公安布控对象监控系统、面像识别网上追逃系统、机场安检系统、面像识别出入境边检系统、照片比对系统、网络安全认证系统、金融防伪系统、收容遣送管理信息系统等。

面像识别系统包括两个技术环节：面像检测和面像识别（图 4.28）。面像检测主要实现面像的检测和定位，即从输入图像中找到面像及面像的位置，并将人脸从背景中分割出来；面像识别则是对面像进行特征提取、模式匹配与识别。现有的面像检测方法分为三类：基于规则的面像检测、基于模板匹配的面像检测和基于统计学习的面像检测。面像识别的几个主流方向：特征脸方法、Fisher 脸方法、弹性图匹配法以及局部特征分析法。

4.10.3.2.4　声纹识别

在生物识别领域，声纹识别以其独特的方便性、经济性、准确性、算法复杂度低等优势逐渐进入实际应用阶段。声纹鉴定是以人耳听辨的声纹特征为基础，除了关注发音人的语音

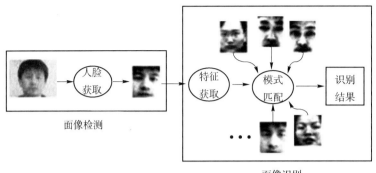

图 4.28　面像识别系统结构图

频谱等因素外，还充分挖掘说话人语音流中的各种特色性事件和表征性特征。如根据方言背景确定发音人的地域性；根据发音确定周围环境以及发音地点；根据语音频谱以及内容确定发音人的年龄、性格特点；根据发音的速度和强度等挖掘发音人的心态等。

声纹识别系统主要包括两个部分：特征提取和模式匹配。特征提取的任务是选取唯一表现说话人身份的有效且稳定可靠的特征；模式匹配的任务是对训练和识别时的特征模式进行相似性的匹配。如图 4.29 所示。

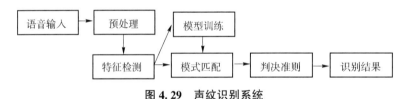

图 4.29　声纹识别系统

与计算机处理相对应，可以将人类的声纹特征划分为以下三个层次：声道声学层次，在分析短时信号的基础上，抽取对通道、时间等因素不敏感的特征；韵律特征层次，抽取独立于声学、声道等因素的超声段特征，如方言、韵律、语速等；语言结构层次，通过对语音信号的识别，获取更加全面和结构化的语义信息。声纹识别系统主要针对较低层次的声道声学特征进行建模，应用最广泛的是反映听觉特性的美化倒谱系数（MFCC）、线性预测系数（LPCC）等。声纹识别的主要方法包括概率统计方法、动态时间规整方法、VQ 方法、HMM方法、GMM 方法等。

4.10.3.2.5　掌型识别

掌型识别技术也是一种很早就使用的生物特征识别技术。只是手的相似性不是太容易区分，掌型识别技术不能像指纹、面部和虹膜扫描技术那样容易获得内容丰富的数据，所以掌型的识别率相对较低。不过现在全球已有超过 8 000 个场所使用了掌型识别技术，其中包括美国奥兰多的迪斯尼乐园。

利用掌型识别系统，可以根据一个专有的特殊方程式，对每个手指和手指指关节的尺寸、形状以及整只手的尺寸进行三维测量。录入时，使用者只需将他的手掌放在录入头表面，并将至少三个手指按录入头表面的槽位来摆放，这样使用者拇指、中指和食指的位置就被确定下来了，录入模板能够十分精确地反映出三个手指的位置，结果被转换成 10 个字节左右的数据存入计算机。比对时，当某人把手贴在扫描仪上时，系统会将其手掌型的图像与存在数据库中被认可的掌型图像相比对。

4.10.3.2.6　步态识别

为了提高识别率，当前生物识别系统通常依赖于个体近距离或接触性的协作感知。但步态不需要用户的任何交互性接触，易于被远距离捕获。由于个体之间身体结构和运动行为的基本特性不同，从而步态运动为人的识别提供了独特的线索。从视觉监控的观点来看，步态是最有潜力的生物特征，能远距离识别罪犯和可能的威胁，使得操作人员能够有充分的时间在危险发生之前积极做出响应。步态识别的潜在应用领域在于安全敏感场合的大范围视觉监控，如银行、军事基地、机场等重要场合。"9·11"事件使人们意识到当前安全的脆弱性，也使得各国对大范围远距离的识别研究给予了更多关注。

步态识别的一般框架如图 4.30 所示。监控摄像机首先捕捉监控领域来人的行走视频，然后送入计算机进行检测和跟踪，提取人的步态特征，最后结合已经存储的步态模式进行身份识别。若发现该人是罪犯或嫌疑人，系统将自动发出警告。

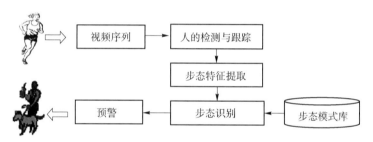

图 4.30　步态识别框架图

当前的步态识别算法可以归结为两大类：一种是结构化（基于模型）方法，即尝试对人的身体结构或运动进行建模，通过提取图像特征并且映射它们到模型的结构分量或导出体元的运动时间轨迹来识别个体；另一种是非结构化（基于运动）方法，它不考虑潜在的结构，而是特征化人体整个运动模式，以得到简洁的运动特征表达。尽管目前已经涌现了许多步态识别算法，但这些工作更多地是出于探索性目的，步态识别研究仍处于起步阶段。

4.10.3.2.7　笔迹鉴别

中国人写字讲究书法，因而有了草书、行书、楷书、隶书等书法风格。人们选择了自己青睐的书法风格后，又融入了自己的书写特点，因而小到一个字的间架结构，大到整篇文章的纵横布局，每个人都有自己的运笔习惯和格式规划。从另一方面看，笔迹是书写者自身的生理特点和后天学习过程的综合反映。基于笔迹的内在特点，它已成为人们进行身份鉴别的重要手段之一。随着笔迹采集设备的不断进步，有些签名识别系统已经达到了实用水平。

目前笔迹鉴别研究主要包括两类问题，即文本依存和文本独立的笔迹鉴别问题。文本依存笔迹鉴别问题对于书写内容有固定限制，因此相对容易解决，然而应用范围较窄；而在文本独立的情况下，不对书写内容加以限制，所以问题就变得更为复杂了。到目前为止，对于文本独立的笔迹，世界上还没有准确而高效的鉴别系统投入市场。笔迹鉴别方法和其他身份识别方法流程大致相同。

4.10.3.2.8　颅骨识别

在法医学中，面貌复原是一门以颅骨为基础、以面部软组织厚度为依据、面向身份认证的科学技术。法医工作人员经常要把仅存颅骨的、腐蚀的头颅认证出来，当其他方法不奏效或不实用时，颅骨的面部复原技术往往可以取得满意的结果。利用颅骨进行身份确认很难作假。利用颅骨复原面貌已有 100 多年的历史，这主要是指解剖学和人类学家所进行的颅骨面貌复原。不过在颅骨面貌复原技术中，还主要依靠手工操作，不仅费时费力、专业性强，而且带有很大的主观性和不确定性。计算机图形学的飞速发展为面貌复原技术提供了良好的可视化开发平台，不仅可以利用颅骨数据与面貌的必然联系，减少主观因素带来的偏差，而且可以大大缩短复原周期。

4.10.3.2.9　其他技术

DNA。除了双胞胎具有相同的 DNA 模式外，DNA 对于个人而言是完全唯一的基因代码。它当前通常应用于法律中人的识别。不过三种因素约束了它在其他领域的应用：窃取不受怀疑的人的 DNA 比较容易；当前的 DNA 匹配技术烦琐，不适用于在线识别；隐私问题，人可能患某种疾病的信息可从 DNA 中获得。

按键。该识别手段假定每个人都以一种有特色的方式来敲击键盘，这个行为特征并不期望对每个个体是绝对唯一的，但它一定程度上提供了充分的判决信息来进行身份校验。按键动力学是行为特征，人们期望寻找典型的敲击模式。另外，人的按键行为可被非侵犯地监视。

签名。签名识别通常是分析笔的移动，如加速度、压力、方向、笔画的长度等，而非签名的图像本身。尽管签名需要接触书写设备，但是它已经在政府、法律、商业事物中被接受。不过，作为一种行为特征，签名会受时间及签名人的身体、感情状态的影响，而且专业伪造者可能复制或模仿签名。

视网膜。视网膜同虹膜一样，被认为是最可靠的生物特征。尽管它有着高度的准确性，但这项技术不方便使用。进行视网膜扫描是用低密度的红外线去捕捉角膜的独特特征。采集时，扫描仪要求用户在它读取角膜信息时直立不动，故很难获得终端用户的普遍接受。

耳朵。耳朵的形状和结构是可区分的。人耳作为人体一种特有的生物特征体，与人脸、虹膜、指纹一样，具有普遍性、唯一性和稳定性。美国科学家已得出不同个体人耳的外耳、耳垂等轮廓和结构各不相同的结论。

足迹。足迹是在人体站立或行走条件下，脚掌面通过力的传递作用在承痕体上形成的痕迹。足迹特征由人体脚型骨骼决定，具有特定性和相对稳定性。另外，足迹痕迹信息来源于人的整体行为，不仅能反映人体的生理特征，而且能反映人体的行为特征，除了能够通过比对分析进行身份鉴别，还可以推断人体的身高、胖瘦、性别、年龄等生物特征。

4.10.3.3　技术案例

生物认证在警方破案方面起到了至关重要的作用。

2011 年 6 月的包头市九原区，一名男子在一片荒野地里自杀身亡，尸体被发现的时候已经腐烂了，警方也提取到了这个尸体的 DNA 信息，后来随着 DNA 数据库的广泛建立，2018 年的时候被发现这具无名男尸与 1998 年 9 月 2 日凶案的凶手是同一个家族，经过多方努力，最终将已经 70 岁的李某抓获。

1892 年的夏天，在阿根廷的一个名叫内科惬阿的小镇上发生了一件血腥的谋杀案。一名叫作弗朗西斯卡的单身妇女报案：她的两个孩子（男孩 6 岁、女孩 4 岁）被人用石块砸破了脑袋，杀死在家里。据弗朗西斯卡报称，本镇的男子维拉斯奎曾向她求婚，被她拒绝后曾威胁她，声称要杀死她的孩子。而且，案发的那一天她回家时正好还遇见维拉斯奎匆忙地从她家出来。为此，维拉斯奎被管辖该镇的拉普拉塔警察局逮捕。但是，维拉斯奎说什么也不肯承认是他杀害了这两个孩子。他还交出了案发当天他实际上不在场的可靠证明。拉普拉塔警察局警长阿尔法雷兹带着警官沃塞蒂系再次来到现场搜查。他们搜遍了凶杀案发生时的那间卧室，仍然没有找到一点线索，正当他们失望地准备离开时，警长突然在一缕阳光下见到了门框上有一个棕褐色的手指血印。阿尔法雷兹知道同事沃塞蒂系正在研究人的手指指纹的差异，于是就和他一起将那血指印连同门框的木头一同锯下带回了警察局。经研究，他们发现了那指印是人的拇指印。于是，警长就让嫌疑人维拉斯奎核对拇指印，结果不符。然后，他又叫来弗朗西斯卡。出人意料的是，她的拇指印正与门框上的血印相符。弗朗西斯卡连自己也惊呆了，她不得不承认是为了和情夫结婚，那情夫嫌小孩讨厌，才起了坏心杀死了自己的两个亲生孩子。

4.11　信息加密解密技术

4.11.1　典型案例

人类自从有了战争，军事通信就一直受到高度重视，并扮演着十分重要的角色。实际上，通信保密的重要性常常是带有全局性的，它将影响甚至决定一次战役和一场战争的胜负，它所涉及的政治军事领导层越高，它的重要性越突出。中外战争史上不乏由于通信保密不力而被敌人破译造成极其严重后果的例子。

（1）密电泄露，清廷割地又赔款

1894 年的中日甲午海战，中国惨败，其本质是由于清政府的腐败，但其中一个重要的具体原因，是日方在甲午战争前就破译了清政府使用的密电码。日方破译的电报多达一百余则，对清政府的决策、海军的行踪等了如指掌，因而日方不仅在海战中取得了胜利，还迫使清政府签订"马关条约"，割让辽东半岛、台湾及澎湖列岛，赔偿军费白银 2 亿两。

（2）对德宣战，密码分析建奇功

1917 年 1 月，正当第一次世界大战进入第三个年头时，英国海军破译机关截收到了德国外长齐默尔曼签发的一份密报，经过一个多月的辛勤劳作，终于在 2 月下旬完全破解了那份密报。密报称德国将在欧洲进行无限制的潜艇战，也就是中立国家的船队也在其打击目标之列，同时指出，若美国不再保持中立，就要求墨西哥与德国结盟，对美宣战。英国外交部在权衡了种种利弊后，到 2 月 22 日将此密报交给了美国政府。德国政府的阴谋激怒了开战以来一直保持中立并且在三个月前还声明继续保持中立的美国人，五个星期后，美国对德宣战，出兵西线，既避免了在美国本土燃起战火，又加速了协约国的胜利。后人曾评说，没有哪一次密码分析具有这样大的影响，它在一个国家参加世界大战的决定中起了重要的作用。

（3）解破命令，四艘大航母沉入海底

第二次世界大战中，1942 年 6 月美日中途岛海战和 1943 年 4 月日本联合舰队司令山本五十六之死最为惊人。1941 年 12 月，日本取得了突袭珍珠港、摧毁美国太平洋舰队主力的重大胜利，但他们还不满足，为了完全控制太平洋，并设法诱出在珍珠港的美国舰队残部子以彻底消灭，日本制定了于 1942 年 6 月突然攻击夏威夷前哨中途岛的计划。经过一番紧锣密鼓的准备后，1942 年 5 月 20 日，山本发布作战命令，详细说明攻击中途岛的作战计划，依当时双方拥有的兵力，日本占有压倒优势。但是，美国人掌握着另一种重要武器——破译日本海军的密码，是它挽救了处于劣势的美国人。当时日本海军使用的是日本最高级的密码体制，但由于舰船分散在广阔的海域不停地转移，给分发新的版本增添许多困难，因此替换工作延期到 5 月 1 日，后因同样的原因再延期一个月，到 6 月 1 日启用新版本。这就使盟国破译人员有充分的时间更透彻地破解。5 月 27 日，山本的作战命令已基本上被破译，美国太平洋舰队司令尼米兹海军上将发布作战计划，将 3 艘航空母舰部署在敌舰不可能侦察到的海域，战斗打响时也以突然攻击的方式打击日军的突击舰队。6 月 4 日，以 4 艘巨型航空母舰组成的日军突击部队出乎意料地突然发现美国舰队，接着便遭到美军舰载机最猛烈的轮番轰炸。最终，4 艘巨型航空母舰在一日之内相继被炸沉，山本的如意算盘被打碎，从此日本海军由进攻转为防御，最终走向失败。

（4）乘胜追击，山本五十六葬身丛林

1943 年春天，山本五十六为了控制不断恶化的残局，亲自前往所罗门群岛基地巡视，以鼓舞士气。在视察前五天，1943 年 4 月 13 日，日军第八舰队司令将山本一行将视察的行程、时间表，用 JN25 体制加密后播放发给有关基地，以做好迎接的准备。尽管该体制的所用版本在 4 月 1 日刚换过，但美国破译人员根据过去的经验，迅速地破译了这份密报，山本五十六的性命已掌握在美军手中！通过对正反两方面意见的反复权衡，美军决定在空中打掉山本乘坐的飞机，使日军失去一位战略家，沉重地打击日军士气。经过精心组织，终于使山本五十六在飞往视察途中，被美军飞机击落，葬身于丛林深处。一位美国情报官员更是以带有一定夸张的口吻说，密码破译赢得了这次战争。

4.11.2　基本概念

现代密码学作为一门科学，把密码的设计建立在解某个已知数学难题的基础上。密码体制的加密、解密算法是公开的，算法的可变参数（密码）是保密的。密码系统的安全性仅依赖于密钥的安全性，密钥的安全性由攻击者破译时所耗费的资源决定。密码算法的安全性可以通过两种方法来研究：信息论方法研究的是破译者是否具有足够的信息量去破译密钥系统，侧重于理论安全性；计算机复杂性理论研究的是破译者是否具有足够的时间和存储空间去破译密钥和明文，主要依靠两个方面：一是明文信息之间的相关特性和冗余度；二是密码体制本身，即密文与明文之间的相互信息或相关度。密码设计与破译分析相互对抗、竞争的过程是现代密码学研究和发展的推动力。

在加密运算的手工阶段和机械阶段，密码体制是基于字符的，随着微电子技术、计算机技术和数字通信技术发展，二元数字序列成为加密解密的运算变量。

4.11.3　基本分类

从不同的角度根据不同的标准，可以把密码分成若干类。

（1）按应用技术或历史发展阶段划分

① 手工密码。以手工完成加密作业，或者以简单器具辅助操作的密码，叫作手工密码。第一次世界大战前主要是这种作业形式。

② 机械密码。以机械密码机或电动密码机来完成加解密作业的密码。这种密码从第一次世界大战出现到第二次世界大战中得到普遍应用。

③ 电子机内乱密码。通过电子电路，以严格的程序进行逻辑运算，以少量制乱元素生产大量的加密乱数，因为其制乱是在加解密过程中完成的，不需要预先制作，所以称为电子机内乱密码。从 20 世纪 50 年代末期出现到 70 年代广泛应用。

④ 计算机密码，是以计算机软件编程进行算法加密为特点，适用于计算机数据保护和网络通信等广泛用途的密码。

（2）按保密程度划分

① 理论上保密的密码。不管获取多少密文和有多大的计算能力，对明文始终不能得到唯一解的密码，叫作理论上保密的密码，也叫理论不可破的密码。随机一次一密的密码就属于这种。

② 实际上保密的密码。在理论上可破，但在现有客观条件下，无法通过计算来确定唯一解的密码，叫作实际上保密的密码。

③ 不保密的密码。在获取一定数量的密文后，可以得到唯一解的密码，叫作不保密密码。如早期单表代替密码，后来的多表代替密码，以及明文加少量密钥等密码，现在都成为不保密的密码。

（3）按密钥方式划分

① 对称式密码，也称单密钥密码或私钥密码。收发双方使用相同密钥的密码，叫作对称式密码。传统的密码都属此类。

② 非对称式密码，也称双密钥密码或公钥密码。收发双方使用不同密钥的密码，叫作非对称式密码。如现代密码中的公共密钥密码就属此类。

（4）按明文形态划分

① 模拟型密码。用于加密模拟信息。如对动态范围之内，连续变化的语音信号加密的密码，叫作模拟式密码。

② 数字型密码。用于加密数字信息。对两个离散电平构成 0、1 二进制关系的电报信息加密的密码叫作数字型密码。

（5）按加密范围分

① 分组密码。其加密方式是首先将明文序列以固定长度进行分组，每一组明文用相同的密钥和加密函数进行运算。分组密码设计的核心是构造既具有可逆性又有很强的非线性的算法。

② 序列密码。序列密码的加密过程是把报文、话音、图像和数据等原始信息转换成明文数据序列，然后将它同密钥序列进行逐位生成密文序列发送给接收者。接收者用相同密钥序列进行逐位解密来恢复明文序列。序列密码的安全性主要依赖密钥序列。

（6）按编制原理划分

可分为移位、代替和置换三种以及它们的组合形式。古今中外的密码，不论其形态多么繁杂，变化多么巧妙，都是按照这三种基本原理编制出来的。移位、代替和置换这三种原理在密码编制和使用中相互结合，灵活应用。

4.11.4　加密方式

数据加密技术是所有网络上通信安全所依赖的基本技术。有三种方式：链路加密方式、节点对节点加密方式和端对端加密方式。

（1）链路加密方式

一般网络通信安全主要采取这种方式。链路加密方式就是把网络上传输的数据报文每一个比特进行加密。不但对数据报文正文加密，而且把路由信息、校验和等控制信息全部加密。因此，当数据报文传输到某个中间节点时，必须被解密，以获得路由信息和校验和，进行路由选择，差错检测，然后再被加密，发送给下一个节点，直到数据报文到达目的地节点为止。链路加密方式只对通信链路中的数据加密，不对网络节点内的数据加密。中间节点上的数据报文是以明文出现的，而且要求网络中的每一个中间节点都要配置安全单元（信息加密机），相邻两节点的安全单元使用相同的密钥。它的优点在于不受由于加、解密对系统要求的变化等的影响，容易采用；缺点是需要目前公共网络提供者配合、修改他们的交换节点，会给网络的性能和可管理性带来副作用。

（2）节点对节点加密方式

在中间节点安装用于加、解密的保护装置，可以解决节点中数据是明文的缺点，由这个装置来完成一个密钥向另一个密钥的变换，节点不会再出现明文，但是它和链路加密方式一样，有一个共同的缺点，就是需要目前公共网络提供者配合、修改他们的交换节点，增加安全单元或保护装置。尽管节点加密能给网络数据提供较高的安全性，但它在操作方式上与链路加密是类似的：两者均在通信链路上为传输的消息提供安全性；都在中间节点先对消息进行解密，然后进行加密。因为要对所有传输的数据进行加密，所以加密过程对用户是透明的。

然而，与链路加密不同，节点加密不允许消息在网络节点以明文形式存在，它先把收到的消息进行解密，然后采用另一个不同的密钥进行加密，这一过程是在节点上的一个安全模块中进行的。节点加密要求报头和路由信息以明文形式传输，以便中间节点能得到如何处理消息的信息。因此这种方法对于防止攻击者分析通信业务是脆弱的。

（3）端对端加密方式

端对端加密方式，由发送方加密的数据在没有到达最终目的地接受节点之前是不被解密的，加解密只是在源、目的节点进行。这种方式可以实现按各通信对象的要求改变加密密钥以及按应用程序进行密钥管理等，而且采用此方式可以解决文件加密问题。链路加密方式是对整个链路的通信采取保护措施，而端对端加密方式则对整个网络系统采取保护措施。端到端加密允许数据在从源点到终点的传输过程中始终以密文形式存在。端到端加密系统的价格低些，并且与链路加密及节点加密相比更可靠，更容易设计、实现和维护。因此，端对端加密方式是将来的发展趋势。但是，端到端加密系统通常不允许对消息的目的地址进行加密，这是因为每一个消息所经过的节点都要用此地址来确定如何传输消息。由于这种加密方法不能掩盖被传输消息的源点与终点，因此它对于防止攻击者分析通信业务是脆弱的。

4.11.5 加密原理

4.11.5.1 对称密钥加密体制

对称密钥加密体制（又被称作私钥加密体制）是指在加密过程中，对信息的加密和解密都使用相同的密钥。其通信模型如图 4.31 所示。

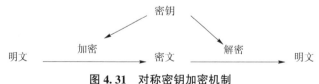

图 4.31 对称密钥加密机制

对称密钥体制包括分组密码和序列密码两种。序列密码由密钥和密码算法两部分组成，比分组密码具有运算速度快、安全性更高的特点。公开的私钥密码加密算法远超过 100 个。其中最有名的算法是美国的 DES、RC5 和 AES 算法，欧洲的 IDEA 算法，日本的 FEAL 算法和澳大利亚的 LOKI91 算法等。下面介绍几种算法。

（1）DES 算法

使用最广泛的单密钥体制加密方法都基于 1977 年被美国标准局（即现在的美国标准与技术协会 NBT）作为第 46 号联邦信息处理标准而采用的数据加密标准 DES。在 DES 中，数据以 64 bit 分组进行加密，密钥长度为 56 bit。加密算法经过一系列的步骤把 64 bit 的输入变换成 64 bit 的输出，解密过程中使用同样的步骤和密钥。DES 的总体方案如图 4.32 所示。

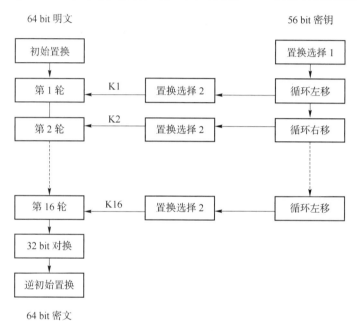

图 4.32 DES 加密算法描述

（2）AES 算法

在密码学中又称 Rijndael 加密法，是美国联邦政府采用的一种区块加密标准。这个标准用来替代原先的 DES，已经被多方分析且广为全世界所使用，2002 年 5 月 26 日成为标准。

AES 加密过程是在一个 4×4 的字节矩阵上运作，这个矩阵又称为"状态（state）"，其初值就是一个明文区块（矩阵中一个元素大小就是明文区块中的一个字节）（Rijndael 加密法因支持更大的区块，其矩阵行数可视情况增加）。加密时，各轮 AES 加密循环（除最后一轮外）均包含 4 个步骤：矩阵中的每一个字节都与该轮密钥（round key）做 XOR 运算；每个子密钥由密钥生成方案产生。通过一个非线性的替换函数，用查找表的方式把每个字节替换成对应的字节。将矩阵中的每个横列进行循环式移位。为了充分混合矩阵中各个直行的操作，这个步骤使用线性转换来混合每列的四个字节。AES 加密数据块分组长度必须为 128 bit，密钥长度可以是 128 bit、192 bit、256 bit 中的任意一个（如果数据块及密钥长度不足，会补齐）。AES 加密有很多轮的重复和变换。

（3）IDEA 算法

IDEA 密钥的前身是 James Messey 完成于 1990 年，被称为 PES（Proposed Encryption Standard）的算法。第二年，在经 Biham 和 Shamir 的差分密钥分析之后，强化了密码抵御攻击的能力，就称这个算法为 IDES（Improved Data Encryption Standard）。IDES 在 1992 年被命名为 IDEA，即国际数据加密算法（International Data Encryption Algorithm）。IDEA 算法被认为是现今最好的安全的分组密码算法。

IDEA 是以 64 bit 的明文块进行分组，密钥是 128 bit 长。算法可用于加密和解密。IDEA 用了混乱和扩散等操作，算法背后的设计思想是"在不同的代数组中的混合运算"。主要有三种运算：异或、模加、模乘，容易用软件和硬件来实现。IDEA 的密码安全性分析：IDEA 的密钥长度是 128 bit，是 DES 密钥长度的两倍。在穷举攻击的情况下，IDEA 将需要经过 2 128 次加密才能恢复出密钥。假设芯片每秒能检测十亿个密钥，需要 1 013 年才能完成检测。IDEA 算法被认为仅循环四次就可以抵御差分密码分析，按照 Eli Biham 的观点，相关密钥密码分析对 IDEA 也不起作用。但随机选择密钥，产生一个弱密钥的概率很低，所以随机选择密钥基本没有危险。

（4）LOKI 算法

LOKI 算法是由澳大利亚人在 1990 年提出来的，作为 DES 的一种潜在的替代算法，它也用 64 bit 的密钥对 64 bit 的数据块进行加密和解密。LOKI 算法机制与 DES 相似，首先数据块同密钥进行异或操作（不同于 DES 的初始变换）。LOKI 算法易用软件实现，并且有密码学上的优点，数据块先被对半分成左右两块，随后进入 16 轮循环。

4.11.5.2 非对称密钥加密体制

非对称加密（公开密钥加密）是指在加密过程中，密钥被分解为一对。这种密钥中的任何一把都可作为公开密钥通过非保密方式向他人公开，而另一把则作为私有密钥进行保存。公开密钥用于对信息的加密，私有密钥则用于对加密信息的解密。其模型如图 4.33 所示。

图 4.33　非对称加密机制

（1）RSA 公钥体制

RSA 体制是 1978 年由 Rivest、Shamir 和 Adleman 提出的第一个公钥密码体制（PKC），也是迄今为止理论上最为成熟完善的一种公钥密码体制。它的安全性是基于大整数的分解（已知大整数的分解是 NP 问题），而体制的构造是基于 Euler 定理。

用户首先选择一对不同的素数 p、q，计算 n＝pq，f(n)＝(p-1)(q-1)，并找一个与 f(n) 互素的数 d，并计算其逆 a，即 da＝1modf(n)，则密钥空间为 K(n,p,q,a,d)。加密过程为 $m^a modn＝c$，解密过程为 $c^d modn＝m$。其中，m、c 分别为明文和密文，n、a 公开，而 p、q、d 是保密的。

在不知道信息 d 的情况下，想要从公开密钥 n、a 算出 d，只有分解大数 n 的因子，但是大数分解是一个十分困难的问题。Rivest、Shamir 和 Adleman 用已知的最好算法估计了分解 n 的时间与 n 的位数的关系，用运算速度为 100 万次/s 的计算机分解 500 bit 的 n，计算机分解操作数是 1.3×10^{39}，分解时间是 4.2×10^{25}。因此，一般认为 RSA 保密性能良好。但是，由于 RSA 涉及高次幂运算，所以用软件实现速度较慢，尤其在加密大量数据时，一般用硬件实现 RSA 来提高速度。

（2）Elgamal 公钥体制

Elgamal 构造了一种基于离散对数的公钥密码体制，这就是 Elgamal 公钥体制。有限域 Zp 上的离散对数问题是这样的：$I = (p, \alpha, \beta)$，其中，p 为素数，α 是 Zp 的一个本原元，且 β 源于 Zp^*，则求唯一的 a。$0 \leqslant a \leqslant p-2$，使得 $\alpha^n \equiv \beta (mod p)$ 是一个离散对数问题。如果 p 是经过仔细选择的，则上述离散对数问题是一个难解性问题。

因为 Elgamal 公钥密钥体制的密文不仅依赖于待加密的明文，而且依赖于随机数 k，所以用户选择的随机参数不同，即使加密相同的明文，得到的密文也是不同的。由于这种加密算法是非确定的，又称其为概率加密体制。在确定性加密算法中，如果破译者对基本关键信息感兴趣，则他可事先将这些信息加密后存储起来，一旦以后截获密文，就可以直接在存储的密文中进行查找，从而求得相应的明文。概率加密体制弥补了其不足，提高了安全性。为了抵抗已知明文攻击，p 至少需要 150 倍（十进制），而且 p-1 必须至少有一个大素数因子。

和既能做公钥加密又能做数字签字的 RSA 不同，Elgamal 签名体制是在 1985 年仅为数字签名而构造的。NIST 采用修改后的 Elgamal 签名体制作数字签名体制标准。破译 Elgamal 签名体制等价于求解离散对数问题。

4.11.6 密钥管理

公开密钥加密的一个主要功能是解决密钥分配问题。从密钥分配角度来讲，公开密钥加密的用途实际上包括两个方面：公开密钥的分配和使用公开密钥加密方法分配秘密密钥。

4.11.6.1 公开密钥的分配

分配公开密钥的技术方案有多种，可以归为以下几类：公开密钥的公开宣布、公开可以得到的目录、公开密钥管理机构和公开密钥证书。

公开密钥的公开宣布：如果有一个广泛接受的公开密钥加密算法，比如 RSA，那么任何参与者都可以将他或她的公开密钥发送给另外任何一个参与者，或者把这个密钥广播给相关人群。虽然这个方法很方便，但它有一个很大的缺点：任何人都可以伪造一个这样的公开告示。也就是说，某个用户可能假装是用户 A，并发送一个公开密钥给另一个参与者或者广播这样一个公开密钥，直到用户 A 发觉了伪造并警告其他参与者。

公开可以得到的目录：通过维持一个可以公开得到的公开密钥动态目录就能够取得更大程度的安全性，对公开目录的维护和分配必须由一个受信任的系统或组织来负责。这个方案明显比各个参与者单独进行公开告示更加安全，但是它仍然有弱点：如果一个敌对方成功地得到或者计算出了目录管理机构的私有密钥，敌对方就可以散发伪造的公开密钥，并随之假装成任何一个参与者来窃听发送给该参与者的报文。另一个达到同样目的的方法是敌对方篡改管理机构维护的记录。

公开密钥管理机构：通过更严密地控制公开密钥从目录中分配出去的过程就可以使公开密钥分配更安全。①A 给公开密钥管理机构发送一个带时间戳的报文，其中包含对于 B 的当前公开密钥的请求。②管理机构以一个使用它的私有密钥加密的报文进行响应，因而 A 能够使用管理机构的公开密钥解密报文。因此 A 可以确信这个报文来自管理机构。③A 存储 B 的公开密钥并用它加密一个发给 B 的报文，这个报文包含一个 A 的标识符 IDA 和一个现时 N1，这个现时用来唯一地标识这次交互。④B 使用与 A 得到 B 的密钥同样方式从管理机构得到 A 的密钥。这时，公开密钥已经安全地传递给了 A 和 B。他们可以开始相互之间的秘密信息交互。然而还有两个步骤是必要的：⑤B 给 A 发送一个用 KUa 加密的报文，其中包含 A 的现时 N1 以及一个 B 产生的新现时 N2。因为只有 B 才可能解密报文③，报文⑤使得 A 确信对方是 B。⑥A 返回一个用 B 的公开密钥加密的 N2，以使 B 确信他的对方是 A。共需要 6 个报文。然而开始的 4 个不经常使用，因为 A 和 B 两者都可以保存另一方的公开密钥以供将来使用，即都可以使用缓存技术。一个用户应该定期向通信的对方要求当前的公开密钥，以保证公开密钥的时效性。

公开密钥证书：公开密钥管理机构可能是系统中的一个"瓶颈"，一个用户对于他所希望联系的其他用户都必须借助于管理机构才能得到公开密钥。同以前一样，管理机构所维护的名字和公开密钥目录也可能被篡改。一个首先由 Kohnfelder 提出的替代方案是使用证书的方案，参与者使用这个证书在联系一个公开密钥管理机构之前就可以交换密钥。采用这种方法可以做到如同直接从公开密钥管理机构得到密钥一样可靠。每个证书包含一个公开密钥以及其他信息，它由一个证书管理机构制作，并发给具有相匹配的私有密钥的参与者。一个参与者通过传输它的证书将其密钥信息传送给另一个参与者，其他参与者可以验证证书是否是管理机构制作的。

4.11.6.2 秘密密钥的公开密钥加密分配

一旦公开密钥已经分配或者已经可以得到，就可以进行安全通信，阻止窃听、篡改或者两者兼有的攻击行为。然而很少有用户愿意完全用公开密钥加密进行通信，因为这样做的数据率相对较慢。因此，更合理的做法是将公开密钥加密当作一个分配常规加密所用的秘密密钥的工具。

简单的秘密密钥分配：一个由 Merdle 提出的极端简单的方案。如果 A 希望和 B 通信，就使用下列步骤：①A 产生一个私有/公开密钥对［KUa，Kra］并给 B 传输一个报文，其中包含 KUa 和 A 的一个标识符 IDA。②B 产生一个秘密密钥 Ks，并将其用 A 的公开密钥加密后传输给 A。③A 计算 DKra［EKUa［Ks］］来恢复这个秘密密钥。因为只有 A 可以解密这个报文，所以只有 A 和 B 才会知道 Ks。④A 弃用 KUa 和 KRa，B 弃用 KUa。A 和 B 现在就可以使用常规加密和会话密钥 Ks 进行安全通信。信息交互完成以后，A 和 B 都丢弃 Ks。尽管这个协议很简单，但较有效，在通信之前不存在密钥，而在通信完成以后也不存在密钥，因而密钥泄露的危险被降到最低限度。同时，对于窃听而言，通信是安全的。

具有保密和鉴别能力的秘密密钥分配：假定 A 和 B 已经通过这一节前边描述的方案之一交换了公开密钥。接下来进行的步骤是：①A 使用 B 的公开密钥加密一个发给 B 的报文，这个报文包含一个 A 的标识符 IDA 和一个现时 N1，这个现时唯一地标识这次交互。②B 给 A 发送一个用 KUa 加密的报文，其中包含 A 的现时 N1 以及一个 B 产生的新现时 N2。因为只有 B 才可能解密报文①，报文②中 N1 的存在使得 A 确信对方是 B。③A 返回一个用 B 的公开密钥加密的 N2，以便使 B 确信它的对方是 A。④A 选择一个秘密密钥 Ks 并发送 M：EKUb［EKRa［Ks］］给 B。对这个报文，用 B 的公开密钥加密保证了只有 B 能够解读它；用

A 的私有密钥进行加密保证了只有 A 才可能发送它。⑤B 计算 DKUa[DKRB[M]]恢复秘密密钥。这个方案在秘密密钥的交互中保证了保密性和鉴别。

混合方案：还有另一种使用公开密钥加密分配秘密密钥的方式是 IBM 主机使用的混合方法。这种方案保留了密钥分配中心（KDC），这个 KDC 与每个用户共享一个秘密主密钥，并用这个主密钥加密分配秘密的会话密钥，公开密钥方案被用来分配主密钥。

4.11.7　破解对抗

4.11.7.1　DES 加密破解

DES 的破解方法主要有暴力破解、分布式计算、专用设备、微分密码分析法、线性分析法等。

在 1998 年，EFF 为了向世人证明 DES 不是一种安全的加密方式而制造了一台专用于破解 DES 的机器，这台机器叫作 Deep Crack，总共耗资 20 万美元。该机器使用 1 536 个专用处理器，破解（穷举）出一个正确的 key 平均需耗时 4 天左右，每秒钟可以穷举 920 亿个 key。

1980 年，马丁赫尔曼先生提出了一种可行的破解 DES 的算法。预先把所有可能的 key（A）和与某个明文通过这个 key 所得到的相应的密文（B）组成一对(A,B)存在存储器中，就可以通过数据库快速地找到需要的 key，当有足够的存储器的时候，这是最快的方法，那么需要多少存储器呢？马丁赫尔曼提出了一种新的算法来解决这个问题，按照一定的规则选一部分 key，把相应的数据对(A,B)存在硬盘中，再按照相应的算法通过数据库的搜索结果，把正确的 key 锁定在很小的范围内，然后在这一范围内进行穷举。按照这一方法，一台普通的微机只需要 1 000 GB 的硬盘和 3 天左右的时间就可以找到正确的 key。

1990 年，两名以色列密码专家发明了一种新的方法来破解 DES，这就是微分密码分析法。按照这一方法，只需要对特殊的明文和密文成对采样 247 对，通过短时间的分析便可以得到正确的 key。

4.11.7.2　AES 加密破解

AES 的安全性怎样呢？这是一个很难回答的问题，但是一般多数人的意见是：它是目前可获得的最安全的加密算法。AES 与目前使用广泛的加密算法——DES 算法的差别在于，如果 1 s 可以解 DES，则仍需要花费 1 490 000 亿年才可破解 AES，由此可知 AES 的安全性。AES 已被列为比任何现今其他加密算法更安全的一种算法。

针对 AES 的破解思考主要有以下几个方面：暴力破解、时间选择攻击、旁道攻击、数学结构攻击、能量攻击法等。

如果不针对所有可能的 256 位密钥使用强力搜索，任何已知的密码分析学攻击都无法对 AES 密码进行解密，就这一点来说，用 AES 加密的数据是牢不可破的。如 WinRAR 采用 AES 128 位数据加密，一台配置 128 个 CPU 的巨型计算器破解 128 位的 AES 需要 225 年。如果密钥长度为 256 位，还没有已知的攻击可以在一个可接受的时间内破解 AES。

针对 AES 唯一的成功攻击是旁道攻击，旁道攻击不攻击密码本身，而是攻击那些实际作用于不安全系统上的加密系统。

与软件加密相比，硬件加密具有运行速度更快、保密性更强的优点，所以硬件加密设备已在通信、金融和信息安全等领域中得到广泛的应用。但是硬件加密设备运行时，必须消耗能量，整个能量消耗过程可以通过电流或电压的变化反映出来。这种能量消耗包含了设备当前正在处理的数据的信息，而这些数据又与加密密钥有关，所以攻击者可以通过测量并分析能量消耗数据破解密钥，突破硬件加密系统，这种攻击被称为能量分析攻击，它是一种强有力的密码分析新方法。如边频攻击：通过观测电路中的物理量如能量耗散、电磁辐射和执行时间的变化规律，攻击者能够分析系统中的加密数据或者干扰系统的加密行为，这即是边频攻击（Side-channel Attacks）。PA 攻击是目前应用最为广泛的，成本较低的一种。

4.12　信息数字水印技术

4.12.1　基本概念

4.12.1.1　信息隐藏

信息安全领域中的一项重要措施就是信息隐藏技术（Information Hiding），如常见的密码技术就是一种信息隐藏技术，密码学一直被认为是一种重要的安全手段。但信息隐藏不同于传统的密码学技术。密码技术主要是研究如何将机密信息进行特殊的编码，以形成不可识别的密码形式（密文）进行传递；而信息隐藏则主要研究如何将某一机密信息秘密隐藏于另一公开的信息中，然后通过公开信息的传输来传递机密信息。对加密通信而言，可能的监测者或非法拦截者可通过截取密文，并对其进行破译，或将密文进行破坏后再发送，从而影响机密信息的安全；但对信息隐藏而言，可能的监测者或非法拦截者则难以从公开信息中判断机密信息是否存在，难以截获机密信息，从而能保证机密信息的安全。

一般称待隐藏的信息为秘密信息，它可以是版权信息或秘密数据，也可以是一个序列号；而公开信息则称为载体信息，如视频、音频片段。这种信息隐藏过程一般由密钥来控制，即通过嵌入算法将秘密信息隐藏于公开信息中，而隐蔽载体（隐藏有秘密信息的公开信息）则通过信道传递，然后检测器利用密钥从隐蔽载体中恢复、检测出秘密信息。故信息隐藏技术主要由两部分组成：①信息嵌入算法，利用密钥来实现秘密信息的隐藏。②隐蔽信息检测、提取算法（检测器），它利用密钥从隐蔽载体中检测、恢复出秘密信息。在密钥未知的前提下，第三者很难从隐秘载体中得到或删除，甚至发现秘密信息。

事实上，自古以来信息伪装就一直被人们所应用。如离合诗的运用，有人写了一本书，书的每章题目的第一个字合起来构成了其情人的名字，或者通过不同的断句方法，得到与原文完全不一样的意思等；不可见墨水的应用则是另外一种广泛应用的信息伪装方法；覆盖器的使用，信息的发送方和接收方都有同样的纸覆盖器，它上面随机挖了一些洞，发送方将覆盖器放在一页纸上，然后将秘密信息写入洞中，移去覆盖器，再构造一段有意义的掩蔽文字，接收方在收到这段文字后，只需将覆盖器盖在文字上，就可立即读取秘密信息的内容。

信息隐藏技术的研究及应用的主要领域有两个，即掩密术领域和数字水印领域。前者强调如何使隐藏在多媒体信息中的信息不被他人发现，即信息存在性的隐密；后者则关心隐藏的信息是否被盗版者修改或移去，而它们的反向问题是发现和破坏方法的研究。尽管信息隐藏技术的各个应用领域的侧重点有所不同，但有一点它们是相同的：都是利用人类感觉器官的不敏感（感觉冗余），以及多媒体数据特性存在的冗余（数据特性冗余），将信息（掩密术中的秘密信息或数字水印技术中的版权信息等）隐藏在掩护体（掩密术中的掩护信息或数字水印技术中的被保护信息）之中，对外表现的只是掩护体的外部特征，而且并不改变掩护体的基本特性和使用价值。

信息隐藏学科的主要学科分支包括掩蔽信道、匿名技术、掩密技术、数字水印技术。图 4.34 所示为信息隐藏技术的分类图。

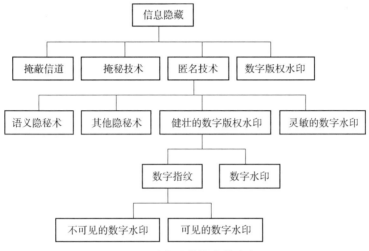

图 4.34　信息隐藏技术的分类图

掩蔽信道：对应的英文术语为 Covert channel，Covert 可理解为"隐藏的、暗地里的"，channel 在通信中理解为"信道、频道"的意思，因此 Covert channel 可理解为"隐蔽的信道"。可称之为掩蔽信道，是指这些通道一般被运用于不可信程序，当对别的程序执行操作时，将有关信息泄露给不可信程序的拥有者。而不是指这些信道平时是隐蔽的（不可见的）。掩蔽信道一般存在于多级保密系统的背景之中。

掩密技术：对应的英文术语为 Steganography，Steganography 来源于希腊文，可理解为"掩密"或"隐密"，该技术更侧重于用掩护体去掩盖秘密信息。掩密术是信息隐藏的一个重要学科分支。密码术从事秘密信息内容的保护，而掩密术从事秘密信息存在的隐蔽。

匿名技术：对应的英文术语为 Anonymity，Anonymity 可理解为"匿名、作者不明"，该词来自希腊文。信息隐藏中的匿名技术就是设法隐藏消息的来源，即隐藏消息的发送者和接收者。例如，收发信者通过利用一套邮件转发器或路由器，只要这些中介环节相互不串谋，就能够实现掩盖消息痕迹的目的，因此，剩下的是对这些手段基础的信赖。需要注意的是，不同的情况取决于谁要"被匿名"，是发信者还是收信者，或是两者皆要。网上浏览者关心的是收信者的匿名，而电子邮件用户关心的是发信者的匿名。

数字水印：对应的英文术语为 Digital Watermarking，Digital 可理解为"数字的"，Watermarking 理解为"水印"。提起"水印"，马上会使我们联想到纸币等纸张上的水印。这些传统的"水印"用来证明纸币或纸张上内容的合法性。同样，数字水印也是用于证明一个数字产品的拥有权、真实性，成为分辨真伪的一种手段。它们的不同之处在于，传统水印都是人眼可以看得见的，而数字水印一般隐藏于数字化产品（图片、音频、视频、文本等）之中，人眼看不见，人耳听不到，也就是不易感知的，只能通过数据处理来识别、读取。数字水印是往多媒体数据（如图像、声音、视频信号等）中添加某些数字信息以达到版权保护等作用。发展数字水印技术的原动力是为了提供多媒体数据的版权保护，但人们发现数字水印还具有一些其他的重要应用，如数字文件真伪鉴别、秘密通信和隐含标注等。

信息隐藏技术应具有如下特征：①鲁棒性（robustness），指不因宿主数据的某种改动而导致隐藏信息丢失的能力。这里所谓"改动"，包括传输过程中的信道噪声、滤波操作、重采样、有损编码压缩、D/A 或 A/D 转换等。②不可检测性（undetectability），指隐蔽载体与原始载体具有一致的特性。如具有一致的统计噪声分布等，以便使非法拦截者无法判断是否有隐蔽信息。③透明性（invisibility），利用人类视觉系统或人类听觉系统属性，经过一系列隐藏处理，使目标数据没有明显的降质现象，而隐藏的数据却无法人为地看见或听见。④安全性（security），指隐藏算法有较强的抗攻击能力，即它必须能够承受一定程度的人为攻击，而使隐藏信息不会被破坏。⑤自恢复性，由于经过一些操作或变换后，可能会使原数据产生较大的破坏，如果只依据留下的片段数据仍能恢复隐藏信号，而且恢复过程不需要宿主信号，这就是所谓的自恢复性。

4.12.1.2 信息隐藏技术在现实中的应用

主要有以下方面：

① 数据保密：防止非授权用户截获并使用在因特网上传输的数据，这是网络安全的一个重要内容。随着经济的全球化，这一点不仅将涉及政治、军事，还将涉及商业、金融和个人隐私。而我们可以通过使用信息隐藏技术来保护在网上交流的信息，如：电子商务中的敏感信息、谈判双方的秘密协议和合同、网上银行交易中的敏感数据信息、重要文件的数字签名和个人隐私等。另外，还可以对一些不愿为别人所知道的内容使用信息隐藏的方式进行隐藏存储。

② 数据的不可抵赖性：在网上交易中，交易双方的任何一方不能抵赖自己曾经做出的行为，也不能否认曾经接收到对方的信息，这是交易系统中的一个重要环节。这可以使用信息隐藏技术中的水印技术，在交易体系的任何一方发送或接收信息时，将各自的特征标记以水印的形式加入传递的信息中，这种水印是不能被去除的，以达到确认其行为的目的。

③ 数据的完整性：对于数据完整性的验证，是要确认数据在网上传输或存储过程中并没有被篡改。通过使用脆弱水印技术保护的媒体一旦被篡改，就会破坏水印，从而很容易被识别。

④ 数字作品的版权保护：版权保护是信息隐藏技术中的水印技术所试图解决的一个重要问题。随着网络和数字技术的快速普及，通过网络向人们提供的数字服务也会越来越多，如数字图书馆、数字图书出版、数字电视、数字新闻等。这些服务提供的都是数字作品，数字作品具有易修改、易复制的特点，这已经成为迫切需要解决的实际问题。数字水印技术可以成为解决此难题的一种方案：服务提供商在向用户发放作品的同时，将双方的信息代码以水印的形式隐藏在作品中，这种水印从理论上讲应该是不被破坏的。当发现数字作品在非法传播时，可以通过提取出的水印代码追查非法散播者。

⑤ 防伪：商务活动中的各种票据的防伪也使信息隐藏技术可以用武之地。在数字票据中隐藏的水印经过打印后仍然存在，可以通过再扫描得到数字形式，提取防伪水印，来证实票据的真实性。信息隐藏在军事、电子商务等方面均有广阔的应用前景。

水印的概念来自纸张中的水印，是指在造纸过程中形成的，"夹"在纸中而不是在纸的表面，迎光透视时可以清晰看到有明暗纹理的图形、人像或文字，它是纸张在生产过程中用改变纸浆纤维密度的方法而制成的。最早的记录是 700 年前意大利的一个小镇，因为造纸厂之间的竞争激励，用水印来追踪纸张的来源以及纸张的样式和质量。在现代，通常人民币、购物券、粮票、证券等，都采用水印的方式，以防止造假。我国目前人民币上的水印分两种，即固定水印和满版水印，钞票上水印工艺的应用，有效地起到防止伪造假冒钞票的作用。

数字水印是向数据多媒体中添加某些数字信息以达到文件真伪鉴别、版权保护等功能。嵌入的水印信息隐藏于宿主文件中，不影响原始文件的可观性和完整性。具体来说，数字水印过程就是向被保护的数字对象（如静止图像、视频、音频等）嵌入某些能证明版权归属或跟踪侵权行为的信息，可以是作者的序列号、公司标志、有意义的文本等。最早的关于数字图像中的水印算法是由 Coronni 在 1993 年提出的，而有关数字水印技术的学术会议"信息隐藏：首届国际会议"于 1996 年召开。此后，数字水印技术的研究不断发展，并且逐步从图像扩展到了音频、视频等多媒体领域。与水印相近或关系密切的概念有很多，从目前出现的文献中看，已经有诸如信息隐藏（Information Hiding）、信息伪装（Steganography）、数字水印（Digital Watermarking）和数字指纹（Fingerprinting）等概念。在某种意义上，它们是互相重叠而且常常被不加区别地使用。

下面着重介绍对水印算法的一些要求，有些要求事实上也是数字水印所必备的特征，在水印算法的设计以及系统的构造方面要加以考虑。

① 水印安全和密码：如果对安全性和嵌入信息的秘密性有额外要求，那么使用密码对嵌入的信息进行加密是一个必不可少的步骤。如在很多水印算法中，伪随机序列作为水印被嵌入宿主信号中，此种情况下，伪随机发生器的随机种子可以作为密码。在实际应用中，对水印的保密安全可以有两种不同程度的要求。第一种是非授权的用户对给定包含水印的一段数据既不能读取或解码嵌入的水印，也不能检测到水印的存在。第二种是允许未授权的用户能够检测水印的存在，但若没有密码的话，不能读取水印的内容。这样的水印策略可以嵌入两个水印，一个带公开密码，一个带私人密码。还有的水印策略是将一种或几种公开密码和私人密码结合起来，嵌入一个包含私人及公开密码的水印。当设计一个完整的版权保护系统时，像密码产生、发布和管理以及与其他系统的整合都是必不可少的考虑因素。

② 鲁棒性：在设计任何水印算法时，水印的鲁棒性是需要考虑的一个典型的主要问题。因为对由于常见的数据操作而导致的失真，要求算法具有一定的抵抗力。常见数据处理包括各种数据操作和变化，即数据经历的各种发布过程，如数据编辑、打印、增强和格式转换等。攻击则表示各种有目的的破坏水印的过程。尽管有可能设计足够鲁棒的算法，但需要意识到水印算法的鲁棒性不是无限的。如果水印的检测器原理和密码是公开的，即使作为"黑匣子"的水印检测器是公开的，那么水印对攻击也是非常脆弱的。

③ 不可感知性：水印算法的一个重要要求是水印的不可感知性，或者说水印是透明的。数据嵌入过程不应引入任何可以导致宿主数据产生可察觉的变化。另外，水印的高鲁棒性要求，又希望嵌入的水印强度越强越好。因此设计一个水印算法总是要考虑不可感知性和鲁棒性之间的折中。嵌入的水印应该是某种感知阈值下的最优方案。但是对实际的图像、视频和声音信号这种阈值非常难以确定。几种客观的感知失真和阈值方案已经有人提出，但是它们中的绝大多数与人的视觉系统或听觉系统相比都不是很好。因此如何设计好的感知标准也是一个很困难的问题。第二个问题是水印的事后处理可以导致水印能够被看见。如对水印图像进行放大常常可以看见水印的存在。

④ 可证明性和无歧义性：可证明性是指在多媒体作品的实际应用过程中可能需要多次加入水印，这时水印系统必须能够允许水印被多次嵌入被保护的数据，而且每个水印均能独立地被证明。无歧义性是指恢复出的水印或对水印判决结果能够表明版权的唯一，不会发生多重版权纠纷问题。

⑤ 是否用原始数据恢复水印：如果可以得到原始图像，那么水印的恢复常常是非鲁棒的。而且在有原始数据的情况下，水印恢复过程允许检测或跟踪数据的几何变化。这将有助于水印的检测，比如在对包含水印的图像进行旋转的情况下。但是在某些场合，如数据监视和跟踪，原始数据无法得到。对另外一些应用，如视频水印，使用原始数据是不现实的，因为信号的数据量太大，因此有必要设计不需要原始数据的水印检测和恢复方案。大多数的水印完成某种特定的调制过程，或对水印数据和原始数据进行某种假设。如果已知这种调制过程或模型，那么可以设计不需要原始数据的水印恢复和检测算法。

⑥ 水印的提取与验证：当前文献中可以发现有两种基本的水印方法：嵌入特定的水印信息和模式，然后验证其存在与否的系统，以及嵌入有意义的信息并完全将其提取出来的系统。第一种类型，或称之为水印检验（watermark verification）的方法，适合大多数的水印应用需求。第二种类型，嵌入有意义的水印并能完全恢复出来，或称为水印识别（watermark identification），对某些应用（如在互联网上对图像的跟踪，第三方认证机构不仅要判断水印是否存在，而且要对嵌入的水印进行分类等）非常有用。在这种场合下，水印可以作为图像的识别码。绝大多数现有的水印方法既可用作水印的验证，也可嵌入有意义的水印。需要指出的是，两种方法在原理上是等价的。一个能够进行水印验证的策略实际上可以看成是一个比特信息的水印恢复算法。

4.12.2 水印分类

数字水印主要是利用图像、视频、音频以及文档等的冗余信息，以及人的视觉、听觉特点来加载水印。具体来说，它是利用原始数据中普遍存在的冗余数据和随机性，把表征版权的信息嵌入原始数据中，从而保护数字产品版权或完整性，确保版权所有者的合法权益。

一个完整的数字水印系统应包含三个基本部分：水印的生成、嵌入和水印的提取或检出。水印嵌入算法利用对称密钥或公开密钥实现把水印嵌入原始载体信息中，得到隐秘载体。水印检出是提取算法利用相应的密钥从隐蔽载体中检测或恢复出水印，没有解密密钥，攻击者很难从隐秘载体中发现和修改水印。

（1）从载体上分类

① 图像水印。图像是使用最多的一种多媒体数据，也是经常引起版权纠纷的一类载体。

② 视频水印。保护视频产品和节目制作者的合法利益。

③ 音频水印。其目的是保护 MP3、CD、广播电台的节目内容。

④ 软件水印。是镶嵌在软件中的一些模块或数据，通过它们证明该软件的版权所有者和合法使用者等信息。包括静态水印和动态水印。

⑤ 文档水印。其目的是确定文档数据的所有者，利用文档所独有的特点，水印信息通过轻微调整文档中的行间距、字间距、文字特性（如字体）等结构来完成编码。

（2）从视觉角度分类

① 可见水印。如电视节目上的半透明标识，其目的在于明确标识版权，防止非法使用，

虽然降低了资料的商业价值，却无损于所有者的使用。

② 不可见水印。目的是将来起诉非法使用者。不可见水印往往用在商用的高质量图像上，而且往往配合数据解密技术一同使用。

（3）从加载方式上分类

① 空间域水印。包括 LSB（最低有效位）方法，利用元数据的最低几位来隐藏信息；拼凑方法；文档结构微调方法。

② 变换域水印。即在变换的过程中添加水印，如 DCT 变换、小波变换、傅里叶变换、Fourier-Mellin 变换或其他变换等。

（4）从检测方法上分类

① 私有水印。水印检测时需要原始载体，水印加载和检测使用同一密钥。

② 公开水印。水印检测时无需原始载体，水印加载和检测使用不同的密钥。

（5）从水印特性上分类

① 健壮性数字水印。要求水印能够经受各种常用的操作，包括无意的或恶意的处理，只要载体信号没有被破坏到不可使用的程度，都应该能够检测出水印信息。

② 脆弱性数字水印。要求水印对载体的变化很敏感，根据水印的状态来判断数据是否被篡改过，载体数据经过很微小的处理后，水印就会被改变或毁掉。主要用于完整性保护。

（6）从使用目的上的分类

① 版权标识水印，基于数据源的水印。

② 数字指纹水印，基于数据目的的水印。

4.12.3　图像水印

水印的基本原理是嵌入某些标识数据到宿主数据中作为水印，使得水印在宿主数据中不可感知和足够安全。通用的数字水印算法包含两个基本方面：水印的嵌入和水印的提取或检测。水印可由多种模型构成，如随机数字序列、数字标识、文本以及图像等。从鲁棒性和安全性考虑，常常需要对水印进行随机化以及加密处理。下面以数字图像为例加以说明。

4.12.3.1　嵌入和检出

设 I 为数字图像，W 为水印信号，K 为密码，那么处理后的水印 $\widetilde{W}$ 由函数 F 定义如下：

$$\widetilde{W} = F(I, W, K) \tag{4-1}$$

如果水印所有者不希望水印被其他人知道，那么函数 F 应该是非可逆的、单向的、非对称的。一种方法是构建一种非对称水印算法，另一种方法是与加密算相结合。如经典的 DES 加密算法等。这是将水印技术与加密算法结合起来的一个通用方法，目的是提高水印的可靠性、安全性和通用性。

在水印的嵌入过程（图 4.35）中，设有编码函数 E、原始图像 I 和水印 $\widetilde{W}$，那么嵌入水印后的图像 I_W 可表示如下：

$$I_W = E(I, \widetilde{W}) \tag{4-2}$$

其中，$\widetilde{W}$ 由式（4-1）定义。

　　水印的嵌入方式基本上也可分为两类：一类方法是将数字水印按某种算法直接叠加到图像的空间域（Spatial Domain）上。因考虑视觉上的不可见性，水印一般是嵌入图像中最不重要的像素位上（如 Least Significant Bits，LSB），因此空间域方法的缺点是抵抗图像的几何变形、噪声和图像压缩的能力较差，而且可嵌入的水印容量也受到了限制，但空间域方法的计算速度通常比较快，而且很多算法在提取水印和验证水印的存在时不需要原始图像。另一类方法是先将图像做某种变换（特别是正交变换），然后把水印嵌入图像的变换域中（如DCT 域、Wavelet 变换域、Fourier-Mellin 域、Fourier 变换域、分形或其他变换域等）。因为变换域方法通常都具有很好的鲁棒性，对图像压缩、常用的图像滤波以及噪声均有一定的抵抗力。

　　水印提取是水印算法中最重要的步骤。若将这一过程定义为解码函数 D，那么输出的可以是一个判定水印存在与否的 0-1 决策，也可以是包含各种信息的数据流，如文本、图像等。如果已知原始图像 I 和有版权疑问的图像 $\hat{I}_W$，则有：

$$W^* = D(\hat{I}_W, I) \tag{4-3}$$

或

$$C(W, W^*, K, \delta) = \begin{cases} 1, & W \text{ 存在} \\ 0, & W \text{ 不存在} \end{cases} \tag{4-4}$$

式中，W^* 为提取出的水印；K 为密码；函数 C 做相关检测；δ 为决策阈值。这种形式的检测函数是创建有效水印框架的一种最简便方法，如假设检验或水印相似性检验。

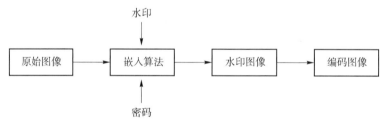

图 4.35　数字水印嵌入过程

　　检测器的输出结果如充分可信则可在法庭上作为版权保护的潜在证据。这实际上要求水印的检测过程和算法应该完全公开。对于假设检验的理论框架，可能的错误有如下两类：

　　第一类错误：检测到水印但水印实际上不存在。该类错误用误识率 P_{fa}（Probability of false alarm）衡量。

　　第二类错误：没有检测到水印而水印实际存在，用拒绝错误率 P_{rej} 表示。

　　总错误率为 $P_{err} = P_{fa} + P_{rej}$，并且当 P_{rej} 变小时，检测性能变好。但是检测的可靠性则只与误识率 P_{fa} 有关。注意到两类错误实际上存在竞争行为。

　　以在水印检测过程中是否使用原始图像而言，图像水印检测算法大致可分为两类：①不需要原始图像检测水印；②需要原始图像检测水印（图 4.36）。第一种算法基本上只提取水印的统计特性，并确定水印的存在与否。从理论上讲，该类算法不能提供完全的版权保护。第二种算法则有多种模型提取水印。

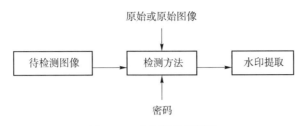

图 4.36　水印的检测算法

4.12.3.2　安全性分析

图像数字水印的鲁棒性问题主要包括以下变换：图像压缩、滤波、图像量化与图像增强、几何失真等。针对图像数字水印的攻击行为主要有：①简单攻击：也可称为波形攻击或噪声攻击，即只是通过对水印图像进行某种操作，削弱或删除嵌入的水印，而不是试图识别水印或分离水印。这些攻击方法包括线性或非线性滤波、基于波形的图像压缩、添加噪声、图像裁减、图像量化、模拟数字转换及图像的 γ 矫正等。②同步攻击：也称检测失效攻击，即试图使水印的相关检测失效或使恢复嵌入的水印成为不可能。这种攻击一般是通过图像的集合操作完成的，如图像仿射变换、图像放大、空间位移、旋转、图像修剪、图像裁减、像素交换、重采样、像素的插入和抽取以及一些几何变换等。这类攻击的一个特点是水印实际上还存在于图像中，但水印检测函数已不能提取水印或不能检测水印的存在。③迷惑攻击：即试图通过伪造原始图像和原始水印来迷惑版权保护，由于最早由 IBM 的 Craver 等人提出，因此又称 IBM 攻击。这种攻击实际上使数字水印的版权保护功能受到了挑战，如何有效地解决这个问题引起了研究人员的极大兴趣。④删除攻击：即针对某些水印方法，分析水印数据，估计图像中的水印，然后将水印从图像中分离出来并使水印检测失效。

虽然目前出现的水印算法可以分别抵抗一些基本的图像操作（如旋转、裁减、重采样、尺寸变化和有损压缩等），但对同时施加这些操作或随机几何变换却无能为力。为此，Petitcolas 和 Kuhn 设计了一个水印的鲁棒性攻击软件 StirMark。StirMark 是一个通用的测试软件，它可产生前面所述的多种水印攻击行为，并模拟实际的一些图像处理过程，如复印、扫描、A/D 转换等。设计者称 StirMark 可以破坏目前绝大多数水印算法嵌入的水印或使之失效，因此 StirMark 能当作一个测试水印算法鲁棒性的标准工具。鲁棒性是水印技术的一个核心问题，如何设计能抵抗各种攻击的水印算法仍然悬而未决。

4.12.4　音频水印

4.12.4.1　嵌入与检出

数字音频水印是把带有版权或认证信息的水印信号直接嵌入数字音频信号中，嵌入水印后的信号和原始宿主音频信号应无听觉感知上的差别。

数字音频水印算法的嵌入模型如图 4.37 所示。

数字音频水印算法包括嵌入算法和检出算法。嵌入算法通常有三个输入：

$$x = h(s, m, k)$$

式中，s 为原始音频信号；m 为水印信号；k 为密钥。嵌入算法通过嵌入函数 $h(\ )$，如上面公式所示，最后将产生嵌入数字水印后的音频信号 x。

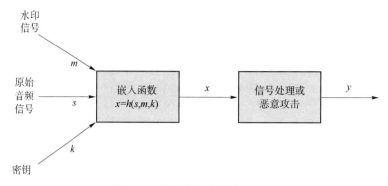

图 4.37　数字音频水印嵌入模型

数字音频水印算法的提取模型如图 4.38 所示。

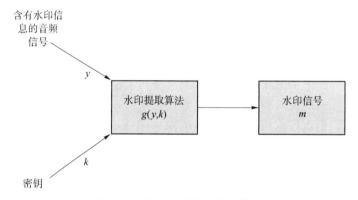

图 4.38　数字音频水印检出模型

检出算法通常是嵌入算法的逆过程，明文水印的提取需要用到原始音频文件，而盲水印的提取不需要用到原始音频文件，图 4.38 是盲水印提取模型，提取公式如下所示：

$$m = g(y, k)$$

式中，y 是含有水印信息并且经过信号处理或恶意攻击后的音频信号；m 是水印信号；k 是密钥；$g(\ )$ 是数字音频水印提取函数。

4.12.4.2　安全性分析

对音频水印的攻击主要是对嵌入水印后的水印数据进行操作来破坏嵌入水印的信息，导致用户无法正常地提取水印信息或提取出错误的水印信息。对数字音频水印技术进行的攻击通常有滤波、重采样、重量化、剪切、加噪声和有损压缩等，此外，还有针对某种水印技术专门设计的攻击以及协议层解释攻击，而且已经出现了鲁棒性标准测试工具 Stirmark for Audio。增加嵌入水印的幅度可以有效抵抗加噪声后产生的失真现象。但是增加嵌入的幅度必须是适量的，不能影响到水印的不可感知性。

音频水印的同步问题对任何数据隐藏技术都是一个严重的问题，同步攻击能够破坏宿主音频水印信息的同步性，导致音频中水印信息的错位，正常的提取水印过程无法获得准确的水印信息。大多数的音频水印算法都是基于位置的，即水印嵌入特定位置再从该位置检测，而同步攻击引起的位移将会使水印检测不在嵌入位置上进行，这就需要检测前恢复同步。目前用于抵抗同步攻击的方法主要有自相关方法、显示同步方法、穷举搜索方法、恒定水印等。

4.12.5　视频水印

4.12.5.1　嵌入与检出

视频数字水印的嵌入算法很多，可以分为以下两大类：在原始视频中嵌入水印和在压缩视频流中嵌入水印。在原始视频中嵌入水印，按嵌入的域划分，可以分为在空间域嵌入水印和在频率域嵌入水印。在空间域嵌入水印，就是直接在原始视频数据中嵌入水印。一些静态图像的水印嵌入方法可以用于原始视频空间域水印的嵌入。由于空间域嵌入水印方法一般都是利用图像的冗余信息来嵌入水印，而视频压缩编码就是要尽量除去冗余信息以压缩数据量，因此经视频压缩编码后，很多水印信息可能丢失，影响水印的鲁棒性。原始视频嵌入水印的另一类算法，是在变换域中嵌入水印。该类算法先把原始视频进行某种变换（如 DFT、DCT、DWT、DHT 等），然后在变换域中嵌入水印。在压缩视频流中嵌入水印的算法，可以按嵌入位置划分为在离散余弦变换系数中嵌入水印、在运动矢量中嵌入水印、在 MPEG-4 脸部运动参数中嵌入水印和在 VLC 域嵌入水印。数字视频水印的嵌入与检出过程如图 4.39 所示。

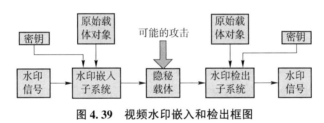

图 4.39　视频水印嵌入和检出框图

4.12.5.2　安全性分析

基于视频水印的特点，按照对水印化视频流的操作目的不同，对水印的攻击可以分为无意的攻击和有意的攻击。

（1）无意的攻击

采用各种压缩编码标准（如 MPEG-1、MPEG-2、MPEG-4 等）对视频进行压缩编码；在 NTSC、PAL、SECAM 和通常的电影标准格式之间转换时所带来的帧速率和显示分辨率的改变，以及屏幕高宽比的改变；帧删除、帧插入、帧重组等视频编辑处理；数模和模数转换，在转换中给视频可能带来的影响包括低通滤波、添加噪声、对比度轻微改变以及轻微的几何失真等。

（2）有意的攻击

Hartung 等将水印攻击分为 4 类：简单攻击、检测失效攻击、混淆攻击和移去水印攻击。Voloshynovskiy 等提出的分类方法，也把水印攻击分为 4 类：移去水印的攻击、几何攻击、密码攻击和协议攻击。对于单个视频帧，针对静态图像的攻击一般来说仍然有效；对于连续视频帧，除了帧删除、帧插入、帧重组等攻击之外，还有统计平均攻击和统计共谋攻击两种攻击方法。平均攻击是对局部连续的帧求平均，以消除水印。平均攻击方法对于在各帧中嵌入随机的、统计独立的水印算法比较有效。统计共谋攻击方法是先从单个的帧中估计出水印，并在不同的场景中求平均以取得较好的精度；然后从每帧中减去估计的水印。这种攻击对于在所有帧中嵌入相同的水印的方案比较有效。

4.13　信息物理隔离技术

为防止涉及国家秘密的计算机及信息系统受到来自互联网等公共信息网络的攻击，确保国家秘密信息的安全，党和国家多次强调要求涉密计算机及信息系统要与互联网等公共信息网实行物理隔离。我国于 2000 年 1 月 1 日起实施的《计算机信息系统国际联网保密管理规定》中第二章第六条规定："涉及国家秘密的计算机信息系统，不得直接或间接地与国际互联网或其他公共信息网络相连接，必须实行物理隔离。"对政府等国家部门明确地提出了物理隔离上互联网的要求。正是在这样的一种需求背景下，有关物理隔离技术的研究和产品蓬勃发展起来。物理隔离技术是信息安全领域中的一种重要的安全措施。

4.13.1　基本概念

隔离技术彻底避开了采用判定逻辑方法存在的问题，从硬件层面来解决网络的安全问题，因此是解决网络安全问题的全新思路，隔离技术的研究目标是在保证隔离的前提条件下解决两个问题：首先，如何能够让内网用户安全地访问外网？这个问题的解决就是采用物理隔离系列产品，即客户端隔离技术；其次，如何让两个网络之间进行必要的信息交换？这个问题的解决就是采用安全网闸系列产品，即服务端隔离技术。

一般的安全措施（如防火墙、入侵检测、杀毒软件等）都是基于判定逻辑的安全技术，即采用形式化描述方法描述解决安全问题，把是否有安全问题的判定变成一种规则的搜索、匹配和判定过程，不可否认，这是描述安全问题的一种有效方法，也是一种比较标准的方法论，如：病毒有病毒库描述病毒特征，扫描病毒就是对病毒库的匹配过程；防火墙有过滤规则，阻断非法连接的根据就是看是否违背这个规则；加密技术其实也不例外，加密与解密过程就是按照一个规则进行变换的过程。显然这些安全措施存在两个问题：一是人们对客观世界进行逻辑描述的不完备性，一是逻辑描述对新问题的滞后性。所谓不完备性，就是人们无法证明自己在一个问题上的逻辑模型是否是正确的，比如：无法证明一个操作系统是否足够安全，是不是没有漏洞，无法证明一个规则库是不是完全正确，是不是无矛盾等；所谓滞后性，就是规则的描述总是针对现有的问题，而新问题总是在不断地出现，比如：层出不穷的各种新型网络攻击，各种新出现的病毒等，规则的修改总是在问题出现之后。正是这种不完备性和滞后性在用户心里隐隐地形成了一种不安全的感觉。

上述问题的有效解决方法可以采用信息空间的阻断，即物理隔离方法。所谓物理隔离，是指内部网不直接或间接地连接公共网。物理安全的目的是保护路由器、工作站、网络服务器等硬件实体和通信链路免受自然灾害、人为破坏和搭线窃听攻击。换言之，物理隔离就是将待保护的信息系统与其他系统从物理上隔离开来，在信息网络上的具体应用为：一种方法是将其物理链接隔离，另一种方法是将信息从物理空间上进行隔离。如果隔离是绝对的隔离，那么这种系统是没有实际意义的，有效的方法既有隔离，又有链接。具体体现在计算机网络上就是：一方面实现网线的物理隔离，另一方面实现存储介质上信息的物理隔离。图 4.40 所示为物理隔离方法的原理图。

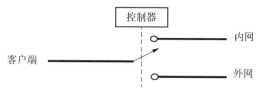

图 4.40　物理隔离基本原理图

此外，物理隔离方法还需要处理内网和外网的信息交流问题，目前一般采用信息交流服务器来解决。图 4.41 所示为信息交流服务器原理图。A 网和 B 网是通过信息交流系统来传递信息的，交流系统与 A 网链接时与 B 网完全断开，交流服务器与 B 网链接时与 A 网完全断开。

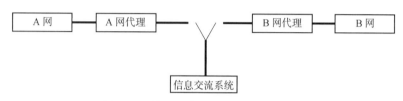

图 4.41　物理隔离信息交流系统原理图

对物理隔离方法的安全性分析：

从技术上讲，物理隔离方法解决了信息网络物理层面（通信链路）上和信息层面（信息存储介质）的空间阻断。这种基于物理链路层的通断控制方法，断绝了内网与外网的网络物理连接，使得一切攻击行为在物理隔离面前遇到一条鸿沟，无法通过其连接和进入系统，这样的网络安全较之软件方式的保证更加有效；较之防范性、检测性的安全策略更可靠，更值得信赖。这样的方式以不变应万变，从物理层空间上把攻击阻挡在外面，具有较高的安全性，较大限度地保证了内部信息网络的安全性。

从理论上讲，物理隔离方法实现了信息空间和时间的阻断，在信息安全与对抗核心链中达到了本身所具有的特殊性（个性），反其道而行，创造了与攻击行为的非对称性（与外网链接中无法与内网建立信息连接），间接地实现了自我信息的隐藏。

4.13.2　发展简史

目前，网络隔离技术主要经历了如下几个阶段：其一，完全隔离，该方法是对网络采用完全的物理隔离，但同时也大大增加了网络数据交互、资源共享、维护运营的成本；其二，硬件隔离，该方法通过在网络客户端添加硬件卡，并利用该卡来控制客户端选择不同的网络接口，连接到不同的网络；其三，数据隔离，该方法的基本策略是利用转播系统分时复制文件的途径，但也存在访问速度缓慢等问题；其四，安全通道隔离，该方法是通过利用专用硬件、安全协议等方式来实现内外部网络的隔离，而且具有较高的数据交换、资源共享效率。

物理隔离技术的发展从开始到现在可以分为大致三代产品：

第一代产品，主要采用双网机的技术。其主要原理和工作方式为：在一个机箱内，具有两块主板、两套内存、两块硬盘和 CPU，相当于两台机器，而共用一个显示器，用户通过客户端开关，分别选择两套计算机系统。该产品客户端成本依然过高，要求网络布线为双网线结构，技术水平相对简单。目前使用得不多。

第二代产品，主要采用基于双网线的安全隔离卡技术。即客户端增加一块 PCI 卡，客户端硬盘或其他存储设备首先连接到该卡，然后再转接到主板上，这样，通过该卡能控制客户端硬盘或其他存储设备的选择，而选择不同的硬盘时，同时选择了该卡上不同的网络接口，连接到不同的网络。该方法较第一代产品，技术水平更高了，成本降低了。但是该代产品仍然需要网络布线为双网线结构，这样，如果在客户端交换两个网络的网线连接，则内外网的存储介质也就被交换了，因此该代产品客户端还存在较大安全隐患。

第三代产品，主要采用基于单网线的安全隔离卡技术加上网络选择器方法。即客户端依然采用类似第二代双网线安全隔离卡的技术，不同的是，它只采用一个网络接口，而通过网线传递不同的电平信号到网络选择端，在网络选择端安装网络选择器，根据不同的电平信号选择不同的网络连接。该类产品能有效地利用现有的单网线网络环境，成本较低，由于选择网络的选择器不在客户端，安全性也有提高。

另外，还有大的计算机制造厂商，由于直接掌握主板制造技术，可以在更底层的技术层面进行设计，来做到不同的网络选择不同的硬盘，也能很好地做到物理隔离。但是，采用这类隔离计算机，由于不能很好地利用原有设备，需要更换计算机，每个用户相当于增加了一台计算机的成本，这对用户而言是一种浪费。因此，其应用也受到一定的限制。

4.13.3　关键技术

信息网络隔离技术的核心是物理隔离，并通过专用硬件和安全协议来确保两个链路层断开的网络能够实现数据信息在可信网络环境中进行交互、共享。一般情况下，信息网络隔离技术主要包括内网处理单元、外网处理单元和专用隔离交换单元三部分内容，其中，内网处理单元和外网处理单元都具备一个独立的网络接口和网络地址来分别对应连接内网和外网，而专用隔离交换单元则是通过硬件电路控制高速切换连接内网或外网。信息网络隔离技术的基本原理是通过专用物理硬件和安全协议在内网和外网之间架构起安全隔离网墙，使两个系统在空间上物理隔离，同时又能过滤数据交换过程中的病毒、恶意代码等信息，以保证数据信息在可信的网络环境中进行交换、共享，同时还要通过严格的身份认证机制来确保用户获取所需数据信息。

信息隔离技术的关键点是如何有效控制网络通信中的数据信息，即通过专用硬件和安全协议来完成内外网间的数据交换，以及利用访问控制、身份认证、加密签名等安全机制来实现交换数据的机密性、完整性、可用性、可控性，所以如何尽量提高不同网络间数据交换速度，以及能够透明支持交互数据的安全性将是未来信息隔离技术发展的趋势。

实现物理隔离的关键技术在于系统对通信数据的控制，即通过不可路由的协议来完成网间的数据交换。由于通信硬件设备工作在网络七层的最下层，并不能感知到交换数据的机密性、完整性、可用性、可控性、抗抵赖等安全要素，所以这要通过访问控制、身份认证、加密签名等安全机制来实现，而这些机制都是通过软件来实现的。

网络隔离技术通过将内外网保持相当于物理隔离的隔离状态，保证了数据交换的安全性，同时也是目前确保网络安全的关键手段，对防范数据丢失、非法入侵、篡改数据等方面都具有较好的效果。

物理隔离技术的发展趋势是要尽量提高网间数据交换的速度，并且对应用能够透明支持，以适应复杂和高带宽需求的网间数据交换。但是这种设计原理造成了成本的增加以及与

"适度安全"理念相悖,这是需要进一步研究和解决的问题。

4.13.4　应用案例

4.13.4.1　京泰物理隔离系统

京泰物理隔离系统从安全的角度出发,结合市场需求,提供了一种安全的用户访问机制,用户可以在内外网物理隔离的条件下安全、自由地访问内外网。

京泰物理隔离系统组成包括物理隔离器和物理隔离卡。物理隔离卡负责和物理隔离器通信,选择网络,并承担选择当前使用硬盘和存储空间的功能。根据不同的用途,分为单网线隔离卡和双网线隔离卡。①单网线隔离卡:提供单网线连接方式,隔离本地两块硬盘或三块硬盘,根据用户选择调用相应的硬盘存储设备与网络连接,屏蔽其他硬盘,使其无法工作。②双网线隔离卡:提供双网线连接方式,隔离本地两块硬盘或三块硬盘,根据用户选择调用相应的硬盘存储设备与相应网络连接,屏蔽其他硬盘和另一网络连接,使其无法工作。物理隔离器是个智能的电子选择开关。物理隔离器不但具有选择网络的能力,其开关原理是基于通信而不是电平,更加安全可靠,同时也为可能的功能扩展提供了强大的保证。其分为双网隔离器:用于两个隔离网络的选择;三网隔离器:用于三个隔离网络的选择。

图 4.42 所示是单网线双网络的解决方案的系统结构。

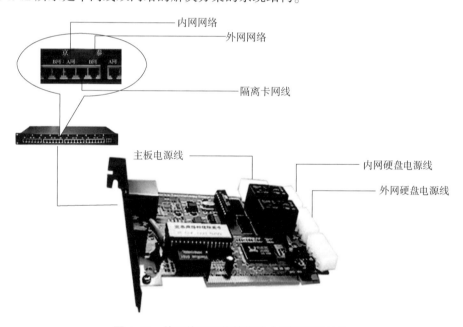

图 4.42　单网线双网络的解决方案的系统结构

该产品具有如下功能:

● 网络隔离:实现内网和外网的网络隔离。用户进入内网时,断开外网网络连接;进入外网时,断开内网网络连接。用户不能同时连入内外网,始终保持内外网网络隔离的状态。

● 信息隔离:实现内网信息和外网信息的隔离。用户进入内网时,使用内网的硬盘和操作系统,内网信息存储在内网的存储硬盘上;用户进入外网时,使用外网的硬盘和操作系统，外网信息存储在外网的存储硬盘上。内外网存储硬盘物理隔离，两者之间不存在任何形式的物理连接，也不能通信和传输数据，从而保证内外网信息物理隔离。

- 固化逻辑技术：京泰物理隔离卡采用独特的固化逻辑技术设计。把隔离开关的控制逻辑采用固化的方式烧制在芯片中，这样根据不同的用户需求只需要固化不同的程序就可以了，这样隔离卡的适应非常强，可以根据用户的具体需求很快定制出不同功能的隔离卡，实现一种板卡多种功能。

- PCI 接口，集成网卡：京泰物理隔离卡采用 PCI 接口，同时集成网卡的功能。由于采用 PCI 接口，可以在系统启动时接管启动控制流程，方便用户的使用，并便于功能扩展。

- 无任何外接设备：不需要任何跳线和手动开关，外部接口同普通 PC 机一样。目前大多数的隔离卡不是采用从网卡到隔离卡的跳线，就是采用外接手动开关的方式，这样既不美观，多了一道无谓的控制，又使可靠性差。京泰物理隔离卡采用优秀的设计技术，完全抛弃了旧有的控制模式，使得控制更加简洁、美观和高效。

- 安装简单：不需要任何对硬盘数据的整理和复杂的硬件设置，同安装一块网卡一样。由于京泰物理隔离卡集成了网卡，所以其安装非常简单，能自动识别网卡，甚至插上就能用，做到了安装过程自动化，避免了让用户进行危险而烦琐的硬盘数据整理和硬件设置，提高了隔离卡的易用性。

- 通信方式开关：不采用高低电平方法来选择网络，而是基于通信方式，更加安全可靠。普通的隔离器控制方法是采用高低电平方法来控制继电器选择不同的状态，这样的方法容易受外界电磁干扰的影响，同时，在用户要求多网隔离的情况下，所能表达的控制状态有限。京泰物理隔离卡采用基于通信的方式选择网络，抗干扰性更强，更加可靠，同时具有强大的扩展性，可以非常方便地支持多网（三网络或三网以上网络）的隔离。

- 良好的适应性强：采用标准 PCI 协议，兼容性好，支持各种主板。京泰物理隔离卡对硬件底层进行了仔细的分析和设计，京泰物理隔离卡能在各种新旧主板的机器上顺利地启动，兼容性好。

- 强大的扩展性强：由于采用了控制逻辑固化技术、基于通信方式、PCI 接口规范、用户界面定制等独特技术，充分保证了系统拥有强大的扩展能力。完全可以根据用户各种网络隔离需求制定出最符合用户需求的网络解决方案。

- 使用简单，操作透明：只需要在系统启动前选择内外网即可，用户使用即和原来一模一样。用户操作时，唯一要做的就是在界面中用上下箭头和回车键选择要进入的网络，其余操作完全与原来一样。

京泰网络物理隔离设备很容易实现不同的应用方案，如单网线双网络双硬盘隔离、单网线双网络单硬盘加无盘隔离、单网线三网络双硬盘隔离、双网线双网络双硬盘隔离、双网线三网络双硬盘隔离、单硬盘网络隔离等。图 4.43 所示为单网线双网络双硬盘隔离系统逻辑图，该系统需要配置单网线隔离卡和双网隔离器，工作模式为：客户端装有两块硬盘和单网线隔离卡一块，采用双网隔离器隔离，两块硬盘分别安装内外网环境下的系统和应用。进入内网时，断开外网连接，启动内网系统，使用内网硬盘；进入外网时，断开内网连接，启动外网系统，使用外网硬盘。

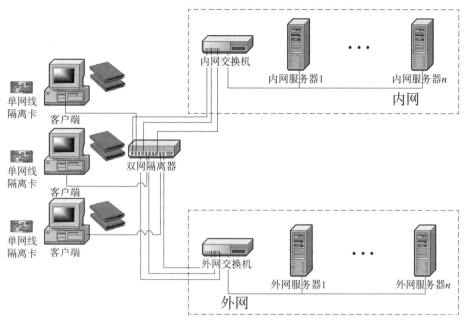

图 4.43　单网线双网络双硬盘隔离系统逻辑图

4.13.4.2　伟思物理隔离网闸

伟思（集团）有限公司基于多年在物理隔离和网络安全技术方面的研究和开发经验，采用先进的反射 GAP 技术独立研制、生产了新一代网络安全产品——伟思信安物理隔离网闸 ViGAP。它放置在可信网络和不可信网络之间，连接两个网络并控制网络间的信息交换。通过它的专用硬件保证内部网络与不可信网络物理隔断，能够阻止各种已知和未知的网络层和操作系统层攻击，提供比防火墙、入侵检测等技术更好的安全性能，并通过基于硬件的反射技术，实现在线式实时访问不可信网络（如 Internet），通过强大的协议检查、内容审查、用户审计等手段来确保内外网资源、信息和数据的安全交换。

ViGAP 系统由可信网络端处理系统、不可信网络端处理系统和反射 GAP 系统三部分组成。

ViGAP 通过专用隔离硬件在可信网络与不可信网络间实现物理隔断，通过高粒度、高强度的协议分析处理功能与物理硬件隔离部件有机结合，既可以防止各种基于网络层和操作系统层各类已知的攻击行为，又能防范未知的攻击，确保可信网络的关键应用服务器免受来自不可信网络恶意的攻击。并通过基于硬件设计的反射 GAP 系统，实现在线高速实时的数据传输。

ViGAP 系统解决了当前其他网络安全解决方案较难实现的高安全性和高应用性的统一：即能有效地保护内网，防范已知和未知的网络攻击，又能保证应用有效、安全的畅通。

ViGAP 产品适用于需要更高安全级别的网络，可以用在任何需要保障内部网络信息安全免受外部黑客攻击的网络出口连接处。适用于政府机构、金融保险、军队警察、电力电信及企业网络。

切断两个网络的两个网络物理断开：其含义是在正常应用的情况下，利用物理开关和专有硬件等物理隔离技术，实现两个网络在物理链路上断开的同时进行逻辑的数据交换。另外，切断网络间的网络协议连接，进行高强度的协议分析和控制。

ViGAP100 设备包含以下功能：反射 GAP 功能，支持基于标准的 UDP、TCP 协议，系统日志和报警显示，日志存档和备份功能，流量控制特性，支持 DNS 协议检查，支持 SNMP、WebTrends™ 和 SysLog™ 外部系统日志，丰富的图形用户接口（GUI）管理和规则库系统，远程的、加密的和论证的策略管理系统，为多 ViGAP 提供集群和负载平衡能力。

ViGAP100 优点：防止已知或未知的对网络层和操作系统层的攻击，可信网络与不可信网络物理隔断的同时，提供对它的实时访问、内外网物理隔离，隔离交换系统通过 LVDS 总线互连，使用 ASIC 隔离芯片实现隔离开关功能，隔离芯片数据交换速度≥1 Gb/s，支持各类协议，无须二次开发，支持用户名/口令、Radius 和 LDAP 三种模式身份认证，支持基于协议的流量控制与分配功能，系统吞吐量为 165 Mb/s（10M/100M 网络接口）在 1 000M 网络接口模块下，设备提供的用户带宽吞吐量为 1 760 Mb/s，为多个 VIGAP 提供集群和负载平衡能力，阻止攻击进入可信网络，提高关键服务器正常运行时间，强迫流量控制来保护基础设备免受 DoS 攻击，在可信网络端创建所有的安全策略，在配置 ViGAP 后，能提高和增强一个组织现有的安全级别等。

4.14 虚拟隧道专网技术

4.14.1 基本概念

虚拟专用网（VPN）被定义为通过一个公用网络（通常是因特网）建立一个临时的、安全的连接，是一条穿过混乱的公用网络的安全、稳定的隧道，如图 4.44 所示。虚拟专用网是企业网在因特网等公共网络上的延伸，它可以帮助远程用户、公司分支机构、商业伙伴及供应商同公司的内部网建立可信的安全连接，并保证数据的安全传输。通过将数据流转移到低成本的网络上，一个企业的虚拟专用网解决方案将大幅度地减少用户花费在城域网和远程网络连接上的费用。同时，这将简化网络的设计和管理，加速连接新的用户和网站。此外，虚拟专用网使用户具有完全控制主动权，用户可以利用 ISP 的设施和服务，同时又完全掌握着自己网络的控制权。比方说，用户可以把拨号访问交给 ISP 去做，由自己负责用户的查验、访问权、网络地址、安全性和网络变化管理等重要工作，当然，企业也可以自己组建管理虚拟专用网。另外，虚拟专用网还可以保护现有的网络投资。随着用户的商业服务不断发展，企业的虚拟专用网解决方案可以使用户将更多的精力集中到自己的生意上，而不是网络上。虚拟专用网可用于不断增长的移动用户的全球因特网接入，以实现安全连接；可用于实现企业网站之间安全通信的虚拟专用线路，用于经济、有效地连接到商业伙伴和用户的安全外联网。

VPN 技术的优点主要有：

① 信息的安全性。虚拟专用网络采用安全隧道（Secure Tunnel）技术实现安全的端到端的连接服务，确保信息资源的安全。

② 方便的扩充性。用户可以利用虚拟专用网络技术方便地重构企业专用网络，实现异地业务人员的远程接入。

③ 方便的管理。VPN 将大量的网络管理工作放到互联网络服务提供者（ISP）一端来统一实现，从而减轻了企业内部网络管理的负担。同时，VPN 也提供信息传输、路由等方

面的智能特性及与其他网络设备相独立的特性，也便于用户进行网络管理。

④ 显著的成本效益。利用现有互联网络发达的网络构架组建企业内部专用网络，从而节省了大量的投资成本及后续的运营维护成本。

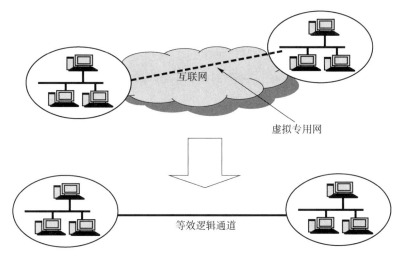

图 4.44 虚拟专用网

VPN 技术的缺点主要有：

① 企业不能直接控制基于互联网的 VPN 的可靠性和性能。公司、机构必须依靠互联网络服务提供者来保证服务的运行。这个因素使得企业与互联网服务提供商签署一个服务级协议非常重要，该协议必须保证各种性能指标。

② 企业创建和部署 VPN 线路并不容易。需要高水平地理解网络和安全问题，需要认真地规划和配置。

③ 不同厂商的 VPN 产品和解决方案并不总是兼容的。因为许多厂商不愿意或者不能遵守 VPN 技术标准。因此，混合使用不同厂商的产品可能会出现技术问题。另外，使用一家供应商的设备可能会提高成本。

④ 当使用无线设备时，VPN 存在安全风险。当用户在接入点之间漫游的时候，任何使用高级加密技术的解决方案被攻破的可能性会大幅增加。

4.14.2 主要分类

VPN 有两种结构：

● 网络与网络之间通过 VPN 互联，如图 4.45 所示。这种结构的 IP VPN 适用于企业分支机构之间、政府机关之间或 ISP 之间构建的 VPN。

图 4.45 网络与网络之间通过 VPN 互联

• 主机与网络之间通过 VPN 互联，如图 4.46 所示。这种结构适用于普通拨号用户或企业员工通过 PSTN 或 ISDN 线路拨号接入 VPN 的情况。

图 4.46　主机与网络之间通过 VPN 互联

根据 VPN 所起的作用，可以将 VPN 分为三类：VPDN、Intranet VPN 和 Extranet VPN。

① VPDN（Virtual Private Dial Network）：在远程用户或移动雇员和公司内部网之间的 VPN。实现过程如下：用户拨号 NSP（Network Service Provider，网络服务提供商）的网络访问服务器（Network Access Server，NAS），发出 PPP 连接请求，NAS 收到呼叫后，在用户和 NAS 之间建立 PPP 链路，然后，NAS 对用户进行身份验证，确定是合法用户，就启动 VPDN 功能，与公司总部内部连接，访问其内部资源。

② Intranet VPN：在公司远程分支机构的 LAN 和公司总部 LAN 之间的 VPN。通过 Internet 这一公共网络将公司在各地分支机构的 LAN 连到公司总部的 LAN，以便公司内部的资源共享、文件传递等，可节省 DDN 等专线所带来的高额费用。

③ Extranet VPN：在供应商、商业合作伙伴的 LAN 和公司的 LAN 之间的 VPN。由于不同公司网络环境的差异性，该产品必须能兼容不同的操作平台和协议。由于用户的多样性，公司的网络管理员还应该设置特定的访问控制表（Access Control List，ACL），根据访问者的身份、网络地址等参数来确定他所相应的访问权限，开放部分资源而非全部资源给外联网的用户。

4.14.3　关键技术

实现 VPN 的关键技术有：

• 安全隧道技术（Secure Tunneling Technology）。通过将待传输的原始信息经过加密和协议封装处理后再嵌套装入另一种协议的数据包送入网络中，像普通数据包一样进行传输。经过这样的处理，只有源端和目标端的用户能对隧道中的嵌套信息进行解释和处理，而对于其他用户而言，只是无意义的信息。

• 用户认证技术（User Authentication Technology）。在正式的隧道连接开始之前，需要确认用户的身份，以便系统进一步实施资源访问控制或用户授权。

• 访问控制技术（Access Control Technology）。由 VPN 服务的提供者与最终网络信息资源的提供者共同协商确定特定用户对特定资源的访问权限，以此实现基于用户的访问控制，以实现对信息资源的最大限度的保护。

下面介绍安全隧道技术。隧道技术是一种通过使用互联网络的基础设施在网络之间传递数据的方式。使用隧道传递的数据（或负载）可以是不同协议的数据帧或包。隧道协议将这些其他协议的数据帧或包重新封装在新的包头中发送。新的包头提供了路由信息，从而使封装的负载数据能够通过互联网络传递。被封装的数据包在隧道的两个端点之间通过公共互联网络进行路由。被封装的数据包在公共互联网络上传递时所经过的逻辑路径称为隧道。一旦到达网络终点，数据将被解包并转发到最终目的地。注意，隧道技术是指包括数据封装、传输和解包在内的全过程。如图 4.47 所示。

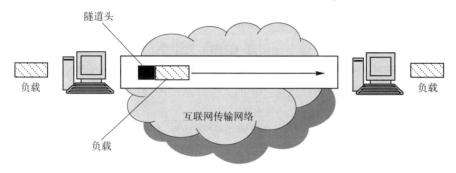

图 4.47　VPN 隧道技术

隧道所使用的传输网络可以是任何类型的公共互联网络。VPN 区别于一般网络互联的关键在于隧道的建立。数据包经过加密后，按隧道协议进行封装、传送，以保安全性。一般地，在数据链路层实现数据封装的协议叫第二层隧道协议，常用的有 PPTP、L2TP 等；在网络层实现数据封装的协议叫第三层隧道协议，如 IPSec；另外，SOCKS v5 协议则在 TCP 层实现数据安全。目前较为成熟的隧道技术主要有：

- IP 网络上的 SNA 隧道技术：当系统网络结构（System Network Architecture）的数据流通过企业 IP 网络传送时，SNA 数据帧将被封装在 UDP 和 IP 协议包头中。
- IP 网络上的 Novell NetWare IPX 隧道技术：当一个 IPX 数据包被发送到 NetWare 服务器或 IPX 路由器时，服务器或路由器用 UDP 和 IP 包头封装 IPX 数据包后通过 IP 网络发送。另一端的 IP-TO-IPX 路由器在去除 UDP 和 IP 包头之后，把数据包转发到 IPX 目的地。
- 点对点隧道协议（PPTP）：PPTP 协议允许对 IP、IPX 或 NetBEUI 数据流进行加密，然后封装在 IP 包头中通过企业 IP 网络或公共互联网络发送。
- 第 2 层隧道协议（L2TP）：L2TP 协议允许对 IP、IPX 或 NetBEUI 数据流进行加密，然后通过支持点对点数据报传递的任意网络发送，如 IP、X. 25、帧中继或 ATM。
- 安全 IP（IPSec）隧道模式：IPSec 隧道模式允许对 IP 负载数据进行加密，然后封装在 IP 包头中通过企业 IP 网络或公共 IP 互联网络如 Internet 发送。

PPTP、L2TP、IPSec 和 SOCKs v5 协议在下节均有详细介绍，这里就不再赘述。

4.14.4　典型案例

（1）中企通（CeOne-CONNECT）

中企通 CeOne-CONNECT 是可管理的 IP 虚拟专用网络服务（IPVPN），其采用先进的多协议标签交换（MPLS）技术，将企业分布在不同地点的办事处及设备通过安全可靠、高效率的虚拟专用网络连接起来，实现数据、语音、视频传输或其他重要网络应用，兼具服务品质（QoS）保证。其立足于用户需求，通过成熟的技术手段，为企业客户提供"一站式"网络应用、信息增值、电子商务服务等数据通信整体解决方案。

（2）TETRA 数字集群系统

TETRA 数字集群系统不仅具有普通调度功能，还具有虚拟专用网功能；系统为群体用户提供专用调度台，利用与其他群体共享的网络基础设施组成虚拟专网，向用户提供一般专用网络所具有的功能，各虚拟专网之间在工作上相互独立，各虚拟专网可单独调节运行参数，也可各自根据需要选择功能。TETRA 数字集群系统的虚拟专用网（VPN）在构成上与实际的 TETRA 数字集群网络不同，它是建立在实际 TETRA 数字集群网络基础上的一种功能性网络；但对用户来说，在功能上则相当于实际的专用网络，能向用户提供传统专业网的功能。注意，TETRA 数字集群系统的虚拟专网在结构和功能上与公众网的虚拟专网有所不同。

（3）华盾 VPN 系列产品

华盾 VPN 系列产品集 VPN、防火墙等网络安全功能于一身，产品系列包括华盾安全网关、华盾 VPN 软件网关、华盾 VPN 客户端，以及与 VPN 产品相配套的"华盾安全管理中心"。华盾 VPN 硬件网关由高可靠性的工控标准主板、硬件密码模块和电子盘等构成，内置专用安全嵌入式操作系统和 VPN 软件模块。华盾 VPN 系列产品具有以下特点：全面支持 IPSec 协议标准，支持标准 PKI 体系结构，支持最新的 NATT 协议，支持双边 NAT 穿越，支持全动态 IP 地址之间建立 VPN 隧道，支持动态域名解析，具有完善的 VPN 网络集中管理功能，支持透明接入，多线路捆绑和负载均衡，隧道压缩，动态路由，集成完善的防火墙功能，具有 VPN 网关双机预热备份功能，支持动态网络宽带管理功能（QoS），有丰富的 VPN 网关附加功能，有灵活易用的 VPN 客户端。

（4）华为云 VPN 应用

华为云的虚拟专用网是在用户或企业的数据中心、办公网络和华为云 VPC 之间建立一条安全加密通信隧道，将用户或企业的本地数据无缝扩展到华为云上。可以通过 VPN 将用户本地数据中心和云上 VPC 互联，利用云上弹性和快速伸缩能力，扩展应用计算能力，从而实现混合云部署。还可以实现客户侧跨境传输到境外侧的网络连通性，搭配 VPN 和云连接全连接端到端网络配置，从而实现跨区域 VPC 访问加速。

4.15 信息灾难恢复技术

2000 年，"千禧虫"事件引发了国内对信息系统灾难的第一次集体性关注，但"9·11"事件所带来的震动真正地引起了人们对灾难恢复工作的高度重视，越来越多的单位和部门认识到灾难恢复的重要性和必要性。2003 年，中共中央办公厅、国务院办公厅下发了《国家信息化领导小组关于加强信息安全保障工作的意见》，明确要求：各基础信息网络和重要信息系统建设要充分考虑抗毁性和灾难恢复，制定和不断完善信息安全应急处理计划。为进一步推动重点行业加快实施信息系统灾难恢复工作，国务院信息化工作办公室于 2005 年 4 月份下发了《重要信息系统灾难恢复指南》，文件指明了灾难恢复工作的流程、灾难备份中心的等级划分及灾难恢复预案的制定。2007 年 6 月，《重要信息系统灾难恢复指南》经修订完善后正式升级为国家标准，国家质量监督检验检疫总局[①]以国家标准的形式发布了《信息安全技术 信息系统灾难恢复规范》（GB/T 20988—2007），2018 年国家又陆续发布了《信息安全技术 灾难恢复服务能力评估准则》（GB/T 37046—2018）、《信息安全技术 灾难恢复

---

① 现国家市场监督管理总局。

服务要求》（GB/T 36957—2018），进一步将灾难恢复预案、能力评估、重点分项等要点进行了规范化。

灾难恢复技术是一种减灾技术，又称为业务连续性技术，目的是在网络系统遭到攻击后能够快速和最大化地恢复系统运行，保持业务量持续性，将系统损失降到最低限度。网络攻击将会导致数据破坏或系统崩溃，产生与系统软硬件故障相同的后果，都会使系统呈现失效状态，带来极为严重的后果。因此，可以采用相同的灾难恢复技术来解决系统遭到攻击后的灾难恢复问题。本节主要介绍基于数据备份、磁盘容错、集群系统、NAS、SAN、虚化云、区块链的灾难恢复技术。

4.15.1　数据备份

数据备份是保护数据、恢复系统的重要手段，是信息容灾的基础，是为防止系统出现操作失误或其他故障导致数据丢失而将部分或全部数据集合从应用主机的硬盘或阵列复制到其他存储介质上的过程。当发生网络攻击、病毒感染、磁盘失效、供电中断以及其他潜在的系统故障而引起数据丢失和数据损坏时，可以利用数据备份来恢复系统，将系统损失降到最低限度，避免因数据永久性丢失而造成的灾难性后果。因此，一般的网络操作系统都提供了数据备份和恢复工具，用户可以根据所制定的数据备份策略定期地将数据备份到适当的存储介质上。

在网络系统设计时，必须要考虑数据备份问题，制定数据备份策略，选择可靠的备份存储设备，确保在发生系统灾难时能够最大化地恢复数据。在设计数据备份方案时，首先根据网络环境和应用需求制定适合的备份策略，包括需要备份哪些系统中的数据，选择什么样的备份存储设备，备份存储设备部署在什么地方，采用何种备份方式等。

最常见的备份存储设备是磁带机。用于备份的磁带机主要有 1/4 in[①] 盒式磁带机（QIC）、数字音响磁带机（DAT）以及 8 mm 磁带机等。磁带备份的优点是容量大、可靠性高、价格低，缺点是备份速度慢。近年来，随着硬磁盘容量的增大和价格的下降，很多系统采用硬磁盘作为备份存储设备，提高了数据备份的效率。

数据备份按照备份策略可分为 5 种方式：正常备份、复制备份、增量备份、差量备份和日常备份。最常用的是正常备份、增量备份和差量备份。

- 正常备份：复制所有选定的文件，每个被备份的文件标记为已备份。磁带上最后的文件是最新的。正常备份可以快速地还原文件。
- 复制备份：复制所有选定的文件，被备份的文件不做已备份标记。这种方式不会影响其他备份操作。
- 增量备份：复制上次正常备份或增量备份后所创建和更改的文件，每个被备份的文件标记为已备份。如果用户同时使用了正常备份和增量备份，则在数据恢复时，必须恢复上一次正常备份以及所有的增量备份。
- 差量备份：复制自上次正常或增量备份以来所创建和更改的文件，被备份的文件不做已备份标记。如果用户同时使用了正常备份和差量备份，则在数据恢复时只需恢复上一次正常备份和上一次差量备份。
- 日常备份：复制在执行日常备份当天更改的所有选定文件，被备份的文件不做已备份标记。

---

① 　1 in = 2.54 cm。

按照备份模式，可分为逻辑备份和物理备份。

- 逻辑备份：将数据文件导入二进制文本文件中，如从 MySQL 数据库导出的脚本文件，速度慢，占用空间小。
- 物理备份：直接复制数据文件，如 mysqlhotcopy 工具，速度快，但占用空间大。

按照备份时备份服务器在备份过程中是否可以接受用户响应和数据更新，又可以分为冷备份和热备份。

- 冷备份：又称为离线备份，当服务器处于关闭状态不能进行更新操作时进行的完整备份。
- 热备份：当应用服务器处于运行状态下能够进行数据响应更新时进行的备份。

在执行数据备份时，最好选择在网络用户最少的时间，如夜晚、节假日等，以保证数据备份的完整性。数据备份的周期主要取决于数据的价值和更新的快慢，可以采用每周备份、每月备份以及存档备份。存档备份是简单的复制而不是完全备份。应当妥善保管备份存储介质，并定期检查数据备份的完好性，防止因保管不当而引起数据备份损坏或失效。

数据备份技术是一种传统的静态数据保护技术，通常按一定的时间间隔对磁盘上的数据进行备份，在发生数据被损坏时，通过数据备份来恢复已有备份的数据。由于数据是定时备份而不是实时备份，因此，通过数据备份不能恢复自最后一次备份以来所产生的数据。这些数据一旦被破坏，将会永久性丢失，并且在数据恢复时必须中断系统服务，降低了系统的服务质量。

4.15.2 磁盘容错

系统容错是指系统在某一部件发生故障时仍能不停机地继续工作和运行，这种容错能力是通过相应的硬件和软件措施来保证的，可以在应用级、系统级以及部件级实现容错，主要取决于容错对象对系统影响的重要程度。例如，在一个系统中，磁盘子系统、供电子系统等都是关键的部件，如果这些部件发生故障，则会引起整个系统的瘫痪。因此，这些关键部件实行容错可以提高整个系统的可靠性。

系统容错属于系统可靠性措施，似乎与网络安全关系不大。其实不然，系统故障可以分成硬故障和软故障。硬故障是指因机械和电路部件发生故障而引起系统失效，一般通过更换硬件的方法来解决。软故障是指因数据丢失或程序异常而引起系统失效，一般通过恢复数据或程序的方法来解决。例如，磁盘上数据丢失或损坏属于软故障，同样会引起系统失效，甚至造成比硬故障更严重的后果。因此，系统可靠性和安全性是相互联系的，其目的都是保证系统正常的工作，只是侧重点不同而已。

众所周知，磁盘子系统是一个计算机系统的关键部件，一些重要的系统通常都要采取磁盘容错技术来保护数据。因此，从保护数据的角度，磁盘容错系统既是一种可靠性措施，也是一种安全性措施，可以防止因磁盘故障或数据丢失而引起整个系统的瘫痪。

磁盘容错技术是一种动态的保护措施，与"脱机存储"的数据备份技术有所不同，也不是数据备份的替换手段。磁盘容错的目的是解决系统运行过程中因磁盘故障、病毒感染以及网络攻击等而引起的磁盘文件丢失或损坏问题，避免系统死机或服务中断现象。

磁盘容错通常采用 RAID（Redundant Array of Inexpensive Disk，磁盘冗余阵列）技术来实现，RAID 磁盘分六级，即 RAID0～RAID5，参见表 4.5。RAID 磁盘系统由控制器和多个磁盘驱动器组成，控制器对各个磁盘驱动器进行协调和管理。根据所使用的 RAID 级别，一个数据文件将写入多个磁盘，以提高系统性能和可靠性。一个磁盘发生错误或故障后，自动切换到镜像盘，使用冗余信息来恢复被损数据。在恢复数据时，无须使用备份磁带或手动更新操作。创建冗余信息和恢复数据可以采取硬件方法，由磁盘控制器来控制；也可以采用软件方法，由主机系统上管理程序来控制。硬件方法的性能要优于软件方法。

表 4.5　磁盘冗余阵列

RAID 级别	描述	存取速度	容错性能
RAID0	磁盘分段	磁盘并行输入/输出	无
RAID1	磁盘镜像	没有提高	有（允许单个磁盘出错）
RAID2	磁盘分段加海明码纠错	没有提高	有（允许单个磁盘出错）
RAID3	磁盘分段加专用奇偶校验盘	磁盘并行输入/输出	有（允许单个磁盘出错）
RAID4	磁盘分段加专用奇偶校验盘，需异步磁盘	磁盘并行输入/输出	有（允许单个磁盘出错）
RAID5	磁盘分段加奇偶校验盘	比 RAID0 略慢	有（允许单个磁盘出错）

- RAID0：在 RAID0 中，数据以段（Segment）为单位顺序写入多个磁盘，例如，数据段 1 写入磁盘 1、数据段 2 写入磁盘 2、数据段 3 写入磁盘 3 等，依次写入最后一个磁盘后，又回到磁盘 1 的下一可用段开始写入，并依此类推。由于 RAID0 将数据并行写入多个磁盘，因此具有较高的存取速度。但 RAID0 不提供任何容错，如果磁盘分区出现故障，则引起数据丢失。

- RAID1：在 RAID1 中，将两个磁盘连接到一个磁盘控制器上，一个磁盘作为工作盘，称为主盘；另一个磁盘作为工作盘的镜像盘，称为副盘。所有写入主盘的数据都要写入副盘中，使副盘成为主盘的一个完全备份。由于两个磁盘上的内容是完全相同的，可以互为镜像，无论哪个磁盘出现故障都无关紧要，任何一个磁盘都可以作为工作盘。当一个磁盘发生故障时，系统可以使用另一个磁盘上的数据继续工作，从而提高了系统可靠性和容错能力。RAID1 提供的容错能力是以增加硬件冗余和系统开销为代价的。

- RAID2~5：磁盘分段改善了磁盘与系统的数据存取速度，存取速度将随磁盘子系统中磁盘数量的增加而成比例地增加。它的缺点是磁盘子系统中任何一个磁盘发生故障都会引起计算机系统的失效。镜像方法可以解决单个磁盘失效问题，但成本太高。RAID2~5 采用基于非镜像的数据冗余方法来解决系统容错问题，它们分别采用了不同的数据冗余方法，如海明码纠错、奇偶校验等。其中常用的是 RAID5。

RAID5 是在数据分段存储的基础上通过对数据的奇偶校验来实现系统容错的。在写入数据时，由控制器对数据进行奇偶校验计算，通常采用异或（XOR）布尔运算，并将生成的校验信息存储到所有的磁盘上。与 RAID3 不同的是，RAID5 是将校验信息均匀地分布到所有的磁盘上，而不是建立专用的校验盘，并且被校验数据和校验信息不能存储在同一磁盘中。RAID5 的写入性能较低，因为写入数据时要进行奇偶校验计算。RAID5 的读取性能要优于 RAID1。当磁盘阵列中某一磁盘发生故障时，控制器将会根据校验信息来恢复数据，RAID5 的读取性能便受到一定的影响。因此，RAID5 比较适合以读取操作为主，并需要提供一定容错能力的应用场合。

基于磁盘容错的灾难恢复技术主要有两种应用模式：单机容错系统和双机容错系统。

单机容错系统：在单机容错系统中，采用磁盘容错技术来解决因磁盘失效而引起的系统灾难问题。通常，网络操作系统，如 Windows NT Server、NetWare 等都支持磁盘镜像功能，可以直接用来构建具有磁盘容错能力的网络服务器，只是在硬件上要配置两个完全相同的硬盘，并将它们连接在同一磁盘控制器上。当工作磁盘失效时，镜像磁盘将立即接替工作，保持服务器系统的正常运行，而不会引起系统瘫痪和灾难性后果。

双机容错系统：在双机容错系统中，采用两个计算机共享一个 RAID 磁盘的系统结构，一个计算机为工作机，另一个计算机为备份机，如图 4.48 所示。在双机容错系统中，两个计算机都要连接在网络上，同时，双机之间通过内部连线连接起来。备份机通过内部连线周期地检测工作机的"心搏（Heartbeat）"，如果发现工作机的"心搏"处于静止状态，则说明工作机发生了异常，备份机将立即切换成工作机，仍可保持系统的正常运行，继续为客户提供网络服务，不会引起网络服务中断或系统停机。由于双机共享一个 RAID 磁盘，简化了磁盘数据管理和系统切换工作，比较容易解决因系统切换而产生的数据不一致问题。这种双机容错系统也称为双机热备份系统，主要用于解决因单一系统失效而引起的系统服务中断和停机问题。系统失效可能是系统硬件故障引起的，也可能是受到 DDoS 之类的网络攻击而引起的系统崩溃，从而产生拒绝服务现象。因此，双机容错系统是单机容错系统的扩展，不仅可以通过磁盘容错技术来解决因磁盘失效所带来的数据丢失或损坏问题，还可以通过系统容错技术来解决因系统失效而引起的系统服务中断和停机问题，提高了整个系统的可用性和可靠性。双机容错系统是一种常用的系统容错手段，在实际中得到较广泛的应用。

图 4.48　双机容错系统

4.15.3　集群系统

集群（Cluster）系统是一种由多台独立的计算机相互连接而成的并行计算机系统，并作为单一的高性能服务器或计算机系统来应用。集群系统的核心技术是负载平衡和系统容错，主要目的是提高系统的性能和可用性，为客户提供 24×7 不停机的高质量服务。与双机容错系统相比，集群系统不仅具有更强的系统容错功能，而且还具有负载平衡功能，使系统能够提供更高的性能和可用性。

集群系统主要有两种组成方式：一是使用局域网技术将多台计算机连接成一个专用网络，由集群软件管理该网络中各个节点，节点的加入和删除对用户完全透明；二是使用对称多处理器（SMP）技术构成的多处理机系统，各个处理机之间通过高速 I/O 通道进行通信，数据交换速度较快，但可伸缩性较差。不论哪种组成方式，对于客户应用来说，集群系统都是单一的计算机系统。

在集群系统中，负载平衡功能将客户请求均匀地分配到多台服务器上进行处理和响应，由于每台服务器只处理一部分客户请求，加快了整个系统的处理速度和响应时间，从而提高了整个系统的吞吐能力。同时，系统容错功能将周期地检测集群系统中各个服务器工作状态，当发现某一服务器出现故障时，立即将该服务器挂起，不再分配客户请求，将负载转嫁给其他服务器分担，并向系统管理人员发出警报。可见，集群系统通过负载平衡和系统容错功能提供了高可用性。

可用性是指一个计算机系统在使用过程中所能提供的可用能力，通常用总的运行时间与平均无故障时间的百分比来表示。高可用性是指系统能够提供 99% 以上的可用性，高可用性一般采用硬件冗余和软件容错方法来实现，集群系统是一种将硬件冗余和软件容错有机结合的解决方案。一般的集群系统可以达到 99.4%～99.9% 的可用性，有些集群系统甚至可以达到 99.99%～99.999 9% 的可用性。

高容灾性是在高可用性的基础上提供更高的可用性和抗灾能力。高可用性系统一般将集群系统的计算机放置在同一个地理位置上或一个机房里，计算机之间分布距离有限。高容灾系统将计算机放置在不同的地理位置上或至少两个机房里，计算机之间分布距离较远，如两个机房之间的距离可以达到几百或者上千千米。一旦出现天灾人祸等灾难，处于不同地理位置的集群系统之间可以互为容灾，从而保证了整个网络系统的正常运行。高可用性系统的投资比较适中，容易被用户接受。而高容灾性系统的投入非常大，立足于长远的战略目的，一些发达国家比较重视高容灾性系统。

目前，很多的网络服务系统，如 Web 服务器、E-mail 服务器、数据库服务器等都广泛采用了集群技术，使这些网络服务系统的性能和可用性有了很大的提高。在网络安全领域，集群技术可作为一种灾难恢复手段来应用。

4.15.4　NAS

传统的网络存储模式采用的是分布式存储策略，由各个服务器直接连接和管理存储设备，每个服务器都要花费很多的 CPU 时间去处理数据存储，并且网络数据备份要占用很大的网络带宽，加重了网络交通的拥塞。

NAS（Network Attached Storage）技术是将文件服务器中的存储设备分离出来，单独组成多个功能单一的网络存储设备，通过自带的网络接口直接与网络连接，提供海量数据的网络存取和共享，使应用服务器从繁重的 I/O 负载中解脱出来，从而提高了整个网络系统的工作效率，并且降低了网络存储成本。它是网络计算模式从"分布式计算，分布式存储"模式发展到"分布式计算，集中式存储"模式的关键性技术。

由于 NAS 技术代表着一种先进的网络计算模式，有利于提高网络工作效率，降低海量存储设备价格，受到了各家存储厂商的重视，在市场上不断地推出高性能的 NAS 产品。NAS 服务器主要有两种应用模式：一是作为文件服务器，与传统文件服务器相比，它的性能更高，连接更方便；二是作为 Web、E-mail 等系统的后端存储器，允许客户使用 HTTP、FTP、NFS 和 CIFS 等多种协议存取 NAS 服务器中的文件。

基于 NAS 的灾难恢复系统（NAS-based Disaster Recovery System，NDRS）建立在先进的网络计算模型——"分布计算，集中存储"的基础上。它将网络服务和网络存储分离开，构成两个相对独立的网络：服务器网络和存储网络，分别采用不同的技术手段对系统和数据进行保护，使整个系统具有很强的网络灾难容忍能力和执行效率。NDRS 网络体系结构如图4.49 所示。

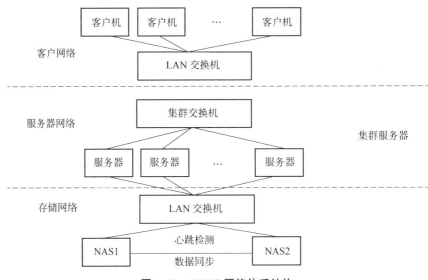

图 4.49　NDRS 网络体系结构

从网络体系结构上，NDRS 将整个网络系统分成客户网络、服务器网络和存储网络 3 个部分。客户网络由客户机、LAN 交换机或 WAN 链路组成，用于连接客户机和用户接入；服务器网络由集群交换机和服务器群组成，基于集群技术构成一个高可用性和高性能的网络服务环境；存储网络由 LAN 交换机和存储服务器（NAS）组成，用于提供网络存储服务和数据容灾服务。

由于网络服务和网络存储所提供的网络功能不同，它们所面临的安全风险和灾难也不同，应当采用不同的技术方法和手段进行容灾与保护。网络服务是通过系统计算资源提供网络服务的。它所面临的安全风险是因黑客攻击和系统故障而引起的服务中断和系统崩溃，其保护对象是服务器系统及其计算资源。在 NDRS 中，通过集群交换机所提供的流量过滤、DoS 攻击防护、负载均衡和故障管理等功能建立起高安全性、高可用性和高性能的网络服务环境，使网络服务系统能够安全和可靠地运行，并具备很强的系统容灾能力。集群交换机是一种集流量过滤、负载均衡、故障管理和网络交换为一体的高层交换机。网络存储通过网络存储资源提供网络数据存储服务。它所面临的安全风险是因黑客攻击、网络病毒和系统故障而引起的数据丢失、破坏和篡改等，其保护对象是网络存储器及其数据资源。可采用系统故障监控与恢复、实时数据备份与恢复、数据访问认证与保护等方法对网络数据实施有效的保护，使系统具备很强的数据容灾能力。

为了解决 NAS 服务器容错和数据保护问题，系统使用了两个 NAS 服务器，它们之间通过一个 100 Mb/s 链路（容错模式）或高速光纤链路（容灾模式）相互连接，该链路称为同步线，用于心跳检测和数据同步。同时，每个 NAS 服务器都连接到网络上，一个是工作机（Master），另一个是备份机（Slave）。工作机和备份机通过协同工作实现系统容错和数据保护。当工作机或备份机检测到对方的状态发生改变时，都会根据不同的情况进行相应的操作：①当工作机检测到备份机出现故障并已不能正常工作时，将会发出警告信息。②当备份机检测到工作机出现故障并已不能正常工作时，除了发出警告信息外，还会自动地接管工作机的工作。③当原来的工作机重新恢复到正常状态时，备份机将会自动放弃工作，返回到监控状态，工作机则进入工作状态。

系统采用增量备份方式进行数据同步，当工作机接收到数据写入请求时，将数据写入本地磁盘的同时，通过同步线将数据发送给备份机。备份机接收到数据后，首先验证数据写入权限，检查该数据是否将写入只读文件中。若是，则发出警告信息，并将数据存放到一个临时文件中。发生这种情况有两种可能：一是管理员主动修改了只读文件；二是黑客企图篡改只读文件。因此，通过发出警告信息由管理员进行确认，以防止黑客对数据文件的修改。

工作机与备份机之间可以过 100 Mb/s 本地链路进行近程连接，连接距离为 100 m，其工作模式是容错模式。两者还可以通过光纤链路进行远程连接，最大连接距离为 10 km，其工作模式是容灾模式，即当备份机检测到工作机出现故障时，只能发出警告信息，但不能接管工作机的工作。

NDRS 是一种基于先进网络计算模型的网络容灾技术，将网络服务和网络存储分离开，采用不同的技术来解决各自的灾难恢复问题，针对性强，容灾效果好。由于 NAS 服务器的价格较低，因此整个系统具有很高的性能—价格比。

4.15.5　SAN

SAN（Storage Area Network）也是一种网络存储模式，它采用集中式存储策略，对存储设备和数据实行集中式管理。在服务器与存储设备之间通过 SAN 进行连接，由 SAN 取代各个服务器对网络存储过程进行控制和管理，而服务器只承担监督工作。这样就减少了对服务器处理时间的占用，服务器可以腾出更多的 CPU 时间去处理客户的服务请求，提高了服务器的吞吐能力。并且，SAN 中的存储设备之间可以不通过服务器进行相互备份，减少了因网络备份而对网络带宽的占用。另外，SAN 是以光纤通道 FC（Fibre Channel）技术为基础的，FC 可以提供高达 1 Gb/s 的传输速率和长达 10 km 的传输距离，使 SAN 具有良好的网络性能。因此，SAN 是一种性能更高的网络存储框架。

SAN 技术得到很多国际著名计算机和存储设备厂商的重视，并成立了专门研究和制定有关 SAN 标准的国际组织——存储网络产业协会（SNIA），Compaq、Dell、EMC、HP、IBM、Sun、SGI、StorageTek、Quantum 以及 Sequent 等公司都是该协会的成员。这些厂商从企业的观点来开发 SAN 技术，现已推出 SAN 产品，并在实际中得到应用。例如，美国某出版公司采用 SAN 技术来处理每天高达 200 GB 的数据备份；一家宾馆采用 SAN 技术在两个相隔数英里的数据处理中心之间进行快速的大数据量备份，有效地保证了数据的安全。

SAN 可以提供比传统网络存储模式更好的高可用性、高容灾性、可扩展性以及可管理性等品质，将成为大数据量的快速网络备份、多媒体信息流的存储、数据仓库以及电子商务等应用领域中较理想的存储媒介。

基于 SAN 的灾难恢复系统（SAN-based Disaster Recovery System，SDRS），采用全新的网络体系结构来解决系统容错和灾难恢复问题，克服了传统灾难恢复系统的缺陷，能够远程、快速和高效地恢复受损的系统。通过集中式管理机制对集群服务器中的 RAID 磁盘、磁带机以及 CD-ROM 光盘等存储资源进行统一的管理，实现跨服务器平台的数据存储、共享、备份和恢复，最大限度地发挥集群服务器存储资源的整体效益。

在 SDRS 中，由前端网络、服务器群和后端网络组成一个大型集群计算环境，前端网络由客户机、LAN 或 WAN 和服务器群组成，服务器群面向客户提供数据传送和网络服务。后端网络由服务器群、SAN 和存储设备组成，通过集中式存储管理机制实现数据存储和备份。由服务器群来桥接前端网络和后端网络，前端网络的所有客户都可透明地访问后端网络中所有的存储设备。在这种大型的集群计算环境中，由 RAID 磁盘阵列、磁带机、JBOD 磁盘等存储设备组成异构的网络存储系统，各个存储设备可以远程分布和部署，它们通过 SAN 交换机实现互连，其传输距离长达 10 km，并且以 1 Gb/s 传输速率进行数据交换。这样就为远程数据存储和共享以及快速数据备份和恢复提供了良好的网络基础结构。在这种网络基础结构上，通过信息防护技术建立有效的网络信息防护机制；通过灾难恢复技术实现数据备份、系统容错和快速恢复机制；通过网络安全管理系统使信息防护技术和灾难恢复技术相互融合，建立高强度的网络信息安全防护体系。

总体上，SDRS 具有如下优点：实现网络信息的远程分布、冗余和备份，提高了网络信息系统的可用性、容错性和可恢复性；将服务器的数据传送和存储相分离，并且以专用网络带宽实现高速化的网络数据备份和恢复，提高了集群服务器系统的吞吐能力，大大改善了网络传输的拥挤现象；统一使用集群服务器系统中的存储设备，避免了各个服务器单独使用存储设备的负载不均衡现象，易于实现网络化的海量存储，提高了网络系统的可扩展性和可伸缩性；存储设备独立于服务器平台，易于实现不同服务器平台之间的数据共享、备份和恢复，提高了多平台组网和信息安全防护能力。

4.15.6　虚拟化云计算

云计算是分布式计算的一种，指通过网络云将巨大的数据计算处理程序分解成无数个小程序后，通过多部服务器组成的系统进行处理，以及分析这些小程序的结果并返回给用户，简单来说，就是分布式计算解决任务分发并进行计算结果的合并，这项技术可以在很短的时间内完成数以万计的数据处理，实现强大的网络服务。在数据量日益庞大的今天，单靠硬件设备存储已经无法满足灾备在时间效率和空间效益上的需要，云计算的超强计算存储能力刚好能够满足这一需要。

现阶段的云计算已经融合了分布式计算、效用计算、负载均衡、并行计算、网络存储、热备份冗杂和虚拟化等多种技术。相较于传统的主机计算资源，云具有虚拟化、高灵活性、动态可扩展和高性价比、可靠性高等特点，使得云能够突破时间空间的界限。在实际的应用环境中，物理平台和应用部署的环境在空间上是没有任何联系的，正是需要通过云的虚拟化完成终端的数据备份、迁移和扩展。虚拟化使用分区、隔离和封装技术，可以在一个物理机上运行多个操作系统，动态调配资源需求，并可独立于硬件，像复制文件一样轻松地将任意虚拟机快速迁移或调配到其他物理服务器上。不仅可大幅提升应用可用性、减少维护工作量，还可在不停机的情况下移动应用，同时可进行动态负载分配，提高基础架构利用率，以降低成本。

云计算技术下的存储技术又称为存储云，以数据存储和管理为核心，用户可以将本地的资源上传至云端上，可以在任何地方连入互联网来获取云上的资源。大家所熟知的谷歌、微软等大型网络公司均有云存储的服务，在国内，百度云和微云则是市场占有量最大的存储云。存储云向用户提供了存储容器服务、备份服务、归档服务和记录管理服务等，大大方便了使用者对资源的管理。应用虚拟云的灾备架构如图 4.50 所示。

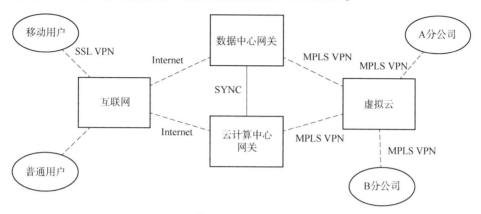

图 4.50 基于虚拟云的灾难恢复系统

利用 MPLS VPN 将分支机构和总部互联，提供安全、稳定通道。MPLS VPN 网络和云可轻松实行同城灾备方案，用户不必组建庞大的分支数据中心。同时，UTM 虚拟机保证业务系统的网络端口 7×24 安全监控和保护，数据可恢复至最近 7 天内任意时段，平台可靠性达到 99.99%，真正实现了灾备无忧恢复。

常见的几种虚拟化云计算灾备架构有云搭建异地容灾、公共云同地灾备、公共云异地灾备及结合公共云的同地、异地灾备。

4.15.7 区块链技术

为防止数据丢失损坏，当前广泛采用了设备冗余、数据备份、数据加密等手段来保证安全，但在火灾地震等自然灾难面前，这些手段形同虚设，因此，对于重要数据，必须采取容灾方案进行保护，但目前数据中心采用的"两地三中心"等容灾手段成本高、维护难。随着区块链的思想诞生，一种基于区块链的数据灾备网络开始兴起。该网络借助了区块链的去中心化、数据不可伪造和篡改、交易可追溯等特点，将灾备中心链接，实现数据共享和灾备服务的自由交易。

区块链就是由一个个区块（Block）首尾连接而成的一条长链，每个区块里保存着很多笔交易数据。区块链可以在无权威中间机构介入下，让互不信任的多方建立信任，实现信息与价值交换。为实现去中心化系统的信任，区块链以分布式记账取代集中式记账，让每个节点都拥有账本的所有信息，让之前所有交易可查、可追溯，来防止欺诈。区块链是在创新应用一系列计算机技术的基础上形成的，包括分布式账本、P2P 网络、共识机制和数据加密等。

基于区块链的数据灾备网络主要包括管理节点、监控节点、存储节点、客户端节点和记账节点等。管理节点和监控节点都是单独功能的节点，不具备其他节点的功能。记账节点一般不单独存在，而是与存储节点或客户端节点部署在一起。图 4.51 所示为整个网络的细节。

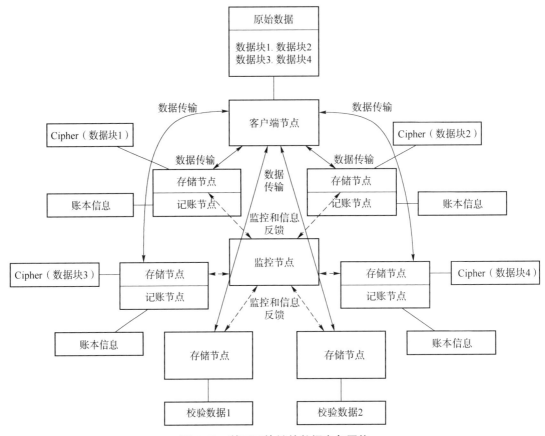

图 4.51　基于区块链的数据灾备网络

管理节点集成了 PKI/CA 功能，具有灾备网络数字证书管理、成员管理和惩罚执行等功能。证书管理包括证书颁发、签名加密和证书注销等；成员管理包括成员的核实与准入，通过线下相关手续核实成员身份并根据接入流程完成成员准入；惩罚执行是指对存储节点拒绝存储客户备份数据、不能提供数据恢复服务等行为进行惩罚。

监控节点主要对存储节点进行监控和管理，通过网络通信接收存储节点状态信息，实时更新和维护存储节点状态视图。接受客户端节点的备份申请，根据备份申请信息提供备份定制服务，从网络状态、存储容量和信用值等方面综合计算，为备份交易选取最佳的存储节点进行数据备份。

存储节点一般具有较大的数据存储能力，主要功能是存储用户的备份数据，并配合客户端节点进行已备份数据的恢复。存储节点的另一重要功能就是背书，由监控节点根据客户备份交易需求选取的存储节点对备份交易进行背书，背书代表存储节点同意存储用户的待备份数据，只有所有选取的存储节点都同意背书，备份交易才能继续执行下去。

客户端节点主要功能是发起各类交易请求。发起备份交易或恢复交易需要使用传统数据备份客户端的功能，包括待备份数据的统计、分组、加密、传输以及恢复。客户端节点本地记录备份交易的详细信息，包括备份交易 ID、使用代币数、备份数据保存周期、备份数据大小、备份数据摘要信息等。

记账节点主要功能是交易验证和记账，记账节点接收网络上的交易信息，对交易的有效性进行验证，将通过验证的交易信息封装在区块中，根据瑞波算法完成共识，并将区块存储在记账节点本地。

本网络中存在两种主要交易：备份和恢复。

备份交易：备份交易是由客户端节点发起的，以实现数据备份为目的的交易类型。客户端节点申请备份，提交备份基本信息给监控节点。监控节点计算实际消耗存储容量、需使用的存储节点数量等信息，从信用值、存储容量等方面综合选取符合要求的存储节点，并向存储节点请求背书。背书完成后，客户端节点支付代币并签名后，将交易信息向全网广播。记账节点对交易信息进行验证和共识后，将其封装成区块，保存至本地。存储节点验证记账节点保存的交易信息，与客户端节点建立连接，客户端节点将备份数据加密，并传输至存储节点保存。

恢复交易：客户端节点申请进行备份数据恢复时，需要进行恢复交易。客户端节点提供备份交易 ID 进行恢复交易，每个备份交易在有效期限内，可以进行 2 次恢复交易，恢复交易不需要使用代币。2 次恢复交易都完成后，原备份交易使用的代币退回备份交易发起者，存储节点上相应的存储空间将自动释放。

该网络采用区块链的数据存储方式记录数据灾备交易信息，保证交易的真实性和完整性，实现备份数据的快速检索和读取。同时，数据传输和存储采取加密措施，保证客户数据的隐秘性和安全性。

4.16 无线网络安全技术

无线网络由于其本身特有的空间开放性的特点而使得它们的保密性及安全特性是与固定网络不尽相似的。无线电波是暴露于空间之内的，任何恶意攻击者都可以在一定的区域空间内侦听和发射无线电波，达到侵入网络私有数据的可能。当安全关键业务在未来的基于全 IP 的互联网络结构中（包括有线网络和无线网络）运行时，这将是对网络安全的极大考验。本节主要分析各种无线网络系统如 GSM、GPRS、CDMA（IS-95）、CDMA2000、WCDMA、WLAN 和 HiperLAN2 当中的安全特性及采取的安全措施。

4.16.1 移动通信系统的安全性

4.16.1.1 GSM 安全体系

GSM 系统属于第二代移动通信的范畴。CSD 和 HSCSD 可以实现建立在 GSM 电路交换基础上的数据交换。GSM 设计了相关的安全保护方法，防止在空中接口时泄露用户识别码、位置信息和所传递的私人信息。

① 对接入设备使用者的鉴权：鉴权过程完成鉴别用户 SIM 卡的合法性，阻止非法用户接入网络，此过程发生在每次进行位置登记，呼叫建立（发起呼叫或接收呼叫）或是执行某些补充业务登记、删除之时，具体过程如图 4.52 所示。AuC 应 MSC/VLR 的要求，生成用于鉴权的随机数（RAND），利用 Ki 和 A3 算法产生符号响应 SRES。同时，利用 A8 算法产生密钥 Kc，将生成的三参数组（RAND，Kc，SRES）存于 HLR 中。当 MSC/VLR 产生请求时，HLR 将三参数组传递给 MSC/VLR。VLR 将 RAND 通过空中接口传给移动台 MS，移动台将利用本身的与 AuC 相同的 Ki 和相同算法产生 SRES′并回传。最后，在 MSC/VLR 中

进行 SRES′ 与 SRES 是否相等的判别，以验证用户的合法性。

图 4.52　GSM 的认证过程

② **对接入设备的识别**：每一个接入网络中的合法设备均有一个国际移动台设备识别码（IMEI），移动网络系统的设备识别寄存器（EIR）对移动台发送过来的 IMEI 进行分辨，区分其是白名单、黑名单、灰名单中的哪一个，以防止盗用设备以及非法设备的入网使用。

③ **使用 TMSI 以对用户识别保密**：IMSI 是用户的特征号码，为防止 IMSI 在无线路径上被截获，保护用户的用户识别码，VLR 为进行位置登记后的用户分配一个临时的移动用户识别号（TMSI），在以后的无线传输过程中，用 TMSI 来标识该用户，以实现用户相关信息的保密。

④ **传输数据的保密**：GSM 系统可以对用户的数据进行加密，防止窃听和恶意的攻击，保证数据的完整性。加密过程是由授权过程中产生的密钥来控制的。终端或局端设备通过随机数产生器产生伪随机数 RAND，然后 RAND 与 Ki 一起通过 A8 算法产生对数据解密而使用的密钥 Kc。移动台侧和网络侧的 Kc 是一致的，但不需要通过空中接口来交互。在发送端，Kc 与每帧的帧号合并起来并用 A5 算法产生密码流，密码流再与透明数据进行模 2 加运算来产生密文再发送空中接口。接收端将以同样的方式产生密码流对密文进行解密，以得到明文的数据。

GSM 安全体系主要完成两个安全目标：防止未授权接入用户身份假冒（借助用户鉴权完成）、保护用户数据隐私（通过传输加密、信令加密完成），但是过程中可以发现：系统只有网络对用户的认证，并没有用户对网络的认证，即认证行为是单向的，无法阻止伪基站漏洞；另外，系统规定了在信道部分即 MS 和 BTS 中进行加密，但是在固定网络中并没有实现加密传输，留下了漏洞机会。

4.16.1.2　GPRS 安全体系

GPRS 是在 GSM Phase 2+ 阶段引入的内容，是基于分组的无线业务。它一方面引入了分组交换的能力，另一方面使数据连接的速率提高到 100 Kb/s 以上。它是第二代移动通信技术向第三代移动通信技术过渡的中间一代，又称 2.5G 移动通信技术。GPRS 与 GSM 一样，需要对网络的安全提供一定的保障。

① 移动终端鉴别：GPRS 继承了 GSM 的终端鉴别方法，利用了 A3 加密算法，将 Ki 和 RAND 生成的移动台侧的 SRES′ 与网络端产生的 SRES 进行比较，以鉴别用户的合法性。

② 移动设备的识别：根据用户的 IMSI 来标识设备的入网许可，保证每个用户获得相应的服务。

③ 用户识别号（IMSI）的保密：GPRS 与 GSM 一样，采用 TMSI 来替代 IMSI 的应用，以防止用户标识号的泄露。IMSI 只是在一开始时用来作为鉴权使用。TMSI 在 GPRS 中用 P-

TMSI 进行标识（分组-TMSI），P-TMSI 由 SGSN（Serving GPRS Support Node）服务 GPRS 支持节点进行管理加密分配。

④ 用户信息的保密：通过使用一定的保密算法来对用户的数据先加密再传输。

⑤ 内部 IP 地址和隧道传输：GPRS 是基于分组的无线数据业务。在网络侧中，SGSN 和 GGSN 之间是基于 IP 的互联，GPRS 骨干网使用的 IP 与 GPRS 用户使用的 IP 是不同的。这样，GPRS 骨干网的 IP 相对用户而言是不可见的，也就是说，GPRS 骨干网使用安全的 GPRS "隧道" 来传递用户的 IP 或是 X.25 数据流。如今，GPRS 骨干网基于 IPv4，以后会引入 IPv6 来提供更强的安全性和更好的网络服务质量。

GPRS 继承了 GSM 的一些安全手段鉴权用户合法性，同时使用了更加严格的加密机制来保证数据完整性和私密性，利用 P-TIMSI 来保证用户身份的隐蔽性，增加了 PCU 控制单元来完成与 SGSN 的通信。另外，在内部网络与外部 PDN 之间设置了 GGSN 网关来完成网间安全机制（如防火墙）。但同时 GPRS 系统的核心网依旧是基于 IP 的网络，所以基于 IP 的安全问题在系统中依然存在，包括内部安全攻击以及与它相连的外部 PDN 威胁。

4.16.1.3　CDMA（IS-95）安全体系

CDMA（IS-95）仍属于第二代移动通信的范畴，但它是基于 CDMA 技术（码分多址）组建起来的。其采用扩频技术，以实现多用户共用信道的目的。其安全性体现如下：①采用扩频通信，在无线接口上起到一定的保密作用。采用物理层保护和信令层保护的两级保护措施来保证信令传递的可靠性。②充分利用移动台识别码（MIN）、电子序列号（ESN）和移动台级别码（SCM）来建立双向鉴权、双向识别过程。用户终端和网络之间相互认证、鉴权识别，从而实现安全的网络系统。③对通道中传输的信令信号进行加密，还可以利用一个长度为（$2^{42}-1$）bit 的伪随机长码进行扰乱，以对传输数据进行加密。

4.16.1.4　CDMA2000 安全体系

CDMA2000 体系是第三代移动数据通信的范畴，在 IP 分组技术的基础上实现比 CDMA（IS-95）更高速的多业务（语音、数据、视频等）的应用。在系统安全体系方面，CDMA2000 体现在以下方面：

① 在物理层上采用直接序列扩频、多载频的系统，可以实现多用户接入的功能。在一定程度上实现了物理加密的过程。

② 在用户终端与网络设备之间存在着鉴权、用户识别、网络识别等双向鉴权过程，保证网络系统的安全性，防止非法用户的接入。

③ 在传输层中存在安全数据报（Security Layer Packet）这一安全措施，同时提供了双重的安全保障，对网络运营商而言，其提供的加密算法保证了恶意终端的复制，对用户而言，伪随机码序列的使用保证了恶意入侵的不可实现性。

④ 是基于 IP 的第三代移动数据业务。基于 IP 的许多安全协议可以引入其中。3G 系统和 WAP 都可以采用 PKI 技术及公开密钥算法和对称密钥算法的混合使用来保证可鉴别性、数据完整性、保密性和通信的不可否定性。

4.16.1.5　WCDMA 安全体系

WCDMA 与 CDMA2000 一样，同属于第三代移动通信的范畴，WCDMA 得到了欧洲和日本业界的推广和支持。与 CDMA2000 相比，WCDMA 可以获得更健壮（robust）的网络性能和更优的 QoS 服务。在安全性方面，WCDMA 的基于直接序列的扩频技术可以实现物理层上的保密效果。与 CDMA2000 一样，在无线接口方面，存在双向鉴权、识别的过程，保证通信的安全性。WCDMA 同样是基于 IP 分组的移动数据业务。基于 IP 的安全协议如 IPSec 和 VPN 等技术的应用，可以加强 WCDMA 的安全特性。

4.16.1.6　TD-SCDMA 安全体系

TD-SCDMA 系统具备较完善的安全体系架构，包括三个安全层面：应用层、归属层/服务层和传输层。

① TD-SCDMA 系统中的加密机制，能保护用户和网络之间传输的数据及信令不会被攻击者泄露或窃听，从而保证网络的安全。加密机制具体实施是在 MAC 和 RLC 子层，RRC 子层只对加密过程进行初始化和控制。

② 透明模式 TM 业务（语音业务）的加密在 MAC 层实现，非确认 UM 模式和确认 AM 模式业务（数据业务）的加密在 RLC 层实现。

③ TD-SCDMA 系统中的完整性保护机制可以防止信令被修改、增加或删除等，从而保障数据的完整性。其完整性保护机制是 RRC 子层的功能，只针对信令无线承载。

4.16.1.7　TD-LTE 安全体系

与 TD-SCDMA 相同，LTE 中数据的安全也都是基于可选的算法来实现的。网络和用户需要在安全模式建立过程中通过协商决定使用哪种算法。当核心算法确定后，LTE 依次进行信令的加密和完整性保护，以及用户数据的加密。

① 安全架构方面，LTE 除沿用 TD-SCDMA 系统整体架构外，增加了 AN 和 SN、ME 和 SN 间的安全保护等。

② 安全层次方面，LTE 将 TD-SCDMA 系统的单层安全机制改进为双层。

③ 密钥体系方面，LTE 相比于 TD-SCDMA，具有更为复杂的密钥体系，从而实现了双层安全体制。

4.16.1.8　NR 安全体系

NR 是当前第五代移动通信安全体系，该体系下通信要求进一步提升：攻击者可以通过使 UE 和网络实体分别认为对方不支持安全功能来尝试降低攻击，从而达到缓解攻击的目标；服务网络应在 UE 与网络之间的认证和密钥协商过程中认证订购永久标识符（SUPI），以完成身份验证和授权；通过 NIA0、128-NIA1、128-NIA2 等算法加强数据完整性保护和重放保护。同时，定义了系列安全域：

网络接入安全性（Ⅰ）：一组安全功能，使 UE 能够安全地通过网络进行身份验证和接入服务，包括 3GPP 接入和非 3GPP 接入，特别是防止对（无线）接口的攻击。此外，它还包括从 SN 到 AN 的接入安全性的安全上下文交付。

网络域安全性（Ⅱ）：一组安全功能，使网络节点能够安全地交换信令数据和用户平面数据。

用户域安全性（Ⅲ）：提供用户保护的一组安全功能。

应用流程域安全性（Ⅳ）：一组安全性功能，使用户域和提供者域中的应用流程能够安全地交换消息。

SBA 域安全性（Ⅴ）：一组安全功能，它使 SBA 体系结构的网络功能能够在服务网络域内与其他网络域进行安全通信。这些功能包括网络功能注册、发现和授权安全方面，以及对基于服务的接口的保护。

与 TS 33.401 相比，SBA 域安全性是一种新的安全功能。

安全性（Ⅵ）的可见性和可配置性：一组功能，使用户能够获知安全功能是否正在运行。

4.16.2　无线局域网络的安全性

4.16.2.1　无线局域网络协议

1997 年，IEEE 发布了 802.11 协议，这也是在无线局域网领域内的第一个被国际上认可的协议，目前 802.11 系列标准包括 802.11、802.11a、802.11b、802.11g 和 802.11i 标准等。

① 802.11b：1999 年，IEEE 通过了 802.11a 和 802.11b 标准。802.11a 定义了采用正交频分复用（OFDM）调制技术在 5 GHz 频段实现 54 Mb/s 传输速率的无线传输。802.11b 定义了使用直接序列扩频（DSSS）调制技术在 2.4 GHz 频带实现 11 Mb/s 速率的无线传输。802.11b 已成为当今 WLAN 的主流标准。802.11b 的最大特点是可以根据无线信道状况的变化，在 11 Mb/s、5.5 Mb/s、2 Mb/s、1 Mb/s 之间进行速率的动态调整。

② 802.11g：2003 年 6 月成为正式标准。802.11g 标准既能提供与 802.11a 相同的传输速率，又能与已有的 802.11b 设备兼容。802.11g 的优点是以性能的降低为代价的，只能使用 2.4 GHz 频段的三个信道，而 802.11a 在 5 GHz 频段室内/室外可用的信道各有 8 个。由于 802.11a 的可用信道数比 802.11g 多，在相同传输速率下，频道重叠少，干扰小。

③ 802.11i：是 IEEE 为了弥补 802.11 脆弱的安全加密功能（Wired Equivalent Privacy，WEP）而制定的修正案，于 2004 年 7 月完成。其中定义了基于 AES 的全新加密协议 CCMP（CTR with CBC-MAC Protocol）。

④ 802.11n：是由 IEEE 在 2004 年 1 月组成的一个新的工作组在 802.11—2007 的基础上发展出来的标准，于 2009 年 9 月正式批准。该标准增加了对 MIMO 的支持，允许 40 MHz 的无线频宽，最大传输速度理论值为 600 Mb/s。同时，通过使用 Alamouti 提出的空时分组码，该标准扩大了数据传输范围。

⑤ 802.11ad：无线千兆联盟（Wireless Gigabit Alliance，WiGig），工业组织，致力于推动在无执照的 60 GHz 频带上进行数千兆比特（multi-gigabit）速度的无线设备数据传输技术。此联盟于 2009 年 5 月 7 日宣布成立，于 2009 年 12 月推出第一版 1.0 WiGig 技术规格（802.11ad）。

⑥ 802.11af：称为 White-Fi，在 470 MHz 和 790 MHz 之间使用未使用的电视频谱，为传感器和监视器提供带宽。物联网技术革命推动 IEEE 802.11af 网络处理大量站点和广泛的传输范围。White-Fi 利用的是广播电视转向数字地面电视以及之前的一些 UHF 频道停止运作时释放出来的数字红利。在美国和欧洲，对数字红利频谱的使用有不同的规定，连接的设备需要定期寻找可用的频率。在安全问题方面，White-Fi 缺乏对蜂窝网络上 SIM 卡提供的安全元件和硬件加密的保护。但是，要在大范围内部署数百或数千个无线传感器，White-Fi 和 HaLow 可以提供低成本的连接和良好的性能。该标准于 2013 年正式实行。

⑦ 802.11ah：被称为 WiFi HaLow，其提供了某些条件，使得可以达到 1 km 的传播范围，以实现更大的覆盖范围。802.11ah 是在比现有的 2.4 GHz 和 5 GHz 技术低得多的 900 MHz 频段中运行的。相对的，其运行速度大大降低，仅能够以 150 Kb/s~18 Mb/s 的速度传输数据，使得它比大多数现有的家庭网络慢。然而，这对只要求短时间数据传输的低功率设备来说还是非常合适的，如物联网设备的发送低功率器件。它具备以下特性：长距离、大连接、高可靠、更安全、更节电、低成本、易普及。

⑧ 802.11x：使用场景关注于密集用户环境（Dense User Environments），与之前的协议有所不同。根据香农定理，在 SNR 不变的情况下（由于发送机总功率是固定的），只要适当增加带宽，就可以获得更高的物理层吞吐量。所以 802.11a/b/g/n/ac 的演进，一般都是关注在单 AP 网络中提高物理层的吞吐量，以提高网络的整体速率。

4.16.2.2　常见入侵方式

对无线局域网络采取的攻击方式大体上可以分为两类：被动式攻击和主动式攻击。被动式攻击包括网络窃听和网络通信量分析。主动式攻击分为身份假冒、重放攻击、中间人攻击、信息篡改和拒绝服务攻击。

网络窃听和网络通信量分析：由于入侵者无须将窃听或分析设备物理地接入被窃听的网络，所以这种威胁已经成为无线局域网面临的最大问题之一。很多商业的和免费的工具都能够对 802.11b 协议进行抓包和解码分析，直到应用层传输的数据。比如 Ethereal、Sniffer 等。而且很多工具甚至能够直接对 WEP 加密数据进行分析和破解，如 AirSnort 和 WepCrack 等。网络通信量分析通过分析计算机之间的通信模式和特点来获取需要的信息，或者进一步入侵的前提条件。

身份假冒：WLAN 中的身份假冒分为两种，即客户端的身份假冒和 AP 的身份假冒。客户端的身份假冒是采用比较多的入侵方式。通过非法获取（比如分析广播信息）的 SSID 可以接入 AP；如果 AP 实现了 MAC 地址过滤方式的访问控制方式，入侵者也可以首先通过窃听获取授权用户的 MAC 地址，然后篡改自己计算机的 MAC 地址而冒充合法终端，从而绕过这一控制方式。对于具备一般常识的入侵者来说，篡改 MAC 地址是非常容易的事情。另外，AP 的身份假冒则是对授权客户端的攻击行为。假冒 AP 也有两种方式：一种是入侵者将真实的 AP 非法放置在被入侵的网络中，而授权的客户端就会无意识地连接到这个 AP 上。一些 WLAN 友好的操作系统比如 Windows XP，甚至在用户不知情的情况下就会自动探测信号，而且自动建立连接。另一种假冒 AP 的方式是采用一些专用软件将入侵者的计算机伪装成 AP，如 HostAP 就是这样一种软件。

重放攻击、中间人攻击、信息篡改：重放攻击是通过截获授权客户端对 AP 的验证信息，然后对验证过程信息进行重放，从而达到非法访问 AP 的目的。对于这种攻击行为，即使采用了 VPN 等保护措施，也难以避免。中间人攻击则对授权客户端和 AP 进行双重欺骗，进而对信息进行窃取和篡改。

拒绝服务攻击：拒绝服务攻击是利用了 WLAN 在频率、带宽、认证方式上的弱点，对 WLAN 进行的频率干扰、带宽消耗和安全服务设备的资源耗尽。通过和其他入侵方式的结合，这种攻击行为具有强大的破坏性。比如通过将一台计算机伪装成 AP 或者利用非法接入的 AP，发出大量的终止连接的命令，就会迫使周边所有的计算机从 WLAN 上断下来。一些设备如微波炉和蓝牙设备也会对 WLAN 产生干扰。

4.16.2.3　WLAN 安全体系结构

WLAN 主要采用 IEEE 802.11、802.11b、802.11a 等系列标准规定的无线网络。802.11 可以支持的数据速率为 1~2 Mb/s，802.11b 可以支持 11 Mb/s，同时支持动态的速率均衡技术，可根据信道的特性动态而分配不同的速率，如 5.5 Mb/s、2 Mb/s、1 Mb/s。802.11a 是针对高速应用而设立的标准，最大物理层速率可达 54 Mb/s，网络层的速率可达 25 Mb/s。WLAN 物理层的无线实现可以由 DSSS、FHSS 和 IrDA 技术来完成。

WLAN 的安全体系如下：

① 物理底层采用的扩频技术（DSSS 或 FHSS 或 OFDM）可以在一定程度上实现数据的保密。

② WLAN 是基于 IP 的分组业务。基于 IP 的安全协议和保密算法可以应用在 WLAN 中，以加强它的安全特性。同时，局域网中每个机器具有唯一的 MAC 码，由此来进行认证和鉴权。

③ WEP（Wired Equivalent Privacy）安全技术。IEEE 802.11 标准采用 WEP 来封包 802.11 的数据帧，以此来实现对 802.11 的安全保密，以使其性能达到固定网的标准。802.11 的 WEP 采用 40 bit 的 RC4 算法来加密数据，在同一个基本服务组（BSS）中的密钥是共享的，也即是多个用户、每个帧的加密密钥是一致的。密码流的产生由一个初始相位量（Initialization Vector，IV）和随机数一起通过 RC4 算法产生。WEP 缺乏有效的密钥管理协议，同时，由于 40 bit 的 RC4 算法的不安全性，致使其达不到起初设计的安全目标。

④ WEP2 协议：允许使用 104 bit 和 128 bit 的 RC4 算法来保证 WLAN 具有更优的安全性。

⑤ 对基于 AP 的无线局域网而言，节点 A 与 B 之间的通信要通过 AP 来完成，同时，多个基本服务组（BSS）通过骨干 IP 网互联，在网络之间通过网络隔离或网络认证措施，网络与网络之间设置用户口令和认证措施，以保证整个网络的安全。

⑥ 802.11 的设备提供商提供了额外的安全保证，如采用同步的不相容的密钥更新机制、Lucent 公司的加长的 128 bit RC4 算法、Net Motion 公司的 VPN 技术的引进等。它们一般都考虑到产品的兼容性，因而仍然采用 WEP，只不过是在 WEP 基础上进一步加强安全的保障。

⑦ 服务集标识符（SSID）：通过对多个无线接入点 AP 设置不同的 SSID，并要求无线工作站出示正确的 SSID 才能访问 AP，这样就可以允许不同群组的用户接入，并对资源访问的权限进行区别限制。这只是一个简单的口令，只能提供一定的安全；而且如果配置 AP 向外广播其 SSID，那么安全程度还将下降。

⑧ 物理地址（MAC）过滤：由于每个无线工作站的网卡都有唯一的物理地址，因此可以在 AP 中手工维护一组允许访问的 MAC 地址列表，实现物理地址过滤。这个方案要求 AP 中的 MAC 地址列表必须随时更新，可扩展性差；而且 MAC 地址在理论上可以伪造，因此这也是较低级别的授权认证。

⑨ 虚拟专用网络（VPN）：VPN 是指在一个公共 IP 网络平台上通过隧道以及加密技术保证专用数据的网络安全性，它不属于 802.11 标准定义；但是用户可以借助 VPN 来抵抗无线网络的不安全因素，同时还可以提供基于 Radius 的用户认证以及计费。

⑩ 端口访问控制技术（802.1x）：该技术也是用于无线局域网的一种增强型网络安全解

决方案。当无线工作站与 AP 关联后，是否可以使用 AP 的服务要取决于 802.1x 的认证结果。如果认证通过，则 AP 为用户打开这个逻辑端口，否则不允许用户上网。802.1x 除提供端口访问控制能力之外，还提供基于用户的认证系统及计费，特别适用于公共无线接入解决方案。

⑪ 链路认证技术：链路认证即 WLAN 链路关联身份验证，是一种低级的身份验证机制。在 STA 同 AP 进行关联时发生，该行为早于接入认证。任何一个 STA 试图连接网络前，都必须进行链路身份验证，确认其身份。可以把链路身份验证看作 STA 连接到网络时的握手过程的起点，是网络连接过程中的第一步。常用的链路认证方案包括开放系统身份认证和共享密钥身份认证。

⑫ TKIP 暂时密钥集成协议：为增强 WEP 加密机制而设计的过渡方案。它也和 WEP 加密机制一样，使用的是 RC4 算法，但是相比 WEP 加密机制，TKIP 加密机制可以为 WLAN 服务提供更加安全的保护，主要体现在以下几点：静态 WEP 的密钥为手工配置，并且一个服务区内的所有用户都共享同一把密钥，而 TKIP 的密钥为动态协商生成，每个传输的数据包都有一个与众不同的密钥；TKIP 将密钥的长度由 WEP 的 40 位加长到 128 位，初始化向量 IV 的长度由 24 位加长到 48 位，提高了 WEP 加密的安全性；TKIP 支持 MIC（Message Integrity Check，信息完整性校验）认证和防止重放攻击功能。发送端会使用加密算法计算一个 MIC（Message Integrity Code，消息完整码），TKIP 只要在 MSDU 进行分片前将 MIC 追加到 MSDU 后面，形成一个新的 MSDU 即可，分片的事它不管，那是 MPDU 的事情。接收端收到 MPDU 分片以后，会先将它们重组成一个 MSDU，然后进行 MIC 的校验。

⑬ 高级加密标准 AES-CCMP：CCMP 加密在 802.11i 修正案中定义，用于取代 TKIP 和 WEP 加密。CCMP 加密使用的 AES 算法中，使用的都是 128 位的密钥和 128 位的加密块，CCM 主要有两个参数：$M=8$，表示 MIC 是 8 字节；$L=2$，表示长度域是 2 字节，一共 16 位，这样就可以满足 MPDU 最大的长度。同时，CCM 需要给每个会话控制指定不同的临时密钥（temporal key），而且每一个被加密的 MPDU 都需要一个指定的临时值，所以 CCMP 使用了一个 48 位的包数量（Packet Number，PN），使用同一个 PN 将会使安全保证失效。

WLAN 采用的 WEP 的安全体系具有一系列的弊端：

① 加密的算法是基于密码流与明文流的 XOR 运算得到密文流的。同时，密文的解密也是通过相似的运算过程完成的。由于 WEP 并没有针对每一帧或每一个包（Packet）而设置不同的密码，因而存在入侵者解出一段密文后，所有的密文都会被解开的可能。

② 采用的 RC4 算法，40 位的长度太短、太脆弱。同时，由于 WEP 本身的原因，即使使用增长密钥的 RC4 算法，如 104 位或 128 位的密钥，仍难以保证系统的安全性。

③ WEP 的问题出在它的认证加密的过程中。其中，初始向量 IV 是一个关键的变量，但在 WEP 中，IV 只有 24 位，因而在运用当中不可避免地存在重复使用同一个加密密码的可能。而对攻击者而言，只要在传送的数据中存在重复使用的密码加密，总有可能解出同一个密钥。

④ WEP 中的密钥是共享的，每个帧或包都可能用同一个密钥。另外，认证、WEP Keys 的伪随机数的产生都是从同一设备的密码产生器中得来的，造成了用户密码的脆弱性。

⑤ 不支持增强的认证功能，如生物测定技术（biometrics）等。

⑥ 在密钥的管理上存在漏洞。例如：重复使用全局密钥，没有动态针对每一个基站或者是传送过程进行密钥管理。

⑦ 就整个应用的企业网络而言，防火墙的作用被削弱了。因为入侵者可能利用无线的信号直接在防火墙的内部就可以截获到数据。

⑧ 由于 WEP 存在安全问题，而无线局域网的产品供应商又提供了各自的安全方案，相互之间的兼容性不好，阻碍了未来无线局域网产生的总体发展。

基于以上分析，WLAN 的安全体系需要做新的改进。在 IEEE 802.1x 标准中，制定了WLAN 的密钥管理体系。另外，802.11i 工作组正在制定 802.11 安全保障体系。具体应用时，应采用以下几个方面的措施：

① 改进、增强密钥管理体系，保证整个系统密钥的合理分配及系统的安全。

② 采用动态的密码更新机制，针对每一包进行密码更新。

③ 改进 RC4 算法，加长运算长度，如使用 104 位或 128 位的加密密钥。或者用其他算法如 AES 算法、3DES 算法来代替 RC4 算法。

④ 引进 IP 网络中的安全协议机制，如 IPSec 和 VPN 技术。

4.16.2.4　HiperLAN/2 安全体系

HiperLAN/2 是欧洲推行的宽带无线局域网协议，主要的推广厂家有爱立信、诺基亚等，其致力于建立一个更高速度、更优服务质量的无线网络系统。HiperLAN/2 采用 5G 射频频率，其无线调制采用 OFDM 模式，结合面向连接的无线 ATM 技术，物理层的速率达54 Mb/s，网络层达 25 Mb/s。HiperLAN/2 提供了比 802.11a 更优的 QoS 服务和更健壮（robust）的网络特性。MAC 子层采用一种动态时分复用的技术来保证最有效地利用无线资源。HiperLAN/2 是基于连接的系统，可保证视频流的应用。HiperLAN/2 的安全特性如下：①支持鉴权和加密，通过鉴权后，只有合法的用户才能接入网络，而且是只能接入已鉴权的网络。②在数据业务流上进行加密，采用新式的加密算法 AES 和 3DES。③采用密钥管理协议，保证密钥的安全性和灵活性。

4.16.3　无线蓝牙技术的安全性

4.16.3.1　基本概念

蓝牙（Bluetooth）的核心概念，原为以移动电话为核心工具，通过手机的单一接口来控制广泛使用的信息、消费性电子产品，包括 PC、Notebook、PDA、MP3、数字相机甚至汽车设备与家电用品，是在既有的有线网络基础上完成网络无线化个人局域网络，此范围为 10 ~ 100 m。

蓝牙是一种短距离无线通信传输接口，设备尚未加入蓝牙微网时，它会先进入待机状态。在此状态下，它会随时监听传呼信息，直到收到的信号与自己本身的识别码相关时，自己才会激活蓝牙服务。接下来则进行识别码的确认及信号时间的同步，以便决定往后跳频的顺序，而将这些装置连成一个群体，称为微网（Piconet）。可由蓝牙形成一个微网的方式来分享资料，可提供 7 ~ 8 个主动服务者（Active Slave Device）以及 255 个等待服务者（Standby Slave Device）。为了维持信息的传送，微网内的其中一个装置为此微网的主控装置，而其他装置则为从属装置。在微网内的任何一个装置都可以成为主控装置，但在任何时间中，微网内只有一个主控装置。蓝牙提供点对点或点对多的连接方式，各个蓝牙装置连接建立都由主机主控。在一个区域内，可以同时加入多个微网，这种多个微网架构组成称为叠网（Scatternet）。

近年来，随着工控领域的不断发展，蓝牙设备无法满足庞大的自动化通信规模，又产生了与蓝牙技术类似的 ZigBee 无线通信技术，其是一种基于 IEEE 802.15.4 标准的低功耗局域网协议。它于 2001 年 8 月正式成立。成立之初，由于这个版本发布仓促，出现了一定的错误，此后进行了改进。

两者都是短距离无线通信技术，但蓝牙无线通信技术存在功耗高、复杂度高、通信距离短等缺点，应用范围有限，在家庭和个人范围内广泛应用。ZigBee 技术是为了满足工业自动化的需要而发展起来的，具有布局简单、抗干扰、传输可靠、使用方便、成本低等特点。通信距离延长到 10 m。

4.16.3.2　安全体系

蓝牙技术标准除了采用跳频扩频技术和低发射功率等常规安全技术外，还采用内置的安全机制来保证无线传输的安全性。

① 安全模式：在蓝牙技术标准中定义了三种安全模式：安全模式 1 为无安全机制的模式，在这种模式下，蓝牙设备屏蔽链路级的安全功能，适于非敏感信息的数据库的访问。安全模式 2 提供业务级的安全机制，允许更多灵活的访问过程。安全模式 3 提供链路级的安全机制，链路管理器对所有建立连接的应用程序以一种公共的等级强制执行安全标准。

② 设备和业务的安全等级：蓝牙技术标准为蓝牙设备和业务定义安全等级，其中设备定义了三个级别的信任等级：可信任设备、不可信任设备、未知设备。对于业务，蓝牙技术标准定义了三种安全级别：需要授权与鉴权的业务、仅需鉴权的业务以及对所有设备开放的业务。

③ 链路级安全参数：蓝牙技术在应用层和链路层上提供了安全措施。链路层采用了四种不同实体来保证安全。所有链路级的安全功能都是基于链路密钥的概念实现的，链路密钥是对应每一对设备单独存储的一些 128 位的随机数。

④ 密钥管理：蓝牙系统用于确保安全传输的密钥有几种，其中最重要的密钥是用于两个蓝牙设备之间鉴权的链路密钥。加密密钥可以由链路密钥推算出来，这将确保数据包的安全，而且每次传输都会重新生成。此外，还有 PIN 码用于设备之间互相识别。

⑤ 加密算法：蓝牙系统加密算法为数据包中的净荷（即数据部分）加密，其核心部分是数据流密码机 E0，它包括净荷密钥生成器、密钥流生成器和加/解密模块。

⑥ 认证机制：两个设备第一次通信时，借助"结对"初始化过程生成一个共用的链路密钥，结对过程要求用户输入 16 字节（或 128 位）PIN 到两个设备。为防止非授权用户的攻击，蓝牙标准规定，如果认证失败，蓝牙设备会推迟一段时间重新请求认证，每增加一次认证请求，推迟时间就会增加一倍，直到推迟时间达到最大值。同样，认证请求成功后，推迟时间也相应地成倍递减，直到达到最小值。

⑦ 蓝牙安全架构：蓝牙安全架构可以实现对业务的选择性访问，并允许协议栈中的协议强化其安全策略，此框架指出了何时涉及用户的操作，下层协议层需要哪些动作来支持所需的安全检查等。

相应地，工控领域中的 ZigBee 技术以维护接入控制表以及安全加密为核心。IEEE 802.15.4 标准规定，ZigBee 协议栈的 MAC 层可以提供设备之间基本的安全服务和互操作。MAC 的上层决定 MAC 层是否使用安全措施，并提供该安全措施所必需的关键资料信息。此外，上层还负责对密钥的管理、设备的鉴别以及对数据的保护、更新等。其主要的安全服务有：

① 接入控制：每个设备通过维护一个接入控制表（ACL）来控制其他设备对自身的访问。

② 数据加密：采用基于 128 位 AES 算法的对称密钥方法来保护数据。在 ZigBee 协议中，信标帧净载荷、命令帧净载荷和数据帧净载荷要进行数据加密。

③ 数据完整性：数据完整性使用消息完整码（Message Integrity Code，MIC），可以防止对信息进行非法修改。

④ 序列抗重播保护：使用 BSN（信标序列号）或者 DSN（数据序列号）来拒绝重放的数据的攻击。

MAC 层允许对数据进行安全操作，但是并不是强制安全传输，而是根据设备的运行模式及所选的安全组件，对设备提供不同的安全服务。ZigBee 协议栈中提供了 3 种安全模式：

① 非安全模式：在 MAC 层中，该模式为默认安全模式，不采取任何安全服务。

② 接入控制（ACL）模式：这种模式仅仅提供接入控制。作为一个简单的过滤器，其只允许来自特定节点发来的报文。

③ 安全模式：同时使用接入控制和帧载荷密码保护，提供了较完善的安全服务。只有在该模式下，才使用上文中所提及的 4 种安全服务。

蓝牙安全技术和 ZigBee 技术也存在着一些问题，如：

① 用户隐私：由于蓝牙设备内的蓝牙地址具有全球唯一性，一旦这个地址与某用户相关联，他的行动就会被记录，隐私就得不到保障。

② PIN 问题：为了初始化一个安全连接，两个蓝牙设备必须输入相同的 PIN 码。PIN 是唯一可信的用于生成密钥的数据，链路密钥和加密密钥都与它有关。用户有可能将其存储在设备上，或者输入过于简单，所以 PIN 易受到攻击，解决的方法是使用较长的 PIN，或者使用密钥变更系统。

③ 链路密钥：鉴权和加密都是基于双方共享的链路密钥，这样，某一设备很可能利用早就得到的链路密钥以及一个伪蓝牙地址计算出加密密钥，从而监听数据流。虽然这种攻击需要花一些时间，但贝尔实验室已证实了其可能性。

④ 从设备中获取密钥：如果采用的是密钥预置的方式或者密钥派生的方式部署密钥，那么预置的网络密钥或者主密钥需要与固件一起存储在设备的 ROM 中，而这些密钥是由网络中所有设备共享的，如果能够读出设备的固件，就可以设法找到密钥。

⑤ 篡改漏洞：修改帧计数器（Frame Counter）大于当前最新的数据包的帧计数器，篡改数据后，使用链接密钥重新加密并发送出去。

4.17　网络安全审计技术

"审计"一词最初出现在企事业单位的金融和会计活动中，作为一种良好的监督机制来保证经济系统合理、安全运作。然而，在当今信息社会，安全审计是由多学科交叉发展起来的，和传统审计不同，它应用于计算机网络安全领域，对信息系统进行安全控制和审查评价。网络安全审计（网络备案）的目的主要是加强和规范互联网安全技术防范工作，保障互联网网络安全和信息安全，促进互联网健康、有序发展，维护国家安全、社会秩序和公共利益。

4.17.1　基本概念

4.17.1.1　安全审计

安全审计（Security Audit）是指，对信息系统中各事件及行为实行监测、信息采集、分析，并针对特定事件及行为采取相应响应动作。安全审计为安全管理人员提供大量用于分析的管理数据，根据这些数据可以发现违反安全规则的行为和对违规行为的取证。利用安全审计的结果还能调整安全策略，及时封堵系统的安全漏洞。安全审计可以通过可视化的方式描述信息系统的安全状况，帮助系统管理人员方便管理信息系统，对安全事件进行有效监控、协调并迅速做出反应，提高信息系统的可用性，加强了企业内部管理。

安全审计的主要功能包括安全审计自动响应、安全审计数据生成、安全审计分析、安全审计浏览、安全审计事件存储、安全审计事件选择等。

① 安全审计自动响应：当审计系统检测出违反安全规则的事件时所采取的响应措施。常见的响应方式有两种：安全报警与强制阻断，用户可以根据需要定制出不同的报警等级和不同的报警方式，例如实时报警的生成、违例进程的终止、中断服务、用户账号的失效等。强制阻断方式能够迅速阻止威胁，一般需要和其他安全防护系统联动执行，响应的行动可以做增加、删除、修改等操作。

② 安全审计数据生成：规定了对安全事件相关的事件进行记录，主要对审计层次鉴别，确定需要被审计的事件类型，以及鉴别由各种审计记录类型提供的相关审计信息的最小集合，如事件发生的时间、事件类型、事件标识等。系统可定义可审计事件清单，每个可审计事件对应于某个事件级别，如低级、中级、高级。

③ 安全审计分析：对系统活动和审计数据的自动分析能力。安全审计分析能力是关系到整个系统审计能力的关键因素，目前入侵检测技术是实时安全审计分析的基础。安全审计分析的对象是审计事件，当一个审计事件出现或者累计出现一定次数时，可以确定违规行为的发生，并进行审计分析。

④ 安全审计浏览：主要是指经过授权的管理人员对于审计记录的访问和浏览，它包括审计浏览、有限审计浏览、可选审计浏览。安全审计浏览需要对浏览人员的权限进行控制，审计记录只能被授权人员浏览。同时，还应该提供审计浏览工具用于数据解释和条件查询等，方便管理员浏览审计记录。

⑤ 安全审计事件存储：主要是指对审计记录的维护，包括如何保护审计，如何保证审计记录的有效性，以及如何防止审计数据丢失、非法访问、破坏等。审计事件记录是整个审计系统最关键的数据，审计系统需要对其进行加密处理，以及访问控制，防止数据被篡改。除此之外，还要考虑在极端情况下审计数据的有效性，以及数据备份与恢复。

⑥ 安全审计事件的选择：指管理员可以维护、检查或修改审计事件的集合，可选择接受审计的事件。由于海量的审计事件的存在，系统需要做到实时有效的安全审计，就必须对

审计事件进行筛选，根据不同场合和不同需求选择感兴趣的安全属性，这样可以减少系统开销，提高审计效率。

对于安全审计的评价，有相关的标准，这些常用的评价标准以及评估准则主要包括：TCSEC 准则，可信计算机系统评价准则；TNI 标准，可信网络解释准则；ITSEC 标准，信息技术安全评测标准；CTCPEC 准则，加拿大可信计算机产品评估准则；CC 准则，信息技术安全评价通用准则；国标 GB 17859—1999、GB/T 20270—2006、GB/T 20945—2007、GB/T 39412—2020 标准。

4.17.1.2　网络安全审计

信息作为一种重要资源，它具备五个特征：完整性、保密性、可用性、不可否认性、可控性。信息安全的实质就是保护信息系统或信息网络中的信息资源免受各种类型的威胁、干扰和破坏，即保证信息的安全性。网络安全审计就是这"五性"的重要保障之一。网络安全审计是指在一个网络环境下以维护网络安全为目的的审计，因而叫网络安全审计。通俗地说，网络安全审计就是在一个特定的企事业单位的网络环境下，为了保障网络和数据不受来自外网和内网用户的入侵与破坏，而运用各种技术手段实时收集和监控网络环境中每一个组成部分的系统状态、安全事件，以便集中报警、分析、处理的一种技术手段。

具体来说，网络安全审计，是指按照一定的安全策略，利用记录、系统活动和用户活动等信息，检查、审查和检验操作事件的环境及活动，从而发现系统漏洞、入侵行为或改善系统性能的过程。其也是审查、评估系统安全风险并采取相应措施的过程。在不至于混淆的情况下，简称为安全审计，实际是记录和审查用户操作计算机及网络系统活动的过程，是提高系统安全性的重要举措。系统活动包括操作系统活动和应用程序进程的活动。用户活动包括用户在操作系统和应用程序中的活动，如用户所使用的资源、使用时间、执行的操作等。

4.17.2　发展简史

网络安全审计近年来的发展非常迅速，不论是人们的重视程度还是相关产品的开发，都体现出安全审计在现代信息网络社会中举足轻重的地位。网络安全审计最早出现在 IT 应用比较深入的金融业，后来逐渐扩展到其他行业。安全审计的目标是协助组织信息技术管理人员有效地履行其责任，以达成信息技术管理目标。

2002 年，美国安然公司和世通的财务欺诈案爆发后，美国紧急出台了萨班斯法案（SOX），赋予了"审计"新的意义。《萨班斯-奥克斯利法案（2002 Sarbanes-Oxley Act）》的第 302 条款和第 404 条款中，强调通过内部控制加强公司治理，包括加强与财务报表相关的 IT 系统内部控制，其中，IT 系统内部控制就是面向具体的业务，它是紧密围绕信息安全审计这一核心的。

2006 年年底生效的巴赛尔新资本协定，要求全球银行必须针对其市场、信用及营运三种金融作业风险提供相应水准的资金准备，迫使各银行必须做好风险控管（risk management），而其防范也正需要以业务信息安全审计为依托。"信息安全审计"成为企业内控、信息系统治理、安全风险控制等不可或缺的关键手段。美国信息系统审计的权威专家 Ron Weber 又将它定义为"收集并评估证据，以决定一个计算机系统是否有效做到保护资产、维护数据完整、完成目标，同时最经济地使用资源"。

网络安全审计已经扩展到了与网络信息相关的各行各业，安全审计系统对于网络信息安全的保障作用也越来越明显。随着信息系统规模不断扩大，系统中使用的设备也逐渐增多，每种设备都带有自己的审计模块。另外，还有专门针对某一种网络应用设计的审计系统，如操作系统的审计系统、数据库审计系统、网络安全审计系统、应用程序审计系统等，但是目前也存在着审计数据格式不统一、审计分析规则无法统一定制等问题，这些也给系统的全面、综合审计造成了一定的困难。

另外，对于网络安全审计的立法工作近年来也呈上升趋势。《互联网安全保护技术措施规定》（公安部令第 82 号）已于 2005 年 11 月 23 日经公安部部长办公会议通过，2005 年 12 月 1 日发布，自 2006 年 3 月 1 日起施行。"82 号令"推出之后，网络安全审计系统成为各互联网提供者必须配备的设施。规定中所称互联网服务提供者，是指向用户提供互联网接入服务、互联网数据中心服务、互联网信息服务和互联网上网服务的单位。规定所称联网使用单位，是指为本单位应用需要而连接并使用互联网的单位，既包括网吧这一类经营性场所，也包括酒店、高校等非经营性场所。广道网络安全审计系统既可以面向内网，对企业员工的上网行为进行管理，也可以面向外网，对上网行为进行安全审计。广道无线审计系统的出现使网络安全审计得以覆盖至无线领域。

同时，随着各行各业都接入"互联网+"环境，以及人工智能、云计算、物联网、移动互联等技术的快速发展，安全趋势和形势也发生急速变化，国家对于安全规范问题的关注日益提升，在安全等级保护制度 1.0 的版本基础上，于 2019 年 12 月又提出了安全等级保护制度 2.0。等级保护对象不再泛指信息系统，而是明确到了多个扩展领域，包括基础信息网络（广电网、电信网等）、信息系统（采用传统技术的系统）、云计算平台、移动互联、物联网和工业控制系统等。其中，对于安全审计规范，细分到了安全区域边界、安全计算环境、安全管理，相关企业必须达到相应的审计技术标准。

4.17.3　基本原理

网络安全审计的基本原理是在一个特定的网络环境下，通过技术手段保障网络和数据不受来自外网和内网用户的入侵与破坏，并且实时收集和监控网络环境中每一个组成部分的系统状态、安全事件，进行集中报警、分析、处理。

其中，安全审计对系统记录和行为进行独立的审查与估计，其主要作用和目的包括 5 个方面：

① 对可能存在的潜在攻击者起到威慑和警示作用，核心是风险评估。
② 测试系统的控制情况，及时进行调整，保证与安全策略和操作规程协调一致。
③ 对已出现的破坏事件，做出评估并提供有效的灾难恢复和追究责任的依据。
④ 对系统控制、安全策略与规程中的变更进行评价和反馈，以便修订决策和部署。
⑤ 协助系统管理员及时发现网络系统入侵或潜在的系统漏洞及隐患。

4.17.3.1　主要技术分类

网络安全审计从审计级别上可分为 3 种类型：系统级审计、应用级审计和用户级审计。

系统级审计：系统级审计主要针对系统的登录情况、用户识别号、登录尝试的日期和具体时间、退出的日期和时间、所使用的设备、登录后运行程序等事件信息进行审查。典型的系统级审计日志还包括部分与安全无关的信息，如系统操作、费用记账和网络性能。这类审计既无法跟踪和记录应用事件，也无法提供足够的细节信息。

应用级审计：应用级审计主要针对的是应用程序的活动信息，如打开和关闭数据文件、读取、编辑、删除记录或字段的等特定操作，以及打印报告等。

用户级审计：用户级审计主要是审计用户的操作活动信息，如用户直接启动的所有命令、用户所有的鉴别和认证操作、用户所访问的文件和资源等信息。

安全审计按照技术方法途径，有以下几类：

日志审计：目的是收集日志，通过 SNMP、SYSLOG、OPSEC 或者其他的日志接口从各种网络设备、服务器、用户电脑、数据库、应用系统和网络安全设备中收集日志，进行统一管理、分析和报警。

主机审计：通过在服务器、用户电脑或其他审计对象中安装客户端的方式来进行审计，可达到审计安全漏洞、审计合法和非法或入侵操作、监控上网行为和内容以及向外复制文件行为、监控用户非工作行为等目的。根据该定义，事实上主机审计已经包括了主机日志审计、主机漏洞扫描产品、主机防火墙和主机 IDS/IPS 的安全审计功能、主机上网和上机行为监控等类型的产品。

网络审计：通过旁路和串接的方式实现对网络数据包的捕获，而且进行协议分析和还原，可达到审计服务器、用户电脑、数据库、应用系统的安全漏洞，以及监控合法和非法或入侵操作、上网行为和内容、用户非工作行为等目的。根据该定义，事实上网络审计已经包括了网络漏洞扫描产品、防火墙和 IDS/IPS 中的安全审计功能，以及互联网行为监控等类型的产品。

数据库审计：数据库安全审计的概念相对比较新，近几年因为数据安全相关问题被频繁暴露出来，大家开始重视数据库的安全审计工作。数据库安全审计主要针对常见数据库（比如 SQL Server、Oracle、MySQL、MongoDB 等）的各项操作进行审计，比如增、删、改、查等操作。可采用的数据采集方式包括代理软件采集、原始报文信息，审计范围包括安全配置审计、服务账号行为审计、SQL 操作审计、会话审计等。

业务审计：业务安全审计是对业务系统应用过程的审计。业务系统一般包括服务器、网络设备、应用系统、数据库系统、客户端等，所以业务安全审计需要融合主机安全审计、网络安全审计、数据库安全审计和运维安全审计等功能，一般需要定制开发，针对业务系统用户在系统中的操作行为进行记录和审计。另外，为减少应用系统因审计而产生的性能降低，可以配合第三方审计系统（比如日志审计）来完成审计工作。

4.17.3.2　数据分析方法

在安全审计领域，提出了许多分析审计数据的方法。这些方法包括：

（1）专家系统应用于网络安全审计

专家系统被许多经典的检测模型所采用。这种方法的优点在于把系统的推理控制过程和问题的最终解答相分离，即用户不需要理解或干预专家系统内部的推理过程。但当专家系统应用于安全审计时，也存在一些实际问题。如处理海量数据时存在效率问题；缺乏处理序列数据的能力，即数据前后的相关性问题；专家系统的性能完全取决于设计者的知识和技能；只能检测一直的攻击模式。

（2）状态转移法应用于网络安全审计

状态转移法是指采用优化的模式匹配技术来处理误用检测问题。这种方法采用系统状态和状态转移的表达式来描述已知的攻击模式。其优点是具有处理速度的优势和系统的灵活性。其缺点也是比较明显的，比如当前状态的断言和特征行为需要手工编码；又如对当前状态下得出的断言进行评估时，可能需要从目标系统获取额外的信息，这个过程通常会导致系统性能的下降，对于未知攻击的检测无能为力。

（3）基因算法应用于网络安全审计

基因算法是进化算法的一种，引入了达尔文在进化论中提出的自然选择（优胜劣汰、适者生存）的概念对系统进行优化，可以用于进行异常检测。这种方法对于处理多维系统的优化非常有效，但将基因算法应用于安全审计过程中时，也存在缺陷：系统无法检测多种同时发生的攻击行为，无法在审计记录中实现准确定位，这使得检测器的结果中不包含时间信息。如果需要提供这方面的信息，必须进行进一步的研究工作或者依赖于其他调查手段的帮助。

（4）基于免疫系统的网络安全审计技术

免疫系统不但能记忆曾经感染过的病原体的特征，还能够有效检测未知的病原体，研究人员在生物免疫系统和计算机系统的保护机制之间发现了一定程度的相似性。通过这种作用与保护机制可以实现对网络中异常的检测。但某些类型的攻击，例如条件竞争、身份伪装等不能通过这种技术检测出来。

（5）神经网络技术应用于网络安全审计

神经网络是一种非参量化的分析技术，使用自适应学习技术来提取异常行为的特征，通过训练得出正常的行为模式。神经网络由大量的被称为"单元"的处理元件组成，单元之间通过带有权值的连接进行交互。这种方法具备了非参量化统计分析的优点。这种方法存在的问题是神经网络的不稳定的网络结构决定了它对判断为异常的事件不会提供任何解释或说明信息，这导致用户无法确认入侵的责任人，也无法判断究竟是系统哪方面存在的问题而导致攻击者得以成功入侵。

（6）基于 Agent 的网络安全审计技术

Agent（代理）可以被看作是在网络中执行某项特定监视任务的软件实体。Agent 通常以自治的方式在目标主机上运行，本身只受操作系统的控制，因此不会受到其他进程的基于网络安全审计分析算法的研究影响。通过 Agent，可以综合运用误用检测和异常检测，从而弥补两者各自的缺陷。但这种方法中监视器是系统的关键部件。如果某个监视器停止工作，所有在该监视器控制下的转发器都无法提交结果，而且当多个监视器对同一问题作出报告时，可能产生信息的不一致性和可重复性。

（7）基于内核的网络安全审计技术

这种方法是从操作系统内核收集数据，作为检测入侵或异常行为的根据。这种方法主要用于开源代码的 Linux 系统。其优点是具备良好的检测效率和数据源的可信度，但这种方法对操作系统本身的安全性有很强的依赖性。以 Linux 为例，随着 Linux 系统的广泛应用，越来越多的安全漏洞被发现和公布。如果 Linux 的补丁没有被及时安装，入侵者可以很容易地侵入系统，甚至获取 root 权限。

（8）基于规则库的网络安全审计技术

基于规则库的分析方法，通过协议特征、正则表达式等方法，将日志中的内容与规则库中的规则进行比对和匹配，将满足一定规则或者超过一定阈值的日志内容判定为安全威胁或者敏感操作。基于规则库的分析方法检测准确率高，但是其能检测的行为类型完全依赖于规则库的建立，规则库通常是人工建立的，规则库的丰富程度和更新快慢直接影响着该方法的检测效果和扩展性，自适应性差，而且检测的速度与规则的复杂程度相关，规则越复杂，匹配速度越慢。

（9）基于数据挖掘的网络安全审计技术

数据挖掘本身是一项通用的知识发现技术，其目的是要从海量数据中提取出我们所感兴趣的数据信息（知识）。这恰好与当前网络安全审计的现实相吻合。目前，操作系统的日益复杂化和网络数据流量的急剧膨胀，导致了安全审计数据同样以惊人的速度递增。激增的数据背后隐藏着许多重要的信息，人们希望能够对其进行更高抽象层次的分析，以便更好地利用这些数据。将数据挖掘技术应用于对审计数据的分析，可以从包含大量冗余信息的数据中提取出尽可能多的隐藏的安全信息，抽象出有利于进行判断和比较的特征模型。根据这些特征向量模型和行为描述模型，可以由计算机利用相应的算法判断出当前网络行为的性质。优点主要包括检测速度快、准确率高和自适应能力强。

4.17.4　关键技术

网络安全审计的关键技术主要包括以下几个方面：

（1）通信机制

能否拥有一个高效、扩展性好的通信机制对一个安全审计系统是十分重要的，而这也成为研究的热点之一。在分布式 IDS 环境下，为了提高安全审计系统的组件之间及与其他安全产品之间的互操作性，各 IDS 及其组件必须能够共享信息和相互通信，这就要求各种 IDS 必须遵循相同的信息表达方式和相应的通信机制，也就是必须遵循一个公共的 IDS 的框架结构，即公共入侵检测框架。IDS 相同组件之间需要通信，不同的厂商的 IDS 系统之间也需要通信。因此，定义统一的协议，使各部分能够根据协议所制定的标准进行沟通是很有必要的。对 IDS 进行标准化的工作有两个组织：公共入侵检测框架（CIDF）和 IETF 的入侵检测工作组（IDWG）。

（2）日志格式统一

安全审计系统所需要审计的数据根据系统的不同会不一样。比如，对于网络审计系统说，它主要通过工具抓取网络数据包作为分析数据；另外，主机审计和应用审计等系统是将系统产生的日志文件作为分析用户操作行为的依据。如果系统采用日志审计技术，那么日志归一化技术则是系统重点技术之一。

不同的应用系统产生的日志格式都不一样，而这给审计系统日志统一管理带来了难题和不便。因此，在获取日志格式后，安全审计系统还需要有一个将原始日志进行格式化的过程，并将其存储为日志审计系统定义的格式。在此之前，系统应该尽可能地把可以忽略的属性值去掉，做到更多地兼容各种格式的日志。这样，每个审计日志就能描述一个安全相关事件的发生。一个事件报告了一个主体到客体的行动的完成。这些属性包括事件的类型、涉及的主体和客体的身份标识、行动的资源消耗情况、行动是否成功等。

根据系统采集到的日志种类的特点，一般将日志数据处理分为以下几个步骤：数据过滤、数据简约、数据合并、格式转化。

（3）Web Service 技术

随着网络的普及，企业的应用系统往往是分布式的，有的网络甚至由多达几百、上千台的计算机组成，分布在不同的地理位置，系统管理员已不可能手工从这些计算机收集日志了。Wed Service 的使用很好地满足了系统分布式的要求。Web Service 技术是一种优秀的分布式计算技术，它解决了在使用其分布式计算时遇到的问题，比如：通过防火墙，异构平台集成，协议复杂性等。Web Service 主要用到的技术有 XML、SOAP、WSDL、UDDI，它们是构建 Web 服务的核心与基础。

（4）数据存储技术

应用审计系统的数据源主要是应用程序或操作系统生成的日志记录，获取的数据量非常大，一个 C2 级生成的审计踪迹可能包含每个用户每天（5~50）×10^4 的记录，对于一个中等规模的用户组来说，每天审计踪迹数据可能会有几十兆字节。所以，应用审计系统不能像其他入侵检测系统那样把数据存储在 Access 或 MySQL 这样的小型数据库中，而应该集中存储在大型关系数据库中，并且需要提供一套数据库管理工具，帮助管理员归档、备份、删除数据记录，实时了解数据库的存储情况。

（5）数据挖掘技术

数据挖掘技术是从大量的、不完全的、有噪声的、模糊的、随机的数据中，提取隐含在其中的，人们事先不知道的，但又是潜在有用的信息和知识的过程。数据挖掘是知识发现中的核心工作，主要研究发现知识的各种方法和技术。

数据挖掘可以概括为三个部分：数据准备、数据挖掘以及结果的解释和评估。

数据挖掘方法是由人工智能、机器学习的方法发展而来的，结合传统的统计分析方法、模糊数学方法以及科学计算可视化技术，以数据库为研究对象，形成了数据挖掘的方法和技术。其中经常用到的方法有关联分析方法、序列分析方法、遗传算法等。

基于数据挖掘的安全审计系统有如下优点：检测异常行为准确率高、减轻数据过载、自适应能力强等。

（6）网络数据处理架构技术

网络设备需要处理网络通信过程中的各种处理任务，具体而言，就是对每个网络数据包，按照各层次的网络协议进行处理。不同网络设备的主要功能不同，其处理协议层次也不同，如网络主机终端设备，需要向主机上运行的网络应用提供数据服务，所以必须具备完整的二层到七层（从链路层到应用层）网络协议的处理功能；而网络中间转发设备，如二层交换机，只需要处理到第二层，即链路层，三层交换机和路由器只需要处理到第三层，即网络层。不同层次及功能的网络设备，其数据处理平台也有所区别，如通用处理器平台系统内核采用 TCP/IP 协议栈结合了 DPDK 数据技术，通过专门的硬件电路设计组装专用网络处理芯片的网络处理器平台等。

4.18 其他安全防御技术

4.18.1 自动入侵响应技术

研究结果显示，对于一个熟练的攻击者，从入侵发现到响应执行，如果这之间留给他 10 小时，那么他入侵成功的概率为 80%；如果这个时间为 20 小时，那么他入侵成功的概率为 95%。这个结果说明了及时响应是非常重要的。针对大量的网络安全事件以及响应的及时性要求，自动入侵响应系统被提了出来。所谓自动响应，就是响应系统不需要管理员手工干预，检测到入侵行为后，系统自动进行响应决策，自动执行响应措施，从而大大缩短了响应时间。同时，响应系统的自动化也使得应对大量的网络安全事件成为可能。

根据自动入侵响应的目的和技术要求，自动入侵响应应该具备以下基本特性：

① 有效性：针对具体入侵行为，自动响应措施应该能够有效阻止入侵的延续和最大限度降低系统损失，这是入侵响应的目的所在。

② 及时性：要求系统能够及时采取有效响应措施，尽最大可能缩短入侵发现和响应执行之间的时间窗口，即缩短响应时间，这也是引入自动响应的目的所在。及时性要求支持响应决策和响应执行算法的时间复杂度不能太高。

③ 合理性：响应措施的选择应该在技术可行的前提下，综合考虑法律、道德、制度、代价、资源约束等因素，采用合理可行的响应措施。比如响应应该以最小的代价换取最大的安全目标，当响应的代价大于攻击持续所造成的损失时，响应就没有必要了。

④ 安全性：自动入侵响应系统的作用在于保护网络及主机免遭非法入侵，显然它自身的安全性是最基本的要求。

⑤ 自适应性：面对不同的入侵姿态和行为，能够自动化诊断并给出相应的应急响应，在不同危险级别之间进行切换。

在参考通用入侵检测模型，并考虑自动入侵响应系统应该具备的功能的基础上，一个可能的自动入侵响应系统的通用模型如图 4.53 所示。图中安全事件由系统前端的 IDS 检测输出；响应决策模块依据响应决策知识库，决定对于入侵检测系统检测到的安全事件做出什么响应，并由此产生响应策略；响应策略用某种中间语言描述，然后由响应执行模块解释执行，响应执行需要调用响应工具库中预先编制好的程序工具；响应结果应该反馈回响应决策模块，以此来调整和改进响应策略和决策机制。这里，响应决策模块是整

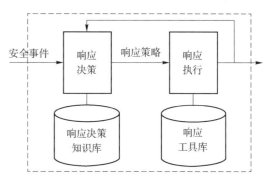

图 4.53　自动入侵响应系统模型

个系统的核心，因为及时、有效、合理的响应策略是降低系统损失的关键。另外，响应工具库应该是与具体受保护系统相关的，因为响应措施最后会具体到一系列的系统命令；而响应工具库建立，是为了使响应系统其他部分尽量与受保护系统无关，从而使得自动入侵响应系统具有较好的通用性或可移植性。

自动入侵响应系统的响应方式主要分为主动响应和被动响应两种类型。

主动响应包括基于一个检测到的入侵所采取的积极措施。对于主动响应来说，按照响应的步骤可以归为下列几类：

① 抑制：针对入侵者，可以采取断开危险连接，重新配置防火墙以阻拦来自入侵发起的 IP 地址的数据包等措施；针对受攻击系统的措施包括备份系统、关闭系统对外提供的某些服务，甚至在认为必要的时候将受攻击系统从网络隔离出来或关闭系统。

② 根除：修正系统，以弥补导致入侵事件发生的系统缺陷，从而从根本上避免类似事件的再发生。这种方法类似于生物体的免疫系统，可以辨认出问题所在，并将引起问题的部

分隔离并修复；根除是真正实质性的响应方式。

③ 恢复：系统恢复的目的是把所有被破坏的系统、应用、数据库等恢复到它们正常的任务状态。

被动的自动入侵响应包括发现入侵行为之后的一些初步的响应动作，如激活更详细的日志审计，激活更详细的入侵检测，以及估计事件范围、危害程度、潜在的危害度，收集事件相关信息，并在此基础上产生事件报告。主动响应和被动响应并不是相互独立的，被动响应是主动响应的基础。不管是否决定采用其他的响应方式，针对安全事件的被动响应措施是必需的。

自动入侵响应大多只是建立于入侵检测系统中的一个功能模块，而且主要以记录和报警等被动响应为主；少数自动入侵响应系统实现了一些主动响应的功能，但是基本上是通过简单的静态决策表来实现响应决策的。真正采用动态决策的自动入侵响应系统很少，如 CSM、AAIRS 和基于动态博弈的入侵响应决策。CSM（Cooperating Security Managers）是一个分布式的基于主机的入侵检测与响应系统。CSM 通过三个不同模块完成入侵响应功能：命令审计（Command Auditor，CA）、损失控制（Damage Control Processor，DCP）、损失评估（Damage Assessment Processor，DAP）。AAIRS（Adaptive Agent-based Intrusion Response System）是一个基于代理的自适应自动入侵响应系统。它采用了代理技术，与基于代理的入侵检测系统相结合，并将自适应技术应用其中，较好地实现了自动入侵响应功能。基于动态博弈的入侵响应通过合理限制攻击者和防御者的行动空间，有效解决了博弈理论的理性假设与攻防主体的非理性行为之间的矛盾。为了准确评估和量化攻防双方的成本收益函数，提出了一种基于系统资源权重的成本收益评估方法。本模型不仅可以进行响应措施的决策，还可以进行响应时机的决策，可以制定一个包含响应措施和响应时机的多步响应策略，而且此策略不是固定不变的，可以根据攻击者的攻击行为的变化而动态变化，使自动入侵响应系统的响应更加智能、灵活。

4.18.2　网络安全协议基础

TCP/IP 协议制定初期未很好地考虑安全性问题，但网络服务需要安全，于是面向协议各个层次的安全协议便出现了。数据交换过程中的安全性问题需要通信双方在数据交换之前进行协商，并达成一致协议；在数据交换过程中，遵循双方协商的协议，这也是网络安全协议的基本功能和任务。本节主要介绍基于数据链路层、基于网络层、基于传输层和基于应用层的安全协议。

4.18.2.1　链路层安全协议

在计算机网络中，物理链路主要有两种：一是本地链路，主要通过局域网（LAN）链路将本地各个节点互相连接起来实现数据通信；二是远程链路，主要通过广域网链路实现远程节点之间的数据通信。不同的物理链路所采用的数据链路层协议是不同的，本地链路的数据链路层协议一般采用 IEEE 802 局域网协议标准，远程链路的数据链路层协议主要采用点到点协议（PPP）。数据链路层安全协议增强了数据链路层协议的安全性，即在数据链路层协议的基础上增加了安全算法协商和数据加密/解密处理的功能与过程。

在 IEEE 802 局域网标准中，涉及局域网安全的协议标准主要有 802.10 和 802.1Q。802.10 是互操作局域网/城域网安全标准（Interoperable LAN/MAN Security Standard）；802.1Q 是虚拟局域网 VLAN（Virtual LAN）协议标准。

SLIP（Serial Line IP）即串行线路网际协议，是串行线路上对 IP 数据报进行封装的简单形式。其不但能够发送和接收 IP 数据报，还提供了 TCP/IP 的各种网络应用服务（如 Rlogin、Telnet、FTP、RTP 等）。个人用户可利用 SLIP 协议拨号上网，行业用户则可通过租用 SLIP 专线远程传输业务数据。

PPP 协议提供了一种在串行链路上点到点传输多种协议数据报的标准方法。PPP 协议主要由三部分组成：一是 PPP 数据封装方法，用于对多种协议的数据报进行 PPP 封装；二是连接控制协议（Link Control Protocol，LCP），用于建立、终止、配置和测试 PPP 连接；三是网络控制协议（Network Control Protocol，NCP），这是一组协议，用于在 PPP 连接上建立和配置不同的网络层协议。

PPTP 最初是由 Microsoft 公司提出的，并将该协议集成到 Windows NT 操作系统中。为了推动 PPTP 的开发和应用，专门成立了 PPTP 论坛，经过多次修改，于 1999 年 7 月公布了 PPTP 标准文档——RFC2637。PPTP 协议是 PPP 协议的扩展，提供了一种通过 IP 网络传送 PPP 数据的方法，允许用户使用 PSTN（Public Switched Telephone Network，公共交换电话网络）或 ISDN（Integrated Services Digital Network，综合业务数码网络）线路和 PPP 协议以隧道方式通过 IP 网络发送数据。

1996 年，Cisco 提出 L2F（Layer 2 Forwarding）隧道协议，它也支持多协议，但其主要用于 Cisco 的路由器和拨号访问服务器。1997 年年底，Micorosoft 和 Cisco 公司把 PPTP 协议和 L2F 协议的优点结合在一起，形成了 L2TP 协议。L2TP 支持多协议，利用公共网络封装 PPP 帧，可以实现和企业原有非 IP 网的兼容。还继承了 PPTP 的流量控制，支持 MP（Multilink Protocol，多链路协议），把多个物理通道捆绑为单一逻辑信道。L2TP 使用 PPP 可靠性发送（RFC1663）实现数据包的可靠发送。L2TP 隧道在两端的 VPN 服务器之间采用口令握手协议 CHAP 来验证对方的身份。同时，协议支持备份 LNS，当主 LNS 不可达之后，LAC 可以与备份 LNS 建立连接，增加了 L2TP 服务的可靠性和容错性。L2TP 受到了许多大公司的支持。

4.18.2.2　网络层安全协议

IPSec（Internet Protocol Security）协议是 Internet 安全协议的缩写，它是一个用于保证通过 IP 网络进行安全的秘密通信的开放性标准框架。IPSec 协议的目的是保证通过公共 IP 网络的数据通信的保密性、完整性和真实性。IPSec 协议实现了网络层的加密和认证，它在网络体系结构中提供了一种端到端的安全解决方案。通过这种方式，端系统和应用程序可以享用高强度安全带来的便利，而不需要做任何改变。因为 IPSec 加密的数据包看上去与通常的 IP 数据包相似，这些数据包可以容易地通过任何 IP 网络，如 Internet，而不需要对中间的网络互联设备做任何改变。只需知道加密的唯一设备就是端点。这个特点大大地降低了实现和管理的成本。IPSec 在 IP 层提供安全服务，这可以通过使系统选择所需要的安全协议、决定为提供服务而使用的算法，以及实现为提供下面的服务而需要的任何密钥来实现：①访问控制；②互连接的完整性（对 IP 数据包自身的一种检测方法）；③数据源认证；④拒绝重放的数据包（一种部分序列号完整性）；⑤保密性；⑥有限的通信流保密性。

IPSec 用于在两个端点之间提供安全的 IP 通信，但只能加密并传播单播数据，无法加密和传输语音、视频、动态路由协议等组播数据流量；通用路由封装协议（Generic Routing Encapsulation，GRE）提供了将一种协议的报文封装在另一种协议报文中的机制，是一种隧道封装技术，GRE 可以封装组播数据，并可以和 IPSec 结合使用，从而保证语音、视频等组播业务的安全。

MPLS（Multi-Protocol Lable Switching，多协议标签交换）是一种在开放的通信网上利用标签引导数据高速、高效传输的新技术。多协议是指 MPLS 不但可以支持多种网络层层面上的协议，还可以兼容第二层的多种数据链路层技术。其具有以下优点：①MPLS 采用短而定长的标签进行数据转发，大大提高了硬件限制下的转发能力；②MPLS 可以扩展到多种网络协议（例如：IPv6、IPX 等）；③MPLS 协议从各种链路层协议（例如：PPP、ATM、帧中继、以太网等）得到链路层服务；④可为网络层提供面向连接的服务；⑤MPLS 能从 IP 路由协议和控制协议中得到支持，路由功能强大、灵活，可以满足各种新应用对网络的要求。

4.18.2.3 传输层安全协议

SOCKS v5 由 NEC 公司开发，是建立在 TCP 层上的安全协议，更容易为与特定 TCP 端口相连的应用建立特定的隧道，可协同 IPSec、L2TP、PPTP 等一起使用。SOCKS v5 能对连接请求进行认证和授权。SOCKS v5 是一个需要认证的防火墙协议。当 SOCKS 同 SSL 协议配合使用时，可作为建立高度安全的虚拟专用网的基础。SOCKS 协议的优势在于访问控制，因此适合用于安全性较高的虚拟专用网。SOCKS 现在被 IETF 建议作为建立虚拟专用网的标准，尽管还有一些其他协议，但 SOCKS 协议得到了一些著名的公司如 Microsoft、Netscape、IBM 的支持。

安全套接层（SSL）是基于会话的加密和认证的 Internet 协议，它在两个实体（客户和服务器）之间提供了一个安全的管道。为了防止客户-服务器应用中的监听、篡改以及消息伪造，SSL 提供了服务器认证和可选的客户端认证。通过在两个实体之间建立一个共享的秘密，SSL 可提供保密性服务。SSL 工作在传输层（在应用层之下），并与使用的应用层协议无关。因此，应用层协议（HTTP、PFTP 和 Telnet 等）可以透明地置于 SSL 之上。

传输层安全是安全套接层（SSL）及其新继任者传输层安全（TLS）在互联网上提供保密安全信道的加密协议，为诸如网站、电子邮件、网上传真等数据传输进行保密。SSL 3.0 和 TLS 1.0 有轻微差别，但两种规范其实大致相同。TLS 的最大优势就在于其独立于应用协议。高层协议可以透明地分布在 TLS 协议上面。安全传输层协议用于在两个通信应用程序之间提供保密性和数据完整性。该协议由两层组成：TLS 记录协议（TLS Record）和 TLS 握手协议（TLS Handshake）。较低的层为 TLS 记录协议，位于某个可靠的传输协议（例如 TCP）上面，与具体的应用无关，所以，一般把 TLS 协议归为传输层安全协议。

Kerberos 是一种网络认证协议，其设计目标是通过密钥系统为客户机/服务器应用程序提供强大的认证服务。该认证过程的实现不依赖于主机操作系统的认证，无须基于主机地址的信任，不要求网络上所有主机的物理安全，并假定网络上传送的数据包可以被任意地读取、修改和插入数据。在以上情况下，Kerberos 作为一种可信任的第三方认证服务，是通过传统的密码技术（如：共享密钥）执行认证服务的。认证过程具体为：客户机向认证服务器（AS）发送请求，要求得到某服务器的证书，然后 AS 的响应包含这些用客户端密钥加密的证书。

4.18.2.4 应用层安全协议

应用层安全协议是指为特定应用提供安全服务的协议，如混合加密 PGP、简单邮件传输协议（SMTP）、超文本传输协议（HTTP）等。

　　PGP（Pretty Good Privacy）是一种对电子邮件进行加密和签名保护的安全协议与软件工具。它将基于公钥密码体制的 RSA 算法和基于单密钥体制的 IDEA 算法巧妙地结合起来，同时，兼顾了公钥密码体系的便利性和传统密码体系的高速度，从而形成一种高效的混合密码系统。发送方使用随机生成的会话密钥和 IDEA 算法加密邮件，使用 RSA 算法和接收方的公钥加密会话密钥，然后将加密的邮件文件和会话密钥发送给接收方。接收方使用自己的私钥和 RSA 算法解密会话密钥，然后再用会话密钥和 IDEA 算法解密邮件文件。PGP 还支持对邮件的数字签名和签名验证。另外，PGP 还可以用来加密文件。

　　S/MIME 是安全/多用途因特网邮件扩展的英文缩写，它是一个用于保护电子邮件的规范。该规范描述了一个通过对经数字签名和加密的对象进行 MIME 封装来增加安全服务的协议。这些安全服务有认证、非否认性、数据完整性和消息保密性。

　　S-HTTP 协议最初是由 Terisa 公司开发的。它是在 HTTP 协议的基础上扩充了安全功能，提供了 HTTP 客户和服务器之间的安全通信机制，以增强 Web 通信的安全。RFC2660 文档公布了 S-HTTP 协议的详细规范。S-HTTP 协议的目标是提供一种面向消息的可伸缩安全协议，以便广泛地应用于商业事务处理。因此，它支持多种安全操作模式、密钥管理机制、信任模型、密码算法和封装格式。在使用 S-HTTP 协议通信之前，通信双方可以协商加密、认证和签名等算法以及密钥管理机制、信任模型、消息封装格式等相关参数。

　　SSH 为 Secure Shell 的缩写，由 IETF 的网络小组（Network Working Group）所制定；SSH 是建立在应用层基础上的安全协议。SSH 是目前较可靠，专为远程登录会话和其他网络服务提供安全性的协议。利用 SSH 协议可以有效防止远程管理过程中的信息泄露问题。SSH 最初是 UNIX 系统上的一个程序，后来又迅速扩展到其他操作平台。SSH 在正确使用时可弥补网络中的漏洞。SSH 客户端适用于多种平台。几乎所有 UNIX 平台，包括 HP-UX、Linux、AIX、Solaris、Digital UNIX、Irix，以及其他平台，都可运行 SSH。目前 SSH 支持两种级别的校验：基于口令的安全验证和基于密钥的安全验证。

　　安全电子交易（SET）规范提供了一种保护在 Internet 电子商务交易中使用的支付卡免遭欺诈的框架。SET 通过保证持卡人数据的保密性和完整性来保护支付卡，同时，也提供了一种对卡的认证方式。规范的当前版本（SETv1）是由 MasterCard 和 Visa 在 1996 年 2 月发起并于 1997 年 6 月完成的。定义 SET 协议的有三本书：第一本书是商业描述，它用商业术语（也就是目标、参与者和整个体系结构）来描述规范。第二本书是程序员指南，它是一个开发者指南，详细介绍了体系结构、密码学以及在 SET 中使用的各种各样的消息。第三本书是协议的形式化定义，它提供了整个 SET 过程的一个形式化定义。

4.18.3　云计算安全

4.18.3.1　基本概念

　　云是网络、互联网的一种比喻说法。在勾画网络拓扑或网络结构时常见，过去在图中往往用云来表示电信网，后来也用来表示互联网和底层基础设施的抽象。狭义云计算指信息基础设施的交互和使用模式，指通过网络以按需、易扩展的方式获得所需资源；广义云计算指服务的交互和使用模式，指通过网络以按需、易扩展的方式获得所需服务。它意味着计算能力也可作为一种商品通过互联网进行流通。

"云安全"是"云计算"技术的重要分支，已经在反病毒领域当中获得了广泛应用。云安全通过网状的大量客户端对网络中软件行为的异常监测，获取互联网中木马、恶意程序的最新信息，推送到服务端进行自动分析和处理，再把病毒和木马的解决方案分发到每一个客户端。整个互联网变成了一个超级大的杀毒软件，这就是云安全计划的宏伟目标。云安全技术是 P2P 技术、网格技术、云计算技术等分布式计算技术混合发展、自然演化的结果。

4.18.3.2　安全问题

据中国信通院统计，全球云计算市场规模总体呈稳定增长态势，未来几年市场平均增长率在 20% 左右。但当前的云计算服务面临的前三大市场挑战分别为服务安全性、稳定性和性能表现。2009 年 11 月，Forreste Research 公司的调查结果显示，有 51% 的中小型企业认为安全性和隐私问题是他们尚未使用云服务的最主要原因。由此可见，安全性是客户选择云计算时的首要考虑因素。云计算由于其用户、信息资源的高度集中，带来的安全事件后果与风险也较传统应用高出很多。2018 年发生的 Exactis 事件，堪称云服务一次灾难性泄露，公开泄露了一个包含 2.3 亿美国消费者的个人数据的 Elasticsearch 数据库，究其原因，云服务器没有防火墙加密，直接暴露在公共的数据库查找范围内，此次事件引发人们对云安全的关注。云安全联盟（CSA）于 2020 年推出了最新版本的《云计算 11 大威胁报告》，总体来说，云计算技术主要面临以下安全问题。

① 虚拟化安全问题。利用虚拟化带来的可扩展性有利于加强在基础设施、平台、软件层面提供多租户云服务的能力，然而虚拟化技术也会带来以下安全问题：如果主机受到破坏，那么主要的主机所管理的客户端服务器有可能被攻克；如果虚拟网络受到破坏，那么客户端也会受到损害；需要保障客户端共享和主机共享的安全，因为这些共享有可能被不法之徒利用其漏洞；如果主机有问题，那么所有的虚拟机都会产生问题。

② 数据集中后的安全问题。用户的数据存储、处理、网络传输等都与云计算系统有关，如果发生关键或隐私信息丢失、窃取，对用户来说无疑是致命的。如何保证云服务提供商内部的安全管理和访问控制机制符合客户的安全需求，如何实施有效的安全审计，对数据操作进行安全监控，如何避免云计算环境中多用户共存带来的潜在风险，都成为云计算环境所面临的安全挑战。

③ 云平台可用性问题。用户的数据和业务应用处于云计算系统中，其业务流程将依赖于云计算服务提供商所提供的服务，这对服务商的云平台服务连续性、SLA 和 IT 流程、安全策略、事件处理和分析等提出了挑战。另外，当发生系统故障时，如何保证用户数据的快速恢复也成为一个重要问题。

④ 云平台遭受攻击的问题。云计算平台由于其用户、信息资源的高度集中，容易成为黑客攻击的目标，拒绝服务攻击造成的后果和破坏性会明显超过传统的企业网应用环境。

⑤ 法律风险。云计算应用地域性弱、信息流动性大，信息服务或用户数据可能分布在不同地区甚至不同国家，在政府信息安全监管等方面可能存在法律差异与纠纷；同时，由于虚拟化等技术引起的用户间物理界限模糊而可能导致的司法取证问题也不容忽视。

⑥ 滥用和恶意使用云服务。攻击者越来越多地使用合法的云服务来从事非法活动。例如，他们可能使用云服务在 GitHub 之类的网站上托管伪装的恶意软件，发起 DDoS 攻击，分发网络钓鱼电子邮件、挖掘数字货币、执行自动点击欺诈或实施暴力攻击以窃取凭据。

针对以上问题，CSA 关于数据泄露威胁的主要结论是：攻击者需要数据，因此企业需要定义其数据的价值及其丢失的影响。谁有权访问数据是解决保护数据的关键问题。可通过 Internet 访问的数据最容易受到错误配置或利用。加密可以保护数据，但需要在性能和用户体验之间进行权衡。企业需要考虑云服务提供商、经过测试的可靠的事件响应计划。

4.18.4 大数据安全

4.18.4.1 基本概念

对于"大数据"（Big data），研究机构 Gartner 给出了这样的定义："大数据"是需要新处理模式才能具有更强的决策力、洞察发现力和流程优化能力的海量、高增长率和多样化的信息资产。

大数据技术的战略意义不在于掌握庞大的数据信息，而在于对这些含有意义的数据进行专业化处理。换言之，如果把大数据比作一种产业，那么这种产业实现盈利的关键，在于提高对数据的"加工能力"，通过"加工"实现数据的"增值"。

从技术上看，大数据与云计算的关系就像一枚硬币的正反面一样密不可分。大数据必然无法用单台计算机进行处理，必须采用分布式架构。它的特色在于对海量数据进行分布式数据挖掘，但它必须依托云计算的分布式处理、分布式数据库和云存储、虚拟化技术。

随着云时代的来临，大数据也吸引了越来越多的关注。大数据通常用来形容一个公司创造的大量非结构化数据和半结构化数据，这些数据在下载到关系型数据库用于分析时，会花费过多时间和金钱。大数据分析常和云计算联系到一起，因为实时的大型数据集分析需要 MapReduce 这样的框架来向数十、数百或甚至数千的电脑分配工作。

适用于大数据的技术，包括大规模并行处理（MPP）数据库、数据挖掘电网、分布式文件系统、分布式数据库、云计算平台、互联网和可扩展的存储系统。

最小的基本单位是 bit，按顺序给出所有单位：bit、B、KB、MB、GB、TB、PB、EB、ZB、YB、BB、NB、DB。

4.18.4.2 安全问题

大数据引发了个人隐私安全、企业信息安全乃至国家安全问题。

（1）引发个人隐私安全问题

在大数据时代，想屏蔽外部数据商挖掘个人信息是不可能的。目前，各社交网站均不同程度地开放其用户所产生的实时数据，被一些数据提供商收集，还出现了一些监测数据的市场分析机构。通过人们在社交网站中写入的信息、智能手机显示的位置信息等多种数据组合，已经可以非常高的精度锁定个人，挖掘出个人信息体系，用户隐私安全问题堪忧。据统计，通过分析用户 4 个曾经到过的位置点，就可以识别出 95% 的用户。

大数据对个人信息获取渠道拓宽的需求引发了另一个重要问题：安全、隐私和便利性之间的冲突。消费者受惠于海量数据：更低的价格、更符合消费者需要的商品，以及从改善健康状况到提高社会互动顺畅度等生活质量的提高。但同时，随着个人购买偏好、健康和财务情况的海量数据被收集，人们对隐私的担忧也在增大。"棱镜门"事件爆发后，尴尬的奥巴马辩解道："你不能在拥有 100% 安全的情况下，同时拥有 100% 隐私和 100% 便利。"

2020年3月，有用户发现5.38亿条微博用户信息在暗网出售，其中1.72亿条有账户基本信息，售价0.177比特币。涉及的账号信息包括用户ID、账号发布的微博数、粉丝数、关注数、性别、地理位置等。对此，微博安全总监罗诗尧回应表示："泄露的手机号是2019年通过通讯录上传接口被暴力匹配的，其余公开信息都是网上抓来的。"同年10月，江苏泰州警方破获一起侵犯公民个人信息案，抓获犯罪嫌疑人7名，被售卖的公民个人信息达800多万条。

针对大数据时代所带来的隐私安全问题隐患，一些国家政府纷纷立法保护公众隐私。2012年2月，奥巴马政府公布了《消费者隐私权利法案》。欧盟于2018年5月25日发布了《通用数据保护条例》（GDPR）。该条例将影响适用于GDPR的企业收集和管理其客户及雇员个人数据的方式。根据GDPR，任何在欧盟设立机构的企业或者向欧盟境内提供产品和服务的企业在处理欧盟数据主体的个人数据时，都应当遵从该要求。2021年8月20日，十三届全国人大常委会第三十次会议表决通过《中华人民共和国个人信息保护法》，自2021年11月1日起施行。

（2）信息安全面临多重挑战

大数据来袭，企业不仅要学习如何挖掘数据价值，使其价值最大化，还要统筹安全部署，考虑如何应对网络攻击、数据泄露等安全风险，并且建立相关预案。正如Gartner论断的那样："大数据安全是一场必要的斗争。"当企业用数据挖掘和数据分析获取商业价值的时候，黑客也可以利用大数据分析向企业发起攻击。"黑客最大限度地收集更多有用信息，比如社交网络、邮件、微博、电子商务、电话和家庭住址等，为发起攻击做准备。尤其当你的VPN账号被黑客获取时，黑客就可以获取你在单位的工作信息，进而入侵企业网络。"绿盟科技首席战略官赵粮表示，大数据分析让黑客的攻击更精准。

通常，那些对大数据分析有较高要求的企业会面临更多的挑战，例如电子商务、金融、天气预报的分析预测、复杂网络计算和广域网感知等。启明星辰核心研究院资深研究员周涛表示，任何一个会误导目标信息的提取和检索的攻击都是有效攻击，因为这些攻击对安全厂商的大数据安全分析产生误导，导致其分析偏离正确的检测方向。"这些攻击需要我们集合大量数据，进行关联分析才能够知道其攻击意图。大数据安全是跟大数据业务相对应的，传统时代的安全防护思路此时难以起效，并且成本过高。"在周涛的眼里，与传统安全相比，大数据安全的最大区别是，"安全厂商在思考安全问题的时候首先要进行业务分析，并且找出针对大数据的业务的威胁，然后提出有针对性的解决方案。"

（3）国家安全将受到信息战与网络恐怖主义的威胁

在机械化战争时代，各国面临的是刀枪的正面冲击。如今的信息时代，安全环境发生了质的变化。不管是战争时期还是和平年代，一国的各种信息设施和重要机构等都可能成为打击目标，而且保护它们免受攻击已超出了军事职权和能力的范围。决策的不可靠性、信息自身的不安全性、网络的脆弱性、攻击者数量的激增、军事战略作用的下降和地理作用的消失等，都使国家安全受到了严峻的挑战。此外，网络化的今天，各个国家在石油和天然气、水、电、交通、金融、商业和军事等方面都依赖信息网络，更加容易遭受信息武器的攻击。

思考题

1. 简述网络防御和对抗过程及其特点。
2. 什么是网络安全事件？简述网络安全事件分类的目的和意义。
3. 什么是实体安全技术？什么是 TEMPEST 技术？其与 EMI 技术的区别如何？
4. 简述防火墙的概念、原理、结构及其关键技术。
5. 简述 IDS 的概念、原理、结构及其关键技术。
6. IDS 的基本特性有哪些？其注意问题是什么？
7. 什么是蜜罐技术？简述其作用、分类。试构造一种蜜罐系统。
8. 什么是计算机取证技术？其一般步骤如何？
9. 什么是身份认证技术？有哪些主要的身份认证技术？
10. 什么是基于生物特征的身份认证技术？有哪些可利用的生物特征？
11. 信息加密如何分类？简述 AES、RSA 的基本原理并分析其安全性。
12. 什么是信息隐藏？什么是数字水印？数字水印的鲁棒性如何保证？
13. 简述图像数字水印的嵌入和检出算法，并分析针对图像数字水印有哪些攻击方法。
14. 简述物理隔离技术的概念、原理、特点，其与防火墙、IDS 的区别是什么？
15. 什么是 VPN 技术？VPN 如何分类？有哪些关键技术？
16. 什么是灾难恢复？简述灾难恢复技术的必要性和重要性。
17. 简述基于数据备份的灾难恢复原理和特点。
18. 简述基于磁盘冗余的灾难恢复原理和特点。
19. 简述基于 NAS 的灾难恢复技术的原理和特点。
20. 简述基于 SAN 的灾难恢复技术的原理和特点。
21. 简述基于集群系统的灾难恢复技术的原理和特点。
22. 什么是自动入侵响应技术？简述其系统模型及系统实现的方法。
23. 简述移动通信系统的安全性。
24. 简述无线局域网络安全体系构架并分析其不足。
25. 什么是蓝牙技术？其安全体性如何？
26. 简述 PPTP、PPTP、L2TP 协议的内容及用途。
27. 什么是 PGP？简述其主机机制和特点。
28. 简述 IPSec 协议的用途及其主要内容和特点。
29. IPSec 协议的加密认证和密钥交换功能分别由什么协议实现？
30. 简述 SSL 技术的作用、原理和特点。
31. 简述 S-HTTP、S/MIME、SET 的主要用途和机制。
32. 什么是信息安全审计技术？其关键技术有哪些？
33. 简述 Windows 操作系统的安全机制和特点。
34. 简述 Linux 操作系统的安全机制和特点。
35. 大数据安全有哪些特点？物联网安全有哪些特点？

第 5 章

信息安全管理与犯罪立法

5.1 引　　言

信息安全组织管理是信息安全保障体系建设中的重要内容之一，涉及信息安全组织机构、管理制度、法律法规、培训等多方面的内容。同时，随着信息安全犯罪数量的不断增加，健全信息安全犯罪相关的法律、法规，可以震慑、惩罚信息安全犯罪分子，有效地维护信息系统的正常运行。本章在论述信息安全组织管理的基础上，讨论信息安全犯罪及我国的相关立法情况。本章的主要内容包括：信息系统安全组织管理，信息安全犯罪的概念、特点及防范，信息安全犯罪相关的法律、法规等。

5.2 信息系统安全组织管理

信息系统的安全组织管理，从内容上讲，应包含两方面的含义，即信息系统安全的组织和信息系统安全的管理。二者是保证信息系统安全的有机整体，健全的信息系统安全管理组织是有效实施信息系统安全管理的前提，通过信息系统安全管理组织对信息系统进行安全的管理则是要达到的最终目的。

5.2.1 信息安全管理组织机构

健全信息系统安全管理组织机构，是保障信息系统安全的基础。一个健全的信息系统安全管理组织，应具有完善的机构设置，合理健全的管理规章制度，机构内工作人员各司其职、各尽其责、团结协作，确保各项安全工作顺利进行。

5.2.1.1 信息安全管理组织体系

在 20 世纪 80 年代初，中国掀起普及应用计算机的第一次热潮，鉴于发达国家计算机发展应用过程中的经验教训，国家批准设立信息安全管理和监察机构。和世界上大多数国家一样，中国也将信息安全管理和监察的职责赋予了公安机关，从上至下各级公安机关相继成立了计算机安全和监察机构，负责计算机安全和监察工作。我国信息安全管理的基本原则是区域管理，以块为主，条块结合，各区域（省、地、市、县）内的任何单位，不管其隶属关系如何，信息安全管理均由当地公安机关的主管部门归口管理，犹如其他社会治安工作。1998 年 9 月，根据国务院批准的公安部机构设置方案，原计算机管理监察司更名为公共信息网络安全监察局，以下各级基层机构也适当进行了调整，以适应网络安全监察工作的需要。我国信息系统安全管理机构体系设置如图 5.1 所示。

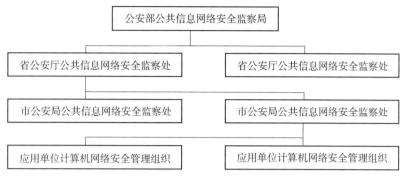

图 5.1　我国信息网络安全管理机构设置层次体系

公安部对各级公安机关公共信息网络安全监察机构设置的原则意见是：各省公安厅公共信息网络安全监察处的机构设置，要和公安部公共信息网络安全监察局职能相对应；地市公安机关，特别是省辖市和经济较发达、信息化程度较高、网络用户相对集中的城市的公安机关，也应建立一支专门的信息网络安全监察队伍，履行公共信息网络安全监察职能。各级信息网络安全管理监察机构规模的大小，视管理监察业务量的大小、信息网络的多少而定，最少应包括安全决策部门、安全审查部门，并配备网络安全技术人员、网络安全管理人员和网络安全法律人员。

5.2.1.2　应用单位安全管理组织

从部门利益出发，单位最高领导应亲自过问本单位信息网络的安全问题。对单位最高领导负责的信息网络安全管理高层机构，要求由人事、保卫、信息网络中心等部门负责人并吸收有关技术专家组成，他们与下设各机构的专业技术人员共同承担本单位的信息网络安全管理工作。基层信息网络应用单位的网络安全管理组织机构设置如图 5.2 所示。由于国家规定信息网络的安全归口公安机关管理，所以基层信息网络应用部门也应由安全保卫部门牵头联系涉及信息网络安全的相关事务。

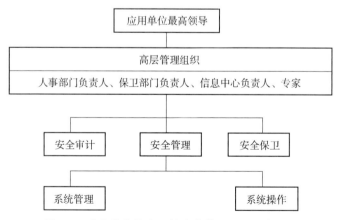

图 5.2　应用单位信息网络安全管理组织层次关系

5.2.2　信息安全管理监察方法

5.2.2.1　安全管理原则

信息系统安全管理的基本原则是：多人负责原则、任期有限原则、职责分离原则。

（1）多人负责原则

从事每项与信息体系统有关的活动，都必须有两人或多人在场。所有参与工作的人员都必须是计算机网络系统主管领导指派，并经高层管理组织认可，确保参与工作的人员能胜任工作且安全可靠。坚持这一基本原则，是希望工作人员彼此相互制约，从基本工作环节入手提高计算机信息网络的安全性。

（2）任期有限原则

担任与信息安全工作有关的职务，应有严格的时限。涉及信息安全的任何工作职务，都不应成为某人永久性或专有性职务。坚持这一基本原则，一方面，是因为长时间从事安全工作，会使人在精神上过度疲劳，从而系统的安全可靠性有所下降；另一方面，也可以在一定程度上避免系统中的某些违纪、违规、违法行为长期藏而不露，降低利用职务之便在系统中从事违法犯罪活动的可能性。

（3）职责分离原则

在计算机信息网络使用、管理的机构内，把各项可能危及信息系统安全的工作拆分，并划归不同工作人员的职责范围，称为职责分离。坚持这一基本原则，是希望各工作环节相互制约，降低发生危害事件的可能性。每个工作人员只能涉及自己业务职责范围内的工作，除非经高层安全管理组织批准，否则不能泄露自己工作中涉及安全的工作内容或了解不属于自己工作范围的工作内容，如发现有人私自超越工作职责范围，应视情况给予纪律处分并向上级领导呈报。金融部门发生的许多涉计算机信息安全犯罪案件久查未破，其主要原因是工作环境职责限定不严格，使侦查范围、重点限定困难。

5.2.2.2　安全管理方法

（1）信息系统安全管理制度

信息系统安全与否在很大程度上取决于具体的安全管理方法，许多用户为维护自身利益，在安全管理的方法上做了大量有益的尝试，也积累了很多行之有效的经验，认真分析不难发现，实现安全管理的前提是健全的安全管理制度、明确的责任分工。制定切实可行的信息系统安全管理制度，要求计算机应用单位根据信息安全管理、处理信息的内容，确定系统的安全等级，实施安全管理的工作范围，然后根据要求分门别类地制定相应的信息系统安全管理制度。

（2）信息系统安全管理工作要点

各种安全管理制度是保证信息系统安全的前提，认真、严格执行并不断完善安全管理制度才能达到安全管理的最终目的。实现信息系统安全管理，必须从大处着眼，从小处抓起，堵住日常工作中的各种漏洞。从安全管理工作上下功夫，会在很大程度上增加信息系统的安全度。实施安全管理应注意做好以下几个方面的工作：单位最高领导经常过问信息系统的安全问题；严格监督规章制度的执行情况；加强对从事信息安全工作人员的安全教育；加强安全检查并进行科学的评估；增加资金投入强化安全建设。

5.2.3　安全管理中的人事管理

信息系统是一个综合许多学科的复杂系统，解决其安全问题必然是耗资巨大的系统工程，且从效果来看，安全可靠程度也总是相对的。尤其是在信息安全防护技术尚不很完善，人仍是系统主宰的今天，信息系统是否安全，在很大程度上取决于使用和接近系统的人。几乎所有的涉计算机犯罪都是人而不是机器引起的，技术操作只能由人去指挥完成，机器仅仅是人的奴仆。下面从人事管理的角度来分析如何提高信息系统的安全度。

所谓人事管理，是指负责工作人员的录用、培养、调配、奖惩等一系列的工作。从人事管理工作的范围和内容可以看出，其中每一项工作都涉及被管理工作人员的私人利益，而人在认为自己利益受损时，就可能做出对社会、对他人不利的举动，信息系统中的工作人员就可能利用手中的工作工具发泄私愤。例如，1995 年 3 月河南省三门峡某厂财务科计算机负责人杨某，因受领导批评心存不满，故意将该厂财务管理系统进行人为破坏，造成该厂 1994 年元月至 1995 年 4 月的财务账目全部丢失，此系统修复需要 12 个人工作一年，这种事情屡见不鲜。

从保证信息系统安全的角度考虑，对工作人员的管理，一方面有常规人事管理工作的共性，另一方面也有其特殊的专业技术性。通过对各种已发生的涉计算机犯罪案件分析，不难发现计算机信息网络安全管理中的人事管理工作应重点放在以下几个方面。

（1）计算机信息网络系统工作人员录用

用人单位招收工作人员都要进行一些必要的审查，审查的内容、宽严程度不一，主要取决于工作人员今后可能涉及的工作内容。从信息系统安全和危害产生的后果来看，录用时的工作主要包括：待录工作人员的个人历史、人品审查；与被录用人员签署必要的文件；岗位职责限定等方面。

（2）工作业绩考核、评价

人事管理部门定期对工作人员进行全面的考核和工作业绩评价，是我国人事管理制度的一项重要工作。要求考核内容全面，评价公正，期望通过全面考核掌握工作人员的思想动态，促进在职员工提高业务素质。对工作人员工工作业绩的肯定，也会激发工作人员的工作热情。由于人事管理部门的考核结果往往是职员晋升的主要依据，所以需要强调的是，考核评价一定要客观公正、有理有据；不负责的考核评价，会在某些工作人员中产生积怨。涉及信息系统的工作人员的不满情绪可能埋下危及信息安全的种子。

（3）加薪、升职和免职

人事管理部门是决定工作人员升迁和调离的关键部门，如果对加薪、升职和免职等涉及工作人员个人私利的诸多敏感事情处理不当，往往会使一些工作人员出现过激行为，导致危及计算机信息网络安全的事件发生。从心理分析角度考虑，一般认为工作人员在受到免职和解雇威胁时，最可能危及信息系统安全。在美国曾发生过银行职员在信息系统中预置病毒的事件，病毒发作的条件是"当我的名字在人事档案中消失"，后来该职员被辞退，银行信息系统及与这家银行联网部门的信息系统出现了紊乱。

（4）信息系统工作人员档案管理

人事档案管理是人事管理部门的日常工作。工作目标是确保人事档案材料能反映工作人员当前各方面的实际情况，便于掌握控制。在信息系统工作人员的档案管理工作中，要特别注意档案材料的及时收集补充，使档案材料确能全面反映工作人员的思想状况，因此不断收集更新材料是有别于其他档案管理的特点之一。平时要绝对限制无关人员接触人事档案，注意内容保密，避免一些触及个人思想的问题暴露于大庭广众，使工作人员背上沉重的思想包袱，失去工作热情。

（5）定期教育培训

人事管理部门在严格各项管理的同时，应定期对被管理的工作人员进行安全教育和岗位技能培训。定期进行安全教育的目的，是使工作人员始终绷紧信息安全的弦，在思想上重视安全问题，掌握安全技术，使各项安全措施得以顺利实施。信息技术飞速发展，新系统不断引进，必须进行技术培训，使工作人员适应社会发展，掌握最新技术，同时也减轻技术发展过快给工作人员造成的心理压力，当然，也能提高工作效率。在对工作人员进行安全教育的同时，要注意进行职业道德教育、思想行为规范教育，对安全教育中涉及的安全技术问题，要根据工作需要认真选择讲解，这是由安全技术两面性所决定的。多培养一个掌握信息系统安全管理的人员，虽然为信息安全管理工作增添了一份力量，反过来，也可以认为是多了一份信息安全的潜在威胁，这是安全教育中存在的不容忽视的大问题，要认真对待。对信息系统安全构成威胁的根源是人，管好人也就可以从根本上解决信息系统的安全问题。

总之，人具有复杂的情感，怎样做好人事工作也不是容易讲清的问题。但在信息安全管理中，人事管理占有举足轻重的地位，要加大管理力度，让人事管理在信息安全管理中发挥应有的作用。

5.2.4　信息安全管理体系简介

信息安全管理要求 ISO/IEC 27001 的前身为英国的 BS7799 标准，该标准是由英国标准协会（BSI）于 1995 年 2 月提出，并于 1995 年 5 月修订而成的。1999 年，BSI 重新修改了该标准。BS7799 分为两个部分：BS7799-1 信息安全管理实施规则和 BS7799-2 信息安全管理体系规范。第一部分对信息安全管理给出建议，供实施或维护安全的人员使用；第二部分说明了建立、实施和文件化信息安全管理体系的要求，规定了根据独立组织的需要应实施安全控制的要求。

信息安全管理体系是组织机构按照信息安全管理体系相关标准的要求，制定信息安全管理方针和策略，采用风险管理的方法进行信息安全管理计划、实施、评审检查、改进的信息安全管理执行的工作体系。ISMS 是建立和维持信息安全管理体系的标准，标准要求组织通过确定信息安全管理体系范围、制定信息安全方针、明确管理职责、以风险评估为基础选择控制目标与控制方式等活动建立信息安全管理体系；体系一旦建立，组织应按体系规定的要求进行运作，保持体系运作的有效性；信息安全管理体系应形成一定的文件，即组织应建立并保持一个文件化的信息安全管理体系，其中应阐述被保护的资产、组织风险管理的方法、控制目标和控制方式，以及需要的保证程度。

5.3　信息安全犯罪知识基础

信息安全犯罪起源于早期的计算机犯罪，故截至目前，很多情况下还称之为计算机犯罪。但是，随着信息技术的快速发展，涉及信息技术手段的犯罪内涵也发生了很大的变化，称其为信息犯罪或信息安全犯罪越来越得到人们的认可。由于我国有关部门还未给出信息安全犯罪明确的定义，故在概念上本书将信息安全犯罪与计算机犯罪暂时等同视之。

5.3.1　基本概念及分类

信息安全犯罪始于 20 世纪 40 年代末期，和计算机技术发展同步。首先是在军事领域，然后逐步发展到工程、科学、金融、银行和商业等民用领域。目前有案可查的世界第一例计算机相关犯罪案件发生于 1958 年美国硅谷，一直到 1966 年犯罪事件才被发现。在 1966 年 10 月，在美国斯坦福研究所调查与电子计算机有关的事故和犯罪时，发现一位计算机工程师通过篡改程序的方法在银行存款余额上做了手脚。这个案子是世界上第一例受到法律追诉的涉及计算机的犯罪。虽然该案经过了法律程序，但由于当时计算机普及率很低，犯罪案件并未引起世人的关注。到了 70 年代，微型机问世，计算机社会化程度迅速提高，计算机相关犯罪随之大幅攀升，增长幅度可谓十分惊人。进入 80 年代，涉计算机犯罪案件呈直线上升，并在全球蔓延，成为日益严重的社会问题。目前信息安全犯罪已遍及全世界，且很可能成为信息社会的主要犯罪形式，已引起世界各国政府的高度重视。

由于信息安全犯罪是高技术犯罪，与传统的刑事犯罪活动有明显差异，所以计算机相关犯罪的侦查、取证、认定等方法手段也与传统的刑侦手段有很大差异。特别是随着信息技术的迅速发展，信息安全犯罪的方式和手段也日趋复杂和多样化，这无疑使原本就不成熟的信息安全犯罪侦查技术更难适应社会的要求。同时，法律对信息安全犯罪的漠视、计算机环境道德理念的滞后等，使相关问题更加严重。可以说信息安全犯罪问题，对各国警界和法学界都是较新的课题。

5.3.1.1　犯罪概念及主要特点

犯罪的概念是犯罪学和刑法理论中的基本概念。只有科学地说明犯罪概念，揭示犯罪的本质和特征，才能准确地揭露犯罪，有效地打击犯罪和惩罚犯罪。

犯罪属于一定历史范畴的概念，是阶级社会所特有的现象。没有阶级和作为阶级斗争工具的国家和法律，也就不存在犯罪。阶级和国家产生以后，统治阶级和被统治阶级之间出现了斗争和互相对抗。掌握国家权力的统治阶级，为了维护自己的统治利益和统治秩序，就会根据自己的意志，运用国家权力，把危害统治阶级利益和统治秩序的行为视为犯罪，并以法律的形式予以惩罚。因此，犯罪这一社会现象从其产生起，就同一定的阶级利益紧密联系在一起，是阶级斗争的一种表现。

犯罪具有鲜明的阶级性，不同阶级、不同类型的国家对犯罪行为的看法和规定是不同的，甚至是对立的。统治阶级和被统治阶级由于阶级利益以及政治、道德观点和法律地位的根本对立，导致在犯罪认识上的对立。在世界上任何一个国家，只有危害统治阶级利益和统治秩序行为，才会被规定为犯罪。

5.3.1.1.1　中国刑法中的犯罪概念

《中华人民共和国刑法》第 13 条规定："一切危害国家主权、领土完整和安全，分裂国家、颠覆人民民主专政的政权和推翻社会主义制度，破坏社会秩序和经济秩序，侵犯国有财产或者劳动群众集体所有的财产，侵犯公民私人所有的财产，侵犯公民的人身权利、民主权和其他权利，以及其他危害社会的行为，依照法律应当受刑罚处罚的，都是犯罪，但是情节显著轻微危害不大的，不认为是犯罪。"这一法定犯罪概念明确揭示了犯罪的基本法律特征，即犯罪行为具有社会危害性、刑事违法性和应受刑罚惩罚性。

（1）社会危害性

行为具有社会危害性，是犯罪的本质特征，也是认定犯罪的客观基础。某种行为之所以被刑法规定为犯罪，决定因素就是它具有社会危害性，因此，如果某种行为不具有社会危害性，或者不可能对社会造成危害，就不能构成犯罪。具备社会危害性的行为，也不一定就是犯罪，"情节显著轻微危害不大的，不认为是犯罪"。确定某种行为是否构成犯罪，不仅要分析这种行为对社会有无危害，还要分析这种行为对社会危害程度的大小。所以，行为对社会有无危害，以及危害程度的大小，是区分罪与非罪的重要界限。具有社会危害性的犯罪行为，在客观上表现为两种情况：危害行为已经对社会造成实际危害结果；危害行为可能对社会造成危害结果。

（2）刑事违法性

刑事违法性是犯罪行为的社会危害性在法律上的表现。危害社会的行为并非都是犯罪，刑法根据各种危害行为对社会的危害性质和危害程度，结合行为人的主观心理状态，有选择地把那些具有一定严重程度的危害社会行为规定为犯罪，即将犯罪行为的社会危害性通过刑法的禁止性规定表现出来。犯罪的刑事违法特征是由严重的社会危害性特征所决定的，严重的社会危害性特征是刑事违法性特征的基础，两者是统一的。只有同时具备这两个特征，才有可能构成犯罪。如果某种行为具有社会危害性，但刑法对这种危害行为并没有做出禁止性规定，一般情况下，说明这种行为的社会危害性还没有严重到构成犯罪的程度，或者是刑法出台时，该犯罪行为的社会危害性还没有严重到构成犯罪的程度。

（3）应受刑罚惩罚性

应受刑罚惩罚性，是犯罪的一个基本特征，和刑事违法性特征一样，是以行为的社会危害性为前提。只有行为的社会危害性达到了一定的严重程度，才应当受到刑罚惩罚。同时，这种应当受到刑罚惩罚的行为，又必须是触犯刑法的。因此，犯罪应受刑罚惩罚性，是由行为的社会危害性和刑事违法性派生出来的特征。犯罪应受刑罚惩罚性，取决于两个因素：一是行为的社会危害性和刑事违法性的必然法律后果；二是以国家强制方法的严厉程度来表现犯罪的违法性质和危害程度，表明国家对这种严重危害社会的行为的否定评价。

犯罪的三个基本特征是紧密联系的，必须同时具备，缺一不可。因此，刑法中的犯罪概念可简单归纳为：危害社会的、触犯刑法的、应受刑法惩罚的行为。

5.3.1.1.2　犯罪学关于犯罪的概念

刑法学是以刑事法律的有关规定为依据开展相关研究的规范学，犯罪被看作是一个人破坏刑法所禁止的一种相对孤立的行为，它注重于对犯罪构成的法律分析，如犯罪客体和客观方面、犯罪主体和主观方面等。犯罪学是以客观存在的社会危害事实为依据开展相关研究的，犯罪学不仅研究犯罪及个体犯罪行为的规律性，而且研究作为大量犯罪行为的犯罪现象的规律性。

在犯罪学上，无责任能力的儿童或精神病人的反社会行为也属其（犯罪学）研究范围之内。因为杀人属于危害社会的现象，即便是儿童，杀人也是人类社会形态所不相容，必须予以防范和抑制的，所以犯罪学中的犯罪原则是具有严重的社会危害性。弗·恩格斯认为："蔑视社会秩序的最明显、最极端的表现就是犯罪。"说明严重社会危害性的前提，是社会形态主体意志、容忍度、社会大众心理承受能力等，这些都带有相当明显的阶级性。

刑法研究法定犯罪，犯罪学研究实质犯罪，缩小法定犯罪和实质犯罪的差距，是人类社会不断调整刑事立法的根本所在。但由于"犯罪学意义上的犯罪行为，同刑法意义上的犯罪相比，其概念更为宽泛"，所以，犯罪学的实质犯罪是不可能全部成为法定犯罪的。法定犯罪和实质犯罪不完全重合的主要原因，不仅是国家刑法的严肃性使其不能朝令夕改，还因为实质犯罪的一些行为确实没有施以刑罚处罚的必要。

综上所述，分别站在刑法学、犯罪学立场上研究犯罪问题，都具有一定的社会意义，两者不能偏废。

5.3.1.2　信息安全犯罪的定义

认定某种行为是否为犯罪，前提是该行为后果的社会危害性。不同社会制度的国家、民族，有不同的习俗和道德规范，对同一问题的认识会有所不同，其法律规范必然有所区别，对犯罪的认定自然也存在一定差异。但由于计算机在世界各国的地位和作用大同小异，各国对计算机犯罪的认定，存在许多共同之处。尽管如此，目前信息安全犯罪的定义不论从犯罪学的角度分析，还是从刑法学的角度分析，都存在一定的争议。

信息安全犯罪作为人类社会的一种新兴犯罪形式，人们对它的认识或多或少会有一定的局限性，同时，信息技术飞速发展也在不断地扩展信息安全犯罪的内涵和外延，使人一时无法用静态的语言准确描述信息安全犯罪。随着信息安全犯罪事件的增多，人们对信息安全犯罪的认识也在不断地变化。一般认为经历了广义、狭义、折中三个阶段。

5.3.1.2.1　广义的计算机犯罪

在计算机犯罪出现的早期，由于计算机应用面较窄，计算机技术较为神秘，人们认为与计算机相关的犯罪都是特殊犯罪，均归为计算机犯罪。

欧洲经济合作与发展组织认为：在自动数据处理过程中，任何非法的、违反职业道德的、未经批准的行为都是计算机犯罪。这里把道德、法律、犯罪混在一起，无疑扩大了计算机犯罪的范围，过于空泛。

日本学者高石义认为：计算机犯罪就是把有关计算机知识作为不可缺少要素的不正当行为。该定义显然忽略了犯罪的基本特征，利用计算机知识的不正当行为的社会危害性可能很大，足以构成犯罪，也可能微乎其微，不足以构成犯罪。

美国司法部将计算机犯罪行为分为三种情况：计算机滥用，指任何与计算机技术相关的事件，在事件中受害者遭受到或者可能遭受到损失，而犯罪者有意获得或者可能已获得利益；计算机犯罪，指任何利用计算机技术知识作为基本手段的行为；数据泄露，指未经许可从计算机系统暗中转移或者取得数据复制，此处是指故意的心理状态，不包括过失。美国计算机安全专家帕克认为：计算机犯罪概念应包括以下三个方面，一是计算机滥用，指在使用计算机过程中的任何不当行为；二是计算机犯罪，在实施犯罪过程中直接涉及计算机；三是与计算机有关的犯罪，指在成功起诉的非法行为方面，计算机知识起基本作用。定义在试图全面包容涉计算机犯罪全部含义的同时，漠视犯罪的核心实质，客观上排除了一些本应属于犯罪的犯罪现象，也使得犯罪罪名定位不准。如某人无意获得利益，也没有获得利益，但使受害者损失巨额财产的行为；某人利用计算机盗窃银行钱款是计算机犯罪还是金融犯罪；某人用计算机猛砸一人头部至该人死亡属计算机犯罪还是杀人罪；某人盗窃一台计算机属于计算机犯罪还是盗窃罪等。

中国政法大学信息技术立法课题组对计算机犯罪下的定义是："与计算机相关的危害社会并应当处以刑罚的行为。"用"相关"一词来包括所有的计算机犯罪，没有突出计算机在犯罪中的地位和作用，并且范围太宽。从上面例子明显可以看出，"与计算机相关的危害社会并应当处以刑罚的行为"并不一定都属于计算机犯罪的范畴。

还有学者认为计算机犯罪是：行为人借计算机达到自己犯罪目的的各类犯罪的总称。称"借计算机的各类犯罪"为计算机犯罪，其疏漏和上面如出一辙。

通过以上分析可知，广义的计算机犯罪定义将一切涉计算机犯罪均视为计算机犯罪，从犯罪学的角度或许能说得过去，但从刑法学的实用角度考虑，这些空泛的定义毫无实际意义。由于无法从根本上划清计算机犯罪与其他犯罪的界限，导致刑法规定的所有犯罪几乎都能归类于计算机犯罪的范畴。广义定义计算机犯罪的空泛、简单和范围扩张，使其缺点显而易见，目前已被大多数学者摒弃。

5.3.1.2.2 狭义的计算机犯罪

计算机犯罪定义宽泛使之缺乏实用性的弊端，使人们试图对计算机犯罪的范围加以限制，其结果使计算机犯罪定义从一切涉计算机犯罪缩小为对计算机资产本身的犯罪。

瑞典的私人保密权法规定："未经批准建立和保存计算机私人文件；有关侵犯受保护数据的行为；非法存取电子数据处理记录或者非法修改、删除、记录侵犯个人隐私的行为都是计算机犯罪。"

中国台湾有学者认为："计算机犯罪是指与电子资料的处理有关的，故意而违法的财产侵害行为。"中国大陆也有学者认为："计算机犯罪是指破坏或者盗窃计算机及其部件或者利用计算机进行贪污、盗窃的行为。""计算机犯罪是指罪犯利用银行管理、物资管理部门的计算机窃取金钱、物资和情报数据的行为。"狭义定义的计算机犯罪使其指向狭窄是显而易见的缺陷。定义过于狭窄，会使一些计算机犯罪行为无法被定义涵盖，如非法侵入受保护的计算机信息系统的犯罪行为。另外，定义依然存在与传统犯罪重合或界限模糊的现象，说明定义的犯罪有可能可以依照传统犯罪的罪名和依法定刑并被依法追究刑事责任，所以再专门把这些犯罪定义成计算机犯罪的意义不大。

基于以上原因，接受狭义计算机犯罪定义的人不是很多，特别是目前计算机技术广泛应用于各领域，计算机犯罪所侵害的客体呈多样化，狭义定义计算机犯罪带有明显的局限性，显然也不适应计算机犯罪的定义。

5.3.1.2.3 折中的计算机犯罪

广义定义太宽泛，将不属于计算机犯罪的犯罪归纳进来；狭义定义又太狭窄，不足以包容全部计算机犯罪。所以有学者认为：计算机犯罪的特征在于计算机特征，将计算机特征作为区分计算机犯罪与其他犯罪的根本标准无疑是正确的。这一提法注重计算机本身在计算机犯罪中的作用和地位，认为在犯罪过程中计算机以"犯罪工具"或者以"犯罪对象"出现。目前在刑法理论界较为流行以此为前提的计算机犯罪的定义。

德国学者施奈德认为："计算机犯罪指的是利用电子数据处理设备作为作案工具的犯罪行为或者把数据处理设备作为作案对象的犯罪行为。"日本学者藤本哲也认为："所谓计算机犯罪，是指针对计算机的犯罪或者不当使用计算机的犯罪，同时也是以计算机的技术知识为不可缺少要素的犯罪。"在中国刑法学界持"工具""对象"观点定义计算机犯罪的学者很多。有学者认为，计算机犯罪就是以计算机为犯罪工具，从而造成对公私财产（包括无形财产）的侵害以及损害计算机设备、系统的行为；也有学者认为，计算机犯罪是指行为人以计算机为工具，或以计算机资产为攻击对象实施的危害社会并应处以刑罚的行为；也有学者认为，计算机犯罪是以计算机为工具或以计算机资产为对象的犯罪行为；还有学者认为，计算机犯罪是指刑事责任主体以计算机为工具或以计算机资产为侵害对象实施的犯罪行为。

公安部计算机管理监察司给出的定义是：所谓计算机犯罪，就是在信息活动领域中，利用计算机信息系统或计算机信息知识作为手段，或者针对计算机信息系统，对国家、团体或个人造成危害，依据法律规定，应当予以刑罚处罚的行为。

折中定义计算机犯罪的本意是克服广义、狭义定义中的缺陷，准确把握计算机在计算机犯罪中的作用和地位，把计算机犯罪定义在合理范围。但认真分析以上定义不难发现，种种定义都将计算机的犯罪工具作用和犯罪对象的地位割裂开来，计算机犯罪定义涵盖的犯罪仍无法从本质上与传统犯罪区别开，使定义计算机犯罪的意义大打折扣。

5.3.1.2.4　信息安全犯罪界定

以计算机特征为出发点定义计算机犯罪是合理的，而把计算机在犯罪中的工具作用、对象地位绝对割裂又是错误的，解决这些矛盾无疑是正确界定计算机犯罪的基础。

（1）犯罪工具辨析

以计算机为犯罪工具的犯罪，是否都能称为计算机犯罪？回答是否定的。如两人在争斗过程中，其中一人顺手操起身边的计算机键盘将另一人砸死，这种行为显然不能称为计算机犯罪。为避免无谓的误解，一些学者专门指出计算机犯罪中的"工具"是指计算机信息系统，即由计算机及其相关的和配套的设备、设施（含网络）构成的，按照一定的应用目标和规则对信息进行采集、加工、存储、传输、检索等处理的人机系统。那么以"计算机信息系统作为犯罪工具"的犯罪，是否都能称其为计算机犯罪呢？这也是值得研究的问题。

不同的衡量标准会有不同的结果，以犯罪方法或犯罪工具作为根本标准来概括一类犯罪，在犯罪学体系中或许能说得过去。如持枪抢劫、持枪杀人统称为涉枪犯罪；用爆炸物杀人、炸楼破坏财物统称为爆炸犯罪等。而在刑法法理上采用犯罪方法或犯罪工具作为分类标准，就容易造成各类犯罪的重叠，犯罪归属不易掌握，使刑法的可操作性变差，所以刑法通常以犯罪后果归类罪名。很显然没有人会把枪杀、刀杀分别归于不同的犯罪类别，那么为什么要把"以计算机为犯罪工具的犯罪"单独列出称为"计算机犯罪"呢？其主要原因是计算机作为犯罪工具新颖、少见和高科技含量，让人们认为这是一类有别于简单犯罪的特殊犯罪。实际上，以计算机为犯罪工具进行盗窃、诈骗、窃取机密等的犯罪，计算机虽然起了至关重要的作用，但是计算机并非是前述犯罪唯一的犯罪方法或犯罪工具，强行将此类犯罪全部归类于计算机犯罪显然不妥，也有悖于现行刑法。

计算机作为犯罪工具出现在许多犯罪中是不容回避的客观现实，以计算机为工具的犯罪不都是计算机犯罪也是客观事实。在什么情况下的犯罪能视为计算机犯罪，关键看犯罪工具是否具有唯一性或不可替代性。可以说，在真正意义上的计算机犯罪中，计算机是实施犯罪的唯一工具，通过其他任何工具都不可能实施此类犯罪。

（2）犯罪对象辨析

以计算机特质定义计算机犯罪的另一个立足点是"对象"，计算机和其中资源是犯罪目标或犯罪对象。犯罪对象不只是计算机硬件、软件，也包括各种信息数据。以计算机及其资源作为侵害对象的犯罪能否定义为计算机犯罪，应以与传统犯罪的重合度为标准来把握。

将计算机硬件、软件作为犯罪对象的盗窃、恶意毁坏等犯罪，计算机是以一般性财物出现的，犯罪性质与其他财产性犯罪并无本质区别，此类犯罪属于传统犯罪；以计算机信息数据为犯罪对象的犯罪，犯罪工具较为特殊，通常是计算机或是与之相关的专用设备，犯罪目的可能是侵占或谋利，根据结果完全可以用侵占罪、侵犯著作权罪定罪处罚，将此类犯罪归属于计算机犯罪也不妥；再就是以计算机和其中资源为犯罪对象，犯罪目的或犯罪指向是计算机信息系统功能，犯罪结果使计算机信息系统的功能遭到破坏。此类犯罪若以破坏设施罪处罚显然与实际不符，因为硬件设施很可能一点也没有损坏，只不过是与之相关的软件受损，使硬件失去原有功能罢了。刑法中找不到与之匹配的犯罪条款，将其定义成计算机犯罪中的一类，完全与现行刑法相符。

涉及计算机的传统犯罪和真正意义的计算机犯罪，计算机均可能作为犯罪对象出现，但两者有着本质的区别，其关键在于犯罪对象的法律性质。计算机犯罪中，计算机作为犯罪对象的法律属性，是计算机信息系统的功能。

（3）计算机犯罪的界定

目前不论是犯罪学界还是刑法学界，在定义计算机犯罪时，都力图概括所有涉计算机的犯罪，认为只有这样才能准确、完整地定义计算机犯罪，显然是进入了一个误区。计算机犯罪定义包罗太广，定义的犯罪无法和传统犯罪区分。毋庸置疑，计算机正成为各行各业的重要工作工具，所以没有必要把计算机作为工具的犯罪单独列出。《中华人民共和国刑法》第 287 条专门规定："利用计算机实施金融诈骗、盗窃、贪污、挪用公款、窃取国家秘密或者其他犯罪的，依照本法有关规定定罪处罚。"这表明刑法没有把以计算机为工具的犯罪作为计算机犯罪。

计算机在犯罪中可以成为攻击对象，也可以是犯罪工具，那么怎么样才能准确定义计算机犯罪，又不和传统型犯罪重合呢？我们认为，应紧紧抓住其实质特征，即计算机作为工具和对象应同时出现在犯罪中，计算机犯罪应该是以计算机攻击破坏计算机的犯罪。计算机必须是犯罪工具，不以计算机为犯罪工具的犯罪必然和传统型犯罪重合；计算机又必须是犯罪对象，不以计算机为犯罪对象的犯罪是工具性犯罪。以计算机为犯罪对象的犯罪也有和传统型犯罪重合的可能，如以计算机中程序为对象的盗窃和存有程序磁盘的盗窃的不同点是盗窃手段，盗窃本质没有区别。所以，计算机作为犯罪对象出现在计算机犯罪中，必须对"犯罪对象"加以限制，犯罪对象应为计算机信息系统的功能。

综上所述，站在犯罪学角度定义的计算机犯罪是：以计算机危害计算机信息系统功能的严重危害社会的行为。站在刑法学角度定义的计算机犯罪是：以计算机危害计算机信息系统功能的犯罪行为。计算机信息系统的功能包括硬件功能、软件功能、运行功能等。该定义避免和传统型犯罪重合，又完整包容了计算机犯罪，特别是最近出现的"黑客"攻击行为。硬件功能、软件功能遭破坏后，网络信息系统不能正常工作，危害现象容易被大家认识，加以限制理所当然。运行功能的危害不那么直观，黑客是利用网络正常工作机制攻击系统运行，从计算机技术层面上看完全合法，在计算机应用功能层面上则可能导致网络运行瘫痪，因此，也应加以限制。

5.3.1.3　信息安全犯罪的分类

前面从刑法学的立场上界定了计算机犯罪，针对计算机犯罪，不同的分类方法有不同的结果，国内外许多专家学者在不同年代、站在不同立场、按照不同标准给出了他们自己认为合理的一些分类。

5.3.1.3.1　学术界的分类

（1）根据犯罪目的分类

台湾学者林山田的分类：

① 计算机操纵：故意违法更改计算机资料而谋利的行为。分为"输入操作""程序操纵""输出操纵"三种形式。

② 计算机破坏：破坏计算机正常操作运转的行为。

③ 计算机间谍：非法取得或运转计算机信息资料，有目的地窃取机密的行为。

④ 计算机窃用：窃占使用计算机的行为。

中国学者孙铁成的分类：①破坏计算机系统犯罪：利用各种手段，通过对计算机系统内部的数据进行破坏，从而导致计算机被破坏的行为。②非法侵入计算机系统犯罪：以破解计算机安全系统为手段，非法进入自己无权进入的计算机系统的行为。③窃用计算机服务犯罪：无权使用计算机系统者擅自使用，或者计算机系统的合法用户在规定的时间以外以及超越服务权限使用计算机系统的行为。④计算机财产犯罪：犯罪人通过对计算机系统所处理的数据信息进行篡改和破坏的方式来影响计算机系统的工作，从而实现非法取得或占有他人财产目的的行为。⑤滥用计算机犯罪：在计算机系统输入或者传播非法或虚假信息数据，造成严重后果的行为。

中国学者莫颂尧的分类：①计算机欺诈罪：以获取非法经济利益为目的，输入、改变、清除或隐匿计算机数据和程序，因而造成国家、集体或个人财产重大损失的行为。②计算机间谍罪：通过不正当手段，从计算机交互网络中窃取、泄露、传递或使用国家政治、军事、经济、商业或科技情报，情节严重的行为。③破坏计算机信息资源罪：基于赢利或其他非法目的，编制、更改、销毁计算机操作资料、程序以及有关文档，或向计算机交互网络输入足以污染该网络中重要信息的某种指令或代码，使计算机软件无法使用或程序文档归于失效的行为。④破坏计算机装置设备罪：以爆炸、火烧、水浇等方法损毁计算机软件或硬件以及相关的设备、设施，使计算机不能使用；或采取输入计算机病毒的方法，使计算机丧失记录或文档功能的行为。

中国学者冯英菊的分类：①破坏计算机设备罪：故意或过失毁坏计算机实体硬件、软件系统或其他附属设备，情节严重的行为。②侵入计算机系统罪：行为人故意非法闯入或经要求退出无正当理由拒不退出计算机系统的行为。③伪造、变更、删除计算机数据资料罪：故意在计算机上输入虚假的数据资料或恶意篡改、删除计算机存储、处理和传播过程中的数据资料，情节严重的行为。④计算机欺诈罪：以为本人或第三人谋取财产上的非法利益为目的，利用虚假的数据资料和计算机的自动操作，引起他人财产损失的行为。⑤制造、传播计算机病毒罪：行为人故意制造、传播计算机病毒，危害计算机系统的信息安全的行为。⑥妨害计算机系统运行罪：故意妨碍或扰乱计算机系统运行，情节严重的行为。

（2）根据计算机特质分类

计算机为犯罪工具：以计算机为犯罪工具的犯罪。随着计算机应用领域的不断扩大，以计算机为工具的犯罪不断增多，目前已遍及各个领域。

计算机为犯罪对象：以计算机为犯罪对象的犯罪。计算机硬件、软件、数据信息都可能成为犯罪分子攻击的对象。

计算机既是工具又是犯罪对象：以计算机攻击计算机的犯罪。针对计算机发动攻击，最常见的犯罪工具是计算机，利用计算机也最容易攻击计算机。在一些特殊情况下要想达到犯罪目的，必须使用计算机攻击计算机。

（3）根据计算机犯罪人分类

皮特兰托尼的分类：①瘾君子。具有很高专业技术，以编制"特洛伊木马"程序为乐者。有人认为计算机病毒源于此。由于不是以破坏为目的，所以危害程度不是很严重。②复仇者。利用计算机达到报复别人或社会的目的。这些人编制的程序有很大的破坏作用。③不劳而获者。以盗取、诈骗、敲诈钱财为目的。该行为人对计算机应用安全威胁较大。④狂想者。期望通过计算机达到一些难以实现的目的，如颠覆国家、危害人类等。

帕克的分类：①爱开玩笑的人。只是与他人开玩笑，并非有意地想对他人造成某种伤害或长期的损害，一般以青年人居多。②黑客。为了使用他人的计算机系统，为了学习、出于好奇和实现理想的社会公平，或者是与同辈人竞争。他们可能试图赢得使用更为先进计算机的机会、赢得其他黑客的尊重、树立威信或虽没有得到正规教育却想得到他人的承认，认为自己是这方面的专家。③危险的黑客。他们被称作解密高手。这些人出于反社会的动机而有意造成对他人的伤害，许多病毒的创造者和分发者都属于这个范畴。④个人问题的解决者。这些人在解决他们自己的个人问题时，给他人造成严重的损失。在普通的解决问题的方式不能奏效以后，他们就转向犯罪手段，或者把犯罪看作是快速简便地解决问题的方法。⑤职业犯罪分子。这些人的部分或全部收入来自犯罪所得，虽然他们并不需要把犯罪行为作为全职工作。有一些人有工作，他们靠工作赚一部分再偷一部分，再换到另一个岗位上重复实施这种手段。⑥极端的倡导者。他们是极端主义分子，这些个人和团伙都有很强的社会、政治或宗教方面的观点，并且通过从事犯罪行为来故意改变环境。这些人通过对人和财产使用暴力，并希望他们的行为能够引起社会的广泛关注。⑦不满分子、瘾君子、非理性和无能力的人。这些人包括从精神病人到对毒品、酒精、赌博成瘾的人，以及刑法上过失犯罪的人。

从以上分类可以看出，学者们很宽泛地罗列了计算机犯罪，把各种手段的破坏甚至把火烧、水浇等物理破坏也纳入计算机犯罪讨论的范畴。这种强化宣传无疑有助于更多的人了解，乃至加深对计算机犯罪社会现象的认识，使计算机犯罪成为人们熟知的社会现象，更加重视防止计算机犯罪。但过分地扩大计算机犯罪宣传很可能带来计算机犯罪臆想的负面效应。计算机安全管理人员在保证日常工作的情况下，必须学会判断未来臆想犯罪是真还是假，并做好准备，制订周密的计划，配合周密的安全措施，防止危害事件的发生。在计算机应用普及程度极高的今天，人们应高度重视计算机犯罪和涉及计算机犯罪的社会现象，而不应过分强调其特殊性，使人们对此产生畏惧心理，增加管理计算机犯罪的难度。

5.3.1.3.2　立法上的分类

立法是统治阶级为维护自身利益，稳定社会秩序的具体体现。由于涉计算机犯罪对社会具有严重的危害性，各国政府极为关注，都在采用法律形式予以规范。但各国对计算机犯罪的看法和法律体系的差异，导致相关犯罪归属不一。有的国家在刑法中没有计算机犯罪条款，有的国家在其他法中规定了计算机犯罪类型，目的都在于准确打击计算机相关犯罪。然而客观事实说明现行法律的适应性较差，应付日新月异的高技术计算机犯罪力度不够。

日本立法上的分类：日本以五种类型将计算机犯罪纳入刑事规则中：与伪造文书罪及毁损罪有关的计算机犯罪；与业务妨害罪有关的计算机犯罪；与财产得利有关的计算机犯罪；计算机资料的不正当取得或泄露罪；计算机的无权使用罪。

法国立法上的分类：《法国刑法典》中，"侵犯资料自动处理系统罪"一章共有三种计算机犯罪：侵入资料自动处理系统罪；妨害资料自动处理系统运作罪；非法输入、取消、变更资料罪。

德国立法上的分类：德国在施行第二次经济犯罪防范法中对刑法进行了修正，加入了防治计算机犯罪的规定：计算机欺诈罪；资料伪造罪；刺探资料罪；变更资料罪；妨害计算机罪。

俄罗斯立法上的分类：俄罗斯在 1997 年 1 月 1 日施行的《俄罗斯联邦刑法典》中，规定有三种计算机犯罪罪名：不正当调取计算机信息罪；编制、使用和传播有害的电子计算机程序罪；违反电子计算机、电子计算机系统或其网络的使用规则罪。

中国立法上的分类：中国在 1997 年 10 月 1 日施行的《中华人民共和国刑法》第六章妨害社会管理秩序罪中规定两种计算机犯罪罪名，分别是：非法侵入计算机信息系统罪；破坏计算机信息系统罪。

从上面分类可以看出，刑法学者们也多站在犯罪学立场上将计算机犯罪当作一种特殊的社会现象研究，尽可能多地包容了各种涉计算机犯罪，虽然导致和传统犯罪重合、犯罪界线混乱，但对人们了解、认识相关犯罪有很好的帮助。在各国刑事立法主张中也明显反映出各国对计算机犯罪的认识不一，有些国家的立法主张相距甚远，说明对计算机犯罪的认识问题，不只是学术之争，也影响着各国的刑事立法，使各国的处罚罪名存在很大差异。所以规范人们对计算机犯罪的认识，抑制、准确打击相关犯罪，仍然任重道远。

5.3.2 主要诱因及手段

5.3.2.1 信息安全犯罪诱因

信息安全犯罪是与信息技术伴生的高智能犯罪，也是信息化社会主要的犯罪形式。从信息安全犯罪的特点和发展趋势分析，它与传统犯罪有较大差异，其高发率、危害性等充分说明诱发信息安全犯罪有独特原因，认真分析将有助于信息安全犯罪的防范工作。

（1）信息系统本身的缺陷是诱发犯罪的主要原因

- 信息系统本身的脆弱性

信息系统本身的脆弱性是产生计算机犯罪最根本的原因。高存储密度使计算机处理大量信息成为可能，而大量信息中隐藏少量非法信息不易察觉，信息丢失损失也会惨重；数据信息易修改的特性给人们正常工作带来很多方便，修改后不留任何痕迹又使犯罪分子有机可乘，追查犯罪困难重重；信息网络传递、共享能使人们快速、充分利用信息资源，但信息传递过程中的电磁泄漏、搭线窃听、接收信息对象的侦别等一系列问题，又使信息安全问题难以把握。信息系统的脆弱性和计算机技术的开放性，使针对信息系统的犯罪易于发生，而安全防护环节的薄弱又给了犯罪分子可乘之机，所以信息系统的脆弱性导致了信息安全犯罪的不可避免性。

- 信息系统管理的复杂性

信息系统的功能日益强大，计算机的软、硬件随之成倍地复杂化，信息系统的管理也日趋复杂化，正因为信息系统管理具有复杂性，工作中稍有不慎或管理策略不当，都会使信息系统出现大量安全隐患。这些不易被察觉的安全性漏洞，对拥有高技术、法制观念不强、时刻想捞取不法利益者是不小的诱惑，对刻意显示自己才能的人来说也是不可多得的机会。信息系统管理的复杂性，使管理难度增大，同时保证信息安全的难度也增大。这些必然导致信息安全可靠性相对下降，使非法渗透信息系统变得更为容易，更多的人有机会、有可能使用信息系统从事非法活动。可以说信息安全犯罪数量居高不下和信息系统管理具有复杂性有直接关系。

- 信息的重要程度使之成为攻击目标

许多信息和财富关联，一些数据和信息的价值远远超过信息系统本身的价值，这就不可避免地出现指向信息系统的犯罪。通过信息系统窃取钱财发家致富对掌握信息技术的人来说甚至成为最便捷的途径，这无疑促使一些人甘冒风险以身试法。信息、机密、财富的密不可分是导致信息安全犯罪的主要原因。

（2）信息安全犯罪低风险的诱惑

从犯罪心理角度分析，犯罪嫌疑人在实施犯罪前关心对该行为刑罚的轻重，更关心受到刑罚的可能性和刑罚的严重性，但认为信息安全犯罪受到的刑罚微乎其微。这无疑降低了刑罚的威慑作用，趋利避害的侥幸、冒险的投机心理吸引、支配着犯罪人实施犯罪。信息安全犯罪由于技术含量较高，隐蔽性好，很难被查获，风险率极低，对有机会从事相关犯罪的人来说具有很强的诱惑力，一些人甘愿冒着杀头的危险窃取巨额财产，正是高回报低风险的利益驱动。

（3）针对信息的道德理念上的差异

人类道德观念与信息技术飞速发展的不协调，也是诱发信息安全犯罪的主要原因。早期拥有计算机技术者是人们崇拜的对象，其所做的一些越轨行为往往被看作是"天才"的杰作，即便是触及法律，也放宽、降低处罚。对于高技术和犯罪，人们更看重技术而姑息犯罪。信息系统和网络应用环境养成的道德理念，也使人们淡化了犯罪。私拆别人信件时，心里多少会有罪恶感，大多数人也知道这是犯法行为，但在计算机上不经别人允许点击邮件浏览几乎没有什么罪恶感，认为这种行为和私拆信件不能相提并论。文件不想给人共享而加密是计算机应用者在使用计算机过程中达成的默契，但实际生活中存在接收信息没来得及加密，或忘记加密的客观情况，怎样理解和区分道德观念不强和有意犯罪是信息时代交给我们的新课题。

此外，国家之间的利益斗争等原因也会导致信息安全犯罪，这也是国家之间的本征属性之一。

5.3.2.2　信息安全犯罪手段

俗话说，防患于未然，因此，防止信息安全犯罪的发生是信息安全管理中的重要工作。一旦发生信息安全犯罪，发现犯罪和查获罪犯，才是保障信息安全、维护用户利益的最好手段。防范信息安全犯罪，必须掌握信息安全犯罪的作案手段。下面仅讨论几种常见的信息安全犯罪手段。

（1）利用信息系统实施犯罪

① 色拉米术。以微小不易察觉的方式侵占，最后达到犯罪目的的方法。最典型的犯罪案例是计算机程序员修改程序，截留银行储户四舍五入的利息尾数零头，积少成多。在美国、日本及中国的深圳、济南、上海都曾发生过这种犯罪。因为只有修改计算机程序才能达到其犯罪目的，故多为直接接触程序的工作人员所为。

② 冒名顶替。利用各种手段获取别人密码后进入系统，冒充合法用户从事犯罪活动。获取他人密码的方法很多，有从旁窥视别人操作获取密码，有从组合猜测获取密码，有趁合法用户暂时离开机器进入系统，还有人利用管理混乱骗取密码。典型案例是在柜台外观察管理员手形猜测管理员密码，冒充领导骗取密码等，这种犯罪在单机环境中多为内部人员所为，在网络环境中存在外部非法渗透的可能。

③ 浏览。利用合法的操作搜寻不允许访问的文件。浏览者有猎奇的爱好，对各种保护文件有一睹为快的想法，掌握机密信息是诱发犯罪的因素。此种犯罪通常是能接触计算机信息者所为。

④ 窃听。利用信息系统的电磁泄漏获取信息或搭线截获信息的方法。两种方法都能准确地获得信息。但由于多种信息混杂在一起或是密文信息，所以破解窃听信息，从中得到有

用信息不是一般人轻易可以做到的，要有专用设备或高技术支持，通常只有个别专门技术人员才能做到。

（2）以信息资产为对象的犯罪

① 数据欺骗。非法篡改输入/输出数据获取个人利益，是最普通、最常见的计算机犯罪活动。发生在金融系统的此种涉及计算机犯罪多为内外勾结，串谋作案。由内部人员修改数据篡改账目，外部人员提取钱款。

② 逻辑炸弹。是计算机程序中有意插入的，在特定时间或特定条件下能激活起破坏作用的代码。由于破坏性代码和程序一体，所以是程序设计人员在编程中有意加入的内容。中国上海、四川、河南、北京先后多次发生技术人员在程序中放置"逻辑炸弹"危及计算机信息系统安全的事件。

③ 清理垃圾。从计算机系统周围废弃物中获取信息的一种方法。由此带来损失的例子并不罕见，因此提醒计算机用户不要随便处理所谓的计算机信息系统废弃物，因为其中可能含有不愿泄漏的信息资料。

④ 特洛伊木马术。以软件程序为基础进行欺骗和破坏的方法。一些免费软件经常隐藏有一些不可告人的目的，轻者是恶作剧，重者毁坏系统，引起财产损失。提高对来路不明软件的警惕性，是避免上当、减少损失的最好办法。

此外，还有许多涉计算机犯罪的手段，如本书第 3 章所论述，这里就不再一一列举。随着信息科技的不断发展，还会不断出现新的犯罪手段。

5.3.3 主要特点及发展

5.3.3.1 信息安全犯罪特点

信息安全犯罪为高技术领域犯罪，有其他犯罪不具备的独特的特点。

（1）与传统犯罪的差异

信息安全犯罪的作案方法、工具和对象目标都与信息技术有着密切的关系，是利用信息领域高科技手段的犯罪，它与传统的刑事犯罪相比，存在很大差异。

① 从作案时间看，传统的犯罪活动实施犯罪的过程最短时间以分计算，最长至年。而信息安全犯罪活动可以在数毫秒内发生并完成。

② 从地域界限看，传统犯罪的作案区域有限，一般辐射面积不大，虽出现了跨市、省和国际犯罪案件，但总量在犯罪中所占比率不高。而地域界限不是信息安全犯罪的障碍，通过互联网可以在一个国家窃取另一个国家的情报，进行金融诈骗犯罪等。可以说，跨越地理界限作案的简易性、广泛性是信息安全犯罪有别于其他刑事犯罪的重要特点。

③ 从犯罪目的看，传统犯罪的目的呈多样性，仅杀人就有仇杀、凶杀等。信息安全犯罪目前主要集中在机密信息系统和金融系统，多数犯罪分子的目的是获取金钱。信息安全犯罪目的也形形色色，但与传统犯罪的目的相比，仍有较大的局限性。

④ 从犯罪损失看，资料显示，信息安全犯罪引起的损失是常规犯罪的成百上千倍。

⑤ 从被抓获的可能性看，借助于现代化信息网络，犯罪分子使用电子方式盗窃，经过统计，相比传统方式的抢劫银行，被抓获的可能性要小得多。

（2）涉计算机犯罪危害巨大

无论是经济方面还是社会危害性，信息安全犯罪所造成的损失都是极其惨重的，Eguityfunding 欺诈案涉案金额高达 20 亿美元；Riffkin 窃取密码诈骗 1 200 万美元；蠕虫病毒使美国损失 9 600 万美元；2000 年 2 月，黑客疯狂袭击美国八大网站，直接经济损失 12 亿美元。2000 年 3 月，中国"电子商城"遭黑客攻击，瘫痪达 5 天。近几年，仅河南省就发现三百多起涉计算机犯罪，涉案金额高达 2.5 亿元。这些数字触目惊心，但与实际损失相比，也不过是微不足道的冰山一角。有资料显示，美国计算机犯罪造成的损失高达上千亿美元，年损失近百亿美元；德国因计算机犯罪每年损失 50 亿美元，相当于国民生产总值的 1%；英国 1995 年因此类犯罪损失 25 亿美元；法国年损失约为 100 亿法郎；中国计算机犯罪每年使国家损失 100 亿元人民币。与之相比，围绕机密信息系统的犯罪活动，就不仅是损失金钱那么简单了，很可能危及一个国家的安全和社会的稳定，产生不可预料的严重后果。例如，在南联盟战争中，一些不满北约行径的"黑客"把攻击矛头指向北约各国，美白宫网站多次遭袭瘫痪，从政治上给美国以沉重打击。

（3）发现和追查信息安全犯罪困难

信息安全犯罪所采用的犯罪手段使犯罪和一般情况下的正常活动只有很小偏差，作案手段较为隐蔽，所以信息安全犯罪很难被觉察。在大量的数据信息中，做微小的非法篡改本来就不容易被发现，犯罪人能利用信息技术快速、方便地消灭罪证，使犯罪事实更难以显露。许多犯罪形式如非法截取、访问、盗取信息等，仅在信息系统内部进行，甚至不直接引起系统运行的变化，屏幕界面及其他输出设备显示不出犯罪迹象和犯罪过程，这些都给发现信息安全犯罪带来很大困难。

目前在已发现的计算机犯罪案件中，多数是偶然被发现的，或者是犯罪行为人一时的大意而暴露了犯罪行为，只有少数犯罪行为是被害人发觉而主动追查犯罪人的。发现信息安全犯罪就如此困难，追查相关犯罪更是难上加难。犯罪持续越长，留下的罪证越多，被发觉的可能性越大，但许多信息安全犯罪在毫秒甚至微秒时间完成，瞬间即逝，不留痕迹，使追查犯罪困难重重。

信息安全犯罪的侦查过程是极为漫长的，在侦查的过程中，侦查人员还必须依赖犯罪嫌疑人一直持续进行犯罪，一旦犯罪及早终止，侦查也只能宣告中断，无法再继续进行下去。在已经破获的案例中，所有的犯罪嫌疑人都是由于过于自信甚至挑衅才最终落入法网的。信息安全犯罪的高技术也是制约追查犯罪的主要因素，查清、确认犯罪证据需要侦查人员具备特殊的调查技术。涉计算机犯罪的发现、追查困难，是犯罪数量骤增的主要原因。

（4）犯罪者年轻人居多

资料显示，已侦破的各类信息安全犯罪案件中，罪犯年龄分布范围是 18～46 岁，平均年龄 25 岁。1998 年 3 月，美国国防部抓获 3 个入侵者，其中两个 15 岁、一个 18 岁；1998 年 6 月，美陆军遭到 6 名 15 岁的黑客袭击；1992 年 1 月，罗马尼亚 17 岁的克林·马泰亚什扰乱因特网的编辑程序，使一些国家的网络运转陷入混乱；英国的保罗·白德渥斯自 14 岁开始攻击网络，白宫、欧共体、东京都曾是受害者。

信息安全犯罪者中年轻人居多的主要原因是计算机技术发展较快，掌握计算机新技术的年轻人较多，而年轻人的现实社会地位和经济状况往往与内心欲望相距甚远，他们的猎奇心、表现欲强，自制能力差，所以很容易做出超越规范的事。轻者非法进入系统，以显示自己的才干，窃取电话密码，占些小便宜；重者以信息系统为工具敲诈欺骗，获取非法收入。例如，1998 年 4 月上海市公安局成功地侦破一起利用手提电脑三次侵入证券公司网络案，案犯章重华是 19 岁的青年；中国第一例作为刑事案件正式审理的网上传黄案的涉案人何萧黄、杨柯均为 24 岁；攻击江西中国多媒体信息网的马强，被查获时 20 岁。以上事例的详细案情能充分说明年轻人的犯罪目的较简单，法制意识淡薄，其中许多人直至面对冰凉的手铐时尚不知自己已经违法犯罪，暴露出轻视信息安全教育的弊端。

（5）法律惩处困难

对信息安全犯罪人员的法律惩处存在较多困难，也是信息安全犯罪的特点之一。取证困难是处罚犯罪遇到的第一个难题，在许多犯罪中甚至没有留下能证明犯罪的痕迹，证据不足时处罚自然力度不够。司法制度对数据记录能否作为法庭证据的认识是处罚犯罪遇到的第二个难题，中国的刑事诉讼法列举的证据种类不包括电磁记录，虽然有人认为电磁记录属于"视听材料"一类，但由于二者毕竟有较大差异，如计算机记录的删改要比录音带、录像带容易得多，证据认定自然存在诸多问题。当然，也有人认为计算机记录根本不属于"视听材料"，在法庭上出示法律规定以外证据带来的相关问题会更多。对犯罪损失的确定是处罚犯罪遇到的第三个难题，一些金融机构在发现犯罪后，因为要考虑社会影响，不想失去公众的信任，通常是隐而不报，即便是报告，也降低损失幅度。这样给处罚设下障碍，犯罪得不到应有的惩处。

5.3.3.2 信息安全犯罪发展

随着信息技术的进步，掌握信息知识的人数也迅速增加，信息网络正逐步延伸至社会各个角落，信息安全犯罪也会发生相应变化，信息安全犯罪发展将呈以下趋势：

（1）信息安全犯罪数量不断增加

信息安全犯罪数量不断增加的主要原因有三个：一是信息化程度迅速提高，信息技术应用宽度和广度相应增加，信息安全犯罪发生环境随之增加；二是信息知识的普及，使掌握信息技术的群体扩大，可能危及信息安全的群体随之扩大；三是存储的信息量逐渐增多，信息重要程度逐渐提高，计算机和其中信息受到攻击的可能性随之增大。外国有犯罪学家预言：信息化社会犯罪的形式将主要是信息安全犯罪。某种程度上，人们有理由相信信息安全犯罪数量不断增加是社会发展的必然趋势。

（2）信息安全犯罪趋于国际化

互联网快速发展，使一些信息安全犯罪分子将掠取目标转至国外，对信息安全技术不完善、保密措施存在缺陷的信息网络系统进行非法渗透，即使被发现，也很难被查获，逃避追查变得更容易。例如，据南斯拉夫的《新闻晚报》报道，三名克罗地亚中学生侵入美国军方系统，复制机密文件，使美方直接损失达 5 000 万美元，事后没得到法律制裁，却得到了"民族英雄"的尊称。

（3）信息安全犯罪领域扩大化

信息安全犯罪正由早期的金融、保密系统，逐步发展到几乎所有使用信息领域，有信息系统的场合就有信息安全机犯罪，以至信息安全犯罪被称为公害，成为严重的社会问题，是各国政府关注的热点。目前信息技术正以极快的速度渗透到各行各业、各领域，改变着人们传统的工作方式，也必然导致更大领域的信息安全犯罪。

（4）信息安全犯罪手段复杂化

信息安全犯罪手段和信息技术密切相关。信息技术发展迅猛，系统功能不断强大，犯罪手段必然也随之变化翻新，存在所谓的技术跟进。在美国，40 bit 以上的加密技术属于国防级别机密，不容外国人染指。1997 年，有关部门以总共 5 万美元奖金征求破解40 bit、48 bit、56 bit 的加密技术。一个星期后，一个大学生运用学校网络的 250 台电脑工作站，在 3 个半小时破译了 40 bit 密码。不断发展的信息科技导致了信息安全犯罪手段的日趋复杂化。

（5）信息安全犯罪目的多样化

信息安全犯罪的目的也由获取钱财、发泄个人私愤，逐步发展至各个层面，大到政治集团、敌对势力的相互渗透、破坏。信息安全犯罪目的呈多样化是计算机工具社会化作用逐年提高的标志，它足以证明现代高科技含量的计算机能替代传统工具，达到人们想达到的目的。可以说信息安全犯罪目的多样化是信息领域扩大的必然结果。

（6）信息正逐渐成为人类争斗的利器

21 世纪是信息时代，信息产业将成为社会的支柱型产业，拥有信息和信息技术就拥有财富。警惕在信息领域重蹈"八国联军侵略中国"的覆辙。坚船利炮固然可怕，信息侵略同样能征服一个民族。日本人认为美国"控制互联网络，就是通过覆盖全球的网络来控制世界上每一个人的喜怒哀乐，控制财富和国家安全，利用可以操作的途径来控制世界。"仅从国家间利益争夺就可以看到，控制信息技术输出，进行信息封锁正成为强国遏制弱小国家的一种手段，是继经济封锁之后的又一制裁别国的利器。

信息封锁能使一个国家的发展举步维艰，信息战争的威力无疑更会让人不寒而栗，使人类面临灭顶之灾。有人认为海湾战争是第一次典型的信息战争，期间，美军运用了大量武器装备，而计算机芯片是许多武器的"心脏"。海湾战争以后，许多国家都认识到信息战的重要性，积极开展相关研究，1993 年，华盛顿麦克纳堡国防大学首次开设信息战争课程，之后美国在国内公开招标用于计算机战的病毒。2000 年世界黑客大会的会场外就设有美军方招聘台。有专家评论："如果说第一次世界大战是'化学家的战争'，第二次世界大战是'物理学家的战争'，那么 21 世纪将是'计算机专家的战争'。"信息时代的来临给我们展示了一个美好的明天，可未来并不平静。国家要加大对信息产业的投入，尽快筑起中国的"信息安全长城"。

5.3.4　技术和管理预防

当前信息安全犯罪犹如一道阴影笼罩在信息技术发展和应用的道路上，为世界各国所关注，信息化的恐怖活动和信息战使相关问题更为严重。人们必须正视这个现实，积极寻找其原因与对策，坚决贯彻以防为主，防治并举的方针，加强打击力度。

信息安全犯罪的防范总体上可分为管理和技术两个方面。在安全技术方面，就是要通过各种安全技术，建立信息系统的安全环境，尽量不给犯罪分子以可乘之机；在管理方面，加强管理、加强教育、加强立法，把信息安全犯罪控制在一定范围之内。同时，要严厉打击信息安全犯罪行为，由于互联网作为全球信息交流的纽带，日益成为重要的社会公共设施，许多数据库连接在网上，很大部分涉及国家利益和公民财产安全，因此，对于信息安全网络犯罪行为，应给以严厉的处罚，从而提高犯罪行为的成本。

例如：可以开展青少年的"网德"教育，引导青少年树立正确的道德观和人生观，增强抵制有害信息的自觉性和免疫力，规范网络行为。在无序的网上世界，网络安全立法尚不健全的今天，提倡网络道德尤其必要。同时，加强青少年的心理教育和心理咨询，矫正不良心理，增强抵制有害信息的自觉性和免疫力，规范网络行为，做有正义感、有责任心的合格网民。

5.4 信息安全犯罪相关立法

5.4.1 基本概念及其类型

随着信息科学技术及各类信息系统的发展和普及，各种与信息有关的犯罪也大大增加，利用法律与犯罪作斗争（避免犯罪、维护秩序、惩治犯罪）是历来人类的做法。针对利用信息高科技和信息系统（包括涉及信息安全）这一类型犯罪，如何设立法律体系是个复杂问题，法律界仍有争论，世界各国做法也不一致。有效打击信息领域跨国犯罪是重要的法律延伸问题，同时也具有相当大的困难。针对信息领域犯罪法律体系是法律体系的重要分支，并与其他领域法律有很多关联，具有很大的系统复杂性，本节只做简述。

作为法律体系中惩治犯罪的主要法律，《刑法》针对信息领域犯罪行为现有四类立法模式：

第一类是继续沿用现有的刑事法律来惩治信息犯罪，将这种犯罪归类于传统犯罪，只不过认为犯罪者用了新的犯罪工具，形成新的犯罪方式。这种模式无须特别立法，通常以立法形式进一步明确传统法律，不加修改地适用信息领域的犯罪。这种模式能保持法律稳定性，但很难涵盖日新月异的信息犯罪的全部类型，会造成打击犯罪不力。若不断延伸某些法律条文及术语的含义，就有可能与通行国际刑法原则相违背。

第二类是将新的犯罪刑法法律规定在原刑法典的章节中。这可再分为两种情况，即一种是依据信息领域犯罪的种类和性质，将有关法律条文分散规定在刑法各章节；另一种是将所有新的犯罪类型看作一个整体，集中规定在刑法某一章节，使之形成较为完整的罪名体系（包括修改相应条款和增加新条款），如加拿大 1985 年通过的刑法修正案，日本 1987 年通过的刑法部分法律条文修正案，荷兰 1993 年通过的刑法修正案等。这种做法保证了刑法完整性，但由于信息领域的犯罪是一个新犯罪类型，其犯罪内涵在不断变化中，若频繁修订刑法，会使之不稳定，如不修改，则可能发生刑法不完全涵盖的问题。

第三类是制定单行单独的法律。如美国除了佛蒙特州外，各州都制定了专门的计算机犯罪法，英国在 1990 年修改了将计算机网络犯罪完全视为传统犯罪的模式，制定了专门的法律——《计算机滥用法》，这种立法形式比较灵活，修改起来比较方便，但应注意保证与刑法及其单行法律之间的相互协调。

第四类是在其他法律、法规中设置有关信息犯罪的条款，也就是附属刑法。如法国《信息管理法》规定非法进入或在计算机系统功能中设置障碍、干扰数据完整性与真实性、伪造和不当使用计算机等方面的内容。

上述四种立法形式各有利弊，不适于只采用一种模式，不少国家采用两种以上的立法模式。

我国刑法针对信息犯罪的处理原则是采用第一类、第二类原则相结合的方式。如刑法第二百八十七条规定，利用计算机实施金融诈骗、盗窃、贪污、挪用公款、窃取国家秘密或其他犯罪的，依照本法有关规定罪名处罚。《全国人大常委会关于维护互联网安全的决定》中第二、三、四条规定犯罪的行为明确指出，犯罪者将按照刑法有关规定追究刑事责任，这些规定体现了上述第一类原则。在我国 1997 年修订的《刑法》中，第二百八十六条、二百八十七条所规定的非法入侵计算机系统罪、破坏计算机系统罪属于第二类立法形式，是通过延伸原法律术语的含义、修改原有法律条文、增设新条款来实现对这类犯罪的惩治的。

我国涉及信息安全领域的其他法律、法规，经过持续的法治建设，已初步构成法律体系，并正在执行中。随着信息化带动现代化的进程，信息领域涉及安全问题的法律、法规还将进一步建设完善。

5.4.2 信息犯罪执法过程

法律维护信息安全最基本作用是将维护信息安全以"法律"形式进行规范化，并纳入法律体系中作为重要组成部分。在法治社会中，法律是一切活动自由度的最后界限（不得超出），除起规范作用外，还起威慑作用，通过法律宣传教育对社会公众起提高自觉的教育作用等。法律最后作用是维护社会秩序、法律权威，对触犯法律者进行惩罚，正因为它是最后一个作用，故一方面应严肃、严格，另一方面应科学严密、公正、公开。两个方面既相互制约，又相辅相成。本书非法律书籍，不宜详述，只就执法过程（着重与信息相关内容）做一简述。

5.4.2.1 法律介入信息安全案件过程

图 5.3 所示为信息安全犯罪的执法过程简图。信息安全事件首先进行是否违法判定，属民事事件的，则进入民事行证法规调查过程，如果为犯罪，则进行犯罪立案调查过程，涉及信息系统及相关的调查取证等工作。

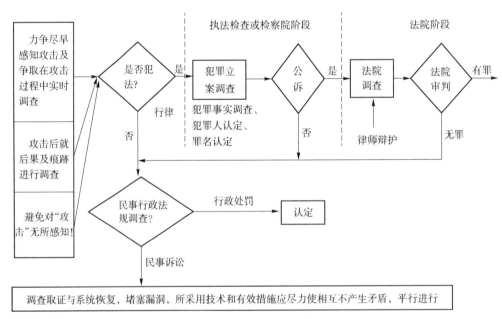

图 5.3 执法过程要点示意图

5.4.2.2 涉及信息安全刑事犯罪罪名

共有四条罪名，由《刑法》第二百八十五条、二百八十六条、二百八十七条规定，它们是：非法入侵计算机信息系统罪，破坏计算机功能及正常工作罪，破坏计算机程序数据罪，利用计算机进行金融犯罪、窃取国家秘密及其他犯罪等。

其中，非法入侵计算机信息系统罪为其他犯罪前奏及必要步骤，在这条罪行中没提及后果，这是值得注意的，造成"入侵"事实即构成犯罪。至于有犯罪行动，但入侵未遂是否构成犯罪，则要根据实际情况而定。其他罪名是否成立都与后果挂钩，都可以与"非法入侵罪"共同成立。

入侵计算机信息系统，犯罪人可以物理上并不接触计算机，而以技术手段侵入信息系统。其过程大体与本节开始过程一致，只不过具体情况具体内容有所变化。如操作系统、网络拓扑结构都会有所变化，攻击者在达到入侵计算机信息系统目的采取的手段中（尤其是收集攻击信息阶段），与正常用户正常工作行为一致，很难被察觉，只有反常行为才有可能为被发觉、被查找和暴露提供线索。以下用对以 UNIX 为操作系统的入侵为例进行说明。一般情况下分为三步：第一步，攻击者利用 finger 或 send mail 等服务来确定目标系统上某个用户账号，然后使用密码工具获得口令，至此用户已获得 shell 访问权，具有一个普通用户访问权。第二步，进行访问权攻击，进一步获得 root 的权限（利用系统"默认"状态漏洞，利用管理员的漏洞修改系统文件配置、破密码），至此完成了入侵的前期工作。第三步，进入计算机信息系统获取文件，修改文件，最后还可能放置特洛伊木马等类似程序，为下次入侵留后门，并尽可能清理系统登记，以消除入侵痕迹和罪证。包括清除可能暴露入侵行为的记录，清除 shell 中使用过命令的记录。入侵者消除入侵痕迹的行为是否得逞与系统管理水平有关，如管理员将登记文件设置成"只能增加内容而不能减少内容"的属性，则入侵者就很难将用户 shell 文件曾用命令记录（ban history 文件）删除或修改日期。另外，如 UNIX 主机使用了 syslog 配置作登记备份，也可查到入侵证据。以上说明攻击与防范攻击是一场对立斗争（也有统一处）。

5.4.2.3　涉信息犯罪取证及电子证据

"罪证"是法律结束案件的重要依据（重物证是我国刑法定案的第一因素）。计算机信息系统遭受攻击留下的证据，不同于"普通"犯罪罪证，而是有其特殊性。由于计算机作为"工具"，或作为"部件"嵌入其他信息系统，以计算机信息系统罪证为代表，具有普遍性和重要性，所讨论内容也适用于其他电子设备中的电子证据。

电子证据，是指在计算机或计算机系统运行过程中产生的，以其记录的内容来证明案件事实的电磁记录物。

计算机取证，是指对能够为法庭接受的、足够可靠和有说服力的、存在于计算机和相关外设中的电子证据的确认、保护、提取和归档的过程，它能推动或促进犯罪事件的重构，或者帮助预见有害的未经授权的行为。

从计算机取证的概念中可以看出，取证过程主要是围绕电子证据进行的，因此，电子证据是计算机取证技术的核心，它与传统证据的不同之处在于它是以电子介质为媒介的。

"计算机取证不过是将计算机调查和分析技术应用于对潜在的、有法律效力的证据的确定与获取。证据可以在计算机犯罪或误用这一大范围中收集，包括窃取商业秘密，窃取或破坏知识产权和欺诈行为等。"计算机专家可以提供一系列方法来挖掘存储于计算机系统内的数据或恢复已删除的、被加密的或被破坏的文件信息。这些信息在收集证词、宣誓作证或实际诉讼过程中都可能有帮助。若从动态的观点来看，计算机取证可归结为以下几点：在犯罪进行过程中或之后收集证据；重构犯罪行为，为起诉提供证据；对计算机网络进行取证尤其困难，完全依靠所保护信息的质量。

计算机信息系统的罪证提取是广泛、艰巨、细致的技术工作。当然，电子证据和传统证据相比，具有以下优点：①可以被精确地复制，这样只需对副件进行检查分析，避免原件受损坏的风险；②用适当的软件工具和原件对比，很容易鉴别当前的电子证据是否有改变，例如散列算法可以认证消息的完整性，数据中一个比特的变化就会引起检验结果的很大差异；③在一些情况下，犯罪嫌疑人完全销毁电子证据是比较困难的，如计算机中的数据被删除后，还可以从磁盘中恢复，数据的备份可能会被存储在意想不到的地方。此外，电子证据的特点和优点还包括：①潜在性，需要借助专用设备和科学方法才能显现。②易传播性。③脆弱性，易被改变销毁。④时间确定性，易配有对应时间记录。⑤可以被精确复制，可避免对原件的损伤。⑥用适当的软件工具去对比原件，容易鉴别数字证据是否被改变。⑦在一定情况下，犯罪嫌疑人完全销毁数字证据有一定困难。

可能存在的电子证据：用户自建文档（地址簿、日程表、收藏夹、文本、文件、数据库文件）；用户保护文档（压缩文件、改名文件、密码保护文件）；计算机创建文件（备份文件、日志文件、交换文件）；计算机系统管理文件，如上小节攻击者力图消除痕迹中所涉及文件；自动应答设备记录；数码相机记录；手持电子设备，如个人数字助理；打印机、复印机、读卡机等的记录等。

罪证是犯罪过程状态的记录，也是一种信息。消除证据是一种行动，也包括消除证据信息。绝对隐藏信息是不可能的，但在广泛的信息海洋中提取特殊所需很艰难，是技术性很强的工作，只能因地制宜、针锋相对采取各种方法，这是原则和普遍的方法，下面讨论一些具体取证方法：

(1) 收集计算机内所有数据

提取证据的步骤是在保存内存数据的情况下关机，然后再启动机器提取数据。值得注意的是，不同配置的机器会发生从其他磁盘启动计算机的现象。过程复杂，不当操作会损坏内部所需证据，需要精通 UNIX 操作系统的科技人员配合。

(2) 利用数据恢复提取数字证据（也是消除数据、删除攻击的后果）

数据恢复原理（以 Windows 为例）：它采用了 FAT、FAT32 及 NTFS 三种文件系统。以 FAT 文件系统为例。数据文件写到磁盘后，会在文件分配表（FAT）上和文件目录表（FDT）上记录相应信息，如文件名称、大小、类型、建立时间等，以及在盘上所占实际扇形区位置。当删除一个文件时，在文件目录表上加上删除标志，但没有新文件写入而全部覆盖情况下，文件还保留着。数据区占据了硬盘的大部分空间，通常所说的格式化程序如 Format 程序，只是重写了 FAT 表，并没有把 DATA 区的数据全部删除，这是数据很多情况下可恢复的原理。

(3) 恢复数据的几个原则方法

第一，要保护计算机处在原始状态，对涉案磁盘可"克隆"几个副本，不要对原盘进行恢复操作，以保证数据不被损坏。第二，恢复数据过程中最好外挂一个可引导硬盘，并将其虚拟内存只能放在 C 盘上，以保证不丧失数据。第三，对内容较明确的数据，在使用常用恢复软件不能有效情况下，可根据文件内容恢复未被覆盖的重要数据。第四，在精通技术的前提下，认真细致，以不放弃任何一点蛛丝马迹的精神努力工作，有时要以"死马当活马医"的原则，做到不丧失任何"可能"。

5.4.2.4 涉信息犯罪取证的法律问题

计算机取证是介于计算机领域和法学领域的一门交叉科学，所以其必然要涉及一些法律问题，其主要困难则是如何证明电子证据的真实性和说明电子证据的证明力。

根据法律要求，作为定案依据的证据应当符合真实性、合法性和关联性这三者的要求，电子证据也不例外。一般而言，关联性主要指证据与案件争议事实和理由的联系程度，这属于法官裁判范围。合法性主要指证据形式是否合法问题，即证据是否通过合法手段收集，是否侵犯他人合法权益，取证工具是否合法等。这与电子证据的自身特性也联系不大。电子证据若要成为法定的证据类型，关键是解决"真实性"的证明问题。传统证据有"白纸黑字"为凭，为了保证证据的真实性，民事诉讼法和相关司法解释均要求提供证据原件即书面文件，因为原件能够保证证据的唯一性和真实性，防止被篡改或冒认。但电子证据以电磁介质为载体，没有传统观念上的原件。解决的一些方法，如对电子证据附加上"数字签名"，即通过前面所提到的数字签名技术赋予每个电子证据发出人一个代表其身份特征的电子密码；在证据搜集和运用方面，如采用权利登记、电子认证、网络服务供应者的证明、专家鉴定结论或咨询意见书等。

证据的证明力指的是证据对证明案件事实所具有的效力，即该证据是否能够直接证明案件事实还是需要配合其他证据综合认定。例如，如果举出的证据是双方签订的书面合同作为书证，双方的合同关系事实即可认定；但如果是证言，那只能作为一种间接证据，不能单独定案。可见，证据的"出身"，即属于何种类型的证据，直接决定了其证明力的大小。

《中国刑事诉讼法》中，电子证据可以作为诉讼证据，但证据必须查证属实才能作为定案依据。《民事诉讼法》规定，一切证据必须查证属实，才能成为认定事实的根据。这些规定表明任何证据都有其脆弱性，因此需要"查证属实"。依此逻辑，电子证据只要"查证属实"，就可以与其他证据一样成为诉讼证据。

5.4.3 部分法律法规简介

5.4.3.1 《中华人民共和国刑法》（2021.03）

第二百八十五条 【非法侵入计算机信息系统罪】违反国家规定，侵入国家事务、国防建设、尖端科学技术领域的计算机信息系统的，处三年以下有期徒刑或者拘役。

【非法获取计算机信息系统数据、非法控制计算机信息系统罪】违反国家规定，侵入前款规定以外的计算机信息系统或者采用其他技术手段，获取该计算机信息系统中存储、处理或者传输的数据，或者对该计算机信息系统实施非法控制，情节严重的，处三年以下有期徒刑或者拘役，并处或者单处罚金；情节特别严重的，处三年以上七年以下有期徒刑，并处罚金。

【提供侵入、非法控制计算机信息系统程序、工具罪】提供专门用于侵入、非法控制计算机信息系统的程序、工具，或者明知他人实施侵入、非法控制计算机信息系统的违法犯罪行为而为其提供程序、工具，情节严重的，依照前款的规定处罚。

单位犯前三款罪的，对单位判处罚金，并对其直接负责的主管人员和其他直接责任人员，依照各该款的规定处罚。

第二百八十六条 【破坏计算机信息系统罪】违反国家规定，对计算机信息系统功能进行删除、修改、增加、干扰，造成计算机信息系统不能正常运行，后果严重的，处五年以下有期徒刑或者拘役；后果特别严重的，处五年以上有期徒刑。

违反国家规定，对计算机信息系统中存储、处理或者传输的数据和应用程序进行删除、修改、增加的操作，后果严重的，依照前款的规定处罚。

故意制作、传播计算机病毒等破坏性程序，影响计算机系统正常运行，后果严重的，依照第一款的规定处罚。

单位犯前三款罪的，对单位判处罚金，并对其直接负责的主管人员和其他直接责任人员，依照第一款的规定处罚。

第二百八十六条之一　【拒不履行信息网络安全管理义务罪】网络服务提供者不履行法律、行政法规规定的信息网络安全管理义务，经监管部门责令采取改正措施而拒不改正，有下列情形之一的，处三年以下有期徒刑、拘役或者管制，并处或者单处罚金：

（一）致使违法信息大量传播的；

（二）致使用户信息泄露，造成严重后果的；

（三）致使刑事案件证据灭失，情节严重的；

（四）有其他严重情节的。

单位犯前款罪的，对单位判处罚金，并对其直接负责的主管人员和其他直接责任人员，依照前款的规定处罚。

有前两款行为，同时构成其他犯罪的，依照处罚较重的规定定罪处罚。

第二百八十七条　【利用计算机实施犯罪的提示性规定】利用计算机实施金融诈骗、盗窃、贪污、挪用公款、窃取国家秘密或者其他犯罪的，依照本法有关规定定罪处罚。

第二百八十七条之一　【非法利用信息网络罪】利用信息网络实施下列行为之一，情节严重的，处三年以下有期徒刑或者拘役，并处或者单处罚金：

（一）设立用于实施诈骗、传授犯罪方法、制作或者销售违禁物品、管制物品等违法犯罪活动的网站、通信群组的；

（二）发布有关制作或者销售毒品、枪支、淫秽物品等违禁物品、管制物品或者其他违法犯罪信息的；

（三）为实施诈骗等违法犯罪活动发布信息的。

单位犯前款罪的，对单位判处罚金，并对其直接负责的主管人员和其他直接责任人员，依照第一款的规定处罚。

有前两款行为，同时构成其他犯罪的，依照处罚较重的规定定罪处罚。

第二百八十七条之二　【帮助信息网络犯罪活动罪】明知他人利用信息网络实施犯罪，为其犯罪提供互联网接入、服务器托管、网络存储、通信传输等技术支持，或者提供广告推广、支付结算等帮助，情节严重的，处三年以下有期徒刑或者拘役，并处或者单处罚金。

单位犯前款罪的，对单位判处罚金，并对其直接负责的主管人员和其他直接责任人员，依照第一款的规定处罚。

有前两款行为，同时构成其他犯罪的，依照处罚较重的规定定罪处罚。

5.4.3.2 《中华人民共和国国家安全法》（2015.07）

第十四条　每年 4 月 15 日为全民国家安全教育日。

第二十三条　国家坚持社会主义先进文化前进方向，继承和弘扬中华民族优秀传统文化，培育和践行社会主义核心价值观，防范和抵制不良文化的影响，掌握意识形态领域主导权，增强文化整体实力和竞争力。

第二十五条　国家建设网络与信息安全保障体系，提升网络与信息安全保护能力，加强网络和信息技术的创新研究和开发应用，实现网络和信息核心技术、关键基础设施和重要领域信息系统及数据的安全可控；加强网络管理，防范、制止和依法惩治网络攻击、网络入侵、网络窃密、散布违法有害信息等网络违法犯罪行为，维护国家网络空间主权、安全和发展利益。

第七十六条　国家加强国家安全新闻宣传和舆论引导，通过多种形式开展国家安全宣传教育活动，将国家安全教育纳入国民教育体系和公务员教育培训体系，增强全民国家安全意识。

第七十七条　公民和组织应当履行下列维护国家安全的义务：

（一）遵守宪法、法律法规关于国家安全的有关规定；

（二）及时报告危害国家安全活动的线索；

（三）如实提供所知悉的涉及危害国家安全活动的证据；

（四）为国家安全工作提供便利条件或者其他协助；

（五）向国家安全机关、公安机关和有关军事机关提供必要的支持和协助；

（六）保守所知悉的国家秘密；

（七）法律、行政法规规定的其他义务。

任何个人和组织不得有危害国家安全的行为，不得向危害国家安全的个人或者组织提供任何资助或者协助。

5.4.3.3　《中华人民共和国网络安全法》（2017.06）

第一条　为了保障网络安全，维护网络空间主权和国家安全、社会公共利益，保护公民、法人和其他组织的合法权益，促进经济社会信息化健康发展，制定本法。

第三条　国家坚持网络安全与信息化发展并重，遵循积极利用、科学发展、依法管理、确保安全的方针，推进网络基础设施建设和互联互通，鼓励网络技术创新和应用，支持培养网络安全人才，建立健全网络安全保障体系，提高网络安全保护能力。

第七条　国家积极开展网络空间治理、网络技术研发和标准制定、打击网络违法犯罪等方面的国际交流与合作，推动构建和平、安全、开放、合作的网络空间，建立多边、民主、透明的网络治理体系。

第二十一条　国家实行网络安全等级保护制度。网络运营者应当按照网络安全等级保护制度的要求，履行安全保护义务，保障网络免受干扰、破坏或者未经授权的访问，防止网络数据泄露或者被窃取、篡改。

第二十七条　任何个人和组织不得从事非法侵入他人网络、干扰他人网络正常功能、窃取网络数据等危害网络安全的活动；不得提供专门用于从事侵入网络、干扰网络正常功能及防护措施、窃取网络数据等危害网络安全活动的程序、工具；明知他人从事危害网络安全的活动的，不得为其提供技术支持、广告推广、支付结算等帮助。

第四十二条　网络运营者不得泄露、篡改、毁损其收集的个人信息；未经被收集者同意，不得向他人提供个人信息。但是，经过处理无法识别特定个人且不能复原的除外。

网络运营者应当采取技术措施和其他必要措施，确保其收集的个人信息安全，防止信息泄露、毁损、丢失。在发生或者可能发生个人信息泄露、毁损、丢失的情况时，应当立即采取补救措施，按照规定及时告知用户并向有关主管部门报告。

第四十三条　个人发现网络运营者违反法律、行政法规的规定或者双方的约定收集、使用其个人信息的，有权要求网络运营者删除其个人信息；发现网络运营者收集、存储的其个人信息有错误的，有权要求网络运营者予以更正。网络运营者应当采取措施予以删除或者更正。

第四十四条　任何个人和组织不得窃取或者以其他非法方式获取个人信息，不得非法出售或者非法向他人提供个人信息。

第四十八条　任何个人和组织发送的电子信息、提供的应用软件，不得设置恶意程序，不得含有法律、行政法规禁止发布或者传输的信息。

电子信息发送服务提供者和应用软件下载服务提供者，应当履行安全管理义务，知道其用户有前款规定行为的，应当停止提供服务，采取消除等处置措施，保存有关记录，并向有关主管部门报告。

第七十六条　本法下列用语的含义：

（一）网络，是指由计算机或者其他信息终端及相关设备组成的按照一定的规则和程序对信息进行收集、存储、传输、交换、处理的系统。

（二）网络安全，是指通过采取必要措施，防范对网络的攻击、侵入、干扰、破坏和非法使用以及意外事故，使网络处于稳定可靠运行的状态，以及保障网络数据的完整性、保密性、可用性的能力。

（三）网络运营者，是指网络的所有者、管理者和网络服务提供者。

（四）网络数据，是指通过网络收集、存储、传输、处理和产生的各种电子数据。

（五）个人信息，是指以电子或者其他方式记录的能够单独或者与其他信息结合识别自然人个人身份的各种信息，包括但不限于自然人的姓名、出生日期、身份证件号码、个人生物识别信息、住址、电话号码等。

5.4.3.4　《中华人民共和国数据安全法》（2021.09）

第三条　本法所称数据，是指任何以电子或者其他方式对信息的记录。

数据处理，包括数据的收集、存储、使用、加工、传输、提供、公开等。

数据安全，是指通过采取必要措施，确保数据处于有效保护和合法利用的状态，以及具备保障持续安全状态的能力。

第二十七条　开展数据处理活动应当依照法律、法规的规定，建立健全全流程数据安全管理制度，组织开展数据安全教育培训，采取相应的技术措施和其他必要措施，保障数据安全。利用互联网等信息网络开展数据处理活动，应当在网络安全等级保护制度的基础上，履行上述数据安全保护义务。

重要数据的处理者应当明确数据安全负责人和管理机构，落实数据安全保护责任。

第十四条　国家实施大数据战略，推进数据基础设施建设，鼓励和支持数据在各行业、各领域的创新应用。

省级以上人民政府应当将数字经济发展纳入本级国民经济和社会发展规划，并根据需要制定数字经济发展规划。

5.4.3.5　《中华人民共和国个人信息保护法》（2021.11）

第二条　自然人的个人信息受法律保护，任何组织、个人不得侵害自然人的个人信息权益。

第四条　个人信息是以电子或者其他方式记录的与已识别或者可识别的自然人有关的各种信息，不包括匿名化处理后的信息。

个人信息的处理包括个人信息的收集、存储、使用、加工、传输、提供、公开、删除等。

第二十八条　敏感个人信息是一旦泄露或者非法使用，容易导致自然人的人格尊严受到侵害或者人身、财产安全受到危害的个人信息，包括生物识别、宗教信仰、特定身份、医疗健康、金融账户、行踪轨迹等信息，以及不满十四周岁未成年人的个人信息。

只有在具有特定的目的和充分的必要性，并采取严格保护措施的情形下，个人信息处理者方可处理敏感个人信息。

第十条　任何组织、个人不得非法收集、使用、加工、传输他人个人信息，不得非法买卖、提供或者公开他人个人信息；不得从事危害国家安全、公共利益的个人信息处理活动。

第四十四条　个人对其个人信息的处理享有知情权、决定权，有权限制或者拒绝他人对其个人信息进行处理；法律、行政法规另有规定的除外。

5.4.3.6　《中华人民共和国电子签名法》（2005.04）

2004 年 8 月 28 日，中华人民共和国第十届全国人民代表大会常务委员会第十一次会议通过了《中华人民共和国电子签名法》。作为我国电子商务领域的第一部法律，《电子签名法》的出台，第一次从法律上反数字化活动推到了实际操作的阶段，开启了中国电子商务立法的大门，它为解决司法实践中亟待回答的问题、扫清网络交易行为的障碍提供了立法保障，为互联网从单纯的媒体时代过渡到全面应用时代奠定了基础，并将进一步规范网上行为，净化网络环境，消除网络信用危机，保障用户的各项权利，为我国的网络立法与国际立法的接轨起到了示范性作用。

第十三条　电子签名同时符合下列条件的，视为可靠的电子签名：

（1）电子签名制作数据用于电子签名时，属于电子签名人专有；

（2）签署时电子签名制作数据仅由电子签名人控制；

（3）签署后对电子签名的任何改动能够被发现；

（4）签署后对数据电文内容和形式的任何改动能够被发现。

当事人也可以选择使用符合其约定的可靠条件的电子签名。

第十四条　可靠的电子签名与手写签名或者盖章具有同等的法律效力。

第十五条　电子签名人应当妥善保管电子签名制作数据。电子签名人知悉电子签名制作数据已经失密或者可能已经失密时，应当及时告知有关各方，并终止使用该电子签名制作数据。

5.5　本章小结

信息安全法律、法规的健全，信息安全社会道德意识的增强，是信息系统安全保障中的一项重要内容。本章论述了信息系统安全组织管理的组织机构、监察方法和人事管理，简介了国际标准信息安全管理体系（ISMS）。全面讨论了信息安人犯罪的概念、分类、特点、诱因及其预防方法等。简介了我国信息系统安全相关的部分法律、法规，包括《中华人民共和国刑法》《中华人民共和国电子签名法》《计算机信息系统安全保护条例》等。

思考题 ▶▶ ▶

1. 简述信息系统安全组织管理的主要内容。

2. 简述信息系统安全组织管理中的人事管理。

3. 什么是涉计算机犯罪？如何界定涉计算机犯罪？

4. 涉计算机犯罪如何分类？

5. 涉计算机犯罪的主要特点有哪些？其发展趋势如何？

6. 涉计算机犯罪的主要诱因有哪些？有哪些主要的涉计算机犯罪的手段？

7. 如何加强我国的计算机犯罪的防范？

8. 简述我国信息安全相关法律、法规的主要内容。

第6章

信息安全标准与风险评估

6.1 引　言

信息安全标准是信息安全规范化和法制化的基础，是实现技术安全和管理安全的重要手段。信息安全风险评估以信息安全标准、准则、规范为基础，是信息安全检查、风险分析、安全认证，以及信息系统安全保障体系建设的基础。本章主要内容包括：信息安全系列标准及部分标准简介，信息安全风险评估的概念、类型、方法、工具、过程等。

6.2 信息安全系列标准

信息安全标准是企事业单位安全行为的指南，对于产品供应商、用户、技术人员都很有益处。对于产品供应商，生产符合标准的信息安全产品、参与信息安全标准的制定、通过相关的信息安全方面的认证，对于提高厂商形象、扩大市场份额具有重要意义；对于用户，了解产品标准有助于选择更好的安全产品，了解评测标准则可以科学地评估系统的安全性，了解安全管理标准则可以建立实施信息安全管理体系；对普通技术人员，了解信息安全标准的动态，可以站在信息安全产业的前沿，有助于把握信息安全产业整体的发展方向。

信息安全风险评估需要目标及良好定义的评估标准和方法，目前已有若干个国际上认可的该类标准和方法。美国是最早开始 IT 安全评估标准开发工作的国家，如今这项工作已成为一项世界性的工作。为提高我国计算机信息系统安全保护水平，1999 年 9 月国家质量技术监督局参照美国的 TCSEC 及 TNI 发布了国家标准 GB 17859—1999《计算机信息安全保护等级划分准则》，它是建立安全等级保护制度、实施安全等级管理的重要基础性标准。2001年 3 月，国家质量技术监督局正式颁布了援引 CC 的国家标准 GB/T 18336—2001《信息技术　安全技术　信息技术安全性评估准则》。

本节主要介绍信息技术安全标准组织及部分标准简介，有关标准具体内容请查阅相关文献。

6.2.1 信息安全标准组织

6.2.1.1 国际相关标准化组织

1979 年，首先由英国向 ISO/TC97 提出开展数据加密技术标准化的建议，ISO/TC97 采纳了建议并于 1980 年组建直属工作组。后来，TC97 认为，数据加密技术专业性很强，需多个分技术委员会来专门开展这方面的标准化工作，于是，1984 年 1 月在联邦德国波恩正式成立分技术委员会 SC20，我国也派人出席了这次会议，并成为该分委员会的成员。从此，数据加密技术标准化工作在 ISO/TC97 内正式展开，该工作组首先制定的标准就是美国的 DES，SC27 称其为 DEA-1，而且还指定由法国起草 DEA-2 报告，实际上是 RSA 加密算法。1985 年 1 月第二次委员会上同意推进到 DES，但随后的一年里发生了很大变化，先是 1985 年夏天发布的美国总统令宣布政府将不再支持 DES，并由国家安全局 NSA 设计新的算法标准，算法细节不予公开，这就引起大家对 DES 安全强度的怀疑。有的成员国原本就一直反对密码算法的国际标准化，认为一个国家采用什么样的密码算法是十分敏感的问题，别人无权干涉。1986 年第三次年会分歧更大，但多数仍赞成推进国际标准并交 TC97 处理。同年 5 月，TC97 年会形成决议，密码算法的国际标准化工作不属技术性问题而是政治性问题。同年 10 月，ISO 中央理事会决定撤销该项目，并且将密码算法的标准化工作从 SC20 的工作范围内撤销，还明确写出不再研究密码算法的标准化。

在 SC20 存在的五年期间，完成了两个正式标准：ISO 8372 和 ISO 9160。由于 SC20 的标准项目中包含有 OSI 环境下使用加密技术的互操作要求，它与 SC6 及 SC21 的工作范围有重复，在 1986 年 5 月，TC97 要求三个分委员会主席开会协调，向技术委员会报告协调结果，再由技术委员会决定采取措施，至 1989 年 6 月正式决定撤销原来的 SC20，组建新的 SC27，并于 1990 年 4 月瑞典斯德哥尔摩年会上正式成立 SC27，其名称为信息技术-安全技术，并对其工作范围做了明晰表述，即信息技术安全的一般方法和技术的标准化，包括：

- 确定信息技术系统安全的一般要求（含要求方法）；
- 开发安全技术和机制（含注册程序和安全组成部分的关系）；
- 开发安全指南（如解释性文件、风险分析）；
- 开发管理支撑性文件和标准（如术语和安全评价准则）。

1997 年，国际标准化组织的信息技术标准化的技术领域又做了合并和重大调整，但信息技术安全分委会仍然保留，并作为 ISO/IEC JTC1 安全问题的主导组织。运行模式既作为一个技术领域的分委员运行，还要履行特殊职能，负责信息的通信安全的通用框架、方法、技术和机制的标准化，使信息技术安全的标准化工作更加集中统一和加强。

此外，在国际标准化组织内，ISO/TC68 负责银行业务应用范围内有关信息安全行业标准的制定。

6.2.1.2 欧洲计算机厂商协会

ECMA 从欧洲计算机厂商中吸收会员，经常向 ISO 提交标准提案，ECMA 内的一个组（TC32/TG9）已定义了开放系统应用层安全结构，它的 TC12 负责信息技术设备的安全标准。它们的工作都假定终端用户控制着通过应用服务元素（ASE）进行通信的实体。ASE 是利用基本服务在恰当地点提供 OSI 环境能力的应用实体的一部分，如文件服务器和打印服务器。这个小组涉及这些实体之间的安全通信，尤其是在分布式环境下的安全通信。它们所开发的结构把这些通信分成称为"设施"的单元，每个单元都在提供总体安全中扮演一定的角度，这些设施组合起来就形成了安全系统，这在方式上类似于 ISO 工作中所指的模型。

6.2.1.3 美国相关标准化组织

- **美国国家标准（ANSI）**：美国国家标准化协会（ANSI）有两个小组负责金融安全标准的制定工作：ASC X9 制定金融业务标准，ASC X12 制定商业交易标准。同时，金融领域也在进行金融交易卡、密码服务消息，以及实现商业交易安全等方面的工作。

● **美国联邦信息处理安全标准（FIPS）**：美国联邦政府非常重视自动信息处理的安全，早在 20 世纪 70 年代初就开始了信息技术安全标准化工作，1974 年就已发布标准。1987 年的《计算机安全法案》明确规定了政府的机密数据、发展经济有效的安全保密标准和指南。联邦信息处理标准由国家标准局（NBS）颁发。FIPS 由 NBS 在广泛搜集政府各部门及私人部门的意见的基础上写成。正式发布之前，将 FIPS 分送给每个政府机构，并在"联邦注册"上刊印出版，经再次征求意见之后，NSB 局长把标准连同 NBS 的建议一起呈送美国商业部，由商业部长签字画押同意或反对这个标准。FIPS 安全标准的一个著名实例就是数据加密标准（DES）。

● **美国国防部的信息安全指令和标准（DOD）**：美国国防部十分重视信息的安全问题，美国国防部发布了一些有关信息安全和自动信息系统安全的指令、指示和标准，并且加强信息安全的管理，特别是 DOD 5200.28-STD《国防可信和计算机系统评估准则》，受到各方面广泛的关注。

6.2.1.4　国内相关标准化组织

国内信息技术安全标准的制定工作是从 80 年代中期开始的。一方面是制定信息技术设备和设施的安全标准，1985 年发布了第一个标准 GB 4943；另一方面是制定信息安全技术标准，于 1994 年月发布了第一批标准。我国有关主管部门十分关注信息安全标准化工作，早在 1984 年 7 月就组建了数据加密技术委员会，并于 1997 年 8 月改组成全国信息技术标准化委员会的信息安全技术分委员会，负责制定信息安全的国家标准。在全国信息技术标准化技术委员会信息安全分技术委员会和社会各界的努力下，本着积极采用国际标准的原则，转化了一批国际信息安全基础技术标准。其他相关部门也相继制定、颁布了一批信息安全的行业标准，为推动信息安全技术在各行业的应用和普及发挥了积极的作用，在国家信息化建设过程中发挥着举足轻重的作用。

由于我国信息安全研究起步较晚，信息安全技术与世界先进水平有很大差距，总体上，我国信息安全标准化工作还处于探索和起步阶段，信息安全标准化方面还存在以下方面的突出问题：

① 信息安全标准数量远少于现有产品品种，尚未形成较为完整的信息安全标准体系，已颁布的国家标准，绝大多数为框架性基础标准，具有方法论的指导作用，而不是可操作的标准，有限的产品标准技术上滞后，事实上不具有标准的指导作用。

② 标准的研究制定没有与市场和产业有效结合，而是以科研项目甚至是软课题的方式，组织专家编制，企业没有成为标准化的主体，从而在产业和市场上不能得到真正的贯彻落实，难以成为事实上的技术依据。

③ 标准化经费投入少，编制积极性不高，信息安全标准化工作缺乏对标准科学性、合理性和实用性的深入研究。一个技术含量高、科学、实用的标准，是在对相关安全技术基本原理进行深入研究，进行安全试验并取得真实数据的基础上，提出标准的具体内容、指标和参数，并进行验证试验。安全标准所体现的内在技术结构，还需要将安全体系技术理论、方法和相应产品本身的专业技术、开发生产与应用经验融合起来，才能形成。而我国目前进行的安全标准研究，难以创造上述条件，也就很难得到有技术含量的实用标准。

当前，围绕建设国家信息安全保障体系的战略目标，我国正在以前所未有的力度实施信息安全等级保护制度。而信息安全等级保护制度的落实，需要一整套的法律规范和技术规范。国家信息安全保障体系特别是有关技术体系的建设和应用，更是一个极其庞大的复杂系统工程，没有配套的安全标准，就不能构造出一个可用的信息安全保障体系；没有自主开发的安全标准，就不能构造出一个自主可控的信息安全保障体系。

面对日益突出的供需矛盾，我国信息安全标准化的发展应适应我国信息化建设的发展战略，紧紧围绕建设国家信息安全保障体系的战略目标和实施信息安全等级保护的具体需求，充分借鉴国际信息安全标准的先进技术，加紧制定信息安全保障急需的各类安全标准。在国家标准化主管部门的指导下，国家基础信息网络和重要信息系统的主管部门、有关产业主管部门，充分调动信息安全产业和市场的积极性，共同建设包含基础标准、技术标准、应用标准、服务标准和管理标准的信息安全标准体系，并将标准体系的建设纳入国家的信息化发展和信息安全保障体系建设的总体规划和相应的基本建设与产品化的实施计划中，建立健全适合我国国情的完整的信息安全标准体系。

6.2.2　信息安全标准简介

信息技术安全方面的标准化，兴起于 20 世纪 70 年代中期，80 年代有了较快的发展，90 年代引起了世界各国的普遍关注。特别是随着信息数字化和网络化的发展与应用，信息技术的安全技术标准化变得更为重要。目前世界上信息安全相关标准可分成三类：

① 互操作标准。例如：对称加密标准 DES、3DES、IDEA、AES；非对称加密标准 RSA；VPN 标准 IPSec；传输层加密标准 SSL；安全电子邮件标准 S-MIME；安全电子交易标准 SET；通用脆弱性描述标准 CVE。

② 技术与工程标准。例如：信息产品通用测评准则（ISO/IEC 15408<CC>）；安全系统工程能力成熟度模型（SSE-CMM）；美国 TCSEC（橘皮书）等。

③ 网络与信息安全管理标准。例如：信息安全管理体系标准（BS 7799，其中第一部分成为 ISO/IEC 17799）；信息安全管理标准（ISO 13335）。

下面简介几种重要的信息安全相关标准。

6.2.2.1　《可信计算机系统评估准则》（TCSEC）

1983 年，美国国防部（DOD）首次公布了《可信计算机系统评估准则》（TCSEC）以用于对操作系统的评估，这是 IT 历史上的第一个安全评估标准，1985 年公布了第二版，TCSEC 为业界所熟知的名字 "橘皮书" 因其封面的颜色而来。为了针对网络、安全系统和数据库具体情况来应用橘皮书准则，美国国防部国家计算机安全中心又制定并出版了 3 个解释性文件：《可信网络解释》《计算机安全子系统解释》《可信数据库解释》，这 3 个解释性文件和橘皮书被合称为美国计算机系统安全评估标准彩虹系列。CC（后面将介绍到）被接纳为国际标准后，美国停止了基于 TCSEC 的评估工作。

TCSEC 所列举的安全评估准则主要针对美国政府，涉及商用可信自动数据处理系统，着重点是基于大型计算机系统的机密文档处理方面的安全要求。准则中描绘了不同安全等级的要求特点和可信措施，其目的是：①为生产厂商提供一种安全标准，作为检查和评价产品的依据；②为国防部和用户评估处理保密信息的计算机系统安全可信度提供一种安全度量；③为产品规格中规定的安全要求提供基准。

TCSEC 的安全等级分为 A、B、C、D 四级，A 级最高，D 级最低，见表 6.1。每级的具体划分确定按照以下四个方面进行：安全策略、可计算性、可信赖性、文件编制。

表 6.1　列出了 TCSEC 中确定的安全等级及其功能说明

安全等级	功能说明
D	最低保护级，即非保护级：系统已被评估，但不满足 A～C 级的要求
C1	自主安全保护级：通过提供用户与数据分离，满足市场可信计算基（Trusted Computing Base）自动安全要求
C2	可控安全保护级：提供比 C1 级更细致的自主访问控制，把注册过程、审计跟踪和资源分配分开；提供控制以防止存取权利的扩散，避免非法存取
B1	标记安全保护级：除了 C2 的全部功能外，增加了标记、强制访问控制、责任、审计和保证功能
B2	结构保护级：建立在 B1 级之上，具有安全策略的形式描述、更多的自由选择和强制性访问控制措施，包含隐蔽信道分析；具有一定的防止非法访问能力
B3	强制安全区域级：覆盖了 B2 级的安全要求，增加了下述内容：传递所有用户行为，系统防篡改，安全信息之中不含有任何附加代码或信息；系统必须提供管理支持、审计、备份和恢复的方法；能够完全防止非法访问
A1	验证设计级：要求形式化设计说明和验证方法对系统进行分析

下面对每个安全等级的内容和要求做简要说明。

6.2.2.1.1　非保护级

D 级是最低保护等级，即非保护级。它是为那些经过评估，但不满足较高评估等级要求的系统设计的，它具有一个级别。该等级是指不符合要求的那些系统，因此，这种系统不能在多用户环境下处理敏感信息。

6.2.2.1.2　自主保护级

C 级为自主保护级，具有一定的保护功能，采用的措施则是自主访问控制和审计跟踪，它一般只适用于具有一定等级的多用户环境，并具有对主体责任和他们的初始动作审计的能力，它的各级提供无条件的安全保护，并通过审计追踪提供主体及其产生动作的责任。这一等级分为 C1 和 C2 两个级别。

（1）自主安全保护级（C1 级）

C1 级通过提供用户与数据隔离，就能够满足市场可信计算基（Trusted Computing Base，TCB）自动安全要求。所谓可信计算基，是一个安全计算机系统的参考校验机制，它包括所有负责实施安全策略以及对保护系统所依赖的客体实施隔离操作的系统单元，简单地说，即所有与系统安全有关的功能均包含在 TCB 中。在这一级，TCB 应在命名用户和命名客体之间定义及进行访问控制。它用的机理（如个人/组/公共控制、访问控制表）应允许客体拥有者指定和控制客体是由自己使用，还是由用户组或公共使用。该级需要在进行任何活动之前，由 TCB 去确认用户身份（如采用口令），并保护确认数据，以免未经授权对确认数据的访问和修改。通过用户拥有者的自主定义和控制，可以防止自己的数据被别的用户有意或无意地读出、篡改、干涉和破坏。同时提供软件和硬件特性，并定期检查其运行正确性。系统的完整性要求硬件和软件能提供保证 TCB 连续有效的操作特性。评价为 C1 级多是依据系统某些特点，目前生产的大多数计算机系统都能达到这一等级，但这级系统不一定要经过严格的评价。

（2）可控安全保护级（C2 级）

在 C2 级，计算机系统比 C1 级有更细致的自主访问控制。它通过注册过程、与安全有关事件的审计和资源隔离，使得用户的操作有可查性。在安全策略方面，除具备 C1 级所有功能外，还提供授权服务，并可提供控制，以防止存取权力的扩散。应明确用户的动作范围和默认客体提供保护，避免非授权存取。它可指定哪些用户可以访问哪些客体，未经授权用户不得访问已指定访问权的客体。同时，还提供了客体再用功能，即对于一个未使用的存储客体，TCB 应该能够保证该客体不包含未授权主体的数据；提供唯一的识别自动数据处理系统各个用户的能力；提供将这种身份与该客体用户发生的所有审计动作相联系的能力。C2 级系统能与该识别相符，可审计所有主体进行的各种活动。要求能对可信计算基（TCB）进行建立、维持和保护，对客体存取的审计跟踪，同时应保护审计信息，并能防止修改、未经授权访问或毁坏审计信息。TCB 也能记录下列类型的事件：确认和识别安全机理的使用；将客体引入用户地址空间；客体的删除；操作人员、系统管理人员和安全管理人员进行的各种活动及其与安全相关的活动。对每个审计事件，审计记录应包括用户名、事件发生时间、事件类型、事件的成功或失败等。对于确认事件，请求源（如终端 ID）也应包括在审计记录中；对于客体访问的事件，审计记录也包括客体名。通过识别符，自动数据处理系统管理人员应能有选择地审计任一或多个用户的活动。TCB 保障要求中，除 C1 级外，还必须保留在一特定区域，以防止外部人员的篡改；TCB 应与被保护的资源隔离，以使存取控制更容易，并达到审计目的。DEC 公司的 VAX/VMS 操作系统被确认为 C2 级。

6.2.2.1.3 强制安全保护级

B 级为强制保护级，这一等级比 C 级的安全功能有很大增强。它要求对客体实施强制访问控制，并要求客体必须带有敏感标志，可信计算基利用它去施加强制访问控制，分为 B1、B2、B3 三级。

（1）标记安全保护级（B1）

该级具有 C2 级的全部功能，并增加了标记、强制访问控制、责任、审计和保证功能。

• 标记：与每个主体和存储客体有关的标记都要由 TCB 维护。这些标记在实施强制访问控制时使用。主体的各种活动能通过 TCB 审计。这一级的标志有如下要求：①标志的完整性：安全标志应能准确地体现指定主体和客体的安全级别。当敏感标志由 TCB 输出时，它应该能够准确体现内部标志，并输出信息相关联。②标志信息的输出：TCB 应该能够指明每个通信信道和 I/O 设备是作为单级还是多级使用。其指定都应由人工来做，并由 TCB 来对这种活动进行审计。③多级设备输出：当 TCB 输出一个客体到多级 I/O 设备时，敏感标志应与客体一起输出，并以同样的形式与输出信息一起驻留在同一物理介质上。当 TCB 通过多级通信信道输出和输入一个客体时，使用的协议应在敏感标志和发送（或接收）的信息间提供明确的对应关系。④单机设备的输出：不要求对单级 I/O 设备和单级通信信道所处理信息保留敏感标志，然而，授权用户可经由单级通信信道或 I/O 设备来安全级传输标有单级安全级的信息。⑤硬复制标志输出：ADP 系统管理员应该能够指定与输出敏感标志相关联的可打印标志名。TCB 标志出硬复制敏感标志（人们可以读的）输出的开始和结束。数据敏感性标志可以分为秘密、机密和绝密字样等。

- 强制访问控制：TCB 应对它控制下的所有主体和客体施加一种强制访问控制策略。主体和客体要指定敏感标志，这些标志是分层保密等级和非分层保密等级的结合，并作为强制访问控制判断的依据。TCB 应支持两个以上的安全级。在由 TCB 控制的主体和客体之间的访问必须满足下述要求：只有在主体的安全级中分层保密等级小于或等于客体安全级中分层保密等级时，才允许主体对客体进行写操作，并且在客体的安全级中，非分层等级包括主体安全级中所有非分层等级。

- 责任：在用户开始完成任何由 TCB 干预的活动时，TCB 将要求对他们进行识别，并且 TCB 要保存确定数据，以防止未经授权的用户访问。用于识别和确认的这些数据包括验证用户身份信息（如口令）、检查用户签证信息和用户授权信息。

- 审计：审计包括除 C2 级的全部功能，还可以对任何滥用职权的人读输出标志，对安全级记录的事件进行审计，也能对基于安全级的用户活动进行有选择的审计。

（2）结构保护级（B2）

该级着重强调实际中的评价手段。为此，B2 级增加了以下功能：

- 安全策略：加强了强制访问功能，它将强制访问控制对象，从主体和客体扩展到 I/O 设备等所有资源，并要求每种系统资源必须与安全标志相联系。

- 责任：在责任方面，提高了连续保护和防渗透能力。它保证了和用户之间开始注册和确认时的通路是可信的，提高了系统连续保护和防渗入的能力，且审计功能能得到加强，能审计使用隐蔽存储信道的标志事件。隐蔽通道是指一个进程可用违反系统安全策略的方法去传输信息。存储隐蔽信道包括所有允许一个进程直接或间接地对一个存储单元写，而另一个进程直接或间接读的载体。

- 结构：应支持操作人员和管理人员的分离，能执行最小特权原则。即每个主体进行授权任务时，因被授予完成任务所必需的最小存储权。应划分与保护有关和与保护无关部分，并把它的执行维持在一个固定的区域，以防止外部干预和篡改，其设计和实现要利用检测和评估，应支持操作人员和管理人员的分离。

Honeywell 公司的操作系统 Multics 被确认为 B2 级。

（3）强制安全区域级（B3）

它监督所有主体对客体的访问，防篡改，并提供分析和测试。它将审计机理扩展到能报知与安全有关的事件。系统要有恢复能力，为此，它增加了一个安全策略：

- 安全策略：采用访问控制表进行控制，允许用户指定和控制对客体的共享，也可以指定命名用户对客体访问方式。

- 责任：它能监视安全审计事件的发生和积累，当超出阈值时，能立即报知安全管理人员进行处理。

- 保证：只能完成与安全有关的管理功能，对其他完成非安全功能的操作要严加限制。在系统出现故障和灾难性事件后，要提供过程和机理，以保证在不损害保护的条件下，使系统得到恢复。

6.2.2.1.4　验证安全保护级

A 级为验证保护级。它的显著特征是从形式设计规范说明和验证技术导出分析，并高度地保证正确实现 TCB。其特点是使用形式化验证方法，以保证系统的自主访问和强制访问控制机理能有效地使该系统存储和处理秘密信息及其他敏感信息，该等级分为 A1 和超 A1 两个级。

（1）A1 级（验证设计级）

本级的主要特点是要求用形式化设计说明和验证方法来对系统进行分析，确保 TCB 按设计需要实现。Honeywell 公司的 Scomp 系统被确定为 A1 级。

（2）超 A1 级

由于超 A1 级超出目前的技术发展，有些具体要求很难提出，仅提出一些设想。它为今后研究提供指导。

6.2.2.2　《信息技术安全性评估准则》（ITSEC）

《信息技术安全性评估准则》（ITSEC）是英国、德国、法国和荷兰四个欧洲国家安全评估标准的统一与扩展，由欧共体委员会（CEC）在 1990 年首度公布。ITSEC 的目标在于成为国家认证机构所进行的认证活动的一致基准，并使评估结果相互承认。自 1991 年 7 月开始，ITSEC 一直被实际应用在欧洲国家的评估和认证方案中，直到其为 CC 所取代。

ITSEC 将安全功能和功能评估的概念分开，每个产品最少给出两个基本参数：一个是实现的安全功能，另一个是实现的准确性。功能性准则的度量范围是 F1~F10 共 10 个等级，其中，F1~F5 级分别对应 TCSEC 的 C1~B3 级；F6 添加了数据和程序的完整性概念；F7 添加了系统可用性概念；F8 添加了数据通信完整性概念；F9 添加了数据通信机密性概念；F10 添加了网络的机密性和完整性概念。准确性准则用来评估某一测试产品所达到的可信赖性等级，可信赖等级由低到高为 E0~E6，其中，E1 是测试级；E2 为配置控制和受控分配；E3 为详细设计和源代码访问；E4 为扩充脆弱性分析；E5 为设计和源代码之间的可证明对应关系；E6 为设计和源代码之间对应关系的形式模型和描述。

通过实践，发现该准则还有着严重的局限性，该准则偏重保密性，对完整性和可用性没有给予重视。实际上，信息被篡改、破坏所造成的威胁同样是严重的。

6.2.2.3　《信息技术安全性评估通用准则》（CC）

国际《信息技术安全性评估通用准则》（简称为《通用准则》，CC）是北美和欧盟联合开发的统一的国际互认的安全标准，是在美国、加拿大、欧洲等国家和地区分别自行推出的评估标准及具体实践的基础上，通过相互间的总结和互补发展起来的。CC 取代了 TCSEC、ITSEC 及 CTCPEC，是事实上的国际安全评估标准。

CC 的主要发展阶段为（图 6.1）：

- 1985 年，美国国防部公布《可信计算机系统评估准则》（TCSEC）。
- 1989 年，加拿大公布《可信计算机产品评估准则》（CTCPEC）。
- 1991 年，欧洲公布《信息技术安全评估准则》（ITSEC）。
- 1993 年，美国公布《美国信息技术安全联邦准则》（FC）。
- 1996 年，六国七方（英国、加拿大、法国、德国、荷兰、美国国家安全局和美国标准技术研究所）公布《信息技术安全性通用评估准则》CC 1.0 版本。
- 1998 年，六国七方公布《信息技术安全性通用评估准则》CC 2.0 版本。
- 1999 年 12 月，ISO 接受 CC 2.0 版为 ISO 15408 标准，并正式颁布发行。
- 2001 年 3 月，中华人民共和国 GB/T 18336：2001《信息技术-安全技术-信息技术安全性评估准则》（等同于 ISO/IEC 15408—1999）。

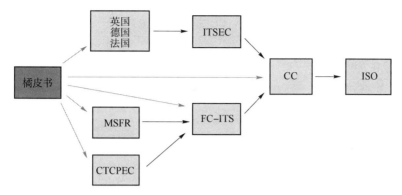

图 6.1　CC 的发展历程

CC 源于 TCSEC，但已经完全改进了 TCSEC。TCSEC 主要是针对操作系统的评估，提出的是安全功能要求，目前仍然可以用于对操作系统的评估。CC 全面地考虑了与信息技术安全性相关的所有因素。CC 定义了作为评估信息技术产品和系统安全性的基础准则，提出了把安全要求分为规范产品和系统安全行为的功能要求，以及解决正确、有效地实施这些功能的保证要求。功能和保证要求又以"类—子类—组件"的结构表述，组件作为安全要求的最小构件块。

CC 分为三个部分：第一部分是"简介和一般模型"，正文介绍了 CC 中的有关术语、基本概念和一般模型，以及与评估有关的一些框架，附录部分主要介绍保护轮廓（Protection Profile，PP）和安全目标（Security Target，ST）的基本内容。第二部分是"安全功能要求"，按"类—子类—组件"的方式提出安全功能要求，每一个类除正文以外，还有对应的提示性附录做进一步解释。第三部分是"安全保证要求"，定义了评估保证级别，介绍了 PP 和 ST 的评估，并按"类—子类—组件"的方式提出安全保证要求，讨论了七个日益广泛使用的严格的 Evaluation Assurance Levels（EAL，七个事先定义好的评价等级，用来帮助 IT 专家评价规划的和已经存在的网络与系统）。CC 的三个部分相互依存，缺一不可。其中，第一部分介绍了 CC 的基本概念和基本原理，第二部分提出了技术要求，第三部分提出了非技术要求和对开发过程、工程过程的要求。这三部分的有机结合具体体现在 PP 和 ST 中，PP 和 ST 的概念和原理由第一部分介绍，PP 和 ST 中的安全功能要求和安全保证要求在第二、三部分选取，这些安全要求的完备性和一致性由第二、三两部分保证。

CC 共有 9 个功能类，每一类又有多个具体的功能族，见表 6.2。同时还定义了 7 个可信赖类（表 6.3），每类中又有多个族，一旦某一产品的可信赖性要求得到确定，就可以给这个产品赋予可信赖性等级。CC 中有从低到高 AL0～AL7 八级可信赖性等级。

表 6.2　CC 的功能类族

功能类名称	族成员数量	功能类名称	族成员数量
通信	2	安全审计	10
识别和验证	10	TOE 入口	9
保密性	4	可信路径	3
可信安全功能的防护	14	用户数据保护	13
资源分配	3		

表 6.3　CC 的可信赖类族

功能类名称	族成员数量
配置管理	3
传递和操作	2
开发	10
引导文件	2
寿命期支持	4
测试	4
脆弱性测验	4

6.2.2.4　《信息安全管理体系标准》（BS 7799）

信息安全管理正在逐步受到安全界的重视，加强信息安全管理被普遍认为是解决信息安全问题的重要途径。但由于管理的复杂性与多样性，信息安全管理制度的制定和实施往往与决策者的个人思路有很大关系，随意性较强。信息安全管理也同样需要一定的标准来指导。

BS 7799 是在 BSI/DISC 的 BDD/2 信息安全管理委员会指导下制定完成的，其发展时间表如下：

● 1993 年，英国贸易工业部立项。

● 1995 年，英国首次出版 BS 7799-1：1995《信息安全管理实施细则》，它提供了一套综合的、由信息安全最佳惯例组成的实施规则，其目的是作为确定工商业信息系统在大多数情况所需控制范围的唯一参考基准，并且适用于大、中、小组织。

● 1998 年，英国公布标准的第二部分《信息安全管理体系规范》，它规定了信息安全管理体系要求与信息安全控制要求。它是一个组织的全面或部分信息安全管理体系评估的基础，它可以作为一个正式认证方案的根据。

● 1999 年，BS 7799-1 与 BS 7799-2 经过修订重新予以发布，1999 年版考虑了信息处理技术，尤其是在网络和通信领域应用的近期发展，同时，还强调了商务涉及的信息安全及信息安全的责任。

● 2000 年 12 月，BS 7799-1：1999《信息安全管理实施细则》通过了国际标准化组织 ISO 的认可，正式成为国际标准，标准名称为 ISO/IEC 17799-1：2000《信息技术-信息安全管理实施细则》。

● 2002 年 9 月 5 日，BS 7799-2：2002 草案经过广泛的讨论后发布成为正式标准，同时，BS 7799-2：1999 被废止。

BS 7799 信息安全管理体系标准强调风险管理的思想。传统的信息安全管理基本上还处在一种静态的、局部的、少数人负责的、突击式、事后纠正式的管理方式，导致的结果是不能从根本上避免、降低各类风险，也不能降低信息安全故障导致的综合损失。而 BS 7799 标准基于风险管理的思想，指导组织建立信息安全管理体系（Information Security Management System，ISMS）。ISMS 是一个系统化、程序化和文件化的管理体系，基于系统、全面、科学的安全风险评估，体现以预防控制为主的思想，强调遵守国家有关信息安全的法律法规及其他合同方要求，强调全过程和动态控制，本着控制费用与风险平衡的原则合理选择安全控制方式，保护组织所拥有的关键信息资产，使信息风险的发生概率和结果降低到可接受的水平，确保信息的保密性、完整性和可用性，保持组织业务运作的持续性。

BS 7799 由 BS 7799-1《信息安全管理实施细则》和 BS 7799-2《信息安全管理体系规范》两部分组成。

6.2.2.4.1　第一部分：《信息安全管理实施细则》

BS 7799-1《信息安全管理实施细则》用作国际信息安全指导标准 ISO/IEC 17799 的基础的指导性文件，主要是给负责开发的人员作为参考文档使用，从而在他们的机构内部实施和维护信息安全。这一部分包括 10 个管理要项，36 个执行目标，127 种控制方法，见表 6.4 和表 6.5。

表 6.4　BS 7799-1 的 10 个管理要项

一、安全方针（1，2）（附注）			
二、安全组织（3，10）			
三、资产分解与控制（2，3）			
四、人员安全 （3，10）	五、物理与环境 （3，13）	六、通信与操作管理 （7，24）	八、系统开发与维护 （5，18）
七、访问控制（8，31）			
九、业务持续管理（1，5）			
十、符合性（3，11）			
注：（m，n）：m 为执行目标的数目；n 为控制方法的数目。			

表 6.5　BS 7799-1 的内容列表

标准	目的	内容
安全方针	为信息安全提供管理方向与支持	建立安全方针文档
安全组织	建立组织内的管理体系，以便安全管理	组织内部信息安全责任；信息采集及设施安全；可被第三方利用的信息资产的安全；外部信息安全评审；外包合同的安全
资产分解与控制	维护组织资产，适当保护系统	利用资产清单、分类处理、信息标签等对信息资产的保护
人员安全	减少人为造成的风险	减少错误、偷窃、欺骗或资源误用等人为风险；保密协议；安全教育培训；安全事故与教训总结；惩罚措施
物理与环境	防止未经许可的介入、损伤和干扰	阻止对工作区和物理设备的非法进入；业务机密和信息的非法访问、损坏或干扰；阻止资产的丢失、损坏或遭受危险；桌面与屏幕管理阻止信息的泄露
通信与操作管理	保证通信与操作设备的正确和安全服务	确保信息处理设计的正确性和操作的安全性；降低系统失效的风险；保护软件和信息的完整性；维护信息处理和通信的完整性与可用性；确保网络信息的安全措施和支持基础结构的保护；防止资产被损坏或业务活动被干扰、中断；防止组织间的交易信息遭受破坏、修改或误用

续表

标准	目的	内容
访问控制	控制对商业信息的访问	控制访问信息；阻止非法访问信息系统；确保网络服务得到保护；阻止非法访问计算机；检测非法行为；保证在使用移动计算机和远程网络设备时的信息安全
系统开发与维护	保证系统开发与维护系统的安全	确保信息安全保护深入操作系统中；阻止应用系统中用户数据的丢失、修改或误用；确保信息的保密性、可靠性和完整性；确保IT项目工程及其支持活动在安全的方式下进行；维护应用程序软件和数据安全
业务持续管理	防止商业活动的中断和灾难事故的影响	防止商业活动的中断；防止关键商业过程受到重大失误和灾难的影响
符合性	避免任何违反法令、法规、合同约定及其他安全要求的行为	避免违背刑法、民法、条例，遵守契约责任以及各种安全要求；确保组织系统符合安全方针和标准；使系统审查过程中的绩效最大化，并将干扰因素降到最小

6.2.2.4.2 第二部分：信息安全管理体系规范

BS 7799-2《信息安全管理系统规范》详细说明了建立、实施和维护信息安全管理系统（ISMS）的要求，指出实施组织需遵循某一风险评估来鉴定最适宜的控制对象，并对自己的需求采取适当的控制。本部分提出了建立信息安全管理体系的步骤，如图6.2所示。

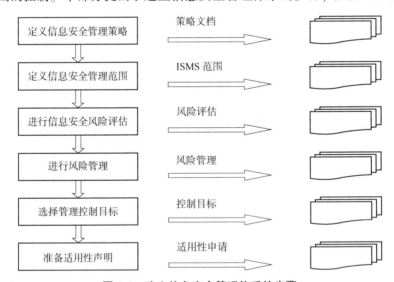

图6.2　建立信息安全管理体系的步骤

每一步的简要说明如下：

① 定义信息安全管理策略。信息安全策略是组织信息安全的最高方针，需要根据组织内各个部门的实际情况，分别制定不同的信息安全策略。例如，规模较小的组织单位可能只有一个信息安全策略，并适用于组织内所有部门、员工；而规模大的集团组织则需要制定一个信息安全策略文件，分别适用于不同的子公司或各分支机构。信息安全策略应该简单明了、通俗易懂，并形成书面文件，发给组织内的所有成员。同时，要对所有相关员工进行信

息安全策略的培训，对信息安全负有特殊责任的人员要进行特殊的培训，以使信息安全方针真正植根于组织内所有员工的脑海并落实到实际工作中。

② 定义信息安全管理范围。信息安全管理（ISMS）的范围确定需要重点进行信息安全管理的领域，组织需要根据自己的实际情况，在整个组织范围内，或者在个别部门或领域构架 ISMS。在本阶段，应将组织划分成不同的信息安全控制领域，以易于组织对有不同需求的领域进行适当的信息安全管理。

③ 进行信息安全风险评估。信息安全风险评估的复杂程度将取决于风险的复杂程度和受保护资产的敏感程度，所采用的评估措施应该与组织对信息资产风险的保护需求相一致。风险评估主要对 ISMS 范围内的信息资产进行鉴定和估价，然后对信息资产面对的各种威胁和脆弱性进行评估，同时，对已存在的或规划的安全管制措施进行鉴定。风险评估主要依赖于商业信息和系统的性质、使用信息的商业目的、所采用的系统环境等因素，组织在进行信息资产风险评估时，需要将直接后果和潜在后果一并考虑。

④ 信息风险管理。根据风险评估的结果进行相应的风险管理。信息安全风险管理主要包括以下几种措施：降低风险：在考虑转嫁风险前，应首先考虑采取措施降低风险；避免风险：有些风险很容易避免，例如通过采用不同的技术、更改操作流程、采用简单的技术措施等；转嫁风险：通常只有当风险不能被降低或避免，并且被第三方（被转嫁方）接受时才被采用，一般用于那些低概率，但一旦风险发生，会对组织产生重大影响的风险；接受风险：用于那些在采取了降低风险和避免风险措施后，出于实际和经济方面的原因，只要组织进行运营，就必然存在并必须接受的风险。

⑤ 选择管理控制目标。管制目标的确定和管制措施的选择原则是费用不超过风险所造成的损失。由于信息安全是一个动态的系统工程，组织应实时对选择的管制目标和管制措施加以校验和调整，以适应变化了的情况，使组织的信息资产得到有效、经济、合理的保护。

⑥ 准备适用性声明。信息安全适用性声明记录了组织内相关的风险管制目标和针对每种风险所采取的各种控制措施。信息安全适用性声明的准备，一方面是为了向组织内的员工声明对信息安全面对的风险的态度，在更大程度上则是为了向外界表明组织的态度和作为，以表明组织已经全面、系统地审视了组织的信息安全系统，并将所有有必要管制的风险控制在能够被接受的范围内。

2002 年 9 月在英国发布了 BS 7799-2:2002 版本，新版本与 ISO 9001:2000（质量管理体系）和 ISO 14001:1996（环境管理体系）等国际知名管理体系标准采用相同的风格，使信息安全管理体系更容易和其他的管理体系相协调。新版标准的主要更新在于：PDCA（Plan-Do-Check-Act）的模型；基于 PDCA 模型的基于过程的方法；对风险评估过程、控制选择和适用性声明的内容与相互关系的阐述；对 ISMS 持续过程改进的重要性；文档和记录方面更清楚的需求；风险评估和管理过程的改进。

6.2.2.5　《系统信息安全管理指南》（ISO 13335）

《系统信息安全管理指南》（ISO 13335）的主要作用就是给出如何有效地实施 IT 安全管理的建议和指南。用户完全可以参照这个完整的标准制定出自己的安全管理计划和实施步骤。

6.2.2.5.1 主要内容

ISO 13335 目前包括五个部分：

① IT 安全的概念和模型（Concepts and Models for IT Security, ISO/IEC 13335‑1：1996），该部分包括了对 IT 安全和安全管理的一些基本概念及模型的介绍。

② IT 安全的管理和计划（Managing and Planning IT Security, ISO/IEC 13335‑2：1997），这个部分建议性地描述了 IT 安全管理和计划的方式、要点。

③ IT 安全的技术管理（Techniques for the Management of IT Security, ISO/IEC 13335‑3：1998），覆盖了风险管理技术、IT 安全计划的开发以及实施和测试，还包括一些后续的制度审查、事件分析、IT 安全教育程序等。

④ 防护的选择（Selection of Safeguards, ISO/IEC 13335‑4：2000），主要探讨如何针对一个组织的特定环境和安全需求来选择防护措施，这些措施不仅仅包括技术措施。

⑤ 外部连接的防护（Safeguards for External Connections, ISO/IEC 13335‑5）。

6.2.2.5.2 对安全的定义

很多信息安全文献中定义的"安全"主要包括三个方面：机密性、完整性、可用性，而在 ISO 13335‑1 中定义了 IT 安全六个方面的含义：

① Confidentiality（保密性），确保信息不被非授权的个人、实体或者过程获得和访问。

② Integrity（完整性），包含数据完整性的内涵，即保证数据不被非法地改动和销毁；同样，还包含系统完整性的内涵，即保证系统以无害的方式按照预定的功能运行，不受有意的或者意外的非法操作所破坏。

③ Availability（可用性），保证授权实体在需要时可以正常地访问和使用系统。

④ Accountability（可控性），确保一个实体的访问动作可以被唯一地区别、跟踪和记录。

⑤ Authenticity（真实性），确认和识别一个主体或资源就是其所声称的，被认证的可以是用户、进程、系统和信息等。

⑥ Reliability（可靠性），保证预期的行为和结果的一致性。

在 ISO 13335‑4 中针对这六个方面的安全需求分别列出了一系列的防护措施，可以说，对安全的六个要点的阐述是对传统的三个要点的更细致的定义。

6.2.2.5.3 风险管理关系模型

对上面的一些安全管理要素，ISO 13335 给出了一个非常独到的风险管理关系模型，如图 6.3 所示。

ISO 13335 提出了以风险为核心的安全模型：企事业单位的资产面临很多威胁（包括来自内部的威胁和来自外部的威胁）；威胁利用信息系统存在的各种漏洞（如物理环境、网络服务、主机系统、应用系统、相关人员、安全策略等）对信息系统进行渗透和攻击。如果渗透和攻击成功，将

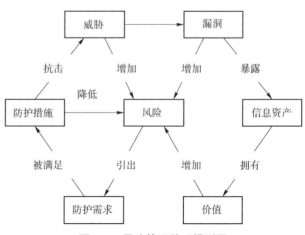

图 6.3 风险管理关系模型图

导致企事业单位资产的暴露；资产的暴露（如系统高级管理人员由于不小心而导致重要机密信息的泄露）会对资产的价值产生影响（包括直接和间接的影响）；风险就是威胁利用漏洞使资产暴露而产生的影响的大小，这可以由资产的重要性和价值决定；对企事业单位信息系统安全风险的分析，就得出了系统的防护需求；根据防护需求的不同来制定系统的安全解决方案，选择适当的防护措施，进而降低安全风险，并抗击威胁。

6.2.2.6　其他信息安全标准

（1）《可信计算机系统评价准则》（NTCB）

由于计算机网络中各部件一般都由不同的厂商提供，要支持各种网络标准和通用功能，这样各种部件就相对复杂。因此，对其评价尤为重要。为此，美国国防部计算机安全评估中心在完成《可信计算机系统评价准则》（NTCB）的基础上，又组织了专门的研究组对可信网络安全评估进行研究。1987 年 6 月，NCSC 首次发表了可信网络安全说明，该说明以《可信计算机系统评估准则》为基础，增加了与网络安全评估有关的要求。在这个说明中，要求任何被评估的计算机网络都必须具有一个清新的网络安全结构和设计。网络安全结构必须说明与安全有关的策略、目标和协议。网络安全设计是指明引入网络的接口和服务，以便做成一个可信实体来评价。这是因为在网络或任何部件被评价前，网络结构及设计对于网络拥有者是非常有用的。支持网络系统的安全策略有四种：强制访问控制、自主访问控制、支持策略（加密、确认、审计等）、应用策略（如数据库管理系统的支持和安全策略）。

（2）加拿大系统安全中心的 CTCPEC

1992 年 4 月，《加拿大可信计算机产品评估准则》（CTCPEC）3.0 版的草案发布，它可被看作在 TCSEC 及 ITSEC 范围之上的进一步发展，其实现结构化安全功能的方法也影响了后来的国际标准。CTCPEC 也把安全要求分成功能要求和可信赖性要求两类。功能要求细分为四个类别：机密性、完整性、可用性、可计算性。把产品的可信赖性规格分为从低到高 T0~T7 八个等级。CTCPEC 主要涉及以下内容：结构要求、开发环境要求、开发证据要求、操作环境要求、文档要求和测试要求等，这些要求决定了一个产品的设计、测试、评估、使用等全过程。

（3）日本电子工业发展协会的 JCSEC-FR

1992 年 8 月，日本电子工业发展协会（JEIDA）公布了《日本计算机安全评估准则-功能要求》（JCSEC-FR）。该文件与 ITSEC 的功能部分结合得非常紧密，描述更为详细。

（4）美国 NIST 和 NSA 的 FC-ITS

为了尽快达到满足非军事领域需要的目标，尤其是商业 IT 应用需要的目的，美国发起了一个项目，旨在开发出 TCSEC 的替代标准，最初的文件就是由国家标准技术研究所（NIST）发布的《多用户操作系统的最小安全需求》（MSFR）。1992 年 12 月，《信息技术安全联邦准则》（FC-ITS）的草案 1.0 版由 NIST 和国家安全局（NSA）发布。但其有很多缺陷，只是一个过渡准则，也未能取代 TCSEC。

（5）系统公共漏洞和暴露（CVE）

CVE 的英文全称是"Common Vulnerabilities & Exposures"（公共漏洞和暴露）。CVE 是一个行业标准，为每个漏洞和暴露确定了唯一的名称及标准化的描述，可以成为评价相应入侵检测和漏洞扫描等工具产品与数据库的基准。CVE 就好像是一个字典表，为广泛认同的信息安全漏洞或者已经暴露出来的弱点给出一个共同的名称。使用一个共同的名字，可以帮助用户在各自独立的各种漏洞数据库中和漏洞评估工具中共享数据，这样就使得 CVE 成为安全信息共享的"关键字"。如果在一个漏洞报告中指明的一个漏洞有 CVE 名称，就可以快速地在任何其他 CVE 兼容的数据库中找到相应修补的信息，解决安全问题。

（6）系统安全工程能力成熟模型（SSE-CMM）

1993 年 5 月，美国国家安全局发起了研究工作。1996 年 10 月，SSE-CMM 模型的第一版完成。1997 年 5 月，评价方法第一版完成。1999 年 4 月，SSE-CMM 模型的第二版完成。SSE-CMM 确定了一个评价安全工程实施的综合框架，提供了度量与改善安全工程学科应用情况的方法。SSE-CMM 项目的目标是将安全工程发展为一整套有定义的、成熟的及可度量的学科。该模型是安全工程实施的标准，主要涵盖以下内容：强调分布于整个安全工程生命周期中各个环节的安全工程活动，包括概念定义、需求分析、设计、开发、集成、安装、运行、维护及更新；可应用于安全产品开发者、安全系统开发者及集成者，还包括提供安全服务与安全工程的组织；适用于各种类型、规模的安全工程组织，如商业、政府及学术界等。

6.2.3　信息安全标准总结

最初的 TCSEC 是针对孤立计算机系统提出的，特别是小型机和大型机系统。该标准仅适用于军队和政府，不适用于企业。TCSEC 与 ITSEC 均是不涉及开放系统的安全标准，仅针对产品的安全保证要求来划分等级并进行评测，并且均为静态模型，仅能反映静态安全状况。CTCPEC 虽在二者的基础上有一定发展，但也未能突破上述局限性。FC 对 TCSEC 做了补充和修改，对保护轮廓（PP）和安全目标（ST）做了定义，明确了由用户提供出其系统安全保护要求的详细轮廓，由产品厂商定义产品的安全功能、安全目标等，但由于其本身的缺陷，一直没有正式投入使用。

CC 定义了作为评估信息技术产品和系统安全性的基础准则，提出了国际上公认的表述信息技术安全性的结构。就像 ITSEC 所做的，CC 分离了功能与保证，即把安全要求分为规范产品和系统安全行为的功能要求以及解决如何正确、有效地实施这些功能的保证要求。

CC 的优势体现在其结构的开放性、表达方式的通用性以及结构和表达方式的内在完备性与实用性三个方面：①开放的结构使得 CC 提出的安全功能要求和安全保证要求都可在具体的 PP 和 ST 中进一步细化和扩展，且这种结构更适应信息技术和信息安全技术的发展。②通用的表达方式则使得用户、开发者、评估者等目标读者都可使用 CC 的语言，互相之间的沟通与理解就比较容易实现。③CC 结构和表达方式的内在完备性和实用性具体体现在 PP 和 ST 的编制上。PP 的编制有助于提高安全保护的针对性、有效性；ST 在 PP 的基础上解决了要求的具体实现。通过 PP 和 ST 这两种结构，便于将 CC 的安全性要求具体应用到 IT 产品的开发、生产、测试、评估和信息系统的集成、运行、评估、管理中。

CC 也有几项明显的缺点：①评估费用高昂，占开发费用的 10% ~ 40%；②等待一个评估完成而造成时间延迟；③新版本需要进行重新评估；④认证仅是针对一个产品的一个特定的版本及一个特定的配置；⑤太庞大、太复杂。此外，CC 没有包括对物理安全、行政管理措施、密码机制等重要方面的评估，且仍未能体现动态的安全要求。

对于指导那些存在于大多数中小型企业中的日常业务领域（如人事、财务等）来讲，

BS 7799 的通用性已经足够。而且与企业一般的安全计划不同，BS 7799 已被大量的实践证明是切实可行的。企业可直接引用这些定义好的通用安全要求，这意味着企业无须从基本原理开始重新定义信息安全，也不必重定义关键业务流程以满足 BS 7799 安全控制的要求。这就使得企业在开始引入时能够做到更完善、更容易管控且有较好的经济效益。尽管如此，BS 7799 还存在一定的不足：①BS 7799 的十大核心领域中，没有一个项目控制的权重。这意味着若有两个不同的认证人员，对风险级别可能就会给出不同的度量与分类。未对 127 个控制项目加权，也会让人误以为它们同等重要，而事实并非如此。②在许多安全管理文档中列出的大量有用的安全管理信息均未包含在 ISO/IEC 17799 之中，作为国际标准，这种不全面导致了它不能被完全接受。③BS 7799 作为自我评估和改良的工具颇有价值，但它不具有一个技术标准所必需的测量精度。

ISO 13335 和 BS 7799（ISO 17799）比较起来有几个方面比较突出：①对安全的概念和模型的描述非常独特，具有很大的借鉴意义。在全面考虑安全问题，进行安全教育，普及安全理念的时候，完全可以将其中的多种概念和模型结合起来。②对安全管理过程的描述非常细致，而且完全可操作。作为一个企业的信息安全主管机关，完全可以参照这个完整的过程规划自己的管理计划和实施步骤。③对安全管理过程中最关键环节的风险分析和管理有非常细致的描述，包括基线方法、非形式化方法、详细分析方法和综合分析方法等风险分析方法学的阐述，对风险分析过程细节的描述都很有参考价值。④在标准的第四部分，有比较完整的针对六种安全需求的防护措施的介绍。其将实际构建一个信息安全管理框架和防护体系的工作变成了一个搭积木的过程。

6.3 信息安全风险评估

信息安全风险评估是信息系统安全工程的重要组成部分，是建立信息系统安全保障体系的基础和前提。

当前的风险评估的方法主要参照两个标准：国际标准《信息安全风险管理指南》ISO 13335 和国内标准《信息安全风险评估规范》GB/T 20984—2007，其本质上就是以信息资产为对象的定性的风险评估。基本方法是识别并评价组织/企业内部所要关注的信息系统、数据、人员、服务等保护对象，参照当前流行的国际国内标准如 ISO 27002、COBIT、信息系统等级保护，识别出这些保护对象面临的威胁以及自身所存在的能被威胁利用的弱点，最后从可能性和影响程度这两个方面来评价信息资产的风险，综合后得到企业所面临的信息安全风险。这是大多数组织在做风险评估时使用的方法。当然，也有少数的组织/企业开始在资产风险评估的基础上，在实践中摸索和开发出类似于流程风险评估等方法，补充完善了资产风险评估。

本节主要讨论信息安全风险评估的基本概念、评估类型、评估方法、评估工具和评估过程。

6.3.1 概念及类型

6.3.1.1 基本概念

信息系统的安全风险，是指由于系统存在的脆弱性，人为或自然威胁所导致的安全事件发生的可能性及其造成的影响。信息安全风险评估，则是指依据有关信息安全技术标准，对信息系统及由其处理、传输与存储的信息的保密性、完整性和可用性等安全属性进行科学评价的过程，它要评估信息系统的脆弱性、信息系统面临的威胁以及脆弱性被威胁源利用后所产生实际负面影响，并根据安全事件发生的可能和负面影响的程度来识别信息系统的安全风险。

由于任何信息系统都会有安全风险，通过安全风险评估，可以了解系统目前与未来的风险所在，评估这些风险可能带来的安全威胁与影响程度，为安全策略的确定、信息系统的建立及安全运行提供依据；同时，通过第三方权威或者国际机构评估和认证，也给用户提供了信息技术产品和系统可靠性的信心，增强产品、单位的竞争力。所以，安全的信息系统实际是指信息系统在实施了风险评估并做出风险控制后，仍然存在的残余风险可被接受的信息系统。因此，要追求信息系统的安全，就不能脱离全面、完整的信息系统的安全评估，就必须运用风险评估的思想和规范，对信息系统开展风险评估。

信息系统安全风险评估是一个动态的复杂过程，它贯穿于信息资产和信息系统的整个生命周期，一个完善的信息系统安全风险评估架构应该具备相应的标准体系、技术体系、组织架构、业务体系和法律法规。信息安全的威胁来自内部破坏、外部攻击、内外勾结进行的破坏以及自然灾害，必须按照风险管理的思想，对可能的威胁、脆弱性和需要保护的信息资源进行分析，依据风险评估的结果为信息系统选择适当的安全措施，妥善应对可能发生的风险，给出降低风险、避免风险、转嫁风险、接受风险的决策。

美国、加拿大等 IT 发达国家于 20 世纪 70 年代和 80 年代建立了国家认证机构和风险评估认证体系，负责研究并开发相关的评估标准、评估认证方法和评估技术，并进行基于评估标准的信息安全评估和认证，目前这些国家与信息系统风险评估相关的标准体系、技术体系、组织架构和业务体系均较为成熟。从已经建立了信息安全评估认证体系的有关国家来看，风险评估及认证机构都是由国家的安全、情报、国家标准化等政府主管部门授权建立，以保证评估结果的可信性和认证的权威性、公正性。我国信息系统风险评估的研究是近几年才起步的，目前主要工作集中于组织架构和业务体系的建立，相应的标准体系和技术体系还处于研究阶段，但随着电子政务、电子商务的蓬勃发展，信息系统风险评估领域及以该领域为基础和前提的信息系统安全工程在我国已经得到政府、军队、企业、科研机构的高度重视，正在快速发展。

6.3.1.2　主要作用

目前国际上普遍认为信息安全应该是一个动态的、不断完善的过程，并做了大量研究工作，产生了各类动态安全体系模型，如基于时间的 PDR 模型、P2DR 模型、全网动态安全体系 APPDRR 模型、安氏的 PADIMEE™模型以及我国的 WPDRRC 模型等。其中偏重技术的 P2DR 模型和偏重管理的 PADIMEE™模型影响最大，并且 PADIMEE™模型对系统安全的描述更全面一些。该模型结构如图 6.4 所示。该模型通过对客户的技术和业务需求的分析以及对客户信息安全的"生命周期"考虑，在七个核心方面体现信息系统安全的持续循环，它们是策略（policy）、评估（assessment）、设计（design）、

图 6.4　PADIMEE™模型

实施（implementation）、管理（management）、紧急响应（emergency response）和教育（education），并将自身业务和 PADIMEE™ 周期中的每个环节紧密地结合起来，为客户构建全面的安全管理解决方案。该模型的核心思想是以工程方式进行信息安全工作，更强调管理以及安全建设过程中的人为因素。其中把评估作为一个重要的环节，可见安全评估的重要性。

信息系统安全评估和信息系统安全保障同样是一个复杂的问题，其复杂性不仅来源于信息系统安全本身，更来源于安全评估中所涉及的角色、责任、行政管理及流程。根据其评估方的不同，信息系统安全评估可分为如下几类：安全风险评估、安全检查、系统安全保障等级评估、安全认证和认可。

- 安全风险评估。安全风险评估是应用比较广泛的一种安全评估方法，也是系统风险管理的前期活动，它根据风险评估实施方的不同，分为自评估和他评估两类。自评估是信息系统所有者对自己系统所进行的安全风险评估；他评估则是第二方商业机构或第三方中立机构所提供的安全风险服务。安全风险分析有定性、定量、定性定量相结合的方法，其得出的风险分析报告的风险值的高低并不直接等同于系统安全程度的高低，风险分析活动还依赖于经验数据和评估人员或专家的实际经验。尽管安全风险评估方法学还有很多问题尚未定论，但安全风险评估作为评估系统安全的一种基本方法，已被社会广泛接受。其他几种信息系统安全评估，如信息系统保障等级安全评估和认证、认可，均融入了安全风险评估的思想，它们将安全风险评估作为评估工作的一个重要环节。并将是否实施过安全风险评估视为评估系统安全的一项必要指标。由于自评估是自我安全评价，因此，在涉及一些重大问题时，其客观性、有效性和公正性同样难以保证；第二方的安全风险评估大多只适用于商业性系统，对于涉及国家机密，国计民生及重要基础设施等关键信息系统和特大型信息系统，不适宜采用第二方商业性质的安全风险评估；第三方的安全风险评估由于其具有中立性、公正、公平、科学、客观的特点，也具有权威性，因此应用范围较为广泛。

- 安全检查。安全检查是信息系统上级主管部门或国家上级职能部门对其所进行的一种带有行政执法性质的安全监督和检查，偏重于安全管理方面，最终也对检查对象的安全状况给出相应的评判。

- 系统安全保障等级评估。系统安全保障等级评估由一个个有权威的、独立的第三方机构进行，该评估由具有评估能力的专门技术部门或专业实验室来完成，这种评估方法在某个时间点对系统当前安全状态进行评估，评估时间点的选择有两类：①系统建设完成并即将投入运行阶段。此时的评估结果将作为安全认证、行政认可的依据和前提。系统所有者主管部门基于安全认证和行政许可的结果批准系统投入运行。②系统运行阶段。此阶段应要求进行强制性定期再评估或系统发生重大变更时的再评估。系统安全保障等级评估包括对信息系统安全的技术和非技术环节的安全评估，并最终给出信息系统安全保障能力等级和系统安全当前状态的评价。它是信息系统进行安全认证与认可的前期工作，它综合了信息安全领域关于安全技术、安全管理及安全工程过程等方面的国际标准，是一种全面、深入、细致的安全评估。这种评估既可服务于一般的商业性信息系统，也可服务于涉及国家机密、国家重要基础设施等关键信息系统，特别是大型信息系统。

- 安全认证和认可。安全认证和认可以系统安全保障等级评估为依据和基础，它由一个具有权威性的，独立、公正的第三方来进行信息系统的安全认证，并由信息系统主管部门对该认证结果进行认可。安全认证和认可的目的是批准确保符合安全要求的信息系统投入运行，其结论有三种：全认可（允许系统投入运行）、临时认可（允许系统有条件地暂时投入运行）、拒绝认可（不允许系统投入运行）。因此，安全认证与认可通常是针对安全等级较高的涉及国计民生或政府机构的关键信息系统进行的。

综上所述，信息系统安全风险评估具有基础性作用，其结果是信息系统进行等级划分的一种依据，可直接导出信息系统的安全需求，为信息系统安全保障体系的建设提供直接的指导。总之，信息系统安全评估准则提供了一个形式化的准绳，无论是对生产厂家还是用户，都大有益处。生产厂家可以根据统一的评估准则，生产出满足不同用户安全需要的产品，该产品可由独立被授权的、可信的第三方机构来鉴定是否满足国际公认的安全标准；评估的结果可帮助用户根据自己的应用环境和具体用途的不同选择安全产品，同时，预期对应用来讲是否是足够安全的，以及在使用中所存在的安全风险是否是可以接受的。

6.3.1.3　基本类型

风险评估是通过明确信息资产的安全需求，识别资产所面临的威胁，发现资产自身存在的安全风险，汇总以上分析结果，得到被评估对象安全风险严重程度及整体安全现状的过程。不难看出，实施风险评估的过程，就是对若干因素进行全面分析的过程，根据实施评估分析的主体的不同，可以将风险评估分为检查评估、委托评估和自评估。

检查评估一般由上级或管理单位实施，委托评估由安全厂商或者第三方检测机构实施，自评估由信息系统的管理维护人员自己完成。自评估方式能够有效地避免评估项目的风险，加强人员的可控性，保证后续建设维护的连续性，因此，自评估是国有大型基础网络和信息系统展开风险评估的最佳方式。在相关规范和标准的指导下，将会有越来越多的大型信息系统管理人员能够独立开展自评估活动。

6.3.2　方法和工具

6.3.2.1　主要方法

标准在信息系统风险评估过程中的指导作用不容忽视，而在评估过程中使用何种方法对评估的有效性同样占有举足轻重的地位。评估方法的选择直接影响到评估过程中的每个环节，甚至可以左右最终的评估结果，所以需要根据系统的具体情况选择合适的风险评估方法。风险评估的方法有很多种，概括起来可分为三大类：定量的风险评估方法、定性的风险评估方法、定性与定量相结合的评估方法。

（1）定量评估方法

定量的评估方法是指运用数量指标来对风险进行评估。典型的定量分析方法有因子分析法、聚类分析法、时序模型、回归模型、等风险图法、决策树法等。定量的评估方法的优点是用直观的数据来表述评估的结果，看起来一目了然，而且比较客观。定量分析方法的采用，可以使研究结果更科学、更严密、更深刻。有时一个数据所能够说明的问题可能是用一大段文字也不能够阐述清楚的，但常常为了量化，使本来比较复杂的事物简单化、模糊化了，有的风险因素被量化以后还可能被误解和曲解。

（2）定性评估方法

定性的评估方法主要依据研究者的知识、经验、历史教训、政策走向等非量化资料对系统风险状况做出判断的过程。它主要以与调查对象的深入访谈做出个案记录为基本资料，然后通过一个理论推导演绎的分析框架，对资料进行编码整理，在此基础上做出调查结论。典型的定性分析方法有因素分析法、逻辑分析法、历史比较法、德尔斐法。定性评估方法的优点是避免了定量方法的缺点，可以挖掘出一些蕴藏很深的思想，使评估的结论更全面、更深刻；但它的主观性很强，对评估者本身的要求很高。

（3）定性与定量相结合的综合评估方法

系统风险评估是一个复杂的过程，需要考虑的因素很多，有些评估要素是可以用量化的形式来表达的，而对有些要素的量化又是很困难甚至是不可能的，所以我们不主张在风险评估过程中一味地追求量化，也不认为一切都是量化的风险评估过程是科学的、准确的。我们认为定量分析是定性分析的基础和前提，定性分析应建立在定量分析的基础上才能揭示客观事物的内在规律。定性分析则是灵魂，是形成概念、观点，做出判断，得出结论所必须依靠的。在复杂的信息系统风险评估过程中，不能将定性分析和定量分析两种方法简单地割裂开来，而应该将这两种方法融合起来，采用综合的评估方法。

（4）典型的风险评估方法

在信息系统风险评估过程中，层次分析法（AHP）经常被用到，它是一种综合的评估方法。该方法是由美国著名的运筹学专家萨蒂于 20 世纪 70 年代提出来的，是一种定性与定量相结合的多目标决策分析方法。这一方法的核心是将决策者的经验判断给予量化，从而为决策者提供定量形式的决策依据。目前该方法已被广泛地应用于尚无统一度量标尺的复杂问题的分析，解决用纯参数数学模型方法难以解决的决策分析问题。该方法对系统进行分层次、拟定量、规范化处理，在评估过程中经历系统分解、安全性判断和综合判断三个阶段。它的基本步骤是：

① 系统分解，建立层次结构模型：层次模型的构造是基于分解法的思想，进行对象的系统分解。它的基本层次有三类：目标层、准则层和指标层，目的是基于系统基本特征建立系统的评估指标体系。

② 构造判断矩阵，通过单层次计算进行安全性判断：判断矩阵的作用是在上一层某一元素约束条件下，对同层次元素之间的相对重要性进行比较，根据心理学家提出的"人区分信息等级的极限能力为 7±2"的研究结论，AHP 方法在对评估指标的相对重要程度进行测量时，引入了九分位的相对重要的比例标度，构成判断矩阵。计算的中心问题是求解判断矩阵的最大特征根及其对应的特征向量；通过判断矩阵及矩阵运算的数学方法，确定对于上一层次的某个元素而言，本层次中与其相关元素的相对风险权值。

③ 层次总排序，完成综合判断：计算各层元素对系统目标的合成权重，完成综合判断，进行总排序，以确定递阶结构图中最底层各个元素在总目标中的风险程度。

6.3.2.2　主要工具

在进行安全模型、评估标准、评估方法研究的同时，各大安全公司也相应推出自己的评估工具来体现以上的研究成果，下面介绍几个典型的评估工具。

● **SAFESuite 套件**：SAFESuite 套件是 Internet Security Systems（ISS）公司开发的网络脆弱点检测软件，它由 Internet 扫描器、系统扫描器、数据库扫描器、实时监控和 SAFESuite 套件决策软件构成，是一个完整的信息系统评估系统。

● **WebTrends Security Analyzer 套件**：WebTrends Security Analyzer 套件是主要针对 Web 站点安全的检测和分析软件，它是 NetIQ-WebTrends 公司的系列产品。其系列产品为企业提

供一套完整的、可升级的、模块式的、易于使用的解决方案。产品系列包括 WebTrends Reporting Center、Analysis Suite、WebTrends Log Analyzer、Security Analyzer、Firewall Suite 和 WebTrends Live 等，它可以找出大量隐藏在 Linux 和 Windows 服务器、防火墙、路由器等软件中的威胁和弱点，并可针对 Web 和防火墙日志进行分析，由它生成的 HTML 格式的报告被认为是目前市场上做得最好的。报告里对找到的每个脆弱点进行了说明，并根据脆弱点的优先级进行了分类，还包括一些消除风险、保护系统的建议。

● **Cobra**：Cobra 是一套专门用于进行风险分析的工具软件，其中也包含促进安全策略执行、外部安全标准（ISO 17799）评定的功能模块。用 Cobra 进行风险分析时，分三个步骤：调查表生成、风险调查、报告生成。Cobra 的操作过程简单而灵活，安全分析人员只需要清楚当前的信息系统状况，并对其做出正确的解释即可，所有烦琐的分析工作都交由 Cobra 来自动完成。

● **CC tools**：CC tools 是针对 CC 开发的工具，它帮助用户按照 CC 标准自动生成 PP（保护轮廓）和 ST（安全目标）报告。

以上这些工具有的是通过技术手段，如漏洞扫描、入侵检测等来维护信息系统的安全；有的是依据评估标准而开发的，如 Cobra。不可否认，这些工具的使用会丰富评估所需的系统脆弱、威胁信息、简化评估的工作量，减少评估过程中的主观性，但无论这些工具功能多么强大，由于信息系统风险评估的复杂性，它在信息系统的风险评估过程中也只能作为辅助手段，代替不了整个风险评估过程。

6.3.3 过程及结论

风险评估过程就是在评估标准的指导下，综合利用相关评估技术、评估方法、评估工具，针对信息系统展开全方位的评估工作的完整历程。对信息系统进行风险评估，首先应确保风险分析的内容与范围应该覆盖信息系统的整个体系，应包括系统基本情况分析、信息系统基本安全状况调查、信息系统安全组织、政策情况分析、信息系统弱点漏洞分析等。风险评估的具体评估过程如图 6.5 所示。

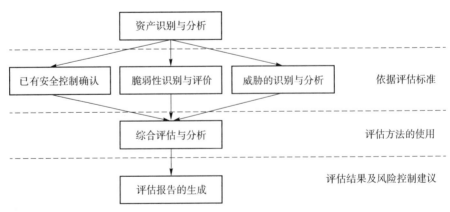

图 6.5　信息系统风险评估的过程

① 资产识别与分析。安全评估的第一步是确定信息系统的资产，并明确资产的价值。资产的价值是由对组织、供应商、合作伙伴、客户和其他利益相关方在安全事件中的保密

性、完整性和可用性的影响来衡量的。资产的范围很广，一切需要加以保护的东西都算作资产，包括信息资产、纸质文件、软件资产、物理资产、人员、公司形象和声誉、服务等。资产的评估应当从关键业务开始，最终覆盖所有的关键资产。同时，确定要保护的资产、资产在系统中的重要性以及信息资产之间的相互依赖性，详细分析资产之间的各种联系，指定并实施一定的风险管理框架，确定风险来源。

② 使用评估标准。根据所采用的评估标准，确定评估方法并利用多种手段根据资产所处的环境对系统进行已有安全控制确认、脆弱点和威胁识别评价，尽可能暴露信息系统的风险点，这些手段包括调查研究、理论分析、日志审核、工具分析、模拟攻击等。

③ 使用评估方法。根据建立的风险评估方法和风险等级评价原则，进行综合评估，明确存在哪些弱点漏洞及这些弱点漏洞的风险级别、发生的可能性，以及造成的影响，通过这些确定系统风险的等级。

④ 生成评估报告。综合以上的工作，生成信息系统风险评估报告，报告内容包括：评估日期、信息系统基本情况、评估的内容和结果，以及附加的安全控制建议；对业务影响程度的分析结果；安全风险与潜在的经济影响之间必然的直接联系。

此外，其过程还应包括生成风险评估报告后的决策和监督实施过程。应当从三个方面来考虑最终的决策：接受风险、避免风险、转移风险。对安全风险决策后，明确信息系统所要接受的残余风险，在分析和决策过程中，要尽可能多地让更多的人参与进来，从管理层的代表到业务部门的主管，从技术人员到非技术人员，确保所有人员对风险有清醒的认识，并有可能发现一些以前没有注意到的脆弱点。最后的步骤是实施安全措施，实施过程要始终在监督下进行，以确保决策能够贯穿于工作之中，在实施的同时，要密切注意和分析新的威胁并对控制措施进行必要的修改。

值得注意的是，由于信息系统及其所在环境的不断变化，在信息系统的运行过程中，绝对安全的措施是不存在的，攻击者不断有新的方法绕过或扰乱系统中的安全措施；系统的变化会带来新的脆弱点；实施的安全措施会随着时间而过时。所有这些表明，信息系统的风险评估过程是一个动态循环的过程，应周期性地对信息系统安全进行重新评估。

6.3.4 问题与发展

目前信息系统安全是一项系统工程的观点已得到广泛的认可、接受，作为该工程的基础和前提的风险评估也越来越受到大家的重视，但在该领域的研究、发展过程中，还需要纠正和解决一些模糊概念和问题：第一，安全评估体系所应包括的相应组织架构、业务、标准和技术体系还不完善。第二，不能简单地将系统风险评估理解为是一个具体的产品、工具，系统的风险评估更应该是一个过程，是一个体系。完善的系统风险评估体系应包括相应的组织架构、业务体系、标准体系和技术体系。第三，在评估标准的采用上，没有统一的标准，由于各种标准的侧重点不同，导致评估结果没有可比性，甚至会出现较大的差异。第四，评估过程的主观性也是影响评估结果的一个相当重要而又是最难解决的方面，在信息系统风险评估中，主观性是不可避免的，所要做的是尽量减少人为主观性，目前在该领域利用神经网络、专家系统、分类树等人工智能技术进行的研究比较活跃。第五，风险评估工具比较缺乏，市场上关于漏洞扫描、防火墙等都有比较成熟的产品，但与信息系统风险评估相关的工具却很匮乏。

信息安全风险评估作为信息系统安全工程重要组成部分，已经不仅仅是个别企业的问题，而是关系到国计民生的重大问题，它将逐渐走上规范化和法制化的轨道上来，国家对各种配套的安全标准和法规的制定将会更加健全，评估模型、评估方法、评估工具的研究、开发将更加活跃，信息系统及相关产品的风险评估认证已逐步成为必需的环节。

针对信息安全风险评估，其发展中需要考虑的问题包括：①多边安全的安全功能：信息安全风险评估标准从一开始就一直偏重于仅对系统拥有者和操作者的保护，用户的安全特别是通信系统用户的安全则没有被考虑。因此，提供双边或多边安全的各种技术，就不能用当前标准来正确地描述。标准中的安全功能描述应被调整，以包括多边的安全功能。②不但体现静态的等级划分，而且还要体现动态过程的安全要求。③从单一的技术或管理要求到技术要求、管理要求和人员要求三者并举。④针对特定应用领域的信息安全风险评估标准的开发，如针对电子商务、电子政务系统，这两类系统牵涉面广，组成成分复杂，要想评估这类系统的安全性，则需参照若干个已有的安全评估与管理标准、网络安全标准及信息安全标准，操作复杂且无系统性，评估不具权威性，对评估结果的互认也无从谈起。通用标准更多关注的是普遍问题，缺乏在业务领域的特殊性。⑤标准制定工作需与时俱进，紧跟信息安全发展需要，不断改进和完善。

6.4　本章小结

信息安全标准和信息安全风险评估，是信息系统安全保障体系建设中的重要内容，具有规范、评价和指导作用。本章首先介绍了国内外信息安全标准的制定情况，简介了多个国际上广泛认可的信息安全标准，包括 TCSEC、ITSEC、CC、BS 7799、ISO 13335 等。其次，重点论述了信息系统安全风险评估的基本概念、评估类型、评估方法、评估工具、评估过程及其存在的主要问题等。

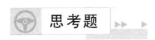 思 考 题

1. 简述国内外信息安全标准组织及其制定情况。
2. 简述《信息系统技术安全性评估通用准则》（CC）的主要内容。
3. 简述《系统信息安全管理指南》（ISO 13335）的主要内容。
4. 简述系统公共漏洞和暴露（CVE）的作用及内容。
5. 什么是信息安全风险评估？其主要作用是什么？
6. 简述信息安全风险评估的主要作用和类型。
7. 信息安全风险评估的主要方法有哪些？各自的特点是什么？
8. 如何进行信息安全风险评估？有哪些信息安全风险评估的工具？
9. 如何撰写信息安全风险评估的结论？
10. 信息安全风险评估中存在的主要问题有哪些？

第7章
信息系统安全工程及能力

7.1 引　言

　　信息安全保障问题已成为一个国家的战略性问题，又由于信息安全保障体系建设的复杂性和艰巨性，这是一个任务艰巨而人们尚未充分掌握其规律的领域，因此，各项工作需要突出重点，分步骤实施，符合系统工程的基本规律，应建立信息安全工程体系，指导和协调信息安全保障体系的建设。信息安全工程的目的是以最优的费效比提供并实施满足安全需求的安全解决方案。建立等级化的信息安全保护体系，是实现国家信息安全保障的关键环节和重要途径。本章的主要内容包括系统工程概念及其基本思想、信息系统安全工程及其发展、系统安全工程能力成熟模型、信息系统安全等级保护基础知识等。

7.2　信息系统安全工程及其发展

7.2.1　发展简史

　　从系统工程的观点出发，信息系统的建设首先是一项系统工程，它是信息系统功能工程和信息系统安全工程二者有机的结合。功能工程用于实现面向业务过程和管理决策的功能需要，而安全工程从物理安全、环境安全、平台安全、传输安全和应用安全等方面，在功能工程各组件要素上采用适当的安全技术机制，构建安全框架，提供必要的安全服务，满足系统的安全需求。一方面，信息系统安全工程是一个嵌入功能工程中的分布式的控制体系，安全方案的实现最终要依附或结合在功能组件上；另一方面，由于安全风险的不确定性和多变性，安全工程又需要有其专门的理论和方法体系。

　　安全工程的目的是以最优的费效比提供并实施满足安全需求的安全解决方案。良好的安全需求定义和完善的安全风险分析是实现安全工程目标的基础，制定合适的安全策略则是实现安全工程目标的关键。而提供支持安全需求定义、安全风险评估、安全策略制定与实施的模型、方法和工具则是信息系统安全工程研究的内容。

　　信息安全保障问题已成为一个国家的战略性问题，又由于信息安全保障体系建设的复杂性和艰巨性，这是一个任务艰巨而人们尚未充分掌握其规律的领域，因此，各项工作需要突出重点，分步骤实施，符合系统工程的基本规律；应建立信息安全工程体系，指导和协调信息安全保障体系的建设。信息安全工程是信息系统建设中必须遵循的指导规范，是信息安全保障体系中航系统建设指南，对信息安全保障体系的总体建设也具有指导作用。

　　"工程"的概念已经应用到了多种场合。大至系统建设，小至产品开发，都与"工程"有关，因为它们不是停留在一个时间点上的行为，而是均涉及了各自对象的生命周期。但是，这些工程的复杂度各不相同。信息安全工程与普通的产品开发过程有着极大的不同。

　　历史上，早期的信息安全工程方法理论来自系统工程过程方法。美国军方历来重视信息安全的系统化建设，在系统工程的基础之上逐渐开发了信息系统安全工程，即 ISSE，并于1994 年 2 月 28 日发布了《信息系统安全工程手册》，成为美国军方信息安全建设中的指导性文献之一。

　　ISSE 由系统工程过程发展而来，因而其风格仍然沿袭了以时间维划定工程元素的方法学。但这也暴露出了以下的不足：很多安全要求应该贯彻在整个工程过程之中，尤其是信息安全的保证要求，然而 ISSE 对其缺乏有针对性的讨论。此外，信息安全内容极其庞杂，一次完整的信息安全工程过程，往往会涉及多个复杂的安全领域，而有些领域的时间过程性却不明显。所以，以时间维为线索的描述方式不适合反映出这些内容。

　　于是，在信息安全工程方法的发展史上，出现了第二种研究思路：过程能力成熟度的方法，其基础是 CMM（能力成熟度模型）。CMM 的 1.0 版本在 1991 年 8 月由卡内基-梅隆大学软件工程研究所（SEI）发布，在多次讨论和修订后，成为软件界用来评审软件开发工程的业界标准。同期，美国国家安全局也开始了对信息安全工程能力的研究，并选取了 CMM 的思想作为其方法学，正式启动了 SSE-CMM《系统安全工程-能力成熟度模型》的研究项目。预研阶段开始于 1993 年 4 月，翌年 12 月结束，并在此基础上于 1995 年 1 月召开了业界的第一次公共会议，会后成立了正式的工作组，成员涵盖了军界、政府、学术界、企业界的代表。SSE-CMM 项目的组织结构如图 7.1 所示。

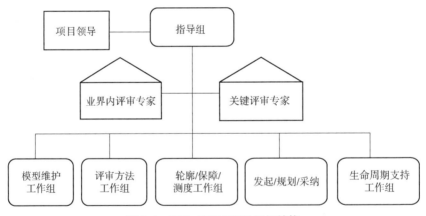

图 7.1　SSE-CMM 项目组织结构

　　1995 年 3 月，工作组举行了第一次会议。经过这些过程，逐渐形成了 SSE-CMM 的初稿，并不断加入新的内容。为了检验这些初始观点的效果，工作组在 1996 年夏秋之交启动了第一次 SSE-CMM 试验项目，共选取了包括企业界、学术界和评估界在内的五家机构，取得了宝贵的试验资料。根据这次的试验结果，工作组于 1996 年 10 月发布了 SSE-CMM 的1.0 版本，继而在 1997 年春制定完成了 SSE-CMM 评定方法的 1.0 版本。

　　此后，SSE-CMM 工作组又召开了若干次公共会议和工作组会议，几经试验和修订，最终形成了当前最新的版本——SSE-CMM v2.0（1999 年 4 月 1 日）和 SSE-CMM 评定方法

v2.0（1999 年 4 月 16 日）。

SSE-CMM v2.0 制定以后，对促进信息安全工程建设的发展起到了积极作用，取得了预期的项目目标。不同于 ISSE，它是包括军方在内的社会各方面合作的结果，其应用不再局限于指导军方的信息安全工程实践，而是通过对信息安全工程能力成熟度的标准性、公开化评估获得安全保证。可以说，SSE-CMM 的生命力之一便在于实现工程实施能力的自我改进评估，而其中，评估的生命力则在于评估准则的广泛普及和认可。因此，SSE-CMM 要扩大影响，尤其是要在世界范围内推广 SSE-CMM 的评估认证，就只有成为国际标准。

2002 年年初，在经过 SSE-CMM 主管机构的一系列努力下，SSE-CMM 成功得到了 ISO 的承认，2002 年 3 月 19 日，国际系统安全工程协会（http://www.issea.org）特为此发布公告，SSE-CMM v2.0 的国际标准化编号为 ISO/IEC 21827《信息技术-系统安全工程-能力成熟度模型》。可以预见，信息安全工程方法的研究获得了良好的历史发展契机。

我国在 1994 年的国务院 147 号令《计算机信息系统安全保护条例》中，确定了我国计算机信息系统安全将实施等级保护制度。为贯彻该条例，1999 年发布了国家标准 GB 17859—1999《计算机信息系统安全保护等级划分准则》，将计算机信息系统安全划分为 5 个等级：用户自主保护级、系统审计保护级、安全标记保护级、结构化保护级、访问验证保护级。在此基础上，有关方面已经或正在制定一系列相关的配套标准。其中，为了加强我国的计算机信息系统安全工程建设，实施计算机信息系统安全工程能力的等级保护管理，国家公安部启动了《计算机信息系统安全等级保护工程管理要求》的标准制定计划，此举标志着我国的信息安全工程建设即将进入标准化、法制化的轨道。

目前，信息安全工程方法同样也面临着巨大的挑战，信息安全工程方法的范畴有多大？ISSE 以时间维为线索来描述信息安全工程过程，虽有缺憾，但仍然自成体系。SSE-CMM 抛弃了时间维，而以工程域维和能力维为线索描述信息安全工程的能力成熟度，但必须解决如下问题：工程域维中的各工程域是否已经足够？如果不够，应根据何种规则对其进行添加？虽然信息安全的基本内容是保障信息的若干安全属性，但由于除信息的保密性之外，其他信息安全属性的数学模型或不充分（例如完整性模型）或完全没有（例如可用性），导致信息安全保障的实现方法纷繁芜杂，更无从考察各自的完备性。更大的挑战是，当将信息安全工程的概念进行外延，广义地看待信息安全工程时，信息安全工程其实就是信息安全保障建设的全部问题集。几年来，多种信息安全模型的发展，都是为了解决信息安全建设的内容和方法问题，但目前缺乏将这些方法进行统一的手段，也缺乏对这些方法进行评价的准则。这些问题均难以在短期内解决，仍需要继续投入大量的研究和实践。

7.2.2　ISSE 过程

信息系统安全工程（ISSE）是美国军方在 20 世纪 90 年代初发布的信息安全工程方法，反映 ISSE 成果的主要文献是 1994 年出版的《信息系统安全工程手册》。该过程是系统工程的子过程，其重点是通过实施系统工程过程来满足信息安全保护的需求。ISSE 将有助于开发可满足用户信息保护需求的系统产品和过程解决方案，同时，ISSE 也注重标识、理解和控制信息保护风险并对其进行优化。

ISSE 行为主要用于以下情况：①确定信息保护需求，在一个可以接受的信息保护风险下满足信息保护的需求；②根据需求构建一个功能上的信息保护体系结构；③根据物理体系结构和逻辑体系结构分配信息保护的具体功能；④设计信息系统，用于实现信息保护的体系结构；⑤从整个系统的成本、规划、运行的适宜性和有效性综合考虑，在信息保护风险与其他 ISSE 问题之间进行权衡；⑥参与对其他信息保护和系统工程学科的综合利用；⑦将 ISSE 过程与系统工程及采办过程相结合；⑧以验证信息保护设计方案并确认信息保护的需求为目的，对系统进行测试；⑨根据用户需要对整个过程进行扩充和裁剪，为用户提供系统部署后的进一步支持。

为确保信息保护能被平滑地纳入整个系统，必须在最初进行系统工程设计时便考虑 ISSE。此外，要在与系统工程相应的阶段中同时考虑信息保护的目标、需求、功能、体系结构、设计、测试和实施，基于对特定系统的技术和非技术考虑，使信息保护得以优化。

7.2.2.1 发掘信息保护需求

ISSE 将首先调查在信息方面的用户任务需求、相关政策、法规、标准以及威胁。然后，ISSE 将标识信息系统和信息的具体用户、他们与信息系统和信息的交互作用的实质，以及他们在信息保护生命周期各阶段的角色、责任和权力。信息保护需求应该来自用户的视角，并且不能对系统的设计和实施造成过度限制。

在信息保护政策和安全中，ISSE 应该使用通用语言描述如何在一个综合的信息环境中获得所需要的信息安全保护。当系统发掘和描述出这一信息安全保护需求时，信息保护将成为一个必须同时考虑的系统模块。图 7.2 解释了系统任务、威胁和政策如何影响信息保护需求以及如何对其进行分析。

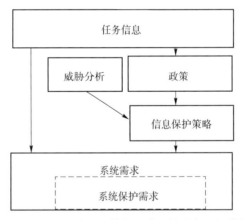

图 7.2　信息、威胁、政策与系统保护需求之间的关系

7.2.2.1.1 机构任务信息的保护需求

必须考虑信息和信息系统在一个大型任务或特定机构中的作用。ISSE 必须考察机构中各元素（人和子系统）的任务可能受到的影响，即，当无法使用信息系统或信息，尤其是丧失保密性、完整性、可用性、不可否认性时，可能会带来哪些问题？

信息的重要性众所周知，但是很多人在发掘其信息保护需求和信息保护的优先级时，还是会遇到困难。为了科学地发掘出用户的信息保护需求，必须了解哪些信息在泄露、丢失或修改时会对总体任务造成危害。ISSE 应该做到以下几点：帮助用户对自己的信息管理过程进行建模；帮助用户定义信息威胁；帮助用户确立信息保护需求的优先次序；准备信息保护策略；获得用户许可。

确定用户需求是 ISSE 实施的与用户交互的活动，以确保任务需求中包含了信息保护需求，以及系统功能中包含了信息保护功能。ISSE 能够将安全规则、技术、机制相结合，并将其应用于去解决用户的信息保护需求，从而建立一个信息保护系统，并使该系统中包含信息保护体系结构和机制，并可在用户所允许的成本、功能和时间安排的范围之内获得最佳的信息保护性能。

图 7.3 描述的是一个分层的结构，较高层向下一层施加了信息保护需求，各保护需求的详细程度取决于它在结构图中的位置，越向下，要求越具体，反之，则越抽象。

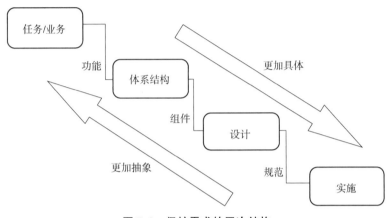

图 7.3　保护需求的层次结构

SSE 在设计信息保护系统时，必须评估信息和系统对任务的重要性，并在此基础上遵循用户的意见。信息和信息系统在支持系统任务方面的角色可以通过以下方式描述：需要查阅、更新、删除、初始化或者处理的信息属于何种类型（涉密信息、金融信息、产权信息、个人隐私信息等）？谁有权查阅、更新、删除、初始化和处理信息记录？授权用户如何履行其职责？授权用户使用何种工具（文档、硬件、软件、固件和规程）履行其责任？系统中是否有不可否认性需求？

ISSE 和系统用户将精诚合作，研究信息系统的角色，使信息系统更好地满足用户的任务要求。若没有用户的参与，ISSE 很难做出满足用户需求的决定。

7.2.2.1.2　考察信息系统面临的威胁

依照 ISSE，系统背景/环境应负责说明信息系统的功能和它与系统边界外部元素的接口，还要明确信息系统的物理边界和逻辑边界，以及系统输入/输出的一般特性。它应描述系统与环境之间或系统与其他系统之间信号、能量和资源的双向信息流。除此之外，还必须考虑系统与环境或其他系统之间有意设定或自行存在的接口。其中，针对后者的描述即是在确定信息系统所面临的"威胁"。"威胁"指可能造成某个结果的事件或对系统造成危害的潜在事实。对系统威胁的描述涉及：信息类型；信息的合法用户及用户的信息；对威胁主体的考察：动机、能力、意图、途径、可能性、后果。

7.2.2.1.3　信息安全保护策略的考虑

对一个机构而言，在制定本机构的信息保护策略时，除考察信息系统面临的威胁外，还必须考虑所有现有的信息保护政策、法规和标准。

对安全策略的定义多种多样，有广义和狭义之分。狭义的安全策略如防火墙策略、访问控制策略等，而在系统级上讨论的安全策略一般指的是广义概念下的信息安全策略。其目的在于：为信息系统的安全提供框架，提供安全方法的说明，规定信息安全的基本规范，落实安全责任，为信息安全的具体实施提供依据和基础。

信息安全策略要提供：信息保护的内容、目标信息系统中要保护的所有资产及每个资产的重要性、资产所面临的主要威胁、信息保护的等级等；信息保护的职责落实，明确机构中信息安全保护的责任和义务；实施信息保护的方法，确定保护信息系统中各类资产的具体方法，例如，对于实体，可以采用隔离、防辐射、防自然灾害的措施，对于数据信息，可以采用授权访问控制技术，对于网络传输，可以采用安全隧道技术等；规定相关的奖惩条款，并建立监管机制，以保证各项条款的严格执行。

与系统工程过程相同，一个机构必须考虑本机构内所有的政策、规则和标准。很多时候，该机构的信息保护策略应根据更高层的法律、法规等政策制定。在考察或制定机构的信息保护策略时，尤其重要的是，不能与更高层的信息保护及其他有关政策相违背。

以下是美国军方在实施信息安全工程过程时所参照的信息保护政策：①DoD 令 5200.28《自动化信息系统的安全要求》。它具体规定了自动化信息系统的最低安全要求，包括可追究性、访问权限、安全培训、物理控制、密级/敏感度标记、"应需可知"的限制、整个生命周期内的数据控制、应急计划、风险管理和认可过程。②管理和预算办公厅 A-130 附件Ⅲ（联邦自动化资源的安全）和公共法律 100~235。它们具体描绘了保护国家信息系统的安全需求，定义了每个授权拥有信息的个人的角色和责任，建立和实施了相应的信息安全计划，以规范整个系统生命周期的连续性管理支持。③美国总统行政令 12968《信息分类指南》。它描述了对各类信息的个人访问安全要求。

我国的有关国家级法律、法规包括：《中华人民共和国保守国家秘密法》《中华人民共和国国家安全法》《中华人民共和国计算机信息系统安全保护条例》《全国人大常委会关于维护互联网安全的决定》《中华人民共和国计算机信息网络国际互联网络安全保护管理办法》《计算机信息系统安全专用产品检测和销售许可证管理办法》等。地方法律、法规等政策文献也是在制定机构的信息安全策略时必须参照的内容。这方面的政策文献很多。北京市近年来颁布的信息安全法律和法规包括：《北京市党政机关计算机网络与信息安全管理办法》《北京市信息安全服务单位资质等级评定条件（试行）》等。

事实上，一个机构在实施信息安全工程时，因具体条件的不同（机构性质、资产类别、地理位置等），需要参照的政策可能各不相同，最终制定出的安全策略可能差异极大。因范围太广，本书没有给出所有可能参考到的信息安全政策，以上的列举旨在强调外部信息安全政策对信息安全工程的重要意义。在实践中，往往需要专门设立一个由系统工程专家、ISSE用户代表、权威认证机构、设计专家组成的小组来制定一个有效的信息保护策略。该小组要通力合作，保证政策的正确性、全面性及其与其他现有政策的一致性。

信息安全策略必须由高层管理机构批准并颁布。该策略必须是明确的，以使下级机构易于制定各自的制度，并且便于机构所有成员的理解。还需要有一个能够确保在机构内部实施该策略的流程，并让机构成员认识到违反该策略将会出现的后果。尽管必须依据具体情况的改变及时更新机构的安全策略，但一般来说，高层策略的改动不宜过于频繁。

7.2.2.2　定义信息保护系统

在该阶段的行为中，用户对信息保护的需求和信息系统环境的描述应被解释为信息安全保护的目标、要求和功能。该阶段的行为将定义信息保护系统将要做什么，信息保护系统执行其功能的情况如何，以及信息保护系统的内部和外部接口。

- 重要信息保护目标。信息保护目标与系统目标具有相同的特性，都具有 MoE（有效性度量），而且对信息保护需求来说应是明确的、可测量的、可验证的、可跟踪的。每个目标的基本原理必须能够解释如下内容：信息保护对象所支持的任务对象；信息保护目标、与任务相关的威胁；未实现目标可能带来的后果；支持目标的信息保护方针或策略。

- 系统背景/环境。从技术层面讲，系统背景/环境应确定系统的功能及其与系统边界外部元素的接口。在信息保护系统的工程过程中，任务目标、信息的本质、任务信息处理系统、威胁、信息保护策略和设备极大地影响着系统环境。信息保护系统的背景应该在其与任务信息处理系统、其他系统环境之间界定逻辑和物理边界。这种背景/环境包含对信息的输入和输出、系统与环境之间或与其他系统之间的信号和能量的双向流动的描述。

- 信息保护需求。ISSE 中，需求分析行为将评审和更新此前工程过程中的分析（任务、威胁、目标、系统背景/环境）。当信息保护需求从用户需求演变为更加精练的系统规范时，必须对其进行充分的定义，以便系统体系结构的概念能够在集成、并行的系统工程过程中得以开发。ISSE 将和其他信息保护系统的所有者一起考察以下一系列的信息保护需求：正确性、完备性、一致性、互依赖性、冲突和可测性。信息保护功能、性能、接口、互操作性、派生要求与设计约束一样，将进入系统的 RTM。

- 功能分析。ISSE 将使用许多系统工程工具来理解信息保护功能，并将功能分配给各种信息保护配置项。ISSE 必须理解信息保护子系统如何成为整个系统的一部分，还必须理解如何才能支持整个系统。

7.2.2.3　设计信息保护系统

在这个行为中，ISSE 将构造系统的体系结构，详细说明信息保护系统的设计方案。其中，ISSE 将：精练、验证并检查安全要求与威胁评估的技术原理；确保一系列的低层要求能够满足系统级的要求；支持系统级体系结构、配置项和接口定义；支持长研制周期和前期的采购决策；定义信息保护的检验和认证的步骤及战略；考虑信息保护的操作和生命周期支持问题；继续跟踪、精练信息保护相关的采办和工程管理计划及战略；继续进行面向具体系统的信息保护风险审查和评估；支持认证和认可过程；加入系统工程过程。

- 功能分配。与系统功能被分配给人、硬件、软件和固件相同，信息保护功能也要被分配给这些系统元素。分配时，组件不仅要满足问题空间中整个系统约束条件的子集，也要满足相应的功能和性能要求。必须考察各种不同的信息保护系统体系结构，ISSE 将与系统所有者一起协商出在概念上、物理上都可行的信息保护系统体系结构协定。

- 概要信息保护设计。实施概要信息保护设计的最低条件是：针对信息保护需求，具有一个稳定的协定和一个在 CM（配置管理）下的稳定的信息保护体系结构。一旦定义了这个体系结构并将其实现了基线化，系统和 ISSE 工程师将书写相应的规范，使这些规范细化到直至配置项层怎样构造的粒度。产品和高层规范的审查应位于 PDR（概要设计审查）之前。ISSE 的这一阶段的行为包括：对发掘需求和定义系统这两个阶段的产物进行回顾并改进，尤其是配置项层和接口规范的定义；对现有解决方案进行调查，使之与配置项层要求相匹配；检查所提出的 PDR 层解决办法的基本原理；检查验证配置项层规范是否能满足高层信息保护要求；支持认证和认可过程；支持信息保护操作发展和生命周期管理决策；加入系统工程过程。PDR 将产生系统基线配置。

- 详细信息保护设计。详细信息保护设计将产生低层产品规范，该规范或者要完成配置项层的设计，或者要规定并调整对正在购买的配置项的选择。该阶段的行为将导出 CI-CDR，即完备性、冲突、兼容性（与接口系统）、可检验性、信息保护风险、集成风险和对需求的可跟踪性，以及对每个详细的配置项规范进行评审。该阶段包括：对前面概要设计的产物进行评审和改进；通过对可行的信息保护解决方案提供输入并评审具体的设计资料，来支持系统层设计和配置项层设计；检查 CDR 层解决方案的基本技术原理；支持、产生、检验信息保护测试和评估的要求及步骤；追踪和应用信息保护的保障机制；检验配置项层设计是否满足高层的信息保护要求；完成对生命周期安全支持方法的大部分输入，包括向训练和紧急事件培训材料提供信息保护的输入；评审和更新信息保护风险与威胁计划，以及对任何要求集的改变；支持认证和认可过程；加入系统工程过程。

7.2.2.4　实施信息保护系统

该阶段行为的目的是建设、购买、集成、检验和认证信息保护子系统中的配置项的集合。参照的依据是全套的信息保护需求。ISSE 所执行的其他用于信息保护系统的实施与测试的功能还包括：在系统当前的运行状态下对系统信息保护的威胁评估进行更新；验证已经实施的信息保护解决方案的信息保护需求和约束条件，实施相关的系统验证与确认机制，发现新的问题；对变化中的系统操作流程与生命周期支持计划提供进一步的输入和评审，例如，后勤支持中的通信安全（COMSEC）中密钥发布或可发布性控制问题，以及系统操作和维护培训材料中的信息保护相关元素；为安全验证审查（Security Verification Review，SVR）准备的正式的信息保护评估；认证与认可（C 及 A）过程行为所要求的输入；参与对系统所有问题的综合式、多学科的检查。上述行为及其所产生的结果均支持安全验证审查。在安全验证审查总结后，通常很快会得到安全的认可和批准。

- 采购。在决定究竟是采购还是自己生产系统组件时，往往要基于一个分层式的首选偏好，例如，有的人对商业现货（COTS）的硬件、软件和固件具有强烈偏好，但却对政府现货（GOTS）产品兴趣不大。在进行采购/生产决策时，需要进行权衡分析，以在操作、性能、成本、进度和风险相互平衡的基础上达到体系结构的综合指数最佳。ISSE 必须确保所有分析均包括了相关的安全因素。为做出是购买还是生产系统组件的决策，ISSE 组必须调查现有的产品目录，以判断某些现有产品是否能够满足系统组件的要求。在所有可能的情况下，必须对一系列潜在的可行选项进行验证，而不是仅仅验证单一选项。此外，为确保系统实施之后依然具有较强的生命力，ISSE 必须适当地考虑采用新技术和新产品。

- 建设。ISSE 行为中的系统设计均针对的是信息保护系统。该行为的目的是确保已经设计出必要的保护机制，并使该机制在系统实施中得以实现。与多数系统相同，信息保护系统也会受到一些能够加强或削弱其效果的变量的影响。在一个信息保护系统中，这些变量扮演着重要的角色，它们决定了信息保护对系统的适宜程度。这些变量包括：物理完整性，产品所用组件是否能够正确地防篡改；人员完整性，建造或装配系统的人员是否有足够的知识去按照正确的装配步骤来建设系统，他们是否拥有适宜的涉密许可级别来确保系统的可信性。这些行为在开始装配系统时必须给予足够的重视。

● 测试。ISSE 必须包括已开发的信息保护测试计划和流程。此外，还必须开发出有关的测试用例、工具、硬件和软件，以便充分试用该系统。ISSE 的测试行为包括：对"设计信息保护系统"阶段的结果进行评审并加以改进；检验已经实施的信息保护解决方案的系统和配置项层的信息保护需求及约束条件，实施相关的系统验证与确认机制，发现新的问题；跟踪和运用与系统实施及测试实践相关的信息保护保障机制；为变化的生命周期安全支持计划提供输入和评审，包括后勤、维护和训练；继续进行风险管理活动；支持认证和认可过程；加入系统工程过程。

7.2.2.5　评估信息保护系统

ISSE 也强调了信息保护系统的有效性。其重点是为信息提供必要级别的保密性、完整性、可用性和不可否认性的系统能力。如果信息保护系统不能完全满足这些要求，则任务的成功性将会大打折扣。这些着重点包括：互操作性系统能否通过外部接口正确地保护信息？可用性用户是否能够利用系统来保护信息和信息资产？训练为使用户能够操作和维护信息保护系统，需要进行何种程度的指导？人机接口是否会导致用户出错？它是否会破坏信息保护机制？成本构造和维护信息保护系统在经济上是否可行？

7.3　系统安全工程能力成熟模型

自 20 世纪 70 年代软件危机以来，学术界、企业界在软件工程过程、技术和工具方面投入了大量的人力、物力和财力，希望找到提高软件质量的有效方法。当前，一个不同于以往的概念逐渐被业界接受：保障软件质量的根本途径就是提升企业的软件生产能力。企业软件生产能力取决于企业的软件过程能力，特别是在软件开发和生产中的成熟度。企业的软件过程能力越是成熟，它的软件生产能力就越有保证。实际上，技术或工具并不是最重要的。

由美国国防部资助，卡内基-梅隆大学软件工程研究所最先提出并取得研究成果的 CMM 模型理论及其应用，是从 80 年代中期开始的，90 年代正式发表了研究成果。目前这一成果已经得到了众多国家软件产业界的认可，并且在北美、欧洲和日本等国家及地区得到了广泛应用，成为事实上的软件过程改进的工业标准。

1993 年 5 月，美国国家安全局发起了研究工作。1996 年 10 月，SSE-CMM 模型的第一版完成。1997 年 5 月，评价方法第一版完成。1999 年 4 月，SSE-CMM 模型的第二版完成。SSE-CMM 确定了一个评价安全工程实施的综合框架，提供了度量与改善安全工程学科应用情况的方法。SSE-CMM 项目的目标是将安全工程发展为一整套有定义的、成熟的及可度量的学科。该模型是安全工程实施的标准，主要涵盖以下内容：强调分布于整个安全工程生命周期中各个环节的安全工程活动，包括概念定义、需求分析、设计、开发、集成、安装、运行、维护及更新；可应用于安全产品开发者、安全系统开发者及集成者，还包括提供安全服务与安全工程的组织；适用于各种类型、规模的安全工程组织，如商业、政府及学术界等。

7.3.1　CMM 概念

CMM（Capability Maturity Model）是卡耐基-梅隆大学软件工程研究院（Software

Engineering Institute，SEI）受美国国防部委托制定的软件过程改良、评估模型，也称为 SEI SW-CMM（Software Engineering Institute Software-Capability Maturity Model）。该模型于 1991 年发布，并发展为系列标准模型。CMM 模型用来描述企业或者团体在某些条件下软件工程过程和实践如何实施、优化：任务的实施是有组织的，可以看成是一个过程；对整个过程的实施和改进能够系统地进行管理。

CMM 虽然也是一个抽象的模型，但它是以具体实践为基础的。CMM 是一个软件工程实践的纲要，以逐步演进的架构形式不断地完善软件开发和维护过程。CMM 具备变革的内在原动力，与静态的质量管理系统标准，例如 ISO 9001（International Oragnization for Standardization，1987）形成鲜明对比。ISO 9001 在提供一个良好的体系结构与实施基础方面是很有效的；而 CMM 是一个演进的、有动态尺度的标准，以驱使着一个组织在当前的软件实践中不断地改进完善。基于 CMM 模型的软件成熟度实践要求尽量采用更加规范的开发标准和方法，使用更加科学和精确的度量方法，选择便于管理和使用的开发工具。所有这些，都造成了整个工程的可重构性、可分解性和最优化，从而进一步明确了整个项目中必要和不必要的工作，明确了整个项目的风险，以及各个阶段进行评估的指标与应急措施。

在 CMM 模型及其实践中，企业的软件过程能力被作为一项关键因素予以考虑。所谓软件过程能力，是指把企业从事软件开发和生产的过程本身透明化、规范化和运行的强制化。所设定的过程可能有缺陷，但问题会在执行的过程中反映出来；企业在该过程执行一段时间后，可根据反映的问题来改善这个过程。周而复始，这个过程逐渐完善、成熟。这样一来，项目的执行不再是一个黑箱，企业清楚地知道项目是按照规定的过程进行的。软件开发及生产过程中成功或失败的经验教训能够成为今后可以借鉴和吸取的营养，从而大大加快软件生产的成熟程度提高。

那么，这是否意味着随意建立一个过程都能逐渐成熟起来呢？从理论上讲，若有足够的时间，应该是可以的。但在实际上却是不现实的，任何企业都不会容忍长期缓慢的过程改善。为了加快企业软件生产成熟度的提高，必须尽量利用已有的软件工程成果。在软件开发过程中，根据几十年软件工程的发展，一些关键的过程域（KPA）可以被识别出来，成为 CMM 模型方法中的衡量基准。侧重于这些关键过程域（KPA）的实施，将会有效地建立一个过程，提升企业的软件过程能力。CMM 提供了一个软件过程改善的框架，这个框架与软件生存周期无关，也与所采用的开发技术无关，根据这个框架开发企业内部具体的软件过程，可以极大地提高按计划的时间和成本提交有质量保证的软件产品的能力。

CMM 的主要用途有：

① 用于软件过程评估（Software Process Assessment，SPA）。在评估中，一组经过培训的软件专业人员确定出一个企业软件过程的状况，找出该企业所面对的与软件过程有关的、最急需解决的所有问题，以便取得企业领导层对软件过程改进的支持。

② 用于软件过程的改进（Software Process Improvement，SPI）。帮助软件企业对其软件过程向更好的方向改变，进行计划制定以及实施。

③ 软件能力评价（Software Capability Evaluation，SCE）。在能力评价中，一组经过培训的专业人员鉴别出软件承包者的能力资格；或者是检查、监察正用于软件开发的软件过程的状况。

7.3.2　CMM 体系

CMM 为企业的软件过程能力提供了一个阶梯式的进化框架，阶梯共有五级。第一级只是一个起点，任何准备按 CMM 体系进化的企业都自然处于这个起点上，并通过它向第二级迈进。除第一级外，每一级都设定了一组目标，如果达到了这组目标，则表明达到了这个成熟级别，可以向下一级别迈进。CMM 体系不主张跨越级别的进化，因为每一个低的级别实现均是高的级别实现的基础。CMM 的级别示意如图 7.4 所示。

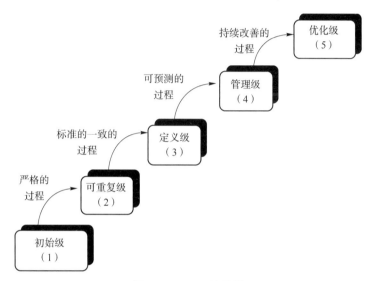

图 7.4　CMM 的级别

① 初始级。初始级的软件过程是未加定义的随意过程，项目的执行是随意甚至是混乱的。也许有些企业制定了一些软件工程规范，但若这些规范未能覆盖基本的关键过程要求，并且执行没有政策、资源等方面的保证时，那么它仍然被视为初始级。

② 可重复级。根据多年的经验和教训，人们总结出软件开发的首要问题不是技术问题，而是管理问题，因此，第二级的焦点集中在软件管理过程上。只有当一个可管理的过程是一个可重复的过程时，可重复的过程才能逐渐改进和成熟。可重复级的管理过程包括了需求管理、项目管理、质量管理、配置管理和子合同管理五个方面。其中，项目管理过程又分为计划过程和跟踪与监控过程。通过实施这些过程，从管理角度可以看到一个按计划执行的且阶段可控的软件开发过程。

③ 定义级。在可重复级定义了管理的基本过程，但没有定义执行的步骤标准。在第三级则要求制定企业范围的工程化标准，并将这些标准集成到企业软件开发标准过程中去。所有开发的项目都需要根据这个标准过程裁剪出与项目相适宜的过程，并且按照过程执行。过程的裁剪不是随意的，在使用前必须经过企业有关人员的批准。

④ 管理级。第四级的管理是量化的管理。所有过程需建立相应的度量方式，所有产品的质量（包括工作产品和提交给用户的最终产品）需要有明确的度量指标。这些度量应是详尽的，并且可用于理解和控制软件过程和产品。量化控制将使软件开发真正成为一种工业生产活动。

⑤ 优化级。优化级的目标是达到一个持续改善的境界。所谓持续改善，是指可以根据过程执行的反馈信息来改善下一步的执行过程，即优化执行步骤。如果企业达到了第五级，就表明该企业能够根据实际的项目性质、技术等因素，不断调整软件生产过程以求达到最佳。

除了初始级别以外，CMM 的每个成熟级别的实现都定义成可操作的，每一级包含了实现这一级目标的若干关键过程域（KPA），共有 18 个关键过程域（KPA），分布于 2、3、4、5 级当中，见表 7.1。

表 7.1 关键过程域

成熟级	关键过程域（KPA）
优化级（5）	缺陷预防（Defect Prevention）
	技术变更管理（Technology Change Management）
	过程变更管理（Process Change Management）
管理级（4）	量化过程管理（Quantitative Process Management）
	软件质量管理（Software Quality Management）
定义级（3）	软件机构过程关注点（Organization Process Focus）
	组织过程定义（Organization Process Definition）
	培训计划（Training Program）
	集成软件管理（Integrated Software Management）
	软件产品工程（Software Product Engineering）
	组间合作（Intergroup Coordination）
	同行评审（Peer Reviews）
可重复级（2）	需求管理（Requirement Management）
	软件项目计划（Software Project Planning）
	软件项目跟踪及监督（Software Project Tracking and Oversight）
	软件质量保证（Software Quality Assurance）
	软件配置管理（Software Configuration Management）
	软件子合同管理（Software Subcontract Management）

每个 KPA 都由关键实施活动（KP）所组成，它们的执行表明 KPA 在一个组织内部得到实现。所有 KPA 的关键实施活动都统一按五个公共属性进行组织，在 CMM 中称为共同特征（Common Features）。共同特征的分类名称是承诺实施（Commitment to perform）、实施能力（Ability to perform）、执行活动（Activities performed）、度量分析（Measurement and analysis）和实施验证（Verifying implementation）。图 7.5 所示是 KPA 的体系结构。

① 目标。每一个 KPA 都确定了一组目标，若这组目标在每一个项目都能实现，则说明企业满足了该 KPA 的要求。若满足了一个级别的所有 KPA 要求，则表明达到了这个级别所要求的能力。

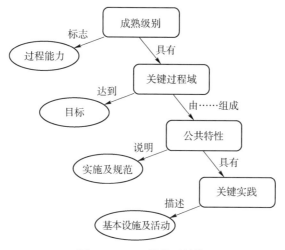

图 7.5　KPA 的体系结构

② 承诺实施。承诺实施是企业为了建立和实施相应的 KPA 所必须采取的活动，这些活动主要包括制定企业范围的政策和高层管理的责任。

③ 实施能力。实施能力是企业实施 KPA 的前提条件。企业必须采取措施，在满足了这些条件后，才有可能执行 KPA 的执行活动。实施能力一般包括资源保证、人员培训等内容。

④ 执行活动。执行活动描述了执行 KPA 所需求的必要角色和步骤。在五个公共属性中，执行活动是唯一与项目执行相关的属性，其余则涉及 CMM 能力基础设施的建立。执行活动一般包括计划、执行的任务、任务执行的跟踪等。

⑤ 度量分析。度量分析描述了过程的度量和度量分析要求。典型的度量分析的要求是确定执行活动的状态和执行活动的有效性。

⑥ 实施验证。实施验证是验证执行活动是否与所建立的过程一致。实施验证涉及管理方面的评审和审计以及质量保证活动。

7.3.3　CMM 实施

在实施 CMM 时，可以根据企业软件过程存在问题的实际情况确定实现 KPA 的次序，然后按照所确定次序逐步建立、实施相应过程。在执行某一个 KPA 时，对其目标组也可以采取逐步满足的方式。过程改进和逐步走向成熟就是 CMM 体系的宗旨。

从公司目前产品开发的时间情况来看，最为缺乏的是对项目开发进行有效的管理，项目开发管理过程的改进是我们目前的首要目标。因此，公司产品开发过程改进的目标是建立一个面向管理的开发过程，通过实现 CMM 第二级的 KPA，使得产品开发过程按计划执行且阶段可控。以下是关于 CMM 第二级 KPA 的简要描述。

CMM 首先进行的过程改进目标（可重复级）就是通过建立关键的管理过程域，使得软件开发过程可控且可重复。在软件开发过程中，有三个基本的管理对象：软件需求、开发活动和产品（包括工作产品和提交给用户的最终产品）。可重复级的 KPA 正是针对上述三个对象的管理，管理关系如图 7.6 所示。

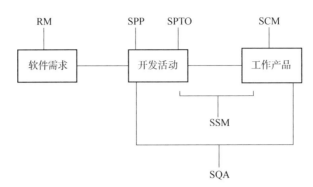

图7.6 KPA中三个对象的管理关系

（1）需求管理（RM）

任何一个产品都应满足用户相应的需求。但是满足用户需求的同时，会存在两个问题：一是需求在开发过程中会发生变化，那么如何控制与管理这些变化？二是从需求到产品要经过许多步骤，如系统设计、详细设计、具体实现等，如何保证这些步骤没有背离产品的需求？需求管理的关键过程域就是针对这两个问题提出相应的目标。软件需求可能是系统需求的一部分或是全部（纯粹的软件产品），无论是哪种情况，需求管理的第一个目标就是软件需求应能被控制，并可产生一个可用于软件工程过程和管理过程的基线。需求管理的第二个目标是确保软件项目计划、开发活动、产品与需求一致。需求管理的最终目的是在用户与实现用户需求的项目之间达成共识，需求管理活动就是为了建立并维护这种共识。

（2）软件项目计划（SPP）

软件项目计划常常不能按期完成，主要原因有两个方面：一是由于计划执行和管理的能力不足；二是计划不合理和无效，计划的不合理性和无效性造成了大多数项目拖延，甚至失败。项目的跟踪与监督的主要目的是保证计划的执行和调整。建立合理的开发计划的基础是对项目规模、资源要求和风险等有合理的估算。这个估算过程应是规范的，而不是任意的。例如，如果提出一个项目计划需要40个软件工程师、20个硬件工程师工作三个月，那么就要问这些数据是如何得出的。用户提出的时间和费用的要求仅能作为项目计划的约束条件，而不能作为项目计划的基础。开发计划要包括所有项目活动和所有参加方面的责任，这些活动和责任需要文档化，以保证有效地将计划传达给项目的各个参加方。在项目开发计划执行前，各个项目参加方要认同所承担的项目责任，这种认同是项目计划有效性的基本保证。

（3）软件项目跟踪与监控（SPTO）

软件工程项目是否成功的主要因素在于项目管理，而项目能否有效地进行管理的关键在于项目过程的可见性。由于软件项目过程是一个逻辑活动过程的组合，因此，它不具备一个物理过程那样的可见性。软件项目跟踪与监控的目的就是为项目实际过程提供充分的可见性，以保证当项目执行偏离项目计划时能采取有效的解决措施。项目跟踪是基于计划的，对一个项目要设定适当的检查点。在检查点上要将执行结果、执行状态和项目开发计划进行比较。若发现较大的差异，则采取适当的步骤进行调整。在必要的情况下，也需要对项目计划本身进行修改和调整。若在修改计划时改变了某些项目的责任，那么这些改变必须得到有关责任方面的重新认同。

（4）子合同管理（SSM）

由于 CMM 是美国国防部投资研究的项目，而美国军方有大量的子合同转包，因此子合同管理也成为一个基本的 KPA。子合同管理的目的就是选择合格的软件承包商，并可进行有效的管理。子承包商选择应由项目责任者负责，子承包商的选择是基于能力的，项目的责任者与子承包商对所承包的项目责任要有一致的认同，并保持不断的交流。项目责任者负责根据合同的责任跟踪子承包商的实际工作结果。

（5）软件质量保证（SQA）

软件质量保证是项目管理提供的过程可见性的一个工具。由于用于开发软件系统或软件产品的过程是决定项目成功与否的关键因素，因此，软件质量保证的工作是评审和审计软件活动与软件产品。评审和审计的依据是规定用于项目的步骤和相关标准。软件质量保证活动不能是随意的，必须经过充分的讨论和协商。相关的组织和个人要了解质量保证的活动和质量保证活动的结果。为了解决质量保证组织与开发组织对某些项目开发活动或开发出的产品的评价发生的争议和分歧，企业要定义更高层次的管理组织，负责解决这些争议和分歧。

（6）软件配置管理（SCM）

产品从需求分析开始到最后提交产品要经历多个阶段，每个阶段的工作产品又会产生出不同的版本，在整个生存期内，建立和维护产品的完整性是配置管理的目的。配置管理关键过程域的基本工作内容是：标识配置项、建立产品基线库、系统地控制对配置项的更改、产品配置状态报告和审核。同软件质量保证活动一样，配置管理活动必须制订计划，而不是随意的行为。相关的组织和个人要了解配置管理的活动及结果，并且认同在配置管理活动中所承担的责任。

7.4　信息系统安全等级保护基础

图 7.7 所示为国家网络安全等级保护制度框架体系。

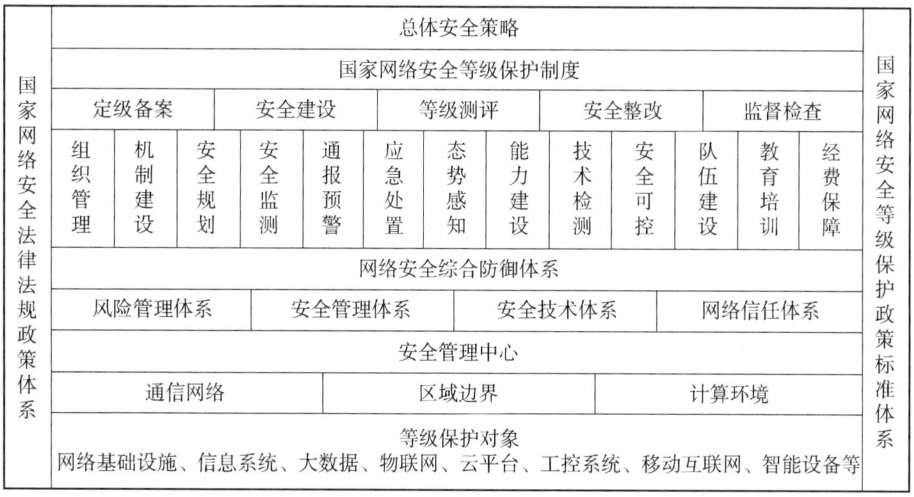

国家网络安全法律法规政策体系
总体安全策略
国家网络安全等级保护制度
定级备案
安全建设
等级测评
安全整改
监督检查
组织管理
机制建设
安全规划
安全监测
通报预警
应急处置
态势感知
能力建设
技术检测
安全可控
队伍建设
教育培训
经费保障
网络安全综合防御体系
风险管理体系
安全管理体系
安全技术体系
网络信任体系
安全管理中心
通信网络
区域边界
计算环境
等级保护对象
网络基础设施、信息系统、大数据、物联网、云平台、工控系统、移动互联网、智能设备等
国家网络安全等级保护政策标准体系

图 7.7　国家网络安全等级保护制度框架体系

7.4.1　等级保护与风险管理

1994 年国务院颁布的《中华人民共和国计算机信息系统安全保护条例》明确规定，我国的计算机信息系统实行安全等级保护。党中央、国务院已将信息安全等级保护制度作为我国信息系统安全保障工作的一项基本制度，信息系统安全等级保护的实施标志着我国的信息安全工程建设将进入标准化、法制化的轨道，等级保护工作于 2004 年正式启动。

关键信息基础设施安全直接关系到国家安全、国计民生和公共利益，关键信息基础设施的安全保护成为维护国家网络安全的重中之重。党的十八大以来，以习近平同志为核心的党中央高度重视网络安全工作。2016 年，习近平总书记在"4·19"讲话中强调要加快构建关键信息基础设施安全保障体系。关键信息基础设施安全也是网络安全法的重要内容，网络安全法专门有一章节描述"关键信息基础设施的运行安全"总体要求，其中明确了关键信息基础设施的范围以及保障关键信息基础设施安全的技术和管理要求，是关键信息基础设施安全保障体系的法律基础。为进一步推动关键信息基础设施安全保障体系建设，2021 年 7 月 30 日，《关键信息基础设施安全保护条例》正式出台，自 2021 年 9 月 1 日起施行。条例所称关键信息基础设施，是指公共通信和信息服务、能源、交通、水利、金融、公共服务、电子政务、国防科技工业等重要行业和领域的，以及其他一旦遭到破坏、丧失功能或者数据泄露，可能严重危害国家安全、国计民生、公共利益的重要网络设施、信息系统等。

信息安全等级保护是指对国家安全、法人和其他组织及公民的专有信息和公开信息，以及存储、传输、处理这些信息的信息系统分等级实行安全保护，对信息系统中使用的信息安全产品实行按等级管理，对信息系统中发生的信息安全事件分等级响应、处置。

与国外普遍采用的以风险管理方法来控制信息系统的安全不同，我国采用等级管理方法来控制信息系统的安全。风险管理方法的基本思想是在信息系统生存周期的各个阶段，采用风险分析的方法，分析和评估信息系统的风险，并根据风险情况对信息系统的安全措施进行相应调整，使其安全性达到所需的要求。等级管理方法的基本思想是在信息系统生存周期的不同阶段，通过确定信息系统的安全保护等级，并按照确定的安全保护等级的要求进行信息系统安全的设计、实现、运行控制和维护，使其安全性达到确定安全保护等级的安全目标。我国当前实施的信息安全等级保护制度属于等级管理方法，其出发点是"重点保护基础信息网络和关系国家安全、经济命脉、社会稳定等方面的重要信息系统"。

无论是采用风险管理方法还是采用等级管理方法控制信息系统安全，都需要相应的信息安全技术和产品提供支持。对信息安全技术和产品划分安全等级对于信息安全技术和产品的研究、开发、管理以及选择和使用具有重要的意义，既可以为等级管理方法提供支持，也可以为风险管理方法提供支持。正因为如此，从 TCSEC 开始到 CC 直至现在，国外及我国的许多信息安全标准都从不同的角度对信息安全技术和产品进行了安全等级划分。

7.4.2　实施意义和基本原则

7.4.2.1　实施意义

信息安全等级主要涉及三大项内容：①对信息和信息系统分等级进行保护。这是核心工作，是最重要的工作。②对信息系统安全专用产品分等级进行管理，将来各个单位使用的安全产品应该是分等级的，定为三级的系统不能使用二级以下的安全产品。③对所发生的信息安全事件分等级进行响应和处置。

信息安全等级保护制度是国家信息安全保障工作的基本制度、基本策略和基本方法，是促进信息化健康发展，维护国家安全、社会秩序和公共利益的根本保障。国务院法规和中央文件明确规定，要实行信息安全等级保护，重点保护基础信息网络和关系国家安全、经济命脉、社会稳定等方面的重要信息系统。信息安全等级保护是当今发达国家保护关键信息基础设施、保障信息安全的通行做法。开展信息安全等级保护工作不仅是保障重要信息系统安全的重大措施，也是一项事关国家安全、社会稳定、国家利益的重要任务。

实施信息安全等级保护，能够有效地提高我国信息和信息系统安全建设的整体水平，有利于在信息化建设过程中同步建设信息安全设施，保障信息安全与信息化建设相协调；有利于为信息系统安全建设和管理提供系统性、针对性、可行性的指导和服务，有效控制信息安全建设成本；有利于优化信息安全资源的配置，对信息系统分级实施保护，重点保护基础信息网络和关系国家安全、经济命脉、社会稳定等方面的重要信息系统的安全；有利于明确国家、法人和其他组织、公民的信息安全责任，加强信息安全管理；有利于推动信息安全产业的发展，逐步探索出一条适应社会主义市场经济发展的信息安全模式。

从总体上看，我国的信息安全保障工作尚处于起步阶段，基础薄弱，水平不高，存在以下突出问题：信息安全意识和安全防范能力薄弱，信息安全滞后于信息化发展；信息系统安全建设和管理的目标不明确；信息安全保障工作的重点不突出；信息安全监督管理缺乏依据和标准，监管措施有待到位，监管体系尚待完善。随着信息技术的高速发展和网络应用的迅速普及，我国国民经济和社会信息化进程全面加快，信息系统的基础性、全局性作用日益增强，信息资源已经成为国家经济建设和社会发展的重要战略资源之一。保障信息安全，维护国家安全、公共利益和社会稳定，是当前信息化发展中迫切需要解决的重大问题。

7.4.2.2　实施原则

信息安全等级保护的核心是对信息安全分等级，按标准进行建设、管理和监督。信息安全等级保护制度遵循以下基本原则：

① 明确责任，共同保护。通过等级保护，组织和动员国家、法人和其他组织、公民共同参与信息安全保护工作；各方主体按照规范和标准分别承担相应的明确、具体的信息安全保护责任。

② 依照标准，自行保护。国家运用强制性的规范及标准，要求信息和信息系统按照相应的建设和管理要求，自行定级、自行保护。

③ 同步建设，动态调整。信息系统在新建、改建、扩建时，应当同步建设信息安全设施，保障信息安全与信息化建设相适应。因信息和信息系统的应用类型、范围等条件的变化及其他原因，安全保护等级需要变更的，应当根据等级保护的管理规范和技术标准的要求，重新确定信息系统的安全保护等级。等级保护的管理规范和技术标准应按照等级保护工作开展的实际情况适时修订。

④ 指导监督，重点保护。国家指定信息安全监管职能部门通过备案、指导、检查、督促整改等方式，对重要信息和信息系统的信息安全保护工作进行指导监督。国家重点保护涉及国家安全、经济命脉、社会稳定的基础信息网络和重要信息系统，主要包括：国家事务处理信息系统（党政机关办公系统）；财政、金融、税务、海关、审计、工商、社会保障、能源、交通运输、国防工业等关系到国计民生的信息系统；教育、国家科研等单位的信息系

统；公用通信、广播电视传输等基础信息网络中的信息系统；网络管理中心、重要网站中的重要信息系统和其他领域的重要信息系统。

7.4.3 基本内容和工作重点

7.4.3.1 基本内容

7.4.3.1.1 信息和信息系统等级划分

这里的信息系统，是指由计算机及与其相关和配套的设备、设施构成的，按照一定的应用目标和规则对信息进行存储、传输、处理的系统或者网络；信息是指在信息系统中存储、传输、处理的数字化信息。

根据信息和信息系统在国家安全、经济建设、社会生活中的重要程度，遭到破坏后对国家安全、社会秩序、公共利益以及公民、法人和其他组织的合法权益的危害程度，针对信息的保密性、完整性和可用性要求及信息系统必须要达到的基本的安全保护水平等因素，信息和信息系统的安全保护等级共分五级，见表 7.2。

表 7.2 信息和信息系统的安全保护等级

等级	对象	侵害客体	侵害程度	监管强度
第一级	一般系统	合法权益	损害	自主保护
第二级		合法权益	严重损害	指导
		社会秩序和公共利益	损害	
第三级	重要系统	社会秩序和公共利益	严重损害	监督检查
		国家安全	损害	
第四级		社会秩序和公共利益	特别严重损害	强制监督检查
		国家安全	严重损害	
第五级	极端重要系统	国家安全	特别严重损害	专门监督检查

① 第一级为自主保护级，适用于一般的信息和信息系统，其受到破坏后，会对公民、法人和其他组织的权益有一定影响，但不危害国家安全、社会秩序、经济建设和公共利益。

第一级安全的信息系统具备对信息和系统进行基本保护的能力。在技术方面，第一级要求设置基本的安全功能，使信息免遭非授权的泄露和破坏，能保证基本安全的系统服务。在安全管理方面，第一级要求根据机构自身安全需求，为信息系统正常运行提供基本的安全管理保障。

② 第二级为指导保护级，适用于一定程度上涉及国家安全、社会秩序、经济建设及公共利益的一般信息和信息系统，其受到破坏后，会对国家安全、社会秩序、经济建设和公共利益造成一定损害。

第二级安全的信息系统具备对信息和系统进行比较完整的系统化的安全保护能力。在技术方面，第二级要求采用系统化的设计方法，实现比较完整的安全保护，并通过安全审计机制使其他安全机制间接地相连接，使信息免遭非授权的泄露和破坏，保证一定安全的系统服务。在安全管理方面，第二级要求建立必要的信息系统安全管理制度，对安全管理和执行过程进行计划、管理和跟踪。根据实际安全需求，明确机构和人员的相应责任。

③ 第三级为监督保护级，适用于涉及国家安全、社会秩序、经济建设和公共利益的信息和信息系统，其受到破坏后，会对国家安全、社会秩序、经济建设和公共利益造成较大损害。

第三级安全的信息系统具备对信息和系统进行基于安全策略强制的安全保护能力。在技术方面，第三级要求按照完整的安全策略模型，实施强制性的安全保护，使数据信息免遭非授权的泄露和破坏，保证较高安全的系统服务。在安全管理方面，第三级要求建立完整的信息系统安全管理体系，对安全管理过程进行规范化的定义，并对过程执行实施监督和检查。根据实际安全需求，建立安全管理机构，配备专职安全管理人员，落实各级领导及相关人员的责任。

④ 第四级为强制保护级，适用于涉及国家安全、社会秩序、经济建设和公共利益的重要信息和信息系统，其受到破坏后，会对国家安全、社会秩序、经济建设和公共利益造成严重损害。

第四级安全的信息系统具备对信息和系统进行基于安全策略强制的整体的安全保护能力。在技术方面，采用物理隔离技术，第四级要求采用结构化设计方法，按照完整的安全策略模型，实现各层面相结合的强制性的安全保护，使数据信息免遭非授权的泄露和破坏，保证高安全的系统服务。在安全管理方面，第四级要求建立持续改进的信息系统安全管理体系，在对安全管理过程进行规范化定义，并对过程执行实施监督和检查的基础上，具有对缺陷自我发现、纠正和改进的能力。根据实际安全需求，采取安全隔离措施，限定信息系统规模和应用范围；建立安全管理机构，配备专职安全管理人员，落实各级领导及相关人员的责任。

⑤ 第五级为专控保护级，适用于涉及国家安全、社会秩序、经济建设及公共利益的重要信息和信息系统的核心子系统，其受到破坏后，会对国家安全、社会秩序、经济建设和公共利益造成特别严重损害。

第五级安全的信息系统提供对信息和系统进行基于可验证安全策略的强制的安全保护能力。在技术方面，第五级要求按照确定的安全策略，在整体实施强制性安全保护的基础上，通过可验证设计增强系统的安全性，使其具有抗渗透能力，使数据信息免遭非授权的泄露和破坏，保证最高安全的系统服务。在安全管理方面，第五级要求由信息系统的主管部门和使用单位根据安全需求，建立核心部门的专用信息系统安全管理体系，对安全管理过程进行规范化的定义，并对过程执行实施监督和检查，具有对缺陷自我发现、纠正和改进的能力。采取安全隔离措施，限定信息系统规模和应用范围；建立安全管理机构，配备专职安全管理人员，落实各级领导及相关人员的责任。

国家通过制定统一的管理规范和技术标准，组织行政机关、公民、法人和其他组织根据信息和信息系统的不同重要程度开展有针对性的保护工作。国家对不同安全保护级别的信息和信息系统实行不同强度的监管政策。第一级依照国家管理规范和技术标准进行自主保护；第二级在信息安全监管职能部门指导下依照国家管理规范和技术标准进行自主保护；第三级依照国家管理规范和技术标准进行自主保护，信息安全监管职能部门对其进行监督、检查；第四级依照国家管理规范和技术标准进行自主保护，信息安全监管职能部门对其进行强制监督、检查；第五级依照国家管理规范和技术标准进行自主保护，国家指定专门部门、专门机构进行专门监督。

7.4.3.1.2　信息安全产品的等级划分

国家对信息安全产品的使用实行分等级管理。根据信息安全产品的可控性、可靠性、安全性和可监督性确定信息安全产品的使用等级。确定的方法是：将产品的可控性、可靠性、安全性和可监督性的不同程度，通过综合平衡后得到产品的使用等级。

- 可控性是指国家或用户对产品的技术可控。可控性的主要内容包括：产品具有我国自主知识产权、用户是否可控制产品的配置等。
- 可靠性是指生产信息安全产品的单位和人员稳定、可靠。可靠性的主要内容包括：生产信息安全产品单位和人员的背景、规模、流动性、社会关系、经济状况、法律能力、特许授权、专业能力和有关资质认证等。
- 安全性是指不会因使用该信息安全产品而给信息系统引入安全隐患。安全性的主要内容包括：信息安全产品是否有漏洞、后门，远程控制功能用户是否可知可控等。
- 可监督性指产品的研发生产和检测过程可监督。可监督性的内容主要包括：产品的研发生产和检测过程各环节的方式、结果的真实性可验证，产品的源代码可查看等。

信息系统的安全保护等级与信息技术和产品的安全等级是既有联系又有区别的两个概念。前者是根据信息系统的安全保护需求确定的需要进行安全保护程度的表征，是与信息系统的资产及环境条件有关的；后者是根据信息技术及信息安全技术发展和应用的实际情况，对信息安全技术和产品所提供的安全性强度的表征，是与环境和条件无关的。对采用等级管理的方法进行信息系统安全控制的信息系统，需要选用相应安全等级的安全技术和产品使其达到确定安全保护等级的安全要求；对采用风险管理的方法进行信息系统安全控制的信息系统，同样可以根据信息安全技术和产品的安全等级，选择合适的信息安全技术和产品对信息系统的安全性进行调整。同时，作为风险管理基本方法的风险分析和评估，同样可以在等级管理方法的某些环节用来对信息系统的风险情况进行分析和评估，并对安全保护措施进行调整，使其更符合信息系统安全保护的实际需要。总之，方法是多种多样的，目标只有一个，就是确保信息系统得到应有的安全保护。

7.4.3.1.3　信息安全事件的等级划分

信息安全事件实行分等级响应、处置的制度。依据信息安全事件对信息和信息系统的破坏程度、所造成的社会影响以及涉及的范围，来确定事件等级。根据不同安全保护等级的信息系统中发生的不同等级事件制定相应的预案，来确定事件响应和处置的范围、程度以及适用的管理制度等。信息安全事件发生后，分等级按照预案响应和处置。

信息安全事件的等级由信息安全事件对不同等级信息和信息系统的破坏程度、所造成的危害程度和社会影响以及涉及的范围来确定。其中，破坏程度是指对信息系统本身的功能和性能的破坏程度，以及对信息的保密性、完整性和可用性的破坏程度；危害程度是指对不同等级信息和信息系统的破坏而导致对国家安全、经济建设、社会秩序、公共利益、自身权益、用户利益的危害程度；社会影响指安全事件对系统所属单位内部和外部的影响；涉及范围指安全事件涉及的地域范围。

7.4.3.1.4　评估机构资质的等级划分

检测评估机构服务资质的等级划分，是对检测评估机构的服务能力和保障能力进行等级划分。确定的方法是：检测评估机构的服务能力和保障能力的大小，通过综合平衡后得到该机构的资质等级。

服务能力指检测评估机构技术的实现能力。主要内容包括：检测评估机构对测评方法和工具的研发与运用能力，对信息技术和信息安全技术的掌握与运用能力，对标准的掌握、运用和研发能力，检测评估机构的人员、装备规模等。

保障能力指检测评估机构的法律责任能力和可靠程度。主要内容包括：检测评估机构的履行合同、经济赔偿等法律责任能力，检测评估机构和人员的背景、规模、流动性、社会关系、特许授权等。

7.4.3.2　工作重点

信息安全等级保护工作包括定级、备案、安全建设和整改、信息安全等级测评、信息安全检查五个阶段（图 7.8），作为公安部授权的第三方测评机构，为企事业单位提供免费、专业的信息安全等级测评咨询服务。

图 7.8　信息系统等级保护

信息系统安全等级测评是验证信息系统是否满足相应安全保护等级的评估过程。信息安全等级保护要求不同安全等级的信息系统应具有不同的安全保护能力，一方面，通过在安全技术和安全管理上选用与安全等级相适应的安全控制来实现；另一方面，分布在信息系统中的安全技术和安全管理上不同的安全控制，通过连接、交互、依赖、协调、协同等关联关系，共同作用于信息系统的安全功能，使信息系统的整体安全功能与信息系统的结构及安全控制间、层面间和区域间的相互关联关系密切相关。因此，信息系统安全等级测评在安全控制测评的基础上，还要包括系统整体测评。

信息系统定级方法：定级是等级保护工作的首要环节，是开展信息系统建设、整改、测评、备案、监督检查等后续工作的重要基础。如果信息系统安全级别定不准，系统建设、整改、备案、等级测评等后续工作都将失去针对性。

信息系统的安全保护等级是信息系统的客观属性，确定信息系统的安全等级，不以已采取或将采取什么安全保护措施为依据，也不以风险评估为依据，而是以信息系统的重要性和信息系统遭到破坏后对国家安全、社会稳定、人民群众合法权益的危害程度为依据。信息系统定级原则：自主定级、专家评审、主管部门审批、公安机关审核。信息系统定级过程如图 7.9 所示。

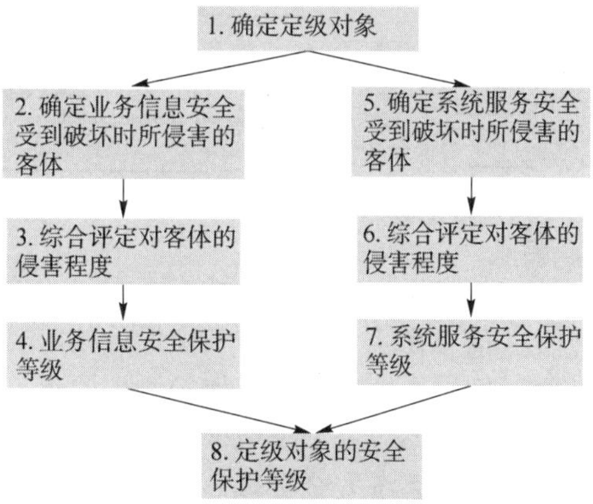

图 7.9　信息系统定级过程

7.4.4　政策规范和标准体系

公安部根据法律授权，会同国家保密局、国家密码管理局和原国务院信息办组织开展了基础调查、等级保护试点、信息系统定级备案、安全建设整改等重要工作，出台了一系列政策文件，构成了信息安全等级保护政策体系，为指导各地区、各部门开展等级保护工作提供了政策保障，如图 7.10 所示。同时，在国内有关部门、专家、企业的共同努力下，公安部和标准化工作部门组织制定了信息安全等级保护工作需要的一系列标准，形成了信息安全等级保护标准体系，为开展信息安全等级保护工作提供了标准保障。

信息安全等级保护相关重要标准如下：

- 《计算机信息系统安全等级保护划分准则》（GB 17859—1999）（基础类标准）
- 《信息系统安全等级保护实施指南》（GB/T 25058—2010）（基础类标准）
- 《信息系统安全保护等级定级指南》（GB/T 22240—2008）（应用类定级标准）
- 《信息系统安全等级保护基本要求》（GB/T 22239—2008）（应用类建设标准）

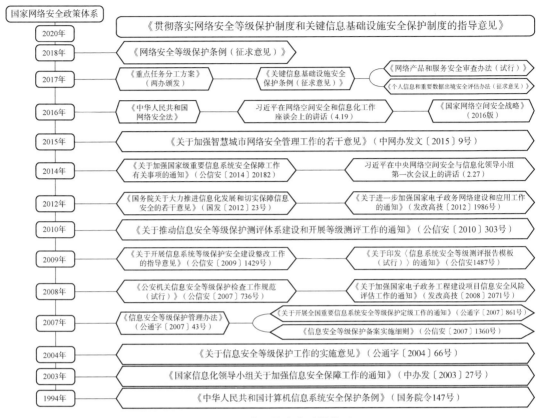

图 7.10　国家网络安全政策体系

- 《信息系统通用安全技术要求》（GB/T 20271—2006）（应用类建设标准）
- 《信息系统等级保护安全设计技术要求》（GB/T 25070—2010）（应用类建设标准）
- 《信息系统安全等级保护测评要求》（GB/T 28448—2012）（应用类测评标准）
- 《信息系统安全等级保护测评过程指南》（GB/T 28449—2012）（应用类测评标准）
- 《信息系统安全管理要求》（GB/T 20269—2006）（应用类管理标准）
- 《信息系统安全工程管理要求》（GB/T 20282—2006）（应用类管理标准）

其他相关标准：

- 《信息安全技术　信息系统物理安全技术要求》（GB/T 21052—2007）
- 《信息安全技术　网络基础安全技术要求》（GB/T 20270—2006）
- 《信息安全技术　信息系统通用安全技术要求》（GB/T 20271—2006）
- 《信息安全技术　操作系统安全技术要求》（GB/T 20272—2006）
- 《信息安全技术　数据库管理系统安全技术要求》（GB/T 20273—2006）
- 《信息安全技术　信息安全风险评估规范》（GB/T 20984—2007）
- 《信息安全技术　信息安全事件管理指南》（GB/T 20985—2007）
- 《信息安全技术　信息安全事件分类分级指南》（GB/Z 20986—2007）
- 《信息安全技术　信息系统灾难恢复规范》（GB/T 20988—2007）

信息安全等级保护的法律政策体系如图 7.11 所示。

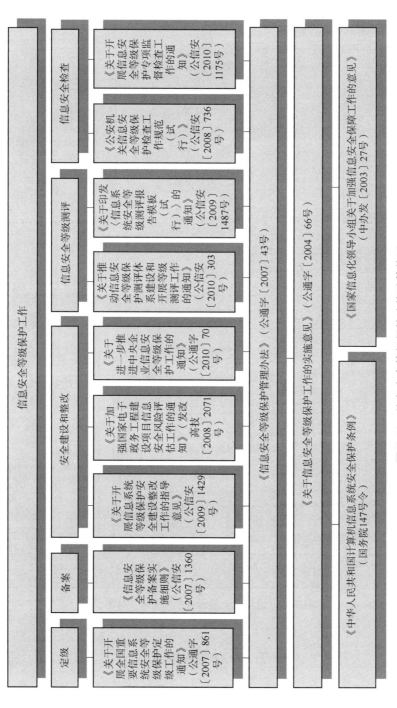

图 7.11　信息安全等级保护法律政策体系

信息安全等级保护的相关标准体系如图 7.12 所示。

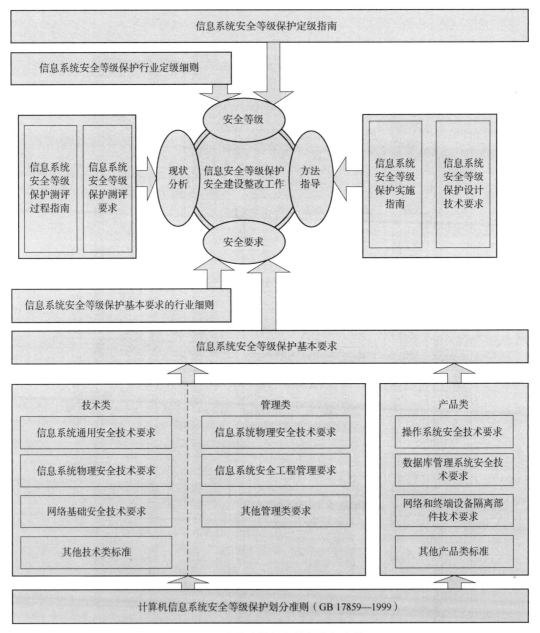

图 7.12　信息安全等级保护相关标准体系

7.5　本章小结

本章讨论了系统工程的基本概念、基础理论、主要方法、模型仿真和系统评价方法等基础知识。系统介绍了信息系统安全工程（ISSE）过程，包括发掘信息保护需求、定义信息保护系统、设计信息保护系统、实施信息保护系统，以及评估信息保护系统的有效性。简述了系统安全工程能力成熟模型（SSE-CMM）的基本概念，给出了 CMM 的体系和实施内容。全面分析了我国信息安全等级保护定义、实施意义和基本原则、基本内容和工作重点、政策规范和标准体系等。

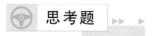 **思考题**

1. 什么是系统工程？其主要特点有哪些？
2. 系统工程的主要方法有哪些？各有什么特点？
3. 物理–事理–人理系统方法论的主要内容有哪些？
4. 什么是信息系统安全工程？
5. 简述信息系统安全工程（ISSE）过程及其主要内容。
6. 什么是 SSE-CMM？其主要用途是什么？
7. 什么是信息系统的安全等级保护？
8. 简述我国信息系统安全等级保护的总体思路和框架。
9. 试分析和讨论信息系统安全等级保护的划分方法。

参 考 文 献

[1] 王越，罗森林. 信息系统与安全对抗理论 [M]. 北京：北京理工大学出版社，2006.

[2] 罗森林，王越，潘丽敏. 网络信息安全与对抗 [M]. 北京：国防工业出版社，2011.

[3] 罗森林，高平，苏京霞，潘丽敏. 信息安全系统工程与实践 [M]. 北京：高等教育出版社，2011.

[4] 罗森林. 信息安全与对抗技术实践基础 [M]. 北京：电子工业出版社，2015.

[5] 罗森林，高平. 信息系统安全与对抗技术实验教程 [M]. 北京：北京理工大学出版社，2005.

[6] 华苏重. 进化自组织人工系统分析与综合——兼论移动通信系统之发展 [D]. 北京：北京理工大学，1997.

[7] 刘刚. 工程系统论思想与卫星通信系统相关技术研究 [D]. 北京：北京理工大学，1998.

[8] 张鹰. 工程系统论研究及在 ATM 通信系统中的应用 [D]. 北京：北京理工大学，1999.

[9] 王娜，等. "5432 战略"：国家信息安全保障体系框架研究 [J]. 通信学报，2004，25（7）：1-9.

[10] 冯登国，等. 信息安全风险分析综述 [J]. 通信学报，2004，25（7）：10-18.

[11] 卿斯汉，等. 入侵检测技术研究综述 [J]. 通信学报，2004，25（7）：19-29.

[12] 刘欣然. 网络攻击分类技术综述 [J]. 通信学报，2004，25（7）：30-36.

[13] 陈训逊，等. 一个网络信息内容安全的新领域——网络信息渗透检测技术 [J]. 通信学报，2004，25（7）：185-191.

[14] 常建平. 网络安全与计算机犯罪 [M]. 北京：中国人民公安大学出版社，2002.

[15] 杨义先，等. 网络信息安全与保密 [M]. 北京：北京邮电大学出版社，1999.

[16] 余传建，等. 防守反击黑客攻击手段分析与防范 [M]. 北京：人民邮电出版社，2001.

[17] 吴秋新，等. 信息隐藏技术——隐写术与数字水印 [M]. 北京：人民邮电出版社，2001.

[18] 注小凡，等. 信息隐藏技术方法与应用 [M]. 北京：机械工业出版社，2001.

[19] 黄月江，等. 信息安全与保密——现代战争的信息卫士 [M]. 北京：国防工业出版社，1999.

[20] 公安部计算机管理监察司. 计算机信息系统安全管理与法规相关基础知识 [M]. 北京：群众出版社，1998.

[21] 张兴虎. 黑客攻防技术内幕 [M]. 北京：清华大学出版社，2002.

［22］（美）麦克卢尔，斯卡姆布智，库尔茨. 网络安全机密与解决方案——黑客大曝光［M］. 钟向群，等，译. 北京：清华大学出版社，2002.

［23］阎雪. 黑客就这么几招［M］. 北京：万方数据电子出版社，2000.

［24］欧培中，等. 常见漏洞攻击与防范曝战［M］. 成都：四川电子音像出版中心，2002.

［25］李海泉，等. 计算机系统安全技术［M］. 北京：人民邮电出版社，2001.

［26］卿斯汉. 密码学与计算机网络安全［M］. 北京：清华大学出版社，2001.

［27］侯自强，等. 网络技术［M］. 北京：化学工业出版社，2002.

［28］戴宗坤，等. VPN 与网络安全［M］. 北京：电子工业出版社，2002.

［29］（美）Donn B. Parker. 反计算机犯罪［M］. 刘希良，等，译. 北京：电子工业出版社，1999.

［30］（美）匿名. 网络安全技术内幕［M］. 前导工作室，译. 北京：机械工业出版社，1999.

［31］韩东海. 入侵检测系统及实例剖析［M］. 北京：清华大学出版社，2002.

［32］张红旗，等. 信息网络安全［M］. 北京：清华大学出版社，2002.

［33］戴宗坤，等. 信息系统安全［M］. 北京：金城出版社，2000.

［34］聂元铭，等. 网络信息安全技术［M］. 北京：科学出版社，2001.

［35］凌雨欣. 网络安全技术与反黑客［M］. 北京：冶金工业出版社，2001.

［36］赵中强，等. 信息战与反信息战怎样打［M］. 北京：中国青年出版社，2001.

［37］沈伟光. 第三次世界大战：全面信息战［M］. 北京：新华出版社，2000.

［38］杨义先，等. 信息安全新技术［M］. 北京：北京邮电出版社，2002.

［39］向尕，曹元大. 基于攻击分类的攻击树生成算法研究［J］. 北京理工大学学报，2003，23（3）：340-344.

［40］王晓程，刘恩德，谢小权. 攻击分类研究与分布式网络入侵检测系统［J］. 计算机研究所发展，2001，38（6）：727-734.

［41］（美）Christopher M. King、Curtis E. Dalton、T. Ertem Osmanoglu. 安全体系结构的设计、部署与操作［M］. 常晓波，杨剑峰，译. 北京：清华大学出版社，2003.

［42］周学广，刘艺. 信息安全学［M］. 北京：机械工业出版社，2003.

［43］张越今. 网络安全与计算机犯罪勘查技术学［M］. 北京：清华大学出版社，2003.

［44］段云所，魏仕民，唐礼勇，等. 信息安全概论［M］. 北京：高等教育出版社，2003.

［45］赵一鸣，朱海林，孟魁. 计算机安全［M］. 北京：电子工业出版社，2003.

［46］熊华，郭世泽，吕慧勤，等. 网络安全取证与密罐［M］. 北京：人民邮电出版社，2003.

［47］中国信息安全产品测评认证中心. 信息安全标准与法律法规［M］. 北京：人民邮电出版社，2003.

［48］方勇，刘嘉勇. 信息系统安全导论［M］. 北京：电子工业出版社，2003.

［49］沈昌祥. 信息安全工程导论［M］. 北京：电子工业出版社，2003.

［50］卿思汉，等. 网络攻击技术原理与实战［M］. 北京：科学出版社，2004.

［51］晓宗. 信息安全与信息战［M］. 北京：清华大学出版社，2003.

［52］张耀疆，聚焦. 黑客——攻击手段与防护策略［M］. 北京：人民邮电出版社，2002.

［53］朱良根，张玉清. DoS 攻击及其防范［C］. 全国网络与信息安全技术研究会论文，2003.

［54］程玮玮，王清贤. 防火墙技术原理及其安全脆弱性分析［C］. 全国网络与信息安全技术研究会论文，2003.

［55］谢崇斌，张玉清. 网络窃听在局域网下的实现与应对措施［C］. 全国网络与信息安全技术研究会论文，2003.

［56］吕捷. GPRS 技术［M］. 北京：北京邮电大学出版社，2001.

［57］陈立全，胡爱群，卜勇华，李伟征. 无线网络安全体系的分析研究［C］. 全国网络与信息安全技术研究会论文，2003.

［58］何德全. 面向 21 世纪的 Internet 信息安全问题［EB/OL］. http://www.netfront.com.cn.

［59］宋如顺. 基于 SSE-CMM 的信息系统安全风险评估［J］. 计算机应用研究，2000（11）：12-14.

［60］钱刚，达庆利. 基于系统安全工程能力成熟模型的信息系统风险评估［J］. 管理工程学报，2001，15（4）：58-60.

［61］王兴芬，李一军，崔宝灵. 信息系统安全工程的研究进展分析［C］. 全国网络与信息安全技术研究会论文，2003.

［62］马欣，张玉清，冯涛. 自动入侵响应综述［C］. 全国网络与信息安全技术研究会论文，2003.

［63］戴英侠，连一峰，王航. 系统安全与入侵检测［M］. 北京：清华大学出版社，2002.

［64］Amoroso E. Fundamentals of Computer Security Technology［M］. Prentice-Hall，1994.

［65］Icove D，Seger K，Vonstorch W. Computer Crime：A Crime fighter's Handbook［M］. O'Reilly & Associates，Inc. 1995.

［66］Lee Y，Lee J，et al. Integrating Software Lifecycle Process Standards with Security Engineering［J］. Computer &Security，2002，21（4）：345-355.

［67］陆宝华. 信息安全等级保护基本要求培训教程［M］. 北京：电子工业出版社，2010.

［68］陈龙. 计算机取证技术［M］. 武汉：武汉大学出版社，2007.

［69］王凤英. 访问控制原理与实践［M］. 北京：北京邮电大学，2010.

［70］陈剑锋，王强，伍淼. 网络 APT 攻击及防范策略［J］. 信息安全与通信保密，2012（7）：24-27.

［71］王瑛剑，董俊宏，胡斌. 对海底光缆进行窃听的技术分析［J］. 舰船电子工程，2008，28（5）. 1627-9730.

［72］刘孟勇，辛燕. 入侵检测技术的现状及未来［J］. 科技致富向导，2014（2）：119.

［73］（美）Kevin D. Mitnick、William L. Simon. 反欺骗的艺术［M］. 王小瑞，龙之冰点，译. 北京：清华大学出版社，2014.

［74］程杰仁，殷建平，刘运，钟经纬. 蜜罐及蜜网技术研究进展［J］. 北京：计算机研究与发展，2008（45）：375-378.

［75］周利军，周源华，支玲. 数字图像水印技术［J］. 高技术通信，2001（1）：104-107.

［76］百度百科. 笑里藏刀［DB/OL］.［2020-06-28］. https://baike.baidu.com/item/笑里藏刀/532963？fr=aladdin.

［77］cnBeta. FBI：2019 年商务邮件诈骗造成损失达 17.7 亿美元［EB/OL］.［2020-02-13］. https://www.secrss.com/articles/17068.

［78］Reuters Staff. Austria's FACC，hit by cyber fraud fires CEO［EB/OL］.［2016-06-25］. https://www.reuters.com/article/us-facc-ceo/austrias-facc-hit-by-cyber-fraud-fires-ceo-idUSKCN0YG0ZF.

［79］CA-沃通 WoSign. 如何有效防范 BEC 骗局（商业电子邮件妥协）？［EB/OL］.［2020-02-18］. https://www.freebuf.com/company-information/227503.html.

［80］黑客视界. 伪装成 VPN 应用程序的勒索软件 Tyran 正在伊朗蔓延［EB/OL］.［2017-10-26］. https://www.easyaq.com/news/1673914929.shtml.

［81］百度百科. 勒索病毒［DB/OL］.［2019-06-14］. https://baike.baidu.com/item/勒索病毒/16623990？fr=aladdin.

［82］百度百科. 混水摸鱼［DB/OL］.［2020-06-12］. https://baike.baidu.com/item/混水摸鱼/531578？fr=aladdin.

［83］萧萧. 密码泄露引诱网站浑水摸鱼：垃圾邮件暴增［EB/OL］.（2011-12-29）［2020-06-28］. http://news.mydrivers.com/1/213/213414.htm.

［84］人工智能未来科技. 别再说你的网络信息安全了，快来看看这个案例［EB/OL］.（2017-10-10）［2020-07-28］. https://www.sohu.com/a/197118704_511284.

［85］百度百科. 偷梁换柱计［EB/OL］. https://baike.baidu.com/item/偷梁换柱计 &fromid=23657423.

［86］百家号. 国学经典三十六计之偷梁换柱［EB/OL］. https://baijiahao.baidu.com/s？id=.

［87］灵感家. 第 25 计　偷梁换柱［EB/OL］. http://www.lingganjia.com/view/105332.htm.

［88］百度百科. 趁火打劫［DB/OL］.［2020-06-02］. https://baike.baidu.com/item/趁火打劫/357550？fr=aladdin.

［89］双刀. 香港比特币平台遭黑客攻击损失超 6000 万美元［EB/OL］.［2020-06-10］. http://www.cs.com.cn/xwzx/hwxx/201608/t20160805_5028718.html.

［90］科技云报道. 趁火打劫！"疫情做饵"的网络攻击来了［EB/OL］.［2020-06-23］. https://blog.csdn.net/weixin_43634380/article/details/104237121.

［91］腾讯电脑管家. 近期使用新冠疫情（COVID-19）为诱饵的 APT 攻击活动汇总［EB/OL］.［2020-06-24］. https://www.freebuf.com/articles/network/231594.html.